国家“十二五”重点图书出版规划项目

重质油裂解制轻烯烃

汪燮卿　舒兴田　主编

中国石化出版社

内容提要

由重质原料生产轻烯烃技术是我国独立开发的国际首创、拥有自主知识产权的炼油化工成套技术，因产品目的和工艺条件的不同，该系列技术包括催化裂解(DCC)、催化热裂解(CPP)、最大量生产汽油和液化气(MGG、ARGG)、最大量生产异构烯烃(MIO)、增产液化气和柴油(MGD)等催化裂化家族工艺。本书主要介绍国内外重质原料制取低碳烯烃的研究进展，已经实现工业化的DCC、CPP、MGG、ARGG、MIO、MGD等技术在工艺开发、工程设计、产品应用方面进行的探索和研究，上述工艺的工业应用结果、技术经济评价，相应的催化材料的探索、开发和应用，以及在工艺开发过程中进行的有关化学反应机理的研究。旨在介绍上述工艺及新催化材料的开发理念、理论基础、目标要求、发展脉络及前景。

图书在版编目(CIP)数据

重质油裂解制轻烯烃／汪燮卿，舒兴田主编．
—北京：中国石化出版社，2014.11
国家“十二五”重点图书出版规划项目
ISBN 978-7-5114-3107-3

Ⅰ.①重… Ⅱ.①汪…②舒… Ⅲ.①烯烃-重油催化裂化-化工生产 Ⅳ.①TQ221.2

中国版本图书馆CIP数据核字(2014)第257868号

中国石化出版社出版发行

地址：北京市东城区安定门外大街58号
邮编：100011 电话：(010)84271850
读者服务部电话：(010)84289974
http://www.sinopec-press.com
E-mail:press@sinopec.com
北京富泰印刷有限责任公司印刷
全国各地新华书店经销

*

787×1092毫米 16开本 33.75印张 845千字
2015年1月第1版 2015年1月第1次印刷
定价：218.00元

编委会及撰稿人

重质油裂解制轻烯烃技术艰难地走过了60年!

早在20世纪50年代，在石油化工开始发展的初期，人们就注意到能否用重质石油组分作原料，以生产乙烯、丙烯等轻质烯烃。最有代表性的是德国鲁奇公司开发的砂子炉裂解技术。1964年7月中国技术进出口公司与联邦德国鲁奇矿物技术有限公司签订合同，引进年产乙烯36kt/a的砂子炉石油裂解装置，建在兰州石化公司。1965年3月签署砂子炉初步设计协议书，1970年4月5日砂子炉建成投产，在国内首次实现重质油裂解制烯烃的工业化生产。砂子炉裂解的主要优点是可以避免使用昂贵的耐热合金钢，能够采用重质原料油、甚至原油作为裂解原料。但缺点是在相同原料下裂解主要产品的产率比管式炉裂解低，设备繁多，操作复杂，能耗高，并且不断外排含油废砂，污染环境。该技术在国际上先后已被淘汰。

在以后石油化工大发展的年代里，以石脑油为原料的蒸汽裂解技术得到飞速发展，成为生产轻烯烃的主宰技术。但对重质油制轻烯烃的研究还在继续，最有代表性的是原民主德国科学院有机化工研究所的热催化蒸汽裂解过程(Thermocatalytic Steam Cracking Process，简称TCSC)的研究，其构想的新颖性在于将多相催化剂用于蒸汽裂解过程，以促进原料的裂化深度。与常规蒸汽裂解相比，TCSC过程的优点是：对较重质的进料无需经过临氢催化的预处理，可以直接转化为低碳烯烃；加工未处理的常压蜡油(AGO)和减压蜡油(VGO)所得到的烯烃产率，大致相当于常规蒸汽裂解加工石脑油、加氢AGO或加氢裂化VGO所得的烯烃产率；重质烃馏分直接转化需要的投资和操作费用都较低；新发展的催化剂具有使沉积在其表面的炭气化的能力，因而催化剂能维持较好的长期活性。但总体低碳烯烃产率低，分离难度大，未能实现工业化。

从技术层面分析，无论是重质油的热裂解或催化热裂解，到20世纪60年代，在工艺、工程和催化材料的发展水平方面，都不够成熟。20世纪60年代炼油技术中流化催化裂化工艺中采用了具有规则孔道的分子筛作为催化材料，是世界炼油技术的重大突破。这一突破形成了一个连锁反应，也给石油化工界以启发，特别是Mobil公司研发成功的择形催化材料ZSM-5，其结构已在1978年由Mobil公司科学家作了报道。由于它的特殊孔结构，使烃类在催化裂化过程中高选择性地多产丙烯，与流化催化裂化采用Y型分子筛作催化剂相结合，为重质油裂解生产轻烯烃，特别是丙烯，开启了新篇章。

催化裂解DCC技术开发的动力，源于我国原油轻馏分含量普遍较低，适合轻油蒸汽裂解的原料少，成为石油化工发展的瓶颈。另一方面，我们在流化催化裂化的工艺、催化材料和催化剂以及工程研究等方面基础较强，在20世纪80年代初，就开始对用择形分子筛多产丙烯方面开展探索，形成了具有自主知识产权的新技术，从而在资源、技术到石化产品需求之间形成了很好的开发环境。

一项新技术的开发成功，从构思到实验室探索、中间试验直到工业化试验，从工艺、催化材料到工程开发，是一个系统工程。在开发过程中，科技人员是战斗在第一线的有生力量，但领导层的决策在某种意义上可以说是决定性的。在开发DCC技术的过程中，从课题的选择、人员的组织、研究工作每一阶段的评估、工业化试点的确定直到试验成功后的推广应用都是在上级领导和专家的关怀和指导下进行的。在DCC工业化试验中，原中国石化总公司副总经理闫三忠亲自到济南炼油厂拍板定案，原总经理盛华仁在工业试验过程中亲自前往视察。在课题的确定和研究工作进展的重要阶段，中国石化顾问委员会委员包括原部长李人俊、侯祥麟院士、闵恩泽院士以及原北京石油学院副院长张定一等都听取汇报、参与讨论并提出指导意见，没有领导的支持和指导，很难想象DCC技术能开发成功并有今天的局面。在兰州炼油厂MGG工业化试验过程中，江泽民和朱镕基等也曾亲临参观指导。

在以DCC为代表的重质油制轻烯烃技术开发过程中，中国石化总公司发展部(现科技部)在中国石化石油化工科学研究院(RIPP)的配合下，形成了一套行之有效的工作方法和线路图。这里要重点介绍一下矩阵组和“十条龙”攻关。在开发DCC技术的大局确定以后，石科院原院长卢成锹同志提出在院内成立矩阵组：把催化裂化工艺、催化材料和催化剂、分析测试和评定等有关研究室的有关课题组实行横向联合组织，由主管科研的副院长协调组织，安排计划进度，处理好各种关系，充分发挥每个人的聪明才智。院内还对该矩阵组在后勤条件上给予优先支持。与此同时，中国石化发展部在总公司范围内成立“十条龙”攻关组。DCC是总公司“十条龙”攻关的第一条龙，顺利按时入关和出关，并最终实现工业化和推广应用。DCC攻关组由工艺和催化剂开发——RIPP、工程开发——北京设计院[现中国石化工程建设公司(SEI)]和工业化试验——中国石化济南炼油厂为主体，周村催化剂厂及时提供催化剂，统一安排计划、协调进度，并给予经费支持。到现在来看，也是符合当前中央提出来的协同创新精神的。

在济南炼油厂工业化试验成功以后，我们除了瞄准国内市场外，同时也重视国际市场的开发。为此，首先要获取国外专利，到目前为止，共获得了101项国际专利授权。在得到知识产权保护的前提下，从1990年起，不失时机地在我国召开了4次国际论坛，邀请美国、日本、印度、泰国等有关专家来华作学术研讨，同行专家们对DCC和MGG等技术给予很好的评价。同时还积极参加国际学术会议，包括第十五届和第十六届世界石油大会、美国ACS年会、美国AIChE年会、中-日石油学会交流会、亚太地区炼油会议和欧洲炼油大会等国际会议，并被邀请作报告，受到业界人士的高度重视。经过多方努力，中国石化发展部代表中国石化与美国石伟工程公司(Stone & Webster)于1993年签订了技术转让协定，由该公司代理在国外转让DCC技术，并于1995年将DCC整套技术出口给泰国石油化学工业有限公司(TPI)，实现了我国首次整套炼油技术出口。此后由于国际市场上生产轻质烯烃路线的变化，以乙烷为原料能得到高的乙烯产率，但丙烯和芳烃产率很低，为了满足市场上丙烯和芳烃的需求，利用重质油为原料生产丙烯和芳烃成为最佳选择。到2012年，以DCC为代表的重质油生产轻烯烃技术全球处理能力已达到18Mt/a。

重质油裂解制轻烯烃技术，人们通常称为催化裂化家族技术，因为它是在流化催化裂化技术为基础发展起来的。而之所以称为“家族”技术，是因为它们都有一个共同点，就是这些技术都以生产轻烯烃，即乙烯、丙烯和丁烯为主要目标之一，同时根据炼油产品的需要，实行油化结合，即油化一体化的概念，根据市场的需求进行灵活调节。最先开发的DCC技术是以生产丙烯为主，DCC-Ⅰ则是兼顾丙烯和汽油。CPP技术是以生产乙烯和丙烯为主，同时可根据市场的需求，灵活调节乙烯和丙烯的产率。MGG技术是兼顾丙烯和汽油，但更侧重高辛烷值汽油的生产，ARGG技术是以常压渣油为原料的MGG技术。MGD技术是在多产丙烯的前提下，最大量生产催化裂化轻循环油，作为柴油的调合组分，提高柴油的产量，以满足市场的需求。MIO技术是最大量生产异构烯烃，主要是异丁烯和异戊烯作为醚化或其他化工原料，也可经过烷基化生产汽油高辛烷值组分。

重质油制轻烯烃技术的发展前途是与下列几个主要因素密切相关的。①无论从世界范围和我国资源情况，原油的重质化和劣质化是必然趋势，应该把重点转移到以乙烷为原料生产乙烯和以重质油为原料生产丙烯和芳烃上来，而把石油的轻馏分作为交通运输燃料。②全球天然气(包括非常规天然气如页岩气和煤层气)从资源、技术和产量将成为化石能源新一轮的高潮，相应的轻烃和凝析油储量和产量也将增加，这些轻烃将是生产乙烯的最合理的原料，但它主要生产乙烯而丙烯产率很低，造成乙烯与丙烯供应比例和芳烃产量过低的不平衡，而用重质油多生产丙烯正好使资源利用合理化以满足烯烃和芳烃产品的市场需求。③发展新型煤化工甲醇制烯烃(MTO)和甲醇制丙烯(MTP)是生产乙烯和丙烯的重要途径，但在某种程度上受到水资源和二氧化碳排放的制约。④发展生物质化工理论上也可生产轻烯烃，但生物质作为原料是一种低密度能源，在规模化方面尚无法与高密度化石能源相比拟，因而在生产成本上尚无竞争优势。从实际出发，以生物质为原料的可再生能源作为运输用的替代燃料，并联产生物质精细化工产品较合适。因此，作者认为，未来的轻烯烃生产的技术路线，重点应该以天然气伴生的凝析油和轻烃生产乙烯、以重质石油组分催化裂解生产丙烯和芳烃为主的技术路线，发展炼油化工一体化技术。在石油资源有限、环境容量有限和市场竞争优胜劣汰的规则条件下，重质油制轻烯烃将会迎来新的机遇和挑战。

本书所有的撰写者和编委，都在不同阶段参与了有关技术的研发工作，从20世纪80年代至今，它体现了两代科技人员辛勤劳动的结晶。在开发过程中，还有很多同志默默无闻作出了贡献。我们相信，在能源供应多样化的趋势下，石油化工新技术也将更迅速地发展，充分合理利用资源和保护生态环境是我国全面进入小康社会的必要条件。重质原料生产轻质烯烃技术，在可以预见的未来，在工艺、催化材料和工程的开发方面，将会打开新局面，谱写新篇章。

由于水平和时间条件的局限，错误之处敬请读者不吝指正。

汪燮卿　舒兴田

2014年10月

目录 CONTENTS

第一章 绪 论

一、概况

乙烯、丙烯、丁烯和丁二烯等轻烯烃是非常重要的基本有机化工原料，特别是乙烯的生产能力常常被视为一个国家和地区石油化工发展水平的标志。一段时间以来，随着石化工业的快速发展，世界范围内对低碳烯烃，特别是乙烯、丙烯的市场需求持续快速增长[1]。

据美国《油气杂志》2012 年 7 月初发布的全球乙烯产能报告，截至 2011 年年底，全球乙烯生产能力达到近 141Mt/a[2]，2012 年全球乙烯产能将达到 162Mt/a 的新纪录。截至 2012 年年底我国乙烯产能已增至 17.10Mt/a，在美国之后居世界第二位[3]。据预测，2015 年和 2020 年我国乙烯产能将分别达到 21.62Mt/a 和 28.42Mt/a，产量将分别达到 21.19Mt/a 和 27.85Mt/a，表观消费量将分别达到 22.00Mt/a 和 26.00Mt/a，当量消费量将分别达到 36.89Mt/a 和 49.36Mt/a[4]。随着中东和我国大量乙烯产能建成，未来全球乙烯供需格局将发生大的改变。未来数年在中东和我国新增乙烯产能增加，将使发达地区(北美和欧洲)在全球乙烯所占产能份额大幅降低。

丙烯则是规模仅次于乙烯的最重要的基本有机原料之一，2010 年世界丙烯表观消费量达到 104.90Mt/a。2011~2016 年全球将新增 3Mt/a 丙烯产能。截至 2010 年，我国丙烯产能达到 13.29Mt/a，表观消费量达到 10.49Mt/a，丙烯当量需求的年均增长率达到 7.6%，超过丙烯生产能力的增长速度。从需求来看，丙烯供需矛盾十分突出。特别是近几年，丙烯需求增长已超过乙烯。2005~2011 年，我国丙烯产能年均增长率为 12.3%，高于全球年均 4.1% 增长率；但丙烯市场缺口量较大，2006 年以来丙烯进口量逐年增大。2011 年我国丙烯生产能力约为 16.22Mt/a，产量 14.68Mt/a，进口量 1.76Mt/a，包括下游产品需求缺口超过 5.00Mt/a，自给率不足 7 成[5]。传统的方法生产丙烯产品已远远满足不了市场需求，提高自给率仍为我国发展丙烯产业的主要目标。

我国乙烯、丙烯产业进一步发展的关键之一是原料问题，其次是竞争能力，包括投资、能效、成本、二氧化碳排放量等问题。解决原料短缺和提高竞争力的关键是要加快技术进步，增强自主开发和创新能力，将石化工业立足在自主开发和创新技术的基点上。鉴于我国乙烯、丙烯产业发展和原料短缺矛盾将持续，开辟轻烯烃规模化生产的新原料和新工艺路线意义重大。重质油裂解制轻烯烃工艺路线将为乙烯、丙烯等基础化工原料的生产，拓展原料来源；对平衡化工轻油原料紧缺，推动石油资源的深加工和合理有效利用，加快调整我国石化产业结构，积极加大自主研发的创新技术成果推广力度，加快推进我国石化工业发展方式转变，均有重要意义。

乙烯、丙烯的生产在世界范围受到广泛的重视，起因于 20 世纪 50 年代合成橡胶、合成塑料、合成纤维等材料的迅速发展。20 世纪 60 年代，石油化工新工艺技术的不断开发成功，特别是合成材料方面的成就，对原料的需求量猛增，推动了烃类裂解和裂解气分离技术的迅速发展。在此期间，围绕各种类型的裂解方法开展了广泛的探索工作，开发了多种管式裂解炉和多种裂解气分离流程，使产品乙烯收率大大提高、能耗下降。以此为基础，建立了大型乙烯生产装置，大踏步地走上发展石油化工的道路。20 世纪 70 年代，国际石油价格发生了两次大幅度上涨，乙烯原料价格骤升，产品生产成本增加，石油化工曾面临巨大冲击。美国、日本和西欧地区主要乙烯生产国，纷纷加强了替代原有原料路线的研究。到了 80 年代，全世界大约有 1000 个石油化工联合企业，所用原料油约占原油总产量的 8.4%，用气约占天然气总量的 10%。20 世纪 90 年代以后，新工艺开发趋缓，1996 年，全世界原油加工能力为 3800Mt，生产化工产品用油约占总量的 10%。多年来，我国乙烯都以馏分油为原料，每年生产乙烯消耗的馏分油超过 30Mt，预计到 2015 年会超过 45Mt/a。

乙烯、丙烯产业高速发展的原因：一是有大量廉价的原料供应(20 世纪 50~60 年代，原油每吨约 15 美元)；二是有可靠的、有发展潜力的生产技术；三是产品有广阔市场，不断开拓了产品新的应用领域。原料、技术、市场三个因素的综合，实现了化学工业发展史上的一次飞跃。

但以乙烯为龙头的石化工业发展，在我国始终难以摆脱乙烯原料短缺的制约。化工轻油是我国乙烯生产主要原料。而化工轻油与汽油的需求量矛盾十分突出，作为乙烯原料的石脑油从价格上和数量上供需矛盾一直十分尖锐。

近来美国乙烯生产，约 75%采用天然气和凝析油为原料，其中约 50%使用乙烷、15%~20%使用丙烷、3%~4%使用丁烷，仅约 25%采用石脑油和瓦斯油为原料。我国乙烯裂解原料，据 2006 年资料报导，轻烃(包括 C_2~C_5)占 8%、石脑油占 69%、轻柴油 9%、加氢裂化尾油 10%。不同原料生产乙烯，原料单耗不同(大致 2.2~4.4t 原料/t 乙烯)，每产 1t 乙烯联产丙烯量也不同(大致 0.35~0.62t 丙烯/t 乙烯)。每生产 1t 乙烯，我国裂解原料的平均消耗：2003 年为 3.2t、2005 年为 3.1t，预计 2020 年为 3.04t。据此，2020 年我国对蒸汽裂解原料的需求将达到 84.66Mt。平均 1t 蒸汽裂解原料需加工原油量，预计 2020 年为 6.1t。只为满足乙烯生产需求，2020 年将达 516Mt[6]。

由此可见，我国乙烯工业的发展对原油需求量巨大。预计 2015 年和 2020 年以后，我国原油进口依存度将大于 60%。从国家能源安全角度考虑，高于 60%的原油进口依存度对国民经济的发展存在风险。原油供给紧张必将制约我国乙烯工业的发展，而近期原油价格的高企使得这种紧张程度进一步加剧。

乙烯最初是由乙醇脱水制取的。当时由于乙醇由粮食生产，工艺路线不合理，产品产量受到限制，因此阻碍了乙烯生产的发展。自从 1919 年联合碳化物公司研究了乙烷、丙烷裂解制乙烯的方法，随后林德空气产品公司实现了从裂解气中分离乙烯，实现了石油烃裂解制乙烯技术工业化，乙烯生产与石油化工才得到了飞速发展。

至今，乙烯的生产主要采用蒸汽裂解法。目前，全世界大约 95%的乙烯和大约 70%的丙烯是采用管式炉蒸汽热裂解工艺来生产的。但蒸汽裂解法反应温度高、需用昂贵的耐高温合金材料，对原料要求苛刻，一般只适宜采用轻烃、石脑油、轻柴油或加氢裂化尾油等轻油作原料油。尽管技术已日臻完善，可改进的余地已不大，人们也曾对管式炉裂解法的原料重质化问题进行了研究，使管式裂解炉对原料的适应性不断提高，由于重油管式炉高温裂解结焦严重、运转周期短、技术不成熟，一直难于工业化。

丙烯的生产主要依靠蒸汽裂解和催化裂化的副产物，少量来自丙烷脱氢(即 Propane Dehydrogenation，PDH)等三类技术。当前全球丙烯产量中 60%~70%来源于蒸汽裂解，28%~35%来源于催化裂化，2%~5%来源于丙烷脱氢。其中，乙烯工厂副产的丙烯是丙烯的最大来源，催化裂化生产的丙烯约占炼油企业所产丙烯的 90%以上，丙烷脱氢制丙烯仅限于轻烃资源丰富的地区。在我国，催化裂化生产的丙烯占总产量的比例为 39%左右，而蒸汽裂解生产的丙烯占总产量的比例约为 61%。

以丙烷替代各种馏分油为原料生产丙烯，催化法丙烷脱氢制丙烯，国外早已工业化，近几年在建项目数量急剧上升。常用催化剂是 Pt/Al_2O_3 和 Cr_2O_3/Al_2O_3，如美国环球油品公司(UOP)1990 年工业化的 OLEFLEX 工艺，用铂催化剂，丙烯选择性 84%，丙烷单程转化率 35%~40%；空气产品公司开发的 CATOFIN 工艺，用氧化铬负载在氧化铝上为催化剂、固定床反应器切换工艺，丙烯选择性到 95%，丙烷单程转化率 60%~70%[7]。丙烷通过氧化直接脱氢技术尚未见工业化报导。

目前全球共有 13 套装置、共计 4.84Mt/a PDH 产能投入运营，而计划在建的 PDH 项目数量为 20 个，产能高达 11.29Mt/a；我国计划或在建“丙烷脱氢制丙烯”项目已有 11 个、计划产能 8.09Mt/a，其中 2013 年计划投产项目有 5 个，产能 2.75Mt/a。美国发展 PDH 的主要原因在于：页岩气伴生大量乙烷和丙烷，为蒸汽裂解提供了大量优质原料。目前乙烷法的吨乙烯成本仅为石脑油法的 38%，吨毛利则为石脑油法的 3 倍，而乙烷法副产的丙烯成本仅为石脑油法的 1/6。国内 PDH 项目发展原因，主要源于对中东廉价丙烷进口预期；中东的丙烷约有 85%产自液化天然气，随着后继气田的开发，丙烷供应量将显著上升。

二、历史回顾

在我国，由于加工重质油比重增加，所产原油日趋变重，轻质燃料油需求日益增长，轻油供需矛盾日益严重，导致轻质裂解原料更趋紧张。大力开发和实施化工轻油增产或节约替代技术，积极推广重质原料制乙烯和丙烯技术，拓宽乙烯、丙烯生产原料来源，是努力实现我国乙烯、丙烯产业可持续发展基本思路和重要原则。几十年来，国内外许多研究工作者都致力于开发以重油为原料直接制取轻烯烃的新工艺路线，开发增产丙烯工艺新技术。如何以重油为原料最大化地制取丙烯、乙烯，正是全球石化行业一直致力破解的一道难题。对于炼油厂来说，提高催化裂化丙烯产率、增加丙烯产量是一条提高炼油厂效益的有效途径，因而多产丙烯的催化裂化技术受到极大多数炼油厂关注。

砂子炉裂解法(Sand Cracker Pyrolysis)是 20 世纪 60 年代联邦德国鲁奇公司开发的，后由我国原兰州石油化工公司加以完善并用于工业生产。该法是以天然砂(粒径 0.4~1.2mm)为循环载热体，喷入烃类原料和水蒸气，使热砂在反应器内以流化状态与烃类原料接触而进行烃类裂解反应。整个裂解过程由原油闪蒸、闪蒸馏分油裂解和裂解气后处理三部分组成。砂子炉裂解的主要优点是可以避免使用昂贵的耐热合金钢，能够采用重质原料油、甚至原油作为裂解原料；但缺点是在相同原料下裂解主要产品的产率比管式炉裂解低，设备繁多，操作复杂，能耗高，生产效率低，经济效益差，并且不断外排含油废砂，污染环境。鲁奇公司在各国的装置均已先后被淘汰。

常规催化裂化装置增产轻质烯烃的途径包括：①选择合适的催化剂，通常采用 RE-

USY/USY 分子筛提高轻烯烃产率；对于采用产气助剂的装置，主催化剂的选择依据为减少氢转移反应，多产轻质烯烃；②使用择形助剂，对于大多数 FCC 装置而言，采用择形助剂 ZSM-5 是提高轻烯烃产率最有效和最简便的方法；③选择合适的原料，石蜡基进料比环烷基进料能产生更多的低碳烯烃；④优化装置操作，达到更高的苛刻度；⑤改进进料注入系统和提升管终端设施，减少过度裂化。但增产轻质烯烃幅度有限。

通过对催化裂化工艺操作条件、催化剂及装置进行改进，使传统催化裂化由生产汽柴油转变为兼可生产或多产低碳烯烃，并实现低成本地由重油裂解生产轻烯烃，是炼油工作者努力追求的目标之一。从 20 世纪 80 年代起，人们就更多地关注到这问题。尤其在我国，原油偏重，轻烃和石脑油资源贫乏，为了发展乙烯工业，当时探寻乙烯/丙烯生产新原料和转化路线技术需求更趋紧迫。20 世纪 80 年代末，鉴于当时我国对催化裂化技术的掌握，利用催化裂化生产轻烯烃技术具有原料重质化、产品中丙烯/乙烯比值高以及生产成本低、技术比较成熟易行的优点，因此发展重质油裂解制轻烯烃技术，探索一条适合我国国情的轻烯烃生产技术路线，研究其技术经济与工业化可行性达成大家的共识，相应的技术开发工作随此提上日程。

早期国外重油裂解制乙烯技术主要有：采用惰性热载体的裂解法，如美国石伟工程公司开发的 TRC(Thermal Regenerative Cracking)工艺和 QC(Quick Contact)反应系统，在以 VGO 为原料时，反应温度 816℃，反应时间 0.12s，乙烯收率为 24.16%[8]；日本东京大学开发的焦炭颗粒为热载体的 TRC 法，在以阿拉伯轻质原油为原料时，反应温度 750℃，反应时间 0.12s，乙烯收率为 20.9%。采用氧化物催化剂的裂解法，如日本东洋工程公司开发的 THR (Total Hydrocarbon Reforming)工艺，在以 CaO/Al_2O_3 为催化剂、VGO 为原料时，反应温度 840℃，反应时间 0.17s，乙烯收率为 23.10%[9]。但终因反应温度高和长周期运转难，不易工业化而停顿。

德国有机化学研究所(原民主德国科学院中央有机化学研究所)多年来致力于热催化蒸汽裂解 TCSC(Thermo Catalytic Steam Cracking process)的工艺研究。其构想的新颖性，在于将多相催化剂用于蒸汽裂解过程，以促进原料的裂化深度。与常规蒸汽裂解相比，TCSC 过程的优点是：对较重质的进料无须经过临氢催化的预处理，可以直接转化为低碳烯烃；加工未处理的 AGO 和 VGO 所得到的烯烃产率，大致相当于常规蒸汽裂解加工石脑油、加氢 AGO、或加氢裂化 VGO 所得的烯烃产率，在以 VGO 为原料时，反应温度 810℃，乙烯收率 27.7%[10]；重质烃馏分的直接转化需要的投资和操作费用都较低；新发展的催化剂具有使沉积在其表面的炭气化的能力，因而催化剂能维持较好的长期活性。但始终停留在实验室研究，未能实现工业化。

以后的研究，催化裂解制乙烯和丙烯等低碳烯烃是在高温蒸汽和酸性催化剂存在下，进行自由基反应和碳正离子反应，因而比蒸汽裂解反应温度低。研究核心是开发合适的催化剂，揭示非均相裂解机理及载体与催化剂之间的相互影响，重点是解决催化剂的选择性、稳定性和结焦后催化剂的再生问题。到 20 世纪 80 年代仅有前苏联半工业化生产试验的报道。前苏联古比雪夫合成醇厂将原汽油处理量为 4t/h 的高温热裂解炉改为催化裂解炉后，裂解温度由 830℃降为 780~790℃，停留时间从 0.6~0.7s 缩短至 0.1~0.2s，而乙烯收率从 26% 提高到 34.5%，丙烯收率从 14.6%增加到 17.5%。其研究也仅停留在实验室。近来，由韩国 SK 公司和美国凯洛格布朗路特集团公司(KBR Technology)联合开发的先进催化裂化制烯烃工艺 ACO™(Advanced Catalytic Olefins process)，使用常见的液态原料(直馏石脑油和馏分油)，使用SK公司提供的催化剂、在600~700℃下反应，烯烃产率较蒸汽裂解高15%~20%，丙烯/乙烯收率比达1∶1，2010年在韩国蔚山SK联合化工厂建设，但原料主要采用石脑油[11]。

通过催化裂化，在较蒸汽裂解缓和得多的条件下，低成本地由重油多产轻烯烃是一条创新的技术路线。自20世纪80年代中期以来，中国石化石油化工科学研究院(RIPP)就开始从事重油制取低碳烯烃的催化裂化家族技术的实验研究，试图开发出一条从重质原料催化裂化生产丙烯的技术路线。20世纪80年代末，RIPP通过探索试验、中试和工业化试验，成功地开发出了以重油为原料、以生产丙烯为主要目的的深度催化裂化——催化裂解DCC(Deep Catalytic Cracking)新工艺，并在世界上率先实现了工业化。随后RIPP和国内外其他单位相继开发应用了多种重油催化裂解制取低碳烯烃工艺技术。我国在该方面的研究处于世界前列，技术开发与产业化应用处于世界领先地位。

重油裂解与轻质油裂解相似，也存在原料油性质的影响。对此，RIPP因地制宜、因时制宜，先后针对不同地区、炼油厂不同原料、不同生产目的产物，在催化剂开发方面实现品种多样化以满足不同用户的需要，在工艺技术方面通过改进反应器及操作参数实现增产丙烯产品灵活性，成功地开发出一系列重质油裂解制轻烯烃工艺技术，包括：国内外最先实现工业化的重质油生产丙烯的催化裂解技术DCC-Ⅰ(Deep Catalytic Cracking-Ⅰ)，随后的多产轻烯烃和油品-兼产丙烯、异丁烯及优质汽油的缓和催化裂解技术DCC-Ⅱ(Deep Catalytic Cracking-Ⅱ)；针对炼油厂对液化气、丙烯和高辛烷值汽油需兼顾的市场需求，和不同催化裂化原料，相继开发出蜡油掺炼渣油为原料、最大量生产汽油和液化气技术MGG(Maximizing Gas plus Gasoline)，以常压渣油为原料、最大量生产汽油和液化气技术ARGG(Atmospheric Residuum Maximizing Gas plus Gasoline)；针对炼油厂对汽油质量升级和满足提高柴汽比的市场需求，在DCC和MGG工艺的基础上，开发的最大量生产异构烯烃技术MIO(Maximizing Iso-Olefin process)、最大量生产液化气和轻柴油技术MGD(Maximizing Gas & Disel oil)；为满足增产乙烯市场需求，在DCC技术基础上，开发出重油直接制取乙烯和丙烯的催化热裂解技术CPP(Catalytic Pyrolytic Process)。对此，本书分章作了详细阐述。

此后国内开发的同类技术还有：中国石化洛阳工程公司(LPEC)灵活多效催化裂化、多产轻烯烃/降汽油烯烃的FDFCC(Flexible Dual-riser Fluid Catalytic Cracking)[12]；中国石油大学的两段提升管催化裂化TSRFCC(Two-Stage Riser Fluid Catalytic Cracking)系列技术[13]；中国科学院大连化学物理研究所重油选择性催化裂解RSCC(Residuum Selective Catalytic Cracking)工艺[14]等。

国外目前已经开发、工业应用和进行工业示范试验的同类技术主要有：美国埃克森美孚公司(ExxonMobil)开发的双提升管工艺，在适当条件下，该工艺的乙烯和丙烯收率分别达到2.7%和12.1%[15]；UOP公司开发的PetroFCC工艺，原料可以是馏分油，也可以是减压渣油，通过改变FCC装置的设计来提高丙烯产量，丙烯产率在20%~25%[16]；UOP公司开发的轻烯烃催化裂化LOCC工艺，采用双提升管反应器和双反应区生产低碳烯烃技术；1998年，KBR公司与Mobil Technology公司联合开发Maxofin工艺，是以蜡油为原料多产丙烯，乙烯和丙烯产率分别在4.5%和18.4%[17]；美国鲁玛斯环球公司(Lummus)开发的选择性组分裂化SCC工艺，是高苛刻度催化裂化、汽油回炼、乙烯和丁烯易位反应生成丙烯，丙烯产率由催化裂化的3%～4%提高到6%～7%[18]；采用苛刻的操作条件，印度石油公司(IOC)/Lummus公司的INDMAX工艺，丙烯产率在12%～24%[19]；荷兰皇家壳牌集团公司(Shell)的MILOS工艺，丙烯产率在15.5%[20]；Axens/Shaw公司的PetroRiser工艺，丙烯产率在12%[21]；以及芬兰Mesteoy公司开发的NEXCC工艺，阿科化工公司(Arco Chemical)Superflex工艺[18]等。

特别需要指出的是，我国开发的重质油裂解制轻烯烃系列技术不仅具有自主知识产权，而且均实现了工业化，满足了当时市场急需，为企业创造了巨大经济效益。其不仅作为传统轻油蒸汽裂解工艺技术的补充，开辟了一条原料多元化、规模化生产低碳烯烃的新工艺路线，为乙烯、丙烯等基础化工原料的生产拓展了原料来源；而且为采用不同原料的原油加工企业，尤其是以石蜡基原油为原料企业，获取低碳烯烃等基本有机原料的同时，兼顾多产液化气、高辛烷值汽油、多产柴油，灵活适应市场需求，进而推动石油资源的深加工和合理有效利用，加快推进我国炼厂产品结构调整，提供了技术支撑。伴随着这一系列技术的示范装置建设，工艺参数的优化调整，装置的安全平稳运行，生产达到设计指标并产出合格的产品，不仅验证了一系列专用催化剂主要性能、不同工艺操作主要参数、主要设备性能和主要技术经济指标，而且为产业规模化发展起到了示范作用，表明技术成果具备了工业放大、推广的条件，加大自主研发的这些创新技术成果推广是可行的。

三、工艺技术特点

本著作阐述工艺技术的共同特点是：均以重油为原料，都利用与流化催化裂化(FCC)过程相似的反应-再生循环操作方式，同时开发专用的裂解催化剂，在特定的工艺条件下生产乙烯、丙烯和丁烯等轻烯烃。重质油裂解制轻烯烃系列技术具有以下技术创新和研究构思。

(1) 使用重质原料油代替轻油原料，原料广泛。已经用于工业装置的原料包括：蜡油、加氢处理蜡油、脱沥青油、焦化蜡油、常压渣油、减压渣油、加氢处理润滑油抽出油、润滑油脱蜡蜡膏等。

(2) 烃类的裂解反应一般按正碳离子反应机理和自由基反应机理进行，除了裂化反应外还利用了择形催化裂解反应。烃类在酸性沸石催化剂上发生两种反应：在质子酸中心，即Brönsted酸(B酸)中心，发生正碳离子反应产生丙烯和丁烯；在非质子酸中心，即Lewis酸(L酸)中心除发生正碳离子反应外，还可以进行自由基反应产生乙烯。催化裂解反应分两步进行，第一步烃类裂化为烯烃和烷烃，第二步高碳烯烃和烷烃裂化为乙烯、丙烯。在一定程度上，催化裂解反应可以看作是深度选择性的催化裂化，致使其气体产率、裂解气体产物中乙烯、丙烯所占的比例远大于催化裂化。但是具体的裂解反应随催化剂的不同和工艺的不同而有所差别。

(3) 催化剂活性组分采用常规分子筛与择形分子筛的复合。通过择形分子筛改性，增加自由基反应活性，增强重油裂解能力，降低氢转移活性。通过分子筛和催化剂制备技术研究，改进、提高了择形分子筛和催化剂的烯烃选择性、水热稳定性和抗磨能力。将具有MFI结构的ZSM-5沸石催化剂应用于重油裂解生产轻烯烃工艺，在催化剂中适当增加合适种类的沸石，再辅以金属或金属氧化物改性，是催化裂解催化剂的基本构想。并进一步开发成具有MFI结构的五元环高硅沸石ZRP(具有与ZSM-5相同的结构)作为催化裂解催化剂的活性的主要组分。

（4）梯度孔裂解和择形裂解反应复合。改进基质的裂化活性，将几种孔结构大小不同的活性组元合理搭配。使用有利大分子扩散、缩短扩散途径、加快扩散速度的大孔沸石，降低裂解反应活化能，增加重质原料的一次裂化；使用改性择形沸石催化剂，增加自由基反应活性，抑制氢转移反应，同时提高二次裂化选择性。催化剂有良好的孔分布梯度，实现了同时兼有催化裂化正常裂化与过裂化区选择性反应的特点。

（5）重油裂解生产轻烯烃引入新开发催化剂。研制出具有固体酸的、既有大孔又有中孔的催化剂，使重质原料进入大孔中一次裂化为汽油和柴油，再使汽油在中孔中选择性地二次裂解生成低碳烯烃。开发应用高基质裂化活性，加强汽油二次裂化能力，提高烯烃选择性，降低氢转移活性，改进热稳定性和水热稳定性的一系列催化剂。已工业化催化剂品种包括：高丙烯产率 CHP 系列，高丙烯产率、高活性稳定性、强的抗金属污染能力 CRP/CIP 系列，高丙烯选择性、高活性稳定性、强的抗金属污染能力 MMC 系列，进一步提高丙烯产率 DMMC 系列等。

（6）热裂解、催化裂化与择形裂化结合。石油烃类在高温热裂解条件下首先均裂生成自由基，大的自由基极不稳定，进一步在 β 位断裂生成小的烯烃和烷烃；由于在高温下烯烃中乙烯最稳定，而烷烃中甲烷最稳定，因此自由基反应的最后产物中乙烯和甲烷最多。在择形沸石的孔道内汽油还可以进一步裂化，通过正碳离子反应，减弱氢转移能力，生成丙烯和丁烯。开发了有利于提高烯烃度，抑制氢转移反应的串联反应区。

（7）借鉴炼油催化裂化技术，催化剂、工艺与工程技术有机结合。采用了催化裂化流态化技术，装置形式和催化裂化相似。利用炼油催化剂流化、连续反应和再生的技术，将裂解过程中沉积于催化剂上的焦炭，在催化剂再生时燃烧产生热量，由再生后催化剂循环到反应器，提供裂解反应所需的热量，以实现反应及再生系统的自身热平衡操作。在工艺设计中，催化裂解不仅增加重质原料的一次裂化，而且增加汽油馏分的二次裂化；不仅使用改性择形分子筛催化剂降低裂解反应活化能，从而降低反应所需温度，而且抑制氢转移反应减少甲烷和氢的形成。催化裂化以生产汽油、煤油和柴油等轻质馏分油为目的，而催化裂解旨在生产乙烯、丙烯、丁烯等；催化裂解工艺条件比一般催化裂化稍苛刻。设计应用油气急冷、气固快速分离、防止结焦等技术措施，较好地解决了工业生产装置长周期运转问题。除新建的装置外，现有催化裂化装置经适当改造就可以实施。其中 DCC 操作模式：最大量生产丙烯 DCC-Ⅰ采用提升管加密相流化床型式，兼产丙烯、异丁烯及优质汽油，DCC-Ⅱ采用提升管反应器。反应器型式是影响催化裂解产品分布的重要因素。

（8）影响因素的优化。影响催化裂解的因素，主要包括原料组成、催化剂性质、操作条件和反应装置四个方面。原料油的 H/C 比和特性因数 K 越大，饱和分含量越高，则裂化得到的低碳烯烃产率越高；原料的残炭值越大，硫、氮以及重金属含量越高，则低碳烯烃产率越低。对于沸石分子筛型裂解催化剂，分子筛的孔结构、酸性及晶粒大小是影响催化作用的三个最重要因素。操作条件对催化裂解的影响与其对催化裂化的影响类似，原料的雾化效果和汽化效果越好，原料油的转化率越高，低碳烯烃产率也越高；反应温度越高，剂油比越大，则原料油转化率和低碳烯烃产率越高，但是焦炭的产率也变大；多采用高温、大注水量和大剂油比的操作方式。

（9）采用与 FCC、蒸汽裂解不同的工艺条件。改变了传统的操作观念，优化了工艺参数。与 FCC 比较：反应温度、剂油比提高，停留时间延长，反应压力略低，稀释蒸汽较多；

与蒸汽裂解比，反应温度大为降低、蒸汽消耗减少。

(10) 可实现灵活操作方式。采用提升管加密相流化床或提升管反应器，不同原料回炼操作；可最大量生产丙烯或乙烯、丙烯和丁烯等轻烯烃。油气兼顾，油化结合，产品灵活性大，根据需要可以在一定范围内调整气体和汽油、柴油产品的产率。

催化裂解是从催化裂化的基础上发展起来的，但是二者生产目的、催化剂、操作条件、反应机理也有差异。不同重质油裂解制轻烯烃技术，目的产品不同，催化剂、操作条件、产品结构也有所不同。

催化裂解产烯烃与催化裂化相比，产品方案以增产乙烯、丙烯为主，催化剂提高了烯烃选择性，操作条件较为苛刻，正碳离子和自由基反应机理共同作用。以 DCC-Ⅰ为基础，DCC-Ⅰ型与 DCC-Ⅱ型的主要区别：

(1) 生产目的不同，DCC-Ⅰ型以生产低碳气体烯烃特别是最大量生产丙烯为主要目的，而 DCC-Ⅱ型最大量地生产丙烯、异丁烯和异戊烯等小分子烯烃，同时兼产高辛烷值优质汽油；

(2) 装置类型不同，DCC-Ⅰ型采用提升管加密相流化床反应器，而 DCC-Ⅱ型技术仅采用提升管反应器；

(3) 操作条件不同：DCC-Ⅰ型要求反应条件更苛刻(高反应温度、长油气停留时间、大剂油比与较高注水量)，而 DCC-Ⅱ型催化裂解技术要求的反应条件相对 DCC-Ⅰ型来说比较缓和(反应温度、停留时间、剂油比与注水量较低)。

CPP 技术与 DCC 催化裂解的主要不同在于：以多产乙烯为主或多产乙烯同时兼增产丙烯，反应条件更为苛刻些。MGG、ARGG、MGD、MIO 技术与 DCC 催化裂解的不同在于多产丙烯、提高液化气中丙烯浓度，同时兼顾汽油、柴油产率与质量，反应条件相对趋缓和。

重质油裂解制轻烯烃系列技术在催化剂、工艺开发过程中体现了创新，因此申请获得了一系列国内外专利。其中：DCC 技术分别获得中国、美国、欧洲和日本专利，并于 1991 年获中国专利金奖，1992 年获中国石化科技进步特等奖，1995 年获国家发明一等奖，属国际首创、拥有自主知识产权的我国独立开发的炼油化工成套技术。也受到国际同行专家的高度评价，被誉为“在炼油和化工之间架起了桥梁”。世界炼油和化工权威杂志《Hydrocarbon Processing》、《Chemical Engineering》及世界石油大会均将其列为世界石油化工新工艺。

最大量生产汽油和液化气 MGG(ARGG)工艺和 RMG、RAG 催化剂先后在中国、美国、荷兰、泰国、日本等国家进行了专利申请，分别获准中国、美国的专利授权。并获得中国专利十年成就展金奖，中国专利局和世界产权组织专利金奖和中国石油化工总公司科技进步特等奖等多项奖励。

有关多产异构烯烃 MIO 工艺及 RFC 催化剂的多篇论文，1994 年至 1997 年，曾多次在包括 NPRA 年会、美国化学工程师协会、中日石油学会会议和世界化工会议等国际炼油及化工等会议上宣讲或发表，引起了很大反响。

四、工业化的历程

本书所述重质油裂解制轻烯烃系列技术，均经过了完整的技术开发过程。通过工艺及催化剂小试和中试的系统研究，专用催化剂放大与工业试生产，催化裂化装置改造，装置试运行，工业运行期间工艺标定，中试验证了小试、工业标定验证了中型研究结果，同时验证了专用催化剂、工艺的技术经济指标，技术工程放大和工程设计。工业试验结果表明，重质油裂解制轻烯烃系列技术工艺成熟，技术可靠，大多在催化裂化装置上进行适当的改造就可以实施，具有投资省、效益好、原料适应性强、操作灵活性大的特点；并且，配套催化剂具有良好的活性、选择性、水热稳定性和流化输送性能。重质油裂解制轻烯烃系列技术中型试验与首次工业应用情况简述如下。

（1）DCC-Ⅰ型技术（Ⅰ型催化裂解）。该技术是使用重质原料和特定的催化剂最大量生产丙烯和丁烯等低碳烯烃的一个工业化技术，适用原料广，投资低且易于建设和操作。尤以石蜡基原料最适宜于催化裂解。由石蜡基原料选择裂化可得到高气体烯烃的产率，其三烯（乙烯、丙烯、丁烯）产率超过40%（相对于原料），其中丙烯产率高于21%；中间基原料的三烯产率在33%~37%，其中丙烯为17%~18%；环烷基原料的三烯产率为27%，其中丙烯为13%。

在一定条件下（反应压力0.7MPa、反应温度580℃、剂油比9.8）中型试验，大庆蜡油为原料油，采用CHP催化剂，气体烯烃产率可达41.43%，其中乙烯、丙烯及丁烯产率分别为6.10%、21.03%及14.30%，所得汽油具有高辛烷值特点，*MON*和*RON*辛烷值分别达84.7和99.3；管输蜡油为原料油，气体烯烃总产率可达33.72%，其中乙烯、丙烯及丁烯产率分别为4.29%、16.71%及12.72%，*MON*和*RON*辛烷值分别达86.5和99.5；以大庆常压渣油为原料，在556℃反应温度下，可以得到24.8%的丙烯和15.3%的丁烯。

在中国石化总公司的全力支持下，RIPP、北京设计院及济南炼油厂通力合作，将济南炼油厂闲置的一套催化裂化装置改造为60kt/a催化裂解装置，于1990年11月起，使用了齐鲁石化分公司周村催化剂厂生产的CHP-1工业催化剂，进行了近四个月Ⅰ型催化裂解技术的工业运行。Ⅰ型催化裂解工业试验表明：以临商及胜利混合蜡油为原料，采用CHP-1催化剂工业运行期间，五次工艺标定结果均与中型研究结果相一致，气体烯烃总产率可达38.12%~41.74%，其中乙烯、丙烯及丁烯产率分别为4.43%~5.66%、19.01%~20.36%及14.12%~15.72%，催化裂解所产液化气经气体分馏后丙烯纯度可达99.58%，不需要加氢精制即达到化学级丙烯质量，可直接作为丙烯腈原料使用。1991年通过中国石化工业技术成果鉴定，1992年获中国石油化工总公司科技进步特等奖，1994年开始进行产业化技术转让，1995年获中国专利金奖。此后，1995年中国石化安庆石化总厂炼油厂400kt/a催化裂解Ⅰ型联合装置建设投产。1996年获国家发明一等奖。1997年首次成套技术出口泰国建厂投产。

（2）DCC-Ⅱ型技术（Ⅱ型催化裂解）。以大庆蜡油为原料，采用CIP催化剂，在中型提升管反应装置上试验，在最大异构烯烃兼顾汽油操作模式下，可以得到11.29%的丙烯、6.20%的异丁烯、6.09%的异戊烯和42.45%的高辛烷值汽油；在最大异构烯烃兼顾丙烯的操作模式下，可以得到14.29%的丙烯、6.13%的异丁烯、6.77%的异戊烯和39.00%的高辛烷值汽油。首次工业试验于1994年8~10月在济南炼油厂150kt/a催化裂解工业装置上进行，积累了开工和操作的经验，并进行了Ⅱ型催化裂解两种操作模式的标定，取得了两次工业标定的数据：以临商蜡油掺脱沥青油为原料，在最大异构烯烃兼顾汽油的操作模式下，可以得到12.52%的丙烯、4.57%的异丁烯、5.78%的异戊烯和40.98%的汽油；在最大异构烯烃兼顾丙烯的操作模式下，可以得到14.43%的丙烯、4.75%的异丁烯、5.93%异戊烯和38.45%的汽油。工业试验达到了预期目标。1998年，应用DCC-Ⅱ技术在沈阳石蜡化工和中国石化荆门石化分公司，分别建成了500kt/a与800kt/a生产装置。

(3) 催化热裂解 CPP 技术。该技术是在 DCC 基础上发展起来的，通过工艺、催化剂和装置构型的改进而生产乙烯为主的过程。可以蜡油、蜡油掺减压渣油、常压渣油等为原料；CPP 使用的专门研制的改性择形分子筛催化剂与 DCC 催化剂相比，具有高 L 酸/B 酸比；与 DCC 不同，采用提升管反应器，在工艺条件的选取上兼顾催化反应和热反应的特点；以乙烯和丙烯为目的产品。CPP 工艺在分段注汽、C_4/C_5馏分回炼、气体杂质的脱除、再生催化剂脱烟气等工程技术上已形成多项专利技术。

1990 年开始进行 CPP 工艺探索试验；1992 年申请了中国发明专利，1995 年获得中国专利授权；1994~1997 年进行了工艺改进和配套催化剂及分子筛的研制；1997 年通过了中国石化集团公司小试鉴定；1997 年申请了六篇专利，并同时申请了美国、日本、欧洲等国外专利，现已在中国和美国授权；1997~1999 年进行了催化剂中试放大和工艺中试研究。

中型试验，以大庆蜡油掺 30%减压渣油为原料，采用 CEP 催化剂，在反应温度 620℃、剂油比 22.5、停留时间 2.1s、反应压力 0.07MPa(表)、注水量 57.0%的条件下，乙烯产率为 24.3%，丙烯产率为 14.7%，三烯总收率为 45.7%；在反应温度 640℃、剂油比 32.9、停留时间 2.1s、反应压力 0.07MPa(表)、注水量 54.3%的条件下，乙烯产率为 22.8%，丙烯产率为 16.0%，三烯总收率为 47.0%；总裂解气中乙烯的浓度(质量分数)为 36.6%和 34.3%，总裂解气中丙烯的浓度为 22.2%和 24.0%。其丙烯和丁烯产率较蒸汽裂解高、较催化裂解低，而乙烯产率较蒸汽裂解略低、较催化裂解高得多。

由 SEI 负责改造，设计原料为大庆馏分油、处理量为 120kt/a 催化热裂解装置，于 1999 年 6 月在中国石油大庆炼化公司改造成 80kt/a CPP 工业试验装置投产。2000 年 12 月 10 日~2001 年 1 月 10 日进行了多次工业标定，标定时原料油为 45%大庆蜡油掺 55%大庆减压渣油的混合原料，多产丙烯操作(丙烯方案)，乙烯、丙烯和丁烯产率分别为 9.77%，24.60%及 13.19%，考察了 CPP 装置多产丙烯的灵活性；兼顾乙烯和丙烯生产操作(中间方案)，乙烯、丙烯和丁烯产率分别为 13.71%，21.45%及 11.34%，考察了 CPP 装置兼顾乙烯和丙烯生产的灵活性；多产乙烯操作(乙烯方案)，乙烯、丙烯和丁烯产率分别为 20.37%、18.23%及 7.52%，考察了 CPP 装置最大乙烯收率及其产品分布，反应-再生系统和产品回收系统的工艺流程和工程问题。

2006 年国家发改委批准 CPP 技术为振兴东北老工业基地重点支持项目，确定为国家乙烯工业新原料来源的示范项目，列入国家乙烯工业中长期发展专项规划。2006 年开始由中国石化石油化工科学研究院(RIPP)提供 CPP 反应-再生系统设计基础工艺包，美国石伟工程公司(S&W)提供裂解气精制与分离系统及乙烷、丙烷裂解炉设计工艺包，中国石化工程建设公司(SEI)负责工程设计，2007 年 3 月土建全面开工，2008 年 12 月 CPP 主体装置建设完工，2009 年 3 月配套公用工程全部建成。2009 年 7 月沈阳化工集团沈阳石蜡化工有限公司 500kt/a 催化热裂解(CPP)制乙烯装置建成投料试车，2010 年 3 月进行了性能考核标定。考核标定结果表明，大庆常压渣油为原料，装置负荷为 100.54%，乙烯、丙烯对新鲜原料的收率分别为 17.80%、19.58%，乙烯加丙烯总收率为 37.38%。产品乙烯和丙烯纯度(体积分数)分别达到 99.99%和 99.9%以上，产品质量分别达到国家标准《工业用乙烯》(GB/T 7715—2003)和《工业用丙烯》(GB/T 7716—2002)优等品指标。2009 年 8 月 28 日举行开工典礼。CPP 项目的竣工投产，不仅拓宽了乙烯工业的原料来源，为企业的生产结构调整提供了支撑，而且在当地形成了一定的产业集聚效应。一些乙烯下游企业开始落户沈阳化工园区，使沈化集团形成了更为完整的产业链条。该公司建设的120kt/a聚乙烯、130kt/a PVC树脂、130kt/a丙烯酸及酯、40kt/a环氧乙烷和聚醚等产品，让有限的资源实现了效益最大化。CPP项目实现了沈阳市乙烯工业生产零的突破，对炼油大省辽宁省的产业结构调整起到促进作用。2012年获石油与化学工业联合会科技进步一等奖。

（4）多产液化气和汽油的催化转化MGG和ARGG工艺技术。该技术是以各种重减压馏分油，掺渣油、脱沥青油、焦化蜡油及常压渣油等重质油为原料，采用提升管或床层反应器，使用RMG和RAG系列催化剂，反应温度510~540℃，最大量生产富含烯烃(尤其是丙烯)的液化气和辛烷值高、安定性好的汽油的新工艺技术。液化气产率可达25%~40%，汽油产率40%~55%，液化气加汽油产率达70%~80%。汽油*RON*为91~95，*MON*为80~82。

MGG技术，中型试验采用新疆减压馏分油+减压渣油原料、RMG催化剂，在单程、柴油与重油回炼操作时，液化气产率分别为30.60%、30.40%，丙烯产率分别为9.31%、9.12%，汽油产率分别为45.97%、56.42%；苏北馏分油掺18%减压渣油原料，在单程、重油回炼、柴油与重油回炼操作时，液化气产率分别为30.00%、28.87%和30.94%，汽油产率分别为44.37%、46.17%和54.29%，丙烯产率分别为9.16%、9.28%和10.15%。1992年4月中国石化总公司审查通过了兰州炼化公司第一套催化裂化改为MGG装置的可行性研究报告。1992年6月底，对兰州炼化公司第一套催化裂化装置进行了停工改造，7月30日开始了400kt/a MGG工艺技术的工业试验。经过四次试验标定，采用常三线、减一线掺渣油(含有70%的减压渣油和30%的重脱沥青油)原料，液化气产率为20.29%~27.38%，丙烯产率为6.81%~9.73%，汽油产率为41.62%~51.87%，各项技术经济指标达到或接近设计值；同时表明配套的RMG催化剂重油裂化能力强、水热稳定性好、抗重金属能力强，具有特殊的反应性能、良好的活性和烯烃选择性。

ARGG技术，中型试验采用扬州常压渣油、RAG-1催化剂，单程和回炼两种操作条件，液化气产率分别为27.64%、30.29%，丙烯产率分别为9.26%、10.44%，汽油产率分别为40.45%、44.61%；大庆常压渣油原料，采用RAG-6催化剂，单程操作，液化气产率为29.16%~31.90%，丙烯产率为11.49%~13.11%，汽油产率分别为36.48%~39.49%。1993年7月在扬州石油化工厂新建了一套70kt/a ARGG装置，并一次投产成功。1993年12月16~24日和1994年1月25~30日分别进行了两次共六个方案的标定。工业标定结果，液化气产率为21.64%~31.34%，年生产统计为26.40%；其丙烯占总碳三约85%，丁烯占总碳四约68%；丙烯产率分别为6.99%~10.39%，年生产统计为9%；汽油产率分别为44.98%~48.75%，年生产统计为47.11%。

1998年6月第一套800kt/a大型工业化装置在岳阳石化公司建成投产，以大庆常压渣油为原料油，经半年多的生产统计，液化气产率为24.61%，汽油产率为42.70%，丙烯产率为9.45%，此项目投产后不但满足了岳阳石化公司对低碳烯烃原料的需求，同时该装置的液化气、汽油及柴油等产品又创造出良好的经济效益，对岳阳石化公司的扭亏增效、化工过程的深加工有十分重要的意义。

（5）MIO技术。目标产物是提供生产醚类的原料烯烃(异丁烯、异戊烯)及丙烯与高辛烷值汽油组分。中型试验，采用兰州蜡油、兰州蜡油掺20%减渣两种原料和RFC催化剂，异丁烯、异戊烯产率在单程操作时分别达到3.92%、4.94%，回炼操作时分别达到4.53%、5.58%。1995年MIO技术被列入当时国家计委重点科技攻关项目，同年3~6月，MIO技术在兰州炼油化工总厂400kt/a工业化装置开始进行工业试验。工业试验标定结果：采用新疆混合重油原料(掺炼20%~30%减压渣油)、RFC平衡剂，单程操作时，液化气产率达到25.72%，较FCC操作时增加12.19%；异丁烯、异戊烯及总异构烯烃的产率分别达到3.97%、5.25%及9.22%，与FCC操作相比分别增加2.51%、3.14%及5.65%；醚类原料增长到18.62%，较FCC操作增加10.75%。回炼操作，液化气产率达到30.23%，较FCC操作时分别增加16.70%；异丁烯、异戊烯及总异构烯烃的产率分别达到4.82%、5.36%及10.18%，与FCC操作相比分别增加3.36%、3.25%及6.61%；醚类原料增长到20.41%，较FCC操作增加12.54%。工业试验结束后，该装置一直按MIO工艺条件操作，累计运转2年零9个月，异构烯烃平均产率比常规催化裂化操作增加1.45倍，汽油辛烷值*RON*增加3个单位，为企业累计新增经济效益75150万元。

(6) MGD技术。工艺的目标是要从重油裂化生成尽量多的柴油和液化气，并使汽油中的烯烃转化、裂化气中含有更多丙烯。中型试验中，石蜡基的蜡油掺17%减压渣油为原料油，采用RGD催化剂，在MGD工艺条件下，汽油回炼时，液化气产率14.03%~16.11%，柴油产率25.98%~28.80%，裂化气含28.50%~31.30%的丙烯；汽油+重油回炼时，液化气产率20.86%~20.92%，柴油产率29.42%~31.08%，裂化气含29.53%~29.80%的丙烯。1999年4月，广州石化分公司设计处理能力为1.0Mt/a重油催化裂化装置，按照MGD技术要求进行了改造；1999年8月进行了MGD技术工艺部分标定，2000年6月开始使用MGD专用催化剂RGD-1进行了催化剂标定和MGD技术总结标定。与常规催化裂化工况相比，MGD技术标定工况柴油产率和液化气产率分别增加4.54和4.06个百分点，汽油研究法辛烷值和马达法辛烷值分别提高了0.2和0.8个单位，汽油荧光法烯烃含量降低了13.8个百分点，柴油十六烷值(计算)提高了0.8个单位。1999年9月，福建炼化公司处理能力为1.5Mt/a重油催化裂化装置，进行了MGD技术改造；1999年10~11月进行了MGD技术标定。MGD与常规催化裂化工况相比，柴油产率和液化气产率分别增加5.28和1.30个百分点，汽油研究法辛烷值和马达法辛烷值分别提高了0.7和0.4个单位，汽油荧光法烯烃含量降低了10.0个百分点，柴油十六烷值(计算)提高了2个单位。由于MGD技术可明显降低汽油烯烃含量，提高汽油辛烷值，并且实施容易、投资少、见效快，因而在广州石化和福建炼化催化裂化装置上工业应用之后得到广泛应用，陆续有32套催化裂化装置采用MGD技术，涉及各种催化裂化装置型式和不同种类的原料油，总加工能力达到30Mt/a。

工业实践表明：重质油裂解制轻烯烃系列技术作为传统轻油蒸汽裂解工艺的补充，由于它借鉴了流化催化裂化技术特点，技术成熟可靠，易于设计建设，可在现有催化裂化装置上适当改造即可实施，因而容易推广应用。从已取得的各项工业数据来看，该系列技术工业示范装置不仅已达到工业示范的预期目标，而且技术成果均具备了推广的条件。

重油催化裂解制取轻烯烃系列技术，自工业示范成功以来，推广应用成效显著。DCC技术自1990年工业化以来，在国内外已有12套工业装置投产，生产规模达18Mt/a。MGG、ARGG、MIO、MGD技术分别于1992年、1993年、1995年和2000年工业化以来，已在国内几十套工业装置投产应用。CPP技术于2000年工业化以来，工业装置规模已达500kt/a以上。

重质油裂解生产轻烯烃相关技术(包括DCC等系列)是我国炼油业最早申请国外专利，并获得授权专利的炼油技术之一。DCC在济南炼油厂工试成功以后，在我国召开了DCC学术研讨会，并组织国内外与会专家参观了济南工业试验现场，引起极大的兴趣。在1991年

AIChE 年会上，作了 DCC 的学术报告，及时在国际上报道了我国重质油裂解生产轻烯烃技术研究进展，引起关注。

1993 年，中国石化与美国石伟(Stone & Webster)工程公司就催化裂解技术转让达成协议，成为 DCC 技术在中国之外的商务代理。1994 年又与泰国 TPI 公司签署 DCC 技术使用许可协议，采用 RIPP 的专利技术和设计基础，由美国石伟工程公司进行工程设计，在泰国建设的国外首套 720kt/a DCC 商业化生产装置于 1997 年 5 月投产，实现了我国炼油成套技术首次出口。2004 年该装置规模扩大到 920kt/a，一直平稳运转至今，并始终使用中国石化的 DCC 专用催化剂。

2009 年采用 DCC 专利技术建成的沙特拉比格(Petro Rabigh)公司 4.60Mt/a 催化裂解装置，于 2009 年 5 月一次开车成功，已平稳运转了两年多，各项指标均达到或超出设计指标，其中丙烯产量达 950kt/a，被用户形象地誉为“丙烯发生器”。并于 2011 年 8 月开始使用新开发的 DMMC-1 催化剂。2012 年 2 月 27 日顺利通过验收。这是目前世界最大的重质油裂解多产丙烯生产装置。DCC 工艺和催化剂在全球最大的烯烃装置上获得应用，标志着中国石化 DCC 技术在多产低碳烯烃领域保持了世界领先的技术优势。

1992 年在 AIChE 年会上中国石化代表作了 MGG 的学术报告。相隔 10 年，在 2002 年 3 月 12 日 AIChE 年会上，开发单位又作了“Catalytic Pyrolysis Process- An Upswing of RFCC for Light Olefins Production”的学术报告，受到国际石油公司同行的重视。2003 年 4 月 23 日在新加坡 PCS 召开了炼油新技术研讨会，CPP 技术开发单位被应邀作了报告，2003 年 5 月在布达佩斯召开的欧洲第四届石油化工大会上，美国石伟工程公司在大会上介绍了 CPP 技术。在巴西召开的第十七届世界石油大会上，专门有一个生产低碳烯烃的 FORUM，其中 CPP 技术又被邀作了宣讲报告。CPP 技术，2009 年已与美国石伟工程公司达成协议，在境外作为 RIPP 专利技术的独家代理商。国际技术交流合作表明，我国自主开发的重质油裂解多产轻烯烃技术呈现良好的推广前景。

回顾重油制取轻烯烃工艺系列技术开发应用历程，实现技术创新研发的经验也值得借鉴。

其技术研发历程，凝聚了集体智慧，充分体现了科研、设计与生产结合。重油制取轻烯烃工艺系列技术，从构思、研发到工业化、推广应用，历经十多年时间。技术研发涉及：催化反应机理、催化剂合成及工艺探索试验，配套分子筛及催化剂的构思、研制、创新、改进、评价和工业化生产，反应器型式、催化裂化技术改进和工艺条件优化，申请国内外发明专利、获得专利授权和知识产权保护；经历了小试阶段性成果及专家评议鉴定，进行催化剂中试放大和工艺中试研究，中试阶段性成果专家评议鉴定，工程设计技术研究与改进，工业试验选点，组织进行首次工业示范试验，工业试验标定，对工业化成套技术组织技术鉴定，开展专项技术经济评估，开展技术推广应用服务等技术转化历程。可以说走过了一条结合国情，严谨、科学、求实、技术创新和集成的发展之路。

重质油裂解制轻烯烃系列技术与石脑油蒸汽裂解相比，由于采用了自主开发的催化剂，大大降低了反应活化能，使反应温度、蒸汽耗量降低，裂解转化在较低的苛刻度下进行，能耗较低。但相比于常规的催化裂化，加工重质原料时由于裂解深度加大，转化苛刻度显著提高，装置在重质原料油雾化、分散、油剂接触、传质、反应环境、快速分离、防止结焦、裂解气压缩与精制、产品物流的高效低耗的分离等各方面都对工程技术研发、装置设计和操作运行提出了更为严苛的要求。诸如DCC、ARGG和CPP等工艺，裂解产气量高，反应压力低，注汽量大，装置的反应-再生、分馏、吸收稳定(或烯烃分离)以及烟气系统，都较同等处理量的常规催化裂化装置设备容量增加很多。因此解决在工程化方面的问题也十分重要。设计部门在催化裂化技术基础上，进一步提出了针对重质油裂解制轻烯烃工程设计的新理念，并较好地解决了现有催化裂化装置改造、新工艺装置设计和保证装置长周期运转的工程技术方面问题。

五、经验和启迪

重质油裂解制轻烯烃系列技术在科技开发和成果转化上，其值得借鉴的成功经验在于：

(1) 根据国情制订科学决策。新工艺开发要有前瞻性和预见性，前期研究必须有坚实的化学基础，立足于实验室探索。选题立项起，依据炼油将向石油化工延伸的发展趋势，领导高度重视，正确决策判断，汇集专家意见，选定研究课题，把握研究方向，明确研究目标，制定研发方案，及时组织实施。早在1986年中国石化总公司技术经济顾问委员会会议上，基于石脑油原料短缺以及丙烯市场需求增加等因素的考虑，提出用流化床的方法裂解重油生产烯烃的建议，并组织专家论证。随后这一项目被列入RIPP“七·五”科研发展规划中，并及时对研究力量、试验装备、科研计划作出相应调整，着手实验室研究，加紧建设中试装置，组织中型放大试验。

(2) 科研与生产、市场紧密结合。坚持依据市场调研和企业需求，从当时生产企业、市场实际对液化气、丙烯和高辛烷值汽油等产品需求出发，规划研究课题，确定科研目标，构思研发路线，分解研究任务，统筹协同研究、设计、生产单位，选定工业示范试验企业，深入装置现场，有针对性落实放大试验研究、装置设计改造和工业试验方案，组织工业标定，验证中试结果，加快新技术成果的技术延伸开发和工业转化进程。

(3) 依据科技发展规律，坚持探索一批、开发一批、工业化一批、推广一批的科研发展规划。在总结前人的基础上，寻求切入点；重视新材料，例如新型结构的分子筛、纳米材料等的开发和应用探索；在交叉学科中寻求创新，坚持不断开拓思路，技术不断创新发展。由于RIPP在催化剂研发和催化裂化工艺研究上基础好，提出了对催化裂化以重质油为原料生产丙烯为主的轻烯烃工艺全新构想，在技术开发之前已经进行过这方面的基础探索研究工作，使得重油催化裂化生产低碳烯烃的工艺研究和催化剂试制以相对较快的速度取得成功；并鉴于催化剂与工艺研究协调和同步，工艺研究与设计院工程放大及时衔接，催化裂化工程设计和开工经验，致使重质油裂解制轻烯烃技术开发不断延伸形成了系列技术。

(4) 从实验室到工业转化有效衔接。有了新构思，需要大量的探索实践，来证实它的可能性。研究单位工艺研究的成果是提供设计所需的工艺包(Design Package)或基础设计(Basic Design)；但目前大部分研究单位只能提供设计基础(Design Bases)，设计基础的内容应与设计单位讨论协商取得共识。理论和基础研究，从微反到热模的小试大都在院校进行，而中试规模(Pilot Plant)工作大多在企业研究院进行，基础设计、详细设计到工程设计大都由工程公司完成，基础研究、工艺研究和工程研究三者必须有机机结合。研究单位、工程设计单位与企业的密切协作是成果转化关键，选好示范单位非常重要。

(5)依托有效的组织形式协同创新。化学工程与工艺的开发属于集体创新，需要有好的团队，需要发挥集体智慧，发挥每个成员积极性和创造性。企业与技术管理部门往往起到决定性作用。中国石化的“十条龙”攻关，RIPP 内组织“矩阵”，精心组织，分工协作，发挥参与各方各自优势，实践证明是重大技术项目开发十分有效的组织形式。它明确各方目标、责任、任务和工作进度，兼顾各方利益，调动各方积极性，形成了催化剂、工艺和产品分析研究，研究、设计单位和生产企业一体化协同攻关；它通过小试、中试研究充分论证，催化剂放大生产、工业试验前组织专家充分评议，及时调整研究任务与进度；为确保工业试验装置技术改造如期完成和工试顺利进行，成立工艺工试领导小组和现场指挥小组，并组织好人员技术培训，科研设计人员深入现场服务，确保试运一次成功，取全工业标定数据，如期取得工业应用成果。

（6）因地制宜，因时制宜，多元化发展。依据不同企业，原料资源、产品需求、装置条件不同，研定不同技术经济目标；原料多元化是因地制宜的、市场导向是因地因时制宜的，要以工艺的多元化应付原料和市场需求的多元化；坚持从企业与市场需求出发，不断充实技术开发内容，不回避技术实施风险，依据科学实验和数据，采取切实的技术改进措施，提高技术适用性，形成了工艺和催化剂、产品利用、改造设计研究技术集成开发。

世界乙烯原料结构中，目前石脑油、轻烃仍占主要地位。从全球蒸汽裂解原料的供求关系上看，蒸汽裂解的主要原料也仍将是以轻烃为主。由于各地区拥有资源不同，乙烯原料构成有较大差异，北美和中东地区仍将以轻烃原料为主，亚太和西欧地区仍将以石脑油为主要原料。

尽管用轻烃裂解生产乙烯成本最低，但副产丙烯很少。重质油裂解生产轻烯烃技术，是将重质油转化为高附加值的轻烯烃和芳烃料，生产市场资源不足的乙烯、丙烯、碳四及芳烃料，是以重质原料发展石油化工的有效途径之一。重油生产轻烯烃技术已成为催化裂化的家族技术。从生产清洁燃料考虑，不但催化裂化汽油、煤油、柴油应该符合清洁燃料新标准，而且在城市大量使用天然气以后，从国际上原油资源的整体利用考虑，用重质原料生产轻质烯烃和芳烃是一条合理的技术路线。

发挥油化一体化优势，提高资源综合利用率，是未来炼油厂发展趋势。油化一体化是未来全球乙烯工业发展主流。重质油裂解生产轻烯烃将是炼油-化工一体化集成或组合技术之一，预期重质油裂解生产轻烯烃应用规模将不断扩大。目前国内已建成 DCC 最大装置为 900kt/a，在建和投产的为 2.20Mt/a；而在国外，泰国已建成的 DCC 装置为 900kt/a，拟建 1.50Mt/a，印度已开工的为 2.20Mt/a，沙特已建成的 DCC 装置为 4.60Mt/a。

重油生产轻烯烃技术尚有进一步完善提高的问题。重油裂解制轻烯烃技术本身，无论从工艺、工程设计、催化新材料、催化剂、节能等方面，还需要不断完善和提高。通过产学研结合，进一步加强技术集成，整合形成具有自主知识产权的新技术优势，以利于提高市场竞争力，并更好地带动国内装备制造等相关产业发展。

参 考 文 献

[1] 杨上明．我国乙烯工业发展思路及建议[J]．当代石油石化，2003，11(4)：17-21.

[2] 潘元青，王阳．乙烯供需现状及发展趋势[J]．石化技术与应用，2002，20(1)：39-42.

[3] 中国步入大乙烯时代[EB/OL]．中国经济信息网，http：//www.cpcia.org.cn/html/124/189912/124988.html，2013-03-12.

[4] 钱伯章，李敏．国内外乙烯供应分析[J]．中国石油和化工经济分析，2012(12)：32-35.

[5] 肖冰. 中国丙烯工业未来发展趋势[J]. 当代石油石化，2013(4)：4-9.
[6] 钱伯章. 我国乙烯工业现状及发展趋势[J]. 上海化工，2013，38(10)：36-39.
[7] 王红秋，郑轶丹. 丙烷脱氢生产丙烯技术进展[J]. 石化技术，2011，18(2)：63-66.
[8] Woebcke H N，Bhojwani A H，Gartside R J，et al. Stone & Webster Engineering Corp. Thermal Regenerative Cracking (TRC) process：The United States，US4318800[P].
[9] 何素珍. 催化裂解工艺是国内乙烯原料多元化的必由之路[J]. 石油化工技术经济，2005(6)：15-17.
[10] 刘雪斌，朱海欧，葛庆杰等. 烃类选择氧化制低碳烯烃的研究进展[J]. 化学进展，2004，16(6)：900-910.
[11] 韩国SK公司/美国KBR公司加快先进催化烯烃(ACO)技术推广[J]. 石油炼制与化工，2011，32(3)：46.
[12] 孟凡东，王龙延，郝希仁. 降低催化裂化汽油烯烃技术——FDFCC工艺[J]. 石油炼制与化工，2004，34(8)：6-10.
[13] 杨朝合，山红红，张建芳. 两段提升管催化裂化系列技术[J]. 炼油技术与工程，2005，35(3)：28-33.
[14] 钱伯章. 重油催化裂解制烯烃新工艺[J]. 天然气与石油，2006，24(2)：65.
[15] 孟凡忠. 炼油技术新近进展[J]. 化学工业，2012，30(5)：16-18，29.
[16] 马永乐，王军峰，喻辉等. 流化催化裂化生产丙烯技术分析[J]. 石油炼制与化工，2011，42(10)：13-17.
[17] Miller R B，Niccum P K，Claude A，et al. MAXOFIN™：A novel FCC process for maximizing light olefins using a new generation ZSM-5 additive[C/CD]. 1998 NPRA Annual Meeting，AM-98-18. San Francisco，California USA，1998-03-16.
[18] 顾道斌. 增产丙烯的催化裂化工艺进展[J]. 精细石油化工进展，2012，13(3)：49-54.
[19] Soni D，Rao M R，Saidulu G，et al. Catalytic cracking process enhances production of olefins[J]. Petroleum Technology Quarterly，2009(4)：95-100.
[20] 沈菊华. Shell开发增产柴油和丙烯的FCC工艺[J]. 石油化工技术经济，2008，24(6)：46.
[21] 白颐. 条条大路通烯烃[J]. 中国石油石化，2011(13)：46-49.

第二章 工艺过程反应化学

催化裂化过程反应就是将原料大分子烃类裂解为产品小分子烃类，催化裂化反应的活化能比热裂化反应的活化能显著地降低，前者的活化能约为80kJ/mol，而后者的活化能约为250kJ/mol。在相同反应温度下，催化裂化的反应速率远高于热裂化反应速率，并且目的产品也存在明显的差异。催化裂化过程所涉及到的主要反应是以气相分子在固体酸催化剂表面上进行的，其特征为吸热反应和熵增大的过程。从热力学观点来看，较高的反应温度和较低的反应压力有利于烃类的催化裂化反应，典型的催化裂化工艺参数是提升管出口温度为500~530℃，反应压力为0.2~0.4MPa。过高的反应温度导致显著的非选择性裂化反应发生，从而干气产率明显地增加。

在催化裂化工艺过程中，原料油首先与高温热固体催化剂接触并气化形成高温油气，然后油气在固体催化剂上发生催化反应，形成一个相当复杂的反应体系。由于原料是由烷烃、环烷烃和芳烃组成的，而产品中富含烯烃。因此，以烷烃、环烷烃、烯烃和芳烃在固体催化剂上发生的主要催化反应类型入手，可以将催化裂化工艺过程的复杂反应体系进行简化，从而有利于对催化裂化工艺过程的反应化学认识。烷烃、环烷烃、烯烃和芳烃在固体催化剂上发生的主要催化反应类型见图2-0-1[1]，其中这些催化反应所涉及的反应机理将在随后的章节中再进行详细论述。

烷烃 —裂化→ 烷烃 + 烯烃

环烷烃
- —裂化→ 烯烃
- —脱氢、氢转移→ 环烯烃 —脱氢、氢转移→ 芳烃
- —异构化→ 带不同环的烷烃

芳烃
- —侧链裂化→ 芳烃 + 烯烃
- —烷基转移→ 不同烷基芳烃
- —脱氢、氢转移、缩合→ 多环芳烃 —脱氢、氢转移缩合→ 焦炭

烯烃
- —裂化→ 烯烃
- —环化→ 环烷烃
- —异构化→ 异构烯烃 —氢转移→ 异构烷烃
- —氢转移→ 正构烷烃
- —氢转移→ 异构烷烃 + 芳烃
- —环化、氢转移、缩合→ 焦炭
- —烷基化→ 异构烷烃或烷基芳烃

图2-0-1 烃类在固体酸性催化剂上发生的主要催化反应

从图 2-0-1 可以看出，原料中的烷烃、环烷烃和芳烃侧链都会发生 C—C 键断裂反应，因而烃类的断裂反应为催化裂化过程最基本也是最重要的初级反应，这部分将在随后的章节中再进行详细论述。除初级断裂反应外，其他较重要的反应就是烯烃的裂化、环化、异构化、氢转移与叠合、环烷烃脱氢与异构化和芳烃缩合与烷基转移等反应，这些反应也将在随后的章节中再进行详细论述。

涉及催化裂化反应的一些热力学数据汇总于表 2-0-1[2]。尽管热力学数据在预测反应发生的可能性和设计合理的工艺参数通常是极其有用的，但是这些热力学数据对催化裂化反应的影响似乎作用不大，这是由于催化裂化工艺所发生的最重要的裂化反应不受热力学平衡限制。然而这些热力学数据可以了解在催化裂化工艺条件下可能进行的化学反应，并可以预测几个重要的二次反应发生的可能性及合理的工艺参数选择。

表 2-0-1　催化裂化过程中主要催化反应的热力学数据

反应种类	反应式	$\lg K_E$(平衡常数)			反应热/(kJ/mol)
		454℃	510℃	527℃	510℃
裂化	$n-C_{10}H_{22} \longrightarrow n-C_7H_{16}+C_3H_6$	2.04	2.46		74.55
	$i-C_8H_{16} \longrightarrow 2C_4H_8$	1.68	2.10	2.32	78.30
氢转移	$4C_6H_{12} \longrightarrow 3C_6H_{14}+C_6H_6$	12.44	11.09		-255.11
	环 $C_6H_{12}+3i-C_5H_{10} \longrightarrow 3C_5H_{12}+C_6H_6$	11.22	10.35		-170.37
异构化	$i-C_4H_8 \longrightarrow t-2-C_4H_8$	0.32	0.25	0.09	-11.34
	$n-C_4H_{10} \longrightarrow i-C_4H_{10}$	-0.20	-0.23	-0.36	-7.95
	$o-C_6H_4(CH_3)_2 \longrightarrow m-C_6H_4(CH_3)_2$	0.33	0.30		-3.04
	环 $C_6H_{12} \longrightarrow CH_3$-环 C_5H_9	1.00	1.09	1.10	14.57
烷基转移	$C_6H_6+m-C_6H_4(CH_3)_2 \longrightarrow 2C_6H_5CH_3$	0.65	0.65	0.65	-0.51
脱烷基	$i-C_3H_7C_6H_5 \longrightarrow C_6H_6+C_3H_6$	0.41	0.88	1.05	94.44
环化	$i-C_7H_{14} \longrightarrow CH_3$-环 C_6H_{11}	2.11	1.54		-88.34
脱氢	$n-C_6H_{14} \longrightarrow 1-C_6H_{12}+H_2$	-2.21	-1.52		130.27
叠合	$3C_2H_4 \longrightarrow 1-C_6H_{12}$			-1.2	
烷烃烷基化	$1-C_4H_8+i-C_4H_{10} \longrightarrow i-C_8H_{18}$			-3.3	

从表 2-0-1 可以看出，催化裂化过程反应中既有吸热反应又有放热反应，而不同的烃分子反应所吸收或放出的热量也不同。因此，石油馏分裂化所需要的反应热大小与原料组成、反应条件及转化深度密切相关。通常，在低转化率以裂化和脱烷基等吸热反应为主时，需要的反应热大；而在高转化率时，一些放热反应如氢转移、环化、缩合等逐步增加，从而可使需要的净反应热相应减少。

从热力学角度分析，将烃类在常压，反应温度为 400~500℃下发生催化裂化反应分为三类，第一类是平衡时基本上进行了完全的反应(超过 95%)，如长链烷烃或烯烃的裂化及环烷烃与烯烃间的氢转移；第二类是平衡时进行不完全的反应，如异构化反应及烷基转移等反应，对这类反应从平衡值观察其差异可能具有动力学意义；第三类是第一类反应的逆反应，在催化裂化工艺条件下很少发生的。

第一节　正碳离子化学

研究和理解催化裂化工艺过程反应化学就要涉及到最基本的化学理论，即正碳离子(Carbocations)化学理论。正碳离子化学的研究已历经百年，作为一种合理地揭示碳氢化合物反应科学的完整方法已被广泛地接受，是正确理解催化裂化过程反应化学的基础知识。正碳离子化学提供了一种合理地揭示碳氢化合物反应科学的完整方法，从而成为整个20世纪日益发展起来的深奥的碳氢化合物反应科学知识的基础。正碳离子化学围绕着两种正碳离子：一种是经典的正碳离子 R_3C^+，早被广泛接受的一种形式；另一种是20世纪70年代所发现的非经典的 R_5C^+ 型正碳离子。尽管 R_3C^+ 型正碳离子的概念通常归结于 Baeyer 和 Villiger[3]，实际上，Stieglich[4]可能在19世纪末就提出了此概念。不过由于大多数烃类的非离子态本质，而且电化学活化烃非常困难，因此此概念长期以来一直被科学家所拒绝，但直到20世纪20年代初正碳离子反应中间体的概念才被 Meerwein[5]在解释莰烯在液相中进行 Wagner 重排的工作中重新提出。随后30年代几个从事有机反应的科学家在支持此概念的过程中起到了主要作用，尤其 Whitmore[6]对正碳离子概念的推广作出了巨大的贡献：1932年在烯烃聚合和芳烃与烯烃烷基化反应过程中提出了正碳离子作为反应的中间体参与反应，随后，又提出正碳离子作为反应的中间体可能参与催化裂化反应[7]。他还提出1和2位转移来解释重排反应。1934年，他还断言酸性位是正碳离子产生的活性中心，尽管当时并不接受此观点[8]。到20世纪40年代末，一些研究者基于 Whitmore 的研究，开始以正碳离子为理论基础来解释催化裂化过程中涉及的一些反应。Hansford[9-10]在1947年首先基于正碳离子提出裂化反应机理。1950年前后，Hansford[11]、Greensfelder[12]和 Thomas[13]解释了固体催化剂上的负氢离子转移和氢转移反应。Thomas 认为硅铝化合物的酸性来源于其内部铝氧四面体中三价铝的存在。20世纪50、60年代，Olah 在超强酸介质中制备了比较持久的正碳离子。在超强酸介质中正碳离子寿命长、可直接观察，甚至可以直接滴定，从而使正碳离子的概念由假说变成现实。1972年，Olah[14]建议至少含有一个碳三配位(经典结构)的离子应该称为 carbenium 离子，而至少含有一个碳五配位(非经典结构)的离子应该称为 carbonium 离子。国际化学和应用化学联合会(IUPAC)在1987年认可了该定义。1984年，Haag 和 Dessau[15]提出了以五配位正碳离子反应机理来解释烷烃的催化裂化反应。经典正碳离子(carbenium ion)在不饱和烃 π 电子给予体的亲电反应中扮演着重要角色。而非经典正碳离子(carbonium ion)则是饱和烃 σ 电子给予体亲电反应优选的中间体。

一、正碳离子的类型及形成

(一)正碳离子类型(Carbenium 和 Carbonium 离子)

研究正碳离子最好的工具是采用核磁共振的方法，很多科学家(特别是 Olah)都是采用核磁共振的方法来研究在超强酸溶液中的各种有机化合物。从超强酸体系中所得到的正碳离子[即 $(CH_3)_3C^+SbF^-$]质子共振谱图表明质子发生显著的迁移，而在较弱的酸中所得到正碳离子(即叔丁基氟氧化物)质子不存在着显著的迁移。^{13}C 的核磁共振谱证实 Canbenium 是稳定的正碳离子，并不是给予-接受复合体。在研究了这些质子波谱以及饱和烃在超强酸介质中发生的变化后，Olah 确定了两种类型的正碳离子，如图2-1-1a 和图2-1-1b 所示。

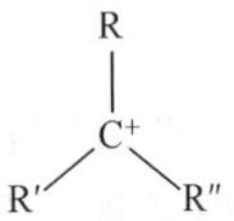

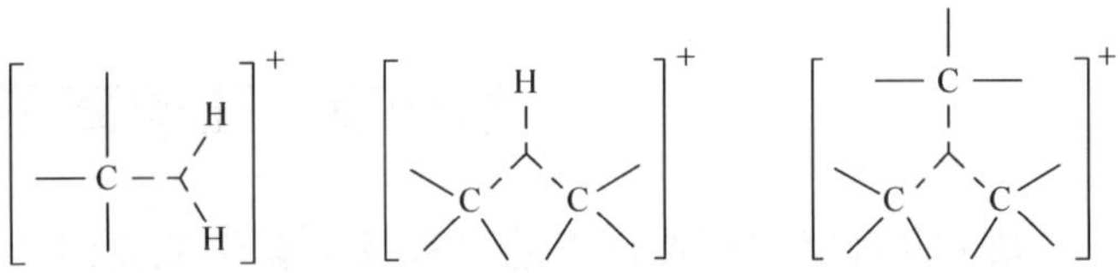

(1)1C2H　(2)2C1H　(3)3C

图 2-1-1a　CH_3^+正碳离子　　图 2-1-1b　非经典正碳离子

(1) 三配位正碳离子(经典正碳离子)是一个中心缺电子的碳原子离子结构(如图 2-1-1a)。其结构是具有一个平面结构，中心碳原子和周围三个原子的键是通过 sp^2 杂化键结合在一起，不存在着特殊的空间结构限制。

(2)五配位正碳离子(非经典正碳离子)通常是不稳定的，碳与 8 电子以价环的方式形成五配位结构，价环是由 3 个单一的 σ 键和一个包含 3 个原子中心和 2 个电子的“特殊键”所构成的，如图 2-1-1b 所示。由正电荷中心(质子和正碳离子)亲电攻击 σ 键所形成的一个 3 个原子中心和含 2 个电子键的非经典正碳离子分为三种类型，分别表示为 1C2H[图 2-1-1b(1)]、2C1H[图 2-1-1b(2)]和 3C[图 2-1-1b(3)]。

(二) 正碳离子的形成

1. 经典正碳离子的形成

(1)B 酸质子 H^+(Proton)从饱和烃中抽取一个负氢离子 H^-(Hydride Ion)，形成 H_2。

对于烷烃，其正碳离子生成的反应式如下：

$$C_nH_{2n+2}+H^+S^- \longrightarrow (C_nH_{2n+1})^+S^-+H_2$$

这里 S 是酸的共轭碱。

此反应机理是 C—H 键的质子化反应，涉及先形成一个 3 个原子中心和 2 个电子的特殊键(非经典正碳离子)，然后断裂形成一个经典正碳离子和氢分子。C—C 键也可以经历质子化反应生成一个较小的正碳离子和烷烃，反应方程式如下：

$$C_nH_{2n+2}+H^+ \longrightarrow (C_nH_{2n+3})^+ \longrightarrow (C_iH_{2i+1})^+ + C_{n-i}H_{2(n-i)+2}$$

在烷烃催化裂化过程中，首先可以检测到低碳烷烃的生成，至少部分可以通过此机理来解释。

(2) Lewis 酸 L 或另一个正碳离子 R^+从饱和烃中抽取一个负氢离子 H^-。

由 Lewis 酸性位 L 抽取一个负氢离子 H^-作为一种可能性很早就提出，其正碳离子生成的反应式如下[16-18]：

$$R—CH_2—CH_2—CH_3+L^+ \longrightarrow R—CH^+—CH_2—CH_3+L—H$$

不幸的是上述假设缺乏实验证据或者说只是基于一些难以完全信服的实验论证，从而难以接受此方式形成的正碳离子[2]。例如，Lewis 固体酸如 $AlCl_3$在烷烃异构化反应过程中只有在少量水即产生质子酸，或是烯烃、氯化烷烃存在时才具有活性。相反，由一个正碳离子(相当于一个 Lewis 酸)抽取一个氢离子的反应是熟知的，并被广泛接受，其反应如下：

$$R—CH_2—CH_2—CH_3+R^+ \longrightarrow R—CH^+—CH_2—CH_3+R—H$$

(3) 从烯烃中抽取一个负氢离子。

从烯烃中抽取一个负氢离子与一个质子反应生成氢分子，或者与一个正碳离子反应，造成此正碳离子解吸生成烷烃。两者的正碳离子生成的反应式如下：

$$R—CH_2—CH=CH_2+H^+ \longrightarrow R—CH^+—CH=CH_2+H_2$$

$$R—CH_2—CH═CH_2+R—CH^+—R \longrightarrow R—CH^+—CH═CH_2+R—CH_2—R$$

形成的烯丙基经典正碳离子要比相对应的饱和烃基经典正碳离子稳定得多。

(4) 引入一个质子或一个正碳离子到具有双键或三键的不饱和烃分子。

对于烯烃，在催化剂上的酸质子作用下，其正碳离子生成的反应式如下：

$$R_1CH═CHR_2+HX \rightleftharpoons R_1CH^+CH_2R_2+X^-$$

对于芳烃，在催化剂上的酸质子作用下，其正碳离子生成的反应式如下：

$$C_6H_5CH_2CH_2R+HX \rightleftharpoons [C_6H_6(CH_2CH_2R)]^+ + X^-$$

当一个正碳离子引入到烯烃分子时，优先生成新的正碳离子部位是质子电荷位于取代基最多的碳上，从而所生成的新正碳离子要比原正碳离子稳定得多，其正碳离子生成的反应式如下：

$$R—CH═CH_2+R'+\longrightarrow R—CH^+—CH_2—R'$$

芳烃的芳香环和正碳离子也可以发生类似的反应。在烃类的多数反应过程中都涉及到此类型反应，因此，该类型反应被广泛地接受。炔烃在酸性催化剂上生成的正碳离子途径与烯烃和芳烃相似。

(5) 经典正碳离子的断裂、烷基化和非经典正碳离子的断裂。

正碳离子的β断裂会生成较小的正碳离子和烯烃分子，其反应式如下：

$$(C_nH_{2n+1})^+ \longrightarrow (C_mH_{2m+1})^+ + C_{n-m}H_{2(n-m)}$$

此反应是正碳离子与烯烃发生烷基化的可逆反应。

非经典正碳离子的断裂可以形成一个较小的经典正碳离子和一个烷烃分子。

2. 非经典正碳离子的产生

通常情况下，由于σ(C—H)键和σ(C—C)键的弱碱性，在环境温度或低于环境温度下，超强的酸或是亲电试剂进攻σ(C—H)键和σ(C—C)键，生成非经典正碳离子。非经典正碳离子是由不同类型的亲核电子(nuleophilic)攻击而产生的，其生成方式如下。

(1) 质子H^+对烷烃分子的σ(C—H)键和σ(C—C)键攻击，生成一个三中心两电子键的五配位正碳离子，其正碳离子生成的反应式如下：

$$R_nH_{2n+2}+HX \rightleftharpoons R_nH_{2n+3}^+ + X^-$$

由质子进攻σ(C—H)键生成一个3个原子中心和含2个电子的特殊键1C2H，如图2-1-2(a)所示；由质子进攻σ(C—C)键形成一个3个原子中心和含2个电子的特殊键2C1H，如图2-1-2(b)所示。

(2) 经典正碳离子对烷烃分子σ(C—C)键攻击，生成一个三中心两电子3C型假设键或者经典正碳离子对氢分子的攻击，生成一个3个原子中心和含2个电子的特殊键1C2H。3C型键结构如图2-1-2(c)所示，其中3个原子中心是3个C原子，而1C2H键如图2-1-2(a)所示。目前只有实例认可质子或是经典正碳离子激活C—H键，经典正碳离子激活H—H键，或质子激活C—C键。五配位正碳离子是一种高能量正碳离子，很容易发生裂化反应生成烷烃或氢分子和与之补偿的三配位正碳离子，其反应式如下：

$$C_nH_{2n+3}^+ \rightleftharpoons C_nH_{2n+1}^+ + H_2$$

$$C_nH_{2n+3}^+ \rightleftharpoons C_{n-m}H_{2(n-m)+1}^+ + C_mH_{2m+2}$$

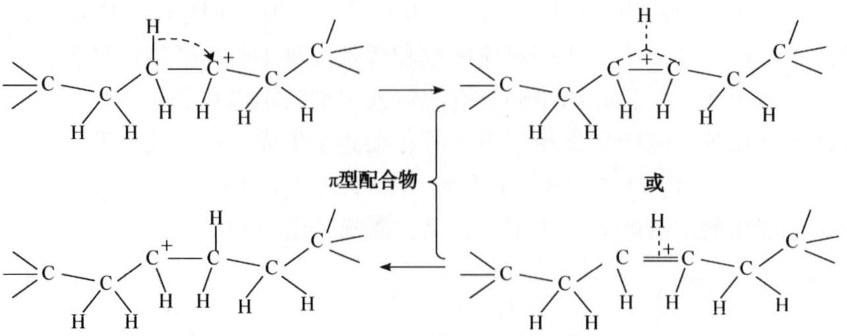

(a) 由π配合物中间体进行的H转移

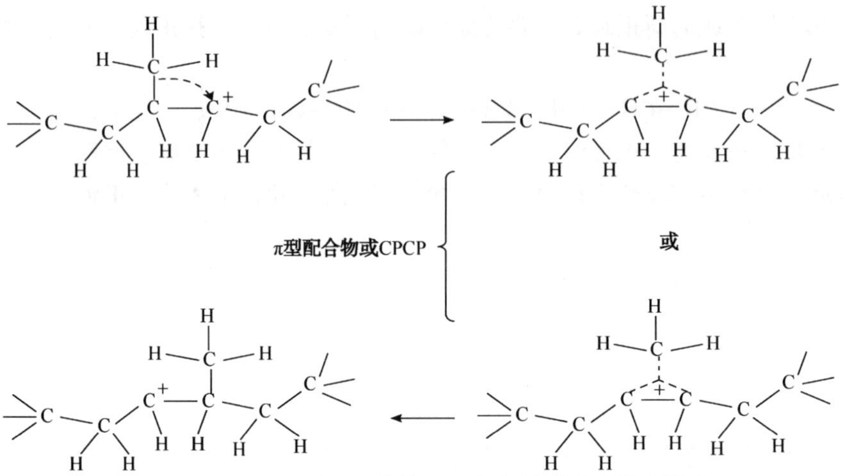

(b) 由π配合物(或CPCP离子)中间体进行的甲基转移

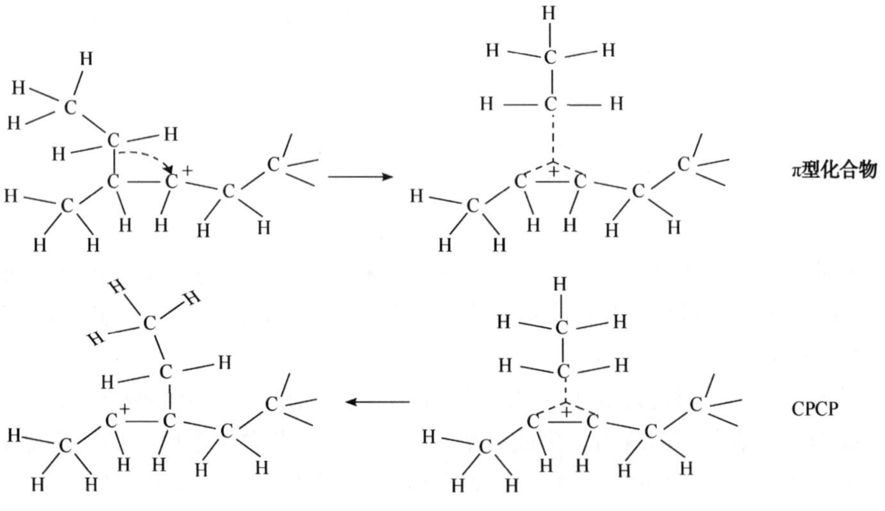

(c) 乙基的迁移伴随着主链上碳原子数目的改变

图 2-1-2　A 型同分异构反应

五配位正碳离子有可能存在另一种断裂方式，即发生裂化反应生成烯烃和一个较小的五配位正碳离子，其反应式如下($C_nH_{2n+3}^+$)：

$$C_nH_{2n+3}^+ \longrightarrow C_{n-m}H_{2(n-m)+3}^+ + C_mH_{2m}$$

二、正碳离子稳定性

对于饱和经典正碳离子，叔正碳离子要比仲正碳离子稳定得多，而仲正碳离子要比伯正碳离子稳定得多，最不稳定的正碳离子为 CH_3^+。在气相或溶液状态下，甲基和乙基正碳离子，仲丙基仲正碳离子 $s\text{-}C_3H_7^+$ 和叔丁基叔正碳离子 $t\text{-}C_4H_9^+$ 之间能量的差异列于表 2-1-1[19]。

表 2-1-1　伯、仲、叔正碳离子稳定性之间的差异

能量差别/(kcal/mol)	Franklin		Franlin-Lumpkin	Oosterhoff		Franklin
	气相	溶液	气相	气相	溶液	气相
$C_2H_5^+/CH_3^+$	38	31	36	34	30	33
$s\text{-}C_3H_7^+/C_2H_5^+$	36	28	30	32	28	31
$t\text{-}C_4H_9^+/s\text{-}C_3H_7^+$	22	16	18	13	8	20

尽管不同作者所得到的数据有所差异，但这些离子稳定性的相对大小数量级为：

$$叔碳(CR_3^+)>仲碳(CR_2^+H)>>伯碳(CRH_2^+)>>>甲基碳(CH_3^+)$$

正碳离子随着携带电荷的碳原子的取代基数目的增加而稳定性增强，对于骨架相同烃类的正碳离子，叔基和仲基之间稳定性差异为 54kJ/mol，而仲基和伯基之间的差则为 71kJ/mol。在烷基正碳离子 $C_4H_9^+$ 中，叔丁基叔碳离子稳定性分别大于仲丁基仲正碳离子、异丁基伯正碳离子和正丁基伯正碳离子，其稳定性差异分别为 67kJ/mol、130kJ/mol 和 138kJ/mol。由此可以看出，正碳离子稳定性取决于正碳离子中带电荷碳原子的取代度；正碳离子中碳数目的多少；烷基取代基的类型，尤其是位于正碳离子 β 位的取代基 C—C 键数目：如乙基取代基要比甲基取代基对正碳离子稳定性贡献大。正碳离子的本征反应活性显然是与其稳定性相反的，如夺取负氢离子，伯正碳离子反应活性要比仲正碳离子大得多，相应地大于叔正碳离子。

非经典正碳离子的稳定性规则大体与经典正碳离子相类似。烷基非经典正碳离子的稳定性随着分子中碳数的增加和带电荷碳上取代基数目的增加而增加。例如，甲烷、乙烷、丙烷和丁烷在气相中质子化的亲和力分别是 532kJ/mol、552 ~ 588kJ/mol、619 ~ 640kJ/mol 和 687 ~ 698kJ/mol。非经典正碳离子本质上是不稳定的，大部分非经典正碳离子处于极其短寿命的激发态，除了极少数外，对非经典正碳离子稳定性与经典正碳离子稳定性进行比较是非常困难的。

三、正碳离子主要反应机理

分子内的单分子机理和分子间的双分子机理是涉及经典正碳离子的两种主要类型的反应机理，单分子反应机理涉及异构化、β-断裂、自烷基化的环化；而双分子反应机理涉及到质子迁移、负氢离子转移、烷基化(聚合作用)。

(一) 正碳离子异构化反应

正碳离子的异构化反应可划分为以下三种类型：I_1——正电荷中心位置因负氢离子转移而产生改变，而含离子骨架碳未发生改变；I_2——异构反应是由烷基 R^- 转移而发生的，造成含离子骨架碳发生改变，但支链度没有改变；I_3——异构反应主要是正碳离子骨架发生重排反应，伴随着支链度的改变。从 I_1 到 I_3，异构化反应速率快速降低。这三种异构化反应通

常情况也可以分成A和B两大类[20-21]：类型A的异构化反应没有改变含骨架碳的支链度(I_1和I_2)；类型B的异构化反应改变了含骨架碳的支链度(I_3)。

1. 异构化反应I_1——负氢离子迁移

随着一个中间过渡状态的生成开始，类型A的重排反应就随之发生，其中负氢离子在两个相邻碳之间形成桥键，以负氢离子转移到原带正电荷碳上而结束。

图2-1-2(a)末端位置上的两种典型的正碳离子形态在转化过程中是最稳定的，这两种正碳离子称为“σ配合物”。而桥形的中间体(即π配合物)的稳定性略差一些，但也位于能量位势的低位。1，2迁移发生很快，其速率取决于开始和最终碳的类型，递减顺序如下：T-T>T-S>S-S(其中S表示仲碳离子；而T表示叔碳)。

1，3迁移将涉及到一个过渡状态，其中氢在1和3碳之间形成了一个简单的桥键，即为质子化环丙烷结构，因为这样具有较低的势能。1，3迁移肯定要比1，2迁移慢，因而其存在可能性小。从一般情况来看，1，2和1，3迁移都属于1，n迁移的范围。对于在石油炼制和石油反应过程中大部分的分子结构，1，2迁移反应是最主要的转移反应，负氢离子转移的速度要比烷基基团快得多。

2. 异构化反应I_2——烷基迁移

和前面的例子一样，烷基R^-迁移属于1，n迁移范围。1，2迁移是最普遍的，而1，3迁移也要考虑。发生1，2迁移的R^-基团涉及到下列一系列基本步骤，如图2-1-2(b)所示，由一种σ型离子配合物经一种π型配合物转变成另一种σ型离子配合物，同时伴随着正电荷迁移方向与烷基迁移相反。

甲基的迁移相对比较容易，因为它所对应的能垒只有5kJ/mol，但仍然要比负氢离子转移慢得多并且难得多。烷基基团的迁移速率递减顺序为：$CH_3^- > C_2H_5^- > C_3H_7^- > i\text{-}C_3H_7^- > t\text{-}C_4H_9^-$，这个顺序刚好和它们的电负性一致和空间位阻方向相反[22]。

3. 异构化反应I_3——主链上正碳离子的骨架重排

在一些情况下，一个属于主链上的烷基的迁移会造成主链碳数的改变，如图2-1-2(c)所示。在直链上甲基支链生成，随后出现乙基支链。在直链中乙基的出现是按类型B异构化反应机理进行的，中间涉及到质子化环丁烷非经典正碳离子生成。

直链正碳离子的骨架异构化反应生成含支链的正碳离子通过末端的烷基R^-(这里$R^-=CH_3^-$、$C_2H_5^-$、$C_3H_7^-$等)迁移会涉及到一个极不可能形成的不稳定的伯正碳离子。而更广为接受的是另外一条能量需求低的途径，这个途径涉及到由内部的碳原子形成环状正碳离子。在这些环状正碳离子中，最著名的环状正碳离子就是质子化环丙烷正碳离子(简称为PCP-Protonated CycloPropane)，其他环状离子也是可能的，如质子化环丁烷正碳离子(PCB-Protonated CycloButane)和质子化环戊烷正碳离子。

烷基正碳离子通过环状非经典正碳离子(一般是PCP)直接异构化几乎是大多数烷基正碳离子B型重排反应唯一途径[23]。但是当主烷基链只有4个碳原子(如正丁烷或2-甲基丁烷)时，中间体PCP型非经典正碳离子必定包含主链的末端碳，自动形成伯正碳离子参与B型重排反应过程。在这种情况下，直接异构化反应非常慢，而涉及到支链度改变的重排反应采用另一种不同的加成—裂化途径来进行的，此途径步骤多但非常快。

(二) β-断裂反应

在正碳离子的C—H或是C—C断裂所有的机理中，β-断裂反应机理到目前为止是最为熟悉的。正如其名所指，β-断裂机理是指在带正电荷的碳 β 位的 C—H 或 C—C 键处发生断裂，如图 2-1-3 所示。

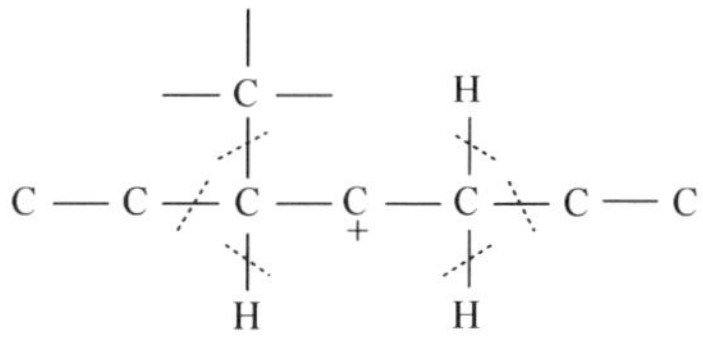

图 2-1-3　位于带正电的碳 β 位的 C—H 或是 C—C 键和可能断裂的位置

第一种情况是一个质子的 β-消除，由正电荷中心亲电攻击 β 位的 σ(C—H)键引起，并导致该键断裂形成一个烯烃(与正碳离子中的碳数一样并具有相同骨架结构)同时释放一个质子。这过程与烯烃的质子化反应相反，这两种反应都会涉及到一个离子 π 型配合物中间体的生成。第二种情况由正电荷中心亲电攻击 β 位的 σ(C—C)键引起的，并导致该键断裂，因而定义为 β 断裂，通常所对应的过程表示如图 2-1-4 中的途径 B。

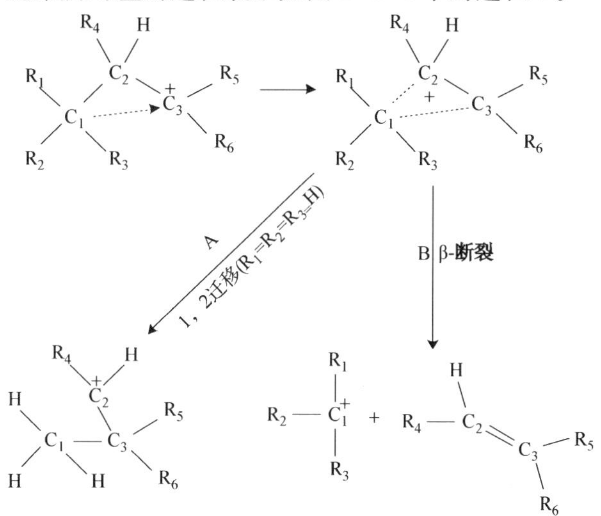

图 2-1-4　环状反应中间体可能的反应路径(π 配合物)

注：反应路径决定于烷基基团 R_1、R_2和 R_3的类型。路径 A：甲基基团的 1，2 迁移；

路径 B：β-断裂形成一个小的正碳离子和烯烃。

典型的叔正碳离子结构发生 β-断裂反应是相当有利的，因为导致生成另一个较小的叔正碳离子和烯烃。这种结构称为 ααγ，如图 2-1-5 所示。

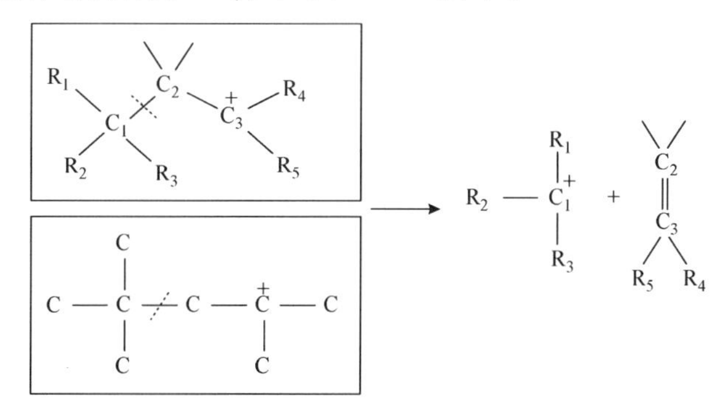

图 2-1-5　正碳离子 ααγ 结构：β-断裂反应最有利的结构

碳四和大于碳四的两类正碳离子具有的不同反应活性。n-$C_4H_9^+$正碳离子通过质子化环丙烷反应中间体的单分子反应机理来进行的直接异构化反应非常困难，因中间体必须要形成伯正碳离子，通常更有利的反应途径是加成—裂化反应路径。相反，正戊烯或更长链的正碳离子的骨架重排反应进行起来就比较容易，因为形成质子化环丙烷反应中间体的过程不涉及伯正碳离子的生成。正碳离子$(C_mH_{2m+1})^+$($m\geqslant 4$)的一些β-断裂反应模式可以确定，初始和最终的正碳离子的伯、仲、叔属性决定了它们各自发生反应的相对难易，如表2-1-2所列。表2-1-2中的类型A表示β-断裂前后的正碳离子都是叔正碳离子，即表示为T→T；类型B表示β-断裂前后的正碳离子一个是仲正碳离子，另一个是叔正碳离子，又细分为类型B_1，即表示为S→T；类型B_2，即表示为T→S；类型C表示β-断裂前后的正碳离子是两个仲正碳离子，即表示为S→S；类型D表示β-断裂前后的正碳离子一个是伯正碳离子，另一个是仲正碳离子。如果正碳离子是必须含有至少8个碳原子且对应的甲基基团的位置在链的ααγ位，那么A型β-断裂反应模式是最快地发生裂化反应；如果正碳离子分子只含有7个碳原子时，那么最快的β-断裂反应模式变为B型(B_1或B_2)；如果只有6个碳原子，那么C型β-断裂反应模式是最快的；如果只有4或5个碳原子，那么D型β-断裂反应模式是最快的。由于含有2~5个碳原子的正碳离子反应过程涉及至少生成一个伯正碳离子而不利于β-断裂反应，因而被形成一种离子类，难以发生断裂。

表2-1-2　正碳离子$(C_mH_{2m+1})^+$的各种β-断裂反应模式($m\geqslant 4$)

模型	$m\geqslant$	成分	β-断裂产物		所涉及的离子	反应活性
A	8	C　　C │　　│ C—C—C—C—C │　　+ C	C │ C—C—C +	C │ C═C—C	T→T	VH
B_1	7	C │ C—C—C—C—C │　　+ C	C │ C—C—C +	C═C—C	S→T	M to H
B_2	7	C　　C │　　│ C—C—C—C—C +	C—C—C +	C │ C═C—C	T→S	M
C	6	C │ C—C—C—C—C +	C—C—C +	C═C—C	S→S	L
D	4	C—C—C—C—C +	C—C +	C═C—C	S→P	VL

注：VH=很高，H=高，M=中等，L=低，VL=很低。

随着正碳离子中碳原子数目的增加，其反应活性也相应地增加。这种增加当然不是持续的，因为整体活性不仅和各正碳离子异构体本身活性有关，而且和它们各自在催化剂表面存在的比率有关。在所有的叔碳结构中，计算结果显示ααγ型结构(对β-断裂反应非常有利)比例在9个碳时达到最大值[24]。一些实验研究结果支持了这种观点，但有些实验结果认为在碳数多于或等于10时出现最大值[25]，或等于16时出现最大值[26]。从表

2-1-3 还可以看出，如果不考虑 D 型 β-断裂反应模式(唯一反应中涉及到伯正碳离子)，β-断裂反应所形成的最小物种应含有 3 个碳原子，而不利于 C_1 和 C_2 产物生成。相反，这些 C_1 和 C_2 分子通常情况下是非经典正碳离子的 α-断裂所产生的或者是来源于热裂化过程自由基的 β-断裂。

只含有甲基基团侧链的正碳离子各种 β-断裂反应模式 A，B 和 C 和异构化反应模式 A 和 B 的相对反应速率列于表 2-1-3。这些相对值只是非常粗略地表明各种正碳离子的 β-断裂和异构化可能反应模式之间相对速率差异，尤其随着温度和不同类型的催化剂的改变，这些值会有明显的变化。表 2-1-3 包含并比较了这些速率值，以 β-断裂反应中模式 B_2 为基准(其值为 1)。

表 2-1-3 各种正碳离子异构化和裂化反应模式的相对反应速率

反应	模式①	所涉及的离子	相对反应速率
β-断裂	A	T→T	170
异构化	A	π 型配合物或(CPCP)	56
β-断裂	B_1	S→T	2.8
β-断裂	B_2	T→S	1(基态)
异构化	B	$EPCP^2$	0.8
β-断裂	C	S→S	0.4
β-断裂	D	S→P	≈0

①模式：β-断裂或异构化反应模式。

从表 2-1-3 可以看出：两类型反应中最快的反应是 β-断裂中的 A(对应的甲基侧链基团在直链的 ααγ 位)和异构化反应中的 A 模式，但第一个要比后面一个至少快 3 倍。关于双侧链的同分异构体的 β-断裂反应，B_1 模式的相对速率平均要比 B_2 模式快。这两个 β-断裂反应速率要比异构化 B(EPCP 反应中间体)模式稍微快点。在所用于评价的操作条件下，β-断裂反应 D 模式的反应速率可被忽略。此外，长链烷烃的 β-断裂反应 B_1 模式要比 B_2 模式更为主要；对于异构化反应模式 B(EPCP 路径)的反应速率，单侧链变为双侧链正碳离子和双侧链变为三侧链正碳离子的反应速率接近。当单、双和三甲基侧链被乙基或者甚至是丙基取代后，β-断裂反应的 A，B，C 和 D 模式的相对反应速率一定是渐进地增加。

(三) π 键或 σ(C—H)/σ(C—C)键的亲电攻击反应

正碳离子正电荷中心所攻击电子对，要么属于烯烃或芳香烃的 π 键或者属于 σ(C—H)或 σ(C—C)键。

1. π 键的亲电攻击

属于 π 键的亲电攻击反应包括：烯烃的聚合反应，烯烃和芳香烃的烷基化反应，以及一些芳香烃的歧化—烷基转移反应。在烯烃中加入一个正碳离子并形成一个更大的正碳离子所采用的反应途径类似一个质子快速固定到一个烯烃中的反应途径[27]。在所有情形中，和带正电荷碳共用 π 电子对将导致一个 π 型配合物的反应中间体的生成，如图 2-1-6 中的途径(a)所示。随后的反应步骤是初始 π 型配合物的 2 电子在 C_1 和 C_2 或 C_1 和 C_3 之间的重排，产生一个更大的正碳离子，即为 σ 型配合物，如图 2-1-6 中的途径(b)所示。

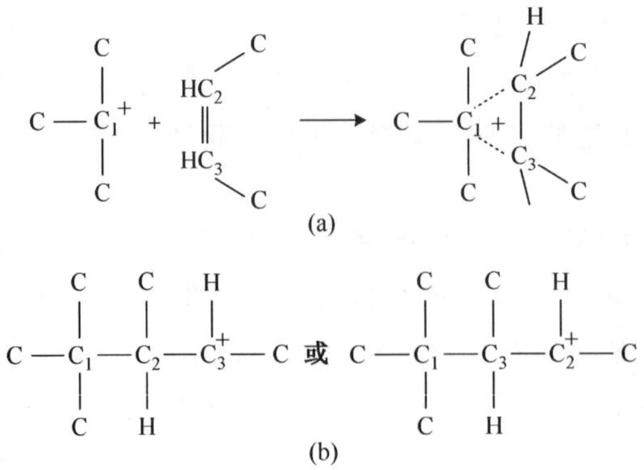

(a)

(b)

图 2-1-6　烷基正碳离子与烯烃的烷基化反应

2. σ 键的亲电攻击

正碳离子的正电荷酸性中心对烷烃或烯烃 σ(H—H)键或 σ(C—C)键的亲电攻击将导致 3 原子中心 2 电子结构型键形成。

1）氢分子中的 H—H 键

氢气和正碳离子 R^+之间的反应许多年以前就提出了，其理论真实性已经得到证实[28]。这个反应正好与烃化合物的质子化反应相反，其反应途径如下：

$$R^+ + H_2 \longrightarrow RH + H^+$$

Oelderick 是第一个确认该反应存在，发现在室温下 HF 溶液中的 $t\text{-}C_4H_9^+SbF_6^-$和氢分子发生反应生成异丁烷。基于理论计算，这个反应在气相和液相中都能进行[29]，但只有在超强酸液相中得到了实验论证。然而基于计算结果，有充分的理由可以预测在所有固体酸上也会发生这种反应。

2）链烷烃分子中的 σ(C—H)键

对于链烷烃，由于正碳离子对链烷烃(C—H)键的亲电攻击而形成 3 原子中心 2 电子的 2C1H 型的反应中间体，然后这个键断裂形成新的 C_1—H 键，负氢离子转移机理如图 2-1-7 所示。

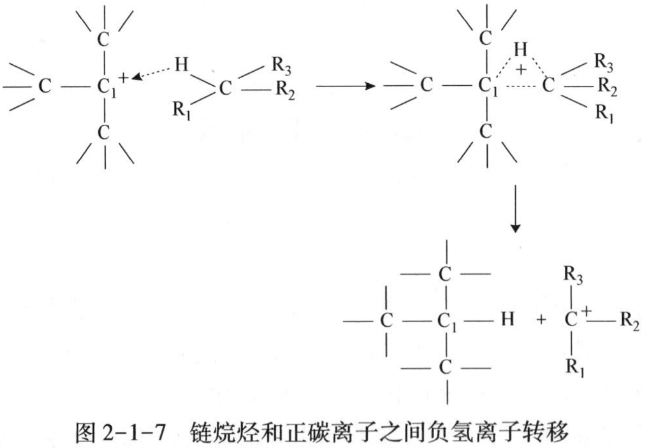

图 2-1-7　链烷烃和正碳离子之间负氢离子转移

这个中间态的非经典正碳离子反应是高度不稳定的，因而难以被检测出，其 3 原子中心 2 电子键断裂以两种方式展开。第一种方式是最简单但同时也是最可能的一种方式，即从烷烃中释放一个负氢离子转移到初始的正碳离子上，其断裂将导致氢和 2 个电子转移到初始的正碳离子 C_1上，生成一个新的烷烃分子和一个新的正碳离子，如图 2-1-7 所示。两种氢离子体(电子给予体和接受体)支链度越大，负氢离子转移反应越容易。通常情况下，各种负氢离子转移的难易程度取决于给予体和接受体的伯、仲、叔的属性，其顺序如下：

$$T-T>T-S>S-S>>T-P>S-P>P-P$$

对于所有的正构烷烃，其仲碳上的负氢离子转移到叔碳正碳离子的速率是相同的。第二种非经典正碳离子断键方式演变到烷基裂解反应。

3) 烯烃分子中的 σ(C—H) 键

对于烯烃，正电荷中心优先亲电攻击处于双键的 β 位的 σ(C—H) 键。该反应导致一个非常稳定的烯丙基正碳离子生成。

$$-\overset{|}{\underset{|}{C}}-\underset{|}{C^+}-\underset{|}{C}=\underset{|}{C}-\overset{|}{\underset{|}{C}}-$$

(四) 负氢离子转移反应

负氢离子转移反应的提出是基于经典正碳离子双分子反应机理，认为三配位正碳离子($R_2^+Z^-$)一旦形成，三配位正碳离子 R_2^+就是负氢离子受体，而烷烃分子(R_1H)是负氢离子供体。在固体酸催化剂作用下，三配位正碳离子 R_2^+会从烷烃分子中抽取负氢离子发生负氢离子转移反应，自身转化成产物烷烃(R_2H)的同时，使烷烃分子形成一个新的 R_1^+，从而使大分子烷烃裂化反应不断进行，反应方程式如下：

$$R_1H+R_2^+Z^- \longrightarrow R_1^+Z^-+R_2H$$

也就是说，三配位正碳离子与烷烃分子之间的负氢离子转移反应对反应的传递至关重要，通过进行负氢离子转移反应使反应物中大分子烃类不断消耗，从而使反应深度不断增加。同时，降低了烷烃生成非经典正碳离子的几率，减少干气生成的可能性。在 $R_1H+R_2^+Z^- \longrightarrow R_1^+Z^-+R_2H$ 反应中，反应方向取决于 R_1^+和 R_2^+的稳定性，反应向正碳离子较稳定的一方进行，R_1^+和 $R_2{}^+$的生成热之差是负氢离子转移反应的推动力[30]。Rochettes 等[31]和 Guisnet 等[32]等研究认为，负氢离子转移反应的活化能很低，一般只有 C—H 键键能的十分之一左右，低于质子化裂化的活化能。Corma 等[33]采用量子化学计算表明，在沸石催化剂上，负氢离子转移反应的活性中间体非常类似于吸附的非经典五配位正碳离子，它同催化剂之间的作用力是库仑力。不同碳数正碳离子从烷烃抽取负氢离子所需能量的分子模拟计算结果列于表 2-1-4。

表 2-1-4 不同碳数烷烃负氢离子转移反应特性

烷烃	C_6			C_{16}			C_{32}		
正碳离子	C_4	C_6	C_{12}	C_4	C_6	C_{12}	C_4	C_6	C_{12}
能垒/(kJ/mol)	78.7	103.3	112.8	42.2	67.2	76.4	24.9	49.9	59.1

从表 2-1-4 可以看出，不管正碳离子碳数如何变化，同碳数正碳离子从 C_6、C_{16}和 C_{32}烷烃中抽取负氢离子所需要的能量均依次降低，如 C_4正碳离子从三种烷烃抽取负氢离子所需要的能量依次为 78.7kJ/mol、42.4kJ/mol 和 24.9kJ/mol。这说明当反应体系中已存在相同的三配位正碳离子时，原料中烷烃相对分子质量越大，将越容易被抽取负氢离子发生双分子裂化反应。从表 2-1-4 还可以看出，碳数越大的正碳离子抽取负氢离子所需要的能量也越

高，这表明碳数越大的正碳离子易于发生β-键断裂反应，难于发生负氢离子转移反应。

（五）非经典正碳离子裂化反应

经典正碳离子转化过程中通常会涉及到非经典正碳离子作为反应的中间体。对非经典正碳离子转化规律的研究将涉及到一个主要反应，即为断裂反应。一个典型非经典正碳离子见图2-1-8(a)，其几种异构体见图2-1-8(b)。由于3原子中心2电子结构的键非常不稳定，此类型的非经典正碳离子通常会导致断裂反应发生，如图2-1-8(c)所示。不同于经典正碳离子，非经典正碳离子在断裂反应发生之前，重排反应发生的可能性可以忽略。当涉及到链烷烃和环烷烃的骨架异构化反应时，通过质子化环丙烷正碳离子类型的重排反应确实可以发生。

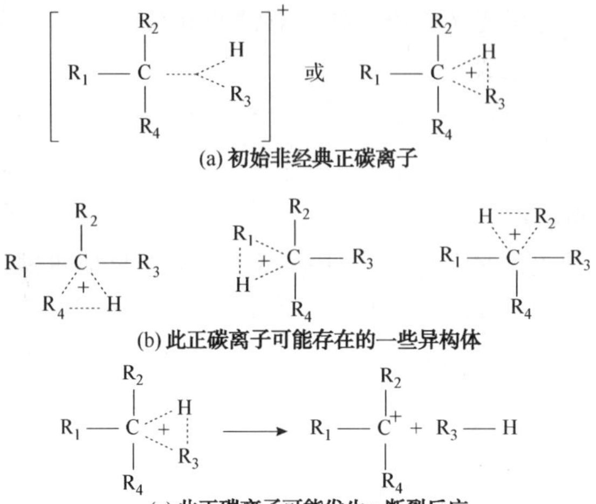

(a) 初始非经典正碳离子

(b) 此正碳离子可能存在的一些异构体

(c) 此正碳离子可能发生α-断裂反应

图2-1-8　非经典正碳离子的可能结构及反应

非经典正碳离子发生断裂不是发生在碳的β位置，而是直接发生断裂在3原子中心2电子非常不稳定的键的α位置上，因此定义为“非经典正碳离子的α-断裂”。这种断裂反应在超强酸溶液中发生已被广泛地接受，但在固体酸催化剂上，直到1984年，才用此断裂机理来解释链烷烃在固体酸(沸石)催化裂化条件下所形成的不寻常的裂化产物现象。

经典正碳离子的β-断裂会导致一个小的经典正碳离子和一个烯烃分子生成，而非经典正碳离子的α-断裂会导致一个经典正碳离子和一个氢分子或烷烃分子生成。在烷烃的C—H或C—C键上质子化并在α位发生断裂称为质子化裂化反应。α-断裂随后的反应途径取决于烃化合物的结构和形状大小，还有断裂键的位置。短链烷烃端基的C—C键比伯碳的C—H键更容易断裂：如丙烷质子化裂化反应主要产生甲烷和乙烯以及少量的丙烯。当链烷烃碳数增加时，中间C—C键断裂要比端部C—C键和仲碳上的C—H键更容易，而仲碳上的C—H键断裂要比伯碳上的C—H键更容易。对于带支链的烷烃，叔碳上C—H键质子化裂化反应更有利，因为导致一个稳定的叔碳正碳离子生成。实际上，异丁烷质子化裂化反应会产生大量的氢气和异丁烯以及少量的甲烷和丙烯。因此各种C—C键和C—H键质子化裂化反应活性按以下顺序分类为(近似的)：

$$RC_3—H > \underset{\text{内部}}{C—C} > \underset{\text{外部}}{C—C} \geq R_2HC—H > RH_2C—H$$

这个顺序可能会改变，取决于所生成的正碳离子稳定性程度[34]。此外，链烷烃随着碳链数目的增加，质子化裂化反应活性也是增加的，原因在于所对应反应的活化能是降低的。

第二节　催化裂化反应机理

尽管油气在固体酸(如沸石)催化剂上进行许多交错反应，形成一个相当复杂的反应体系，但催化裂化工艺主要涉及到的反应为α-断裂反应、异构化、β-断裂反应、氢转移、脱氢反应、烷基化反应和各种缩合反应，这些化学反应都是以正碳离子为过渡态或中间体而进行的。第二章第一节已提及正碳离子包括 Carbenium ion 和 Carbonium ion。Carbenium ion 是三配位正碳离子，也称经典正碳离子；Carbonium ion 是五配位正碳离子，也称非经典正碳离子。即使以正碳离子为过渡态或中间体来解释催化裂化反应机理，仍然难以完整地描述催化裂化过程化学反应。到目前为止，已形成以下几种典型的催化裂化反应机理。

一、双分子裂化反应机理

前面已论述，20 世纪 40 年代，基于 Whitmore 经典的正碳离子(Carbenium ion)化学的研究基础，开始研究以经典的正碳离子为基础的催化裂化过程所涉及的化学反应。Hansford 在 1947 年首先提出裂化反应机理(β-Scission)是以经典的正碳离子为基础。1950 年前后，Greensfelder、Thomas 和 Hansford 研究了在固体酸催化剂上的催化裂化反应。即使今天看来，Greensfelder 和 Thomas 五十多年前提出的裂化反应机理尽管过于简单，但仍是相当精确的。β-Scission 机理认为裂化反应是完全以经典的正碳离子为中间体进行的，该机理最早揭示了烷烃催化裂化的正碳离子反应特性，解释了反应产物中既含有大量烯烃也含有大量烷烃的原因，也能较准确地预测烷烃催化裂化反应的产物分布，典型的案例就是成功地预测了正十六烷在硅铝催化剂上的裂化反应产物分布。经典的正碳离子可由烷烃分子去除一个负氢离子或者烯烃分子质子化得到，其中烯烃分子是催化裂化进料中的杂质或可能是热裂化的产物。所形成的经典的正碳离子，除进行骨架重排反应外，还可以从另一个烷烃分子上抽取一个负氢离子，从而生成一个新烷烃分子和一个新的正碳离子，这也就是所谓的负氢离子转移反应。这些正碳离子同时也可进行β-Scission 反应生成一个烯烃分子和一个更小的正碳离子，后者可以发生脱附反应生成一个烯烃分子，同时再生一个表面活性位。由此可以看出，经典的正碳离子作为一个链载体(Chain carrier)，将β-Scission 反应和负氢离子转移反应联系起来，此过程涉及两个分子，因而称为双分子裂化反应机理，或简称为双分子反应机理。而作为链载体的正碳离子一般认为是可能形成的最稳定的正碳离子。例如叔正碳离子。从以上的叙述中可以看出，正碳离子是存在于整个裂化反应过程中的基本中间体，如图 2-2-1 所示。

$$H_3C-\overset{+}{C}H-CH_2-CH_2-CH_2-CH_3 \longrightarrow H_3C-CH=CH_2 + \overset{+}{C}H_2-CH_2-CH_3$$

$$R^+ + HR' \longrightarrow RH + R'^+$$

图 2-2-1　双分子反应机理(β-Scission 反应和负氢离子转移反应)

一直到 20 世纪 80 年代初，由 Greensfelder 和 Thomas 提出的双分子反应机理在催化裂化的研究中仍然占着统治的地位。1983 年，Hansford[35] 甚至宣布“*It seems unlikely that a better theory as applied to catalytic cracking will ever replace it*(即双分子反应机理)”。然而，大量的实

验事实表明双分子裂化反应机理对催化裂化过程的简单描述的正确性是令人怀疑的[36]。首先是烷烃催化裂化反应中最关键的引发反应问题，即催化裂化中第一个 Carbenium ions 是如何形成的？20 世纪 80 年代中期以前，一般认为第一个 Carbenium ions 形成可能存在以下几种途径：

（1）B 酸和不饱和烃反应；

（2）L 酸从烷烃分子抽取负氢离子；

（3）B 酸的质子直接攻击烷烃分子的 H—C 键，其随后分解生成 carbenium ion 和 H_2。

双分子裂化反应机理认为从烷烃分子上抽取一个负氢离子的 L 酸中心是烷烃裂化反应必需的初始位。尽管事实证明，裂化催化剂表面是存在 L 酸中心的，但需要解释的问题是：在 L 酸中心上形成的 Carbenium ions 是如何迁移到可以进行 β-Scission 反应的 B 酸中心上的？由于缺乏对烷烃裂化反应的质量和电荷平衡的细节考察，这一问题在早期的裂化机理的研究中并没有引起足够重视。

另一个问题是按照双分子反应机理的预测，裂化反应产物中的烷烃和烯烃的比例（Paraffin/olefin）应该是 1 或更小。实际上，在大多数情况下，该比例是大于 1 的。这些实验事实导致了有关氢转移反应的多种假设的提出。反应期间沉积在催化剂上的焦炭曾被认为是生成过量烷烃的氢转移反应的氢源，然而有关反应质量平衡的详细论证排除了这种假设。同时，对裂化反应产物分布更细致的研究表明，根据双分子反应机理，在烷烃裂化时，每一种烷烃分子的摩尔产率与相应 β-Scission 生成的烯烃分子的摩尔产率的比值必须是 1。然而，这种情况非常少见。以上的分析表明，双分子反应机理并不能全面、准确地解释烷烃的裂化反应过程。直到 1984 年，Haag 和 Dessau[15] 以及 Corma 等[37] 将石油烃类在固体酸催化剂上的反应化学和 Olah[38] 提出的烃类在超强酸中的反应化学联系起来，认为在固体酸催化剂上，烷烃裂化反应的引发是由于催化剂上的 B 酸活性点直接攻击烷烃的 C—C 键和 C—H 键，从而成功地提出了 Hagg-Dessau 单分子反应机理。

二、单分子裂化反应机理

1984 年，Haag 和 Dessau 在 HZSM-5、HY 沸石和无定形硅铝催化剂上，在 350～550℃（623～823K）温度范围内对正己烷和三甲基戊烷进行了不同转化率的裂化反应实验，发现即使外推到接近零转化率的情况下，产品分布中除了包含烯烃和较重烷烃外，还包含大量的氢气、甲烷和乙烷。而这些产物不可能通过双分子反应机理得到解释，因为 β-断裂的最小烷烃产物是丙烷，若要生成甲烷和乙烷，则必须要通过 β-断裂来生成高能量的三配位伯正碳离子，而这将是极其缓慢的。

基于 Olah 的烃化学，溶液中超强酸能质子化烷烃生成五配位的正碳离子，Haag 和 Dessau 假设烷烃在固体酸催化剂上也可以质子化生成非经典的正碳离子。以 3-甲基戊烷为例，3-甲基戊烷在 HZSM-5 催化剂上形成非经典的正碳离子，以该正碳离子为过渡态进行断裂，断裂方式分为 3 种途径，如图 2-2-2 所示。

从图 2-2-2 可以看出，途径 a 是非经典的正碳离子断裂为甲烷和一个经典的正碳离子；途径 b 是非经典的正碳离子断裂为乙烷和一个经典的正碳离子；途径 c 是非经典的正碳离子断裂为氢气和一个经典的正碳离子。从而 Haag 和 Dessau 提出了烷烃在固体酸催化剂上存在如下所述的两种反应机理，即不仅存在双分子反应机理，如图 2-2-3b 所示，还存在质子化裂化反应机理，即单分子裂化反应机理，如图 2-2-3a 所示。

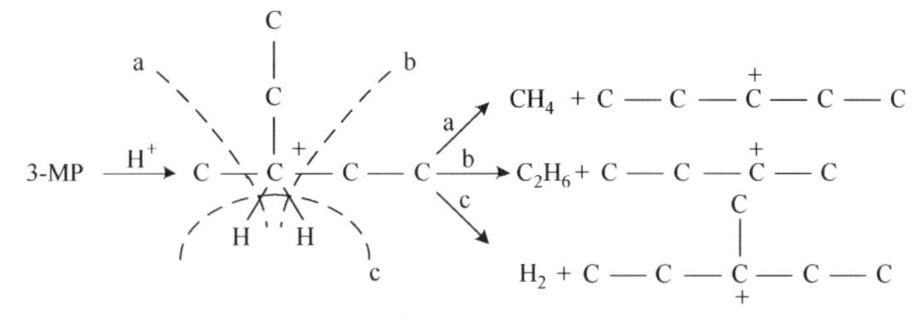

图 2-2-2　3-甲基戊烷在酸性催化剂上以非经典正碳离子为过渡态的反应途径

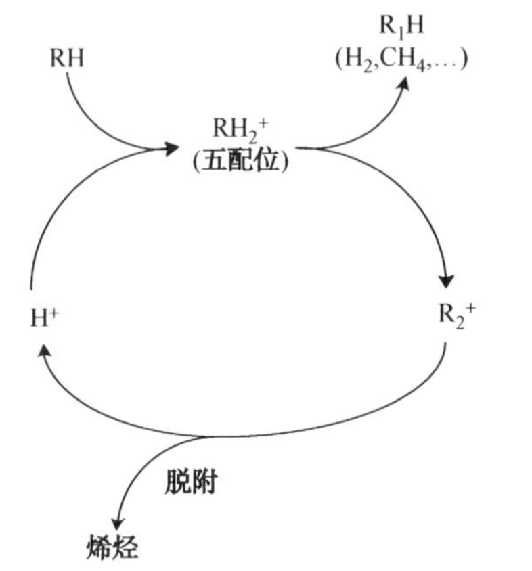

图 2-2-3a　单分子的质子化裂化反应机理

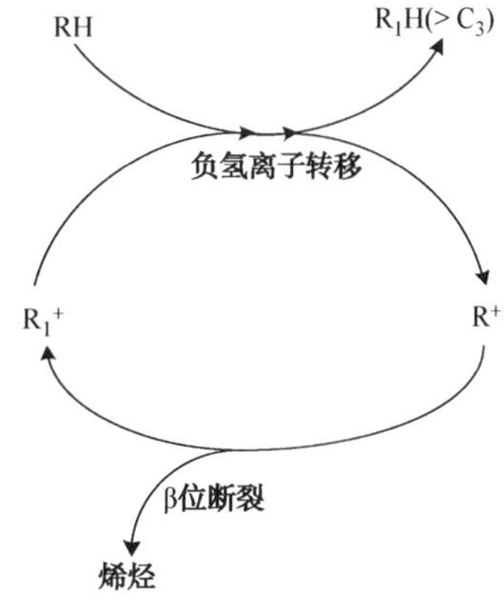

图 2-2-3b　双分子裂化反应机理

（1）双分子反应机理(Classical bimolecular mechanism)

气相中的烷烃分子和催化剂表面吸附的三配位正碳离子发生负氢离子转移反应，新生成的三配位正碳离子随后发生 β 断裂反应。双分子反应机理通常也被称之为双分子裂化反应。

（2）质子化裂化反应机理(Protolytic cracking mechanism)

作为催化裂化反应的引发，烷烃 C—C 键和 C—H 键可以在固体酸上质子化生成五配位正碳离子，五配位正碳离子是一种过渡态[39]，很容易分解为一个烷烃和与之对应的三配位正碳离子，而三配位正碳离子从催化剂上脱附后，产生对应烯烃。质子化裂化反应机理通常也被称为质子化裂化反应或单分子裂化反应，或简称为单分子反应机理。

Haag-Dessau 还发现，高温、低烃分压和低转化率条件下对单分子裂化反应有利；而低温、高烃分压和较高转化率下对双分子裂化反应有利。此外，沸石结构影响两种反应机理的相对贡献，如 HZSM-5 由于其孔径小将抑制双分子裂化反应，从而有利于单分子裂化反应的进行。

Haag-Dessau 裂化机理成功地解释了烷烃裂化反应的自催化特征：反应初期，烷烃分子先通过质子化裂化反应产生烯烃，由于烯烃比烷烃更易接受质子，则随着转化率的增加，烯烃将逐渐赢得对质子的竞争，结果一旦烯烃达到一定浓度，双分子裂化反应将多于单分子裂化反应而占主导地位。

三、链反应机理

早在 1973 年，Aldridge 等[40]考察正已烷在 LaX 沸石上的裂化行为时，就发现裂化反应存在诱导期(Induction period)，它被认为是烷烃形成表面正碳离子达到稳态浓度时所需要的时间。反应过了诱导期后会迅速加快。这一现象后来也被多位研究者观察到。前面将催化裂化反应机理区分为单分子和双分子反应机理，可能忽视了两种反应机理的内在联系，且容易造成误解[41-42]。由于三配位正碳离子贯穿于整个催化裂化反应过程，其在两种反应机理中均存在，而且两种反应机理存在着某种联系，因此就需要用统一的观点来看待整个裂化反应过程。因而早期提出的催化裂化链反应机理又重新引起了人们的兴趣。1992 年，Shertukde 等[43]尝试用链反应机理的概念对异丁烷和正戊烷在 HY 沸石上的裂化反应进行描述。以异丁烷为例：

（1）链引发：链反应由 C—H 键和 C—C 键在 B 酸中心上引发，所形成的五配位正碳离子分解为三配位正碳离子和引发反应的产物甲烷和氢分子。

（2）链传递：链载体即三配位正碳离子通过异构化和负氢离子转移反应传递链反应。

（3）链终止：三配位正碳离子脱附生成相应的烯烃后，链反应过程即告终止，B 酸中心恢复活性，稳态下达到脱附平衡。整个链反应过程见图 2-2-4。

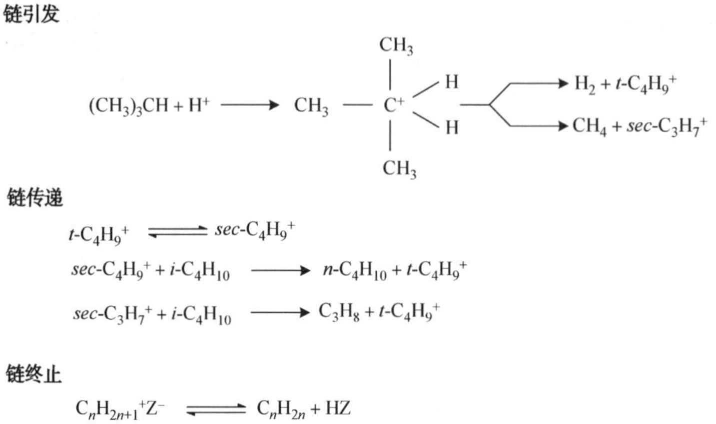

链引发

$$(CH_3)_3CH + H^+ \longrightarrow CH_3—C^+(CH_3)_2(H)(H) \longrightarrow \begin{cases} H_2 + t\text{-}C_4H_9^+ \\ CH_4 + sec\text{-}C_3H_7^+ \end{cases}$$

链传递

$$t\text{-}C_4H_9^+ \rightleftharpoons sec\text{-}C_4H_9^+$$

$$sec\text{-}C_4H_9^+ + i\text{-}C_4H_{10} \longrightarrow n\text{-}C_4H_{10} + t\text{-}C_4H_9^+$$

$$sec\text{-}C_3H_7^+ + i\text{-}C_4H_{10} \longrightarrow C_3H_8 + t\text{-}C_4H_9^+$$

链终止

$$C_nH_{2n+1}{}^+Z^- \rightleftharpoons C_nH_{2n} + HZ$$

图 2-2-4 异丁烷裂化反应的链过程

Shertukde 等认为裂化反应产物分布主要决定于稳态条件下的正碳离子浓度，链反应机理可以满意地解释异丁烷和正戊烷的产物分布。由链反应的引发，传递和终止三个阶段导出的物料平衡和异丁烷及正戊烷的裂化产物分布数据一致。此外，当裂化温度为 673K 时，对于低碳烷烃来说，β-Scission 反应对裂化产物分布的影响可以忽略。

Shertukde 还提出了“链长”的概念，链长是链反应中最重要的参数。“链长”定义为通过负氢离子转移反应消耗的反应物分子和通过质子化裂化反应消耗的反应物分子之比，即传递过程中的双分子反应速率和引发过程中的单分子反应速率之比，称为链长 A；传递过程中的双分子反应速率和终止过程中的反应速率的比值，称为链长 B。“链长”反映了三配位正碳离子的平均寿命。如果催化裂化反应过程视为链反应，那么在稳态下，引发反应速率必定等于终止反应速率，即链长 A 和链长 B 应该是相等的，实验证明两者在大多数情况下基本一致。由这种方法计算的异丁烷在 DY 和 LZY 沸石上的链长为 4，在 SY 沸石上为 6。而对于正戊烷来说，在 DY 和 LZY 沸石上的链长为 8，在 SY 沸石上的链长为 15。其中 DY、LZY 和 SY 为水热法或化学法改性的 Y 型沸石。很明显，链长与催化剂的性质和反应物种类有关。尽管 Shertukde 等人用链反应的观点重新描述了烷烃的裂化过程，然而就其定义而言，Shertukde 的“链长”和 Wielers[44]的“裂化机理比率”并没有什么本质的不同。

四、质子化环丙烷裂化反应机理

长链正构烷烃在催化剂上裂化所生成的产物中含有大量的异构烷烃，同时 C_6 以上的正构烷烃裂化速度随碳数增加而几乎呈指数上升，经典正碳离子机理难以解释这一实验现象。

Sie[45-46]基于这一实验现象，提出质子化环丙烷(PCP)裂化反应机理，见图2-2-5。借助图2-2-5中反应机理，Sie解释了质子化环丙烷发生β键断裂反应分别产生叔正碳离子和α位烯烃，其中叔正碳离子可以经负氢离子转移反应而生成异构烷烃。因此，正构烷烃通过质子化环丙烷中间体裂化后主要产物为异构烷烃和直链烯烃，这也解释了为什么正构烷烃产生的轻烷烃中异构/正构比高于热力学平衡值的问题，解释了为什么裂化反应中C_1和C_2难以生成，而C_3是最小的反应产物这一问题，解释了为什么反应速度随着烃类链长的增加而显著增加这一问题，尤其C_6和C_7反应速度发生突变的现象。PCP的断裂不仅避免产生α位正碳离子，而且可以解释正构烷烃裂化产物中异构烷烃含量高，产物分布主要集中在C_3~C_7之间等现象，这些现象也与正十二烷和正十六烷在催化剂上发生裂化反应所产生的产物分布比较一致。此外，PCP机理也可以比较好地解释了i-C_4烯烃和烷烃较多(与丙烯相当甚至更多)的原因。烯烃裂化反应也如此，比如辛烯可以产生叔正碳离子中间体，而戊烯不可能产生叔正碳离子。Buchanan[47]对此进行了实验验证，当$C_5^=$~$C_8^=$烯烃在ZSM-5沸石上进行裂化反应时，裂化反应速率随碳数增加而迅速增加，辛烯的裂化反应速率是已烯的20倍左右。

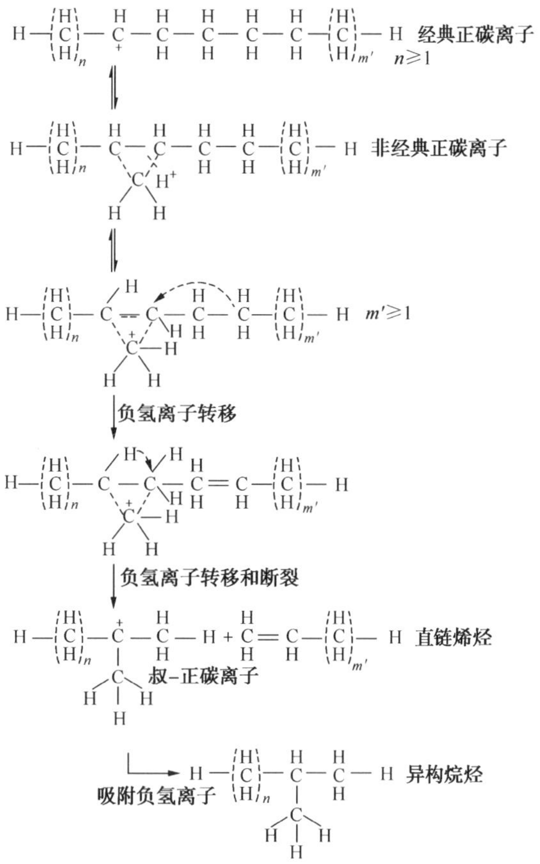

图2-2-5 直链烷烃质子化环丙烷裂化反应机理

从上述几种典型的催化裂化反应机理可以看出，虽然这些机理都能解释催化裂化过程反应中所呈现的规律和现象，但用其中一种反应机理来解释均不够完善，在催化裂化工艺过程反应中，始终涉及到单、双分子反应机理、链反应机理和PCP机理，质子化裂化反应和负氢离子转移反应贯穿于其中，是催化裂化过程中反应引发和反应传递的重要使者。

第三节 FCC工艺过程反应化学类型

催化裂化工艺过程反应机理涉及单分子反应机理、双分子反应机理或链反应机理。催化裂化工艺过程反应化学主要涉及的反应类型分为裂化反应(α-键断裂和β-键断裂)、异构化反应、氢转移反应、烷基化反应、环化反应、脱氢反应和各种缩合及其生焦反应。这些反应类型发生的程度影响着催化裂化的产物分布和产品性质。因此，准确地确定这些反应在催化裂化过程中所起的作用是十分重要的，尤其在催化裂化反应之初。然而，仍然存在众多因素难以确定，如原料分子是如何接近高温热再生催化剂B酸中心，热裂化反应影响程度，第一个正碳离子中间体是如何形成的，是何种正碳离子等。尽管缺乏具体的证据和热裂化反应影响难以排除，但仍假定催化裂化初始反应是原料中烷烃按单分子裂化反应机理进行的α-裂化反应。原因在于一是提升管反应器内的温度分布一般在500℃以上，二是油气和催化剂接触时间相对于油气在提升管内的几秒停留时间可以忽略不计。原料中的烷烃大分子经初始单分子裂化反应后，随着催化裂化反应在反应器中不断地进行，将会发生β-键断裂反应、异构化反应、氢转移反应、脱氢反应和各种缩合及其生焦反应。同时，在催化裂化工艺中，尤其渣油催化裂化工艺过程，不可避免地发生热裂化反应。因此，下面首先综述催化裂化反应类型及其对产物分布和产品性质的影响，然后对热裂化反应机理及其特征产物只作简单地论述。

一、裂化反应

裂化反应是催化裂化工艺过程反应的最重要反应之一。前面已论述，裂化反应涉及到双分子反应机理和单分子反应机理，裂化反应可以用链反应来表示，通常分成三个阶段，一是链引发初始阶段，二是链传递阶段，三是链终止阶段。

1. 反应初始阶段

在催化裂化工艺过程反应初始阶段，原料中的烷烃分子在催化剂B酸性位上质子化生成非经典的正碳离子，此非经典的正碳离子断裂分为两种方式，一是断裂生成小分子烯烃，自身仍然是非经典的正碳离子，直至生成经典的正碳离子和小分子烷烃或氢气；二是直接生成经典的正碳离子和小分子烷烃或氢气[48]。上述的两种断裂方式均可按单分子反应机理进行裂化反应，其表示如下(其中虚框内的不同结构的经典的正碳离子统称为经典的正碳离子，代号为C^+，以便于描述C^+反应传递过程)：

$$R-CH_2-CH_2-CH_2-CH_2-CH_2-CH_3 \xrightleftharpoons{H^+} R-CH_2-CH_2-CH_2-CH_2-CH_2-\overset{+}{C}H_3$$

$$\rightarrow \begin{cases} H_2 + R-CH_2-CH_2-CH_2-CH_2-\overset{+}{C}H-CH_3 \\ CH_4 + R-CH_2-CH_2-CH_2-\overset{+}{C}H-CH_3 \\ C_2H_6 + R-CH_2-CH_2-\overset{+}{C}H-CH_3 \\ C_3H_8 + R-CH_2-\overset{+}{C}H-CH_3 \\ C_4H_{10} + R-\overset{+}{C}H-CH_3 \end{cases}$$

$$\rightarrow \begin{cases} C_2H_4 + R-CH_2-CH_2-CH_2-\overset{+}{C}H_3 \\ C_3H_6 + R-CH_2-CH_2-\overset{+}{C}H_3 \\ C_4H_8 + R-\overset{+}{C}H_3 \end{cases}$$

2. 反应传递阶段

随着裂化反应的进行，裂化反应过渡态以经典的正碳离子为主，裂化反应进入到反应传递阶段。此时发生的反应包括 β-键断裂反应，生成丙烯；异构化反应，生成支链度高的异构烷烃和烯烃；与大分子烷烃分子进行氢负离子转移反应，生成新的经典的正碳离子；与烯烃分子进行叠合反应，生成更大的正碳离子等，其中正碳离子和烷烃分子之间发生了负氢离子转移，传递了裂化反应，负氢离子转移起到了双分子裂化反应的二传手作用。降低负氢离子转移反应速度，也就是降低了双分子裂化反应速度，因此，负氢离子转移反应成为裂化反应的控制步骤，此时可按双分子反应机理进行裂化反应。双分子重排-传递步骤表示如下：

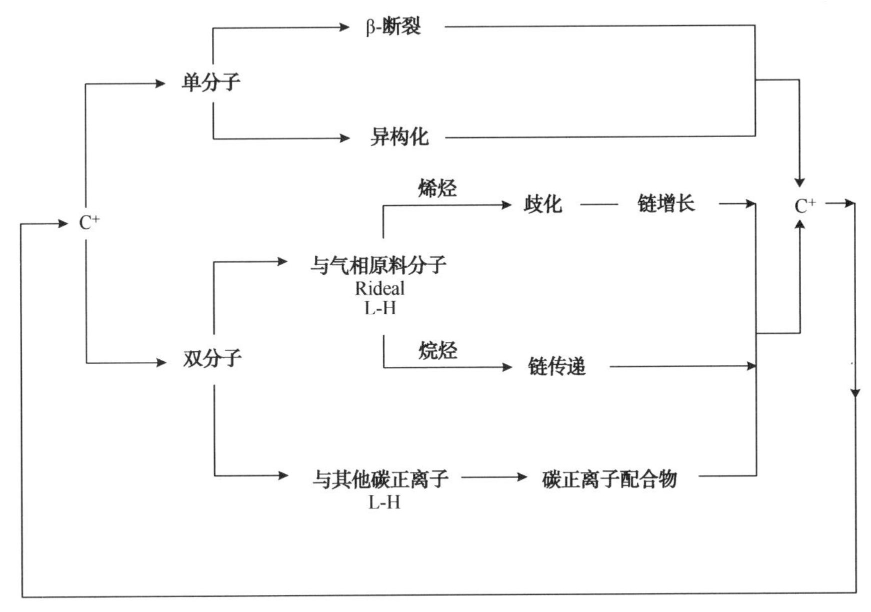

3. 链终止阶段

当经典的正碳离子从催化剂上解析而自身失去一个质子转化为烯烃分子；或者经典的正碳离子从供氢体(如焦炭)捕获到一个负氢离子而自身转化为烷烃分子时，链反应终止；或者正碳离子自身不断释放负氢离子，而自身变成多环烷烃，甚至焦炭前身物。链终止三种方式表示如下：

C^+ → 脱附 → 烯烃

C^+ → 吸附负氢离子 → 烷烃

C^+ → 释放负氢离子 → 多环芳烃、焦炭

前面已论述，正碳离子的稳定性强弱顺序为；叔正碳离子>仲正碳离于>伯正碳离子>乙基正碳离子>甲基正碳离子。由于烷基通过诱导效应和超共轭效应使得正碳离子总是向最稳定状态进行反应，因此所形成的正碳离子还会进一步进行异构化和 β-键断裂，导致催化裂化气体中的 C_3、C_4含量很高。相对于烷烃，烯烃裂化反应更容易进行，因为烯烃分子在催化剂 B 酸中心上易生成经典的正碳离子，随后发生 β-键断裂。即：

$$R_1—CH=CH—R_2+HZ \xrightleftharpoons{\text{质子化}} R_1—CH_2—CH^+—R_2+Z^-$$

烯烃　　　B 酸位　　　　正碳离子

4. 裂化反应可控性

从烷烃在催化剂上发生裂化反应途径可以推导，烷烃分子首先在高温酸性催化剂上形成一个正碳离子，按 Haag-Dessau 单分子裂化机理进行裂化反应，该正碳离子进行断裂，生成另一个正碳离子和另一个烷烃或烯烃，所生成的正碳离子有两种选择，一是继续进行断裂，生成一个正碳离子和一个烷烃或烯烃，或者是从酸性催化剂上脱附，生成一个烯烃分子。随着裂化反应的进行，转化率增加、反应温度降低以及反应产物中的烯烃浓度增加，所产生的正碳离子有利于按传统的双分子裂化反应机理进行裂化反应，也就是说所产生的正碳离子与另一个烷烃分子进行负氢离子转移反应，然后迅速异构化，再进行 β-键断裂反应，生成一个正碳离子和一个烯烃分子，所生成的正碳离子继续进行氢转移、β-键断裂，同时，所生成的大分子烯烃也在酸性催化剂上质子化，然后进行氢转移、β-键断裂，如果这些反应不加以控制，直到最后会导致大量的丙烯生成。

由于烃类分子链的长短不同，裂化反应所需的活化能也不同。随着烃类分子链的长度缩短，活化能增加，裂化反应难度也相应地增加，因此，可以有目的地设计工艺条件和选择催化剂活性组元，调控裂化反应深度，为此，提出了对烃类裂化反应进行选择性地控制概念，即裂化反应的可控性[49]。氢转移反应在裂化反应深度和方向上起着重要作用，氢转移反应作用是一方面饱和产品中烯烃，产品质量得到改善，另一方面终止裂化反应，从而保留较多的大相对分子质量的产物，即增加汽油和柴油的产率，降低气体产率。因此，利用氢转移反应中止裂化反应特性来实现控制烃类裂化反应深度。在催化裂化工艺中，通常将烃类裂化反应深度控制在三个层次，即轻质油馏分、汽油馏分或汽油和液化气馏分，如图 2-3-1 所示。从而使催化裂化工艺技术具有生产方案的多样性。

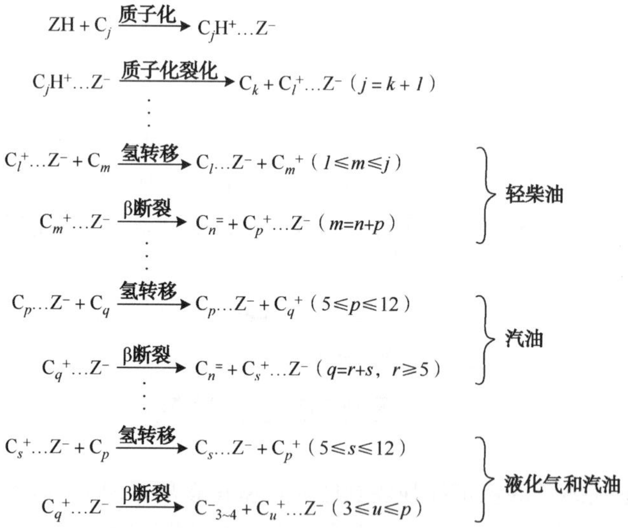

$$ZH + C_j \xrightarrow{\text{质子化}} C_jH^+ \ldots Z^-$$

$$C_jH^+ \ldots Z^- \xrightarrow{\text{质子化裂化}} C_k + C_l^+ \ldots Z^- \ (j = k + l)$$

⋮

$$C_l^+ \ldots Z^- + C_m \xrightarrow{\text{氢转移}} C_l \ldots Z^- + C_m^+ \ (l \leqslant m \leqslant j)$$

$$C_m^+ \ldots Z^- \xrightarrow{\beta\text{断裂}} C_n^= + C_p^+ \ldots Z^- \ (m=n+p)$$

（以上两式：轻柴油）

⋮

$$C_p \ldots Z^- + C_q \xrightarrow{\text{氢转移}} C_p \ldots Z^- + C_q^+ \ (5 \leqslant p \leqslant 12)$$

$$C_q^+ \ldots Z^- \xrightarrow{\beta\text{断裂}} C_n^= + C_s^+ \ldots Z^- \ (q=r+s,\ r \geqslant 5)$$

（以上两式：汽油）

⋮

$$C_s^+ \ldots Z^- + C_p \xrightarrow{\text{氢转移}} C_s \ldots Z^- + C_p^+ \ (5 \leqslant s \leqslant 12)$$

$$C_q^+ \ldots Z^- \xrightarrow{\beta\text{断裂}} C^-_{3\sim4} + C_u^+ \ldots Z^- \ (3 \leqslant u \leqslant p)$$

（以上两式：液化气和汽油）

图 2-3-1　烷烃裂化反应途径示意图

注：ZH 表示催化剂，C_j、C_m、C_q、C_p表示烷烃，所有的 $C^=$ 表示烯烃，所有的 C^+ 表示正碳离子，所有的下标表示碳原子数目，其中 $j>m>q>p$。

5. 裂化反应表征参数

在烷烃催化裂化反应过程中，单分子裂化反应机理和双分子裂化反应机理同时存在，最终产物分布将取决于二者发生的相对比例。1991 年，Wielers[44] 提出了“裂化机理比例”(Cracking Mechanism Ratio，CMR)的概念，用于定量描述正己烷裂化时双分子反应机理和质子化裂化反应机理发生的比例。Wielers 认为如果质子化裂化反应机理反应占主导，产物中将主要是甲烷、乙烷和乙烯；而如果是双分子反应机理占主导，产物将主要是异丁烷和丙烯等。因此 CMR 定义如下：

$$CMR = \frac{C_1 + \sum C_2}{i - C_4^0}$$

式中，C_1是甲烷的摩尔选择性，$\sum C_2$ 是乙烷和乙烯的摩尔选择性，$i\text{-}C_4^0$是异丁烷的摩尔选择性。

CMR 高(*CMR*>1)表示正己烷裂化中质子化裂化反应显著；*CMR* 低(1>*CMR*>0)则意味双分子反应机理占主要地位。Wielers 还发现，在所研究的各种沸石中，随着反应温度的升高、沸石中铝含量的降低、沸石孔径的减少，质子化裂化反应比双分子反应相对突出；随着转化率的增加，双分子反应的贡献将更大。但 Wielers 自己也认为 *CMR* 本身并不具有确定的意义。Gabriela 等[50]用正十六烷为原料，在 440~550℃、接触时间 1~60s 的条件下，对含 Y 型沸石的老化剂、平衡剂进行实验，依据产品分布，提出了能量梯度选择性(C_2/C_4或 C_3/C_4为评价指数)的概念，用于考察质子化裂化反应与双分子反应的比例。Corma 等[51]以 CH_4和 H_2的初始选择性之和表征质子化裂化反应机理的贡献，双分子反应机理的贡献则用差减法[100-(CH_4+H_2)]来表示，在实验考察的温度范围内，发现双分子反应与单分子反应的比例从 11 到 1 变化。

二、异构化反应

异构化反应是催化裂化工艺过程反应的最重要反应之一。对于催化裂化工艺，研究多支链异构烷烃或烯烃的生成对提高汽油辛烷值具有重大意义。一般认为，经典正碳离子单分子机理主要用于解释催化裂化反应过程中单支链甲基的形成，实际上，从单分子机理途径来看，多支链甲基的形成也可在单支链甲基的基础上进一步通过质子化环丙烷(PCP)中间体形成。

在催化裂化工艺过程下，趋于平衡的真正异构化反应是在烯烃和芳烃存在时发生的，通常在裂化反应生成烯烃后再发生异构化反应。虽然烷烃或环烷烃可能有时发生一些异构化反应，但在催化裂化反应条件下，没有迹象表明它是一种重要反应。而烯烃的双键异构化在催化裂化催化剂上是很迅速的，当反应温度 500℃时，双键转移和顺-反异构化可望达到平衡，通常测得正丁烯平衡时 30%为 1-丁烯，70%为 2-丁烯，其反/顺比为 1.30。C_5和 C_6烯烃的双键位置也显示了平衡分布。烯烃的支链异构化反应也很快，在催化裂化反应条件下可达到平衡，例如在反应温度 500℃时，正丁烯转化为异丁烯或其逆反应的速率几乎相等。烯烃异构化在催化裂化条件下属于平衡时不完全的反应，故异丁烯与总丁烯的比值受平衡限制，各种丁烯异构体的平衡值见表 2-3-1[52-53]。戊烯的支链化比丁烯还快，在 520℃各种戊烯异构物的平衡值见表 2-3-2[52]。

表 2-3-1　各种丁烯异构体对总丁烯的热力学平衡值

化合物	平衡值	平衡值
1-丁烯	0. 138	0. 132
顺 2-丁烯	0. 166	0. 167
反 2-丁烯	0. 245	0. 249
异丁烯	0. 451	0. 453

表 2-3-2　各种戊烯异构体对总戊烯的热力学平衡值

化合物	平衡值	平衡值
1-戊烯	0. 048	0. 041
顺 2-戊烯	0. 155	0. 105
反 2-戊烯	0. 119	0. 103
2-甲基-1-丁烯	0. 236	0. 314
2-甲基-2-丁烯	0. 430	0. 389
3-甲基-1-丁烯	0. 052	0. 048

在不同温度下计算的异丁烯与总丁烯之比的平衡值示于图 2-3-2，从图 2-3-2 可以看出，平衡值随温度的升高而下降，在 510～538℃时，此值为 0. 45。在常规的催化裂化工艺条件下，该值尚未达到平衡，一般在 0. 2～0. 35 之间。

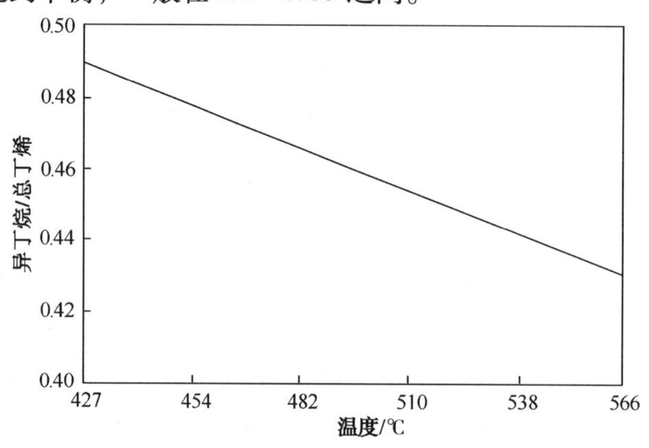

图 2-3-2　异丁烯与总丁烯之比平衡值

在催化裂化反应条件下，苯环上的甲基转移也能发生，但进行得相当慢。在反应温度为 550℃，对二甲苯在硅铝催化剂上进行反应时，异构化与裂化、歧化和生焦同时发生，产物二甲苯占进料的 47. 1%，其组成列于表 2-3-3。从表 2-3-3 可以看出，三种二甲苯异构体的比例与基于自由能计算所得的平衡值相近。

表 2-3-3　对二甲苯异构化产品组成

项　目	试验值(550℃)	计算平衡值(550℃)
对二甲苯/%	27. 4	23
间二甲苯/%	47. 3	51
邻二甲苯/%	25. 3	26

Rutenbeck 等[54]考察了不同硅铝比的 HZSM-5 沸石的正丁烯骨架异构反应，发现硅铝比不同骨架异构的反应机理也不同。Houzvicka 等[55]也比较了各种不同微孔材料上正丁烯的骨架异构反应。对于在 HZSM-5 沸石上发生的异构反应，Weitkamp[56]认为也是在沸石孔道内进行，但与 Y 沸石的反应结果有所不同，在 HZSM-5 上的反应主要通过 C 型 β-键断裂，随后通过二次异构化反应，反应过程受竞争吸附影响。对于异构化反应随反应深度的变化，Patrigeon 等[57]采用正庚烷考察了单支链和多支链异构体随反应深度的变化，发现多支链异构体是单支链异构体的连续反应。Connor[58-59]引用了烯烃度(烯烃/烷烃)及异构化指数(*BI*，即异构烷烃/正构烷烃)两个参数来关联催化裂化汽油辛烷值发现，随着烯烃度的增加，催化裂化汽油研究法辛烷值提高，而马达法辛烷值没有明显提高；支链化程度的增加则对马达法辛烷值有重要贡献。表 2-3-4 列出了典型催化裂化汽油中 C_5 ~ C_9烷烃的异构物分布及 *BI* 值。虽然异构化反应主要是烯烃进行的反应，但裂化汽油中烯烃支链化程度比烷烃支链化程度要低。这是由于异构烯烃易生成叔正碳离子而通过氢转移反应生成异构烷烃之故。此外，汽油中的异构烯烃也易于再裂化而生成气体。

表 2-3-4　催化裂化汽油中 C_5 ~ C_9饱和烃的异构化分布

组成/%	C_5	C_6	C_7	C_8	C_9
正构烷烃	10~20	8~16	12~22	17~28	7~14
单支链烷烃	80~90	68~78	58~66	50~66	53~61
双支链烷烃	0	13~16	16~25	16~22	25~39
三支链烷烃	0	0	0.9~2.5	≤1	0~2.5
BI	4~7.5	5~11	3~6	2.5~5	5~12

张剑秋[60]以正十二烷为原料，在微型固定床反应器(简称微反)装置上进行了异构烷烃生成反应的研究。将反应后的液相产物中 C_5、C_6的异构烷烃之和与其正构烷烃之和的比值定义为异构化指数(*BI*)，作为衡量不同类型沸石的异构烷烃生成能力。沸石分别选用 Y、Beta 和 ZSM-5 三种类型，原因在于这三种类型的沸石的孔结构和表面酸性存在着较大差别。试验条件：反应温度为 480℃，空速 $16h^{-1}$。三种沸石的试验评价结果列于表 2-3-5。

表 2-3-5　不同类型沸石的异构化反应性能

沸石类型	Y	Beta	ZSM-5
SiO_2/Al_2O_3	5.8	25	25
结晶度/%	80	>85	>85
Na_2O/%	0.43	<0.1	<0.1
SA/(m^2/g)	562	595	369
转化率/%	54.22	54.6	53.9
气体产率/%	37.86	46.13	53.72
液体产率/%	56.22	48.51	42.05
焦炭产率/ %	5.92	5.36	4.23
液体产物			
异构烷烃/%	39.7	25.5	20.6
正构烷烃/%	5.9	5.1	4.8
BI	6.7	5.0	4.3

从表 2-3-5 可以看出，随着沸石孔径按 Y、Beta、ZSM-5 的顺序减小，异构化指数 *BI* 随之下降，液相产物中的 C_5、C_6异构和正构烷烃的含量也同时都在下降，但异构烷烃下降更快，这说明沸石异构化性能随沸石孔径的扩大而增强，Y 型沸石的异构化性能最强。原因在于一是直链烃类分子需要在沸石的孔道内经过一个正碳离子中间体的过渡态才能完成异构，所以需要较大的空间完成过渡态的形成，大孔径的沸石如 Y 型沸石，由于具有较大的孔和笼，可以使能够生成异构正碳离子的过渡态正碳离子的形成速率加快，对异构正碳离子的形成更为有利，从而可以生成更多的异构烯烃和异构烷烃，其中的部分异构烯烃还可以再通过氢转移生成异构烷烃；二是沸石孔径大小直接影响到其表面进行的氢转移反应活性，随着沸石孔径的增大，氢转移反应活性增强，使得生成的异构正碳离子的裂化减少，更多地转化为异构烷烃；三是由于大孔沸石具有较开阔的孔道结构，有利于生成的异构烷烃迅速扩散而减少其在孔内的裂化，最终可以得到更多的异构烷烃。虽然氢转移反应的增加会减弱烯烃的异构，但由于烯烃的异构比较容易，所以影响并不是很明显，最终依然得到较高的异构烷烃含量。此外，由于 Y 型沸石硅铝比较小，表面的酸性位较多，也会增强其氢转移性能，有利于异构烷烃的生成。在 Y 型沸石催化剂中加入 ZSM-5，此时 ZSM-5 对 FCC 汽油异构化程度 *BI* 的影响列于表 2-3-6。从表 2-3-6 可以看出，ZSM-5 加入，FCC 汽油异构化指数 *BI* 增加，这是因为 ZSM-5 对正构烷烃裂化活性高于异构烷烃活性所致。

表 2-3-6　ZSM-5 对 FCC 汽油异构化程度 DOB 的影响

BI	未加 ZSM-5	加入 ZSM-5
i-C_5/n-C_5	6.07	6.72
i-C_6/n-C_6	6.56	8.36
i-C_7/n-C_7	5.18	6.15
i-C_8/n-C_8	6.80	7.13
i-C_9/n-C_9	8.11	8.57

三、氢转移反应

值得注意的是，如果催化裂化反应仅按照单、双分子反应机理进行，很难解释反应产物中烷烃和烯烃之比大于 1 的事实。正是这些实验结果导致了氢转移反应的研究，并认为过量饱和产物是氢转移反应的结果。因此，在研究催化裂化反应机理中的质子化裂化和负氢离子转移两类基元反应时，还需要关注氢转移化学反应，其对反应产物的分布及产品性质有着重要影响。氢转移反应在催化裂化反应过程中起着关键的作用。氢转移反应包括分子内的氢转移反应和分子间的氢转移反应。分子内的氢转移反应包括双键异构化反应、骨架异构化反应、环化反应、芳构化反应和缩合反应等。一般来讲，氢转移反应主要是指分子间的氢转移反应，其反应步骤为从供氢体，如环烷基芳烃(例如二甲基四氢萘，$DMC_{10}H_{10}$)转移一个氢分子到受氢体上，如烯烃(例如异丁烯，C_4H_8)，其简单化学反应方程式表示如下[19]。

$$i\text{-}C_4H_8+DMC_{10}H_9^+ \longrightarrow t\text{-}C_4H_4^+ +DMC_{10}H_8$$

$$t\text{-}C_4H_9^+ +DMC_{10}H_8 \longrightarrow i\text{-}C_4H_{10}+MC_{10}H_7^+$$

$$i\text{-}C_4H_8+DMC_{10}H_7^+ \longrightarrow t\text{-}C_4H_9^+ +DMC_{10}H_6$$

$$t\text{-}C_4H_9^+ +DMC_{10}H_{10} \longrightarrow i\text{-}C_4H_{10}+MC_{10}H_9^+$$

上述的氢转移反应最后的结果为烯烃转化为相应的烷烃，而环烷环转化为芳香环。一个氢分子杂化转移实际上涉及到连续的两个步骤，先发生负氢离子转移，然后再发生质子转移。

实际上氢转移反应的概念可以追溯到 20 世纪 40 年代。1944 年 Thomas[61] 用富含烯烃汽油在催化剂上进行反应，发现汽油中烯烃含量明显减少而异构烷烃和芳烃含量增加，这表明存在着氢转移反应，并用正辛烯进行验证。1968 年 Thomas[62] 发现沸石催化剂比无定形硅铝催化剂更有利于氢转移反应，并给出了烯烃之间、烯烃和环烷烃之间氢转移反应的化学方程式。1973 年 Weisz[63] 在考察无定形硅铝和沸石的反应特性时，发现汽油组成中 $C_5 \sim C_{10}$ 烃的摩尔组成存在如下的精确对应关系，如图 2-3-3 所示，从而进一步量化了氢转移反应关系式：

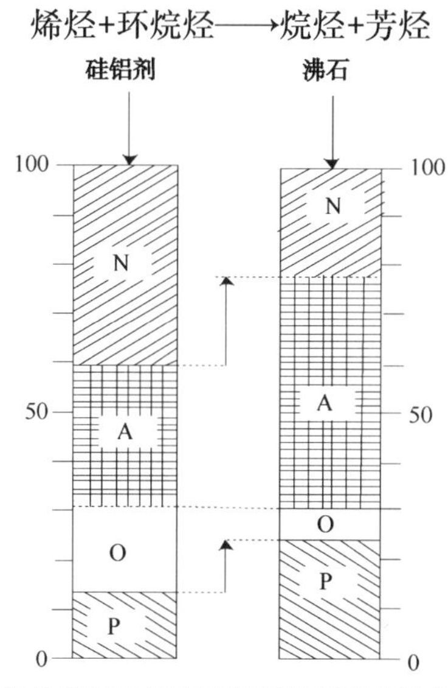

图 2-3-3　沸石催化剂和无定形硅铝催化剂所产生的汽油组成的差异

Venuto 和 Thomas[1] 认为氢转移反应是裂化反应的终止，对汽油的稳定起重要作用。实际上，芳烃可能被催化剂吸附，继续释放负氢离子，从而形成两种类型的氢转移反应，如下方程所示。

氢转移反应类型 I

$$3\,C_nH_{2n} + C_mH_{2m} \longrightarrow 3C_nH_{2n+2} + C_mH_{2m-6}$$

烯烃　环烷烃（烯烃）　烷烃　　芳烃

氢转移反应类型 Ⅱ

$$\underset{\text{环烯}}{C_nH_{2n-2}} + \underset{\text{芳烃}}{C_mH_{2m-6}} \xrightarrow[\text{缩合反应}]{\text{氢转移}} \text{R-取代苯环}, \text{R-取代萘环} \cdots \text{多环化合物}$$

焦炭前身物 ⟶

$$C_nH_{2n} \xrightarrow{\text{吸收负氢}} C_nH_{2n+2}$$

烯烃转化需要生成烷烃和芳烃，最好进行氢转移反应类型Ⅰ，抑制氢转移反应类型Ⅱ；反之，烯烃转化需要生成更多的烷烃，最好进行氢转移反应类型Ⅱ，抑制氢转移反应类型Ⅰ。氢转移反应的氢来源主要从三方面得到：环烷及环烯转化成芳烃；烯烃脱氢环化生成环烯；芳烃缩合生成焦炭。由此可以看出，氢转移反应对催化裂化的产物分布，尤其是产品组成的影响起着重要的作用[64]，而影响催化裂化过程中的氢转移反应的因素在后面的章节中再作详细的讨论。

环己烯由于其既可以作为氢的供给体，又可以作为较好的负氢离子接受体，通常作为模型化合物用于氢转移反应的研究[65]，因其具有很高的反应活性，一般采用较低的反应温度（200~300℃）。由于低温下的裂解反应很少，反应产物主要是环己烷、甲基环戊烷和苯，还有少量的低碳烃，未发现有甲基环戊烯。根据反应产物的组成与分布，环己烯可能在沸石表面上发生如下反应：

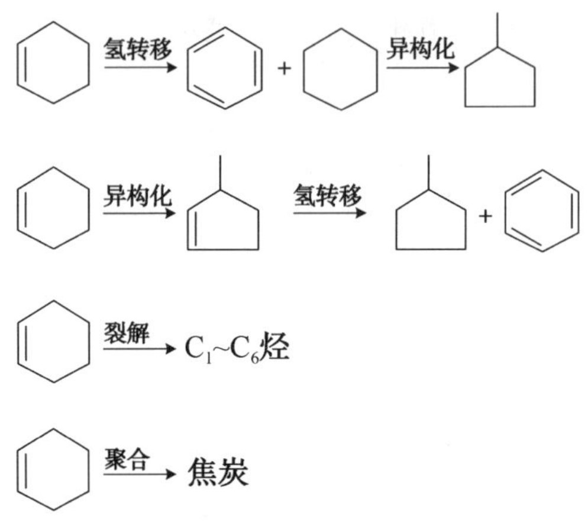

随着分子筛催化剂的广泛使用，氢转移反应在催化裂化过程中所起的作用更加显著，从而造成汽油产率大幅度地提高，但汽油辛烷值有所降低。在20世纪80年代，研究方向是如何减少氢转移的发生，其目的是为了得到更多的烯烃，提高汽油的辛烷值。Corma 等[66]研究了在不同操作条件下烃类在 Y 型沸石上的反应，发现产物中烯烃的选择性随着 Y 型沸石脱铝程度的增大、反应温度的升高而增大。沸石脱铝降低了酸中心的密度，使得作为双分子反应的氢转移反应的活性降低，同时由于脱铝提高了酸中心的强度，有利于裂化反应的进行，因此使得裂化反应与氢转移反应的相对比值增大，从而提高了产物中烯烃的选择性。以上结果说明，较低的硅铝比和较低的反应温度有利于氢转移反应。

氢转移反应的主要作用是减少产物中的烯烃含量，强烈影响产物的相对分子质量分布和焦炭产率。Jong 以减压馏分油为原料，用裂化产物中的丁烷与丁烯之比，即氢转移系数（*HTC*）来表示氢转移反应程度：

$$HTC=\frac{i\text{-}C_4+n\text{-}C_4}{i\text{-}C_4^{=}+n\text{-}C_4^{=}}=\frac{i\text{-}C_4+n\text{-}C_4}{\text{总 } C_4^{=}}$$

氢转移（HT）速率常数按虚拟二级反应考虑，故有：

$$k_{HT}=\frac{WHSV\times(i\text{-}C_4+n\text{-}C_4)}{100-i\text{-}C_4+n\text{-}C_4}$$

式中，i-C_4和n-C_4为质量分率，且值甚小，故上式可简化为：

$$k'_{HT}=WHSV\times(i\text{-}C_4+n\text{-}C_4)$$

至于氢转移(k'_{HT})与裂化(k_{MAT})的相对速率可通过比氢转移速率(HT比)计算：

$$HT\text{比}=\frac{k'_{HT}}{k_{MAT}}=(i\text{-}C_4+n\text{-}C_4)\times(\frac{100-\text{转化率}}{\text{转化率}})$$

De Jong[67]用MZ-7催化剂(750℃、水蒸气老化17h)分别在不同原料、空速和温度下测定了HT比。不同空速下的HT比见表2-3-7。由表可知，空速增加时，k_{MAT}和k'_{HT}都上升，因而HT比基本不变。

表2-3-7　不同空速下氢转移活性的测定

$WHSV/h^{-1}$	12	14	18	24	36
转化率/%	77.1	74.6	71.7	67.7	57.3
i-C_4产率/%	5.83	5.32	4.48	3.78	2.54
n-C_4产率/%	1.73	1.44	1.08	0.79	0.46
$C_4^=$产率/%	3.17	3.44	3.54	3.59	3.18
HTC	2.38	1.97	1.57	1.27	0.94
k_{MAT}	40.4	41.1	45.6	50.3	48.3
k'_{HT}	90.7	94.6	100.1	109.7	108.0
HT比	2.25	2.30	2.19	2.18	2.24

四、缩合反应

缩合反应是新的C—C键生成及相对分子质量增加的反应。催化裂化过程反应不仅存在着缩合反应，并且缩合反应起到了重要的作用。焦炭生成与缩合反应密切相关。叠合反应也是一种缩合反应，属于特殊的缩合反应[68]。

典型的缩合反应可能是小分子单烯烃经过正碳离子中间体发生叠合、负氢离子转移、环化反应，直到最后生成焦炭。在烯烃双键的α位置上的碳原子上的氢，特别易于被正碳离子抽取负氢离子而生成共振稳定的烯丙基正碳离子：

$$-\overset{|}{C}=\overset{\overset{H}{|}}{C}-\underset{\underset{H}{|}}{\overset{|}{C}}-H\xrightarrow[-H^-]{SiO_2-Al_2O_3}-\overset{|}{C}=\overset{\overset{H}{|}}{C}-\overset{+}{\underset{\underset{H}{|}}{C}}-H\rightleftharpoons\left[-\overset{|}{C}\cdots\overset{\overset{H}{|}}{C}\cdots\overset{\overset{H}{|}}{C}-H\right]^+$$

当正碳离子失去一个质子生成共轭双烯时，烯丙基正碳离子的反应使烃类更加不饱和：

$$(R_1CH\cdots CH-CH-CH_2R_2)^++X^-\rightleftharpoons R_1CH=CHCH=CHR_2+HX$$

总的反应的结果是一个烃分子饱和，而增加了另一个烃的不饱和度。由于位于双烯双键α位置的负氢离子易被抽取，故发生了不饱和度增加的反应，由此生成的三烯迅速环化。烯烃生成芳烃反应顺序为：

$$R_1^++R_2-CH=CH-CH=CH-CH_2-CH_2CH_3\rightleftharpoons$$

$$R_1H+(R_2-CH\cdots CH\cdots CH\cdots CH\cdots CH-CH_2CH_3)^+$$

$$X^-+(R_2-CH\cdots CH\cdots CH\cdots CH\cdots CH-CH_2CH_3)^+\rightleftharpoons$$

$$R_2—CH=CH—CH=CH—CH=CH_2CH_3 + HX$$

$$\rightleftharpoons$$

$$R_1^+ + \quad \rightleftharpoons R_1H \; +$$

$$X^- + \quad \xrightleftharpoons{-H^+} \quad + HX$$

综上所述，烯烃是由分子内的低聚和负氢离子转移反应或直接由负氢离子转移反应生成芳烃，主要包含如下几个反应步骤[69-70]：

（1）烯烃形成环状类正碳离子经释放一个质子而生成环烯；

（2）由烯烃形成的正碳离子和环烯之间发生负氢离子转移反应生成吸附态的质子化环状烯烃；

（3）质子化环状烯烃分子释放一个质子生成环二烯并促进 B 酸位的再生；

（4）环二烯与另一个正碳离子发生负氢离子转移反应生成吸附态的质子化环二烯；

（5）质子化的环二烯释放一个质子，促进 B 酸位的再生，同时也产生一个芳烃分子。

整个反应步骤如图 2-3-4 所示。

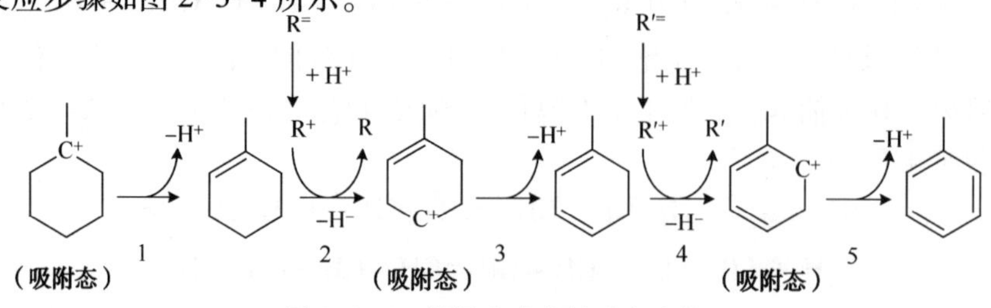

图 2-3-4　烯烃生成芳烃反应途径

一旦芳烃生成，就可与其他芳烃缩合生成相对分子质量大的烃类和焦炭。例如苯缩合生焦的反应顺序如下：

引发：

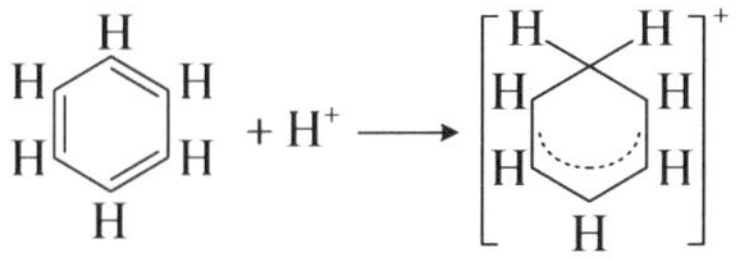

传递：

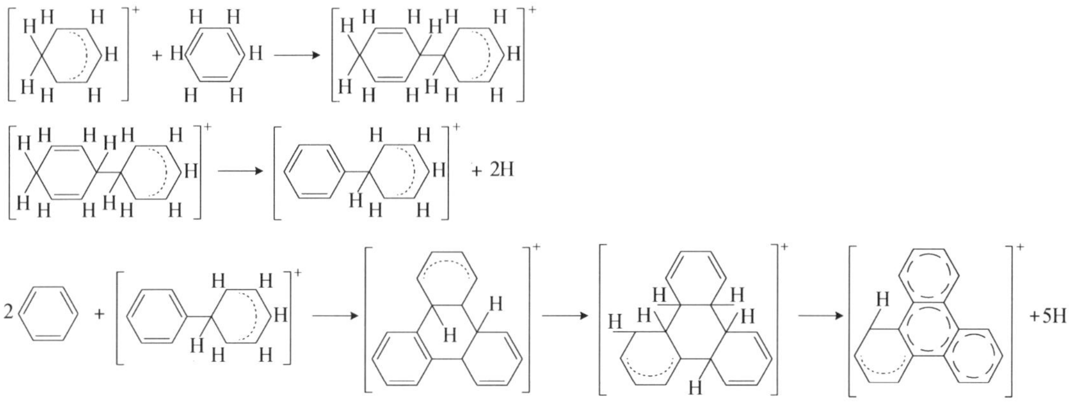

终止：

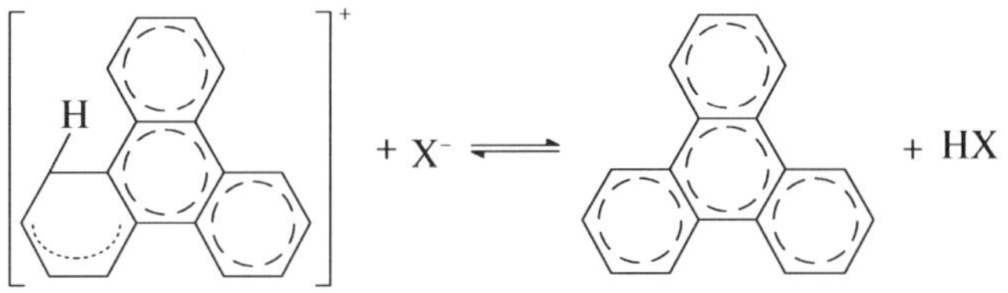

由于多环芳烃正碳离子很稳定，在终止反应前会在催化剂表面上继续增大。芳烃原料的生焦能力随着芳烃环数的增加而相应增强。杂环芳烃化合物与芳烃一样缩合生焦。图2-3-5为多环和杂环芳烃在新鲜硅铝催化剂上的焦炭生成过程。反应条件为反应温度500℃，反应时间15min，图2-3-5中数字为在催化剂上的焦炭产率。

从上面所论述的缩合反应在焦炭生成过程中的作用可以看出，在生焦反应中，第一个芳环的形成显得尤其重要。一旦第一芳环形成，其形成焦炭存在着两种途径，一是由单环芳烃与烯烃在B酸位上进行烷基化或芳烃缩合生成烷基芳烃，使分子增大，进一步发生负氢离子转移、环化、异构化环烷基芳烃，继而脱氢形成的萘类化合物，萘的衍生物通过相同的反应产生蒽、芘等化合物，如图2-3-6中途径a所示；二是两个芳香环间的反应，在烷基化反应后进而发生脱氢耦合反应生成非芳香性的环戊环，在异构化和负氢离子转移反应后，产生的蒽能够继续发生前面的反应生成芘甚至更为复杂的组分。由单环缩聚为C_{12}～C_{35}的贫氢沥青质化合物，直至生成碳和氢比例在$CH_{0.4}$～$CH_{0.9}$之间的焦炭[71]。Cerqueirara等[72]对FCC催化剂失活原因进行了系统总结，指出含芳烃的原料易于缩合生焦，其生焦能力随芳环数的增加而相应增强。从氢平衡角度看，芳烃发生缩合反应生焦“供氢”同时，必然伴随着原料或产物中其他烃类分子得氢的过程。多环芳香烃组分由于缩合生焦能力强，同等反应条件下释放负氢离子转移反应的几率相对较高，裂解产物中烯烃含量也降低，如图2-3-6中途径b所示。

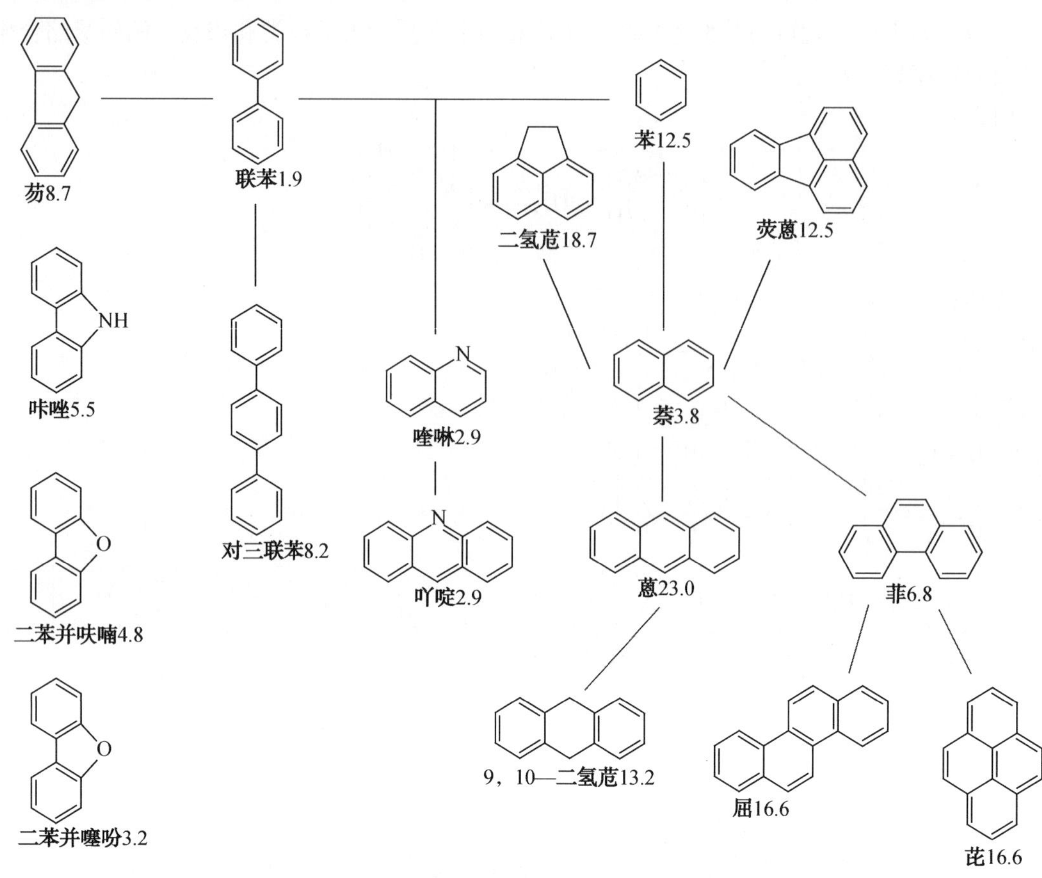

图 2-3-5　芳烃和杂环芳烃在新鲜硅铝上焦炭生成过程

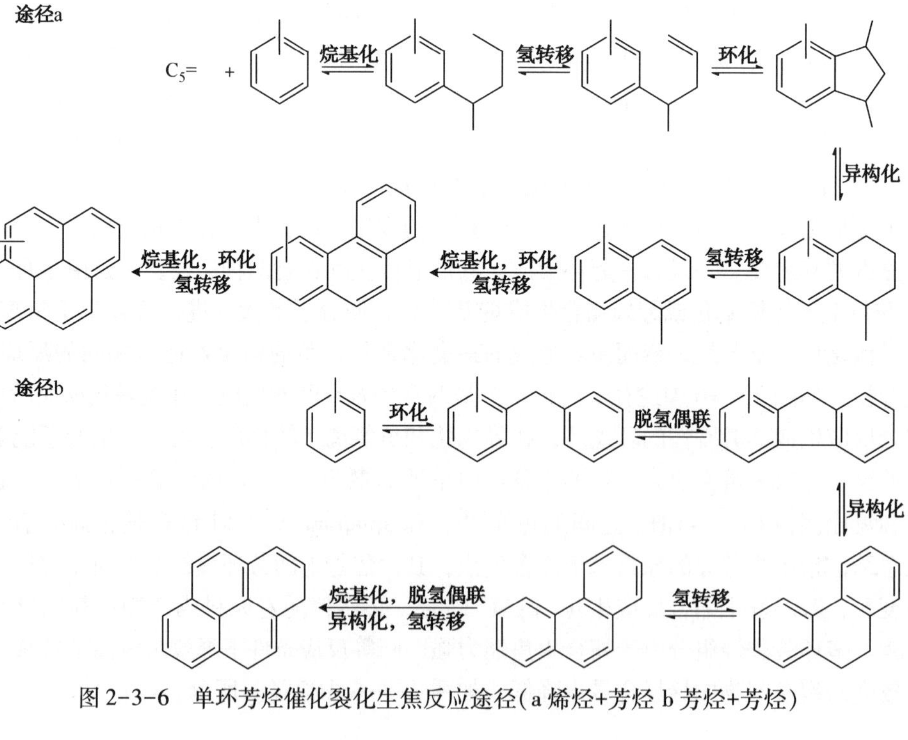

途径a

C_5= +

烷基化　氢转移　环化

异构化

烷基化，环化 氢转移　烷基化，环化 氢转移　氢转移

途径b

环化　脱氢偶联

异构化

烷基化，脱氢偶联 异构化，氢转移　氢转移

图 2-3-6　单环芳烃催化裂化生焦反应途径（a 烯烃+芳烃 b 芳烃+芳烃）

五、脱氢反应

原料中的烃类在催化裂化催化剂上发生脱氢反应活性是相当低的，可以忽略不计，但在两种情况下会发生脱氢反应，一是原料中含有较多的环烷烃；二是催化剂表面上沉积金属 Ni 和 V。实验结果表明，环已烷在催化裂化工艺条件下发生催化反应，约有 25%转化为苯，气体产物中的氢含量显著地高于烷烃[73]。环烷烃由于其中 C—H 键的断裂会逐步脱氢生成芳烃，其反应方程式如下：

催化裂化过程中发生脱氢反应主要由沉积在催化剂上的金属 V 和 Ni，尤其 Ni 所引起的。一般来说 V 的脱氢活性约为 Ni 脱氢活性的 1/5～1/4。高永灿等[74]以乙烷为探针分子，采用量子化学的从头计算法对不同价态镍在脱氢反应速控步骤中的表观活化能进行计算，探讨镍价态变化对脱氢反应活性的影响规律。以乙烷分子作为烃类反应物的代表，用单个镍原子或镍离子代替镍活性集团来参与脱氢反应，其反应过程见图 2-3-7。图 2-3-7 中 M 代表镍原子或镍离子。

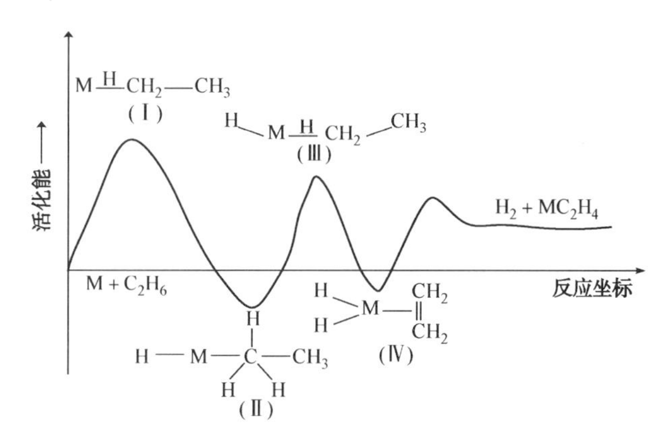

图 2-3-7　乙烷在不同价态镍上的脱氢反应历程

从 M 与乙烷的反应模型可以看出，反应过程主要经历了三大步骤：

① 镍与烃分子碰撞吸附后，发生镍插入烃分子 C—H 键的反应，形成过渡态Ⅰ，随后过渡态Ⅰ转化为中间产物Ⅱ，这是整个脱氢反应的速控步骤；

② 中间产物Ⅱ中的 β-H 向镍中心发生转移并进行结构重排，形成过渡态Ⅲ，随后过渡态Ⅲ转化为中间产物Ⅳ；

③ 中间产物Ⅳ失去氢分子，完成脱氢反应，同时在金属活性中心表面生成不饱和烃。

通过计算得出 Ni^0、Ni^+、Ni^{2+} 在脱氢反应速控步骤的活化能分别为 215.085 kJ/mol、320.005kJ/mol 和 650.502kJ/mol，显示出低价镍脱氢活性强的特点。

六、热裂化与质子化裂化的差异

烃类热解反应历程分为自由基链反应历程、自由基非链反应历程和分子反应历程[73]。

烃类热裂化反应特征产物为 H_2、C_1 和 C_2 等小分子。由此引出了一个问题，即催化裂化反应过程所产生的 H_2、C_1 和 C_2 等小分子是热裂化反应造成的，还是催化裂化反应造成的，或者是热裂化反应和催化裂化反应共同造成的？如果是热裂化反应和催化裂化反应共同造成的，那么是否能区分热裂化反应和催化裂化反应各自的影响程度，从而有利于控制干气或干气某种组分的产生。叶宗君等[75]以 FCC 汽油重馏分为原料，在小型固定流化床装置上，分别采用惰性石英砂及酸性催化剂，在反应温度为 300~700℃范围内进行热裂化和催化裂化实验。FCC 汽油重馏分热裂化和催化裂化的干气收率随反应温度的变化如图 2-3-8 所示。

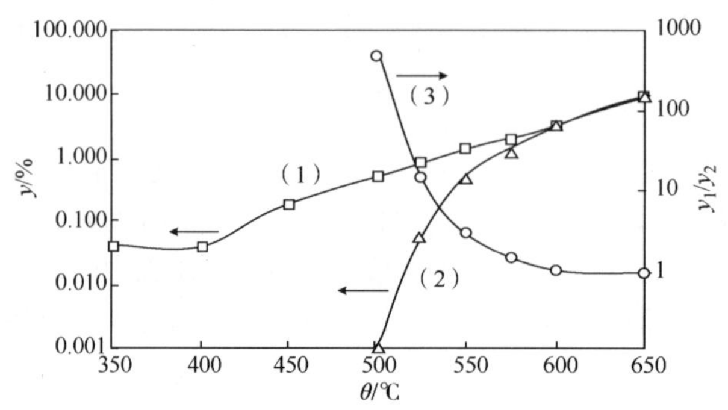

图 2-3-8 FCC 汽油重馏分 FCC 和热裂化反应中干气收率随反应温度的变化

(1)—催化剂；(2)—石英砂；(3)—催化裂化和热裂化干气产率之比

从图 2-3-8 可以看出，当反应温度为 350℃时，FCC 的干气收率为 0.04%，随着反应温度升高干气收率逐渐增加，450℃和 500℃时分别为 0.19%和 0.50%，说明低温下 FCC 汽油重馏分也可以进行催化裂化反应，到 500℃时催化裂化反应已十分明显。当反应温度低于 500℃时，热裂化的干气收率不大于 0.001%，由此可以推测，当反应温度为 300~500℃时，FCC 汽油重馏分催化裂化所得的干气 100%由单分子裂化反应所产生；525℃时 93%的干气由单分子反应产生；550℃时单分子裂化反应干气占 63%；反应温度大于 600℃时，干气几乎 100%由热裂化反应所产生。由此可以看出，FCC 汽油重馏分的热裂化起始反应温度为 525℃左右。

七、其他几种次要反应类型

在催化裂化工艺过程反应中，除裂化反应、异构化、氢转移反应外，还存在着一些次要的反应类型，例如，歧化反应/烷基转移、环化反应和烷基化反应在特定的条件下仍会发生。但这些反应对调节催化裂化产品质量起着关键的作用，例如催化汽油中的苯含量。下面简要地论述这几种反应类型。

1. 歧化反应/烷基转移

相同分子在一定条件下由于相互之间的基团转移而生成两种不同分子的反应过程。一般来说，歧化反应涉及的范围相对较广，涉及有机化合物的歧化反应如烷基芳烃、烯烃和烷烃等烃类。烷基芳烃间的歧化反应最清晰的例子是由 Best 等[76]提出的，即异丙苯在催化剂上反应生成苯和二异丙苯，其反应过程如下：

上述歧化反应进行的过程首先是异丙苯分子加上一个质子形成正碳离子，在脱烷基反应发生之前，由另一分子的苯环攻击异丙基上的α-碳生成另一个正碳离子，然后再断裂成二异丙基苯正碳离子及苯，正碳离子失去质子后形成苯及二异丙基苯，其中间、对二异丙苯的比例为2∶1，邻二异丙苯量很少。甲苯在催化剂上生成苯和二甲苯也是典型的烷基芳烃间的歧化反应例子。

烷烃歧化反应得到了广泛的研究，Miale等[77]研究了n-C_6H_{14}、n-C_5H_{12}和n-C_4H_{10}时在沸石催化剂上，在232℃反应温度条件下，n-C_6H_{14}的主要裂化是产物是C_3和C_4烃类，以及少量C_5烃类；n-C_5H_{12}的主要裂化产物是C_3和C_4烃类；尤其值得注意的是，n-C_4H_{10}的主要裂化产物是C_3和C_5烃类，正碳离子反应机理难以解释这些实验现象。三种烃类在该反应条件下均没有C_1和C_2烃类产物生成。1971年，Bolton等[78-79]在研究n-C_6H_4在沸石催化剂上的反应时，发现在低于350℃的反应温度下，主要产物为C_3和C_4，和少量C5烃类，其试验结果与Miale的试验结果相同。以n-C_6H_4为例，如果按照简单的C—C键裂化生成C_4和C_5的同时应生成相应的C_1和C_2烃类，但在产物中却几乎没有C_1和C_2烃类。因此基于正碳离子反应机理简单的C—C键断裂无法解释这一试验现象，而歧化反应理论恰好可以解释这一试验现象，即：

$$2n\text{-}C_4 \longrightarrow [C_8] \longrightarrow C_3+C_5$$

$$2n\text{-}C_5 \longrightarrow [C_{10}] \longrightarrow C_4+2C_3$$

$$2n\text{-}C_6 \longrightarrow [C_{12}] \longrightarrow 3C_4$$

$$2n\text{-}C_6 \longrightarrow [C_{12}] \longrightarrow 4C_3$$

$$2n\text{-}C_6 \longrightarrow [C_{12}] \longrightarrow C_3+C_4+C_5$$

烷烃低温裂化中碳链增长，可能是在沸石孔道内的特有现象。在沸石孔道内反应物与正碳离子中间物高度密集，易于进行双分子聚合及随后的异构和裂化等反应，从而造成具有歧化性质的催化裂化反应。Lopez等[80]在CrHNaY沸石上研究了正庚烷歧化反应，证实了存在着烷基转移在歧化反应所起的作用。烯烃歧化反应更容易发生，先发生加成叠合反应，然后发生断裂反应，生成两个不同分子的烯烃，例如：

$$2H_2C{=}CHCH_2CH_3 \longrightarrow H_2C{=}CHCH_3+H_2C{=}CHCH_2CH_2CH$$

2. 环化反应

烯烃生成正碳离子后可环化生成环烷及芳烃。如正十六烯生成正碳离子后，能自身烷基化形成环状结构。生成的环正碳离子异构化后能吸取一个负氢离子生成环烷烃，或失去质子生成环烯烃。环烯烃再进一步反应，直到生成芳烃[68]。

$$RCH_2CH_2CH_2CH_2CH{=}CH_2+R^+ \longrightarrow R\overset{+}{C}HCH_2CH_2CH_2CH{=}CH_2+RH \longrightarrow$$

$$R{-}\overset{+}{C}{-}C{-}C{-}C{-}C{=}C \xrightarrow{\text{环化}} R{-}C_6H_{10}\overset{+}{C} \xrightarrow{\text{H变位}}$$

$$R{-}C_6(\overset{+}{C}) \xrightarrow{i\text{-}C_4H_{10}} i\text{-}\overset{+}{C}_4H_9 + \overset{+}{R}{-}C_6 \quad (\text{环化})$$

$$\xrightarrow{-H^+} R{-}C_6\ (\text{环烯})$$

$$R{-}C_6H_9 + CH_3CH_2\overset{+}{C}HCH_3 \longrightarrow [R{-}C_6H_8]^+ + CH_3CH_2CH_2CH_3$$

$$[R{-}C_6H_8]^+ \xrightarrow{-H^+} R{-}C_6H_7$$

$$R{-}C_6H_7 + R_1^+ \longrightarrow [R{-}C_6H_6]^+ + R_1H$$

$$[R{-}C_6H_6]^+ \xrightarrow{-H^+} R{-}C_6H_5$$

3. 烷基化

C—C 键的形成在叠合与烷基化时发生。异构烷烃与烯烃烷基化时需要较强的酸。此反应涉及负氢离子转移和链反应：

$$CH_2{=}CHCH_3+HX \rightleftharpoons CH_3\overset{+}{C}HCH_3+X^-$$

$$CH_3\overset{+}{C}HCH_3+H_3C{-}\underset{H}{\overset{CH_3}{C}}{-}CH_3 \rightleftharpoons CH_3CH_2CH_3+H_3C{-}\underset{CH_3}{\overset{+}{C}}{-}CH_3$$

$$H_3C{-}\underset{CH_3}{\overset{+}{C}}{-}CH_3 + CH_2{=}CHCH_3 \rightleftharpoons H_3C{-}\overset{CH_3}{C}(CH_2\overset{+}{C}HCH_3){-}CH_3$$

$$H_3C{-}\overset{CH_3}{C}(CH_2CH_2\overset{+}{C}HCH_3){-}CH_3 + H_3C{-}\underset{H}{\overset{CH_3}{C}}{-}CH_3 \rightleftharpoons H_3C{-}\overset{CH_3}{C}(CH_2CH_2CH_2CH_3){-}CH_3 + H_3C{-}\underset{CH_3}{\overset{+}{C}}{-}CH_3$$

正碳离子对芳烃的π电子攻击发生芳烃的烷基化：

$$H_3C-\overset{H}{\underset{+}{C}}-CH_3 + C_6H_6 \rightleftharpoons [C_6H_6^{+}-C(H)(CH_3)_2] \rightleftharpoons C_6H_5-C(H)(CH_3)_2$$

八、芳构化反应

烃类芳构化过程是一个极为复杂的多种化学反应的宏观综合，涉及烃类裂化、脱氢、环化、异构化、氢转移、低聚等反应类型组合，同时也有少量的烷基化、歧化等反应发生。芳构化过程的狭义定义是指环烷（烯）烃的异构脱氢生成芳烃；广义定义是指烃类在工艺过程中各种化学反应类型参与下生成芳烃。主要生产芳烃的工艺为重整工艺和蒸汽裂解工艺，在重整工艺过程中，环已烷在温度高于400℃、压力低于0.7MPa时，系统中芳烃的平衡含量接近100%。环已烷的脱氢过程进行得很快；对甲基环戊烷而言，在压力0.7MPa条件下，生成芳烃的选择性为60%~70%。在蒸汽裂解工艺中，烯烃在750℃以上可发生芳构化反应生成环烯烃、环烷烃和芳烃；烷烃先脱氢环化形成环烷烃，再异构和脱氢生成芳烃，反应过程较复杂。在催化裂化工艺过程中，随着烃类裂化反应的进行，大分子不断地裂解生成小分子烯烃，而小分子的烯烃经环化脱氢生成芳烃或小分子烷烃在特定的条件下转化为芳烃。因此，在催化裂化工艺过程中，存在着烃类芳构化反应。催化裂化工艺过程中的芳构化反应是指碳原子数较少的烃类在非临氢条件下通过非贵金属催化剂转化为芳烃的过程。芳构化原料的多样化以及原料组分的复杂性，使芳构化反应的机理和历程更为复杂，哪个组分、哪个步骤、哪个过程占主导地位难以确定。以戊烷为例，戊烷通过裂化、脱氢转变为烯烃，然后烯烃低聚、环化、脱氢、脱烷基生成芳烃，其过程表述如下[81]：

脱氢裂化：

$$H_3C-CH_2-CH_2-CH_2-CH_3 \longrightarrow H_3C-CH=CH_2+CH_2=CH_2+H_2$$

烯烃低聚：

$$2H_3C-CH=CH_2 \longrightarrow H_3C-CH_2-CH_2-CH_2-CH=CH_2$$

$$3CH_2=CH_2 \longrightarrow CH_2=CH-CH_2-CH_2-CH_2-CH_3$$

$$H_3C-CH=CH_2+2CH_2=CH_2 \longrightarrow H_3C-CH_2-CH_2-CH_2-CH_2-CH=CH_2$$

环化脱氢：

$$H_3C-CH_2-CH_2-CH_2-CH=CH_2 \longrightarrow \text{cyclo-}(CH_2)_6 \longrightarrow \text{cyclo-}(CH)_6 + 3H_2$$

$$H_3C-CH_2-CH_2-CH_2-CH_2-CH=CH_2 \longrightarrow CH_3-\text{cyclo-}[CH(CH_2)_5] \longrightarrow CH_3-\text{cyclo-}[C(CH)_5] + 3H_2$$

不同数量的C_2和C_3烯烃分子间均可进行低聚组合，也可能生成少量的二甲苯、三甲苯等组分，从而使芳构化过程复杂化。以C_5馏分中的烯烃作芳构化原料时，可以不发生脱氢裂化的第一步历程，而直接进行低聚、环化脱氢等反应。可见烃类的芳构化过程是从宏观上体现出来的非芳烃组分转化为芳烃的过程，但因机理非常复杂，至今详细的历程仍不十分清楚。但可肯定的是，烃类的环化脱氢等过程在芳构化过程中是确定存在的。芳构化反应的研究工作是从20世纪60年代开始，催化剂研究集中于HZSM-5及Zn、Ga、Ni、Cu和Co等过渡金属对HZSM-5改性，原料常采用低碳烷烃。

第四节　催化裂解反应化学

一、化学热力学特征

根据表2-0-1中热力学数据，在催化裂化条件下较可能发生的反应有：烷烃和烯烃裂化反应、烷烃脱氢反应、氢化芳烃脱氢，以及环烯烃氢转移生成环烷烃和芳烃等反应。催化裂化反应温度通常约480~520℃，在这个反应温度范围内，烃类裂化反应平衡常数较大[82]，从热力学角度看，原料烃分子几乎可以全部分解成小分子烷烃和烯烃，如对于正癸烷的裂化反应：

$$n\text{-}C_{10}H_{22} \longrightarrow n\text{-}C_7H_{16}+C_3H_6$$

反应热约为74.55kJ/mol，在反应温度510℃时，$\lg K_E=2.46$，$K_E\approx288.4$，K_E值很大，可以认为$n\text{-}C_{10}H_{22}$几乎全部分解。从热力学角度看，异构化、烷基芳烃脱烷基、直链烯烃氢转移、烷烃和烯烃环化生成环烷烃等反应可能进行到一定的平衡状态。当反应温度改变时，各种反应的热力学可能性会发生变化。随着反应温度的升高，异构化和氢转移等反应平衡常数趋于减小，烃类裂化反应和脱烷基反应平衡常数增加，如正辛烯的裂化反应：

$$1\text{-}C_8H_{16} \longrightarrow 2n\text{-}C_4H_8$$

反应热约为78.30kJ/mol，在反应温度510℃时，$\lg K_E=2.10$，$K_E\approx125.6$；当反应温度527℃时，$\lg K_E=2.32$，$K_E\approx208.9$。对于异丙苯脱烷基反应：

$$\text{异丙苯} \longrightarrow \text{苯} + C_3H_6$$

反应热约为94.44kJ/mol，在反应温度510℃时，$\lg K_E=0.88$，$K_E\approx7.6$；当反应温度527℃时，$\lg K_E=1.05$，$K_E\approx11.2$。从不同反应温度的裂化反应平衡常数判断，通常把烃类的裂化反应看作是不可逆反应，即烃类裂化反应实际不受化学平衡的限制，因此，一般不研究催化裂化反应的化学平衡问题，而是着重研究它的动力学问题。对于烷基芳烃脱烷基生成芳烃、环烷烃脱氢生成芳烃以及烯烃环化脱氢生成芳烃等反应来说，在催化裂化条件下远未达到化学平衡，这些反应进行的深度主要是由化学反应速率和反应时间决定的。

从热力学角度讲，裂化反应过程中反应是吸热的，但是在原料转化率较高时，反应可能按放热反应方式进行，这与氢转移、环化、烯烃聚合、烷基化、双键位移反应和骨架异构等反应发生程度增大密切相关，各种反应进行的强度决定着裂解反应的最终热效应，裂化反应热与原料、原料转化深度、催化剂和气体动力学条件有关，为了提高低碳烯烃产率，烃类催化裂解反应通常在较高反应温度(550℃)下进行，这大大增强了原料转化反应深度，也改变了各种化学反应平衡，因此，针对烃类催化裂解反应过程既应该考虑过程热力学要求，又应考虑过程动力学要求的最佳条件来实现反应。

由于催化裂解生产低碳烯烃过程中，反应、传递及热力学过程相对复杂，以往的研究者往往从反应工艺条件及催化剂的择形作用角度，分析提高低碳烯烃尤其是丙烯产率的途径。从公开报道的数据来看，目前，已工业化的重油催化裂解工艺的丙烯产率最高可达23%~24%[83-86]。中试研究结果表明，采用最先进的重油催化裂解技术，丙烯产率可以达到略高于30%的水平，在此基础上，无论如何对原料、工艺条件、流程或催化剂优化，丙烯产率也无法进一步提高，反而促进了干气、焦炭等这些低附加值副产物的生成。传统催化裂化过程中烃类分解生成低碳烯烃的反应不受化学平衡限制，但是，在其他一些反应过程中，如甲醇裂解制低碳烯烃的反应(MTO)，研究人员早就注意到，低碳烯烃收率会受到平衡限制[87]。热力学是化学反应过程进行的限度，催化裂解多产低碳烯烃过程是否存在热力学限制，以及裂解工艺条件对丙烯热力学平衡收率的影响引起研究者的关注。

对于催化裂解多产低碳烯烃过程，原料和产品烃类组分复杂，对于这种复杂反应体系，很难将该过程中所有涉及的物种和反应描述清楚。即使将所有的物种和反应都考虑完全，采用平衡常数法计算时，需要联立求解多个非线性方程，计算工作量难以想象。基于此，清华大学[88]采用 Gibbs 自由能最小化方法，并选取了 C_7烷烃和 C_7烯烃的混合物作为研究对象，进行了热力学计算。在计算过程中，提出以下 4 点假设：(1)考察范围属于低压、高温范围，故体系内气体可以认为是理想气体；(2)生成的炭以石墨形式存在，在所考察的反应温度范围(450~650℃)内，石墨的蒸气压接近零，在气相组成中可不考虑炭的影响；(3)芳烃在催化裂解过程中的反应和生成的速率都比较慢，可作为惰性组分处理；(4)假设平衡体系中只包括 C_3及 C_3以上组分，丙烯收率为潜平衡收率。计算中假设反应物为 C_7烷烃和 C_7烯烃，设二者的质量分数分别为 45. 5%和 54. 5%，采用 Gibbs 自由能最小化方法和 4 点假设，计算了反应压力 0. 25MPa、反应温度 450~750℃时的原料转化率和产物平衡组成，结果如图 2-4-1 和图 2-4-2 所示。

由图 2-4-1 可知，在反应温度 450~650℃范围内，C_7混合烃原料转化率随反应温度提高而增加，在反应温度 450℃时，转化率已经超过 99. 6%，因此，原料转化率不受热力学平衡的限制，这与催化裂化过程中的裂解反应基本不受热力学控制相一致。由图 2-4-2 可知，催化裂解过程中，在对应的反应温度和压力下达到热力学平衡时，每种产物均有对应的平衡收率，其中丙烯的平衡收率受反应温度的影响最大，在反应温度 450℃时，丙烯平衡收率仅为 12. 0%；在反应温度达到 500℃和 600℃时，丙烯平衡收率分别可达 18. 5%和 30. 0%。

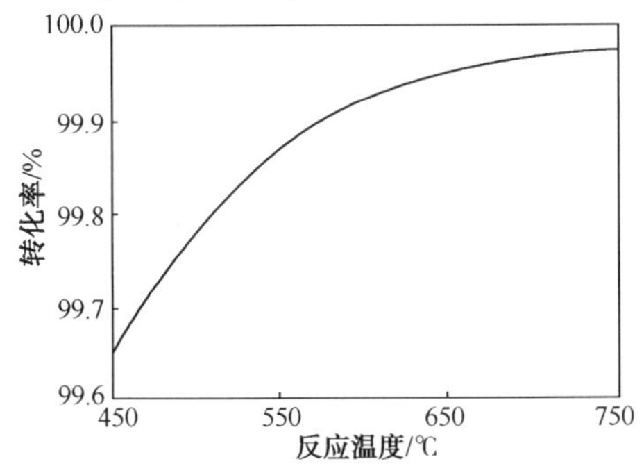

图 2-4-1 反应温度对原料平衡转化率的影响图

原料：C_7混合物；p = 0. 25MPa

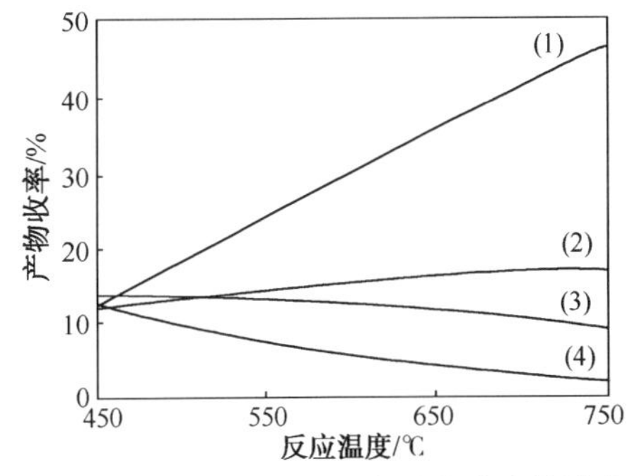

图 2-4-2 反应温度对产物平衡分布的影响

(1)丙烯；(2)丙烷；(3)异丁烯；(4)2-甲基-2-丁烯

相同碳数的烷烃、烯烃和环烷烃对丙烯平衡收率的影响计算结果见图 2-4-3。由图 2-4-3

可知，从丙烯的平衡收率判断，烷烃的丙烯收率最低，烷烃和烯烃混合烃的丙烯收率居中，而以烯烃或环烷烃为原料时，丙烯平衡收率最高。催化裂解反应是遵循正碳离子反应机理进行的过程。烯烃和环烷烃的丙烯平衡收率相同，是因为原料的影响主要体现在元素平衡的限制条件中，对于烯烃和环烷烃，分子结构均为$(CH_2)_n$，所以元素平衡的限制条件是相同的。

以不同碳数的烷烃和烯烃为原料进行催化裂解反应，考察了丙烯平衡收率的变化，结果见图2-4-4。从图2-4-4可以看出，以不同碳数的烯烃为原料催化裂解反应时，所得丙烯平衡收率相同；对不同碳数的烷烃而言，随着烷烃碳数的增加，丙烯平衡收率逐渐增加。当以C_5～C_7烷烃和烯烃混合物为原料时，丙烯的平衡收率介于烯烃和烷烃的丙烯平衡收率之间。由此可以推断，当裂解原料为重质油时，丙烯平衡收率也可能在这一范围内的结论。从热力学角度上来说，烯烃和大分子烷烃更适合作为多产丙烯的原料，低碳烷烃则不是理想的原料，这一认识规律与烯烃和烷烃的动力学规律也恰好相符。从动力学计算得出，对相同碳数的烯烃和烷烃来说，烯烃的裂解速率是烷烃的几十倍；对于烷烃，随着碳数的增加，裂解速率加快。

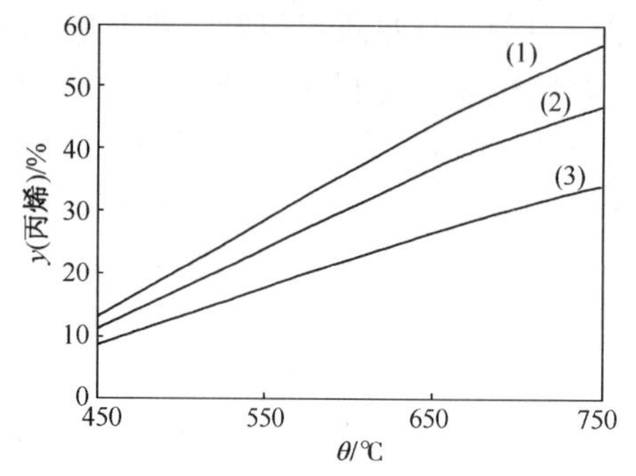

图2-4-3　不同结构烃类对丙烯平衡收率的影响
(1)烯烃或环烷烃；(2)烷烃和烯烃混合物；(3)烷烃

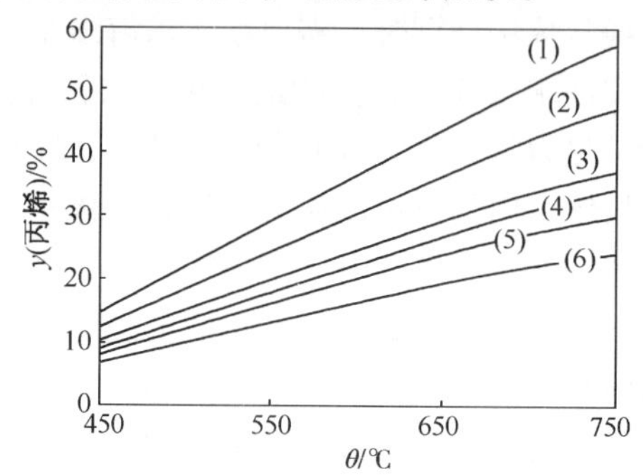

图2-4-4　不同链长烃类的丙烯平衡收率
(1)C_5～C_8烯烃；(2)烷烃和烯烃混合物；(3)C_8烷烃；(4)C_7烷烃；(5)C_6烷烃；(6)C_5烷烃

上述研究表明，在催化裂解多产低碳烯烃过程中，虽然原料转化率不受热力学平衡限制，但丙烯收率受到热力学平衡的限制，相比于低碳烷烃，烯烃和大分子烷烃更适合作为催化裂解多产丙烯过程的原料。

乙烯生产装置和炼油厂副产大量的C_4和C_5烃类，重质油催化裂解技术常采用C_4和/或C_5馏分作为部分原料，这样可优化利用C_4和C_5资源，生产高附加值的丙烯和乙烯。在较高的反应温度下，丁烯催化裂解是一个复杂的反应过程，主反应是丁烯裂解生成丙烯和乙烯，副反应有氢转移、脱氢环化及芳构化、异构化和聚合反应等，各反应相互交错形成一个复杂的反应网络。为了更好地掌握和控制丁烯催化裂解反应过程，中国科学院大连化学物理研究所[89]采用平衡常数计算法对反应网络中各步骤进行了热力学计算，表2-4-1列出了不同反应温度下丁烯催化裂解过程中各种反应的平衡常数。

表2-4-1　不同温度下丁烯催化裂解中各反应的平衡常数计算结果

序号	反　应	K_p					
		400℃	450℃	500℃	550℃	600℃	650℃
1	$C_4H_8 \Longrightarrow 4/3C_3H_6$	2.86×10^0	3.97×10^0	5.27×10^0	6.74×10^0	8.37×10^0	1.02×10^1
2	$C_4H_8 \Longrightarrow 2C_2H_4$	5.42×10^{-2}	1.95×10^{-1}	5.94×10^{-1}	1.58×10^0	3.74×10^0	8.07×10^0

续表

序号	反　应	K_p					
		400℃	450℃	500℃	550℃	600℃	650℃
3	$C_4H_8 = 3/5C_4H_{10} + 1/5C_8H_{10}$	1.02×10^3	4.16×10^2	1.92×10^2	9.69×10^1	5.30×10^1	3.10×10^1
4	$C_4H_8 = 3/5i\text{-}C_4H_{10} + 1/5C_8H_{10}$	8.21×10^2	3.17×10^2	1.39×10^2	6.71×10^1	3.53×10^1	1.99×10^1
5	$C_3H_6 + 1/4C_4H_8 = 3/4C_3H_8 + 1/4C_7H_8$	6.14×10^2	2.63×10^2	1.25×10^2	6.54×10^1	3.69×10^1	2.22×10^1
6	$C_4H_8 = 1/6C_6H_6 + 1/3C_7H_8 + 1/12C_8H_{10} + 7/4H_2$	1.71×10^3	2.78×10^3	4.27×10^3	6.27×10^3	8.84×10^3	1.46×10^4
7	$C_3H_6 = 1/8C_6H_6 + 1/4C_7H_8 + 1/16C_8H_{10} + 21/16H_2$	1.21×10^2	1.36×10^2	1.52×10^2	1.68×10^2	1.85×10^2	2.02×10^2
8	$C_2H_4 = 1/12C_6H_6 + 1/6C_7H_8 + 1/24C_8H_{10} + 7/8H_2$	1.78×10^2	1.19×10^2	8.48×10^1	6.30×10^1	4.86×10^1	3.86×10^1
9	$C_4H_8 = 2/3C_6H_{12}$	4.11×10^{-1}	2.97×10^{-1}	2.24×10^{-1}	1.75×10^{-1}	1.41×10^{-1}	1.16×10^{-1}
10	$C_3H_6 = 1/2C_6H_{12}$	2.33×10^{-1}	1.43×10^{-1}	9.35×10^{-2}	6.46×10^{-2}	4.67×10^{-2}	3.50×10^{-2}

从表2-4-1可以看出，在反应温度400~650℃范围内，丁烯裂解生成丙烯反应(反应1)平衡常数随着反应温度的升高而明显增大，反应温度400℃时，反应平衡常数约2.86，反应温度升至650℃时，反应平衡常数达到10.2。对于丁烯裂解生成乙烯的反应(反应2)来说，随着反应温度的升高，平衡常数增大，当反应温度低于550℃时，丁烯裂解生成乙烯的反应平衡常数较小。另外，从表2-4-1中数据可以看出，在反应温度400~650℃范围内，由丁烯和丙烯生成己烯(反应9和反应10)的反应平衡常数较小，且由于聚合反应是放热反应，随着反应温度的升高，平衡常数明显减小。丁烯和丙烯通过氢转移和聚合-脱氢环化-芳构化反应生成烷烃和芳烃反应(反应3~反应8)的平衡常数相当大，是丁烯裂解生成丙烯反应的平衡常数的10~1000倍。氢转移反应的平衡常数随着反应温度的升高明显减小，丙烯和丁烯通过聚合-脱氢环化-芳构化生成芳烃的平衡常数则随温度的升高而增大。可见，低碳烯烃有强烈的芳构化倾向，在热力学上，低碳烯烃更有利于通过氢转移和聚合-脱氢环化-芳构化生成烷烃和芳烃，由此提出，提高丁烯催化裂解制丙烯和乙烯选择性的有效方法是开发具有高选择性的催化剂，从动力学角度抑制芳烃和低碳烷烃的生成，提高丙烯和乙烯的选择性和收率。中国石油大学[90]采用Gibbs自由能最小原理法对C_2~C_5烯烃构成的热力学网络进行了平衡状态计算，计算结果表明，乙烯的平衡收率随着反应温度的升高而不断升高，丙烯收率在反应温度630~650℃时，达到最大值41.7%，并以1-丁烯和混合碳四为原料，采用ZSM-5分子筛催化剂对上述计算结果进行了实验验证，认为丁烯催化裂解生成丙烯的反应存在最佳反应温度区间。

二、化学动力学特征

反应动力学主要研究有关化学反应速度的规律，前面讨论到催化裂化过程中的主反应——裂化反应，可以认为是一个不可逆反应，因此，催化裂化反应深度只决定于反应速率和反应时间。烃类的催化裂化反应是典型的气固非均相反应，包括外扩散、内扩散、吸附、表面化学反应及脱附等七个步骤，催化裂化反应速率取决于七个步骤进行的速率，速率最快的步骤对整个反应速率起决定性的作用，成为控制因素。对于一个反应，它的控制步骤并不是永远不变的，在一定的条件下会发生转化。某个化学反应原来是化学反应控制，反应温度对化学反应的影响很大而对扩散速率的影响很小，若提高反应温度，随着反应温度的升高，化学反应的速率增加很快，扩散速率的变化很小，因此，随着反应温度的提高到某个数值后，化学反应速率远远高过了扩散速率，于是整个反应就从原来的化学反应控制转化为扩散控制。在一般工业条件下，催化裂化通常表现为化学反应控制。

重质油催化裂解原料是由成千上万种不同类型、不同结构的化合物所组成的混合物，因而重质油催化裂解反应是一个典型的复杂反应体系，除组分数量巨大和反应数目繁多外，各反应间的强偶联是复杂反应体系的另一大特点，因此如何进行各反应之间的解偶是研究复杂反应体系动力学的基础，它往往需要借助于求解大量的微分方程，从分子尺度上研究反应历程。从分子尺度上对每个分子的反应历程进行追踪的优点之一是可以将反应网络进行解偶而不需要解微分方程，但必须对每种分子在反应条件下所进行的各种化学反应有比较准确的认识，包括一些纯烃化合物的反应动力学特征和数据。

动力学特征是指有关化学反应速率及其影响因素的规律性，对各种纯烃化合物相对裂化速率的研究主要集中在反应温度低于500℃或500℃左右的烃类裂化反应，早期研究结果表明[91]，在碳原子数相同时，各种纯烃的相对裂化速率由大到小顺序大致如下：

烯烃>带 C_3 或 C_3^+ 烷基链的芳烃>异构烷烃和环烷烃>多甲基芳烃>正构烷烃>芳烃

对于同族烃类来说，烃类的裂化速率随烃类相对分子质量的增加而增加，烃类裂解反应速率与相对分子质量和分子结构的关系，与裂化反应速度和烃类相对分子质量、结构的关系大体相似。

（一）烷烃的裂解反应能力

Nace[92]在反应温度482℃条件下，考察了 C_8 ~ C_{16} 烷烃在水蒸气老化处理后的REHX催化剂上的裂化反应，结果见表2-4-2。从表2-4-2中数据可以看出，随着烷烃碳数增加，裂化反应速率常数增加。

表2-4-2　不同碳数烷烃裂化反应速率常数

烷　烃	n-C_8H_{18}	n-$C_{12}H_{26}$	n-$C_{14}H_{30}$	n-$C_{16}H_{34}$
反应速率常数	36	660	984	1000

RIPP[93]采用自行研制的脉冲微反色谱装置研究了反应温度600℃和620℃条件下，不同结构 C_5 ~ C_8 烷烃在中孔择形分子筛与超稳Y型分子筛复合催化剂上催化裂解反应行为，根据Bassett方程和Arrhenius方程，求得烷烃催化裂解反应表观速率常数和活化能，结果列于表2-4-3。从表2-4-3中可以看出烷烃的活化能约为40~75kJ/mol，反应温度对烷烃的催化裂解速率影响较大，提高反应温度能够有效提高烷烃的裂解反应速率。

表2-4-3　烷烃催化裂解反应表观速率常数(k_{obv})和活化能(E_a)

烷烃	$k_{obv}\times10^6$/(mol/Pa·kg·s)		E_a/(kJ/mol)
	600℃	620℃	
n-C_5H_{12}	0.057	0.092 1	74.24
n-C_7H_{16}	0.161 2	0.215 9	45.18
n-C_8H_{18}	0.224 5	0.311 5	50.61
2-M-C_4H_{10}	0.109 8	0.162 3	60.41
2-M-C_5H_{10}	0.235 5	0.310 9	42.96
2-M-C_6H_{14}	0.293 6	0.449 0	65.70
3-M-C_6H_{14}	0.276 3	0.351 2	37.06
2-M-C_7H_{16}	0.299 4	0.466 3	68.54

浙江大学[94]在反应温度650℃、重时空速$1h^{-1}$和水油质量比2的条件下，考察了C_5~C_8正构烷烃在ZSM-5分子筛催化剂(Si/Al=40)上的催化裂解反应，研究结果表明(见表2-4-4)，链长变化对催化裂解反应影响较大，相同反应条件下，随着链长增加，烷烃裂解反应转化率增加，正戊烷的转化率约为68.5%，而正辛烷裂解反应转化率约为92.6%，因此，对正构烷烃来说，同样具有碳链越长，越容易裂解的反应动力学特性。

表2-4-4 C_5~C_8烷烃催化裂解反应转化率

烷烃	n-C_5H_{12}	n-C_6H_{14}	n-C_7H_{16}	n-C_8H_{18}	2-M-C_5H_{12}
转化率/%	68.5	79.2	87.9	92.6	82.8

根据烷烃的催化裂解机理分析，裂解反应是通过正碳离子中间体的生成，然后发生β-断裂等一系列反应进行的。假设①伯正碳离子不易生成；②生成的正碳离子经β位C—C键断裂不能生成小于C_3的正碳离子。已基中只有2-已基正碳离子能发生β-断裂反应，那么，断裂位置只有一个。根据上述假设，表2-4-5列出了不同碳原子数的正碳离子可能发生β-断裂反应的位置数目。从表2-4-5可知，正己烷生成的已基正碳离子中只有2-已基正碳离子能发生β-断裂反应，即可能生成正碳离子的数目是1个；2-庚基正碳离子可能生成正碳离子的数目是2个，2-正十六烷基正碳离子碳链中存在11个可能生成正碳离子的位置，即随着碳链上碳原子数目增加，可能生成正碳离子的位置增加，使正碳离子生成的可能性增大，这可能是直链烷烃裂解速率随着碳原子数目增加而增加的原因之一。但Voge[95]也指出正构烷烃的裂化速率随着碳原子数的增多而增加得太快，以致很难归结为C—C键(或仲C—H)数目的增加，并认为大分子烷烃在催化剂活性中心具有更好的吸附性能是提高大分子烷烃裂化速率的主要原因。

表2-4-5 不同碳数正碳离子可能发生裂解反应的C—C键位置的数目

烷 烃	仲-$C_6H_{13}^+$	仲-$C_7H_{15}^+$	仲-$C_8H_{17}^+$	仲-$C_{12}H_{25}^+$	仲-$C_{16}H_{33}^+$
可能裂解反应的C—C键的数目	1	2	3	6	11

对于异构烷烃来说，当烷烃碳原子数相同时，异构化程度不同，裂解反应能力不同，如Good[96]在反应温度550℃时，考察了五种C_6异构体的裂解反应性能，见表2-4-6。

表2-4-6 C_6烷烃催化裂解反应转化率

C_6烷烃	C—C—C—C—C—C	C—C—C—C—C | C	C—C—C—C—C | C	C—C—C—C | | C C	C | C—C—C—C | C
转化率/%	13.8	24.9	25.4	31.7	9.9

从表2-4-6中数据可知，分子结构中含有一个叔碳原子时，如2-甲基戊烷和3-甲基戊烷的裂解反应转化率相近，约为25%，高于正己烷裂解反应转化率13.8%，当分子结构中含有两个叔碳原子时，裂解反应转化率最高，约为31.7%，带有季碳原子的C_6烷烃的裂解反应转化率最低，仅为9.9%，除了结构效应外，带季碳原子烷烃裂解反应转化率低的另一原因是由于缺少叔碳原子，生成正碳离子的速度较慢所致。浙江大学[94]在反应温度650℃时，对比考察了C_6同分异构体的裂解反应能力(见表2-4-4)，从表2-4-4中数据可知，相

同反应条件下，正己烷和2-甲基戊烷的裂解反应转化率分别约为79.2%和82.8%，因此，如果反应物中存在叔碳原子，可以通过形成稳定的叔正碳离子，使裂化反应速度提高。

Greenfelder等[97]曾计算了无定形硅铝催化剂上烃类不同位置C—H键的相对反应能力，并提出不同位置C—H键裂化反应速率的相对大小是伯C—H键：仲伯C—H键：叔伯C—H键=1：2：20，该比值在较高反应温度、分子筛催化剂作用下的催化裂解反应体系可能会有变化，但从上述研究结果来看，叔碳原子具有相对较高的裂解反应能力。

（二）烯烃的裂解反应能力

国外对烯烃的催化裂化反应进行了大量的研究[98-105]，但由于烯烃反应速率较快，对于不同结构烯烃在较高反应温度下（>400℃）固体酸催化剂上反应速率研究较少。RIPP[106-107]在反应温度600℃和620℃条件下，研究了不同结构C_5～C_8烯烃在中孔择形分子筛与超稳Y型分子筛复合催化剂上的催化裂解反应行为，根据Bassett方程和Arrhenius方程，求得烯烃催化裂解反应表观速率常数和活化能，结果列于表2-4-7。

表2-4-7　烯烃催化裂解反应表观速率常数（k_{obv}）和活化能（E_a）

烯　烃	$k_{obv}\times10^6$/(mol/Pa·kg·s)		E_a/(kJ/mol)
	600℃	620℃	
$1-C_5^=$	1.605	1.819	12.81
$1-C_6^=$	13.402	13.587	2.12
$1-C_7^=$	45.826	48.359	8.32
$1-C_8^=$	55.267	56.419	3.19
$2M-2-C_4^=$	1.009	1.050	6.16
$2M-2-C_5^=$	9.509	10.132	9.82
$2M-2-C_6^=$	31.440	31.779	1.66
$2M-2-C_7^=$	37.996	39.148	4.62

由表2-4-7中数据可知，随着碳数的增加，烯烃催化裂解反应速率大大加快。对于相同碳数的烯烃，1-烯烃的表观裂解速率常数是2-甲基-2-烯烃的裂解速率常数的1.4～1.6倍。烯烃催化裂解反应的表观活化能较低，约为2～12kJ/mol，远低于同碳数烷烃的催化裂解反应表观活化能（参见表2-4-3），这导致烯烃裂解反应速率远高于烷烃裂解反应速率。

以C_7烯烃作为模型化合物，研究烯烃裂化反应机理和动力学行为已有很多报道[108-109]。现有研究表明，反应温度400℃时，正庚烯在两种不同催化剂上裂化反应转化率均已达到99%以上，当反应温度达到450℃时，正庚烯已全部分解，见表2-4-8，从而进一步证实在固体酸催化作用下，烯烃裂解反应具有较低的反应活化能。

表2-4-8　正庚烯催化裂解反应转化率

反应温度/℃	MLC-500催化剂	ZRP分子筛催化剂
300	94.46	97.06
400	99.39	99.38
450		100
500		100
550		100
600		100

（三）环烷烃的裂解反应能力

环烷烃催化裂化反应动力学特征在于其比相应的直链烷烃裂化速率快得多，这是由于环烷烃中存在叔碳原子（如烷基环己烷、十氢萘等）和较多的仲碳原子。同样，环烷烃如果带有较长烷基侧链，断侧链反应比开环裂化反应速度快。环烷烃催化裂解反应研究过程中发现，环烷烃催化裂解反应具有上述相似的动力学特征。RIPP[93] 在反应温度 600℃和 620℃条件下，计算了环己烷、甲基环己烷和乙基环己烷在中孔择形分子筛与超稳 Y 型分子筛复合催化剂上催化裂解反应的表观速率常数和活化能，结果列于表 2-4-9。从表中可以看出，环烷烃的裂解速率受温度的影响较大，带有支链的环烷烃活化能在 38～47 kJ/mol 左右，环己烷的裂解活化能在 75kJ/mol 左右。

表 2-4-9　环烷烃催化裂解反应表观速率常数（k_{obv}）和活化能（E_a）

环烷烃	$k_{obv}\times10^6$/（mol/Pa·kg·s）		E_a/（kJ/mol）
	600℃	620℃	
环己烷	0.0708	0.1151	75.18
甲基环己烷	0.3051	0.4145	47.38
乙基环己烷	0.3483	0.4462	38.29

RIPP 于反应温度 640℃条件下，较为详细地研究了环烷烃在 ZSM-5 分子筛催化剂上的裂解反应能力[110-111]，结果见表 2-4-10。

表 2-4-10　环烷烃催化裂解反应转化率

环烷烃	转化率/%	环烷烃	转化率/%
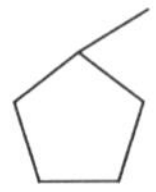	35.97		32.19
	27.24	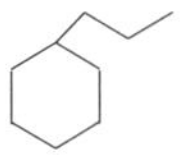	32.46
		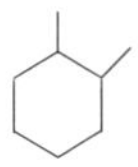	41.26
	36.31	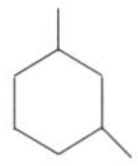	31.02
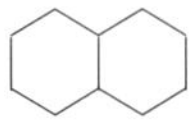	47.02		38.62

对比表 2-4-10 中不同结构环烷烃催化裂解反应转化率可知，五元环环烷烃较易发生开环裂化反应；双环环烷烃较易发生开环裂化反应；当环烷烃环上带有侧链时，随着侧链碳原子数增加，裂解反应能力提高；对于两个取代基的环烷烃，两个取代基的距离越近，环烷烃环上的电子分布越不均匀，正碳离子越容易生成，因此，二甲基环己烷中，1,2-二甲基环烷烃裂解反应能力更高些。

（四）芳烃的裂解反应能力

在催化裂化条件下，芳烃很难发生开环裂化反应[112-115]。苯环几乎不裂化，萘环只发生轻微的裂化反应，三环以上的芳环虽能发生少量的裂化反应，但主要是通过缩合反应而生成焦炭，因此，烷基芳烃(侧链碳原子数为 3 或以上)的催化裂化反应主要发生脱烷基反应，脱烷基反应速度随着侧链相对分子质量的增大而增加，侧链断裂的位置主要发生在与芳环连接的 C—C 键上，并且这类反应在催化裂解反应条件下得到了进一步的加强，主要体现在裂解汽油中苯含量较高，表 2-4-11 中数据是反应温度 600℃时，不同结构烷基苯在择形分子筛催化剂上催化裂解反应的试验数据。

表 2-4-11　不同烷基芳烃催化裂解反应转化率和苯产率[115-116]

芳　烃	裂解反应转化率/%	苯产率/%
甲苯	7.72	2.86
乙苯	22.75	10.84
异丙苯	85.57	46.94
正丁基苯	49.22	21.02
正戊基苯	59.45	24.98
环己基苯	71.29	38.52

表 2-4-11 中试验数据进一步证实，烷基芳烃裂化过程中主要发生的化学反应是脱烷基反应，且当侧链上带有叔碳原子时，脱烷基反应速度进一步提高。烷基芳烃脱烷基反应速度很高，这种高选择性是与苯环的高质子亲合势有关，裂解速度随着生成的正碳离子的稳定性而变化，稳定性从高到低的顺序为：

叔丁基>异丙基>乙基>甲基

当侧链上碳原子数远大于 3 时，烷基芳烃脱烷基后生成的较大分子链状或环烷烃状正碳离子，将遵循烷烃、烯烃或环烷烃反应动力学规律。

催化裂解反应动力学研究目标在于建立动力学模型，探讨其过程机理，最终实现工业装置设计与操作的优化，上述讨论仅限于纯烃的动力学反应特征，这些动力学特征是开发数学模型的基础。催化裂解过程涉及复杂的反应体系，要建立能够比较完整和准确地描述该反应体系的数学模型是十分困难的，目前，催化裂解反应数学模型的开发主要集中于集总动力学模型、单事件动力学模型及分子集总反应动力学模型，这些动力学模型的开发对预测催化裂解反应的研究起到了重要的推动作用，国内外的这些研究受计算方法和昂贵分析表征费用的制约，所能模拟的原料油分子数太少，因而使反应模拟的精度受到较大影响，阻碍了复杂反应体系分子尺度的反应动力学模型的研究。对于石油加工过程来说，反应网络是相当复杂的，分子结构上的少许差异，就会导致反应结果迥异，因此，必须借鉴其他方法来构造在结构上更为详细的分子，在模拟计算方法上也需要作很大改进。

第五节　烃类催化裂解的化学

一、单体烃的催化裂解

（一）烷烃

长期以来，在催化裂化反应化学的基础研究中，碳数介于 3~6 之间的低碳烷烃作为探

针分子，一直扮演着重要的角色[117-122]。这是由于低碳烷烃分子有限的碳原子数目和裂化反应途径，使研究者能够直接得到产物分布和各个基元反应的动力学数据。烷烃在固体酸催化剂上的催化裂化反应涉及一个复杂的反应网络，包括裂化、异构化、氢转移、烷基化和缩合生焦等反应。简单地说，催化裂解反应是深度催化裂化反应，其反应化学是以催化裂化反应化学为基础，只是更为复杂的反应网络。

与催化裂化反应化学研究一样，有关烷烃在固体酸催化剂上的裂解反应机理研究，最引人关注的问题是反应的引发步骤[123-125]。尽管普遍认为烃类裂解需经过正碳离子反应中间体[126-128]，但有关初始正碳离子的形成即链反应的引发以及正碳离子形态尚存许多观点[129-131]。一般来说，在热能的作用下，烃类生成正碳离子的活化能比生成自由基的活化能大了许多，按能量最低学说，在纯热能的条件下，烃类只能发生均裂生成自由基，并按自由基机理进行热裂化反应，而不能生成正碳离子，不能发生催化裂化反应。在催化裂化反应体系中，由于不但存在热能，而且存在酸性催化剂，酸性催化剂的功能是可以大幅度降低生成正碳离子的活化能，甚至可以将生成正碳离子的活化能降低到比生成自由基的活化能还低许多的程度，以至于在相同的温度下，烃类正碳离子反应的速率比烃类自由基反应的速率大了几个数量级，于是在热能和酸性催化剂的共同作用下，根据能量最低学说，烃类发生异裂生成正碳离子，并按正碳离子机理进行催化裂化反应。前面章节已提及正碳离子具有三配位正碳离子(经典正碳离子)和五配位正碳离子(非经典正碳离子)两种类型。烷烃催化裂解过程中，反应体系中需具有 L 酸或业已存在的三配位正碳离子从饱和烃中抽取负氢离子，才能生成三配位正碳离子。大量的试验数据和实验现象均表明，固体酸催化过程中催化活性中心是 B 酸中心，L 酸中心催化烃类生成三配位正碳离子的假设还很难令人信服，反应体系中业已存在的三配位正碳离子抽取负氢离子的反应已广泛被接受，但这仍然无法回答第一个三配位正碳离子是如何生成的问题。五配位正碳离子是一个高能量物种[132-134]，在较高反应温度的催化裂解反应体系中，五配位正碳离子形成的可能性大大增加，尤其是 Olah 证实五配位正碳离子可以在液体中稳定存在后[135]，五配位正碳离子作为反应中间体引发链反应的认识，已被越来越多的研究者在试验中得到证明[136-138]。

现以正庚烷为例，阐述以五配位正碳离子作为反应中间体的烷烃催化裂解反应链引发过程以及不同引发位置对裂解产物的影响。

烷烃分子裂化反应过程初始正碳离子是来自催化剂的质子进攻烃类 C—H 键和/或 C—C 键而生成的，烷烃分子中 C—H 键和 C—C 键质子化的位置应该是烷烃分子中最亲核的中心[124]，亦是键能较弱的位置。正庚烷在较低反应温度进行裂解反应时，气体产物中含有大量 C_3~C_4组分表明(见表 2-5-1)，正庚烷的碳链中间位置 C—C 键，即第 4 个碳原子连接的 C—C 键，最易于接受质子进攻生成五配位正碳离子，从而引发链反应，生成的五配位正碳离子再发生质子化裂化反应生成小分子烯烃和小分子正碳离子(见图 2-5-1)，正庚烷在 C3—C4 键质子化生成 C_7五配位正碳离子，该正碳离子可以裂解生成丙基正碳离子和丁烷，丙基正碳离子再脱附质子生成丙烯；也可以生成丁基正碳离子和丙烷，丁基正碳离子再脱附质子生成丁烯。正庚烷在 C3—C4 键质子化继而引发的正碳离子反应，使产物中富含大量的 C_3~C_4馏分。

表 2-5-1 不同反应温度下裂解气体摩尔产率与甲烷摩尔产率比值

反应温度/℃	y_i①/ $y(C_1^o)$							
	H_2	C_1^o	C_2^o	$C_2^=$	C_3^o	$C_3^=$	C_4^o	$C_4^=$
450	3.39	1.00	3.92	9.02	42.63	32.89	20.39	20.01
500	4.20	1.00	3.68	5.14	13.40	15.64	8.89	6.05
550	4.37	1.00	3.10	4.37	6.24	10.11	5.32	3.00
600	7.63	1.00	2.28	3.26	3.09	6.24	3.05	1.60

① y_i为产物 i 的摩尔产率。

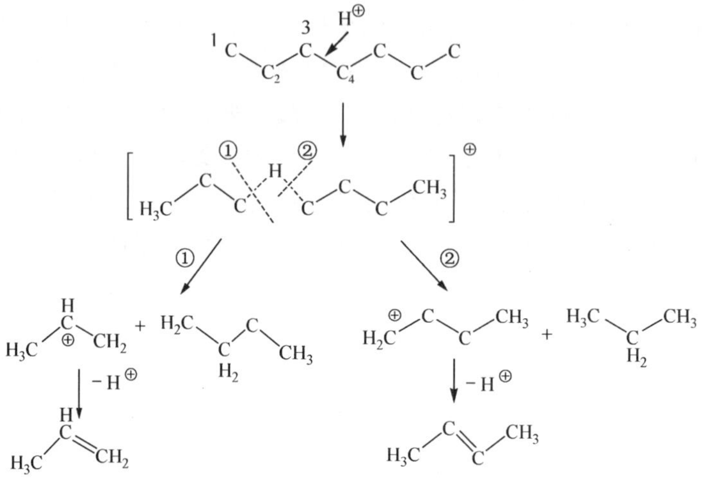

图 2-5-1 正庚烷 C3-C4 键质子化裂化反应路径

随着反应温度升高，C_3~C_4组分产率与C_1^o产率的比值大幅度下降，如反应温度 600℃时，$y(C_3^o)/y(C_1^o)$和$y(C_3^=)/y(C_1^o)$分别为 3.09 和 6.24，即每生成 1 个甲烷分子，将分别生成 3.09 个丙烷分子和 6.24 个丙烯分子。这表明产物中甲烷产率大幅度增加。尽管$y(C_2^o)/y(C_1^o)$和$y(C_2^=)/y(C_1^o)$均呈现下降趋势，但因C_1^o产率增加幅度较大，相对来说，C_2^o和$C_2^=$产率增加幅度大于C_3~C_4馏分的产率增加幅度，这是由于靠近端位碳原子附近的 C—C 键质子化生成五配位正碳离子时，所需的能量越高，在反应温度较低时，具有较高能量的五配位正碳离子很难生成；当反应温度升高后，反应体系提供足够的能量使端位 C—C 键质子化（见图 2-5-2和图 2-5-3）。如图 2-5-2 所示，正庚烷在 C2—C3 键质子化生成C_7五配位正碳离子而引发反应，该正碳离子可以裂解生成乙基正碳离子和戊烷，乙基正碳离子再脱附质子生成乙烯；也可以生成戊基正碳离子和乙烷，戊基正碳离子还可以进一步裂解生成乙烯和丙烯，因此，正庚烷在 C2—C3 键质子化继而引发的正碳离子反应，使产物中乙烯和乙烷含量增加。

随着碳链上 C—C 键质子化位置沿碳链向端位碳原子移动，如图 2-5-3 所示，正庚烷在 C1—C2 键质子化生成C_7五配位正碳离子，该正碳离子可以裂解生成甲基正碳离子和C_6烷烃，甲基正碳离子可以从其他烷烃中抽取负氢离子生成甲烷；也可以生成C_6正碳离子和甲烷，C_6正碳离子还可以进一步裂解生成乙烯和丁烯，因此，正庚烷在 C1—C2 键质子化继而引发了正碳离子反应，使产物中甲烷和乙烯含量增加。

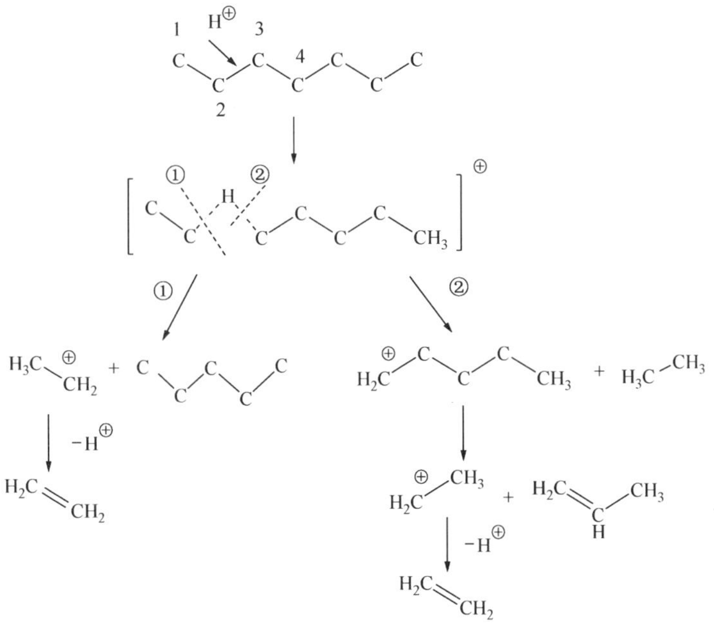

图 2-5-2　正庚烷 C2—C3 键质子化裂化反应路径

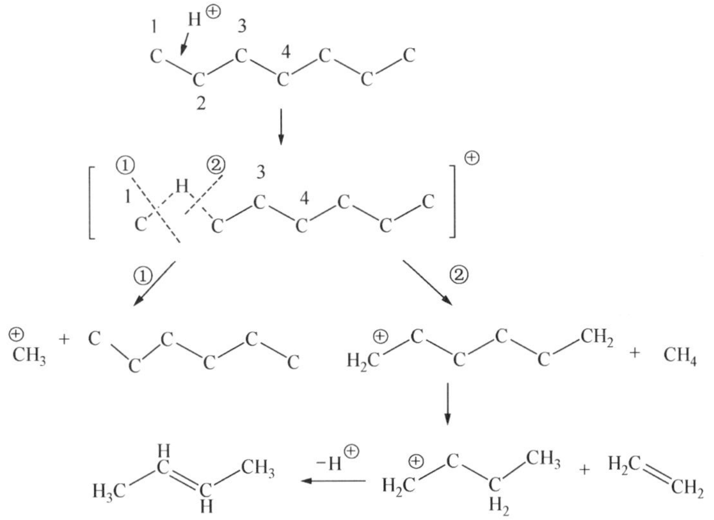

图 2-5-3　正庚烷 C1—C2 键质子化裂化反应路径

通过正庚烷催化裂解反应的引发步骤的研究发现，在较高反应温度(600℃)下，正庚烷质子化裂解反应引发位置倾向于发生在靠近碳链端位碳原子的 C—C 键，但是通过增加反应体系内活性中心数目和强度，选择适宜的分子筛(如 ZRP)可以使链反应引发位置优先发生于碳链上中心位置 C—C 键，从而经一系列反应生成更多的丙烯，以上是酸中心质子进攻烃类分子 C—C 键引发链反应的研究案例，酸中心质子也可以进攻烃类分子的 C—H 键而引发链反应[139]，烃类质子化生成五配位正碳离子经 C—H 键断裂可以生成三配位正碳离子和 H_2 或小分子烷烃。

三配位正碳离子一旦生成，就与其来源无关，从烷烃或相应烯烃的裂解反应必然得到相同的产物分布，表2-5-2是在反应温度650℃条件下，正辛烷在分子筛催化剂上催化裂解的主要产物产率[94]，遗憾的是，文献中未给出H_2的产率和选择性。

表2-5-2 正辛烷催化裂解主要产物产率和选择性

产物	产率/%	选择性/%
乙烯	16.1	17.4
丙烯	13.4	14.5
甲烷	4.6	5.0
乙烷	2.8	3.0
丙烷	1.6	1.7
C_4烃	21.9	23.7
C_5烃	6.0	6.5
C_6烃	2.0	2.2
C_7^+烃	24.1	26.0

从表2-5-2可知，正辛烷催化裂解反应转化率达90%以上，其中主要裂解产物为C_4烃和C_7以上烃类，假设不同位置质子化引发链反应生成的三配位正碳离子不发生骨架异构化的反应，以乙烯和丙烯为目标产物的正辛烷催化裂解反应网络见图2-5-4。如图2-5-4所示，催化剂由酸中心的质子可以进攻正辛烷碳链上不同位置的C—H键，形成五配位正碳离子中间体，这些不稳定中间体迅速裂解形成三配位正碳离子以及烷烃或者氢气，图2-5-4中反应2为五配位正碳离子经过裂解生成三配位正碳离子和烷烃的过程，反应4为裂解释放H_2。三配位正碳离子最后从催化剂表面脱附，形成烯烃，如图中反应3。此外，三配位正碳离子还可以进一步进行β-键断裂，生成更多的烯烃，降低烷烃/烯烃比。直链烷烃最容易从链的中间位置断裂，可以看到C_8烷烃催化裂解最容易生成一分为二的产物C_4烃。而甲烷、乙烷和丙烷比较难形成，因此选择性较小，其中丙烷和乙烷的选择性主要来源于单分子裂解。尽管质子化裂解可以产生丙烯和乙烯，但是需要生成$C_2H_5^+$和$CH_3CH_2CH_2^+$等伯正碳离子，这些伯正碳离子活化能较高，一般不易生成。

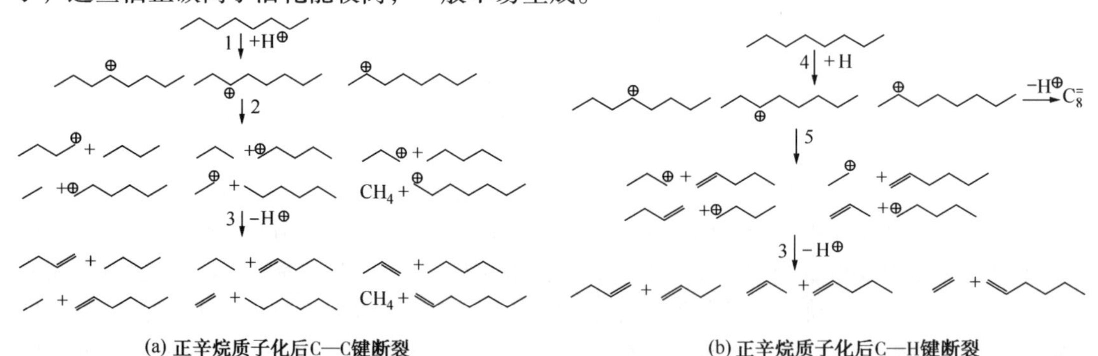

图2-5-4 正辛烷催化裂解反应网络

在正辛烷的催化裂解反应中，C_2H_6和C_3H_8主要来源于质子化裂解，C_5烃与C_6烃的生成则相对较为复杂，尽管它们的选择性接近乙烷和丙烷，但是，正辛烷在β-键断裂反应中也会产生$C_5^=$与$C_6^=$，并且戊烯和己烯在质子酸催化剂作用下比较活跃，容易进一步裂解生成

其他产物。正辛烷裂解产物中，小分子烷烃选择性要高于对应的大分子产物，这说明大分子产物进一步反应可能性较高。丙烯和乙烯主要来源于β-断裂，因为单分子质子化反应产物中烯烃产率不高，并且由于正辛烷碳数较多，经由质子引发，裂解会产生较多$C_5^=$与$C_6^=$，甚至$C_7^=$与$C_8^=$烯烃，这种烯烃由于分子较活泼，很容易被活性位吸附，形成新的三配位正碳离子，从而继续发生β-断裂甚至和其他烯烃分子进行低聚反应，同时，正辛烷裂解产物中乙烯和丙烯选择性远远高于乙烷和丙烷，也很可能来源于二次反应中的β-断裂反应。此外，从C_7以上产物的产率也可以发现，正辛烷催化裂解过程中不仅发生二次反应生成一些β-断裂反应产物，这些产物中烯烃很可能再发生三次反应，生成更大分子的产物，比如积炭。从机理分析可以发现，长链烷烃催化裂解过程中能减小伯正碳离子出现的可能性，尤其是具有较高活化能的$C_1 \sim C_3$伯正碳离子，另外，由于C_4以上正碳离子的异构化反应活性高，可以通过异构化等方式生成更为稳定的叔正碳离子或者仲正碳离子。较短碳链的烃类在裂解过程中不可避免生成更多小分子伯正碳离子，这就需要更高的活化能，因此，小分子烃类如石脑油催化裂解反应温度要远高于大分子烃类如重质油催化裂解的反应温度。

（二）烯烃

烯烃催化裂解反应速率较高，尤其是高温反应条件下，反应网络更为复杂。但与烷烃相比，烯烃催化裂解反应链引发要相对简单得多，烯烃双键直接质子化生成三配位正碳离子已是公识[140-141]。由于烯烃裂解是将低价值的C_4/C_5烯烃转化为高价值烯烃，烯烃裂解还可以使用乙烯装置的C_5馏分和炼油厂C_4馏分和FCC轻石脑油，是丙烯为目的产物的技术中惟一不受原料、区域限制的技术，原料多样化性和技术可行性，最重要的是经济上的优势性，使烯烃裂解技术成为研究热点。在烯烃催化裂解反应化学研究方面，广泛接受的是小分子烯烃先齐聚再裂解的反应路径[142]，见图2-5-5。

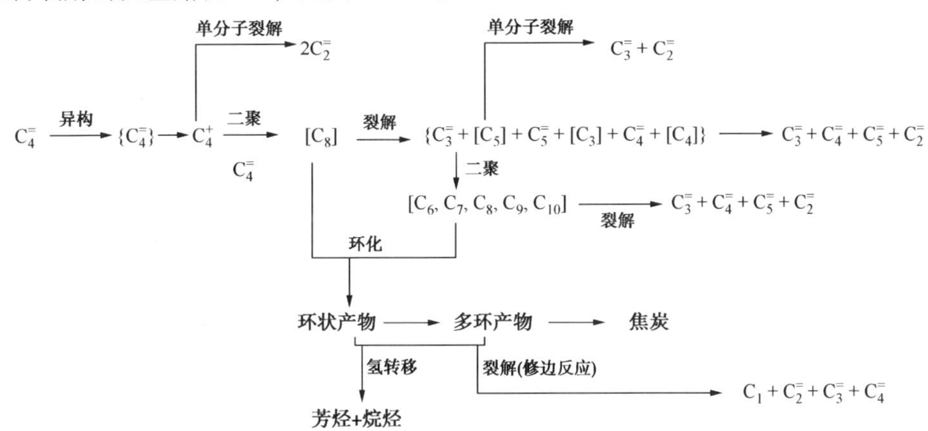

图2-5-5　丁烯催化裂解主要反应途径

在反应过程中，丁烯吸附在催化剂表面活性中心上形成吸附态正碳离子，但由于难以发生单分子裂化，继而通过异构化反应，形成四种丁烯异构体的混合体。丁烯形成的吸附态正碳离子，可进一步发生二聚、裂解等反应生成丙烯和乙烯。C_8正碳离子断裂方式的分析表明，丙烯主要由支链少的C_8正碳离子断裂生成，而支链多的C_8正碳离子，主要断裂生成丁烯。生成的戊烯可以发生单分子裂化反应生成丙烯和乙烯，也可以与丁烯一起继续参与异构化、二聚、裂解等反应，经过如此重复反应，不同结构丁烯可以得到分布基本相同的裂化产物，但不同结构丁烯转化活性存在差别，实验结果也显示正丁烯转化为丙烯、乙烯等小分子烃类产物的程度高于异丁烯，见表2-5-3。

表2-5-3　丁烯催化裂解主要产物产率

原　　料	异丁烯	正丁烯
转化率/%	56.6	64.1
产率/%		
丙烯	28.52	33.02
乙烯	8.77	8.27
丙烷	2.69	2.26
正丁烷	1.90	0.99
异丁烷	3.22	3.39
焦炭	1.74	1.61

注：反应温度620℃；择形分子筛催化剂。

中国石油大学[143]采用改性ZSM-5分子筛，在反应温度450~650℃范围内，研究了混合C_4的催化裂解反应行为，也提出C_4裂解遵循双分子反应机理，即C_4烯烃先聚合为二聚体，然后再裂解的反应路径，并指出反应体系内可能存在三聚体，C_7及C_7以上烯烃和芳烃产物的生成归结为三聚体的再裂解反应，主要反应路径见图2-5-6。

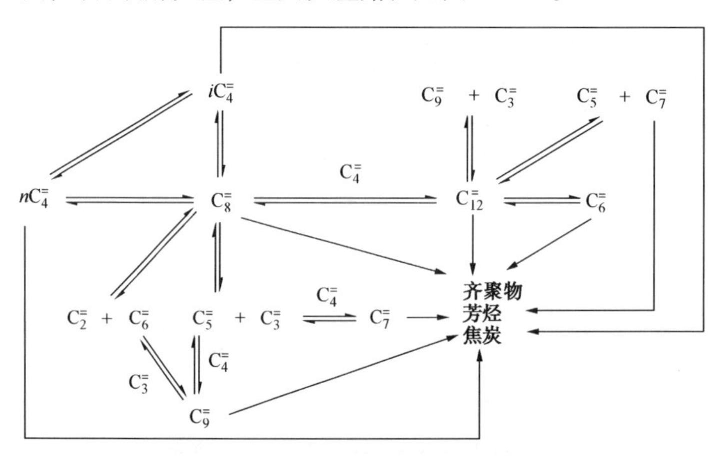

图2-5-6　丁烯裂解的主要反应途径

重质油催化裂解一次产物中含有大量汽油馏分烯烃，这部分烯烃在催化裂解反应过程中将发生二次裂解反应，如DCC工艺的密相床层内发生的主要化学反应。RIPP[144-145]以1-辛烯作为模型化合物研究了不同类型分子筛催化剂对辛烯催化裂解反应行为的影响。反应温度530℃时，在分子筛催化作用下1-辛烯除了发生裂解反应生成小分子烯烃外，还可能发生异构化、环化、氢转移、叠合等反应生成环烷烃和芳烃。烯烃进行裂解反应时，只需要吸附到分子筛的酸性中心上，即可进行裂解反应，但是，烯烃发生环化脱氢和叠合反应，则需要经过一个庞大的中间态。从这个角度讲，由于HZSM-5分子筛的孔径相对较小，从而对反应中间体具有更好的过渡态选择性。

表 2-5-4 列出了 1-辛烯发生裂解、环化、叠合、氢转移等反应的中间体在 HZSM-5 和 Hβ 分子筛孔道以及 HY 分子筛超笼中的相对能量。由表 2-5-4 可以看出，与环化、叠合和氢转移等副反应相比，裂解反应中间态的能量明显更低一些，这意味着在分子筛催化作用下裂解反应更容易进行。比较裂解、环化、叠合和氢转移等反应中间态在三种分子筛中的能量，可以看出在 HZSM-5 分子筛中，裂解反应中间态的能量最低，即在 HZSM-5 分子筛催化作用下，裂解反应的速率将明显快于环化反应、叠合反应和氢转移等反应的速率，从而显示出对裂解反应具有更高的选择性，主要产物产率见表 2-5-5，HZSM-5 分子筛具有最高的丙烯和丁烯产率，同时，C_3～C_4组分产率较高，也说明 1-辛烯裂解反应主要发生在靠近碳链中间位置的 C—C 键。

表 2-5-4　不同类型反应中间体在分子筛孔道内的相对能量

反应中间体	能量/(kJ/mol)		
	HZSM-5	Hβ	HY
裂解反应	23.14	36.62	37.00
环化反应	205.04	82.70	71.15
叠合反应	76.82	62.66	52.42
氢转移反应	213.91	109.37	107.77

表 2-5-5　1-辛烯催化裂解主要产物产率

分子筛	HZSM-5	Hβ	HY
产物产率/%			
C_2^-	0.83	0.15	0.22
C_3H_6	23.93	6.82	4.98
C_3～C_4烷烃	0.33	0.44	0.53
C_4H_8	38.04	18.55	12.23
C_5烯烃	28.82	9.50	7.33
C_6烯烃	2.16	1.30	1.56
C_7^+烯烃	0.89	2.38	3.15
环烷烃	0.46	2.05	2.63
芳烃	0.14	0.51	0.90

注：反应温度 530℃。

（三）环烷烃

以甲基环戊烷、甲基环己烷和十氢萘分别作为五元环环烷烃、六元环环烷烃和双环环烷烃的代表性模型化合物，简要阐述有关环烷烃催化裂解的主要化学反应问题。

甲基环戊烷开环较容易，催化裂解反应产物分布对催化剂表面性质的变化很敏感，因此常被选作探针分子[146-149]。表 2-5-6 和表 2-5-7 分别为甲基环戊烷催化裂解反应产物中气体产率和 C_5～C_{12}烃的组成。从表 2-5-6 中数据可知，甲基环戊烷催化裂解气体中丙烯含量最高，其次是丁烯和乙烯。

表 2-5-6　甲基环戊烷催化裂解的气体产率分布

组　分	产率/%	组　分	产率/%
H_2	0.20	C_3^o	0.69
C_1^0	0.50	$C_3^=$	8.22
C_2^0	0.17	C_4^o	0.42
$C_2^=$	1.95	$C_4^=$	2.21

注：反应温度 640℃，催化剂活性组元 ZSM-5 分子筛。

从表 2-5-7 中产物烃类组成可知，甲基环戊烷催化裂解生成的 C_5 ~ C_{12}烃中主要组分为烯烃、芳烃和烷烃，其中烷烃富含正构烷烃；从碳数分布看，C_5 ~ C_{12}烃的碳数主要分布在 C_5 ~ C_9，尤其是 C_6；综合考虑，甲基环戊烷催化裂解生成的 C_5 ~ C_{12}烃中，质量分数较高的组分为 C_6正构烷烃和 C_6烯烃，其次，C_7烯烃和 C_6 ~ C_9芳烃。可见，甲基环戊烷催化裂解过程中主要反应有开环反应、氢转移反应和脱氢缩合反应等，对于 C_6以上烃的生成可能是小分子烯烃聚合为大分子的结果。

表 2-5-7　甲基环戊烷催化裂解生成的 C_5 ~ C_{12}烃的组成　　%

碳数	正构烷烃	异构烷烃	烯烃	环烷烃	芳烃
4	0.09	0.09	1.27	—	—
5	0.64	0.45	5.28	0.27	—
6	21.84	3.55	19.84	—	6.37
7	0.55	0.73	8.83	1.00	9.83
8	—	0.18	0.36	—	9.83
9	—	0.09	—	—	6.37
10	—	—	—	—	2.18
11	—	0.27	—	—	—
12	—	0.09	—	—	—
合计	23.11	5.46	35.58	1.27	34.58

环烷烃与烷烃均为饱和烃类，因此，推测环烷烃具有与烷烃相似的单分子裂化机理[150]。环烷烃在酸性催化剂上的开环反应始于质子化裂化反应，甲基环戊烷具有对称性，分子结构中存在 3 个质子进攻的位置。根据上述结果推测甲基环戊烷五配位正碳离子三种可能的反应路径，如图 2-5-7 ~ 图 2-5-9 所示，图中环上连接取代基的碳原子的编号为 C1，依次排号，取代基的碳原子编号为 C6。

如图 2-5-7 所示，H^+进攻甲基环戊烷环上的 C1 碳原子，生成的五配位正碳离子，其可能发生的反应有以下几种：①按途径 a，五配位正碳离子发生 C—H 键断裂生成 H_2和甲基环戊基三配位正碳离子，该三配位正碳离子失去 H^+形成甲基环戊烯，再经扩环生成环己烯直至生成苯，或开环裂化生成小分子烯烃，现有研究表明，甲基环戊烯生成苯的可能性更大一些；②按途径 b，五配位正碳离子发生 C—H 键和 C—C 键的断裂生成甲烷和环戊基正碳离子，环戊基正碳离子失去 H^+后形成环戊烯；③按途径 c 和 d，五配位正碳离子发生 C—C 键断裂生成伯己基正碳离子，伯正己基正碳离子容易转化生成仲正碳离子，伯或仲己基正碳离子可以经β-断裂生成丙烯和丙基正碳离子，丙基正碳离子再经脱附质子生成丙烯。若以低碳烯烃为目标产物，1分子甲基环戊烷按C1碳原子质子化裂解具有生成2分子丙烯的可能性。

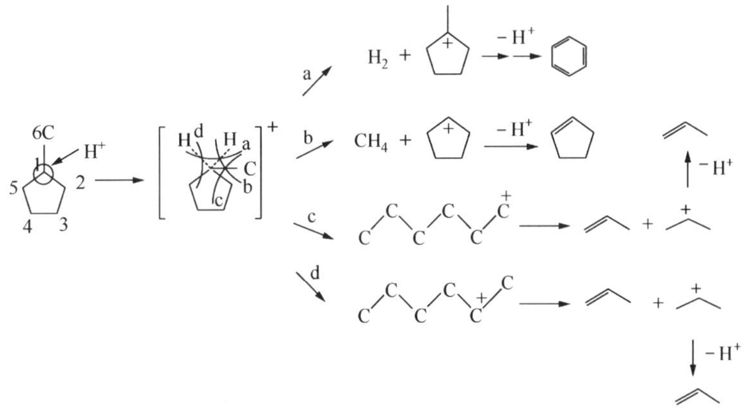

图2-5-7　甲基环戊烷C1碳原子质子化裂解的反应途径

如图2-5-8所示，H^+进攻甲基环戊烷环上的C2碳原子，生成C2五配位正碳离子可能发生的反应有：①按途径a，五配位正碳离子发生C—H键断裂生成H_2和甲基环戊基三配位正碳离子，该三配位正碳离子失去H^+形成甲基环戊烯，直到生成苯；②按途径b，五配位正碳离子发生C—C键断裂生成伯己基正碳离子，伯正己基正碳离子容易转化生成仲正碳离子，可以发生β-断裂等反应生成丙烯和丙基正碳离子，后者脱附质子生成丙烯；或者与原料分子发生氢负离子转移，自身生成正己烷，而原料分子生成三配位正碳离子；③按途径c，五配位正碳离子发生C—C键断裂生成2-甲基戊基正碳离子，2-甲基戊基正碳离子脱附质子生成C_6烯烃或经β-断裂生成异丁烯和乙基，后者脱附质子生成乙烯；或者与原料分子发生氢负离子转移，自身生成甲基戊烷，而原料分子生成三配位正碳离子。若以低碳烯烃为目标产物，1分子甲基环戊烷按C2碳原子质子化裂解具有生成2分子丙烯的可能性或1分子异丁烯和1分子乙烯的可能性。

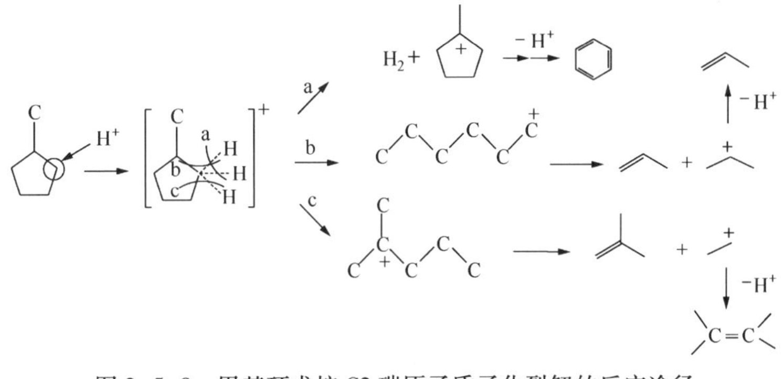

图2-5-8　甲基环戊烷C2碳原子质子化裂解的反应途径

如图2-5-9所示，H^+进攻甲基环戊烷环上的C3碳原子，生成的五配位正碳离子可能发生的反应有：①按途径a，五配位正碳离子发生C—H键断裂生成H_2和甲基环戊基三配位正碳离子，该三配位正碳离子失去H^+形成甲基环戊烯，直至生成苯；②按途径b和c，五配位正碳离子发生C—C键断裂生成甲基戊基正碳离子，该正碳离子经β-断裂生成丁烯和乙基正碳离子，后者可以脱附质子生成乙烯；或者与原料分子发生负氢离子转移，自身生成2-甲基戊烷，而原料分子生成三配位正碳离子；③按途径c，五配位正碳离子发生C—C键断裂生成3-甲基戊基正碳离子，该正碳离子脱附质子生成烯烃。或者与原料分子发生氢负离子转移，自身生成3-甲基戊烷，而原料分子生成三配位正碳离子；若以低碳烯烃为目标产物，1分子甲基环戊烷按C2碳原子质子化裂解具有生成1分子丁烯和1分子乙烯的可能性。

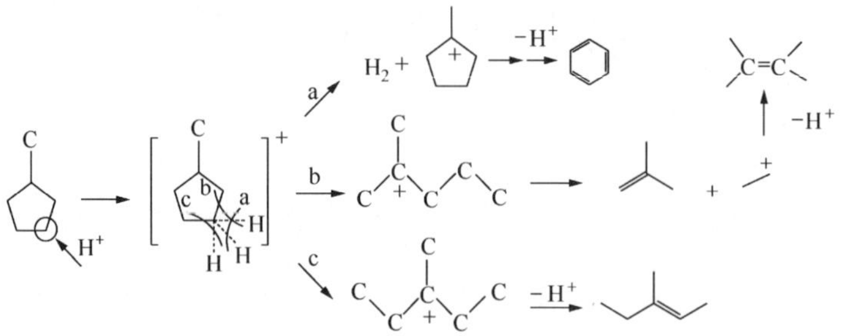

图2-5-9　甲基环戊烷C3碳原子质子化裂解反应途径

甲基环戊烷催化裂解生成的$C_5 \sim C_{12}$烃中正己烷的质量分数最高(见表2-5-7)，分析上述反应路径可以发现，正己烷生成有两条反应路径：一是甲基环戊烷在C1碳原子质子化生成的五配位正碳离子沿途径c和d反应生成；二是C2碳原子质子化生成的五配位正碳离子按途径b反应。借助分子模拟的方法，分析不同反应路径可能性大小，甲基环戊烷的C—C键和C—H键的键能见表2-5-8。

表2-5-8　甲基环戊烷不同C—C键和C—H键的键能

C—C键能/(kJ/mol)	C1—C6	C1—C2	C2—C3	C3—C4
	389.05	350.15	368.82	365.77
C—H键能/(kJ/mol)	C6—H	C1—H	C2—H	C3—H
	451.91/454.93	410.10	426.56	425.03

注：甲基取代基的三个H原子分为两类，其中两个H具有对称性，另一个H位于另外两个H的对称轴上，因此C6—H有两种。

从表2-5-8数据可知，对比不同位置C—C键的键能可以发现，C1—C6键的键能最高，约389.05kJ/mol，C1—C2键能最低，为350.15kJ/mol，最容易发生断裂。在C—H键的键能中，C1—H键能最低，为410.10kJ/mol，相对容易发生C—H键的断裂。因此，从化学键的键能角度分析可知，甲基与环烷环连接的C1原子相连的C1—C2键与C1—H键分别对应最低的C—C键与C—H键的键能，相对容易接受来自催化剂酸中心质子的进攻而引发链反应。

甲基环戊烷产物分布特点和键能分析数据均表明，甲基环戊烷催化裂解的链引发较易发生在C1碳原子相连接的C—C键和C—H键。上述反应路径分析表明，C1碳原子相连的C—C键和C—H键裂解具有生成丙烯和乙烯的最大可能性，关键在于如何避免和控制H_2的生成，同时促进己基正碳离子的β-断裂反应，这需在工艺优化和催化剂材料方面深入研究。

以甲基环己烷作为模型化合物，目标产物为小分子的乙烯和丙烯，可以借助催化裂

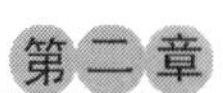

解产物分布和键能数据初步分析甲基环己烷催化裂解生成乙烯和丙烯可能的反应路径[150-151]。表2-5-9列出了甲基环己烷催化裂解气体产物的摩尔组成。从表2-5-9数据可知，甲基环己烷催化裂解气体产物中H_2和C_3H_6的摩尔分数最大，分别为2.53%和2.27%，另外，C_2H_4和CH_4的摩尔分数也较大。图2-5-10是甲基环己烷催化裂解生成C_5~C_{12}烃的质量组成。

表2-5-9 甲基环己烷催化裂解气体组成

产物	摩尔分数/%	产物	摩尔分数/%
H_2	2.53	i-C_4H_8	0.31
CH_4	0.88	1-C_4H_8	0.15
C_2H_4	0.97	2-C_4H_8	0.44
C_2H_6	0.16	n-C_4H_{10}	0.06
C_3H_6	2.27	i-C_4H_{10}	0.16
C_3H_8	0.22		

注：反应温度640℃，重时空速$8h^{-1}$，剂油质量比7.5。

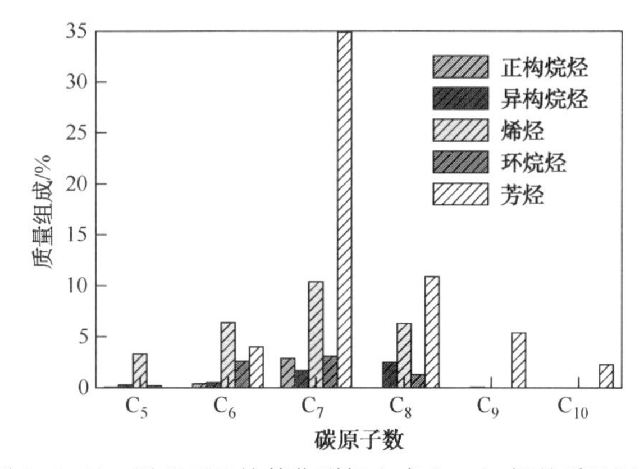

图2-5-10 甲基环己烷催化裂解生成C_5~C_{12}烃的质量组成

从C_5~C_{12}烃的相对组成可知，C_5~C_{12}烃中C_6~C_9芳烃和烯烃较多，尤其是C_7芳烃最多，可见甲基环己烷催化裂解过程中会生成相当一部分的芳烃。

根据上述产品分析，初步推测甲基环己烷的反应路径主要有三种可能，如图2-5-11~图2-5-13所示。从图2-5-11可知，若H^+进攻C1与甲基取代基之间的C—C键，生成的五配位正碳离子再经C—C键断裂可以生成CH_4和环己基正碳离子，环己基正碳离子经过脱质子得到环己烯；若H^+进攻C1与C2原子之间的C—C键，生成的五配位正碳离子再经C—C键断裂以及脱附质子反应生成丙烯或正庚烷；若H^+进攻C1原子的C—H键，生成的五配位正碳离子再经C—C键断裂可以生成H_2和甲基环己基正碳离子，后者失去H^+得到甲基环己烯，经过连续氢转移反应得到甲苯。

从图2-5-12可知，若H^+进攻C2与C3原子之间的C—C键，生成的五配位正碳离子再经电荷异构、C—C键断裂、脱附质子等反应生成丙烯或异丁烯；若H^+进攻C2原子的C—H键，可以生成H_2和甲基环己基正碳离子，甲基环己基正碳离子失去H^+得到甲基环己烯，甲基环己烯经过连续氢转移反应得到甲苯。

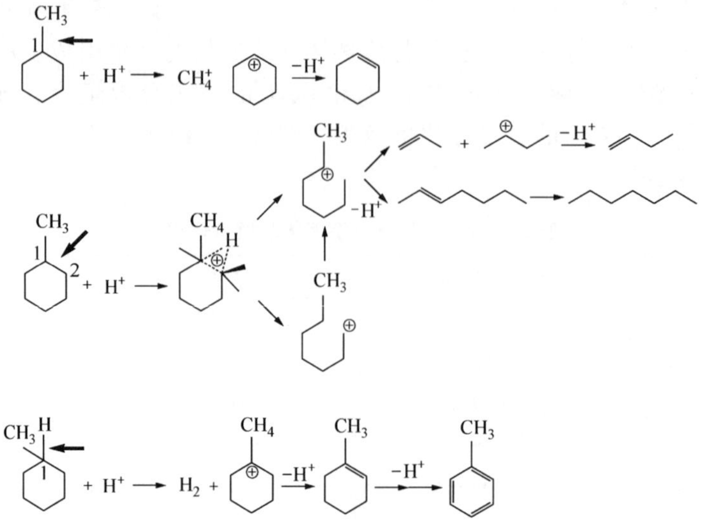

CH_3 1 + H^+ → CH_4^+ ⊕ $\xrightarrow{-H^+}$

CH_3 1 2 + H^+ → CH_4 H ⊕ → CH_3 ⊕ $-H^+$; CH_3 ⊕ ; + ⊕ $\xrightarrow{-H^+}$

CH_3 H 1 + H^+ → H_2 + CH_4 ⊕ $\xrightarrow{-H^+}$ CH_3 $\xrightarrow{-H^+}$ CH_3

图 2-5-11 甲基环己烷 C1—C2 原子的 C—C 键/C—H 键的质子化反应路径

CH_3 2 3 + H^+ → CH_3 ⊕ H → CH_3 ⊕ → CH_3 ⊕ $-H^+$; + ⊕ $\xrightarrow{-H^+}$

CH_3 ⊕ → CH_3 ⊕ $-H^+$; + ⊕ $\xrightarrow{-H^+}$

CH_3 H 2 + H^+ → H_2 + CH_3 ⊕ $\xrightarrow{-H^+}$ CH_3 + CH_3 $\xrightarrow{-H^+}$ CH_3

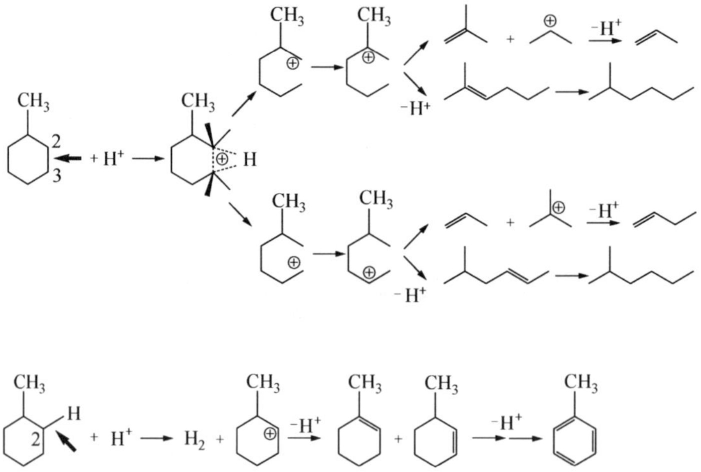

图 2-5-12 甲基环己烷 C2—C3 原子的 C—C 键与 C—H 键的质子化反应路径

从图 2-5-13 可知，若 H^+ 进攻 C3 与 C4 原子之间的 C—C 键，生成的五配位正碳离子再经电荷异构、C—C 键断裂、脱附质子等反生成丙烯和丁烯；若 H^+ 进攻 C3 原子的 C—H 键，可以生成 H_2 和甲基环己基正碳离子，甲基环己基正碳离子失去 H^+ 得到甲基环己烯，甲基环己烯经过连续氢转移反应得到甲苯。

上述反应路径分析表明，H^+ 进攻甲基环己烷中不同位置的 C—C 键和 C—H 键得到的产物是不同的。不难看出甲基环己烷环上的 C—C 键发生质子化反应有利于乙烯和丙烯的生成，而 C—H 键或取代基处的 C—C 键发生质子化反应会导致副产物 H_2、CH_4 和甲苯的增多，影响目的产物的选择性。

为了进一步分析三种不同路径，计算了不同 C—C 键和 C—H 键的键能，如表 2-5-10 所示。碳原子编号说明：取代基的碳原子 C0，与取代基相连的碳原子为 C1，环上碳原子依次标记为 C1～C4。

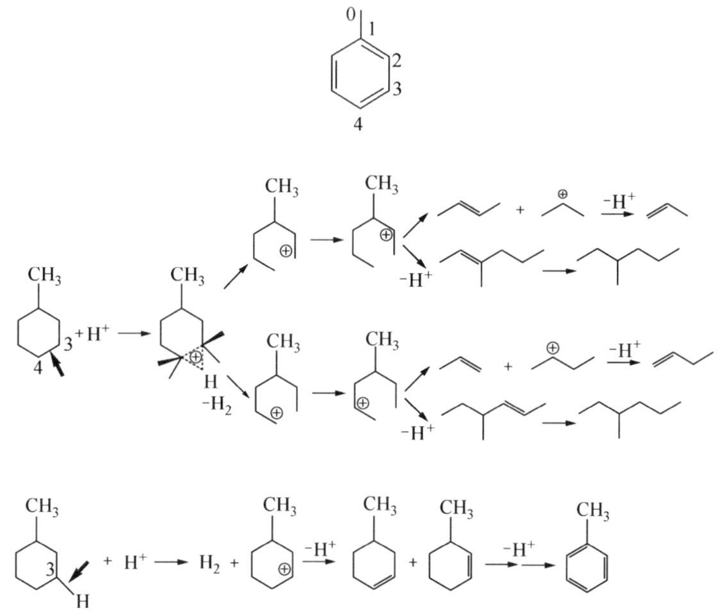

图 2-5-13　甲基环己烷 C3—C4 原子的 C—C 键与 C—H 键的质子化反应路径

从表 2-5-10 可知，C0—C1 键、C1—C2 键、C2—C3 键和 C3—C4 键的键能均在 390kJ/mol 附近，三个 C—H 键的键能也相差不大。另外，C1—C2 键的键能为 382.47kJ/mol，键能相对较小，说明 C1—C2 键更易断裂。为了提高目的产物选择性，应该促进甲基环己烷环上 C—C 键的质子化反应，即促进 C1—C2 键、C2—C3 键和 C3—C4 键的断裂，抑制 C0—C1 键和 C—H 键的质子化反应。

表 2-5-10　甲基环己烷不同 C—C 键和 C—H 键的键能

C—C 键	键能/(kJ/mol)	C—H 键	键能/(kJ/mol)
C0—C1	399.79	C1—H	420.39
C1—C2	382.47	C2—H	436.80
C2—C3	402.46	C3—H	435.74
C3—C4	399.63		

文献[152]根据前人的研究结果和对甲基环己烷催化裂化反应的认识，总结了如图 2-5-14 所示的反应网络。甲基环己烷在转化的过程中主要涉及环烷烃的开环、β-断裂、异构化、烷基转移、脱烷基以及氢转移等六大类反应类型。具体来说，甲基环己烷受到催化剂酸性中心的活化，首先生成环烷烃的正碳离子，进一步发生 β-断裂和异构化反应，形成链状的烯烃、烷烃及部分五元环分子；甲基环己烷可以发生连续脱氢反应，形成甲苯，随氢转移反应深度的进一步加深，还可以生成焦炭；甲基环己烷分子之间还可以发生甲基转移，并再发生氢转移反应，形成二甲苯和苯；甲基环己烷在质子氢的作用下还可以脱去取代基形成甲烷，环己基碳正离子则经过多步的连续脱氢，最终形成苯分子。

多环芳烃在催化裂化过程中主要发生脱烷基反应和氢化芳烃的环烷环开环反应以及脱氢缩合生焦反应[153-154]，而重质油氢化芳烃的分子尺寸太大，不容易进入分子筛的孔结构，因此，环烷环的裂化将在基质或分子筛的外表面发生。对于大分子环烷烃模型化合物如氢化萘的催化裂化研究并不多。Corma 等认为[155]三个或更多稠环结构芳烃的化学性质与两个稠环结构萘有一定的相似性，因此，下面以十氢萘作为模型化合物，探讨双环环烷烃裂解反应。

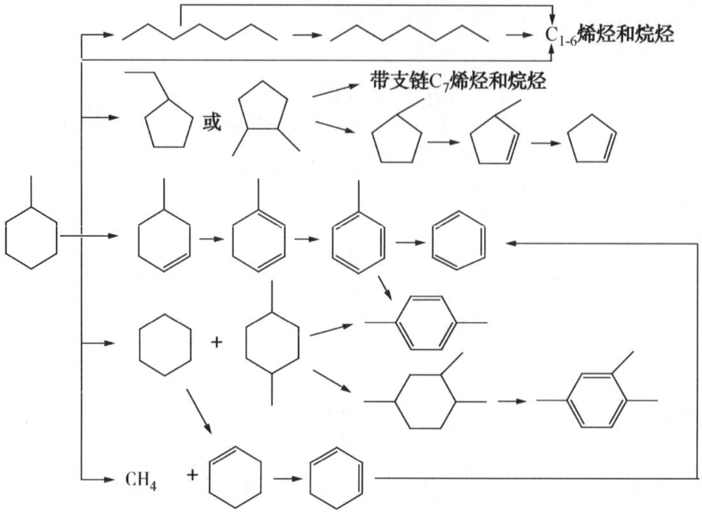

图 2-5-14　简化的甲基环已烷的催化裂化反应网络

反应温度(580℃)时，十氢萘催化裂解反应转化率约 89%，主要产物摩尔产率见表2-5-11。表 2-5-11 中数据表明，十氢萘裂解反应产物气体摩尔产率约 57.49%，C_5～C_{12}烃约 37.51%，这表明绝大多数十氢萘经环烷环开环裂解生成 C_1～C_9烃产物，较少比例的十氢萘经氢转移或脱氢缩合等反应生成 C_{10}以上的芳烃和焦炭，极少量经异构化反应转化为相应的 C_{10}环烷烃异构体。因此，在十氢萘催化裂解过程中，裂解反应是主要的化学反应，另外，反应过程中生成了约 19.63%的 C_6～C_{12}芳烃，这表明，十氢萘裂解反应中主要化学反应路径是：两个环烷环中任意一个先开环生成带支链的单环烷烃，单环烷烃再发生各种化学反应，如侧链裂化、氢转移、开环裂解等，反应历程类似甲基环戊烷和甲基环已烷的反应历程，在此不再赘述。

表 2-5-11　十氢萘催化裂解产物组成

气体产物	摩尔分数/%	液体产物	摩尔分数/%
氢气	4.57	烷烃	8.49
甲烷	3.77	环烷烃	7.09
乙烷	1.23	烯烃	2.30
乙烯	6.39	芳烃	19.63
丙烷	7.64	苯	2.22
丙烯	13.09	甲苯	5.23
异丁烷	12.47	C_8 芳烃	4.03
正丁烷	2.53	C_9 芳烃	2.20
丁烯	4.10	C_{10}芳烃	5.78
		C_{11}芳烃	0.17

注：催化剂为 MMC-2。

(四) 芳烃

芳烃催化裂解动力学分析表明，芳烃催化裂解过程主要反应为脱烷基反应，RIPP[115]在反应温度600℃时，考察甲苯、乙苯、异丙苯、正丁基苯、正戊基苯和环己基苯在择形分子筛催化剂上的裂解产物分布特点，表2-5-12列出了几种烷基苯裂解主要产物分布。

表2-5-12 几种烷基苯的裂化产物分布

原　料	甲苯	乙苯	异丙苯	正丁苯	正戊苯	环己基苯
产物产率/%						
氢气	0.046	0.28	0.03	0.05	0.05	0.22
甲烷			0.26	0.41	0.65	0.38
乙烷		0.15	0.03	0.38	0.34	0.11
乙烯	0.048	2.25	0.45	0.70	2.50	0.95
丙烯	0.027		2.82	3.13	3.57	2.51
丁烯	0.01	0.10	0.26	11.12	2.95	1.45
苯	3.34	10.84	46.94	21.02	24.98	38.52
戊烯			0.02	0.02	7.15	0.63
己烯			0.12		0.11	13.68
转化率/%	8.10	22.75	85.57	49.22	59.45	71.27
苯选择性/%	41.23	47.63	54.86	42.70	42.02	54.05

从表2-5-12中烷基苯裂解反应结果可以看出，当烷基苯的取代基含有的碳原子数在3以上时，生成苯的选择性达到40%以上，充分表明了烷基苯裂化的主要反应为脱烷基反应，即烷基从苯环连接处断裂(甲苯除外)，烷基从苯环上脱除后，以生成相应烯烃的反应为主，当侧链分子较大时，还伴随着烷基侧链裂解反应。同时，烷基芳烃脱烷基反应选择性随着取代基碳原子数的增多而增加，异构烷烃取代基比相应的直链取代基更易发生脱烷基反应。

以甲苯和正戊基苯为例，简述烷基苯裂解反应路径。表2-5-13列出了甲苯在择形分子筛催化剂上的裂化反应转化率及裂化反应生成苯与二甲苯的产率和选择性。从表2-5-13可以看出，反应温度从500℃提高到600℃，甲苯裂化反应转化率提高，这是因为提高反应温度，反应速度增加，从而提高了甲苯反应转化率，但甲苯在Y型分子筛裂化反应程度较低，反应温度提高到600℃时，反应转化率只有7.72%，这是由于芳烃中苯环对质子具有较强的亲和力，容易与质子结合生成稳定的正碳离子，与苯环相连的甲基具有给电子性，使苯环上正电荷进一步分散、增加了正碳离子的稳定性，因此，甲苯较稳定不易发生裂化反应，致使反应转化率较低。

表2-5-13 甲苯转化率和生成的苯和二甲苯的产率和选择性

反应温度/℃	转化率/%	产率/%		选择性/%	
		C_6H_6	$C_6H_5(CH_3)_2$	C_6H_6	$C_6H_5(CH_3)_2$
500	3.89	1.27	0.61	32.65	15.77
550	5.88	1.90	0.96	32.31	16.33
600	7.72	2.86	1.71	37.05	22.13

从表2-5-13还可以看出，不同反应温度下甲苯裂化生成苯的选择性均在23%以上，尤其反应温度600℃时，苯的选择性可达37.05%，即在甲苯裂化反应过程中有约1/4以上的甲苯会转化为苯。随着反应温度的升高，苯的产率和苯选择性增加，说明提高反应温度有利

于苯的生成。另外，当反应温度从500℃提高到600℃，甲苯裂化产物中二甲苯产率从0.61%提高到1.71%，二甲苯选择性从15.77%提高到22.13%。通过对甲苯裂化反应路径进行分析，认为这些二甲苯的生成可能是来自于甲苯的歧化反应，即两个甲苯分子通过歧化反应生成苯和二甲苯。

表2-5-14是甲苯反应生成的裂化气的组成。从表2-5-14可以看出，在甲苯反应生成的裂化气中只有丙烯与氢气，这说明甲苯反应中，不仅发生C—C键断裂反应生成小于C_6烃类，如丙烯，还发生C—H键断裂反应生成H_2。尽管随着反应温度提高，氢气和丙烯的比例发生变化，但总体来讲，甲苯裂化生成的气体中氢气含量占有绝对优势，这说明甲苯裂化反应过程中C—H键比C—C键更易发生断裂。

表2-5-14　甲苯裂化生成的裂化气的体积组成

反应温度/℃	氢气/%	丙烯/%
500	99.35	0.65
550	99.25	0.75
600	99.14	0.86

气体组成中一个比较显著的特点是未发现甲烷的生成，该反应产物特点进一步说明，甲苯的苯环与甲基之间的C—C键很难发生断裂反应，即甲苯很难发生脱烷基反应生成苯。这是因为来自催化剂B酸的氢质子进攻甲苯的苯环形成苄基正碳离子，该正碳离子若发生脱甲基反应，将生成能量较高的甲基正碳离子，较高的反应能垒使脱甲基反应不易发生。因此，根据甲苯裂化生成C_5~C_{12}烃的组成和气体组成特点，认为甲苯裂化反应过程中苯的生成可能主要来自于2个甲苯分子的歧化反应，即吸附在催化剂酸中心上的甲基苯正碳离子可以与另外1个甲苯分子发生烷基转移反应生成苯分子和1个对二甲基苯正碳离子，后者将失去质子使催化剂活性中心恢复，自身生成对二甲苯，甲苯歧化反应生成苯的反应历程见图2-5-15。

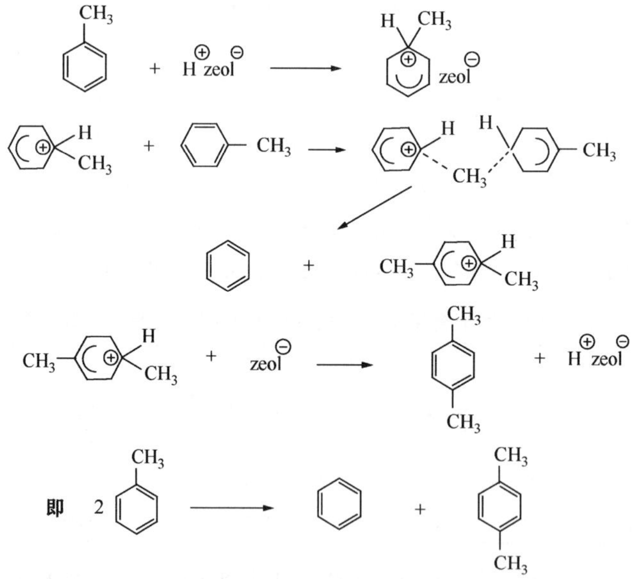

图2-5-15　甲苯裂化过程中苯生成的反应历程

zeol表示沸石催化剂

以正戊基苯作为模型化合物，研究了长侧链烷基苯催化裂解反应产物特点，结果见表2-5-15。由表2-5-15中数据可以看出，反应温度600℃时，正戊基苯反应转化率可达59.45%。与甲苯裂化反应相比，侧链碳原子数的增加，增加了原料与催化剂活性中心接触的机会，使其较易裂化，另外，随着烷基侧链碳原子数的增加，烷基芳烃的裂化反应活性增加，因此，烃类形成正碳离子的稳定性也是影响烃类裂化反应性能的重要因素之一。

表2-5-15　正戊基苯转化率及戊烯和苯的产率和选择性

反应温度/℃	转化率/%	产率/%		选择性/%	
		$C_5^=$	C_6H_6	$C_5^=$	C_6H_6
500	38.35	4.49	15.84	11.70	41.30
550	48.47	5.49	20.22	11.32	41.72
600	59.45	7.15	24.98	12.02	42.02

从表2-5-15还可知，反应温度为500℃时，正戊苯裂化生成戊烯和苯的产率分别为4.49%和15.84%，二者选择性之和为53.00%。当反应温度提高到600℃时，戊烯和苯的产率分别达到7.15%和24.98%，二者选择性之和为54.04%。裂化产物中较高的苯和C_5烯烃含量表明，对于正戊基苯裂解反应来说，脱烷基反应仍然是较重要的化学反应。

表2-5-16是正戊基苯裂解气产率，从表2-5-16中数据可以看出，反应温度为500℃时，裂化气产率为5.89%，裂化气中丁烯、丙烯和乙烯含量较高；当反应温度提高至600℃时，裂化气产率可达11.21%，这表明正戊基苯裂化反应过程中，除了发生脱烷基反应外，还发生了烷基侧链的裂化反应。提高反应温度，裂化气产率呈增加趋势，说明提高反应温度有利于烷基芳烃侧链质子化裂解反应的发生。

表2-5-16　正戊基苯裂解气的产率　%

反应温度/℃	H_2	C_1^0	C_2^0	$C_2^=$	C_3^0	$C_3^=$	C_4^0	$C_4^=$	合计
500	0.02	0.36	0.17	0.83	0.17	1.40	1.29	1.65	5.89
550	0.03	0.40	0.17	1.34	0.30	2.33	1.02	2.34	7.93
600	0.05	0.65	0.34	2.50	0.35	3.57	0.80	2.95	11.21

表2-5-17是正戊基苯裂解汽油中C_7~C_{10}芳烃产率。对比表2-5-15和表2-5-17中数据可以看出，尽管C_7~C_{10}芳烃的产率远小于苯的产率，但C_7芳烃、C_8芳烃随着反应温度升高，增加幅度较快，说明高温使烷基侧链上C—C键或C—H键受质子进攻的机会增加，烷基侧链上C—C键断裂反应比例增加，侧链C—C键断裂将生成C_7芳烃、C_8芳烃和小分子正碳离子。C_5~C_{12}烃的组成特点进一步证明正戊基苯裂化主要有两种反应路径，即脱烷基反应和烷基侧链裂化反应。

表2-5-17　正戊基苯裂解生成C_7~C_{10}芳烃的产率　%

反应温度/℃	C_7	C_8	C_9	C_{10}
450	0.27	0.91	0.23	0.35
500	0.47	0.92	0.26	0.26
550	0.70	1.20	0.47	2.00
600	1.19	1.98	0.62	1.98

以质子通过进攻正戊基苯中 C—H 键引发质子化裂解反应为例，探讨正戊基苯裂解生成芳烃和低碳烯烃的反应途径。在正戊基苯分子结构中存在 5 处较易受到质子进攻的 C—H 键，分别是苯环与取代基相连碳原子的 C—H 键、C1—H 键、C2—H 键、C3—H 键和 C4—H 键，如图 2-5-16 所示。当质子进攻不同位置 C—H 键时，引发的一系列裂解反应的产物具有较大的不同，由于裂解产物中苯的选择性高于 40%，这说明正戊基苯质子位置主要发生在苯环与侧链相连碳原子的 C—H 键或 C—C 键上；其次是 C_8芳烃和 C_{10}芳烃的产率较高，C_8芳烃的生成表明，正戊基苯侧链 C2 碳原子相连的 C—H 键或 C—C 键较为活泼，而 C_{10}芳烃的生成来自于 C4—C5 键断裂的可能性不大，原因在于若 C4—C5 键断裂将生成 C_{10}芳烃和甲烷，而在裂解气体中甲烷产率并不高，那么 C_{10}芳烃生成可能是来自于部分 C_8芳烃如乙苯的歧化反应(图中未给出)。

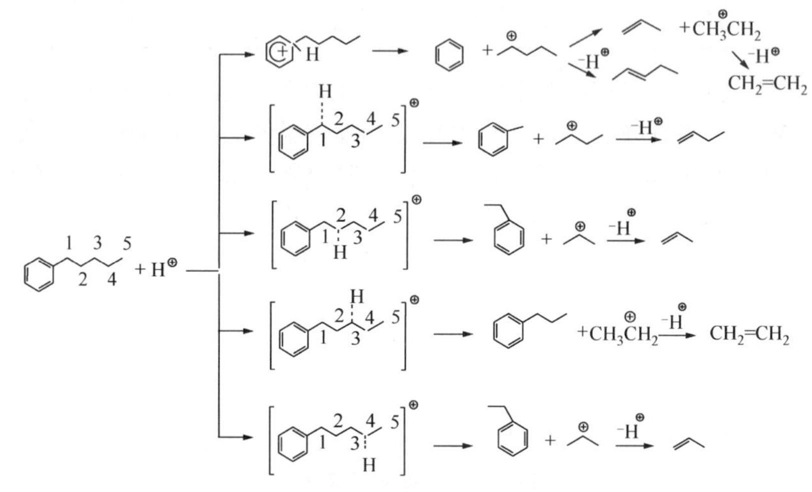

图 2-5-16 正戊基苯裂化生成苯及烯烃反应历程

二、馏分油的催化裂解

(一) 汽油

汽油来源不同，烃类组成差异较大，本节以催化裂解汽油、焦化汽油和直馏汽油为原料，对比讨论汽油组成对催化裂解反应产物的影响，进而探讨不同组成汽油的反应化学的差异。表 2-5-18 和表 2-5-19 分别是焦化汽油和催化裂解汽油的烃类组成。

表 2-5-18 焦化汽油的烃类质量组成

碳数	正构烷烃/%	异构烷烃/%	烯烃/%	环烷烃/%	芳烃/%
3	0. 70	—	—	—	—
4	2. 52	0. 44	1. 60	—	—
5	4. 85	2. 05	5. 61	0. 55	—
6	4. 39	2. 84	7. 01	1. 66	0. 16
7	4. 99	2. 04	7. 17	1. 80	1. 25
8	4. 30	3. 59	7. 30	1. 96	3. 69
9	3. 70	2. 93	6. 04	2. 79	2. 56

续表

碳数	正构烷烃/%	异构烷烃/%	烯烃/%	环烷烃/%	芳烃/%
10	1.38	3.25	2.41	0.49	0.42
11	0.10	0.61	0.19	—	—
12	—	0.01	—	—	—
总和	26.93	17.76	37.33	9.25	8.08

表 2-5-19 催化裂解汽油的烃类质量组成

碳数	正构烷烃/%	异构烷烃/%	烯烃/%	环烷烃/%	芳烃/%
3	—	—	—	—	—
4	0.07	0.07	0.67	—	—
5	0.26	1.16	5.45	—	—
6	0.36	2.33	10.49	0.62	0.33
7	1.04	2.14	9.57	1.83	2.57
8	0.61	2.43	7.82	1.47	6.11
9	0.38	1.83	5.80	1.79	8.04
10	0.34	2.03	3.25	0.51	7.02
11	0.25	2.95	1.09	0.08	2.95
12	0.14	2.05	—	—	—
合计	3.45	16.99	44.14	6.30	27.02

由于焦化汽油是热裂化自由基反应的产物，链烷烃含量较高，芳烃含量较低，焦化汽油的烯烃和催化裂化汽油的烯烃不仅在碳数分布上不同，而且形态也不同，焦化汽油中正构烯烃含量更高。催化裂解汽油的饱和烃含量，尤其是正构烷烃含量较低，烯烃含量较高，烯烃中异构烯烃含量大于正构烯烃含量。相同反应条件下，焦化汽油和催化裂解汽油催化裂解反应产物的产率和选择性见表 2-5-20。

表 2-5-20 焦化汽油和催化裂解汽油产物产率和选择性

产物	焦化汽油		催化裂解汽油	
	产率/%	选择性/%	产率/%	选择性/%
氢气	0.11	0.29	0.15	0.33
甲烷	1.35	3.50	1.74	3.73
乙烷	0.97	2.53	0.95	2.02
乙烯	3.67	9.52	4.12	8.82
丙烷	2.21	5.74	2.31	4.95
丙烯	14.02	36.36	16.99	36.39
丁烷	6.04	14.19	5.43	9.52
丁烯	7.45	17.50	9.76	17.11
柴油	1.07	2.77	2.53	5.42
焦炭	1.65	4.28	2.71	5.80

注：反应温度 580℃；MMC-2 催化剂。

催化裂解汽油和焦化汽油催化裂解反应的转化率分别为46.70%和38.56%。由表2-5-20中数据可知，催化裂解汽油的裂解反应转化率略高，导致各产物产率略高于相应的焦化汽油裂解产物产率，但分析其产物选择性后发现，焦化汽油产物中C_2以下组分选择性高于催化裂解汽油产物中C_2以下组分选择性，同时，焦化汽油裂解气体中烷烃的选择性也略高，这是由于焦化汽油中含有大量饱和烃的原因。根据非经典正碳离子理论推断，C_2以下或小分子烷烃的生成主要是来自于原料中烷烃质子化裂解反应，这些小分子烃类或烷烃的生成表明，在焦化汽油裂解反应体系中，烷烃可以经五配位正碳离子反应中间体引发裂解反应。根据两种汽油原料的裂解汽油中烃类含量，得到不同烃类的产率，并与原料中相应烃类的含量对比，得到烃类的变化幅度，见表2-5-21。

表2-5-21 裂解汽油中烃类产率及原料烃类的转化率

汽油烃类	焦化汽油		催化裂解汽油	
	产率/%	变化幅度/%	产率/%	变化幅度/%
正构烷烃	17.38	35.46	1.60	53.58
异构烷烃	13.91	21.68	9.15	46.17
烯烃	7.29	80.48	6.38	85.55
环烷烃	4.25	54.03	3.00	52.36
芳烃	18.61	-130.34	33.18	-22.79

从表2-5-21中数据可知，两种原料中烯烃转化率最高，正构烷烃和异构烷烃转化率相对较低，尤其是焦化汽油中正构烷烃和异构烷烃转化率更低。前面烯烃动力学特征表明，烯烃具有较高的反应速率常数，更易于吸附固体酸中心形成反应中间体参与反应，原料中含有的大量烯烃与烷烃在活性中心上形成竞争吸附，并占据了大量的酸性中心，影响了烷烃分子的链引发反应，因此，在富含烯烃的反应体系中，三配位正碳离子作为反应中间体引发原料分子参与反应是最主要的引发反应步骤。尽管原料中业已存在的烯烃可以迅速质子化生成三配位正碳离子，这些三配位正碳离子再与原料中烷烃分子进行负氢离子转移反应，从而引发烷烃裂化的链反应，但上述反应中引发原料分子参与反应的同时，也相应地生成汽油馏分烷烃；又由于原料烷烃分子本身较小，主要分布C_5~C_9，如果异构体较多的话，自身碳链结构中可以发生C—C键断裂的位置有限，或因分子较小、碳链较短，C—C键断裂后无法生成能量稳定的正碳离子，从而发生质子脱附反应而生成烯烃。

表2-5-22是石蜡基直馏石脑油的烃类组成和碳数分布，与焦化汽油和催化裂解汽油明显不同的，直馏石脑油中富含大量的饱和烃，碳数主要分布于C_5~C_{10}。动力学分析，烷烃尤其是烷烃越小，裂解反应活化能越高，使其具有相对较低的裂解反应速率，同时，在所有烃类中，小分子烷烃在固体酸表面又具有相对较弱的吸附性能，这些动力学特征决定直馏石脑油催化裂解反应需要在较高反应温度下才能有效发生。

表2-5-22 直馏石脑油的烃类质量组成及碳数分布

碳数	正构烷烃/%	异构烷烃/%	烯烃/%	环烷烃/%	芳烃/%
3	0.21				
4	0.95	0.20	0.02		

续表

碳数	正构烷烃/%	异构烷烃/%	烯烃/%	环烷烃/%	芳烃/%
5	2.24	1.16	0.03	0.55	
6	3.89	2.47	0.03	5.29	0.60
7	5.99	3.08	0.04	10.56	1.86
8	7.25	5.37		10.78	5.37
9	6.58	4.53		9.81	2.43
10	2.11	3.91		1.27	0.26
11	0.19	0.88		0.04	0.01
12	0.01	0.03			
合计	29.42	21.63	0.12	38.30	10.53

在反应温度670℃和700℃时，考察了直馏石脑油催化裂解反应，主要产物产率和选择性见表2-5-23，反应温度670℃时，直馏石脑油催化裂解反应转化率仅42.58%，与反应温度580℃时焦化汽油与催化裂解汽油转化率相差不大，这说明与含烯烃汽油相比，若想达到相同的转化深度，直馏石脑油催化裂解反应温度至少需要提高约90℃。当反应温度提高到700℃时，转化率也仅提高到57.04%，进一步表明，依靠反应温度在一定程度上可以提高富含小分子饱和烃的石脑油的裂解反应深度，但提高程度有限，对于石脑油催化裂解反应来说，催化材料的开发是关键所在。

表2-5-23　直馏石脑油催化裂解产物产率和选择性

产物	670℃		700℃	
	产率/%	选择性/%	产率/%	选择性/%
氢气	0.33	0.78	0.81	1.42
甲烷	5.11	12.00	9.06	15.88
乙烷	3.32	7.80	4.94	8.66
乙烯	9.39	22.05	13.61	23.86
丙烷	1.51	3.55	1.44	2.52
丙烯	13.74	32.27	15.97	28.00
丁烷	1.39	3.26	0.87	1.53
丁烯	5.58	13.10	5.79	10.15
柴油	0.46	1.08	0.29	0.51
焦炭	1.10	2.58	3.79	6.64

进一步分析可以看出，反应温度670℃时，丙烯的选择性最高，其次是乙烯，C_2以下烃类选择性高达42%，同时，小分子烷烃(C_1～C_4)的选择性也约26%，提高反应温度，C_2以下烃类选择性和小分子烷烃的选择性进一步提高，但是丙烯选择性却呈现下降趋势，这可能是较高的反应温度导致丙烯缩合生成芳烃反应速率大于丙烯生成速率，消耗了丙烯。表2-5-24是直馏石脑油及其产物中C_5～C_{12}烃组成的对比，在直馏石脑油催化裂解反应过程中，正构烷

烃、异构烷烃和环烷烃总体上发生了裂解、氢转移等反应转化为其他烃类，其中环烷烃转化率略于正构烷烃的转化率，而芳烃则表现为生成反应，使其产率增加。

表 2-5-24 直馏石脑油和产物中 C_5 ~ C_{12} 烃组成比较

烃类	原料组成/%	裂解汽油		
		质量分数/%	产率/%①	减少幅度/%
正构烷烃	29.43	19.17	11.01	62.60
异构烷烃	21.63	16.18	9.29	57.05
烯烃	0.13	13.89	7.98	-6035.11
环烷烃	38.28	16.26	9.34	75.61
芳烃	10.53	33.92	19.48	-84.97

① 汽油中各组分相对于原料的质量分数。

由于直馏石脑油中富含 C_5 ~ C_9 的饱和烃，催化裂解需要较高的反应温度，产物中 C_2 以下烃类和小分子烷烃选择性较高，可以用非经典正碳离子理论予以很好的解释，经五配位正碳离子引发链反应，通过质子化裂解反应生成三配位正碳离子，三配位正碳离子的 β-断裂反应可以解释大量丙烯和丁烯等产物的生成。芳烃生成可能是来自于产物中烯烃环化脱氢、或环烷烃脱氢、或氢转移等反应。因此，应用现有的经典正碳离子和非经典正碳离子理论可以较好地解释绝大多数直馏石脑油裂解产物的生成反应路径。值得引起关注的是乙烯的生成反应，根据 Haag 和 Dessau 提出的非经典正碳离子理论是可以解释烷烃裂化过程中乙烯的生成的[15]，如以正庚烷例，见图 2-5-17。

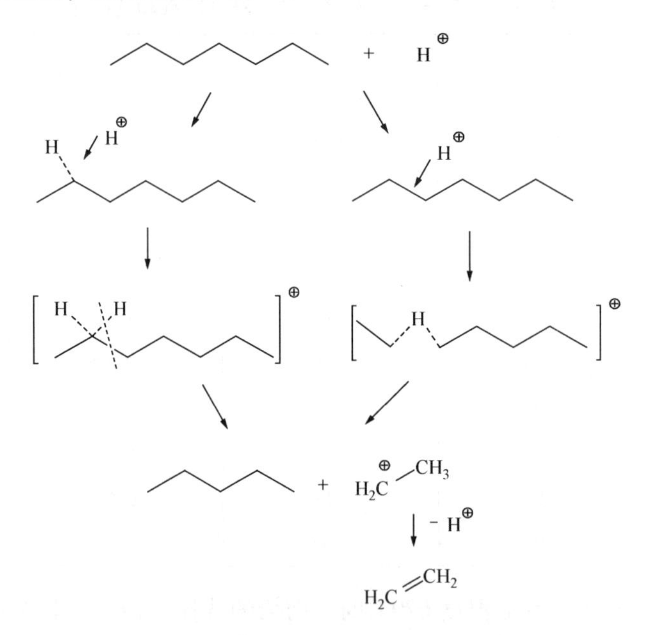

图 2-5-17 正庚烷催化裂解生成乙烯反应路径

根据非经典正碳离子理论，只有质子进攻正庚烷碳链中次端碳原子连接的 C—C 键和 C—H 键时，再经过 C—C 键和 C—H 键断裂，才能生成乙基正碳离子，该乙基正碳离子脱附质子生成乙烯；或如图 2-5-18 所示，原料分子需带有乙基取代基，如 4-乙基庚烷。4-乙烯庚烷催化裂解时，质子需进攻乙基碳原子与主链碳原子相连的碳原子的 C—C 键或 C—H 键，再经过 C—C 键和 C—H 键断裂生成乙基正碳离子，该乙基正碳离子脱附质子生成乙烯。尽管乙基正碳离子是一个高能量、不稳定的物种，在一般催化裂化反应条件下很难生成，但在反应温度 670℃或更高的反应温度下，反应体系可以提供能够的能量，上述反应路径生成乙基正碳离子，继而生成乙烯是可能的。

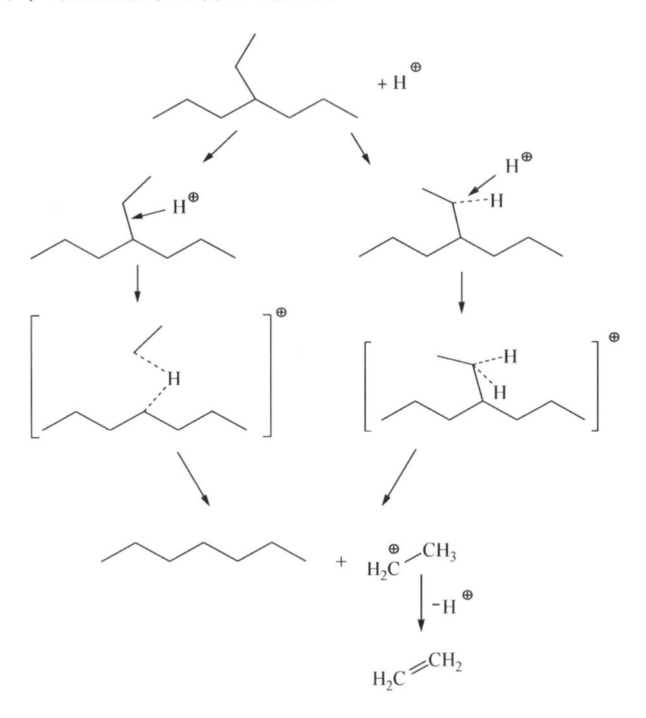

图 2-5-18　4-乙基庚烷催化裂解生成乙烯反应路径

从表 2-5-23 可知，提高反应温度，氢气、甲烷、乙烷和乙烯等小分子物种的选择性进一步提高，而 $C_3 \sim C_4$ 烃类的选择性却呈现下降趋势，因此，存在这样一种可能性，即随着反应温度提高，质子进攻碳链的位置由碳链中心处 C—C 键或 C—H 键向端位碳原子 C—C 键或 C—H 键移动，伯正碳离子的生成几率增加，仍以正庚烷为例，见图 2-5-19。

由于烃类催化裂化反应是晶内催化反应，当正庚烷蛇形进入分子筛孔道时，端位碳原子连接的 C—C 键或 C—H 键优先接触活性中心，在常规催化裂化反应条件下，由于端位碳原子的 C—C 键或 C—H 键的键能较高，同时，质子化裂化生成伯正碳离子的能量又较高，不易形成，质子化优先发生于碳链中弱键处或生成稳定正碳离子的 C—C 键或 C—H 键处。但是在催化裂解的高温反应条件下，反应体系内存在较高的能量，端位碳原子相连接的 C—C 键或 C—H 键的质子化可能性大大增加。如图 2-5-19 所示，正庚烷的端位碳原子的 C—C 键或 C—H 键质子化后形成五配位正碳离子，并在发生 C—C 键断裂，生成甲烷和伯己基三配位正碳离子，该伯正碳离子在高温反应体系，可以瞬时稳定存在并发生 β-断裂反应生成乙烯和伯丁基正碳离子，伯丁基正碳离子可以脱附质子生成丁烯，也可以连续 β-断裂生成乙烯和乙基正碳离子，后者再脱附质子生成乙烯。

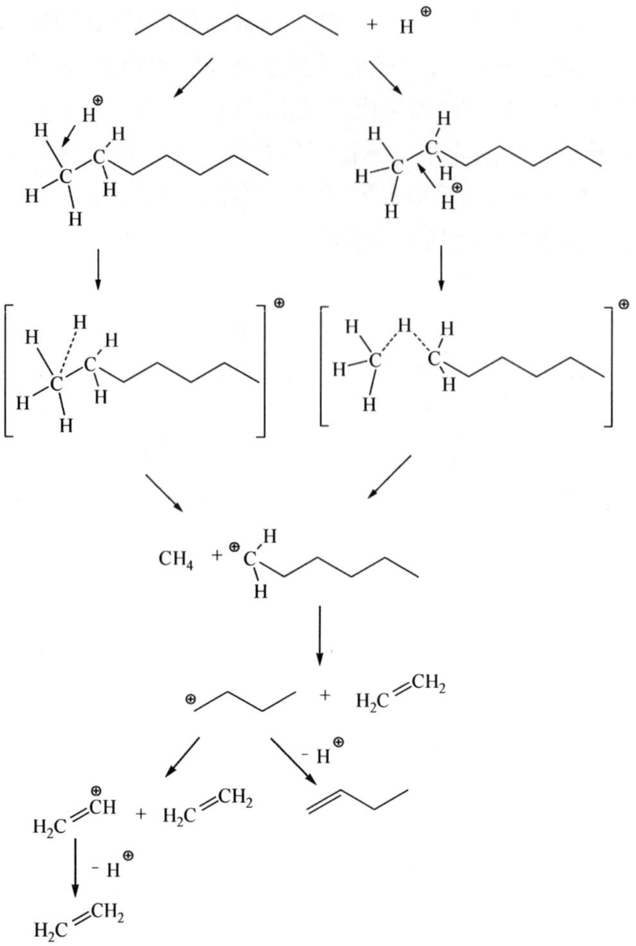

图 2-5-19　正庚烷催化裂解生成乙烯反应路径

（二）柴油

直馏柴油富含饱和烃，是生产乙烯和丙烯的良好原料。催化裂化柴油中含有大量芳烃，一般采用先加氢再裂化技术路线生产高附加值产品。直馏柴油与加氢催化裂化柴油的烃类组成见表 2-5-25。

表 2-5-25　直馏柴油与加氢催化裂化柴油烃类质量组成

项　目	直馏柴油/%	加氢催化裂化柴油/%
链烷烃	44.8	10.8
总环烷烃	33.7	13.3
一环烷烃	20.9	4.1
二环烷烃	10.0	6.4
三环烷烃	2.8	2.8
芳烃	21.5	75.9
单环芳烃	13.9	56.1
烷基苯	7.0	17.4

续表

项目	直馏柴油/%	加氢催化裂化柴油/%
茚满或四氢萘	4.1	29.6
茚类	2.8	9.1
双环芳烃	7.1	17.9
萘	0.4	2.4
萘类	4.2	5.5
苊类	1.4	5.9
苊烯类	1.1	4.1
三环芳烃	0.5	1.9
胶质	0.0	0

从表2-5-25中数据可知，尽管催化裂化柴油经过加氢处理，但其烃类组成中仍富含芳烃，尤其是单环芳烃，这部分芳烃苯环一般不发生开环裂化反应，只能发生侧链断裂反应生成低碳烯烃，因此，直馏柴油与加氢催化裂化柴油催化裂解反应路径具有明显的不同，也导致产物分布有较大差异，见表2-5-26。

表2-5-26　直馏柴油与加氢催化裂化柴油产物产率

原料	直馏柴油	加氢催化裂化柴油
反应温度/℃	570	580
催化剂	CPP专用催化剂	CC-20D+HAC专用剂
转化率/%	70.62	71.52
产物产率/%		
干气	6.57	2.59
乙烯	4.65	1.35
液化气	34.58	16.14
丙烯	16.21	5.43
裂解汽油	26.76	47.51
芳烃	14.43	32.91

在反应温度相近的条件下，直馏柴油与加氢催化裂化柴油催化裂解反应转化率大体相当，产物分布却存在较大的区别，可能原因在于：催化剂的差异可能是原因之一，更重要的可能是烃类组成的差异所致。直馏柴油中含有大量的链烷烃和环烷烃，与直馏石脑油相比，分子碳链相对较长(C_{12}~C_{22})，碳链中存在相对较多的质子化位置，根据纯烃催化裂解反应化学研究的认识，在催化裂解反应条件下，这些烃类主要通过非经典正碳离子机理形成五配位正碳离子反应中间体，从而引发催化裂解链反应，生成较多的小分子烃类，从表2-5-26中直馏柴油的裂解气产率高达40%以上，其中乙烯和丙烯产率分别为4.65%和16.21%，对于直馏柴油中芳烃来说，因50%以上芳烃为单环芳烃，主要是发生脱烷基或烷基侧链断裂反应而进入汽油馏分。因此，直馏柴油催化裂解反应中，饱和烃碳链质子化裂解是最主要化学反应。对于加氢催化裂化柴油的催化裂解反应来说，原料中烷烃含量较低，可以裂解生成小分子烃类的能力有限，绝大多数芳烃是带有长侧链或多取代基短侧链的单环芳烃，因此，

加氢催化裂化柴油催化裂解反应过程中，芳烃侧链断裂反应是最主要的化学反应，从表2-5-26中裂解汽油芳烃产率约为32.91%，可以进一步证实上述加氢催化裂化柴油的反应路径推断。

从上述柴油馏分催化裂解反应路径分析可知，为了高效率利用柴油资源，对于直馏柴油可以选择低碳烯烃和芳烃作为目标产物，通过工艺开发和催化剂设计达到经济效益最优化；对于加氢催化裂化柴油来说，建议以轻芳烃作为目标产物，以实现催化裂化柴油的合理利用。

三、重质油的催化裂解

（一）丙烯生成的反应化学

从现有重油催化裂解技术来看，多数研究者认为丙烯是重质烃类经汽油馏分二次裂解生成，汽油馏分内的烯烃是生成丙烯的前身物。基于这种认识，现有技术大都将强化汽油馏分的裂化反应作为增产丙烯的主要措施。强化手段包括：采用两个反应器/区或将汽油馏分回炼，为汽油馏分的二次裂解反应提供充足的反应时间和适宜的反应条件；采用中孔择形分子筛为催化剂或助剂来选择性裂化汽油馏分中的直链和短侧链的脂肪族烃类；采用比常规催化裂化更高的反应温度、加大剂油比和蒸汽注入量以提高裂化反应深度和丙烯的选择性。然而，工业化应用结果(见表2-5-27)却表明，上述措施在强化汽油馏分二次裂解增产丙烯同时，往往还会造成过程干气产率普遍较高。干气自身利用价值很低，但氢含量很高，从氢平衡角度看，较高的干气产率还会影响高价值产物产率的提高和产品质量的改善。要想在生产丙烯的同时，减少干气等低价值产物的生成，就需要通过重油催化裂解过程的剖析，对不同转化阶段内丙烯和干气生成的反应化学原因进行甄别。

表2-5-27　FCC和DCC工艺的主要产物产率

工　艺	FCC	DCC
产物产率/%		
丙烯	3.81	18.20
汽油	48.06	21.36
干气	3.36	9.50

1. 裂解反应深度与产物分布关系

图2-5-20为大庆VGO不同转化深度下的产物分布变化情况。从图2-5-20中曲线的变化规律可以看出，随转化率增加，重油产率直线下降；目的产物丙烯和液化气产率基本呈直线增加趋势，汽油和柴油产率呈现先增加后下降的变化规律；非目的产率干气和焦炭产率则先平缓增加，转化率超过一定范围后，又出现明显上升。具体而言，伴随着重油产率直线下降，在转化率为38.22%时，柴油产率即达到最大值，此时丙烯产率为9.51%，干气和焦炭产率分别为3.58%和0.37%；此后随重油和柴油产率同时下降，在转化率为65.72%时，汽油产率出现最高点(22.61%)，此时丙烯产率达到了16.53%，干气和焦炭产率有所增加，分别增加了2.31个百分点和1.29个百分点；随转化率由65.72%进一步上升到80.13%，丙烯产率虽仍保持较大增幅，增加了9.94个百分点，但干气和焦炭产率同时也有较明显增加，分别增加了4.20个百分点和1.14个百分点，产物分布开始恶化；而继续提高转化率，当最

高达到 90.93%时，重油基本完全转化，此过程中汽油和柴油产率均明显下降，丙烯产率增加 5.78 个百分点，干气和焦炭产率却分别增加了 5.40 个百分点和 3.94 个百分点，达到了 15.49%和 6.75%，产物分布明显恶化。

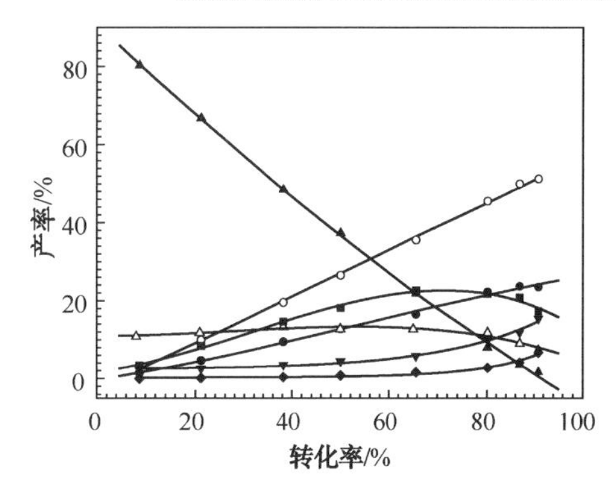

图 2-5-20 产物产率随转化率的变化关系

▼—干气；○—液化气；●—丙烯；■—汽油；

△—柴油；◆—焦炭；▲—重油

由图 2-5-20 可以看出，对大庆 VGO 而言，当转化率为 65.72%时，近 70%的丙烯(以最高丙烯产率实验结果计)已经生成，整个产物分布较为理想；随转化率进一步提高，丙烯产率虽有较大幅度增加，但干气等低价值产物产率增加幅度更为明显，约 62%的干气和约 75%的焦炭是在高转化率范围内(>65.72%)生成的。可见，对重油催化裂解生成丙烯过程来讲，不同转化深度阶段内的丙烯和干气生成情况是不同的。

2. 丙烯生成的反应路径分析

如前文所述，目前多数研究者认为丙烯主要由重质原料经汽油馏分二次裂解生成，汽油馏分烯烃是丙烯的主要前身物。

对大庆 VGO 不同转化深度下丙烯、汽油和汽油中烯烃产率之间的变化关系(见图 2-5-21)研究却发现，当转化率低于 65.72%时，三者产率均随转化率升高基本呈现线性增加的趋势；当转化率由 65.72%增加到 80.13%时，丙烯产率增加 5.78 个百分点，汽油产率和汽油中烯烃产率仅分别下降 0.88 和 2.87 个百分点，显然，在该过程中汽油中业已生成的烯烃对丙烯产率增加的贡献最大也未超过 50%；随转化深度进一步增加，在转化率由 80.13%增加到 86.89%时，丙烯产率增加了 1.42 个百分点，汽油产率和汽油中烯烃产率仅分别下降了 0.89 和 1.33 个百分点，丙烯产率的增加同样既未由汽油馏分，也未由汽油中业已生成的烯烃全部转化而来。由此可见，重油催化裂解反应过程中，丙烯除由重质原料经汽油馏分二次裂解生成外，还可能存在其他不可忽视的生成路径。

图 2-5-22 是产物选择性随着转化率变化的趋势。从图 2-5-22 可知，当转化率超过 65.72%后，伴随着汽油选择性和汽油中烯烃选择性的明显下降，丙烯选择性并未呈现较大变化。这说明重油催化裂解反应过程中，丙烯的生成不仅存在其他反应路径，而且该反应路径对生成丙烯的贡献作用随转化深度的提高在不断减弱。根据现有认识，这显然只能由原料直接裂解生成丙烯所解释，即转化率较低时，原料中有大量易裂解的烷烃组分，丙烯生成是原料一次裂解和汽油馏分二次裂解共同作用的结果；随转化率提高，原料中易裂解的烷烃组分明显减少，难裂解的芳烃组分将明显增加，导致此阶段内丙烯主要由汽油馏分二次裂解生成。

综上所述，重油催化裂解生成丙烯的反应路径可能有如下两种(如图 2-5-23 所示)：一种是原料中烃类大分子经单分子裂化反应或双分子裂化反应生成的活性中间体一步裂化生成丙烯，简称反应路径Ⅰ；另一种则是由活性中间体裂化生成的汽油烯烃等活泼中间产物二次裂解生成丙烯，简称反应路径Ⅱ，丙烯生成是二者共同作用的结果。

结合上述丙烯产率和选择性的变化情况可知，在较低转化深度阶段，伴随着重质原料的快速转化，反应路径Ⅰ对丙烯生成的贡献作用迅速显现；随转化率提高，重质原料数量的不断减少和中间馏分的大量生成，反应路径Ⅰ对丙烯生成的贡献减弱，反应路径Ⅱ在丙烯生成中所占比重增大。

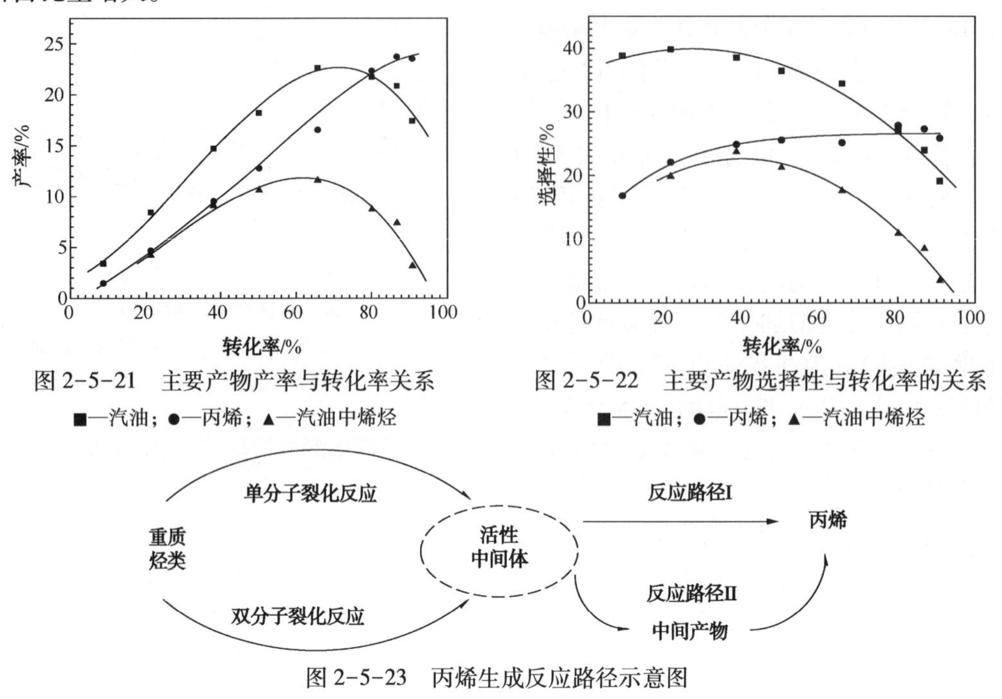

图 2-5-21　主要产物产率与转化率关系

■—汽油；●—丙烯；▲—汽油中烯烃

图 2-5-22　主要产物选择性与转化率的关系

■—汽油；●—丙烯；▲—汽油中烯烃

图 2-5-23　丙烯生成反应路径示意图

3. 干气生成反应对丙烯生成的影响

图 2-5-24 为大庆 VGO 在不同转化深度下干气选择性的变化规律。从图 2-5-24 可以看出，与图 2-5-20 所示的干气产率变化规律有所不同，干气选择性随转化率提高呈现出先增加后降低的变化趋势。在转化率很低，即重油原料刚开始反应时，干气选择性最高；此后随反应进行，转化率提高，干气选择性迅速降低；当转化率超过某一值(>65.72%)后，随转化率继续提高，干气选择性则又明显增加。可见，重油催化裂解不同反应阶段内干气的生成情况存在明显差别，如何抑制反应初期和反应后期干气的生成值得关注。

重油催化裂解技术是在催化裂化技术基础上开发的，烃类在催化裂解反应条件下，虽然不能完全排除热裂化反应的发生，但无疑仍将主要遵循正碳离子反应机理。正碳离子反应机理可分为单分子裂化反应机理和双分子裂化反应机理。根据单分子裂化反应机理，烷烃分子可以在催化剂 B 酸中心氢质子作用下形成五配位正碳离子，该五配位正碳离子随后发生 α 裂化生成经典的三配位正碳离子。如果五配位正碳离子的中心碳原子上连有-H、$-CH_3$、$-C_2H_5$等小分子基团，在发生 α 裂化生成三配位正碳离子的同时，还将生成 H_2、CH_4、C_2H_6等干气分子。而根据烷烃双分子裂化反应机理，烷烃分子将与催化剂表面吸附的三配位正碳离子发生负氢离子转移反应，

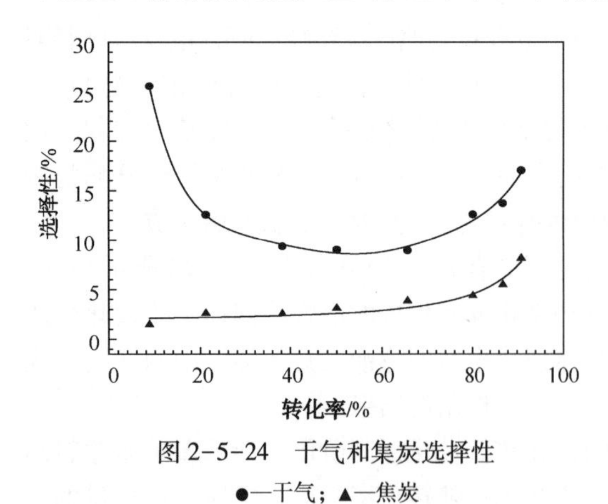

图 2-5-24　干气和集炭选择性

●—干气；▲—焦炭

从而形成新的三配位正碳离子引发反应，所以烷烃按双分子裂化反应路径进行催化裂化反应很难生成干气组分。

研究同时表明[15]，高反应温度、小孔径、强酸性沸石催化剂和低烯烃分压或低转化率等条件有利于原料中烷烃的单分子裂化反应，反之，则对双分子裂化反应有利。据此分析可知，现有重油催化裂解技术过分强化了反应过程中单分子裂化反应发生的比例，即对过程中反应化学缺乏有效控制是导致其干气产率明显增加的主要原因。

单分子裂化反应作为烷烃分子催化裂化过程的引发反应，一般认为其在较低转化深度下有利，在较高转化深度下不利。Williams 等[126]对正己烷在 USY 分子筛上单、双分子裂化反应机理发生比例进行考察后就发现，当转化率较低时，正己烷的单分子裂化反应占优；当转化率较高时，由于有较多的烯烃产物存在于反应体系中，双分子裂化反应占优。因此，就上述试验结果而言，转化率较低时，干气选择性高，这符合原料中烷烃反应初期主要发生单分子裂化反应的特征；随着转化率的提高，干气选择性迅速下降，该现象是原料中烷烃组分与业已生成的三配位正碳离子不断发生双分子裂化反应，从而使单分子裂化反应比例降低所致；但随转化率继续提高，干气选择性又明显增加却不能由原料中烷烃发生单分子裂化所解释，而是存在其他影响因素。

原料中饱和烃的裂解速率明显高于芳香烃。由此不难推测，在高转化率阶段，反应体系中烃类组成主要以带侧链芳烃和大分子饱和烃裂解生成的小分子烯烃和烷烃为主。有研究认为，高转化深度阶段内干气产率和选择性的明显增加主要与汽油中烷烃的二次质子化裂化反应有关，即认为重油催化裂化反应后期，业已生成的汽油烷烃在酸性催化剂上重新吸附形成五配位正碳离子，继而发生单分子裂化反应是导致该现象发生的主要原因[156]。高转化深度阶段，不排除业已生成的汽油烷烃会发生单分子裂化反应生成部分干气，但从反应后期汽油中烷烃仅略有减少这一实验结果来看，该路径至少不是造成干气突增的主要原因。根据传统的认识[157]，芳烃和烯烃、芳烃之间及烯烃和烯烃之间的缩合反应均会生成干气，并且图 2-5-24 中高转化深度阶段内，焦炭选择性的明显变大同时说明了缩合反应的明显发生，因而，推断反应后期干气的突增很可能主要由缩合反应的急剧增加所致。

因此，对于重油的催化裂化反应过程中来说，反应初期较高的干气选择性主要与作为反应引发的单分子裂化反应占主导地位有关，随着反应深度的增加其会逐渐减弱；在较高转化深度阶段内，由于反应体系烃类组成由烷烃占优转变为芳烃和烯烃占优，缩合反应会急剧增加，进而导致干气产率和选择性的明显增加。

基于上述分析，初步可以推断重油催化裂解不同反应阶段内丙烯和干气的生成存在如下的主要反应化学变化关系：

(1)反应初期，由于反应体系中不存在烯烃、也不存在三配位正碳离子，原料中大分子烷烃只能在固体酸催化剂 B 酸中心氢质子作用下形成五配位正碳离子，按单分子裂化反应路径生成丙烯，导致干气选择性较高：

$$\text{正构烷烃}\xrightarrow{\text{单分子裂化反应}}\text{丙烯}+\text{干气}$$

(2)反应中期，一方面随着原料烷烃单分子裂化反应进行，原料中剩余烷烃不断被业已生成的三配位正碳离子抽取负氢离子，通过双分子裂化反应路径生成丙烯；另一方面随着原料中烷烃的不断转化，汽油烯烃等中间馏分裂解生成丙烯的贡献将不断增加。因此，此反应阶段丙烯生成是原料中烷烃发生单、双分子裂化反应、及业已生成的汽油烯烃二次裂解共同竞争作用的结果，干气选择性相应明显地降低：

$$正构烷烃 \xrightarrow{单分子裂化反应} 丙烯+干气$$

$$正构烷烃 \xrightarrow{双分子裂化反应} 丙烯$$

$$烯烃 \xrightarrow{二次裂化反应} 丙烯$$

反应后期，随着原料中易裂解烷烃组分的迅速减少、难裂解芳烃组分的明显增加，汽油烯烃二次裂解反应成为生成丙烯的主要来源；与此同时，此反应阶段因反应体系内烃类分子结构变化，芳烃等组分的缩合反应急剧增加，干气和焦炭产率又会明显增加：

$$烯烃 \xrightarrow{二次裂化反应} 丙烯$$

$$芳烃 \xrightarrow{缩合反应} 焦炭+干气$$

由此可见，要想在增产丙烯同时，减少干气的生成，一方面需要在转化深度相对较低阶段，控制原料中烷烃官能团单分子裂化反应发生的比例；另一方面，需要在高转化深度阶段促进汽油二次裂解生成丙烯同时，减少原料中芳烃官能团缩合反应对干气生成的影响。

（二）原料的分子水平认识及转化规律

重油催化裂解与传统催化裂化都是大分子重质原料逐步裂化生成小分子产物的过程，然而，与传统催化裂化仅强调将重质原料裂化为汽油、柴油等中间馏分的反应过程不同，重油催化裂解要求重质原料经历更长的顺序裂化反应过程，最终大量生成丙烯。也就是说，与目的产物仅为馏分级的传统催化裂化技术相比，重油催化裂解制丙烯技术所面临的是一个由组成异常复杂的重质原料经多次裂化反应生成较小分子产品的问题。因此，为了达到增产丙烯的目的，需要对原料的转化过程进行分子水平的导向和控制，原料的组成和性质与丙烯生成反应之间的化学认识就显得尤为重要。

就原料性质与丙烯产率之间的关系而言，研究者一般认为，原料的氢含量和饱和烃含量越高，其丙烯产率也越高。然而，相同裂解条件下加氢 VGO 和大庆 VGO 的对比试验结果（见表 2-5-28）却表明，虽然加氢 VGO 的氢含量和饱和烃含量都高于大庆 VGO，但前者的丙烯产率却低于后者 5 个百分点。可见，现有认识中原料的烃类组成和结构组成与丙烯产率之间的关联关系在某些情况下已不能合理解释所得到的试验结果，因此，有必要进一步认识重质原料中不同烃类催化裂解生成丙烯的反应特性。

表 2-5-28 原料性质对丙烯产率的影响

项 目	大庆 VGO	加氢 VGO
密度(20℃)/(g/cm^3)	0.8617	0.8563
氢质量分数/%	13.63	13.94
烃族质量组成/%		
饱和烃	85.0	96.7
芳烃	12.0	2.8
丙烯产率/%	基准	基准-5

1. 原料中烃类分子的分布及结构特点

采用实沸点蒸馏的方法将大庆 VGO 切割为四个窄馏分：<400℃（简称 V_1）、400~450℃

(简称 V_2)、450℃~500℃(简称 V_3)和>500℃(简称 V_4)。

表 2-5-29 为不同沸程的大庆 VGO 窄馏分的质谱分析结果。由表 2-5-29 可以看出，各窄馏分中主要以饱和烃为主，占原料组成的 75.6%~84.1%。随着窄馏分沸程的升高，饱和烃含量降低，芳香烃含量升高，其中 V_4 中还含有少量的胶质。

表 2-5-29 不同沸程的馏分油的质谱分析结果 %

原料名称	V_1	V_2	V_3	V_4
链烷烃	47.7	47.5	31.5	25.6
总环烷烃	36.4	34.9	45.3	46.2
一环烷烃	12.9	5.9	17.3	21.8
二环烷烃	10.9	12.7	12.4	13.0
三环烷烃	7.0	8.5	9.4	7.6
总芳烃	15.9	17.6	23.2	24.4
总单环芳烃	7.8	9.3	12.4	6.6
烷基苯	4.5	4.3	5.6	5.9
环烷基苯	1.8	2.8	3.8	0.7
二环烷基苯	1.5	2.2	3.0	0
总双环芳烃	4.7	4.0	5.3	12.5
萘类	1.8	1.3	1.9	5.6
苊类+二苯并呋喃	1.4	1.3	1.7	3.8
芴类	1.5	1.4	1.7	3.1
总三环芳烃	2.3	1.9	2.0	2.8
总四环芳烃	0.7	1.2	0.9	0
总五环芳烃	—	0.2	0.5	0.1
总噻吩	0.3	0.3	0.5	1.7
未鉴定芳烃	0.1	0.7	1.6	0.7
胶质	—	—	—	3.8

针对大庆 VGO 正构烷烃含量较高的特点，对上述各窄馏分进行溶剂脱蜡，将其分离为富含正构烷烃的蜡组分(简称 P)和脱蜡油；脱蜡油再经氧化铝和硅胶双层吸附分离为富含异构烷烃和环烷烃的饱和分(简称 S)和富含芳烃的芳香分(简称 A)两部分。这样每个窄馏分就被分离成 P、S 和 A 族组成不同的三个“拟组分”。为简化起见，由 V_1 窄馏分分离得到的三个“拟组分”分别以 W_1、S_1 和 A_1 表示，其余依次类推。

表 2-5-30 列出了窄馏分 V_1 及分离出得到的三个“拟组分”的质谱分析结果。由表 2-5-30 中数据可以看出，采用溶剂脱蜡和双吸附分离方法对 V_1 进行烃族分离的效果比较理想，分离后的各组分在烃族组成上存在明显差异，组分 P_1 基本以链烷烃为主，其含量高达 95.6%，气相色谱分析结果显示链烷烃中正构烷烃的含量在 95%以上；组分 S_1 以环烷烃和异构烷烃为主，仅含有少量芳烃；组分 A_1 中则未检测到饱和烃的存在，全部为芳烃。另外，由表 2-5-30 中数据还可看出，组分 S_1 中的环烷烃含量要明显高于链烷烃含量，且各环烷烃含量随环数增加呈明显降低趋势；组分 A_1 中的芳烃则主要为单环、双环和三环芳烃，三者占了总量的 88.9%。其他窄馏分进行烃族分离的效果同样较为理想，在此不再赘述。

表 2-5-30 V_1 馏分中各组分的质谱分析结果 %

原料名称	V_1	P_1	S_1	A_1
链烷烃	47.7	95.6	32.7	—
总环烷烃	36.4	1.1	62.1	—
一环烷烃	12.9		21.8	—
二环烷烃	10.9		18.9	—
三环烷烃	7.0		11.9	—
总芳烃	15.9	3.3	5.2	100
总单环芳烃	7.8		5.2	36.9
烷基苯	4.5		5.2	9.7
环烷基苯	1.8		—	14.4
二环烷基苯	1.5		—	12.8
总双环芳烃	4.7		—	34.3
总三环芳烃	2.3		—	17.7
总四环芳烃	0.7		—	5.4
总五环芳烃	—		—	0.7
总噻吩	0.3		—	3.3
未鉴定芳烃	0.1		—	1.7
胶质	—		—	—

为了进一步弄清从大庆 VGO 分离得到的沸程和族组成不同组分的烃类组成差异，采用 RIPP 开发的固相萃取和 GC/MS 联合技术对各组分的碳数分布进行了分析。

图 2-5-25 给出了不同沸程链烷烃组分 P 的碳数分布变化结果。由图中不难看出，各链烷烃组分 P 的碳数分布均呈良好的正态分布变化，并随沸程升高整体向高碳数方向移动，平均分子总碳数由低到高依次为 23、25、31 和 37。显然，这直观显示出沸程越高，链烷烃组分的平均分子碳数越大。

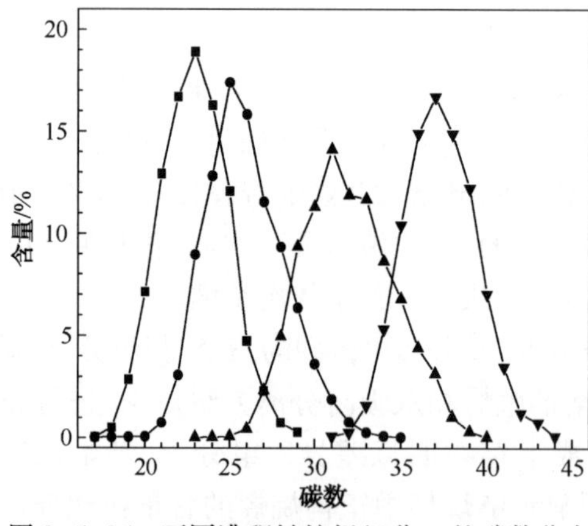

图 2-5-25 不同沸程链烷烃组分 P 的碳数分布

■—P_1；●—P_2；▲—P_3；▼—P_4

由于烃类自身组成的复杂性，直接列出不同沸程环烷烃组分和芳香烃组分的碳数分布结果并不能直观反映出各自烃类分子结构和分子大小的差异情况。为此，参考烃类结构族组成

的表示方法，基于碳数分布分析数据，分别计算出了各环烷烃组分 S 和芳香烃组分 A 的结构单元(芳香环、环烷环和烷基侧链)碳数分布情况，结果分别见表 2-5-31 和表 2-5-32。

表 2-5-31　不同沸程环烷烃组分 S 的结构单元碳数分布　　%

组　　分	S_1	S_2	S_3	S_4
总碳数	19.7	22.8	32.2	38.3
链状部分碳数	14.0	12.5	23.2	29.5
链烷烃碳数	8.5	3.3	4.1	3.9
烷基侧链碳数	5.5	9.2	19.1	25.6
环烷环碳数	5.6	9.5	8.2	8.2
芳香环碳数	0.1	0.8	0.8	0.6

从表 2-5-31 可以看出，沸程升高，环烷烃组分 S 平均分子的链烷烃碳数有所减少，烷基侧链碳数明显增加，环烷环和芳香环碳数除 S_1 的较低外，组分 S_2、S_3 和 S_4 的差别不大。因此，对富含环烷烃的组分 S 而言，沸程升高，组分 S 平均分子环烷环碳数整体差别相对较小，总碳数增加主要是烷基侧链碳数增加的结果。

表 2-5-32　不同沸程芳香烃组分 A 的结构单元碳数分布　　%

组　　分	A_1	A_2	A_3	A_4
总碳数	17.6	20.6	28.4	33.5
烷基侧链碳数	3.3	4.7	13.3	17.9
环烷环碳数	1.9	1.1	2.3	1.2
芳香环碳数	12.4	14.8	12.8	14.4

从表 2-5-32 可以看出，不同沸程芳香烃组分平均分子的环烷环碳数和芳香环碳数虽有所波动，但差别不大，沸程升高，芳香烃组分平均分子总碳数增加仍主要是烷基侧链碳数增加所致。

2. 不同“拟组分”的催化裂解反应性能

在固定床微反试验装置上，采用富含择形分子筛的重油催化裂解专用催化剂，于 600℃ 的反应温度下考察了分离得到的 12 个“拟组分”的催化裂解反应性能。为尽量避免高转化率下二次反应对产物分布的影响，选择重时空速 150h^{-1}的实验数据进行了比较。

图 2-5-26 列出了不同沸程链烷烃组分 P 在固定床微反实验装置上的主要产物分布结果。

从图 2-5-26 中的数据可以看出，在重时空速为 150h^{-1}、较短停留时间的反应条件下，各沸程链烷烃组分的转化率和丙烯产率都较高；组分 P_1 的转化率和丙烯产率最低，但也分别达到了 64.47%和 14.57%，说明原料中链烷烃很容易转化，具有较高的丙烯生成速率。同时，由图 2-5-26 不难看出，沸程不同链烷烃组分的催化裂解反应性能存在明显差别。从产物分布来看，随沸程升高，链烷烃组分的转化率和目的产物丙烯产率均有不同程度增加，其中组分 P_4 比组分 P_1 的转化率高出近 21 个百分点，丙烯产率高出 3.32 个百分点，但非目的产物干气和焦炭产率却变化不大。

可见，在相同反应条件下，随着沸程升高，链烷烃组分 P 的转化率增加，同时产物选择性变好，结合碳数分布分析结果来看，这显然与高沸程链烷烃组分含有较多碳链较长的烷烃分子有关。纯烃研究结果早已表明[14]，烃类分子链长短不同，裂化反应所需的活化能也不同；烃类分子越大，裂化活化能越低，裂化反应也越容易发生，而分子越小，裂化活化能越高，裂化反应越难以发生，以上数据说明，高沸程链烷烃组分更适合作为催化裂解多产丙烯的原料。

相同反应条件下，不同沸程环烷烃组分 S 的催化裂解反应实验结果如图 2-5-27 所示。

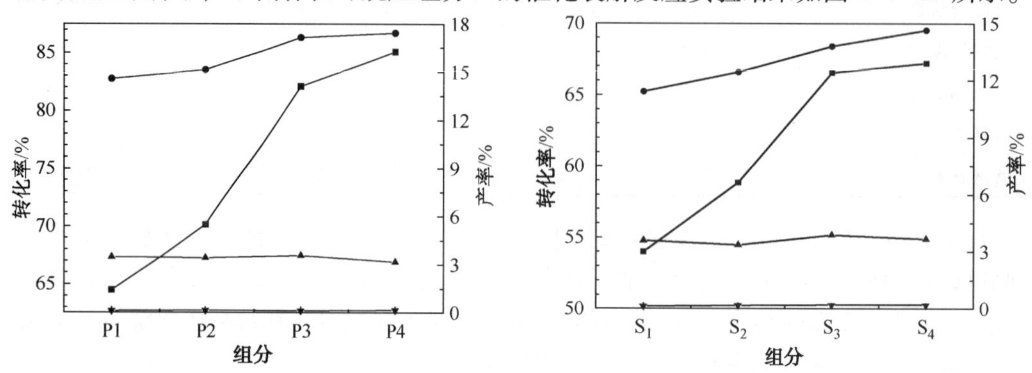

图 2-5-26 不同沸程拟组分 P 的催化裂解反应结果

■—转化率；●—丙烯；▲—干气；▼—焦炭

图 2-5-27 不同沸程拟组分 S 的催化裂解反应结果

■—转化率；●—丙烯；▲—干气；▼—焦炭

由图 2-5-27 可以看出，与链烷烃组分 P 反应后的产物分布和产物组成变化规律基本类似，随沸程升高，环烷烃组分 S 的转化率、目的产物丙烯产率均单调增加，非目的产物干气和焦炭产率却变化不大。因此，对于环烷烃组分来讲，仍是沸程越高越有利于其催化裂解多产丙烯。结合前文碳数分布分析结果来看，沸程升高，环烷烃组分的转化率和丙烯产率增加、干气/丙烯质量比下降显然与其平均分子中烷基侧链碳数的增加相一致。因此，对原料中环烷烃的催化裂解反应来讲，同样是碳数越高，确切地说是烷基侧链越长，越容易获得较高的丙烯产率和较好的产物分布。

相同反应条件下，不同沸程芳香烃组分 A 的催化裂解反应实验结果如图 2-5-28 所示。

比较图 2-5-28 中数据可以看出，随沸程升高，芳香烃组分 A 的转化率和目的产物丙烯产率增加的同时，非目的产物干气和焦炭产率亦明显增加，其中组分 A_4 比组分 A_1 的干气和焦炭产率分别增加了 1.36 个百分点和 1.49 个百分点。可见，与原料中链烷烃和环烷烃组分不同，尽管高沸程芳香烃组分也较易于裂解生成丙烯，但产物分布却明显恶化。

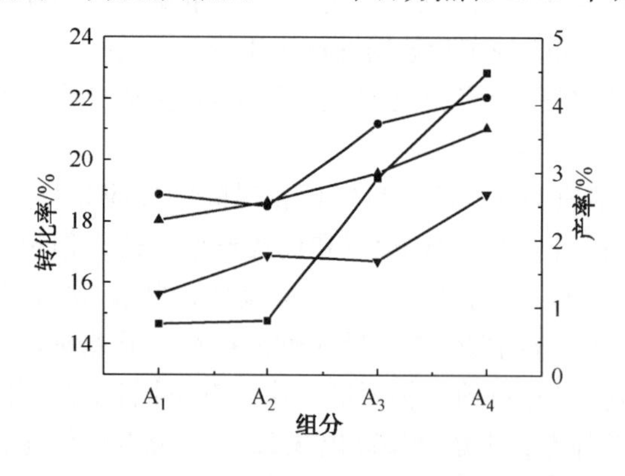

图 2-5-28 不同沸程拟组分 A 的催化裂解反应结果

■—转化率；●—丙烯产率；▲—干气产率；▼—焦炭产率

将反应结果与碳数分布分析结果相关联后可以看出，平均分子中烷基侧链碳数的明显增加应是高沸程芳香烃组分具有较高转化率和丙烯产率的关键所在；而平均分子中芳香环碳数的增加则无疑是导致高沸程芳香烃组分产物分布变差的主要原因。Cerqueira 等[72]对 FCC 催化剂失活原因进行了系统总结，指出含芳烃的原料易于缩合生焦，其生焦能力随芳环数的增加而相应增强。因此，沸程对芳香烃组分催化裂解反应性能的影响包含着烃类分子大小和分子结构两方面的因素，且后者的影响更为突出。

比较图2-5-26、图2-5-27和图2-5-28的实验结果可以看出，相同反应条件下不同“拟组分”的催化裂解反应性能差别很大。从原料转化率和丙烯产率来看，链烷烃组分P均高于同沸程环烷烃组分S，更高于同沸程芳香烃组分A。以沸程为初馏点~400℃组分为例，链烷烃组分P_1和环烷烃组分S_1的转化率分别约为芳香烃组分A_1的4.4倍和3.7倍，丙烯产率分别约为芳香烃组分A_1的5.5倍和4.3倍，说明饱和烃(链烷烃+环烷烃)具有较高的裂解速率，是原料裂解生成丙烯的主要来源。从焦炭产率来看，芳香烃组分A明显最高，分别比同沸程链烷烃组分P和环烷烃组分S高出9.8倍和7.5倍，说明芳香烃具有很强的生焦能力，焦炭主要来源于其缩合反应。另外，从裂解产物中干气的产率来看，芳香烃组分A也明显偏高，说明原料中芳香烃的催化裂解反应还很容易引起低价值产物干气的增加。可见，原料中链烷烃的催化裂解反应性能最优，环烷烃次之，而芳香烃最差。

然而，需要指出的是，一般认为环烷烃具有较好的裂解性能的同时，也是很好的供氢体，易于发生氢转移反应，从而导致裂解产物中丙烯选择性降低。实验结果却表明，与以链烷烃为主的组分P相比，富含环烷烃组分S的裂解产物中丙烯选择性并未变差，即环烷烃的供氢作用似乎并未体现。之所以如此，分析认为这很可能与该实验反应条件下，环烷烃组分S的转化率相对较低，导致反应体系中受氢体浓度较低有关。为此，通过降低空速的手段，对更高转化深度下不同烃类组分的裂解产物分布结果进行了考察。

表2-5-33是重时空速$30h^{-1}$时，同沸程不同烃类组分的催化裂解反应实验结果。由表2-5-33中数据可以看出，随重时空速降低、停留时间延长，烃类组分P、S和A的转化率和丙烯产率均不同程度明显增加。从裂解产物中液化气组成来看，三个组分的液化气中丙烯浓度由高到低的顺序依次为A、P和S；同时，三个组分裂解产物分布所体现的氢转移指数由低到高的顺序同样依次为A、P和S。组分A丙烯选择性高的原因在于芳烃生焦后在一定程度上降低了催化剂的酸密度，进而减少了氢转移反应的发生比例，组分S丙烯选择性低的原因则在于大分子环烷烃的供氢能力较强，因而，促进了氢转移反应的发生。

表2-5-33　同沸程不同烃类组分的催化裂解反应结果

组　　分	P_1	S_1	A_1
转化率/%	97.54	86.94	36.10
产物产率/%			
干气	9.46	8.83	6.29
液化气	62.93	49.08	12.42
丙烯	28.06	20.43	6.25
汽油	24.49	27.17	10.6
柴油	2.07	10.7	41.04
重油	0.39	2.37	22.86
焦炭	0.66	1.85	6.79
液化气质量组成/%			
丙烯	44.6	41.62	50.36

续表

组　分	P_1	S_1	A_1
丙烷	7.1	9.71	7.85
总丁烯	39.11	34.02	36.27
总丁烷	9.19	14.65	5.52
氢转移指数	0.23	0.43	0.15

综上所述，在重油催化裂解反应过程中，原料中链烷烃的裂解反应是生成丙烯的主要来源；原料中环烷烃的裂解反应也会产生一定量的丙烯，但环烷烃的存在将会促进已生成的丙烯进一步发生氢转移反应，进而导致丙烯选择性的下降；原料中芳香烃虽对丙烯的生成贡献不大，但适量的芳烃生焦后将抑制已生成的丙烯的氢转移反应，进而提高丙烯的选择性。可见，氢含量和饱和烃含量是影响原料丙烯产率的重要指标，但原料的分子结构和分子大小的影响也不容忽视。

3. 原料烃类分子组成与催化裂解反应性能的关系

重油催化裂解原料虽然非常复杂，但从族组成来看主要分为链烷烃、环烷烃和芳香烃三大类。从反应结果来看，在催化裂解反应过程中，原料中链烷烃很容易裂解生成丙烯，是最理想的丙烯原料；原料中环烷烃则主要通过烷基侧链断裂和部分环烷环的开环裂化反应生成丙烯，丙烯产率有所降低；芳香烃只能通过烷基侧链断裂生成丙烯，丙烯产率最低。因此，催化裂解原料总体具有烷烃性质，实际原料的催化裂解生成丙烯的反应性能主要由原料中链状部分的大小所决定。为直观起见，构建了如图 2-5-29 所示的原料烃类官能团与裂解生成丙烯的主要关系网络，即催化裂解原料可以概括为链状官能团和环状官能团，在催化裂解反应过程中，丙烯主要由原料中长链状官能团裂解生成，环状官能团和短链状官能团的贡献较小，但对产物分布的影响却很大。

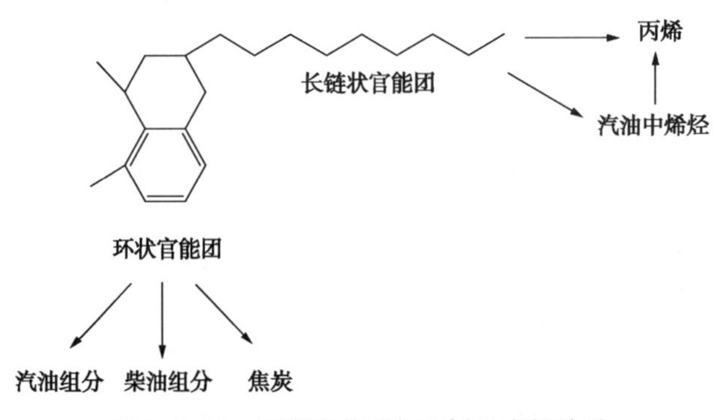

图 2-5-29　原料官能团与丙烯生成的关系

基于上述研究结果，对表 2-5-34 中的加氢 VGO 和大庆 VGO 进行了分子水平组成分析。表 2-5-34 中质谱分析结果表明，两类 VGO 的烃类组成和分布存在明显的差异。中间基加氢改质 VGO 虽然饱和烃的质量分数高达 92.6%，但饱和烃中环烷烃的含量是链烷烃的近 2 倍；同时，根据碳数分布分析结果计算得到的平均分子结构(见表 2-5-35)显示，大庆 VGO 中各类分子的碳链长度普遍比中间基加氢改质 VGO 多 2~3 个碳原子。可见，石蜡基大庆 VGO 中含有较多具有较长链结构的烃分子。综合不同重质烃类裂解生成丙烯的反应性能和两种 VGO 的组成分析来看，大庆 VGO 丙烯产率高于加氢改质 VGO 的原因在于前一种原料的链烷烃含量较高且碳链较长，因此裂解生成丙烯的反应速率高于后一种原料，同时，前一种原料中供氢能力较强的环烷烃分子较少，因此，裂解产物中丙烯的选择性也要高于后一种原料。

表 2-5-34　两种 VGO 原料的烃类质量组成　　%

原料名称	大庆 VGO	加氢 VGO
链烷烃	39.7	31.4
总环烷烃	41.4	61.2
一环烷烃	13.0	23.2
二环烷烃	12.2	21.2
三环烷烃	9.1	11.8
四环烷烃	7.1	5.5
总芳烃	18.9	7.4
总单环芳烃	10.5	6.0
烷基苯	5.7	3.0
环烷基苯	2.7	1.7
二环烷基苯	2.1	1.3
总双环芳烃	4.4	0.90
总三环芳烃	2.1	0.1
总四环芳烃	0.7	0.1
总五环芳烃	0.8	0
未鉴定芳烃	0.4	0.3

表 2-5-35　两种 VGO 原料的平均分子结构

原料名称	大庆 VGO	加氢 VGO
链烷烃	$C_{27.6}H_{57.2}$	$C_{25.4}H_{52.8}$
环烷烃	$C_{26.6}H_{53.2}$	$C_{24.4}H_{48.8}$
芳烃	$C_{26.9}H_{47.8}$	$C_{24.6}H_{43.2}$

由上述研究可知，直链烃含量高且链长度长、环烷烃含量少，裂解生成丙烯速率快、选择性高；就富含环烷烃的原料而言，如何使环烷烃分子发生开环裂解反应，而不是供氢反应是进一步提高丙烯产率的关键。

四、择形催化与催化裂解化学

择形催化理念与石油炼制和石油化工越来越密切的结合，成为择形催化发展的原动力，由于 ZSM-5 的独特的孔道结构，它对许多有机催化反应都表现出特殊的择形催化作用。认识与利用 ZSM-5 择形催化特性，对于催化裂解技术再发展具有重要意义。

（一）烷烃裂解反应

采用以不同类型分子筛为活性组元的裂解催化剂，通过考察正庚烷的裂解反应产物组成特点，对比研究不同结构分子筛催化裂解正庚烷反应路径的差异[158]，从而分析 ZSM-5 分子筛催化裂解烷烃的反应路径，反应温度600℃时，正庚烷催化裂解气体产率和选择性见表2-5-36和表2-5-37。

表 2-5-36　裂解气的摩尔产率①

分子筛类型	转化率/%	摩尔产率/%							
		H_2	C_1^o	C_2^o	$C_2^=$	C_3^o	$C_3^=$	C_4^o	$C_4^=$
Y	13.36	5.28	1.28	1.41	2.34	0.48	2.59	0.50	1.71
β	18.79	6.70	1.38	1.81	2.52	2.97	6.03	2.32	4.00
ZSM-5	37.65	15.83	2.08	4.72	6.77	6.40	12.94	3.31	6.32

①反应温度600℃，剂油质量比6，空速$8h^{-1}$。

表 2-5-37　$C_1 \sim C_4$的产率和选择性

分子筛	产率/%		摩尔选择性/%		
	$C_1 \sim C_2$	$C_3 \sim C_4$	H_2	$C_1 \sim C_2$	$C_3 \sim C_4$
Y	10.31	5.28	39.52	77.17	39.52
β	12.41	15.32	35.66	66.05	81.53
ZSM-5	29.40	28.97	42.05	78.09	76.95

从表2-5-36和表2-5-37可知，在三种分子筛催化剂中，ZSM-5分子筛上正庚烷裂解反应转化率最高，裂解产物中具有最高的H_2、$C_1 \sim C_4$烃的产率，其中$C_1 \sim C_2$烃的摩尔选择性略高于$C_3 \sim C_4$烃的摩尔选择性。与ZSM-5分子筛催化剂相比，正庚烷在Y分子筛和β分子筛上的裂解反应转化率较低且相近，气体中C_2以下组分的产率相差不大，但是，β分子筛裂解气体中$C_3 \sim C_4$组分产率和选择性大于Y分子筛裂解生成的$C_3 \sim C_4$组分的产率和选择性。正庚烷的动力学直径约为0.43nm，可以自由出入上述三种分子筛催化剂，不存在孔道择形性问题，因此，可以推断，正庚烷在三种不同类型分子筛催化剂的裂解反应差异可能源自催化剂的酸中心性质的不同，分子筛催化剂的酸量的表征结果见表2-5-38。

表 2-5-38　分子筛催化剂的酸量

分子筛类型	酸量/(μmol/g)			
	L酸(200℃)	B酸(200℃)	L酸(350℃)	B酸(350℃)
Y	103.4	24.9	103.1	19.5
β	169.8	20.0	155.1	11.6
ZSM-5	168.6	45.7	152.6	45.0

与ZSM-5分子筛相比，Y分子筛和β分子筛催化剂B酸的酸量较为接近，β分子筛的L酸的酸量大于Y分子筛的L酸的酸量，且主要体现在较强的L酸酸量的差异上。两者相近的B酸酸量使其$C_1 \sim C_2$烃类产率大体相当，这是由于$C_1 \sim C_2$烃类主要来自B酸的质子化裂化反应，β分子筛的L酸酸量较高，气体中$C_3 \sim C_4$烃类产率高，可能原因在于β分子筛的较强的L酸中心起到了引发链反应的作用，L酸中心从正庚烷中抽取1个负氢离子，使烷烃生成C_7三配位正碳离子，三配位正碳离子再经β断裂反应生成$C_3 \sim C_4$烃类。ZSM-5分子筛与β分子筛的L酸的酸量相差较小，尽管B酸酸量相差25.7μmol/g(200℃)，但ZSM-5分子

筛所具有的 B 酸中心几乎全为较强 B 酸中心，这使 ZSM-5 分子筛具有较强的催化裂解正庚烷的反应能力。

前面烷烃催化裂解反应行为分析表明，正庚烷烃分子中存在不同位置的 C—C 键和 C—H 键，不同位置的 C—C 键和 C—H 键受到质子进攻后引发的链反应的产物不同，正庚烷在 ZSM-5 分子筛上的催化裂解产物中 H_2的产率和选择性较高，说明裂解反应过程中发生了较多的 C—H 键断裂反应，以质子进攻正庚烷碳链上 C_2 碳原子连接的 C_2—H 键为例，简述 H_2和 $C_1 \sim C_4$烃类的生成反应路径，见图 2-5-30。正庚烷质子化生成五配位正碳离子，五配位正碳离子按反应路径①经 α 断裂生成 H_2和庚基三配位正碳离子，该正碳离子经 β 断裂生成丙烯和丁基正碳离子，后者脱附质子生成丁烯；或按反应路径②经 α 断裂生成 CH_4和己基三配位正碳离子，该正碳离子经 β 断裂生成丙烯和丙基正碳离子，后者可以脱附质子生成丙烯；或按反应路径③经 α 断裂生成 C_5烷烃和乙基三配位正碳离子，后者脱附质子生成乙烯。产物中大量 H_2和 $C_3 \sim C_4$烯烃的生成表明，反应路径①的选择性较大，当五配位正碳离子在其他位置断裂时，将生成甲烷等小分子烷烃和小分子烯烃。以上仅以质子进攻 C_2—H 键为例，当质子进攻其他 C—H 键，同样是以生成 H_2的反应路径选择性最大，生成小分子烷烃的反应路径次之。

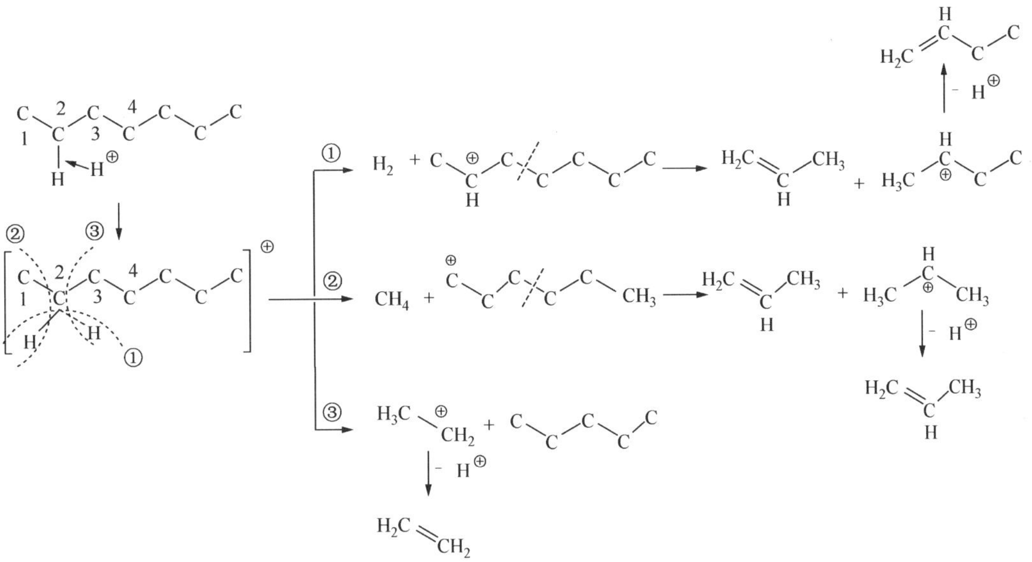

图 2-5-30　庚烷在 ZSM-5 催化作用的质子化裂化反应路径

（二）烯烃裂解反应

1. ZSM-5 分子筛对基础催化剂的影响

ZSM-5 分子筛常与催化裂化基础催化剂配合使用，用于增加 $C_3 \sim C_4$烯烃的产率[159-162]，有关 ZSM-5 分子筛在催化裂化反应过程中的作用研究结论有：(1) 将催化裂化基础活性组元——Y 分子筛催化裂化生成的汽油中烯烃进一步裂化，生成小分子烯烃；(2) 小分子正碳离子在 ZSM-5 分子筛上的主要反应是骨架异构化，而大分子正碳离子则表现为裂化反应；(3) Y 分子筛的氢转移活性和裂化活性对 ZSM-5 分子筛的反应性能是有影响的。

Buchanan[99,102,163-165] 对 ZSM-5 分子筛的添加量对催化裂化催化剂的影响进行较为深入的研究，在反应温度 538℃时，研究了不同添加量的 ZSM-5 分子筛对 VGO 裂解反应转化率、汽油产率和焦炭的影响，结果见表2-5-39。表2-5-39中数据表明，在ZSM-5分子筛添加量小于25%时，ZSM-5分子筛对VGO裂化反应能力和转化率影响不大，影响较大的是汽油产率，同时，ZSM-5分子筛的添加可以降低焦炭产率。

表2-5-39 ZSM-5分子筛添加量对裂化反应影响

项　目	REUSY	ZSM-5的质量分数/%			
		12.5	25	50	75
裂化能力[①]	2.6	2.2	2.1	1.8	1.1
总转化率/%	72.3	69.0	68.2	64.8	53.2
转化率下降百分点	—	3.3	4.1	7.5	19.1
C_{5+}汽油产率/%	50.3	42.1	37.6	33.2	26.6
C_{5+}汽油产率下降百分点	—	8.2	12.7	17.1	20.3
焦炭/%	4.5	4.4	3.5	3.2	2.2

①裂化能力=转化率/(100-转化率)，剂油质量比7，反应温度538℃。

2. ZSM-5分子筛对产物分布的影响

表2-5-40是在相同转化率下，裂化催化剂中添加25%的ZSM-5分子筛对VGO的裂解产物分布的影响。

表2-5-40 恒定转化率下ZSM-5分子筛添加量对裂化反应影响

催化剂	REUSY	REUSY+25%ZSM-5	变化幅度
转化率[①]/%	70.1	70.4	
产物产率/%			
C_{5+}汽油	48.8	40.6	-8.2
LCO	19.1	17.9	-1.2
HCO	10.8	11.7	+0.9
焦炭	4.3	4.1	-0.2
nC_4	0.6	1.0	+0.4
iC_4	2.7	4.0	+1.3
$iC_4^=$	1.1	2.9	+1.8
总$C_4^=$	3.5	7.1	+3.6
总C_4烃	6.7	12.1	+5.4
$C_3^=$	5.4	8.4	+3.0
$C_3^= + C_4^=$	8.9	15.5	+6.6
C_3	1.5	2.0	+0.5
干气	3.3	3.2	-0.1
$C_2^=$	1.0	1.7	+0.7
H_2	0.1	0.07	-0.03

①反应温度538℃。

从表2-5-40可知，在相同转化率(约70%)下，裂化催化剂中添加25%的ZSM-5分子筛催化剂可以使汽油产率大幅度下降，同时，增加幅度较大的组分是C_4烃，其中C_4烯烃增加幅度最多；其次是丙烯，异构 C_4的增加幅度大于正构 C_4的增加幅度，说明 ZSM-5 分子筛将汽油馏分分子裂化为 $C_3\sim C_4$烯烃或 $C_3\sim C_4$正碳离子，这些 $C_3\sim C_4$正碳离子在脱附质子生成相应烯烃之前，大部分发生骨架异构化生成带叔碳的正碳离子，后者再脱附质子生成异构烯烃或与其他烷烃分子氢转移生成异构烷烃。

表 2-5-41 是相近转化率(约 70%)下，裂化催化剂中添加 25%的 ZSM-5 分子筛对 VGO 裂化产物汽油中烃类产率的影响。添加 ZSM-5 分子筛后，汽油产率的下降主要归因于汽油中异构烷烃、异构烯烃、正构烯烃和正构烷烃产率的变化。环烷烃、环烯烃和芳烃产率变化不大。

表 2-5-41　恒定转化率下 ZSM-5 分子筛添加量对裂化反应影响

催化剂	REUSY	REUSY+25%ZSM-5	变化幅度
转化率[①]/%	70.1	70.4	
产物产率/%			
C_{5+}汽油	48.8	40.6	-8.2
正构烷烃	1.3	1.0	-0.3
异构烷烃	9.3	5.0	-4.3
正构烯烃	2.6	1.3	-1.3
异构烯烃	5.4	3.2	-2.2
环烷烃	5.1	4.9	-0.2
环烯烃	1.7	2.0	+0.3
芳烃	21.5	21.6	+0.1

①反应温度 538℃。

表 2-5-42 是采用重柴油为原料，进一步提高裂解反应温度至 579℃，考察裂解催化剂中添加 25%的 ZSM-5 分子筛对 VGO 裂化产物汽油中烃类产率的影响。从表 2-5-42 中数据可知，与反应温度 538℃时的裂解产物分布不同的是，在较高反应温度下，裂解产物中增幅较多的仍然是 $C_3\sim C_4$烃类，但增加幅度最大的是丙烯，其次是丁烯，而且同碳数烃类的异构体增加幅度大于正构体增加的幅度，即裂解反应温度的提高促进了 β-断裂反应发生的程度。

表 2-5-42　恒定转化率下 ZSM-5 添加量对裂化反应影响[①]

催化剂	REUSY	REUSY+ZSM-5	USY	USY+ZSM-5
ZSM-5 添加量/%	0	25	0	25
产物产率/%				
氢气	0.09	+0.01	0.10	-0.01
甲烷	1.91	-0.32	2.26	-0.35
乙烷	1.73	-0.36	2.15	-0.47
乙烯	1.78	+0.34	2.20	+0.62
丙烷	1.11	+0.15	1.70	0.24
丙烯	4.14	+4.80	4.59	+5.43
异丁烷	0.89	+0.48	1.38	+0.41
正丁烷	0.42	+0.07	0.64	+0.06

续表

催化剂	REUSY	REUSY+ZSM-5	USY	USY+ZSM-5
总丁烯	7.36	+4.19	6.86	+4.36
异丁烯	1.91	+1.34	1.72	+1.45
丁二烯	0.21	-0.07	0.25	-0.11
汽油	45.56	-8.48	41.42	-8.07
柴油	19.27	-0.32	19.83	-0.91
重油	13.42	+0.73	13.56	+0.12
焦炭	3.00	+0.14	3.75	+0.14

①反应温度 579℃，重柴油为原料，转化率为 68%。

根据上述研究结果，Buchanan 提出了基础裂化催化剂中加入 ZSM-5 分子筛后，$C_5 \sim C_8$ 烯烃的主要化学反应路径，见图 2-5-31，即 ZSM-5 分子筛作用不仅是将 $C_5 \sim C_8$ 烯烃裂化，同时也促进了这些烯烃裂化生成的 C_4 正碳离子的异构化反应，生成的异丁基正碳离子再进行后续反应。

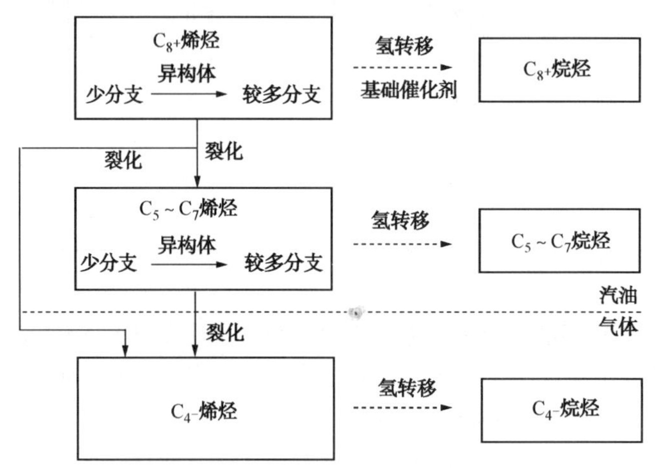

图 2-5-31　ZSM-5 分子筛催化转化小分子烯烃的反应路径

第六节　催化裂解反应中丙烯转化反应化学

从已有的认识来看，在催化裂化的高温反应条件下，大分子烃类在酸性分子筛催化剂上主要按照正碳离子机理发生裂化反应。根据 β-Scission 机理，裂化将产生一个烯烃分子和较小的正碳离子；较小的正碳离子会不断地发生裂化反应，直至生成丙基正碳离子：

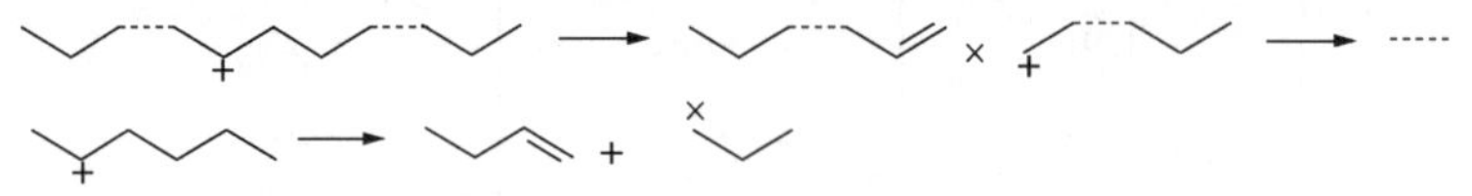

如果丙基正碳离子继续发生裂化反应，将必然产生甲基正碳离子：

$$\text{(丙基正碳离子)} \longrightarrow \text{(乙烯)} + CH_3^+$$

在所有的三配位正碳离子中，甲基正碳离子的生成热是最高的[166]，裂化生成该正碳离子需要跨越非常大的能量壁垒。量化计算结果表明[167]，与裂化生成丙基正碳离子相比，大

分子正碳离子裂化生成甲基正碳离子大约需多获取 251.09kJ/mol 的能量，因此，生成甲基正碳离子的裂化反应需要跨越非常高的能量壁垒，该反应在催化裂化反应条件下发生的可能性非常小。也就是说，从裂化反应的角度来看，丙烯的确是大分子正碳离子裂化反应链的终端产物。基于上述认识，研究者一般在经验上认为，通过延长反应时间来强化大分子烃类生成丙烯的裂解反应必然会达到增产丙烯的效果。

然而，在研究中发现，随着重质石油馏分催化裂解反应时间的延长，丙烯产率却遵循先增后降的规律(见图 2-6-1)。可见，现有关于丙烯在催化裂化条件下的反应化学认识已不足以解释研究得到的反常现象。

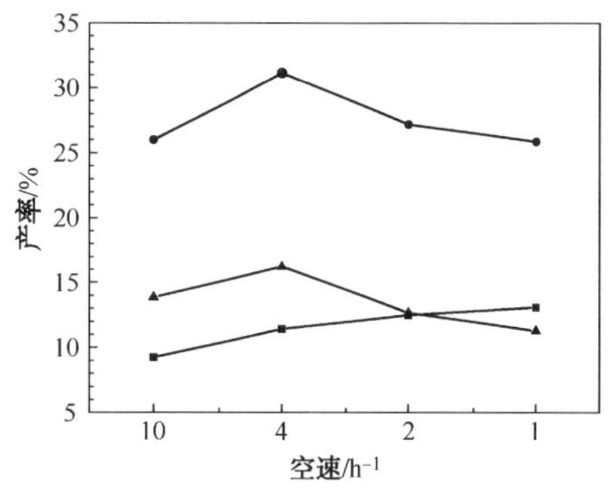

图 2-6-1 干气和焦炭选择性随转化率的变化规律

■—乙烯；●—丙烯；▲—丁烯

正碳离子的裂化机理是烃类酸催化机理的一个分支。然而，在更广义的烃类酸催化机理中，低碳烯烃是可以通过正碳离子发生除裂化以外的其他转化反应的，而且这些反应已经被成功地应用于工业生产之中，如低碳烯烃催化叠合工艺、丁烯与异丁烷的固体酸烷基化工艺和丙烷芳构化(Cyclar)工艺等。

以现有技术水平而言，重油催化裂解技术的丙烯产率已达 20%以上，是传统催化裂化技术丙烯产率的 4 倍左右，这种改变有可能使催化裂解过程具有独特的反应化学特征。丙烯在反应器中的浓度大幅度提高后，从动力学角度来看，如果丙烯可以转化，那么反应速率将迅速增加。从热力学角度来看，丙烯的生成与转化之间的热力学平衡将会向丙烯转化的方向迁移。因此，从烃类的酸催化反应机理和重油催化裂解的产物组成特点来看，很难排除丙烯在重油催化裂解反应条件下发生再转化反应的可能性。

一、丙烯催化转化规律

采用丙烯和富含择形分子筛的重油催化裂解专用催化剂，在固定流化床试验装置上考察了丙烯在重油催化裂解反应条件下可能发生的化学反应及其特点。

表 2-6-1 为丙烯在不同反应条件下的转化情况。由表 2-6-1 所示的试验数据可知，在酸性分子筛催化剂存在的条件下，当反应温度为 550~650℃、重时空速为 2~8h^{-1}时，丙烯转化成其他烃类的转化率高达 56%~80%。可见，在重油催化裂解反应条件及催化剂体系下，丙烯具有非常活泼的化学性质，这一现象与以往催化裂化条件下丙烯的反应性能认识形成了鲜明的反差。

表 2-6-1 丙烯催化反应转化率

空速/h^{-1}	转化率/%				
	550℃	575℃	600℃	625℃	650℃
2	79.55	78.41	76.00	72.28	71.59
4	76.41	73.51	69.02	71.49	70.64
5	70.42	70.00	65.46	62.43	59.08
8	64.89	64.01	62.44	59.56	55.97

虽然丙烯在上述试验条件下表现出非常活泼的化学性质，然而，丙烯在重油催化裂解反应过程中的实际反应条件与试验条件还存在一定的差别，主要体现在反应时间、催化剂带炭程度和丙烯在反应器中的浓度(丙烯分压)这三个方面。为了确定丙烯在重油催化裂解实际反应条件下的反应性能，在固定流化床试验装置上通过改变反应时间、催化剂活性和丙烯分压，进一步考察了丙烯在模拟重油催化裂解实际反应条件下的反应特性。

在重油催化裂解实际反应条件下，随着重质原料进入提升管反应器，丙烯是逐渐产生的，因此，丙烯在实际条件下的反应时间要低于原料的反应时间。为此，通过改变进料速率考察了丙烯在反应温度为600℃、不同反应时间下的反应性能，试验结果见表2-6-2。

表2-6-2　丙烯在不反应时间下的反应结果

表观反应时间/s	3.01	1.53	1.30	0.75
转化率/%	76.00	69.02	65.46	62.44

由表2-6-2所示的试验结果可知，当表观反应时间(假设油气为平推流)由3.01s降低到0.75s时，丙烯的转化率确实呈现下降的趋势；但即使是在0.75s的短反应时间内，丙烯的转化率就已高达62.44%。

在重油催化裂解的实际条件下，由于重质原料的不断生焦，丙烯所能接触到的催化剂都有一定程度的积炭而失活，为此，考察了丙烯在不同炭含量催化剂上的反应性能。

首先，在污染老化装置上制备了一系列焦炭含量不同的带炭催化剂。制备时以大庆VGO为焦源、水热老化后的催化剂为基础剂，在反应温度600℃时，通过改变空速和剂油比以控制反应的生焦量，得到了焦炭含量分别为0.44%、0.60%和0.86%的3种带炭催化剂。常规催化裂化待生剂上炭的质量分数约1%左右，因此，可以认为这三种带炭催化剂代表反应器内某一点的催化剂。反应温度600℃下，丙烯在上述三种带炭催化剂上的转化反应结果如表2-6-3所示。

表2-6-3　丙烯在不同炭含量催化剂上的反应结果

催化剂含炭量/%	—	0.44	0.60	0.86
转化率/%	71.02	50.17	50.00	46.39

由表2-6-3中所示的试验结果可知，当催化剂由老化剂变为带炭催化剂后，丙烯转化率下降约20个百分点，可见，积炭造成的催化剂失活对丙烯的反应有一定的抑制作用。随着催化剂炭含量继续增加，丙烯转化率的下降幅度趋缓；即使催化剂的炭含量高达0.86%时，丙烯的转化率仍高达46.39%。由此可以推测，在整个催化裂解反应器内，丙烯的转化反应都有可能发生。

在重油催化裂解的实际条件下，重质原料在裂化生成丙烯的同时，还会产生大量的其他烃类，因此，实际反应条件下丙烯在反应器内的分压要低于纯丙烯进料的情况。为此，通过加大水油比考察了分压变化对丙烯反应性能的影响规律(试验结果见表2-6-4)。

表2-6-4　丙烯在不同水油比条件下的反应结果

水油质量比	0.4	0.6	0.8
转化率/%	71.02	62.03	52.98

由表中所示的试验结果可知，水油比增大后丙烯的转化率确实有所下降；但即使水油质量比高达0.8时，丙烯的转化率仍有52.98%。

综上所述，在模拟重油催化裂解实际反应条件下，丙烯转化成其他烃类的转化率仍高达45%以上。可见，重油催化裂解生产丙烯过程中，丙烯在生成之后的再转化反应不容忽视。因此，有必要针对重油催化裂解反应条件下丙烯化学转化的反应路径展开深入考察。

二、丙烯转化的反应路径

由表2-6-5所示的丙烯催化反应产物分布数据可以看出，丙烯转化反应中既有碳数大于3的产物分子，如C_4、汽油馏分和柴油馏分，也有碳数小于3的产物分子，如乙烯、乙烷和甲烷，说明丙烯的转化中既存在碳链增长、相对分子质量增大的反应，也存在碳链断裂、相对分子质量减少的反应。

表2-6-5 丙烯催化反应产物分布

空速/h^{-1}	产率/%									
	氢气	甲烷	乙烷	乙烯	丙烷	丁烷	丁烯	汽油馏分	柴油馏分	焦炭
2	0.12	1.89	0.70	6.51	4.94	5.42	15.76	35.19	1.54	3.94
4	0.06	0.62	0.44	7.21	4.43	5.10	16.04	31.33	1.63	2.15
5	0.05	0.42	0.30	7.04	3.84	4.75	15.82	29.25	1.86	2.14
8	0.03	0.22	0.18	6.27	3.51	4.46	15.68	27.47	2.41	2.22

根据碳数的不同可将丙烯的催化反应产物分为两大类：C_3^+产物和C_3^-产物，这两类产物的选择性如表2-6-6所示。由表2-6-6可知，试验条件下C_3^+产物的选择性为74%~88%，说明碳链的增长是丙烯化学转化的主要途径之一；文献调研的结果显示，催化裂解催化剂上的B酸中心可以引发丙烯分子间的低聚反应而导致反应物碳链的增长。C_3^-产物的选择性为6%~19%，因此，丙烯的化学转化过程中存在C—C键断裂的反应，该反应的反应物有可能是丙烯，也有可能是丙烯低聚后的大分子产物。反应产物中还有少量丙烷产生，说明丙烯还可以通过氢转移反应转化生成丙烷。

表2-6-6 丙烯催化反应产物碳数分布

空速/h^{-1}	选择性/%									
	550℃		575℃		600℃		625℃		650℃	
	C_3^+	C_3^-	C_3^+	C_3^-	C_3^+	C_3^-	C_3^+	C_3^-	C_3^+	C_3^-
2	87.00	6.74	84.60	8.74	81.39	12.12	83.05	11.60	77.84	16.17
4	87.96	6.39	84.76	9.10	81.49	12.09	79.45	13.09	74.78	17.03
5	86.82	7.91	83.70	9.90	82.21	11.92	77.60	15.59	74.75	19.17
8	87.83	7.38	84.60	9.86	83.65	10.73	79.11	14.37	73.73	19.09

由表2-6-5和表2-6-6可知，高转化率下丙烯转化反应的产物组成非常复杂。为了确定丙烯生成这些产物的反应路径，利用脉冲反应时间短、转化率低的特点，在脉冲微反试验装置上考察了反应温度为600℃时，丙烯在转化率极低时的初始反应产物分布，以确定丙烯化学转化的起始步骤和后续反应步骤。

在脉冲微反试验装置上，将微量丙烯气体脉冲注入流速恒定的色谱载气流中，丙烯在载气的携带下进入反应器并与催化剂接触、反应后，进入在线分析系统。通过改变催化剂的装填量来控制合适的转化深度，以达到区分一次产物和二次产物的目的。丙烯的脉冲反应结果列于表2-6-7。

表2-6-7 丙烯的初始反应产物分布

催化剂装量/mg	5	10	15
转化率/%	0.43	1.16	3.72
产物分布/%			
甲烷	0.02	0.01	0.16
乙烷	—	0.01	0.12
乙烯	0.02	0.06	0.57
丙烷	0.02	0.08	0.41
C_4烷烃	0.02	0.02	0.01
C_4烯烃	0.05	0.14	0.46
C_5烯烃	—	—	0.17
C_6烯烃	0.29	0.84	1.26
C_6烷烃	—	—	0.05
C_6芳烃	—	—	0.11
C_7烯烃	—	—	0.25
C_7芳烃	—	—	0.08
C_7^+烃类	—	—	0.06

当丙烯的转化率低至0.43%时，可以认为此时为丙烯的初始反应阶段。由表2-6-7可知，该反应阶段中碳数为偶数的C_6烯烃为主要的产物分子，其选择性接近70%；表明两个丙烯分子通过低聚反应转化成为C_6烯烃是丙烯转化过程中主要的一次反应：

$$2C_3^= \longrightarrow \text{低聚反应} \longrightarrow C_6^=$$

当转化率升高至1.16%时，在C_6烯烃产率继续增加的同时，丁烯和乙烯的产率明显增加；表明C_6烯烃裂解生成丁烯和乙烯是丙烯转化过程中主要的二次反应：

$$C_6^= \xrightarrow{\text{裂解}} C_4^= + C_2^=$$

同时，当转化率升高至1.16%时，反应产物中丙烷产率也出现了比较明显的增加；表明待反应体系内出现具有供氢能力的分子(如C_6烯烃)之后，氢转移反应也是丙烯转化中的一种二次反应：

$$C_3^= \xrightarrow{\text{氢转移}} C_3^o$$

当转化率进一步升高至3.72%时，在碳数为偶数的丁烯和乙烯继续增加的同时，反应产物中又出现了一些新的物种，主要是汽油馏分内烯烃和芳烃。在新出现的烯烃产物中，C_7烯烃和C_5烯烃的产率最高。从碳数上来看，丁烯、乙烯这些碳数为偶数的烯烃分子是无法通过简单的低聚反应生成C_7和C_5这些碳数为奇数的烯烃分子的；此时反应体系的烯烃分子中只有丙烯的碳数为奇数，因此，丙烯参与了生成C_7烯烃和C_5烯烃的反应。可见，丙烯分子与反应体系内业已存在的其他烯烃分子间还会发生新的低聚反应使丙烯转化成为其他碳数大于3的烯烃分子：

$$C_3^= + C_4^= \longrightarrow 低聚反应 \longrightarrow C_7^=$$

$$C_3^= + C_2^= \longrightarrow 低聚反应 \longrightarrow C_5^=$$

另外，当转化率进一步升高至3.72%时，反应产物中还出现了非常少量的芳烃和碳数大于7的烃类，可见，高转化率下丙烯的转化还存在其他反应路径。为此，继续在固定流化床试验装置上考察了高转化率下丙烯转化产物的分布特点。

表2-6-8为转化率为69.02%时丙烯主要反应产物的碳数分布和化学组成。从碳数来看，高转化率下产物中出现了较多的C_7及C_7以上汽油馏分内的烃类，表明反应体系内业已存在的低碳烯烃之间发生了大量的低聚反应使产物的碳数增加；从化学组成来看，芳烃是这些烃类的主要组分，表明高转化率下低聚产物又发生了明显的芳构化反应，使得C_7及C_7以上的烃类主要以芳烃的形式存在于反应产物之中。因此，低聚产物的芳构化反应是丙烯转化过程中除裂解之外另一类主要的二次反应。

表2-6-8　高转化率下丙烯主要反应产物的碳数分布及组成

碳　数	产率/%			
	烷烃	烯烃	环烷烃	芳烃
1	0.62	—	—	—
2	0.44	7.21	—	—
3	4.43	27.98	—	—
4	5.10	16.04	—	—
5	0.42	3.17	—	—
6	0.91	4.03	0.73	0.40
7	0.78	1.82	0.57	3.20
8	0.81	0.70	0.32	6.28
9	0.29	0.04	0.11	4.05
10	—	0.03	—	1.83
11	—	0.02	—	0.73
12	—	—	—	0.08

由丙烯转化反应产物中芳烃的碳数分布数据可知，苯的含量非常低，说明丙烯低聚生成的C_6烯烃直接进行芳构化的可能性较小。同时，$C_7 \sim C_9$芳烃含量非常高，说明生成$C_7 \sim C_9$芳烃的芳构化反应是丙烯催化转化反应过程中芳构化反应的主要路径；该类芳烃是由丙烯低聚-裂解产生的低碳烯烃碎片重新组合后生成的$C_7 \sim C_9$产物经过芳构化反应产生的。

另外，由表2-6-8可知，碳数大于9的产物产率较低，低碳烯烃分子通过低聚反应生成更高碳数产物的可能性较小。

综上所述，在重油催化裂解反应条件下，丙烯转化反应的主要产物为乙烯、丙烷、丁烯、汽油中的芳烃和烯烃，生成主要产物的反应路径为：低聚反应、低聚产物的再裂解反应、低聚产物的芳构化反应和氢转移反应，其中，丙烯通过低聚反应和低聚产物的再裂解反应转化为碳数大于3和小于3的烯烃分子；碳数为6及以上的低聚产物还将继续通过芳构化反应使丙烯转化成为芳烃；如果体系内有供氢体的存在，丙烯还可以通过氢转移反应转化成为丙烷。在重油催化裂解反应条件下，正是由于上述转化反应的存在导致了业已生成的丙烯在过长的反应时间内发生转化反应而不断减少。

三、抑制丙烯转化反应的方法探讨

由丙烯转化反应的研究结果可知，为了达到进一步增产丙烯的目的，强化重油催化裂解多产生丙烯的反应固然重要，但抑制丙烯在生成之后再转化成其他化合物的反应同样重要。

从重油催化裂解的反应过程来看，丙烯的转化是在丙烯生成之后发生的，因此，在丙烯转化反应大量发生之前终止反应，从而避免丙烯转化反应的发生将会达到增产丙烯的效果。

如果将重油催化裂解反应过程中丙烯的生成与再转化反应简化为如下式所示的一组连串反应：

$$\mathrm{A} \xrightarrow{k_1} \mathrm{P} \xrightarrow{k_2} \mathrm{S}$$

其中 A 为丙烯的前身物，P 为丙烯，S 为稳定产物。假设反应都为一级反应，则存在以下动力学方程：

$$-r_A = k_1 C_A = -\frac{\mathrm{d}C_A}{\mathrm{d}t} r_P = k_1 C_A - k_2 C_P = \frac{\mathrm{d}C_P}{\mathrm{d}t}$$

将上述两式积分后可以得到反应产物中丙烯浓度与反应时间的关系式：

$$C_P = \frac{k_1 C_{A,0}}{k_2 - k_1}(l^{-k_1 t} - l^{-k_2 t})$$

随反应时间的增加，必然会出现丙烯浓度的最大值 $C_{P,\max}$。

令 $\mathrm{d}C_P/\mathrm{d}t = 0$，就可以得到最佳反应时间 t_{opt} 和所对应的丙烯产率最大值 $C_{P,\max}$：

$$t_{opt} = \frac{\ln(k_1/k_2)}{k_1 - k_2}$$

$$C_{P,\max} = C_{A,0}\left(\frac{k_1}{k_2}\right)^{1/(1-k_1/k_2)}$$

通过以上动力学分析可知，在获得了不同原料裂解反应的动力学参数之后，就可以计算得到最佳的反应温度和反应时间，从操作条件的优化角度避免丙烯转化反应的发生，达到增产丙烯的目的。

第七节　工艺参数与催化裂解反应的关系

催化裂化或催化裂解反应条件下，工艺参数的变化可以明显调节产物分布，改变产品性质，工艺参数对产物影响规律的研究较多[168-175]，对裂解化学反应路径影响的研究较少[139,156]。

一、反应温度

烷烃催化裂解反应行为分析表明，烷烃碳链上链引发反应发生的位置随着反应温度的变化而变化，当反应温度升高时，端位碳原子相连接的 C—C 键质子化的几率增加，使产物中小分子烃类如甲烷产率增加，同时，由于反应体系内具有足够的能量，使伯正碳离子稳定存在几率增加，伯正碳离子β-断裂反应也增加了乙烯产率(如图2-5-3)。

表2-7-1是不同反应温度蜡油催化裂解气体的产物产率和选择性。从表2-7-1可知，当提高反应温度时，所有气体组分产率增加，干气(H_2~C_2)产率和选择性明显增加，其中干气中乙烯所占比例最高，其次是甲烷，乙烯和甲烷产率随着反应温度增加而增加的幅度较大；H_2的产率和选择性变化不大。C_3~C_4烃类中，C_4烃类的选择性变化不大，变化较为明显的是丙烯。因此，可以推断，反应温度升高，蜡油馏分烃类分子链引发反应倾向于发生在端位碳原子的C—C键和C—H键，而且以C—C键质子化的可能性更大。因此，提高反应温度是可以明显提高乙烯和丙烯的产率，同时也更大程度促进了烷烃的质子化裂化反应生成小分子烷烃(如甲烷和乙烷)，如当反应温度从560℃提高到580℃时，乙烯和丙烯的总选择性提高14%，甲烷与乙烷的总选择性却提高67%，因此，大庆蜡油催化裂解反应温度的选取需酌情考虑。

表2-7-1　反应温度对裂解气体产率和选择性影响

反应温度	540	560	580	600
H_2~C_2产率/%	2.49	4.21	6.26	7.09
H_2	0.19	0.19	0.28	0.27
CH_4	0.75	0.96	1.57	1.94
C_2H_6	0.52	0.68	1.17	1.36
C_2H_4	1.03	2.38	3.24	3.52
C_3~C_4产率/%	38.14	39.94	41.76	41.81
C_3H_8	2.81	2.87	3.05	2.90
C_3H_6	14.81	16.15	17.93	18.67
iC_4^o	5.49	4.78	4.22	3.40
nC_4^o	1.37	1.34	1.30	1.17
$C_4^=$	13.66	14.8	15.26	15.67
产物选择性/%				
H_2~C_2	3.00	5.02	7.44	8.33
CH_4	0.90	1.14	1.87	2.28
C_2H_4	1.24	2.84	3.85	4.14
C_2H_6	0.63	0.81	1.39	1.60
C_3H_6	17.86	19.26	21.31	21.94

现以正十六烷作为研究对象，简单分析较低反应温度(540℃)和较高反应温度(580℃)条件下，正十六烷催化裂解生成低碳烯烃的反应路径，如图2-7-1所示，在较低反应深度下：

$$n\text{-}C_{16}^o \longrightarrow C_2^= + 2\ C_3^= + C_8^o$$

适当提高反应深度，C_8^o进一步质子裂化生成丁烷和丁烯，则：

$$n\text{-}C_{16}^o \longrightarrow C_2^= + 2\ C_3^= + C_4^o + C_4^=$$

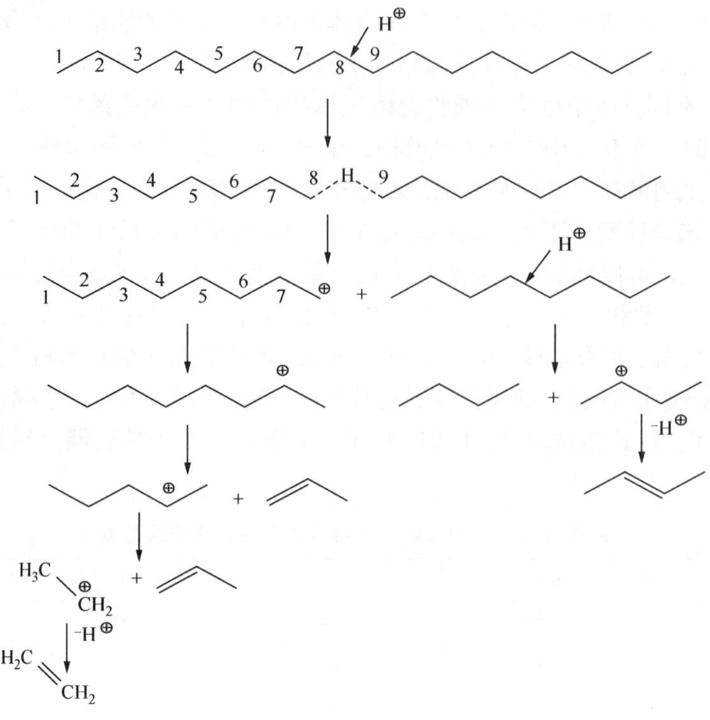

图 2-7-1　较低温度正十六烷催化裂解生成低碳烯烃反应路径

随着反应温度升高，生成的伯正碳离子不再发生电荷异构化，经连续的 β-断裂反应，将生成较多的乙烯(见图 2-7-2 所示)：

$$n\text{-}C_{16}^{o} \longrightarrow 5C_2^{=} + C_2^{o} + C_4^{=}$$

即较低反应温度，只有在较高反应深度下，1 分子 $n\text{-}C_{16}^{o}$分解可生成 1 分子 $C_2^{=}$、2 分子 $C_3^{=}$和 1 分子 $C_4^{=}$；在较高反应温度裂解时，1 分子 $n\text{-}C_{16}^{o}$分解可生成 5 分子 $C_2^{=}$和 1 分子 $C_4^{=}$，这就是提高反应温度丙烯产率减少，乙烯产率增加的本质原因。

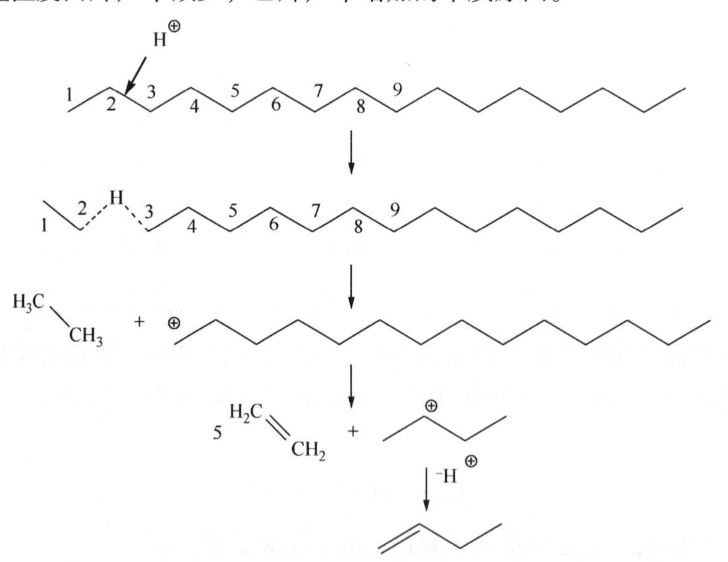

图 2-7-2　较高温度正十六烷催化裂解生成低碳烯烃反应路径

二、剂油比

催化剂酸中心数目多少、酸类型和性质对正庚烷催化裂解反应路径具有重要的影响。较多的活性中心，可以使更多的原料分子接触到活性中心，使活性中心充分发挥降低反应活化能和裂解反应选择性的作用。反应温度600℃时，正庚烷催化裂解气体产率见表2-7-2。提高剂油比，气体产物产率呈现不同程度的增加趋势，剂油质量比从0.07增加至6.00，H_2产率增加幅度最大，其次是丙烯产率，甲烷产率增加最少。值得关注的是C_3~C_4烃产率的增加幅度大于C_2以下组分产率的增加幅度。根据对正庚烷裂解反应路径分析可知，上述结果可以解释为，反应体系内酸性中心数增多，使分子接触活性中心几率增加，同时，又由于碳链中心碳原子附近的C—C键质子化生成正碳离子所需的能量较低，较易于质子化裂化生成C_3~C_4烃。

表2-7-2　剂油比对正庚烷裂解产物产率的影响

剂油质量比	x/%	摩尔产率/%							
		H_2	C_1^o	C_2^o	$C_2^=$	C_3^o	$C_3^=$	C_4^o	$C_4^=$
0.07	26.56	2.83	1.49	1.65	2.88	0.25	2.30	0.17	1.59
0.33	25.58	4.17	1.40	1.75	2.73	0.66	2.99	0.41	1.90
0.67	23.53	4.55	1.42	1.93	2.86	1.00	3.67	0.62	2.29
1.33	27.30	6.74	1.39	2.24	3.08	1.80	5.13	1.04	2.92
3.33	32.72	14.96	1.68	3.54	4.70	4.33	8.97	2.32	4.68
6.00	37.65	15.83	2.08	4.72	6.77	6.40	12.94	3.31	6.32

注：ZSM-5分子筛催化剂，反应温度600℃，空速$8h^{-1}$。

不同剂油比下，蜡油催化裂解反应产物分布特点见表2-7-3，从表2-7-3中数据可知，当剂油比高于5时，提高剂油比对气体产物产率如H_2~C_2和C_3~C_4的选择性影响不大；当剂油比较低如剂油比2时，H_2~C_2的选择性增加，C_3~C_4的选择性降低。较低剂油比时，由于反应体系内没有足够的酸性中心，H_2~C_2的选择性增加可能来自原料分子热裂解程度增加所致，上述试验结果表明，蜡油催化裂解反应过程中在剂油比约5时，即可满足反应对剂油比的要求，提高剂油比，并不改变化学反应路径，目标产物选择性变化不大，但较多的活性中心促进了更多原料分子参与裂化反应。反应温度恒定时，一旦裂解链反应引发，对反应产物分布起决定性作用的是正碳离子反应如β-断裂、异构化和氢转移等反应发生的程度。

表2-7-3　剂油比对蜡油裂解气产率和选择性影响

剂油质量比	10	5	2
H_2~C_2产率/%	9.20	9.41	9.80
H_2	0.38	0.37	0.35
CH_4	2.48	2.63	2.91
C_2H_6	1.46	1.51	1.90
C_2H_4	4.88	4.90	4.64
C_3~C_4产率/%	47.97	47.53	42.29

续表

剂油质量比	10	5	2
C_3H_8	4.26	3.98	3.65
C_3H_6	20.50	21.62	19.96
iC_4^o	5.48	4.20	2.50
nC_4^o	1.90	1.52	1.15
$C_4^=$	15.83	16.21	15.03
产物选择性/%			
H_2~C_2	10.01	10.44	11.65
C_3~C_4	52.21	52.73	50.26

注：反应温度 580℃，催化剂 KDE+CHP-1。

三、反应时间

在反应温度 580℃条件下，考察了蜡油在不同重时空速下的催化裂解产物分布变化特点，结果见表 2-7-4。空速增加，即油剂接触时间缩短，原料转化率深度下降，裂解气体产率也下降，但是，H_2~C_2组分的选择性与 C_3~C_4烃类的选择性下降幅度并不相同，H_2~C_2的选择性下降幅度更大一些。在反应温度不变条件下，较低空速，即较长油气停留时间促进了产物的二次裂解反应，生成较多的 H_2~C_2组分。对于 C_3~C_4烃类来说，当重时空速从 18.1h^{-1}降至 5.8h^{-1}时，C_3~C_4烃类的选择性增加约 4 个百分点，继续降低空速时，发现 C_3~C_4烃类的选择性变化不大，直至空速降至 0.6h^{-1}时，才有明显增加。兼顾 H_2~C_2的选择性，蜡油催化裂解的空速需控制在适宜范围内。上述试验结果表明，重时空速变化主要影响烃类二次裂解反应活性，从而影响最终产物的产品结构。

表 2-7-4　空速对蜡油裂解气产率和选择性影响

重时空速/h^{-1}	0.6	0.9	5.8	18.1
H_2~C_2产率/%	10.63	9.73	6.26	4.67
H_2	0.43	0.39	0.28	0.20
CH_4	3.06	2.78	1.57	1.14
C_2H_6	1.79	1.69	1.17	0.93
C_2H_4	5.35	4.87	3.24	2.40
C_3~C_4产率/%	46.82	44.80	41.76	37.57
C_3H_8	4.06	3.96	3.05	2.52
C_3H_6	22.19	20.75	17.93	15.65
iC_4^o	3.62	3.66	4.22	4.00
nC_4^o	1.26	1.28	1.30	1.21
$C_4^=$	15.69	15.15	15.26	14.19
产物选择性/%				
H_2~C_2	11.85	10.81	7.44	5.70
C_3~C_4	52.18	49.79	49.63	45.88
(H_2~C_2)/(C_3~C_4)	0.23	0.22	0.15	0.12

注：反应温度 580℃，催化剂 KDE+CHP-1。

四、反应压力

反应压力影响产品分布和选择性、催化剂再生时的烧焦强度、烟气能量回收系统以及气压机耗能，从而影响装置投资和能耗，因此，反应压力对于新设计装置是至关重要的参数。反应温度580℃条件下，反应压力对蜡油催化裂解产品分布和产品选择性的影响见表2-7-5。随着反应压力增加，H_2和$C_1 \sim C_4$烷烃的产率均呈现增加趋势，$C_2 \sim C_4$烯烃的产率呈现下降趋势，$H_2 \sim C_2$组分选择性变化不大，$C_3 \sim C_4$烃的选择性下降，主要归因于丙烯选择性的下降。裂解气中$(iC_4^o+nC_4^o)/C_4^=$通常定义为氢转移指数，从表2-7-5中数据可知，随着反应压力增加，氢转移指数增加，另外，焦炭产率也有较大幅度的增加，上述试验结果表明，反应压力削弱了β-断裂反应或增加大大促进了氢转移反应，这与文献[175]中的结论相吻合。当反应体系中存在$C_5 \sim C_{12}$烃正碳离子时，若这些正碳离子不发生β-断裂反应，而是与较大的原料分子发生氢负离子转移反应，则这些正碳离子将生成汽油馏分烃类，使汽油产率增加；当反应体系中存在$C_2 \sim C_4$烃正碳离子时，这些正碳离子不发生质子脱附反应，而是与较大的原料分子发生负氢离子转移反应，将生成$C_2 \sim C_4$烷烃，使裂解气中烷烃含量增加。

表2-7-5　反应压力对蜡油裂解气产率和选择性影响

反应压力/MPa	0.088	0.128	0.158	0.184
$H_2 \sim C_2$产率/%	11.76	11.75	12.18	11.63
H_2	0.23	0.22	0.25	0.26
CH_4	3.11	3.30	3.52	3.45
C_2H_6	1.96	2.15	2.32	2.29
C_2H_4	6.46	6.09	6.09	5.63
$C_3 \sim C_4$产率/%	43.43	41.29	40.61	40.54
C_3H_8	4.28	4.63	4.94	5.21
C_3H_6	19.88	18.42	17.63	17.13
iC_4^o	3.50	3.64	3.80	4.26
nC_4^o	1.28	1.33	1.40	1.53
$C_4^=$	14.49	13.27	12.84	12.41
汽油产率/%	26.12	27.93	27.45	27.36
焦炭产率/%	7.73	7.90	8.94	9.70
产物选择性/%				
$H_2 \sim C_2$	13.14	13.12	13.56	12.94
$C_3 \sim C_4$	48.55	46.09	45.22	45.10
$C_3^=$	22.22	20.56	19.63	19.06
$(iC_4^o+nC_4^o)/C_4^=$	0.33	0.37	0.40	0.47

注：反应温度580℃，催化剂MMC-2。

五、水蒸气用量

催化裂解过程中采用注入水蒸气降低烃分压，另外，水蒸气热容量大，使系统有较大热惯性，当操作供热不平衡时，可起到稳定裂解温度的作用，防止局部热点，但水蒸气用量增加会加大设备负荷及影响分馏操作。反应温度580℃时，水蒸气用量对蜡油催化裂解反应的影响见表2-7-6。水蒸气用量增加时，H_2的产率和C_1～C_4烷烃的产率均呈现下降趋势，C_2～C_4烯烃的产率呈现增加趋势，但H_2～C_2组分的选择性变化不大，C_3～C_4烃类的选择性增加，水蒸气用量增加，烃分压下降，促进了裂解反应的同时抑制了氢转移反应，也相应地减少了焦炭的生成，因此，对蜡油催化裂解反应来说，较多水蒸气，有利于生成乙烯和丙烯。

表2-7-6　水蒸气对蜡油裂解气产率和选择性影响

水蒸气量(对原料)/%	0	26	56	60	87
H_2～C_2产率/%	9.94	8.88	8.88	8.84	8.14
H_2	0.53	0.43	0.34	0.34	0.29
CH_4	3.11	2.42	2.29	2.32	2.09
C_2H_6	2.12	1.51	1.32	1.22	1.09
C_2H_4	4.18	4.52	4.93	4.96	4.67
C_3～C_4产率/%	40.81	46.32	47.17	47.46	48.66
C_3H_8	4.45	3.74	3.36	3.13	2.72
C_3H_6	17.37	21.31	22.95	23.40	24.31
iC_4^o	3.71	4.09	3.53	3.29	3.16
nC_4^o	1.42	1.28	1.14	1.08	0.99
$C_4^=$	13.86	15.90	16.19	16.56	17.48
焦炭	6.92	5.02	4.75	4.78	3.95
产物选择性/%					
H_2～C_2	11.45	9.95	9.91	9.95	9.15
C_3～C_4	46.99	51.92	52.62	53.41	54.67
(H_2～C_2)/(C_3～C_4)	0.24	0.19	0.19	0.19	0.17
(iC_4^o+nC_4^o)/$C_4^=$	0.37	0.34	0.29	0.26	0.24

注：反应温度580℃，催化剂KDE+CHP-1。

水蒸气对于石脑油催化裂解的影响尚存在争议，Corma[176]以正庚烷作为石脑油馏分烃类的模型化合物，在反应温度650℃条件下，考察了水蒸气用量对正庚烷催化裂解主要产物产率的影响，结果见图2-7-3和图2-7-4。

从图2-7-3和图2-7-4可以看出，当水蒸气用量增加时，水蒸气似乎对乙烯和丙烯产率无影响或影响很小，反而可以明显降低氢气和甲烷产率，并提出提高水蒸气可以抑制氢转移反应(图中未给出丙烷和丁烷数据)。Corma认为氢气和甲烷是质子化裂化产物，水蒸气的存在可以明显降低氢气和甲烷产率的原因在于，高温下水蒸气的存在对催化剂中心带来一定影响，而且这些酸中心是生成氢气和甲烷的活性中心。

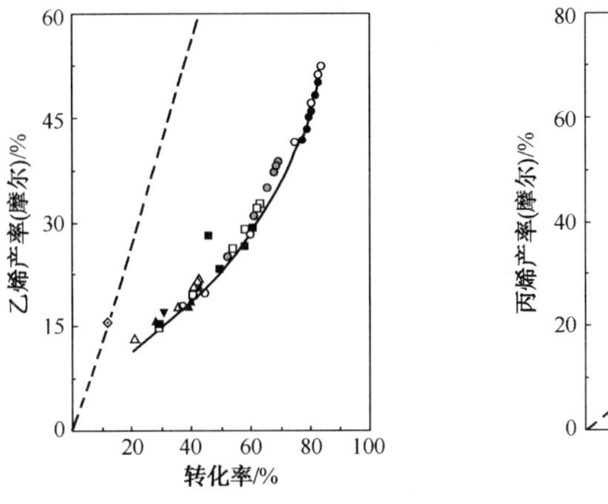

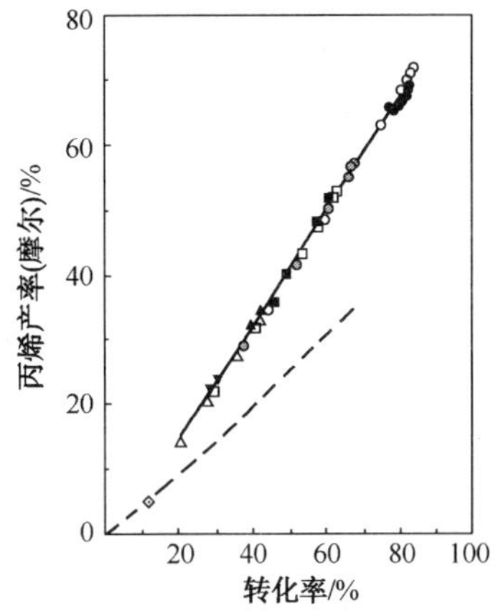

图 2-7-3　水蒸气对乙烯和丙烯产率的影响

注：烃类/水蒸气比值：黑色实心 1∶0；灰色实心 1∶2.78；空心 1∶5.55

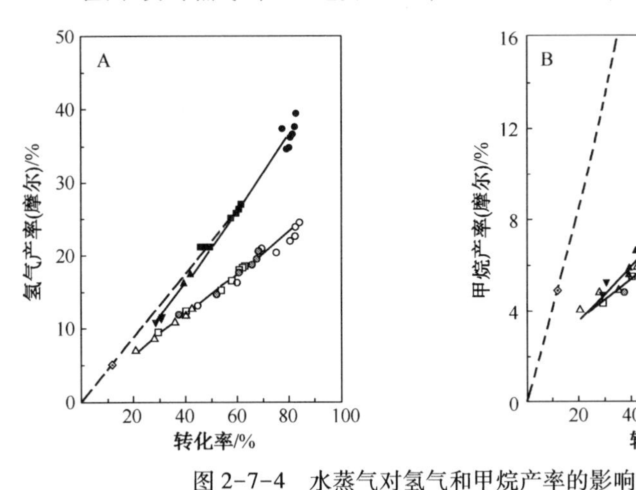

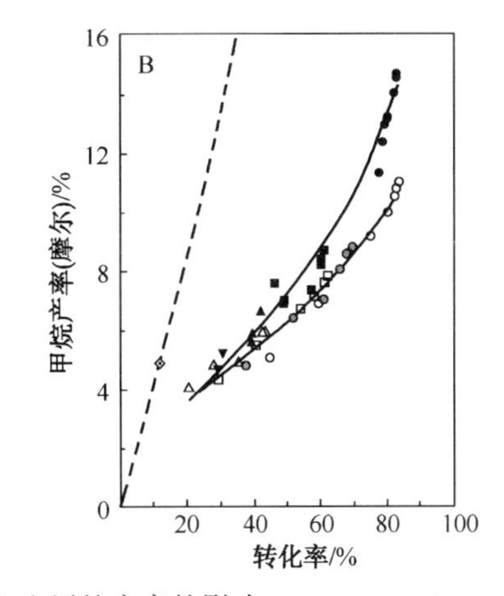

图 2-7-4　水蒸气对氢气和甲烷产率的影响

注：烃类/水蒸气比值：黑色实心 1∶0；灰色实心 1∶2.78；空心 1∶5.55

第八节　生焦与热平衡

重质油催化裂解反应过程中，焦炭不但是使催化剂失活的主要因素，而且还是供给催化裂化反应的主要热源。重质油催化裂化工艺发展的特点是不断地把焦炭降低到完全再生的条件下，仅能维持热平衡需要的水平。对于轻质油催化裂解工艺来说，严重的生焦不足，也是影响技术发展的瓶颈。因此，充分理解与认识生焦与原料组成的关系以及烃类裂解过程中化学反应对热平衡的影响规律是十分必要和重要的。

一、生焦与原料组成关系

催化裂化过程中生成的焦炭，按其来源可分为四类：催化焦、剂油比焦、污染焦和附加焦。以 VGO 和掺渣油为原料时，催化剂上各类焦炭之间的平衡比例如表 2-8-1 所示。当以馏分油为原料时，在上述四种焦炭中，催化焦的比例较高，约占 65%。随着原料油变重，污染焦和附加焦在总焦炭中所占比例增加，催化焦和剂油比焦所占比例减少。

表 2-8-1 馏分油与渣油裂化生焦量比较[177]

项 目	馏分油(剂油质量比 7.0)			掺渣油(剂油质量比 5.5)		
	炭差/%	占总焦炭/%	占原料/%	炭差/%	占总焦炭/%	占原料/%
催化焦	0.52	65	3.64	0.40	33	2.20
污染焦	0.12	15	0.84	0.25	20	1.38
附加焦	0.04	5	0.28	0.45	37	2.50
剂油比焦	0.12	15	0.84	0.12	10	0.60
合计	0.80	100	5.60	1.22	100	6.79

一般认为，焦炭是稠环芳烃化合物，是由于烯烃共轭聚合成环，烯烃聚合和进一步脱氢环化、芳构化[26]，芳烃的烷基化和侧链烷基的芳构化以及芳烃歧化等反应，直至生成多环芳烃的凝缩结构，即催化焦的前身化合物。催化焦是在催化裂化反应中由烯烃及芳烃通过氢转移及缩合反应生成的。催化剂种类、原料油性质以及反应条件对催化焦有重要影响。不同族烃类表现出明显不同的结焦能力，烷烃原料随相对分子质量的增加，裂化速率和生焦速率都增加[91]，见表 2-8-2，在烷烃碳原子数一定时，焦炭的生成与烷烃的反应能力有关，异构烷烃与正构烷烃相比，有较高的结焦能力，含芳烃的原料易于生焦，不同烃类焦炭生成速率从大到小顺序是：

双环芳烃>单环芳烃>烯烃>环烷烃>烷烃

表 2-8-2 不同碳数烷烃的裂化生焦

烷 烃	反应速率常数	催化剂上炭/%
n-C_8H_{18}	36	0.25
n-$C_{12}H_{26}$	660	0.7
n-$C_{14}H_{30}$	984	1.0
n-$C_{16}H_{34}$	1000	1.4
n-$C_{17}H_{36}$	738	1.7
n-$C_{18}H_{38}$	680	2.2
$(CH_3)_4C_{15}H_{32}$	3300	2.8

馏分油中含有各种烃类，组成复杂，以馏程 260~316℃馏分油作为原料[178]，将其分离为芳烃组分和非芳烃组分，并将原料馏分油加氢处理得到加氢馏分油，将原料馏分油及其芳烃组分、非芳烃组分和加氢馏分油进行裂化反应，沉积在催化剂上焦炭量见表 2-8-3。从表中所列数据可看出非芳烃组分的反应速率高于原料馏分油和芳烃组分，其生焦能力也是最弱的，芳烃组分生焦量最多，加氢馏分油的反应速率优于非芳烃组分，这表明原料馏分油中芳烃加氢生成的环烷烃是较易裂化的，尽管生焦量略高于原料馏分油，是由于其反应深度高，而其选择性远低于馏分油的生焦选择性。

表 2-8-3 不同组成馏分油裂化生焦量

原 料	转化率/%	催化剂上炭/%
馏分油	18.4	1.2
芳烃组分	15.5	2.3
非芳烃组分	20.3	0.74
加氢馏分油	28.9	1.4

烯烃是烃类裂化的产物，烯烃和芳烃同时存在会对焦炭生成起协同作用。氢转移反应对于烯烃生成焦炭来说是至关重要的，烯烃一方面作为氢受体生成饱和物，另一方面烯烃或环烷烃也可作为供氢体，本身成为被吸附的正碳离子或不饱和物。经过连续的氢转移反应后，更加缺氢的不饱和物或芳烃强烈地吸附在催化剂表面，继续供氢直到生成焦炭。

对于不含烯烃和芳烃含量较少的馏分油如直馏石脑油来说，由于原料中富含大量的链烷烃，生焦能力较差，在反应过程中无需考虑抑制生焦。对重质原料油来说，原料分子较大并含有一定的双环或多环芳烃，而且一次裂化产物中又含有大量烯烃，这些物种均是焦炭前身物，或生焦的“种子”，重质原料油的组成特点及高温反应环境决定了重质油催化裂解过程中将生成较多的焦炭，而且这些焦炭的生成与氢转移反应有密切联系，降低催化剂的氢转移能力将有助于抑制催化焦生成。催化剂的孔结构对催化焦的生成也有重要影响，分子筛晶体内的生焦过程是受微孔结构直接控制的一种形状选择性反应，小孔分子筛可以限制反应中间物的生成，与Y型分子筛相比，择形分子筛如ZSM-5分子筛生焦相对较少。HZSM-5分子筛的焦炭沉积在外表面上，对于Y型分子筛及丝光沸石，焦可以在孔道和空腔内生成，因此，ZSM-5分子筛活性受生焦的影响相对较小。

另外，重质油催化裂解技术适用的原料包括减压瓦斯油、常压渣油、减压渣油、脱沥青油(DAO)或各种原料的混合物。与馏分油相比，渣油有两个明显特点：含有较多重金属和大量的沥青质、胶质，这两个特点将导致在催化裂解反应中生焦量增多，尤其是附加焦比例增大，因此，减少附加焦对催化剂裂解活性的影响值得关注。

二、影响热平衡的化学反应

催化裂解原料比较复杂，一般掺入部分渣油或全部是常压渣油，它由各种烃类化合物组成，并含有少量硫、氮、重金属等。催化裂解反应体系是一个非常复杂的反应体系，包括的反应有裂解、脱烷基、异构化、芳构化、氢转移、脱氢和缩合等，产物也相当复杂，因此，计算反应热效应是极其困难的。根据催化裂化反应宏观分析可知，烃类的主要反应及热效应见表2-8-4，其中如裂解、脱烷基和脱氢环化等反应是吸热反应，而异构化、氢转移和缩合等反应是放热反应，总的热效应是吸热反应。反应热的经典计算方法是依据原料和产物的生成热、键能数据，或依据形成正碳离子的生成热数据来确定。由原料和产物生成热计算的一些单体烃化学反应的热效应数据见表2-8-5。

表2-8-4　烃类主要化学反应及其热效应

烃　类	反　应	热效应
烷烃	烷烃——→烯烃+小分子烷烃	吸热
烯烃	烯烃——→小分子烯烃+小分子烯烃	吸热
	异构化	放热
	氢转移	放热
环烷烃	脱烷烃	吸热
	开环裂化	吸热
	脱氢环化	吸热
芳烃	脱烷基	吸热
	缩合	放热
	烷基转移	放热

表 2-8-5　几种典型化学反应的热效应[179]

反应类型	化学反应方程式	反应热/(kJ/mol)
裂化反应	$n\text{-}C_{10}H_{22} \longrightarrow n\text{-}C_7H_{16}+C_3H_6$	+82.1
	$n\text{-}C_{10}H_{22} \longrightarrow n\text{-}C_6H_{14}+C_4H_8$	+75.8
	$n\text{-}C_{16}H_{34} \longrightarrow n\text{-}C_{12}H_{26}+C_4H_8$	+83.3
	$n\text{-}C_{20}H_{42} \longrightarrow n\text{-}C_{16}H_{34}+C_4H_8$	+82.9
	$n\text{-}C_{20}H_{42} \longrightarrow n\text{-}C_{12}H_{26}+C_8H_{16}$	+81.6
	$\longrightarrow$ C_4	+80.4
	C_4 $\longrightarrow$ $+C_4H_8$	+87.5
	C_{16} $\longrightarrow$ $+C_{16}{}^{=}$	+90.0
	C_3 $\longrightarrow$ $+C_3{}^{=}$	+95.5
异构化	$n\text{-}C_5H_{12} \longrightarrow i\text{-}C_5H_{12}$	-6.3~-30.6
	$n\text{-}C_6H_{14} \longrightarrow i\text{-}C_6H_{14}$	-4.6~-18.4
	$n\text{-}C_6H_{12} \longrightarrow i\text{-}C_6H_{12}$	-6.3~-27.2
	$-CH_3$ $\longrightarrow$	-17.2
环化	$n\text{-}C_7H_{14} \longrightarrow$ $-CH_3$	-93.4
	$n\text{-}C_{22}H_{44} \longrightarrow$ $-CH_{16}$	-96.3
脱氢	$-CH_3$ $\longrightarrow$ $-CH_3$ $+3H_2$	-205.2
氢转移	$+3C_3H_6 \longrightarrow$ $+3C_3H_8$	-167.1
	$+5C_4{}^{=} \longrightarrow$ $+5C_4$	-296.0

由表 2-8-4 和表 2-8-5 可以看出，凡是裂化(断链、脱烷基、脱氢等)，即分子数增加的膨胀反应皆为吸热反应，分子数减少的缩合反应以及氢转移、异构化、烷基转移等为放热反应。与馏分油裂化相比，当原料掺入渣油时，造成催化剂上重金属污染严重，脱氢反应增多，分子膨胀倍数较高，同时缩合生焦反应也增加很多，或者油剂在提升管中停留时间增加，导致二次反应增加，会使放热反应增加，但即使如此，在提升管中总的热效应仍然是吸

热反应。对于同种原料来说，分子膨胀的多少标志着裂化程度的深浅，即转化率的多少；对于相同馏分而不同烃类组成的原料，原料中芳烃含量越高，相对分子质量越大，其裂化产品中烃类组成也含有较高的芳烃，裂化反应所需的热量要根据裂化断链的程度而定。对于不同馏分的原料，分子膨胀的多少同样说明分子断链的程度，分子膨胀越多，断链程度越大，因而反应需要的热量越多，它们近似成直线关系[180]。

反应热还可以依据键数据计算，表 2-8-6 给出了某些化学键的键能。从键能角度分析可知，在烷烃碳链中，每断开一个 C—C 键，约需 264kJ/mol 的能量。越靠近分子中间，键能越小，因此，在反应开始时，大多数烷烃的裂解反应容易始于断链中间位置，这样所需的反应热较少。烃类分子越小，键能越大，所需的能量就越高，这是轻烃催化裂解反应温度远高于重质油催化裂解反应温度的主要原因。

表 2-8-6　某些烃类化学键的键能[18]

化学键	位置	键能/(kJ/mol)
C—C 键		
正构烷烃 1 2 3 4 5 R	C1—C2	301
	C2—C3	268
	C3—C4	264
	C4—C5	262
	C5—R	260
芳香环		502
烯烃		523
甲基苯	C_6H_5—CH_3	373
CH_3—CH_3		349±4
1 2 3 4	C3—C4	257
$C_6H_5CH_2$—CH_3		264±6
$C_6H_5CH_2$—C_2H_5		241
$C_6H_5CH_2$—C_3H_7		272
$C_6H_5CH(CH_3)$—CH_3		255
C—H 键		
烷烃		
伯 C—H 键		410~427
仲 C—H 键		394
叔 C—H 键		373
芳香环		427
甲基苯的甲基	C_6H_5—CH_2—H	324
CH_3—H		423±4
C_3H_7—H		419

反应热的温度效应不大，表 2-8-7 列举了几类化学反应在温度 499℃与 16℃的反应热差值($\Delta H_{499}-\Delta H_{16}$)。由于反应热的温度效应较小，早期研究者归纳出在催化裂化各类反应

中，所需反应热的大致范围，见表 2-8-8。

影响裂化热的因素主要有裂化反应深度、原料油性质和催化剂性质，其中催化剂性质对反应热的影响较大，裂化催化剂从无定形硅铝演变到沸石催化剂后，由于氢转移反应的增加，使裂化反应热大幅度减少；当催化剂沸石含量增加时，氢转移反应得到加强，反应热亦下降；对于同种原料来说，产物摩尔数增加越多，断链程度越大，因而反应热越高，因此，对于低碳烯烃的催化裂解工艺来说，其裂化反应热则大幅度上升，有的达到 600kJ/kg 以上。

表 2-8-7 几种典型化学反应的热效应[181]

反应类型	化学反应方程式	$(\Delta H_{499}-\Delta H_{16})$/(kJ/mol)
裂化	n-$C_{12}H_{26}$ ⟶ n-C_8H_{18} + C_4H_8	4.0
	⬡—C_4 ⟶ ⌬ + $C_4^=$	3.8
环化	$C_8^=$ ⟶ ⬡—C_2	0.75
氢转移	⬡(CH_3)(CH_3) + $3C_6^=$ ⟶ ⬡(CH_3)(CH_3) + $3C_6$	2.1

表 2-8-8 典型反应热的范围[178]

反应类型	反应热/(kJ/mol)	基　准
裂化	~+83(75~90)	每净增摩尔数
异构化	~-15(5~25)	每反应摩尔数
环化	~-92(90~95)	每反应摩尔数
脱氢(环烷烃)	~+66(62~70)	每摩尔数
氢转移	~-57(54~60)	每摩尔数

参 考 文 献

[1] Scherzer J. Ocatne-enhancing, zeolitic FCC catalysts: Scientific and technical aspects[J]. Catal Rev Sci Eng, 1989, 31(3): 215-354.

[2] Venuto P B, Habib E T. Fluid Catalytic Cracking with Zeolite Catalysts[M]. New York: Marcel Dekker, 1979: 103.

[3] Baeyer A, Villiger V. Dibenzalaceton und triphenylmethan. Ein beitrag zur farbtheorie[J]. Berichte der Deutschen Chemischen Gesellschaft, 1902, 35(1): 1189-1201.

[4] Stieglitz J. On the constitution of the salts of imido-ether and other carbimide derivatives[J]. Am Chem J, 1899, 21: 101-111.

[5] Meerwein H, Emster K V. The equilibrium isomerism between bornyl chloride, isobornyl chloride and camphene hydrochloride[J]. Chem Ber, 1922, 55: 2500-2528.

[6] Whitmore F C, Church J M. Isomers in "diisobutylene." III. Determination of their structure[J]. J Am Chem Soc, 1932, 54(9): 3710-3714.

[7] Whitmore F C. Alkylation and related processes of modern petroleum practice[J]. Chem Eng News, 1948, 26:

668-674.

[8] Whitmore F C. Mechanism of the polymerization of olefins by acid catalysts[J]. Ind Eng Chem, 1934, 26: 94-95.

[9] Hansford R C. A mechanism of catalytic cracking[J]. Ind Eng Chem, 1947, 39: 849-852.

[10] Hansford R C, Waldo P G, Drake L C, et al. Hydrogen exchange between deuterium oxide and hydrocarbons on silica-alumina catalyst[J]. Ind Eng Chem, 1952, 44: 1108-1113.

[11] Hansford R C. Chemical concepts of catalytic cracking[J]. Advances in Catalysis, 1952, 4: 1-30.

[12] Greensfelder B S, Voge H H, Good G M. Catalytic and thermal cracking of pure hydrocarbons. Mechanisms of reaction[J]. Ind Eng Chem, 1949, 41(11): 2573-2584.

[13] Thomas C L. Chemistry of cracking catalysts[J]. Ind Eng Chem, 1949, 41(11): 2564-2573.

[14] Olah G A. Stable carbocations. CXVIII. General concept and structure of carbocations based on differentiation of trivalent(classical) carbenium ions from three-center bound penta-of tetracoordinated (nonclassical) carbonium ions. Role of carbocations in electrophilic reactions[J]. J Am Chem Soc, 1972, 94(3): 808-820.

[15] Haag W O, Dessau R M. Duality of mechanism for acid-catalyzed cracking[C]//Basel V C, eds. Proceedings of the 8th International Congress on Catalysis. Vol. 2. Frankfurt am Main: Dechema, Berlin, 1984, 305-316.

[16] Greensfelder B S, Voge H H. Catalytic cracking of pure hydrocarbons. Cracking of paraffins[J]. Ind Eng Chem, 1945, 37(6): 514-520.

[17] Greensfelder B S, Voge H H. Catalytic cracking of pure hydrocarbons. cracking of olefins[J]. Ind Eng Chem, 1945, 37(10): 983-988.

[18] Greensfelder B S, Voge H H. Catalytic cracking of pure hydrocarbons. Cracking of naphthenes[J]. Ind Eng Chem, 1945, 37(11): 1038-1043.

[19] Marcilly C. Acido-Basic Catalysis—Application to Refining and Petrochemistry[M]. Paris: Editions Technip, 2006.

[20] Poutsma M L. Mechanistic considerations of hydrocarbon transformations catalyzed by zeolites[M]//Rabo J A. Zeolite Chemistry and Catalysis, ACS monograph 171, 1976: 437-551.

[21] Martens J A, Jacobs P A. Conceptual background for the conversion of hydrocarbons on heterogeneous acid catalysts[M]//J B Moffat, Theoretical Aspects of Heterogeneous Catalysis, New York: Van Nostand-Reinhold, 1990, 52-109.

[22] Weitkamp J, Jacobs P A, Ernst S. Shape selective isomerization and hydrocracking of naphthenes over platinum/HZSM-5 zeolite[J]. Stud Surf Sci Catal, 1984, 18: 279-290.

[23] Brouwer D M, Mackor E L. Proton magnetic resonance spectra of tertiary alkyl cations[J]. Proc Chem Soc, 1964, 5: 147-8.

[24] Fenq W, Vynckier E, Froment G F. Single event kinetics of catalytic cracking[J]. Ind Eng Chem Res, 1993, 32(12): 2997-3005.

[25] Martens J A, Jacobs P A, Weitkamp J. Attempts to rationalize the distribution of hydrocracked products. II. Relative rates of primary hydrocracking modes of long chain paraffins in open zeolites[J]. Appl Catal, 1986, 20: 283-303.

[26] Nace D M. Catalytic cracking over crystalline aluminosilicates. Microreactor study of gas oil cracking[J]. Ind Eng Chem Prod Res Dev, 1970, 9(2): 203-209.

[27] Schmerling L. Reactions of hydrocarbons[J]. Ind Eng Chem, 1953, 45(7): 1447-1455.

[28] Corma A, Sanchez J, Tomas F. A study on the deactivation of carbocations by molecular hydrogen[J]. Journal

of Molecular Catalysis, 1983, 19(1), 9-15.

[29] Bickel A F, Gaasbeek C J, Hogeveen H, et al. Chemistry and spectroscopy in strongly acidic solutions: Reversible reaction between aliphatic carbonium ions and hydrogen[J]. Chem Comm, 1967, 13: 634-635.

[30] 陶龙骧. 催化裂化过程中的负氢离子转移反应[J]. 石油学报(石油加工), 2008, 24(4): 365-369.

[31] Rochettes D B M, Marcilly C, Gueguen C, et al. Kinetic study of hydrogen transfer of olefins under catalytic cracking conditions[J]. Appl Catal, 1990, 58(1): 35-52.

[32] Guisnet M, Gnep N S. Mechanism of short-chain alkane transformation over protonic zeolites. Alkylation, disproportionation and aromatization[J]. Applied Catalysis A: General, 1996, 146(1): 33-64.

[33] Boronat M, Corma A. Are carbenium and carbonium ions reaction intermediates in zeolite-catalyzed reactions? [J]. Applied Catalysis A: General, 2008, 336(1&2): 2-10.

[34] Kissin Y V. Relative reactivities of alkanes in catalytic cracking reactions[J]. J Catal, 1990, 126(2): 600-609.

[35] Hansford R C. Development of the theory of catalytic cracking[C]. ACS Symposium Series No. 222, American Chemical Society, Washington DC, 1983: 252.

[36] Weisz P B. Some classical problems of catalytic science: Resolution and implications[J]. Microporous and Mesoporous Materials, 2000, 35/36: 1-9.

[37] Corma A, Planelles J, Sanchez-Marin J, et al. The role of different types of acid site in the cracking of alkanes on zeolite catalysts[J]. J Catal, 1985, 93(1): 30-37.

[38] Olah G A, Schlosberg R H. Chemistry in super acids. I. Hydrogen exchange and polycondensation of methane and alkanes in FSO_3H-SbF_5("magic acid") solution. Protonation of alkanes and the intermediacy of CH_5^+ and related hydrocarbon ions. The high chemical reactivity of "paraffins" in ionic solution reactions[J]. J Am Chem Soc, 1968, 90(10): 2726-2727.

[39] Lercher J A, Van Santen R A, Vinek H. Carbonium ion formation in zeolite catalysis[J]. Catalysis Letters, 1994, 27(1): 91-96.

[40] Aldridge L P, McLaughlin J R, Pope C G. Cracking of *n*-hexane over LaX catalysts[J]. J Catal, 1973, 30: 409-416.

[41] Zhao Y, Bamwenda G R, Groten W A, et al. The chain mechanism in catalytic cracking: The kinetics of 2-methylpentane cracking[J]. J Catal, 1993, 140(1): 243-261.

[42] Zhao Y X, Bamwenda G R, Wojciechowski B W. Cracking selectivity patterns in the presence of chain mechanisms. The cracking of 2-methylpentane[J]. J Catal, 1993, 142(2): 465-489.

[43] Shertukde P V, Marcelin G, Gustave A S, et al. Study of the mechanism of the cracking of small alkane molecule on HY zeolites[J]. Journal of Catalysis, 1992, 136(2): 446-462.

[44] Wielers A F H, Vaarkamp M, Post F M. Relation between properties and performance of zeolites in paraffin cracking[J]. Journal of Catalysis, 1991, 27(1): 51-66.

[45] Sie S T. Acid-catalyzed cracking of paraffinic hydrocarbons. 1. Discussion of existing mechanisms and proposal of a new mechanism[J]. Industrial & Engineering Chemistry Research, 1992, 31: 1881-1889.

[46] Sie S T. Acid-catalyzed cracking of paraffinic hydrocarbons. 2. Evidence for the protonated cyclopropane mechanism from catalytic cracking experiments[J]. Ind Eng Chem Res, 1993, 32(3): 397-402.

[47] Buchanan J S, Santiesteban J G, Haag W O. Mechanistic considerations in acid-catalyzed cracking of olefins [J]. J Catal, 1996, 158(1): 279-287.

[48] 许友好, 龚剑洪, 叶宗君, 等. 大庆蜡油在酸性催化剂上反应机理的研究[J]. 石油学报(石油加工), 2006, 22(2): 34-38.

[49] 许友好, 张久顺, 马建国, 等. MIP 工艺反应过程中裂化反应的可控性[J]. 石油学报(石油加工), 2004, 20(3): 1-6.

[50] Gabriela de la P, Sedran U A. The energy gradient selectivity concept and the routes of paraffin cracking in FCC catalysts[J]. Journal of catalysis, 1998, 179(1): 36-42.

[51] Corma A, Miguel P J, Orchilles A V. The role of reaction temperature and cracking catalyst characteristics in determining the relative rates of protolytic cracking, chain propagation, and hydrogen transfer[J]. J Catal, 1994, 145(1): 171-180.

[52] Alberty R A, Gehrig C A. Standard chemical thermodynamic properties of alkene isomer groups[J]. J Phys Chem Ref Data, 1985, 14(3): 803-20.

[53] Buchanan J S. Reactions of model compounds over steamed ZSM-5 at simulated FCC reaction conditions[J]. Applied Catalysis, 1991, 74(1): 83-94.

[54] Rutenbeck D, Papp H, Freude D. Investigations on the reaction mechanism of the skeletal isomerization of n-butenes to isobutene Part Ⅰ. Reaction mechanism on H-ZSM-5 zeolites[J]. Applied catalysis A: General, 2001, 206(1): 57-66.

[55] Houzvicka J, Hansildaar S, Ponec V. The shape selectivity in the skeletal isomerisation of *n*-butene to isobutene[J]. J Catal, 1997, 167(1): 273-278.

[56] Weitkamp J. Isomerization and hydrocracking of C_9 through C_{16} *n*-alkanes on Pt/HZSM-5 zeolite[J]. Applied Catalysis, 1983, 8(1): 123-141.

[57] Patrigeon A, Benazzi E, Travers C, et al. Influence of the zeolite structure and acid on the hydroisomerization of *n*-heptane[J]. Catalysis Today, 2001, 65(1/2): 149-155.

[58] Connor P O, Houter E. New Zeolites in FCC[M]. Ketjen Catal. Symposium, Scheveninen, The Netherlans, 1986, F-8.

[59] Connor P O. Advances in catalysis for FCC octanes[C]//Ketjen catalysts symposium'88, Scheveningen, 1988, F-1, 1-9[Akzo Nobel Catalysts Symposium, Paper F-1].

[60] 张剑秋. 降低汽油烯烃含量的催化裂化新材料探索[D]. 北京：石油化工科学研究院，2001.

[61] Thomas C L. Hydrocarbon reactions in the presence of cracking catalysts Ⅱ. Hydrogen transfer[J]. J Am Chem Soc, 1944, 66(6): 1586-1589.

[62] Thomas C L, Barmby D V. The chemistry of catalytic cracking with molecular sieve catalysts[J]. J Catal, 1968, 12(2): 341-346.

[63] Weisz P B. Zeolites-New horizons in catalysis[J]. Chem Tech, 1973, 3(8): 498-505.

[64] 许友好. 氢转移反应在烯烃转化中的作用探讨[J]. 石油炼制与化工，2002，33(1)：38-41.

[65] Maldonado M C, Gamero M P, Hernandez B F, et al. Activity, selectivity and deactivation of Y zeolite: a compromise in fluid catalytic cracking catalysts[J]. Stud Surf Sci Catal, 1997, 111: 391-398.

[66] Corma A, Orchilles A V. Formation of products responsible for motor and research octane of gasolines produced by cracking: the implication of framework silicon/aluminum ratio and operation variables[J]. J Catal, 1989, 115(2): 551-66.

[67] De Jong J I. Hydrogen transfer in catalytic cracking[C]. Ketjen Catalysts Symposium, 1986.

[68] 陈俊武. 催化裂化工艺和工程[M]. 2版. 北京：中国石化出版社，2005.

[69] Abbot J, Wojciechowski B W. Kinetics of reactions of C_8 olefins on HY zeolite[J]. J Catal, 1987, 108(2): 346-355.

[70] Mihindou-Koumba P C, Comparot J D, Laforge S, et al. Methylcyclohexane transformation over H-EU-1 zeolite: Selectivity and catalytic role of the acid sites located at the pore mouths[J]. J Catal, 2008, 255(2): 324-334.

[71] Magnoux P, Machado F, Guisnet M. Mechanism of coke formation during the transformation of propene, toluene, and propene-toluene mixture on HZSM-5[J]. Studies in Surface Science and Catalysis, 1993, 75(1):

435-447.

[72] Cerqueira H S, Caeiro G, Costa L, et al. Deactivation of FCC catalysts[J]. Journal of Molecular Catalysis A: Chemical, 2008, 292(1-2), 1-13.

[73] 梁文杰．石油化学[M]. 2 版．山东：中国石油大学出版社，2008：288.

[74] 高永灿，叶天旭，李丽，等．镍对催化裂化催化剂的污染特性[J]．石油大学学报(自然科学版)，2000，24(3)：41-45.

[75] 叶宗君，许友好．汪燮卿．FCC 汽油重馏分的催化裂化和热裂化产物组成的研究[J]．石油学报(石油加工)，2006，22(3)：46-53.

[76] Best D, Wojciechowski B W. On identifying the primary and secondary products of the catalytic cracking of cumene[J]. J. Catal, 1977, 47(1): 11-27.

[77] Miale J N, Chen N Y, Weisz P B. Catalysis by crystalline aluminosilicates IV. Attainable catalytic cracking rate constants, and superactivity[J]. J Catal, 1966, 6(2): 278-287.

[78] Bolton A P, Lanewala M A. A mechanism for the isomerization of the hexanes using zeolite catalysts[J]. J Catal, 1970, 18(1): 1-11.

[79] Bolton A P, Bujalski R L. The role of the proton in the catalytic cracking of hexane using a zeolite catalyst[J]. J Catal, 1971, 23(3): 331-339.

[80] Lopez Agudo A, Asensio A, Corma A. Cracking of n-heptane on a CrHNaY zeolite catalyst. The network of the reaction[J]. J Catal, 1981, 69(2): 274-282.

[81] 高滋．沸石催化与分离技术[M]．北京：中国石化出版社，1999.

[82] VenutoP B, Habiba E T. Catalyst-feedstock-engineering interactions in fluid catalytic cracking[J]. Catalysis Reviews: Science and Engineering, 1978, 18(1): 1-150.

[83] 李再婷，蒋福康，谢朝钢．催化裂解工艺技术及其工业应用[J]．当代石油石化，2001，9(10)：31-35.

[84] 李再婷．催化裂解架起了炼油与化工之间的桥梁[J]．中国工程科学，1999，1(2)：67-71.

[85] 李再婷，蒋福康，闵恩泽，等．催化裂解制取气体烯烃[J]．石油炼制，1989(7)：31-34.

[86] 谢朝钢，施文元，许友好．大庆蜡油掺渣油催化裂解技术的工业应用[J]．石油炼制与化工，1996，27(7)：7-11.

[87] 孙昱东，窦锦民，黄小海．催化裂化生产低碳烯烃技术综述 I．生产低碳烯烃工艺[J]．石油与天然气化工，2004，33(3)：160-163.

[88] 汤效平，周华群，魏飞，等．催化裂解多产丙烯过程热力学分析[J]．石油学报(石油加工)，2008，24(1)：22-27.

[89] 朱向学，宋月芹，李宏冰，等．丁烯催化裂解制丙烯/乙烯反应的热力学研究[J]．催化学报，2005，26(2)：111-117.

[90] 刘俊涛，谢在库，徐春明，等．丁烯裂解制取丙烯和乙烯的热力学因素分析及反应性能研究[J]．石油炼制与化工，2005，36(8)：44-48.

[91] 陈俊武，曹汉昌．催化裂化工艺与工程[M]. 2 版．北京：中国石化出版社，2005：913.

[92] Nace Donald M. Catalytic Cracking Over Crystallince Aluminosilicates[J]. Ind Eng Prod Res Dev, 1969, 8(1): 31-38.

[93] 计海涛．烃类催化裂解的化学反应动力学研究[D]．北京：石油化工科学研究院，2007.

[94] 朱宁．轻烃催化裂解催化剂的催化机理及其动力学研究[D]．杭州：浙江大学，2010.

[95] Voge H H. Catalytic conversion of hydrocarbons[J]. J Catal, 1969, 14(3): 284-285.

[96] Good G M, Voge H H, Greensfelder B S. Catalytic cracking of pure hydrocarbons[J]. Ind Eng Chem, 1947, 39(8): 1032-1036.

[97] Greensfelder B S, Voge H H, Good G M. Catalytic cracking of pure hydrocarbons[J]. Ind Eng Chem, 1945,

37(12): 1168-1176.

[98] Kissin Y V. Chemical mechanism of catalytic cracking over solid acidic catalyst: alkanes and alkenes[J]. Catal Rev, 2001, 43(1/2): 85-146.

[99] Buchanan J S. The chemistry of olefins production by ZSM-5 addition to catalytic cracking units[J]. Catalysis Today, 2000, 55: 207-212.

[100] Abbot J, Wojciechowski B W. Catalytic cracking and skeletal isomerization of n-hexenes on HY zeolites[J]. Can J Chem Eng, 1985, 63: 278-287.

[101] Jacpuinot E, Mendes A, Raatz F, et al. Catalytic properties in cyclohexene transformation of modified HY zeolite[J]. Appl Catal, 1990, 60: 101-117.

[102] Buchanan J S, Adewuyi Y G. Effects of high temperature and high ZSM-5 additive level on FCC olefins yields and gasoline composition[J]. Appl Catal A: General, 1996, 134(2): 247-262.

[103] Abbot J, Wojciechowski B W. Catalytic cracking and skeletal isomerization of n-hexenes on ZSM-5 zeolites [J]. Can J Chem Eng, 1985, 63: 451-461.

[104] Abbot J, Wojciechowski B W. The mechanism of catalytic cracking of n-alkenes on ZSM-5 zeolites[J]. Can J chem Eng, 1985, 63: 462-469.

[105] Abbot J, Wojciechowski B W. Catalytic cracking of n-hexenes on amorphous silica-alumina[J]. Can J Chem Eng, 1985, 63: 818-825.

[106] 计海涛，龙军，李正，等. 烯烃催化裂解的反应行为I. 烯烃裂解反应速率和产物分布[J]. 石油学报(石油加工)，2008，24(6)：630-634.

[107] 计海涛，李正，侯栓弟，等. 烯烃催化裂解的反应行为II. 裂解产物选择性分析[J]. 石油学报(石油加工)，2009，25(1)：14-19.

[108] 龚剑洪，杨轶男，许友好，等. 庚烯在酸性催化剂上反应化学的研究[J]. 石油学报(石油加工)，2006，22(1)：27-32.

[109] Liguras D K, Allen D T. Structural Models for CatalyticCracking. 1. ModelCompound Reactions[J]. Ind Eng ChemRes, 1989, 28(6): 665-67.

[110] 于珊，张久顺，魏晓丽. 甲基环戊烷催化裂解制低碳烯烃的基础研究[J]. 石油化工，2012，41(S)：115-117.

[111] Yu Shan, Zhang Jiushun, Wei Xiaoli. Research on Ethylene and Propylene Formation in Methylcyclohexane Catalytic Cracking[J]. China Petroleum Processing & Petrochemical Technology, 2012, 14(4): 73-79.

[112] Corma A, Wojciechowski B W. The catalytic cracking of cumene[J]. Catal Rev-Sci Eng, 1982, 24(1): 1-65.

[113] Serra José M, Guillon E, Corma A. A rational design of alkyl-aromatics dealkylation-transalkylation catalysts using C_8 and C_9 alkyl-aromatics as reactants[J]. J Catal, 2004, 227(2): 459-469.

[114] Yatsu CA, Keyworth DA. Aromatics formation in FCC catalysis[J]. ACS Preprints, 1989, 34(4): 738-749.

[115] 魏晓丽，谢朝钢，龙军，等. 烷基苯催化转化反应中苯的生成[J]. 石油炼制与化工，2010，41(2)：1-6.

[116] 魏晓丽，龙军，龚剑洪. 异丙苯在酸性催化剂上的主要化学反应路径[J]. 石油学报(石油加工)，2009，25(1)：1-7.

[117] Lombardo E A, Hall W K. The mechanism of isobutane cracking over amorphous and crystalline aluminosilicates[J]. J Catal, 1988, 12: 565-578.

[118] Lombardo E A, Hall W K. Contribution to the understanding of the reaction chemistry of isobutane and neopentane over acid catalysts[J]. J Catal, 1990, 125: 472-478.

[119] Abbot J, Wojciechowski B W. Catalytic reactions of n-hexane on HY zeolite[J]. Can J Chem Eng, 1988,

66：825-890.

[120] Abbot J，Wojciechowski B W. Catalytic reactions of branched paraffins on HY zeolite[J]. J Catal，1988，113(1)：353-366.

[121] Abbot J，Wojciechowski B W. The mechanism of paraffin reactions on HY zeolite[J]. J Catal，1989，115(1)：1-15.

[122] Williams B A，Miller W J J T，Snurr R Q，et al. Evidence of diff erent reaction mechanism during the cracking of n-hexane on H-USY zeolite[J]. Appl Catal A：Gerenal，2000，203：179-190.

[123] Bassir M，Wojciechowski B W. The Protolysis of Hexanes over a USHY Zeolite[J]. J Catal，1994，15(1)：1-8.

[124] Kotrel S，Knözinger H，Gates B C. The Haag-Dessau machanism of protolytic cracking of alkanes[J]. Micro and Meso Mater，2000，35/36：21-30.

[125] Kotrel S，Knözinger H，Gates B C. Some classical problems of catalytic science：Resolution and implication [J]. Micro and Meso Materials，2000，35/36：1-9.

[126] Kazansky V B，Senchenya I N，Frash M V，et al. A quantum-chemical study of adsorbed nonclassical carbonium ions as active intermediates in catalytic transformations of paraffins[J]. Catal Lett，1994，27(1-4)：345-354.

[127] Kramer G M，McVicker G B，Ziemiak J J. On the question of carbonium ions as intermediates over silica-alumina and acidic zeolites[J]. Journal of Catalysis，1985，92(2)：355-363.

[128] Corma A，Wojciechowski B W. The chemistry of catalyst cracking[J]. Catalysis Review Science Engineering，1985，27(1)：29-150.

[129] Hattori H，Takahashi O，Tagaki M，et al. Solid super acids：Preparation and their catalytic activities for reaction of alkanes[J]. J of Catal，1981，68：132-143.

[130] 陶海桥．正十六烷催化裂化过程生成干气反应化学的研究[D]．北京：石油化工科学研究院，2010.

[131] 谢朝钢．催化热裂解生产乙烯技术的研究及反应机理的探讨[J]．石油炼制与化工，2000，31(7)：40-44.

[132] Franklin J L. Calculation of the heats of formation gaseous free radicals and ions[J]. J Chem Phys，1953，2：2029-2033.

[133] Franklin J L，Field F H. The energies of strained carbonium ions[J]. J Chem Phys，1953(2)：550-551.

[134] Hiraoka K，Kebarle P. Stabilities and energetics of pentacoordinated carbonium ions[J]. J Am Chem Soc，1976，98(9)：6119-6125.

[135] Olah G A. 100 years of carbocations and their significance in chemistry[J]. J Org Chem，2001，66(18)：5943-5957.

[136] Stefanadis C，Gates B C，Haag W O. Rates of isobutane cracking catalyzed by HZSM-5：The carbonium ion route[J]. J Mole Catal，1991，67(3)：363-367.

[137] Planelles J，Sánchez-Marín J，Tomás F. On the formation of methane and hydrogen during cracking of alkanes[J]. J Mole Catal，1985，32：365-375.

[138] Lombardo E A，Pierantozzi R，Hall W K，et al. The mechanism of neopentane cracking over solid acids[J]. J Catal，1988，110(1)：171-183.

[139] Chen Xiaojie，Xie Chaogang，Wei Xiaoli. Effects of light olefins formation during catalyticpyrolysiss of *n*-heptane[J]. China Petroleum Processing & Petrochemical Technology，2011，13(4)：8-14.

[140] Shih S. Chemical reactions of alkenes and alkenes with solid-state defects on ZSM-5[J]. J catal，1983，79：390-395.

[141] Houžvička Jindřich，Ponec Vladimir. Skeletal isomerization of butane：On the role of the bimolecular mecha-

nism[J]. Ind Eng Chem Res, 1997, 36: 1424-1430.

[142] 朱根权，张久顺，汪燮卿．丁烯催化裂解制取丙烯及乙烯的研究[J]．石油炼制与化工．2005，36(2)：33-37.

[143] Li Li, Gao Jingsen, Xu Chunming, et al. Reaction behaviors and mechanisms of catalytic pyrolysis of C_4 hydrocarbons[J]. Chemical Engineering Journal, 2006, 116: 115-161.

[144] 李锐．1-辛烯和焦化汽油催化裂解生产低碳烯烃的探索[D]．北京：石油化工科学研究院，2008.

[145] 侯焕娣，王子军，张书红，等．利用分子模拟技术研究不同分子筛催化剂1-辛烯裂解反应[J]．石油炼制与化工，2009，10(2)：21-25.

[146] Abbot J, Wojciechowsh B W. Reactions of cyclopentane on HY zeolite[J]. Chemical Engineering Department, 1988, 66: 637-643.

[147] Lechert H. Convertion of Methylcyclopentane on H-ZSM5 Zeolites[J]. Journal of Molecular Catalysis, 1986, 35: 349-354.

[148] Puente G D L, Sedran U. Conversion of methylcyclopentane on rare earth exchanged Y zeolite FCC catalysts [J]. Applied Catalysis A: General, 1996, 144: 147-158.

[149] 庄益平．甲基环戊烷在 Pt/SiO_2 上开环的动力学模拟[J]．化学反应工程与工艺，1997，13(2)：147-156.

[150] 于珊，张久顺，魏晓丽．环烷烃催化裂解生成乙烯和丙烯反应探析[J]．石油学报(石油加工)，2013，29(4)：1-7.

[151] Du H, Fairbridge C, Yang H, et al. The chemistry of selective ring-opening catalysts[J]. Applied Catalysis A: General, 2005, 294: 1-21.

[152] 张旭，周祥，郭锦标，等．甲基环己烷催化裂解的研究进展[J]．石油化工，2013，42(1)：104-110.

[153] Dewacht N V, Santaella F, Froment G F. Application of a single-event kinetic model in the simulation of an industrial riser reactor for the catalytic cracking of vacuum gas oil[J]. Chem Eng Sci, 1999, 54(15/16): 3653-3660.

[154] 唐津莲，许友好，汪燮卿，等．十氢萘在分子筛催化剂上的开环反应研究[J]．燃料化学学报，2012，40(12)：1422-1428.

[155] Corma A, Gonalez-Alfaro V, Orchiles A V. Decalin and tetralin as probe molecules for cracking and hydrotreating the lightcycle oil[J]. J Catal, 2001, 200(1): 34-44.

[156] 龚剑洪．重油催化裂化过程中质子化裂化和负氢离子转移反应的研究[D]．北京：石油化工科学研究院，2006.

[157] 陈俊武，曹汉昌．催化裂化工艺与工程[M]．2版．北京：中国石化出版社，2005：128-137.

[158] 魏晓丽，成晓洁，谢朝钢．正庚烷在分子筛催化剂上催化裂解的链引发反应[J]．石油学报(石油加工)，2013，29(1)：13-19.

[159] Kubo Kohei, Lida Hajime, Nambo Seitaro, et al. Selective formation of light olefin by *n*-heptane cracking over HZSM-5 at high temperature[J]. Micro and Meso Mater, 2012, 149: 126-133.

[160] Rahimi Nazi, Karinzadeh Ramin. Catalytic cracking of hydrocarbons over modified ZSM-5 zeolites to produce lightolefins: A review[J]. Appl Catal A: General, 2011, 398: 1-17.

[161] Reddy Krishna Jakkidi, Motokura Ken, Koyama Toru, et al. Effect of morphology and particle size of ZSM-5 on catalytic performance for ethylene conversion and heptane cracking[J]. J Catal, 2012, 289: 53-61.

[162] Corma A, Mengual Jesús, Miguel Pablo J. Stabilization of ZSM-5 zeolite catalysts for steam catalytic cracking of naphtha forproduction of propene and ethane[J]. Appl Catal A: General, 2012, 421/422: 121-134.

[163] Adewuyi Y G, Klocke D J, Buchanan J S. Effects of high-level additions of ZSM-5 to a fluid catalytic cracking(FCC) RE-USY catalyst[J]. Appl Catal A: General, 1995, 131: 121-133.

[164] Buchanan J S. Gasoline selective ZSM-5 FCC additives: Model reactions of C_6-C_{10} olefins over steamed 55: 1 and 450: 1 ZSM-5[J]. Appl Catal A: General, 1998, 171: 57-64.
[165] Buchanan J S, Olson D H, Schramm S E. Gasoline selective ZSM-5 FCC additives: Effects of crystal size, SiO_2/Al_2O_3, steaming, and other treatments on ZSM-5 diffusivity and selectivity in cracking of hexane/octane feed[J]. Appl Catal A: General, 2001, 220: 223-234.
[166] 李正，侯栓弟，谢朝钢，等. 重油催化裂解反应条件下丙烯的转化反应. I. 反应性能及反应路径[J]. 石油学报(石油加工), 2009, 25(2): 139-144.
[167] 魏晓丽. MIP 工艺技术第一反应区烃类转化反应历程研究[D]. 北京：石油化工科学研究院，2005.
[168] Corma A, Monton J B, Orchillés A V. Influence of the process variables on the product distribution and catalyst decay during cracking of paraffins[J]. Appl catal A: General, 1986, 23: 255-269.
[169] Corma A, Melo F V, Sauvanaud L, et al. Different process schemes for converting light straight run and fluid catalytic cracking naphtha in a FCC unit for maximum propyleneproduction[J]. Appl Catal A: General, 2004, 265: 195-206.
[170] Abbot J, Wojciechowski B W. The effect of temperature on the product distribution and kinetics of reactions of *n*-hexadecane on HY zeolite[J]. J Catal, 1988, 109(2): 274-283.
[171] Corma A, Miguel P J. Product selectivity effects during cracking of alkanes at very short and longer times on stream[J]. Appl catal A: General, 1996, 138: 57-73.
[172] Williams B A, Babitz S M, Miller J T, et al. The roles of acid strength and pore diffusion in the enhanced cracking activity of steamed Y zeolites[J]. Appl Catal, 1999, 177: 161-175.
[173] Thomas M J, Wojciechowski B W. Effect of reaction temperature on product distribution in the catalytic cracking of a neutral distiliate[J]. J Catal, 1975, 37(2): 348-357.
[174] Sertić-Bionda K, Kuzmić V, Jednačak M. The influence of process parameters on catalytic cracking LPG fraction yield and composition[J]. Fuel Processing Technology, 2000, 64(1/3): 107-115.
[175] 张执刚. 反应压力对催化裂解工艺的影响及反应机理研究[J]. 炼油技术与工程，2010，40(3): 6-9.
[176] Corma A, Jesús M, Miguel P J. Steam catalytic cracking of naphtha over ZSM-5 zeolite for production of propene and ethene: Micro and macroscopic implication of the presence of steam[J]. Applied Catalysis A: General, 2012, 417/418: 220-235.
[177] Mauleon J L, Letzsch W S. Paper presented at the 5th Katllistiks Ann FCC Symp[C]. Vienna Austia, 1984, Chaper 7.
[178] Appleby W G, Gibson J W, Good G M. Coke formation in catalytic cracking[J]. Ind Eng Chem Proc Des Dev, 1962, 1(2): 102-110.
[179] Wenig R W, White M G, Mckay D L. Preprints-Symp ACS Div Peto Chem Inc[J]. 1983, 28(4): 909-919.
[180] 金文琳. MGG 工艺的裂化反应热[J]. 石油炼制与化工. 1994, 25(2): 7-13.
[181] 陈俊武，曹汉昌. 催化裂化工艺与工程[M]. 2 版. 北京：中国石化出版社，2005：1146-1147.

第三章 沸石分子筛催化材料

第一节 沸石分子筛

当今世界炼油和化学工业发展的主题是绿色低碳，越来越注重过程的原子经济性，也就是力求反应物分子中的每一个原子均进入目标产品，或者生成水，不生成低价值副产品或污染物，这就要求反应过程有极高的选择性。要实现这一目标，必须大力开发新型催化材料。沸石分子筛是最重要的一类催化材料，在炼油和石油化工领域应用最广。通过新分子筛合成和应用研究，可以支撑和推动炼油和石油化工产业技术的升级换代。

一、沸石分子筛及其发展历程

沸石是一类微孔硅酸铝矿物，早期常常作为工业吸附剂。沸石名称是瑞典矿物学家 Axel Fredrik Cronstedt 在 1756 年提出来的。他在观察迅速加热辉沸石(stilbite)时，发现吸附水的这种材料会释放出大量水蒸气，同时发生类似于水沸腾的翻腾现象，由此，他把这种材料称之为 zeolite——沸石。希腊语(zéō)，意思为'沸腾'，而(líthos)，意思为石头，合起来叫作沸石。

沸石分子筛(以下简称分子筛)主要是由硅、铝、磷、钛、硼等元素的原子彼此通过与氧键合，构建成晶内具有丰富空间(多孔)、在很多情况下包含可交换阳离子、结构多种多样的一类无机结晶材料。多孔材料一般根据孔道大小分为微孔材料(孔径小于 2nm)、介孔材料(孔径为 2~50nm)和大孔材料(孔径大于 50nm)，分子筛属于微孔材料。因为这类多孔材料的孔径一般小于 2nm，落在分子尺度范围内，有筛选分子的特性，所以称之为分子筛。

分子筛研究真正开展始于 20 世纪 40 年代，而且每 10 年都出现了一些里程碑式的成果[1-3]。20 世纪 40 年代和 50 年代是分子筛研究的奠基时代。Rechard Barrer 的研究始于 40 年代早期，主要是模拟天然沸石的形成过程，开展合成研究；在 1948 年合成出了第一个非天然沸石(ZK-5，KFI 结构)。Robert Milton 1949 年开始研究分子筛合成，他采用高活性原料，于 50 年代合成出了 20 种分子筛，其中 14 种结构未知，包括 A 型和 X 型等。60 年代是分子筛研究的开拓时代。1961 年首次将季铵盐引入分子筛合成，发现引入季铵盐可以提高分子筛的硅铝比，并在 1967 年合成出第一个高硅分子筛(β 分子筛)。70 年代是高硅分子筛合成和对分子筛开始系统研究的时代，合成出了后来应用最广泛的 ZSM-5 分子筛。期间：1972 年在模板剂体系中合成出 ZSM-5；1977 年在无模板剂体系中合成出 ZSM-5；1978 年合成出纯硅 ZSM-5(silicalite)。同时，开展了 F^- 作为矿化剂以及更复杂模板剂用于分子筛的合成研究。80 年代是分子筛研究全面发展的 10 年。期间合成出磷铝分子筛(AlPO、SAPO、MeAPO)和钛硅分子筛(TS-1)，将分子筛骨架组成拓展到硅铝以外的元素，孔径也拓展到十二元环以上。同时，利用能谱技术研究了形貌、晶粒大小及其影响因素等。分子筛合成机理研究也被涉及，如：有机模板剂的作用(主客化学)、碱金属作用、原料影响、二次合成(水热处理、杂原子插入、转晶、富铝)等。90年代是介孔材料和利用高科技仪器研究分子筛的时代。期间合成出了多种介孔分子筛(FSM-16、MCM-41等)；同时将显微镜技术用于分子筛研究，如利用高分辨电镜(HRTEM)进行结构解析，研究模板剂与骨架的相互作用；利用电子晶体学技术进行结构解析；利用原子力显微镜(AFM)研究孔道和骨架原子；利用扫描和衍射技术(SAXS、SANS、DLS、PCS)研究分子筛形成早期状态等。通过这些研究对分子筛的形成机理有了更深入的认识。进入21世纪，分子筛研究领域更加活跃，合成出了孔大于十二元环、骨架配位数大于4、骨架被杂原子取代、层间剥离、多级孔以及金属有机骨架(MOF)等多种新材料。与分子筛合成相关的理论计算也进一步加强。

二、国际分子筛协会认可的分子筛结构

分子筛领域是世界上最活跃的研究领域之一，有关专利和发表文章数量多年来一直保持快速增长势头。1965年度申请专利和发表文章数大约为400多篇；2012年度申请专利和发表文章数已超过9000篇。随着合成技术、表征技术和计算机模拟技术的发展，国际分子筛协会批准认定的分子筛新结构也快速增长。1970—1978年间批准了11种新结构分子筛；1988—1996年间批准了34种新结构分子筛；2003—2011年间批准了56种新结构分子筛。到2011年中，结构数已经达到197种。2011年10月15日又批准4种新结构，分别为JST(GaGeO-CJ63)、LTJ(Linde Type J)、NPT(Oxonitridophosphate-2)、*SFV(SSZ-57)，总量增加到201种。最近(2012年10月7日)又批准5种新结构，分别为BOZ(Be-10)、JOZ(LSJ-10)、JSN(CoAPO-CJ69)、JSW(CoAPO-CJ62)、PCR(IPC-4)，总量已经达到206种，见图3-1-1。其中，二十、十八和十四元环结构分子筛有12种，十二元环结构分子筛有56种，十元环结构分子筛有42种，九元环结构分子筛有7种，八元环结构分子筛有62种；硅铝骨架组成的十元环分子筛有20种，十二元环分子筛有19种。从20世纪50年代中A型分子筛工业化应用(吸附脱蜡)以来，五十多年来开发力度持续不减。

ABW	ACO	AEI	AEL	AEN	AET	AFG	AFI	AFN	AFO	AFR	AFS
AFT	AFX	AFY	AHT	ANA	APC	APD	AST	ASV	ATN	ATO	ATS
ATT	ATV	AWO	AWW	BCT	* BEA	BEC	BIK	BOF	BOG	BOZ	BPH
BRE	BSV	CAN	CAS	CDO	CFI	CGF	CGS	CHA	-CHI	-CLO	CON
CZP	DAC	DDR	DFO	DFT	DOH	DON	EAB	EDI	EMT	EON	EPI
ERI	ESV	ETR	EUO	EZT	FAR	FAU	FER	FRA	GIS	GIU	GME
GON	GOO	HEU	IFR	IHW	IMF	IRR	ISV	ITE	ITH	ITR	-ITV
ITW	IWR	IWS	IWV	IWW	JBW	JOZ	JRY	JSN	JST	JSW	KFI
LAU	LEV	LIO	-LIT	LOS	LOV	LTA	LTF	LTJ	LTL	LTN	MAR
MAZ	MEI	MEL	MEP	MER	MFI	MFS	MON	MOR	MOZ	* MRE	MSE
MSO	MTF	MTN	MTT	MTW	MVY	MWW	NAB	NAT	NES	NON	NPO
NPT	NSI	OBW	OFF	OSI	OSO	OWE	-PAR	PAU	PCR	PHI	PON
PUN	RHO	-RON	RRO	RSN	RTE	RTH	RUT	RWR	RWY	SAF	SAO
SAS	SAT	SAV	SBE	SBN	SBS	SBT	SFE	SFF	SFG	SFH	SFN
SFO	SFS	* SFV	SGT	SIV	SOD	SOF	SOS	SSF	SSY	STF	STI
* STO	STT	STW	-SVR	SZR	TER	THO	TOL	TON	TSC	TUN	UEI
UFI	UOS	UOZ	USI	UTL	UWY	VET	VFI	VNI	VSV	WEI	-WEN
YUG	ZON										

图3-1-1 国际分子筛协会批准认定的分子筛结构

三、分子筛特点

分子筛作为一种多孔无机结晶材料，在工业催化领域得到了广泛的应用，这是由于它具有以下特点。

(1) 分子筛具有规则而均匀的孔道结构，即具有特定的孔道及窗口大小尺寸和形状，也具有特定的孔道维数、孔道走向以及孔壁组成和性质。分子筛组成孔口环的尺寸可选择范围很大，目前发现的有八元环(直径约4Å，$1Å=10^{-10}m$)、九元环、十元环、十二元环、十四元环、十六元环、十八元环、二十元环(直径约14.5×6.2Å)、二十八元环、三十元环。

表3-1-1列出了近十年来确定结构的几种特大孔分子筛。

表3-1-1 近十年确定结构的几种特大孔分子筛

分子筛(代码)	孔道结构①	骨架组成	FD②
SSZ-53(SFH)	[001] 14 6.4×8.7*	$B_{1.6}Si_{62.4}O_{128}$	17.9
SSZ-59(SFN)	[001] 14 6.2×8.5*	$B_{0.35}Si_{15.65}O_{32}$	17.8
ECR-34(ETR)	[001] 18 10.1*↔[001] 8 2.5×6.0**	$Ga_{11.6}Al_{0.3}Si_{36.1}O_{96}$	14.7
IM-12(UTL)	[001] 14 7.1×9.5*↔[010] 12 5.5×8.5*	$Ge_{13.8}Si_{62.2}O_{152}$	15.2
ITQ-15(UTL)	[001] 14 6.7×10.0*↔[010] 12 5.8×8.4*	$Ge_8Si_{68}O_{152}$	15.3
ITQ-33(—)	[001] 18 12.2*↔⟨100⟩10 4.3×6.1**	$Ge_{13.8}Al_{1.8}Si_{30.4}O_{92}$	12.3
ITQ-37(-ITV)	⟨100⟩30 4.3×19.3***	$Ge_{80}Si_{112}O_{368}(OH)_{32}$	10.3
ITQ-40(—)	⟨100⟩16 9.4×10.4↔[001] 15 9.9*	$Ge_{32.4}Si_{43.6}O_{150}(OH)_4$	10.1
ITQ-43(—)	[001]28 9.7×21.9*↔[100] 12 6.1×6.8*↔⟨110⟩12 5.7×7.8**	$Ge_{49.6}Si_{110.4}O_{320}$	11.4
ITQ-44(IRR)	[001] 18 12.5*↔⟨100⟩12 6.0×8.2**	$Ge_{16.6}Al_{1.6}Si_{33.8}O_{104}$	10.9

① 引自国际分子筛协会分子筛骨架类型图册；
② 骨架密度(T原子数/nm^3)。

(2) 通过修饰，既可以扩孔，孔口尺寸也可以进一步细调。

(3) 晶体粒子尺寸可以调控，从纳米、亚微米、大到微米甚至十几微米。

(4) 晶体内部结构多种多样，搭建成形状各异、大小不等的笼、穴等孔道。

(5) 晶内空间丰富，构筑出数量可观的晶内表面，大到接近$800m^2/g$以上。

(6) 不仅可通过改变骨架组成，而且通过嫁接，可进一步调节表面亲水、亲油性能。

(7) 骨架主要由硅、铝、磷、钛、硼、锡等元素的原子组成，相对量可调，并且在适宜条件下可进行同晶取代。

(8) 与骨架阴离子平衡的阳离子数量、种类和分布可以按照需要进行调变，交换成H^+型的分子筛，是广泛应用的固体酸催化材料。

(9) 特别是孔口在十二元环以下分子筛的近刚性结构，表现出优异的耐热和水热的结构稳定性。

以上特点使得分子筛表现出其特有的性质。分子筛晶体具有均匀的孔结构，孔径的大小与通常一般分子相当。它们具有很大的表面积，而且表面极性很高。平衡骨架负电荷的阳离子，可进行离子交换。一些具有催化活性的金属也可以交换导入晶体，然后以极高的分散度还原为元素状态。同时，分子筛骨架结构的稳定性很高。这些结构性质，使分子筛成为有效的催化剂和催化剂载体。

四、分子筛在工业催化领域的应用

20 世纪 60 年代中，FAU 型分子筛首次在催化裂化过程应用，转化率和轻质油收率大幅度提升，这一突破被誉为炼油工业史上的一次“革命”。其巨大成功也推动了大规模工业应用的开发。

目前已经得到工业应用的分子筛结构类型有 12 种[4-6]。

（1）具有 FAU 结构的 Y 型分子筛用量最大，年生产量超过 60kt，配制成催化剂接近 200kt，每年近 170 ~180Mt 油用这类催化剂加工，包括催化裂化、加氢裂化、烷基化、烷基转移、酰基化等过程。

（2）MFI 结构分子筛(ZSM-5 属于这类结构)。这种分子筛在多个催化过程中得到了工业应用，应用面最宽。除了应用于催化裂化、催化裂解、催化重整、加氢裂化、烷基化、烷基转移、催化脱蜡、异构化、歧化、芳构化、叠合、重芳烃轻质化等传统炼油过程之外，最近二十多年一直在向精细化工延伸。具有 MFI 结构的全硅分子筛(silicalite-1)作催化剂，已经在环己酮肟气相贝克曼重排无硫酸铵联产制己内酰胺得到工业应用。骨架硅原子由钛原子取代制取的 TS-1 分子筛催化剂，在环己酮氨氧化一步制环己酮肟、丙烯环氧化生产环氧丙烷两过程中也实现了产业化。而具有同样 MFI 结构的 H 型硅铝分子筛是环己烯水合制环己醇和醋酸临氢脱水一步制乙酸乙酯两反应的重要催化剂组分。这类分子筛的阳离子被 K 等碱金属阳离子取代后是乙二胺制三乙基二胺(TEDA)和醛氨法合成吡啶的关键催化剂。进入 21 世纪，用高硅铝比 MFI 结构的 ZSM-5 分子筛催化剂在新型煤化工——甲醇制丙烯(MTP)过程的工业化应用中也取得良好进展；两套装置已经投入工业运转。

（3）具有 BEA 结构的 β 分子筛在催化裂化、加氢、C_5/C_6 异构化、烷基化、烷基转移、重芳烃轻质化、酰基化、氧化等过程得到工业应用。

（4）具有 MOR 结构的丝光沸石在二甲苯异构化、n-C_5/C_6 异构化、重芳烃轻质化、烷基转移、甲醇与氨胺化制甲胺过程中得到了工业应用。

（5）具有 MWW 结构的 MCM-22 分子筛在乙烯苯烷基化、丙烯苯烷基化、烷基转移、重芳烃轻质化催化剂中得到了工业应用。

（6）具有 EUO 结构的分子筛在二甲苯异构化过程中得到了工业应用。

（7）具有 NES 结构的分子筛在二甲苯异构化过程中得到了工业应用。

（8）具有 FER 结构的 Ferrierite 分子筛在正丁烯骨架异构化制异丁烯催化剂中得到工业应用。

（9）具有 AEL 结构的 SAPO-11 分子筛在长链烷烃异构化制润滑油基础油催化剂中得到了工业应用。

（10）具有 TON 结构的 ZSM-22 分子筛在长链烷烃异构化制润滑油基础油、制生物基喷气燃料过程中得到工业应用。

（11）具有 RHO 结构的分子筛在甲醇与氨制甲胺过程得到了工业应用。

（12）具有 CHA 结构的骨架由硅铝磷原子组成的 SAPO-34 分子筛，最近几年，在新型煤化工——甲醇制烯烃 MTO 过程应用中已经取得了成功。这一突破，加上 ZSM-5 分子筛催化的 MTP 过程成功开发，为我国低碳烯烃乙烯、丙烯原料生产减少对石油资源的依赖(年需化工轻油 40Mt 以上)、构建新石油化工格局提供了更多的选择。

这 12 种 8~12 元环的分子筛材料，虽然只占目前分子筛总量的 6%，但是几乎涵盖了所有炼油、石油化工、精细化工和新煤化工过程的催化应用。

分子筛在工业催化应用中的巨大成功，持续不断地推动分子筛在新领域的应用研究与开发。在催化裂化过程中，通过Y型和ZSM-5分子筛的改性和与基质相互作用的不断改进，催化剂的重油转化能力、汽柴油收率、轻烯烃收率和焦炭选择性不断提高，还发挥了降低汽油烯烃和硫含量等的作用。在加氢裂化方面，通过Y型分子筛的改性和活性金属组分的调变，汽油收率和中间馏分油收率不断提高，催化剂抗氮能力提高、操作周期延长。在燃油加氢处理方面，分子筛基催化剂用于中间馏分油脱蜡，降低了柴油倾点和浊点，改善了柴油流动性。在润滑油异构脱蜡方面，通过采用不同分子筛，从ZSM-5到SAPO-11，再到ZSM-22，润滑油收率和黏度指数不断提高，催化剂抗氮能力改善。在烯烃齐聚方面，分子筛代替固体磷酸催化剂，彻底解决了装置腐蚀和床层压降大的问题，催化剂稳定性和再生性能大大改善。此外，基于分子筛催化剂，还开发了许多烯烃齐聚生产高辛烷值汽油、高十六烷值柴油和优质喷气燃料的技术。在轻烯烃生产方面，通过ZSM-5的改性，开发了FCC增产轻烯烃催化剂和助剂，也开发出了DCC、C_4～C_8烃裂化、MTP等多种生产低碳烯烃的技术。另外，开发了SAPO-34的合成和应用于MTO的技术。在二甲苯异构化方面，通过ZSM-5分子筛的不断改性和表面修饰，异构化过程中二甲苯的损失不断降低，操作温度区间不断扩大。在甲苯歧化方面，通过ZSM-5的合成，和对平衡扩散性能和外表面活性的改性，使二甲苯选择性不断提高，操作温度下降。在重芳烃利用方面，分子筛的改性和不同分子筛的匹配，使C_9^+芳烃转化为苯、甲苯和二甲苯，氢油比降低。在轻烃利用方面，通过ZSM-5的改性，使液化气转化为苯和二甲苯。在乙苯合成方面，分子筛代替$AlCl_3$，彻底解决了设备腐蚀和污染问题，同时基于ZSM-5分子筛开发了气相法乙苯技术；基于Y、β、MCM-22开发了液相法乙苯技术；通过分子筛的改性和不同结构分子筛的引入，乙苯合成技术一代代进步，乙苯选择性不断提高，苯烯比下降，能耗下降。在异丙苯合成方面，MCM-22分子筛代替固体磷酸催化剂，活性提高了2倍，寿命和再生性能提高，苯烯比下降。

国内外专家普遍认为，在较长的一段时期，FAU、MFI、BEA、MOR、MWW、CHA等六类分子筛将发挥骨干作用；一些已知结构的分子筛随着应用研究的深入，在一些特定过程中应用将成为可能；新结构分子筛的发现，将为催化材料提供更多的选择。为了推动分子筛合成和应用工作的发展，使分子筛在炼油和石油化工过程中发挥更大作用，应开展三个方面的研究工作。首先，要加强Y、ZSM-5、β、MOR、MCM-22、SAPO-34等分子筛的合成和改性工作，调变其酸性、形貌和孔道结构，或者引入其他组元，赋予它们特定的催化功能，以满足当前炼油和石油化工催化剂的需要；同时，开展这些分子筛合成和改性过程中的节水、减排、降耗工作，使生产过程绿色高效。其次，应结合我国炼油和石油化工的实际需要，加强已知结构分子筛的合成和应用研究，争取使这些分子筛在国际上率先实现工业应用。最后，进行新分子筛的合成研究，获得具有自主知识产权的分子筛产品，为开发独特先进的炼油和石油化工新技术提供有力支撑。

第二节　催化裂解催化材料

丙烯是仅次于乙烯的重要石油化工原料。随着炼油和石油化学工业的不断发展，对丙烯的需求也不断增加，大力发展我国的丙烯生产技术具有很重要的现实意义。目前丙烯的生产主要依靠蒸汽裂解和催化裂化的副产，全球丙烯产量中70%来源于蒸汽裂解，28%来源于催化裂化，2%来源于丙烷脱氢等技术。在我国，催化裂化生产的丙烯占总产量的比例为39%左右，而蒸汽裂解生产的丙烯占总产量的比例约为61%。丙烯是蒸汽裂解的主要产物之一，其产率约为乙烯产率的1/2。现在丙烯需求增长的比例超过了乙烯需求增长的比例，而且蒸汽裂解不能满足需要的丙烯/乙烯平衡。由于我国原油偏重，轻烃和石脑油资源贫乏，靠蒸汽裂解难以满足对丙烯的需求。而催化裂化生产丙烯技术具有原料重质化、产品中丙烯/乙烯比值高以及生产成本低的优点，因此发展多产丙烯的催化裂化技术是适合我国国情的一条技术路线。20世纪80年代初，石油化工科学研究院开始认识到：FCC不应仅生产液体交通燃料，也应同时提供石油化工原料C_3、C_4烯烃；80年代末，该院依据多年在催化裂化工艺和催化剂开发方面所积累的经验，研究开发了DCC催化裂解技术。该技术是以重质原料油为原料，使用裂解催化剂，在较缓和的反应温度下(相对于轻油裂解工艺)进行裂解反应，生成低碳烯烃或异构烯烃和富含芳烃的高辛烷值汽油；从而突破了传统的催化裂化以生产液相产品为主，尤其是以汽油为主的技术路线，促使催化裂化技术向前迈进了一大步。

催化裂解技术中的关键技术之一是，开发了一种含有一定量ZSM-5分子筛的催化剂。ZSM-5分子筛的孔道结构、水热稳定性等性能对催化剂活性及选择性产生直接影响。

一、分子筛孔道尺寸对烃催化裂解性能的影响

分子筛的择形作用基础是它们具有一种或多种大小分立的孔径，其孔径具有分子大小的数量级，即小于1nm，因而有分子筛分效应。催化活性物种被设置在分子筛的孔道之内，是择形性的基础。依据孔大小是否限制反应分子进入和产物分子离开或某些反应过渡态能否形成。择形催化反应常区分为下列几种类型。

1. 对反应物择形

利用分子筛特定的孔结构，使反应混合物中仅有一定形状和大小的分子才能进入分子筛孔内起反应，由此实现对反应产物的择形，如图3-2-1(a)所示。

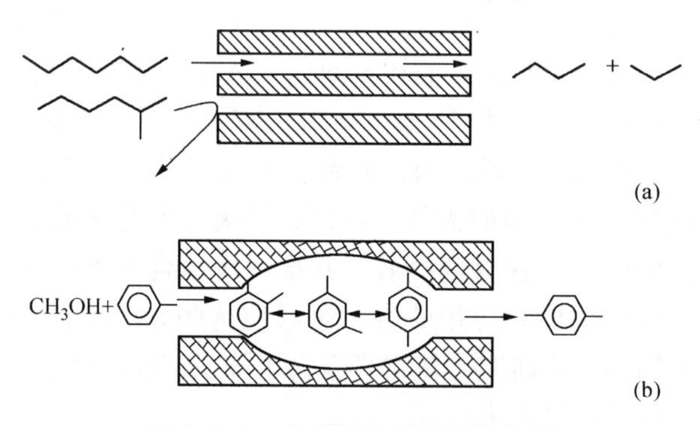

图3-2-1 分子筛的择形催化作用

表3-2-1比较了3-甲基戊烷和正己烷的裂解转化。两种烷烃都能在硅铝催化剂上反应，但在择形催化剂Ca-A上正己烷可以裂解，而3-甲基戊烷转化率则很小，这点活性大概是晶外反应的结果。

表 3-2-1 1773K 下 C_6烷烃的裂解

催化剂	3-甲基戊烷转化率/%	正己烷裂解转化率/%	$i\text{-}C_4/n\text{-}C_4$	$i\text{-}C_5/n\text{-}C_5$
硅-铝	28	12	1.4	10
林德 Ca-A	<1	9.2	<0.05	<0.05

2. 产物选择性

在多种反应生成物中，只有分子尺寸较孔口小者能扩散至晶外变成产物，而较大者或经化学平衡继续转化为可走出通道的分子，或堵塞通道使催化剂失活，如图 3-2-1(b)所示。

表 3-2-1 中产物丁烷和戊烷的异构/正构烃之比值反映了产物选择的特性。在硅铝催化剂上都有较高的比值，丁烷为 1.4，戊烷为 10。而在 Ca-A 催化剂上，实际上认为没有异丁烷和异戊烷的产物，因为即使能在晶内生成也不可能扩散出去。

3. 约束过渡态选择性

约束过渡态选择是指某些反应需要大的对应中间态，而分子筛通道的可用空间太小，禁阻了这种过渡态的生成，以致反应不能进行。若过渡态较小则不受约束，反应不被禁阻，如图 3-2-2 所示。

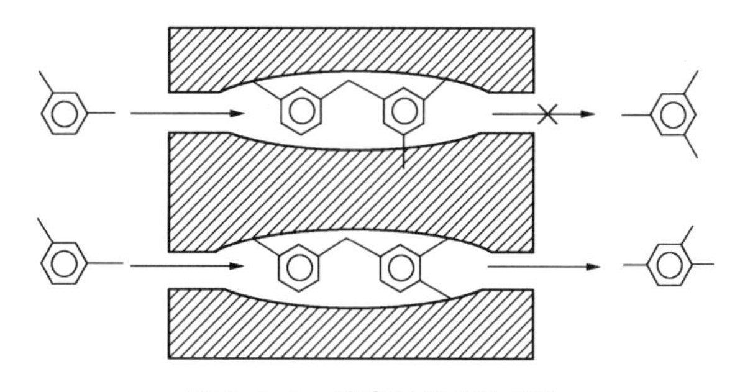

图 3-2-2 约束过渡态选择性

这一选择类型是 1971 年 Csicsery 在研究二烷基苯的烷基转移时提出来的[7]，该反应也就作为约束过渡态选择性的例子。表 3-2-2 列出了有关数据。

表 3-2-2 甲乙苯的烷基转移

催 化 剂	H-丝光沸石	H-Y	硅铝	热力学平衡组成
温度/K	477	477	588	588
1，3-二甲基-5-乙苯占全部 C_{10} 质量分数/%	0.4	31.3	30.6	46.8
1-甲基-3，5-二乙苯占全部 C_{11} 质量分数/%	0.2	16.1	19.6	33.7

注：[K]=[℃]+273.15。

这个反应是酸催化的。一个烷基从一个分子转移到另一个分子，中间须经二苯基甲烷型的过渡态，属双分子反应；产物是单烷基苯和各种三烷基苯异构体；平衡时对称的 1，3，5-三烷基苯是异构体的主要组元。例如，在 588K(315℃)下，甲基二乙基苯的平衡混合物中含有 33.7%的 1-甲基-3，5-二乙基苯。在 H-Y 分子筛和无定形硅铝催化剂上，对称的三烷基苯与其他异构体一起生成，相对浓度接近于平衡组成；但在 H-丝光沸石上，对称的三烷基苯几乎不出现于产物中。这个结果不是由于产物选择，因为在 H-丝光沸石通道内，对称的三烷基苯不是禁阻的。它之所以不能在H-丝光沸石中直接生成，是因为没有足够的空间以满足其巨大过渡态的要求。所以约束过渡态选择性有时又称为空间适应性[8]，其他的三烷基苯因其过渡态较小，故能生成。反应物和产物选择都是扩散限制的，故其反应速率受催化剂颗粒大小的影响，而约束过渡态选择性则否。据此，可以用颗粒度不同的催化剂，通过实验区别这些选择类型。

4. 分子通行控制

许多分子筛，如ZSM-5、镁碱沸石、菱钾沸石等都有孔道尺寸不同的交叉孔道体系。于是产生了一种新类型的择形构思，即：设想反应物分子经由一类通道体系进入催化剂，而产物分子则由另一类通道体系扩散出去，宛如车辆运行，各行其道，互不相撞。而在择形催化中就可减少相迎扩散，提高反应速率。这是择形性的特殊类型，是由Derouane和Gabalica首先提出来的，并为之命名为分子通行控制效应[9]。他们运用这一概念来解释简单分子如甲醇在ZSM-5分子筛上催化转化的结果，认为反应速率不受相迎扩散的影响，较小的原料分子由“Z”字型通道进入，而较大的产物分子则从直通道出去。但这不是直接的反应结果，而是根据吸附数据的推测。因此，这样的解释引起了质疑。能够检验这一效应是否对甲醇转化起作用的办法是在ZSM-5(通道大小不同)和ZSM-11(通道大小相同)上分别进行甲醇转化反应，看结果有无明显差异。对比所得的数据，除产物分布稍有不同外，其催化活性和稳定性并无实质上的差异[10]，这就大大否定了这一效应的重要性。不过，在TMA-菱钾沸石上得到的资料又表明确实存在这一效应[11]。分子运行控制是否只对某些特定体系生效，仍有待讨论。

(一)烃分子在不同孔道尺寸分子筛上的裂解性能

分子筛的基本单元是硅氧四面体和铝氧四面体，硅或铝处于四面体的中心，而氧处于四面体的四个顶点，如图3-2-3所示。

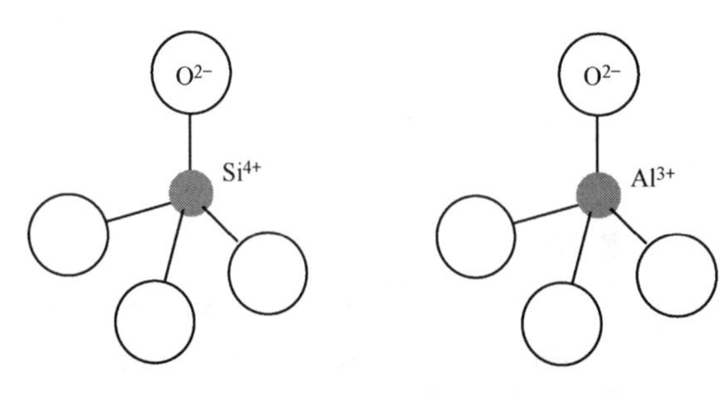

图3-2-3　硅氧四面体和铝氧四面体

各四面体之间借氧桥相连，[AlO_4]四面体间不能直接相连，而间隔以[SiO_4]四面体，这一规则称为Loewenstein规则。常以TO_4代表硅氧四面体和铝氧四面体。分子筛的孔道是由n个T原子所围成的环，即窗口所限定，有四元环、六元环、八元环、十元环及十二元环等。一个元代表一个四面体。

通常，根据孔道环数的大小，可以将分子筛描述为小孔、中孔或大孔分子筛。小孔分子筛，如CHA，其孔道窗口由8个TO_4四面体围成，直径大约为0.38nm；中孔分子筛，如MFI，其孔道窗口由10个TO_4四面体围成，直径大约为0.55nm，大孔分子筛，如FAU、*BEA，它们的孔道窗口由12个TO_4四面体围成，直径大约为0.75nm。孔道的体系可以是一维、二维或三维的，即孔道向一维、二维或三维方向延展。

1. 几种典型的不同环尺寸分子筛

1）FAU结构分子筛

20世纪催化裂化催化剂中广泛使用的Y型分子筛是一种人工合成的硅铝比(SiO_2/Al_2O_3)大于3的FAU结构结晶硅铝酸盐，具有与天然矿物八面沸石(faujasite)相同的硅(铝)氧骨架结

构；结构的基本单元是方钠石。方钠石是由 AlO_4 和 SiO_4 四面体以氧桥相连的三维结构组成的截角八面体。每个方钠石单元与相邻 4 个方钠石单元按四面体结构通过六角棱柱体相联结，构成 Y 型分子筛晶体。Y 型分子筛晶体中含有三维孔道，其中主晶穴为八面沸石笼，笼直径约为 1.18nm，有效体积为 0.85nm^3，主晶孔为十二元环，孔径约为 0.74nm。示意如图 3-2-4 所示。

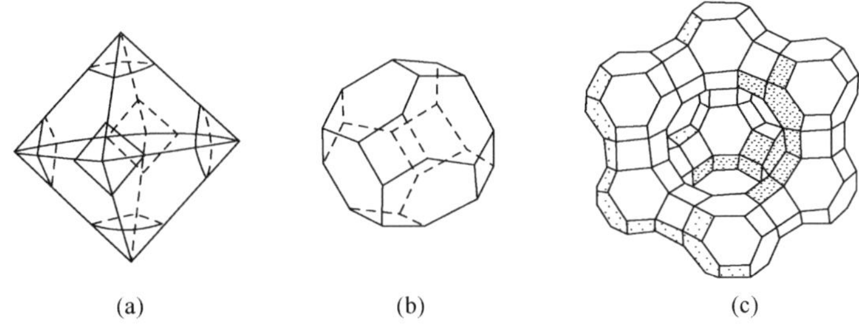

图 3-2-4 β 笼与八面沸石
(a)八面体；(b)β 笼；(c)八面沸石

这种晶体中有三种晶笼，即方钠石笼(有效平均直径 0.66nm)、六角棱柱笼(有效平均直径约 0.25nm)及由方钠石笼和六角棱柱笼围成的椭圆形大笼(也称超笼，有效平均直径 1.25nm)。超笼是 Y 型分子筛的主晶笼。超笼与超笼通过十二元氧环连通；方钠石笼与超笼通过六元氧环或四元氧环连通；六角棱柱笼与方钠石笼及超笼分别通过六元氧环及四元氧环连通。Y 型分子筛具有很大的内表面积(约 500~800m^2/g)，外表面积占总表面积不到 3%；晶体内以三维均匀孔道相通，裂化反应主要是在超笼中进行；超笼的主晶孔仅为 0.74nm，因而仅允许小于此孔径的分子通过主晶孔进入超笼发生反应。Y 型分子筛的硅铝比 $[n(SiO_2)/n(Al_2O_3)]$ 为 3~6，钠型 Y 分子筛的单位晶胞组成为 $Na_{56}(AlO_2)_{56}(SiO_2)_{136} \cdot 250H_2O$，晶胞常数为 2.467nm。

工业上合成 Y 型分子筛的晶化体系含有 Na^+，晶化产物原始 NaY 中每个晶胞一般含有 55 个 Al 原子，138 个 Si 原子，其 SiO_2/Al_2O_3 比在 5 左右[12]，需要通过离子交换、水热焙烧和化学脱铝等方法来调变其骨架组成和骨架外物种分布，以便获得所需的酸性及其催化裂化性能。

20 世纪 60 年代初，Y 型分子筛作为催化裂化催化剂主要活性组元代替无定形硅铝后，根据 RE^{3+} 交换量的不同，先后发展出了 REY、REHY、REUSY 和 USY 等不同类型的 Y 分子筛。由于 RE^{3+} 离子的存在，会明显地影响分子筛晶胞常数的大小，RE^{3+} 离子含量越低，新鲜和平衡剂分子筛的晶胞常数就越小，从而使得分子筛酸中心密度随 RE^{3+} 离子含量的减少而降低，因此对双分子的氢转移反应产生影响。表 3-2-3 列出了不同 Y 型分子筛的裂化选择性。

表 3-2-3 不同 Y 型分子筛的裂化选择性[13]

Y 型分子筛	USY	REUSY	REHY	REY
干气产率	低	低	低	低
C_3/C_4	高	中	中	低
$C_3^=/C_4^=$	高	中	中	低
焦炭选择性	很低	很低	低	中
汽油选择性	中	高	高	高
辛烷值潜能	高	中	低	低
>482℃馏分的裂化活性	中	中	低	低

当分子筛上稀土含量降低时，分子筛的晶胞常数减小，结果可提高丙烯和丁烯的产率。自20世纪80年代开始，采用由水热处理制备的USY型分子筛作催化剂。表3-2-4为REY和USY型催化剂在相同转化率下产品分布的比较。

表3-2-4 REY和USY型催化剂在相同转化率下产品分布[14]

催化剂名称	REY型催化剂	USY型催化剂
转化率/%	72.5	72.5
H_2~C_2产率/%	1.30	1.15
总C_3产率/%	7.9	9.0
$C_3^=$产率/%	6.0	7.6
总C_4产率/%	13.6	15.1
C_5+汽油产率/%	59.0	58.0
轻循环油产率/%	18.1	19.5
>338℃馏分产率/%	9.4	8.0
焦炭产率/%	4.6	4.0

与REY分子筛型催化剂相比，USY型催化剂的汽油辛烷值高，产品分布中液化气和轻循环油产率增加，重循环油、焦炭和干气产率下降，汽油产率略减。其中的丙烯产率从6.0%增加到7.6%。

由此可见，降低Y分子筛稀土含量、提高硅铝比、减小晶胞常数的结果是降低了酸密度、控制了氢转移反应、提高了丙烯和丁烯的产率。但是，采用仅含有Y型分子筛的常规催化裂化催化剂，通过进一步增加苛刻度使丙烯产率再有所增加是不可行的。增加的丙烯必须从C_5~C_{12}汽油馏分的过裂化得到，而该馏分仅通过Y分子筛是难以进一步裂化为轻质烯烃的。因为随着反应苛刻度的提高，氢转移和热裂化反应开始超过β-断裂，此时，C_5~C_{12}汽油馏分产率降低、焦炭和干气产率增加，所以技术经济上是不合算的。

2）MFI结构分子筛

Mobil公司在1972年发明了ZSM-5分子筛。ZSM-5的晶体结构（见图3-2-5）是由硅（铝）氧四面体构成的MFI型结构，每个晶胞含有96个硅（铝）氧四面体，通过共用顶点氧桥形成五元环，依次连接形成两个相交的开口十元环的孔道；但其孔口尺寸稍有差别，一组走向平行于单胞的*a*轴，呈“Z”字形，具有近似圆形的开口，其尺寸为0.53nm×0.56nm；另一组走向平行于*b*轴，是直通道，但为椭圆形开口，其尺寸为0.51nm×0.55nm；通道的相交处直径约0.9nm，并且可能是强酸中心位和活性位[15]。

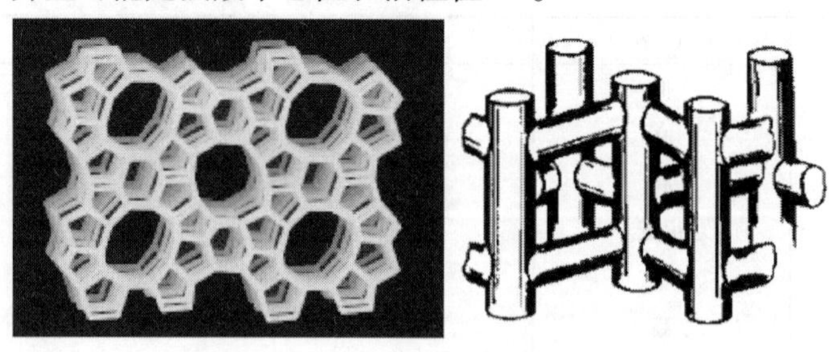

图3-2-5 ZSM-5分子筛结构示意图

ZSM-5 分子筛是现时工业上应用最为广泛的中孔分子筛，它在石油化工各个领域都发挥着重要作用，从 20 世纪 80 年代初已被应用于催化裂化中作为提高汽油辛烷值组分使用；同时，它也是增产低碳烯烃的主要活性组元。

要使丙烯产率增加超过 7%的界线，需要一个最佳化的催化剂体系以选择性地转化汽油馏分，这可以通过使用 ZSM-5 分子筛催化剂来实现。

表 3-2-5 给出了 C_6和 C_7烷烃经过 ZSM-5 时的相对裂化速度。由此可看出，正己烷及正庚烷在 ZSM-5 上的裂化速率最快，一甲基烷烃次之，二甲基烷烃的裂化速率最慢[16]。

表 3-2-5 C_6和 C_7烷烃经过 ZSM-5 时的相对裂化速率[17]

正己烷					

C-C-C-C-C-C
0.71
	C-C-C-C-C
	  |
	  C
	0.38
		C-C-C-C-C
		    |
		    C
		0.22
			C-C-C-C
			  | |
			  C C
			0.09
					C
					  |
					C-C-C-C
					  |
					  C
					0.09

正庚烷					

C-C-C-C-C-C-C
1.00
	C-C-C-C-C-C
	  |
	  C
	0.52
		C-C-C-C-C-C
		    |
		    C
		0.38
			C-C-C-C-C
			    | |
			    C C
			0.09
				C-C-C-C-C
				  | |
				  C C
				0.05
					C
					  |
					C-C-C-C-C
					  |
					  C
					0.07

在催化裂化过程中，汽油和柴油馏分中辛烷值较低的 C_7、C_8以上直链烃类和带一个甲基支链的烃类可以进入择形分子筛孔道，裂化为小分子烯烃和烷烃。但是，由于分子筛骨架并非完全刚性，尺寸比较大的分子(如萘，0.74nm×0.58nm)有时也可以进入 ZSM-5 的孔道中。

由于 ZSM-5 分子筛这种独特的择形催化性质，使之作为助剂添加到催化裂化催化剂时，可将汽油中低辛烷值的组分转化成 LPG、提高汽油的辛烷值(*RON* 和 *MON*)、增加低碳小分子烃的产率，特别是使丙烯、丁烯、异丁烯和异丁烷的产率增加；与此同时，不引起焦炭和重油的增加、干气也仅略有增加[18]。Buchanan 等人[19]研究了加入大量 ZSM-5(占催化剂总量 25%)时一个中型 FCC 装置中所发生的一些变化。表 3-2-6 列出了只用基础催化剂和加入 ZSM-5 时产品产率的变化。

从表 3-2-6 中可以看到添加 ZSM-5 的主要效果是，汽油辛烷值可以增加，汽油(通常是 C_5~C_{12}烃)减少，$C_3^=$、$C_4^=$产品增加，C_{5+}下降。它们主要是烷烃和烯烃，不是芳烃。C_7~C_8烷烃和烯烃各约减少一半，表明在 ZSM-5 的催化作用下，转化为 $C_3^=$、$C_4^=$等较小的烃。

表 3-2-6 添加 25%ZSM-5 时 FCC 轻馏分产率变化(538℃，67%转化率)

催化剂名称	基础催化剂	加 ZSM-5
产品产率/%		
甲烷	1.16	-0.20
乙烷	0.97	-0.21

续表

催化剂名称	基础催化剂	加 ZSM-5
乙烯	0.87	+0.84
丙烷	0.81	+0.56
丙烯	3.49	+5.77
正丁烷	0.41	+0.24
异丁烷	1.60	+1.04
正丁烯	3.48	+1.46
异丁烯	1.70	+1.64
正戊烷	0.29	+0.04
分枝戊烷	1.84	+0.33
正戊烯	2.38	-0.68
分枝戊烯	2.41	+0.67
己烷	1.78	-0.59
己烯	3.88	-1.18
庚烷	1.35	-0.74
庚烯	2.38	-1.86
辛烷	1.00	-0.53
辛烯	1.47	-1.14
C_{5+}汽油	47.85	-11.62

3）* BEA 结构分子筛

β 分子筛是 Mobil 公司 1967 年开发出来的[20]，直到 20 世纪 80 年代后期 Higgins[21-22]和孟宪平[23]等人通过各种表征及模拟手段确立了其三维十二元环孔道和由两种或三种晶相共生的 BEA 型晶体结构。β 分子筛具有两种不同直径的通道，分别约为 0.75nm 和 0.55nm，平均孔径为 0.65nm，但没有超笼结构，因此相对 Y 型分子筛孔径略小。

Mobil 公司研究认为 β 分子筛对烃类具有优异裂化活性[24]，Bonetto 等人[25]以石脑油为原料，也发现 β 分子筛具有突出的裂化活性和异构化性能。此后研究人员多采用模型化合物研究其催化性能及机理[26-29]，但主要限于 C_6~C_8 烷烃，对环烷环结构的模型化合物研究较少。研究表明 β 分子筛对 C_6~C_8 烷烃的裂化活性明显高于 Y 型分子筛。国内有人将 β 分子筛掺入 FCC 催化剂中，研究其对宽馏分的轻柴油及重油的催化裂化性能[30-32]，发现 β 分子筛对柴油馏分的裂化性能较高。

另外，也有研究表明，催化裂化催化剂中添加 β 分子筛可明显提高低碳烯烃收率，且相对含 ZSM-5 系列分子筛助剂的催化剂更有利于提高丁烯尤其是异丁烯的收率[33-34]。研究认为，一方面是因为其氢转移活性介于 Y 型分子筛和 ZSM-5 之间，因而相对于 Y 型分子筛更有利于低碳烯烃生产。另一方面，因为其孔径较 ZSM-5 分子筛大，故对链烷烃择形生成丙烯的性能较低。另外，β 分子筛经过磷或稀土金属改性之后其裂化性能、低碳烯烃生产性能会进一步提高[35]。

2. USY、β和ZSM-5分子筛的比较

USY、β和ZSM-5三种分子筛都已成功工业应用于催化裂解催化剂；它们都是催化裂解催化剂的主要活性组元。下面将这三种分子筛进行比较。

1）酸性质

将USY、β和ZSM-5三种分子筛样品，分别在固定床老化装置上经800℃/4h/100%水蒸气老化处理，然后进行NH_3-TPD酸性质表征，结果示于图3-2-6中。

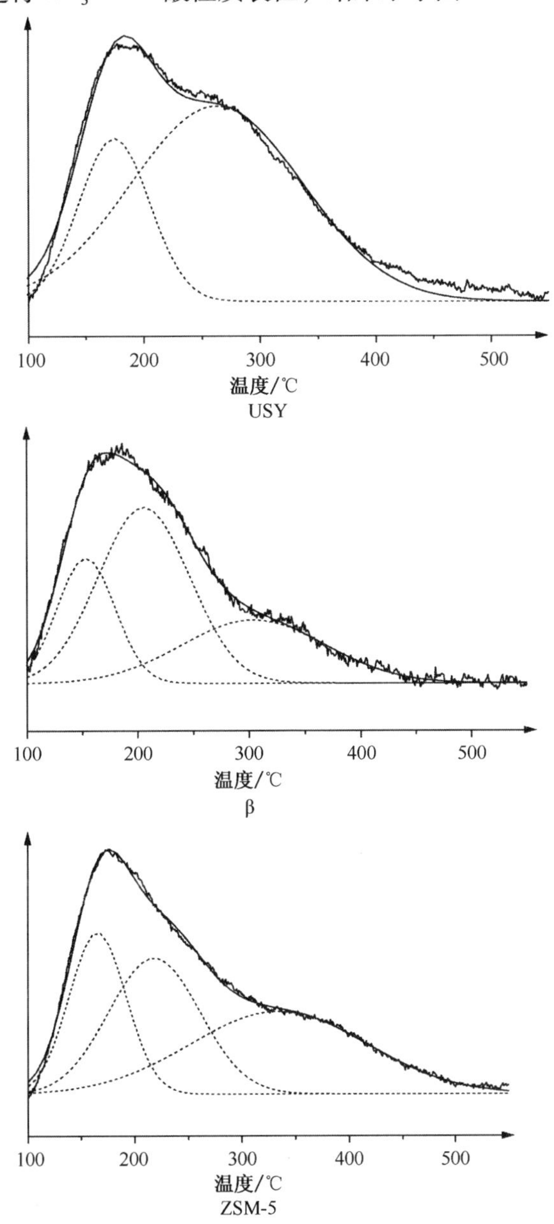

图3-2-6 三种分子筛的NH_3-TPD谱图

通过对三种分子筛的NH_3-TPD谱图的解析可以看到，USY分子筛有两个NH_3脱附峰，其中峰温<200℃脱附峰对应于弱酸中心的吸附；峰温介于200~300℃之间的脱附峰对应于中强酸中心的吸附。β和ZSM-5分子筛除了对应于弱酸和中强酸的脱附峰以外，

还存在峰温>300℃的强酸中心的脱附峰。经过计算可以得到各种酸中心的酸量，结果列于表 3-2-7 中。

表 3-2-7　三种分子筛的表面酸性质

分子筛	第一脱附峰		第二脱附峰		第三脱附峰	
	峰温/℃	酸量/(μmol/g)	峰温/℃	酸量/(μmol/g)	峰温/℃	酸量/(μmol/g)
USY	175	114.72	263	331.25	—	—
β	153	87.76	206	194.85	304	109.19
ZSM-5	165	81.95	218	109.58	334	128.67

从表 3-2-7 中可以看出，ZSM-5 分子筛虽然总酸量最少，但是酸强度最强，并且酸性中心主要集中在强酸中心；USY 分子筛的弱酸和中强酸无论是在酸强度还是酸量上都高于其他两种分子筛，但是它缺乏脱附峰温高于 300℃的强酸中心；β 分子筛则介于两者之间，即有较多的弱酸和中强酸中心，又有一定数量的强酸中心。

2）三种分子筛对正己烷的裂化反应

将水热老化处理后的三种分子筛进行了正己烷裂化性能的评价，结果列于表 3-2-8 中。

表 3-2-8　三种分子筛的正己烷裂化反应结果

分子筛	USY	β	ZSM-5
转化率/%	18.03	53.02	65.64
物料平衡/%			
C_1	0.70	0.48	1.53
C_2	0.97	1.13	4.85
$C_2^=$	1.80	2.77	7.77
C_3	1.11	13.81	12.77
$C_3^=$	4.31	11.38	15.54
总 C_4^o	1.19	7.56	6.62
总 $C_4^=$	2.02	4.98	9.95
$>C_4$	87.90	57.89	40.97
$C_3^=$选择性/%	6.16	21.46	23.82

从表 3-2-8 中可以看出，USY 分子筛的正己烷转化率最低，ZSM-5 分子筛的转化率最高，而 β 分子筛介于 USY 和 ZSM-5 分子筛之间；产品中丙烯的产率也呈同样趋势；相应丙烯选择性 β 分子筛远高于 USY 分子筛而仅次于 ZSM-5 分子筛。

由于正己烷分子尺寸较小，这三种分子筛对正己烷分子均没有扩散的阻碍，但是正己烷的反应活化能较高，需要分子筛比较强的酸性中心裂解。由三种分子筛的酸性分析可知，ZSM-5 分子筛具有最强的酸性中心，因而最容易将正己烷裂化，β 分子筛次之，USY 分子筛虽然酸量最大，但大多为弱酸和中强酸中心，强酸中心基本没有，因此对于具有较高反应活化能的己烷的裂化最难。

3）三种分子筛对正癸烷的裂化反应

将水热老化处理后的三种分子筛进行了正癸烷裂化性能的评价，结果列于表 3-2-9。

表 3-2-9　三种分子筛的正癸烷裂化反应结果

分子筛	USY	β	ZSM-5
转化率/%	51.06	83.72	74.29
产物分布/%			
H_2	0.03	0.11	0.12
C_1	0.26	0.17	0.27
C_2	0.37	0.32	1.03
$C_2^{=}$	0.85	1.32	4.56
C_3	4.11	7.28	11.44
$C_3^{=}$	7.43	14.23	13.60
总 C_4^{o}	8.88	14.27	10.61
总 $C_4^{=}$	6.65	12.34	11.37
$>C_4$	71.42	49.96	47.00
$C_3^{=}$选择性/%	14.55	17.00	18.31

从表3-2-9中可以看出，对于正癸烷裂化反应，分子筛有最高的转化率，同时丙烯产率也最高；ZSM-5分子筛的转化率和丙烯产率次之，最低的是USY分子筛。三者的丙烯选择性ZSM-5分子筛最高、β分子筛居中、USY分子筛最低。

正癸烷与正己烷相比较反应分子更大、活化能较低，比较容易发生裂化反应，从表3-2-9中数据也可以看出，三种分子筛的转化率在相同条件下比正己烷裂化的转化率都有所提高，但β分子筛似乎更容易将正癸烷裂化，丙烯产率也更多，但由于分子筛的孔道择形作用，β分子筛的丙烯选择性稍差于ZSM-5分子筛。

4）三种分子筛对轻柴油的裂化反应

将水热老化处理后的三种分子筛进行了轻柴油裂化性能的评价，结果列于表3-2-10中。

表 3-2-10　三种分子筛上轻柴油裂化反应结果

分子筛	USY	β	ZSM-5
转化率/%	76.41	71.71	39.02
物料平衡/%			
H_2	0.03	0.11	0.05
C_1	0.61	0.36	0.23
C_2	0.56	0.40	0.40
$C_2^{=}$	1.00	1.00	2.93
C_3	1.39	1.81	3.08
$C_3^{=}$	7.44	11.64	9.85
总 C_4^{o}	6.04	7.83	2.48
总 $C_4^{=}$	6.31	11.03	6.86
汽油	52.49	36.58	13.00
柴油	23.59	28.29	60.98
焦炭	0.54	0.95	0.14
$C_3^{=}$选择性/%	9.74	16.23	25.24

从表3-2-10中可以看出，对于轻柴油裂化反应，USY分子筛有最高的转化率，达到76%左右，β分子筛次之，也达71.71%，而ZSM-5分子筛仅有39.02%，这一顺序与三种分子筛的孔径大小顺序相一致，也与三者的酸量大小的排序一致。轻柴油是由C_{15}~C_{24}的各族烃类化合物组成，在孔径最小的ZSM-5分子筛上有明显的空间扩散位阻，故其轻柴油转化率较其他两种分子筛低很多。β分子筛的孔径略小于USY分子筛，在空间位阻和酸性影响下，其轻柴油裂化活性也略低于USY分子筛。

虽然β分子筛的转化率仅比USY分子筛低了近5个单位，但两者在产品分布上有很大差异，其中汽油的收率USY分子筛为52.49%，而β分子筛仅为36.58%，说明USY分子筛更多地将柴油转化成汽油，β分子筛则更多地把汽油进一步裂化成低碳烃类，特别是C_3~C_4。但同时，也表现出比其他两种分子筛略高的焦炭产率和焦炭选择性，这似乎与分子筛所具有的直孔道结构不利于分子的扩散而易结焦有关。

比较还可看出，β分子筛的丙烯产率最高，对丙烯选择性也明显高于USY分子筛。这说明β分子筛在裂化轻柴油时，具有高转化率下的高丙烯产率和高丙烯选择性的特点。

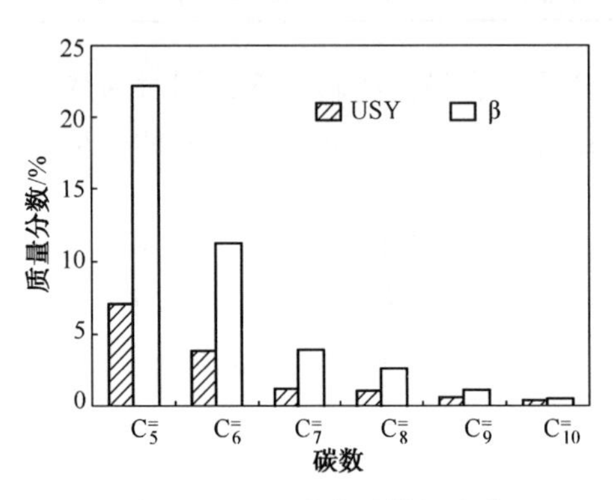

图3-2-7　两种分子筛轻油微反汽油产物中烯烃分布

此外，还将USY分子筛、β分子筛在轻柴油裂化反应中得到的汽油产物进行烃族组成PONA分析，结果示于图3-2-7中。

从图3-2-7中可以看出，β分子筛的汽油烯烃含量远高于USY分子筛，尤其是低碳数烯烃如$C_5^=$~$C_8^=$更为明显，说明β分子筛的烯烃选择性远高于USY分子筛，特别是有突出$C_5^=$~$C_8^=$烯烃选择性和高的产率。J. S. Buchanan等人的研究结果表明，$C_5^=$~$C_8^=$都是ZSM-5分子筛裂化生成丙烯的优良前身物，尤其以裂解$C_5^=$和$C_6^=$对丙烯的选择性最高。由此可以预计β分子筛突出的$C_5^=$~$C_8^=$烯烃选择性将有利于丙烯的生成。

3. 三种分子筛复合后对催化性能及生成丙烯能力的影响

分别将USY、β及ZSM-5分子筛样品进行水热老化处理，再按照不同的比例混合均匀；混合样品在重油催化微活性测定仪上进行重油（VGO）的裂化反应性能研究，结果列于表3-2-11中。可以看出，当用USY、β和ZSM-5三种分子筛进行复配后，在产品分布上，与USY和USY+ZSM-5相比，在兼顾了高的重油转化能力下，液化气及丙烯产率、选择性均为最高。由此认为β分子筛在此起到了“接力”作用，即：USY分子筛先将一些分子尺寸较大的烃分子更多地裂化为汽油馏分的烃分子，再由β分子筛对这部分分子进一步裂化；β分子筛对这部分烃分子有很高的转化能力，具有良好的烯烃选择性，特别是可以获得更多的$C_5^=$~$C_8^=$烯烃分子，这就为ZSM-5分子筛提供了更多的可裂化生成丙烯的前身物。由此，在ZSM-5分子筛的作用下，获得了最大的丙烯产率。正是在各个分子筛的协同“接力”作用下，复合分子筛表现出非常优异的多产液化气及丙烯的能力。这是由于三种分子筛的孔道结构、孔大小和酸性的差异所致。β分子筛在Y和ZSM-5之间有着协同和接力的作用。

表 3-2-11 复配分子筛重油裂化反应性能评价结果

分子筛	USY	USY+ ZSM-5	USY+β	USY+β+ZSM-5
用量/g	3.0	2.0+1.0	2.0+1.0	1.0+1.0+1.0
转化率/%	75.55	72.53	76.28	75.77
干气/%	1.81	2.99	2.15	3.12
液化气/%	20.05	38.35	30.27	39.57
焦炭/%	5.92	5.21	5.98	5.60
丙烯/%	5.84	14.08	9.21	14.86
丙烯选择性/%	7.73	19.41	12.07	19.61

（二）小孔 SAPO 分子筛烃分子催化裂解性能探索

美国 UCC 公司在 20 世纪 80 年代初发明了继硅酸铝分子筛后的第二大类分子筛——磷酸铝分子筛；该类分子筛的特点是其骨架由磷氧四面体和铝氧四面体交替连接而成。由于该分子筛骨架呈电中性，因此没有阳离子交换性能和催化反应性能。磷酸铝分子筛的拓扑结构即包含了一些硅酸铝分子筛已有的拓扑结构，也发现了一些新的磷酸铝分子筛特有的拓扑结构。

在磷酸铝分子筛骨架中引入硅，则成为磷酸硅铝分子筛，即 SAPO 系列分子筛；其分子筛骨架由磷氧四面体、铝氧四面体和硅氧四面体构成。由于骨架带负电荷，骨架外有平衡阳离子存在，因此具有阳离子交换性能。当骨架外阳离子为 H^+时，分子筛具有酸性中心，因此具有酸性催化反应性能。与硅酸铝骨架分子筛相比，磷酸硅铝分子筛酸强度较弱。

磷酸硅铝分子筛由于具有特殊的孔结构和中等强度的酸性中心，使其能够有效地控制聚合反应，而具有较高的低碳烯烃选择性，这将有助于多产低碳烯烃。

表 3-2-12 列举了三种典型的 SAPO 分子筛的性质。

表 3-2-12 SAPO 系列分子筛的物化性质

SAPO-11

物相：AEL 结构

孔道结构：一维十元环孔道，孔径 0.65nm×0.40nm

化学组成/%：Al_2O_3 44.1；SiO_2 5.6；P_2O_5 50.3

晶粒大小：1~2nm

BET 孔参数：S_{BET} 188m²/g；$S_{内}$ 166m²/g；$V_{孔}$ 0.176mL/g；$V_{微孔}$ 0.077mL/g

SAPO-34

物相：CHA 结构

孔道结构：三维八元环孔道，孔径 0.38nm×0.38nm

化学组成/%：Al_2O_3 45.6；SiO_2 12.4；P_2O_5 50.0

晶粒大小：1~2nm

BET 孔参数：S_{BET}：575m²/g；$S_{内}$：555m²/g；$V_{孔}$：0.307mL/g；$V_{微孔}$：0.258mL/g

SAPO-41

物相：AFO 结构

孔道结构：一维十元环孔道，孔径 0.70nm×0.43nm

化学组成/%：Al_2O_3 43.0；SiO_2 5.4；P_2O_5 51.6

晶粒大小：1~2nm

BET 孔参数：S_{BET} 179m²/g；$S_{内}$ 138m²/g；$V_{孔}$ 0.161mL/g；$V_{微孔}$ 0.064mL/g

1. SAPO 系列分子筛的水热活性稳定性

以具有 MFI 结构的 ZSM-5 分子筛作为对比，将 SAPO 系列分子筛样品分别在固定床老化装置上经 800℃、4h、100%水蒸气老化处理，然后对老化前后的分子筛在纯烃微分微反装置和 WFS-1D 自动微反活性评价仪上进行正己烯、正己烷和轻柴油的裂化反应，结果列于表 3-2-13~表 3-2-15 中。

表 3-2-13　SAPO 系列分子筛水热活性稳定性——正己烯裂化

分子筛	正己烯转化率/%		活性保留/%
	新鲜	800℃、4h	
ZSM-5	99.65	97.89	98.23
SAPO-11	90.45	60.20	66.56
SAPO-34	65.66	52.45	79.89
SAPO-41	94.23	86.20	91.47

表 3-2-14　SAPO 系列分子筛水热活性稳定性——正己烷裂化

分子筛	正己烷转化率/%		活性保留/%
	新鲜	800℃、4h	
ZSM-5	60.57	54.97	90.75
SAPO-11	31.26	16.24	51.95
SAPO-34	26.81	15.20	56.69
SAPO-41	38.19	18.18	47.60

表 3-2-15　SAPO 系列分子筛水热活性稳定性——轻油微活

分子筛	轻油转化率/%		活性保留/%
	新鲜	800℃、4h	
ZSM-5	39.08	36.27	92.80
SAPO-11	23.58	12.38	52.50
SAPO-34	16.31	12.11	74.25
SAPO-41	29.58	14.33	48.44

从表 3-2-13~表 3-2-15 可以看出，ZSM-5 分子筛对正己烯有很高的转化率，老化前后分别达到 99.65%和 97.89%，活性保留达 98.23%；对正己烷裂化，老化前后的转化率为 60.57%和 54.97%，活性保留均达到了 90.75%；对轻柴油的裂化，老化前后的转化率为 39.08%和 36.27%，活性保留也达到了 92.80%。可见，具有 MFI 结构的 ZSM-5 分子筛表现出优异的水热活性稳定性。

与之相对照，在正己烯的裂化中，新鲜的 SAPO-11、SAPO-34 和 SAPO-41 分子筛的转化率分别达到 90.45%、65.66%和 94.23%，老化后仍能保持较高的转化率，活性的保留在 66%~90%，这说明磷硅铝的分子筛对正己烯的裂化，虽然不及 ZSM-5 分子筛，但仍可以有较好的水热活性稳定性。

但对于正己烷和轻柴油的裂化，新鲜的 SAPO-11、SAPO-34 和 SAPO-41 分子筛均表现出较低的转化能力；经过老化后的三种分子筛正己烷转化率和轻柴油转化率更低，活性保留仅为40%~60%，表现出较差的水热活性稳定性，将难以适应催化裂化苛刻的水热环境。

2. SAPO 系列分子筛对正己烯的裂化

将新鲜的 SAPO 系列分子筛和 800℃、4h、100%水蒸气老化处理的样品，在纯烃微分微反装置上以正己烯为原料进行反应，并于反应开始后 20s 采集产物样品进行分析；同时以 ZSM-5 分子筛为对比。反应结果列于表 3-2-16 和表 3-2-17 中。

表 3-2-16　新鲜 SAPO 系列分子筛上正己烯裂化评价结果

分子筛	ZSM-5	SAPO-11	SAPO-34	SAPO-41
转化率/%	99.65	90.45	65.66	94.23
物料平衡/%				
C_1	1.60	0.34	0.67	0.59
C_2	2.90	0.38	0.91	0.72
$C_2^=$	7.35	4.16	5.44	4.87
C_3	16.22	1.91	5.32	2.94
$C_3^=$	12.28	45.38	18.46	33.99
总 C_4^o	15.09	0.32	0.51	3.88
总 $C_4^=$	11.25	20.16	11.84	17.77
$>C_4$	33.31	27.35	56.85	35.24
C_3~C_4收率/%	54.84	67.77	36.13	58.58
$C_3^=$选择性/%	12	50	28	36
$C_3^=$/总 C_3	0.43	0.96	0.78	0.92
C_3~C_4中 $C_3^=$含量/%	22.39	66.96	51.09	58.02

表 3-2-17　老化处理后 SAPO 系列分子筛上正己烯裂化评价结果

分子筛	ZSM-5	SAPO-11	SAPO-34	SAPO-41
转化率/%	97.89	60.20	52.45	86.20
物料平衡/%				
C_1	0.34	0.24	0.46	0.82
C_2	0.50	0.28	0.47	0.91
$C_2^=$	7.49	1.50	3.57	2.63
C_3	3.72	0.26	1.88	0.80
$C_3^=$	24.50	31.86	12.96	34.19
总 C_4^o	7.06	0.00	0.10	0.82
总 $C_4^=$	30.02	4.58	5.42	8.34
$>C_4$	26.37	61.28	75.14	51.49
C_3~C_4收率/%	65.30	36.70	20.36	44.15
$C_3^=$选择性/%	25	53	25	40
$C_3^=$/总 C_3	0.87	0.99	0.87	0.98
C_3~C_4中 $C_3^=$含量/%	37.52	86.81	63.65	77.44

表3-2-16中数据表明，新鲜的SAPO系列分子筛对正己烯的裂化活性与ZSM-5分子筛是比较接近的，只有SAPO-34分子筛的转化率低一些，为65.66%；从产品分布来看，SAPO系列分子筛的丙烯收率均高于ZSM-5分子筛，其中SAPO-11达到45.38%，SAPO-34也有18.46%；从丙烯/转化率、$C_3^=$/总C_3和在C_3~C_4中$C_3^=$质量分数等三组数据来看，三种SAPO分子筛对丙烯的选择性也优于ZSM-5分子筛。

表3-2-17数据表明，水热老化后SAPO-41分子筛对正己烯的转化率仍然比较高，达到86.20%，表现出较好的对己烯裂化的水热活性稳定性，其他依次为SAPO-11和SAPO-34分子筛；从产品分布看，除SAPO-34的丙烯产率较ZSM-5低外，老化后SAPO-11和SAPO-41分子筛的丙烯产率则明显高于ZSM-5分子筛，分别达到31.86%和34.19%，而ZSM-5为24.50%；从丙烯/转化率、$C_3^=$/总C_3数据来看，老化后的SAPO-11和SAPO-41分子筛对丙烯的选择性同样优于ZSM-5分子筛，但SAPO-34分子筛则无优势。

SAPO-11分子筛和SAPO-41分子筛的孔径尺寸比较接近，为扁圆型孔道，宽度略小于ZSM-5分子筛，说明分子筛孔径的适度缩小有利于提高低碳烯烃的择形作用。SAPO-34分子筛的孔径尺寸则明显小于其他分子筛，过小的孔道可能会产生较大的分子扩散阻碍，产物分子不能及时扩散出孔道而加剧二次反应的发生，因而导致转化率低、丙烯生成能力差、丙烯选择性不高。

3. SAPO系列分子筛对轻柴油的裂化

将新鲜的SAPO系列分子筛和800℃、4h、100%水蒸气老化处理的样品，在WFS-1D自动微反装置上以轻柴油为原料进行反应，反应温度550℃，同时以ZSM-5分子筛为对比样。反应结果列于表3-2-18和表3-2-19中。从表中可以看出，新鲜SAPO系列分子筛的轻柴油转化率明显低于ZSM-5分子筛，老化处理后，这种活性的差距进一步拉大。这种变化的趋势同样反映在丙烯的产率上：新鲜的ZSM-5、SAPO-11、SAPO-34和SAPO-41分子筛的丙烯产率分别为6.15%、4.30%、1.75%、6.63%，而老化后则分别为8.04%、1.40%、0.73%和0.77%，老化后的SAPO分子筛表现出很低的丙烯生成能力，SAPO-34为最低。

表3-2-18　新鲜SAPO系列分子筛轻柴油裂化评价结果

分子筛	ZSM-5	SAPO-11	SAPO-34	SAPO-41
转化率/%	39.08	23.58	16.31	29.58
物料平衡/%				
H_2	0.11	0.05	0.07	0.07
C_1	0.47	0.29	0.31	0.29
C_2	0.87	0.37	0.28	0.44
$C_2^=$	3.63	0.81	0.91	0.96
C_3	6.89	0.40	0.48	0.71
$C_3^=$	6.15	4.30	1.75	6.63
总C_4^o	4.67	0.32	0.23	0.55
总$C_4^=$	3.32	2.63	1.10	5.52
汽油	12.77	14.13	10.77	14.27
柴油	60.91	76.42	83.69	70.42

续表

分子筛	ZSM-5	SAPO-11	SAPO-34	SAPO-41
焦炭	0.21	0.28	0.41	0.14
液化气收率/%	21.03	7.65	3.56	13.41
$C_3^=$选择性/%	15.7	18.2	10.7	22.4
$C_3^=$/总C_3	0.47	0.91	0.78	0.90
液化气中$C_3^=$含量/%	29.24	56.21	49.15	49.44

表 3-2-19 老化后 SAPO 系列分子筛轻柴油裂化评价结果

分子筛	ZSM-5	SAPO-11	SAPO-34	SAPO-41
转化率/%	36.27	12.38	12.11	14.33
物料平衡/%				
H_2	0.05	0.03	0.03	0.04
C_1	0.24	0.23	0.27	0.26
C_2	0.41	0.24	0.26	0.25
$C_2^=$	2.87	0.43	0.57	0.41
C_3	3.31	0.15	0.15	0.11
$C_3^=$	8.04	1.40	0.73	0.77
总C_4^o	2.69	0.04	0.02	0.07
总$C_4^=$	5.45	0.74	0.36	0.35
汽油	13.07	8.99	9.44	11.93
柴油	63.73	87.62	87.89	85.67
焦炭	0.14	0.14	0.28	0.14
液化气收率/%	19.50	2.34	1.25	1.30
$C_3^=$选择性/%	22.2	11.3	6.0	5.4
$C_3^=$/总C_3	0.71	0.90	0.83	0.88
液化气中$C_3^=$含量/%	41.24	59.98	58.40	59.23

相对于丙烯的产率，SAPO 系列分子筛比 ZSM-5 分子筛有更高的的 $C_3^=$/总 C_3比值和丙烯质量分数，无论老化前后 $C_3^=$/总 C_3比值都在 0.9 左右，丙烯在 C_3~C_4间的质量分数均在 49%~59%之间，其中 SAPO-11 为最高，SAPO-34 分子筛为最低，但 SAPO-34 焦炭产率却明显高于其他两种 SAPO 分子筛，这可能是由于 SAPO-34 分子筛过小的孔道导致产物分子不能及时扩散出孔道而在孔道内发生二次反应的结果。

4. SAPO 系列分子筛高丙烯选择性的机理探讨

从以上结果可以看出，与 ZSM-5 分子筛相比较，小孔硅铝磷分子筛具有非常优异的丙烯选择性，特别是在正己烯的裂化反应中尤为突出。为此，对 SAPO 系列分子筛的这种特性做了初步的探讨。

首先，采用吡啶吸附红外光谱法测定了 SAPO 系列分子筛与 ZSM-5 分子筛的酸性，确定酸量所用的吸收系数为：$\varepsilon_B = 0.059cm^2/\mu mol$；$\varepsilon_L = 0.084cm^2/\mu mol$[36]。对比数据如

表3-2-20所示。可以看出小孔硅铝磷分子筛酸密度比ZSM-5分子筛低得多，由此造成裂化活性较低；同时，氢转移活性也较低，有利于烯烃选择性的提高。

表3-2-20 SAPO系列分子筛与ZRP分子筛的FT-IR酸性 单位：μmol/g

分子筛	200℃(表面酸性)				350℃(表面酸性)			
	B	L	B+L	B/L	B	L	B+L	B/L
ZSM-5	354.20	39.30	393.50	9.00	264.40	28.60	293.00	9.30
SAPO-11	79.66	103.57	183.23	0.77	52.54	28.57	81.11	1.84
SAPO-34	30.51	3.57	34.08	8.54	15.25	1.19	16.44	12.81
SAPO-41	76.27	30.95	107.22	2.46	45.76	15.48	61.24	2.96

另一方面，从分子筛孔道构型来分析。Mirodatos等人[37-38]发现在一定温度下，正庚烷、正辛烷和正癸烷在ZSM-5、ERI、H-OFF、K-OFF、MOR、HNaY以及HNaX等几种分子筛上的裂化反应总C_3/总C_4值可以作为衡量分子筛孔道结构的指标(如表3-2-21)。一般而言，总C_3/总C_4值也是衡量丙烯产率的一个重要参数。

表3-2-21 分子筛上烷烃裂化的总C_3/总C_4值

分子筛	孔道类型	笼尺寸/nm	孔径/nm	总C_3/总C_4		
				n-C_7^0	n-C_8^0	n-C_{10}^0
ZSM-5	直孔道 交叉孔道	0.9	0.53×0.56 0.51×0.55	1.22	1.1	3.1
ERI	笼	1.3×0.63	0.36×0.51	1.7	1.2	2.3
H-OFF	钠菱沸石+直孔道	0.65×0.78	0.36×0.49 0.67×0.68	0.96	0.77	1.68
K-OFF	直孔道		0.67×0.68	0.83	0.45	1.27
MOR	直孔道		0.65×0.7	0.86	0.43	1.39
HNaY	超笼	1.2	0.74	0.8	0.48	1.3
HNaX	超笼	1.2	0.74			1.03

由表3-2-22可知，不同孔结构的分子筛总C_3/总C_4值不同。并且随着孔径尺寸的减小总C_3/总C_4值提高，到孔径约0.5nm的ZSM-5达到最大，而孔径减小到约0.4nm的毛沸石总C_3/总C_4值不再增加。这可能与其具有体积较大的笼有关。作者认为，总C_3/总C_4值的增加与单分子裂化的比例增加有关，并且认为以下因素对单分子裂化反应是有利的：

(1) 分子筛具有较小的直径或弯曲的孔道；

(2) 分子筛孔道或笼内负电荷密度降低；

(3) 分子筛孔道阳离子位上有极化能力强的多价阳离子。

除了反应空间狭小有利于单分子反应外，分子筛孔径变小，孔道内的电场强度增大，分子筛与正碳离子的相互作用增强[39]。氧原子的溶剂化效应，使正碳离子的正电荷分散到分子筛骨架[40]，也使正碳离子的稳定性增加。分子筛的孔径越小，分子筛孔壁氧原子与正碳离子距离越小，这种作用就越强。它可以拉平伯碳、仲碳和叔碳正碳离子之间的能量差异，即缩小了各种正碳离子的稳定性差异，亦也即缩小了各种正碳离子反应的速率差异，这样能量不利的伯碳正碳离子形成的几率就越大。另外，分子筛孔径缩小，对正碳离子的快速异构化反应产生空间位阻，阻止支链化程度高的正碳离子生成，也影响丙烯产率。

因此，从分子筛结构的角度讲，孔径较小的分子筛可以增加丙烯产率。它主要从三种途径影响丙烯产率：①提高单分子裂化的比例；②减小各种正碳离子反应速度的差异；③限制支链化程度高的正碳离子形成。中孔分子筛 ZSM-5 增产丙烯主要是途径①的作用。而对于小孔分子筛，可以预期途径①、②和③将同时起作用。

小孔硅铝磷分子筛是椭圆形孔道，SAPO-11 的孔径为 0.65nm×0.40nm，SAPO-41 的孔径为 0.70nm×0.43nm，SAPO-34 的孔径为 0.38nm×0.38nm；ZRP 分子筛的孔径为 0.53nm×0.56nm，因此，SAPO 系列分子筛所拥有的较小的孔径也是其具有高丙烯选择性的重要原因。

5. ZSM-5 分子筛与小孔硅铝磷分子筛复合初探

在烃分子裂化反应中，小孔硅铝磷分子筛由于酸性较弱、水热稳定性差，因而对正己烷和轻柴油的裂化活性与 ZSM-5 分子筛相比差距较大。但在正己烯的裂化反应中，即使是在水热老化后，SAPO 分子筛仍具有较高的裂化活性，同时小孔硅铝磷分子筛的丙烯选择性要远高于 ZSM-5 分子筛。为了充分利用 SAPO 分子筛丙烯选择性高的特点，同时弥补其裂化活性低的不足，对 SAPO 分子筛和 ZSM-5 分子筛复合后的裂化性能进行了研究。

在 SAPO 系列分子筛中选择活性较高、丙烯选择性较好的 SAPO-11 和 SAPO-41 分子筛，和 ZSM-5 分子筛样品分别进行 800℃、4h 水热老化处理，然后按照一定的比例混合均匀，混合样品在 WFS-1D 自动微反活性评价仪上进行正癸烷裂化反应性能的评价，结果列于表 3-2-22 和表 3-2-23 中。

表 3-2-22 SAPO-11 复配分子筛正癸烷裂化评价结果

分子筛	ZSM-5	SAPO-11	ZSM-5+SAPO-11
分子筛用量/g	3.0	2.0	2.0+1.0
转化率/%	83.39	7.30	84.93
产物分布/%			
H_2	0.12	0.01	0.12
C_1	0.33	0.11	0.33
C_2	1.20	0.27	1.23
$C_2^=$	5.38	0.37	6.11
C_3	14.82	0.28	14.62
$C_3^=$	13.68	1.95	15.47
总 C_4^o	13.36	0.31	13.54
总 $C_4^=$	11.06	1.46	11.87
$>C_4$	40.05	95.24	36.71
液化气收率/%	52.92	4.00	55.50
$C_3^=$/总 C_3	0.48	0.87	0.51
液化气中 $C_3^=$ 含量/%	25.85	48.75	27.87

表 3-2-23 SAPO-41 复配分子筛正癸烷裂化评价结果

分子筛	ZSM-5	SAPO-41	ZSM-5+SAPO-41
分子筛用量/ g	3.0	2.0	2.0+1.0
转化率/%	83.39	7.12	85.38
产物分布/%			
H_2	0.12	0.01	0.13
C_1	0.33	0.11	0.32
C_2	1.20	0.25	1.23
$C_2^=$	5.38	0.35	6.06
C_3	14.82	0.33	14.45
$C_3^=$	13.68	1.71	15.32
总 C_4^o	13.36	0.38	13.30
总 $C_4^=$	11.06	1.28	11.65
$>C_4$	40.05	95.58	37.54
液化气收率/%	52.92	3.70	54.72
$C_3^=$/总 C_3	0.48	0.84	0.51
液化气中 $C_3^=$ 含量/%	25.85	46.22	28.00

从表中可以看出，SAPO-11 和 SAPO-41 分子筛的正癸烷裂化活性远远低于 ZSM-5 分子筛。当 SAPO-11 或 SAPO-41 分子筛取代部分 ZSM-5 分子筛后，与纯 ZSM-5 分子筛相比较，正癸烷转化率不但没有减低，反而略有增加，液化气收率提高，丙烯收率提高近 2 个百分点，从 $C_3^=$/总 C_3以及液化气中 $C_3^=$ 质量分数来看，复合分子筛的丙烯选择性明显改善，表现出较好的应用前景。

以上研究结果表明，对于以重质油为原料的 DCC 催化裂解工艺，为了确保重质油转化能力，使用 Y 型分子筛是必要的，而为了获得高的低碳烯烃收率和高辛烷值汽油，ZSM-5 分子筛是最佳选择。在此基础上搭配使用 β 分子筛，丙烯收率和选择性可得到进一步提升，而小孔分子筛的复合使用也有望进一步提升催化剂的多产低碳烯烃性能。

二、水热活性稳定性及其调变方法

早期的催化裂化催化剂采用的是无定形硅酸铝；20 世纪 60 年代以来广泛采用以分子筛为活性组元的裂化催化剂。目前工业裂化催化剂中最常用的是以 Y 型分子筛作为主要活性组元。80 年代以后，含择形分子筛 ZSM-5 的催化剂在 FCC 装置上开始投入工业应用，达到了增产 $C_3^=$和 $C_4^=$产率，并提高汽油辛烷值的目的[41-42]。但这类 ZSM-5 的最大弱点是活性稳定性差，在 FCC 装置苛刻的周期性再生条件下易失活。

高温水蒸气处理的 HZSM-5 分子筛，尤其是高温水蒸气处理的低硅铝比 HZSM-5 分子筛，其骨架 Al 非常活跃；这些铝原子脱离骨架负电荷的束缚，进入分子筛的孔道，形成大量的非骨架铝原子。非骨架 Al 原子不仅会堵塞分子筛孔道、限制反应物分子的扩散，而且会成为催化剂新的结焦中心。催化剂再生时，焦炭燃烧产生大量的热会进一步破坏分子筛的骨架结构。在催化裂化过程中，ZSM-5 分子筛经过几个反应、再生周期后，分子筛的活性损失非常明显。

表 3-2-24 和表 3-2-25 列出了 USY 分子筛和 HZSM-5 分子筛在水热处理后结晶度和微反活性的变化。

表 3-2-24　水热处理前后分子筛结晶度

样品名称	新鲜样	800℃、4h、100%水蒸气处理	结晶保留度	820℃、17h、100%水蒸气处理	结晶保留度
USY	66.7	47.3	70.9%	38.9	58.3%
HZSM-5	100	83.1	83.1%	73.7	73.7%

表 3-2-25　分子筛轻油微反活性

样品名称	微反活性/%	
	800℃/4h	800℃/17h
USY	51	44
HZSM-5	12	8

由表中数据可以看出，与 USY 分子筛相比较，HZSM-5 分子筛的结构稳定性较好，而活性稳定性极差，在催化裂解苛刻的周期性再生条件下，ZSM-5 迅速失活，这不仅使装置中这类组元的功能下降，而且由于和主要活性组元 Y 型分子筛的失活速度不匹配，失活的 ZSM-5 实际上稀释了在装置中 Y 型分子筛组元的含量，降低了装置所需的平衡活性，难以维持正常操作，因此需要对 HZSM-5 分子筛进行改性以提高其水热稳定性。

在催化裂解过程中，由于多聚、脱氢环化等副反应与裂解历程的共存，酸性硅酸铝分子筛表面上极易产生积炭物种，导致活性位丧失。在原料气中添加一定量的水蒸气能有效防止积炭，延长催化剂的寿命[43]。但高温水蒸气过程易造成硅酸铝分子筛骨架铝的脱除而丧失活性位。因此，开发水热稳定性高、抗积炭性能好的催化剂是增产丙烯的一项关键技术。

分子筛的水热稳定性可以细分为结构稳定性和活性稳定性。结构稳定性可以用水热处理后的结晶保留度来表示；活性稳定性则可以用水热处理后的轻油微反活性指数进行评价。两者结合可以反映分子筛活性中心在水热环境下的衰减程度。

分子筛的择形作用基础是它们具有一种或多种大小分立的孔径，其孔径具有分子大小的数量级，即小于 1nm，因而有分子筛分效应。在孔结构具有择形作用的前提下，其酸性对于催化性能的影响便是决定因素。

分子筛的主体拓扑结构由硅氧四面体按照一定的规律连接而成，当其骨架上的 Si^{4+} 被 Al^{4+} 取代时，会在分子筛骨架中引入一个负电荷，该负电荷则需要被阳离子补偿[44]。正是补偿电荷的离子使分子筛具有特定的酸性和催化性能。质子交换的分子筛具有较高的催化活性，主要是由于 B 酸（质子酸）和 L 酸（非质子酸）的存在。B 酸主要存在于分子筛晶体内，以硅铝桥轻基的形式存在[45]，如图 3-2-8 所示。

B 酸能给出质子，L 酸能接受电子对。两种酸可以相互转化，如图 3-2-9 所示。

B 酸的强弱是指它给出质子的能力，由硅铝桥羟基中 O—H 键的振动决定，若 O—H 键极化弱，质子所带正电荷降低，质子的易动性小，则酸性较弱，反之则较强。而 L 酸主要存在于分子筛的结构缺陷和额外骨架铝中，其酸性强弱是指它接受电子对的能力，由阳离子

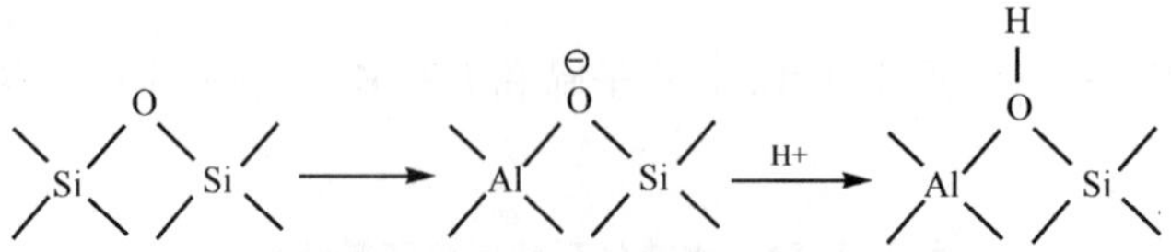

图 3-2-8　分子筛 B 酸形成机制

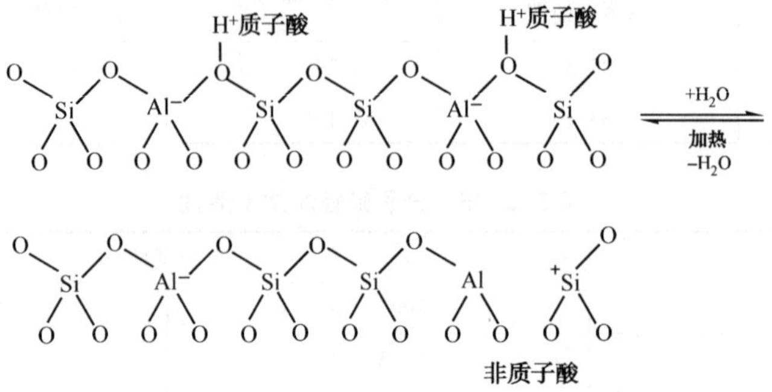

图 3-2-9　分子筛上质子酸与非质子酸的转化

对孤对电子的吸引能力决定。

酸密度：简称酸度，指单位质量（或表面积）催化剂的酸量，常以 mmol/g（mmol/m^2）表示。对于分子筛还可以表示为酸点数/单晶胞。

在一定条件下，分子筛内同时存在着 B 酸与 L 酸。分子筛的 B 酸性来自它的结构羟基。结构羟基产生的途径主要有两种。

（1）铵型分子筛分解（见图 3-2-10）：

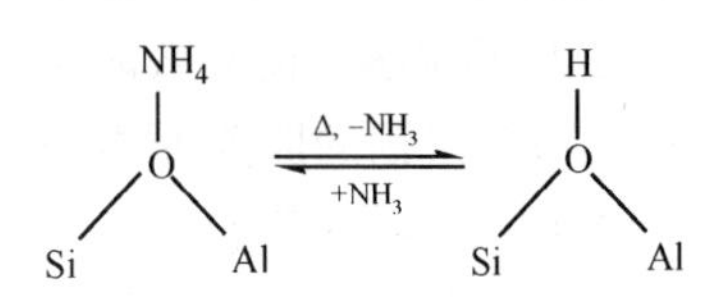

图 3-2-10　铵型分子筛分解示意图

（2）多价阳离子的水合解离（见图 3-2-11）：

例如 NaY 分子筛经离子交换后可得 CaY、MgY 以及 REY 等分子筛，RE 代表稀土离子。目前工业上主要采用混合稀土阳离子（包括 La、Ce 等）。如工业上采用 REY 分子筛作为活性组分，一方面是由于其酸性强带来的高活性，另一方面是其稳定性好于其他离子交换的分子筛。

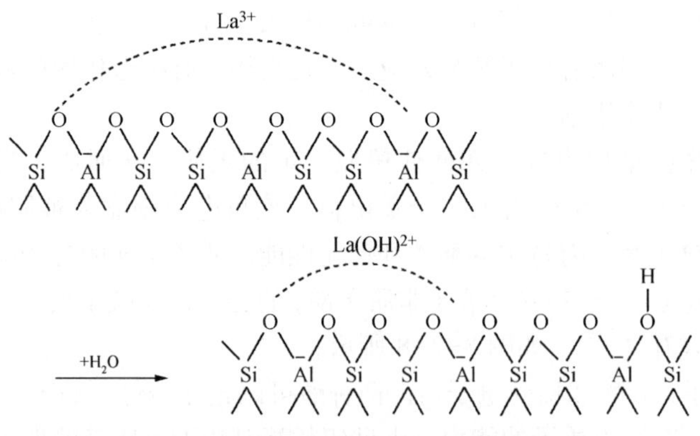

图 3-2-11　多价阳离子的水合解离示意图

关于分子筛内 L 酸的产生，一般的解释是结构羟基脱除导致 L 酸中心的形成（见图 3-2-12）。

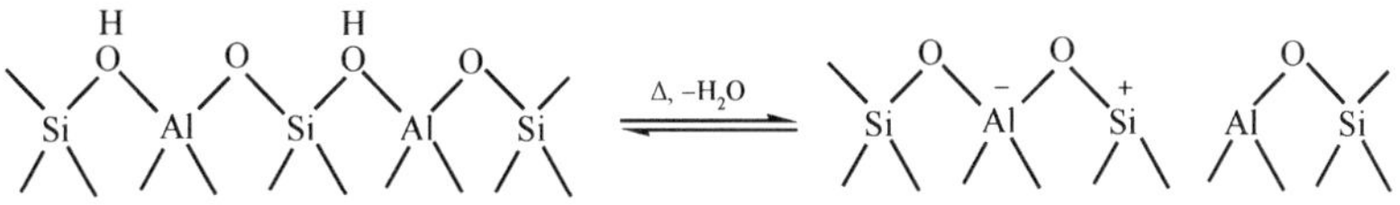

图 3-2-12　L 酸中心形成示意图(1)

另有人提出[46]，上式内的三配位铝不稳定而被挤出晶格成为铝氧物种，它是 L 酸中心，而且此铝氧物种为六配位的铝化合物，这已为核磁共振测试的结果证实(见图 3-2-13)。

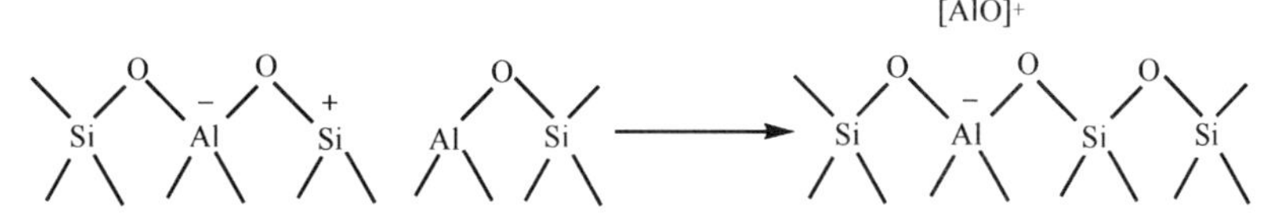

图 3-2-13　L 酸中心形成示意图(2)

众所周知，分子筛的性能可通过离子交换技术来进行调变。交换入分子筛的阳离子种类、交换数量对分子筛的酸性影响不同，而酸性又与活性、选择性密切相关。

由此可见，分子筛的水热稳定性与分子筛拓扑结构的稳定性和分子筛骨架铝的稳定性密切相关，而改性元素的引入又对分子筛的酸性质有所影响。因此，对分子筛进行改性提高水热稳定性的同时，还需要兼顾酸类型和酸分布的调变，提高活性的同时改善选择性。

(一) 稳定 FAU 分子筛酸性的调变方法

在烃类催化裂化反应中，催化剂表面的酸性中心是反应的活性中心，烃类在酸中心作用下生成正碳离子，正碳离子是不稳定的中间产物，一经生成即发生裂化、异构、氢转移、缩合等反应从而得到不同种类的产物。固体酸催化剂表面酸中心的类型、强度和密度分布及固体酸的孔道尺寸、结构和比表面积等特性影响正碳离子的生成和转化。裂化反应需要强的酸中心，而高密度、中等强度的酸中心有利于氢转移反应[47]。

1. 晶体粒子大小

Y 型分子筛 的孔道孔径为 0.74nm 左右，在重油裂化反应中，由于原料中直链径大于 1nm 的渣油大分子很难扩散进入到分子筛孔道中，只能吸附在分子筛晶粒的外表面进行裂化反应[48]。因此，分子筛晶粒外表面积的大小影响其重油转化能力。

分子筛的外表面积随晶粒变细而增加，而且随着晶粒变小，烃类分子进出孔道的路径变短，分子的晶内扩散限制减弱，能强化裂化活性。当晶粒变得太小，表面能急剧增大，导致晶体结构易坍塌，分子筛的稳定性变差，在苛刻的催化裂化反应条件下，它所具备的性能特点因结构的破坏而丧失。图 3-2-14 所示不同晶粒尺寸 Y 型分子筛的催化裂化活性，表明当 Y 型分子筛的粒径从 900nm 减小至 500nm 时，微反活性增大；晶粒继续减小，活性降低[49]。

图 3-2-15 对比的晶粒尺寸为 0.2~0.4μm 的细晶粒 USY 与 1.0~1.2μm 的粗晶粒 USY 分子筛，经 800℃、4h 水热老化后的结晶保留度，从中可见细晶粒 Y 型分子筛的结构稳定性较差[50]。

2. Y 型分子筛的酸性与骨架硅铝比的关系

Y 型分子筛的阴离子骨架由硅氧四面体和铝氧四面体构成，铝氧四面体电荷不平衡，呈现-1 价态，需要从晶体中骨架外的阳离子获得+1 价正电荷，以维持电中性。晶化产物 NaY

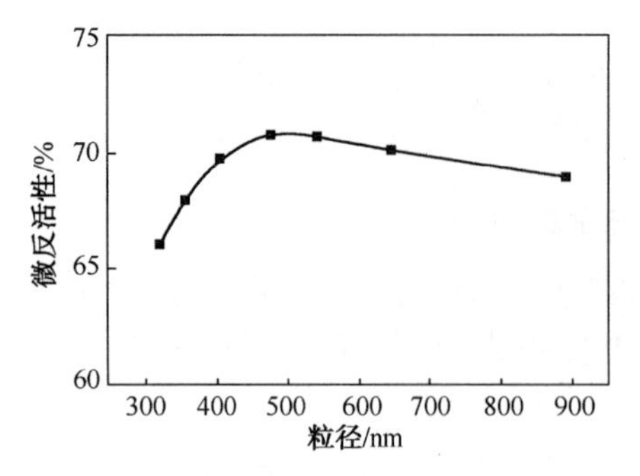

图 3-2-14 Y 型分子筛的晶粒大小对催化剂微反活性的影响(800℃/4h 水热老化)

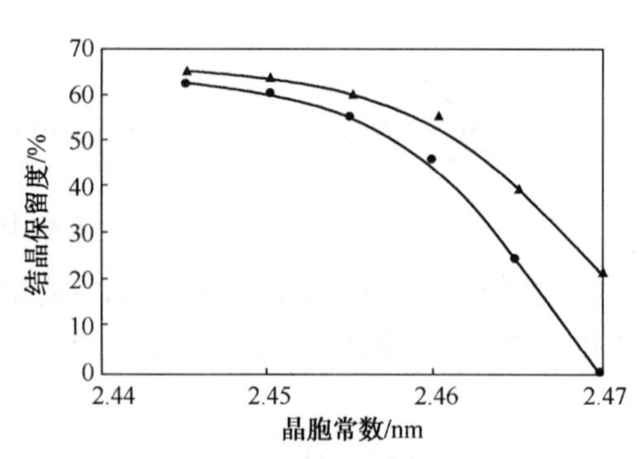

图 3-2-15 不同晶胞常数 Y 型分子筛的结构稳定性

▲—粗 USY；●—细 USY

中，阳离子为 Na^+，不具有酸性；当 Na^+被 H^+或可以分解成 H^+的物种交换处理后，Y 型分子筛中 H^+作为骨架电荷补偿阳离子与骨架氧结合生成酸性中心 OH，从而具有酸性。

Y 型分子筛骨架上每个四配位 Al 存在 1 个潜在的酸中心，所得酸中心的强度与骨架组成关系密切。根据劳恩斯坦定律(Lowenstiem's Rule)，分子筛晶胞中每个骨架上的 Al 有 4 个 Si 原子为其最近邻(Nearest Neighbor)，而其次最近邻(Next Nearest Neighbor，缩写为 NNN)有 9 个 Si 或 Al 原子，如图 3-2-16 所示[51]。

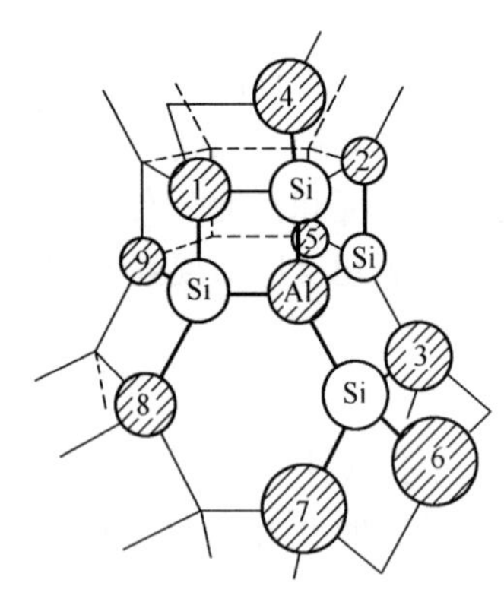

图 3-2-16 Y 型分子筛的 NNN Al 中心

●—1 个 Al 周围的 9 个次最近邻 Al 位置(NNN)；\ —氧键

骨架硅铝比提高，铝含量降低，次最近邻就减少了一些 Al，如果 9 个次最近邻都没有 Al，那么就是 NNN=0；如果还有 1 个 Al，就是 NNN=1；2 个 Al，则 NNN=2，等等。NNN=0 的中心隔离度最大，酸中心之间互相排斥最小，因而酸强度最大，NNN=1 次之，以此类推。因此，骨架硅铝比提高，分子筛的酸中心密度减少，但酸强度增大。随硅铝比提高，原来 Si—O—Al 中的一些 Al 被 Si 所代替，成为 Si—O—Si，O—Al 的键能为 511kJ/mol，而 O—Si 则为 800kJ/mol，因此，Si 代 Al 以后热稳定性增强。图 3-2-17 为不同骨架铝含量下的 NNN Al 分布图[52]。

Y 型分子筛的晶胞常数与骨架硅铝比密切相关。由于 Si 的离子直径为 0.082nm 而 Al 的离子直径为 0.10nm；且 Si—O 键长 0.161nm 短于 Al—O 键长 0.174nm，故硅铝比提高后，晶胞收缩，晶胞常数减小。因此，控制 Y 型分子筛的晶胞常数，也就控制了酸中心性质，包括强度和密度分布。图 3-2-18 为 Y 型分子筛的晶胞常数与各种 NNN Al 占总酸中心的比例[53]。

酸中心的密度与反应物在酸中心上的吸附、脱附性质有关，因而对反应选择性产生影响。酸中心密度低，吸附容量降低，分子筛孔内反应物和产物的浓度降低，不利于双分子氢转移反应，从而改变了裂化与氢转移反应之比[5]。

3. Y 型分子筛的酸性与骨架外物种的关系

Y 型分子筛骨架结构为八面沸石结构(FAU)，属立方晶系，空间群为 Fd3m。骨架的基本构成单元为方钠石笼(sodalite cage)，相邻的方钠石笼之间通过六方柱笼(hexagonal prism)

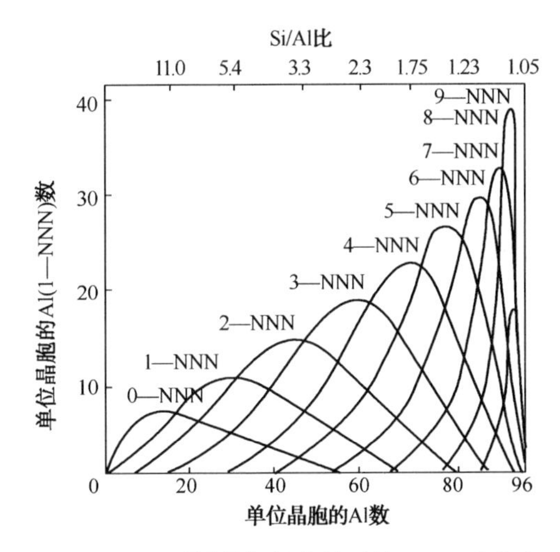

图 3-2-17 不同骨架铝含量下的 NNN Al 分布

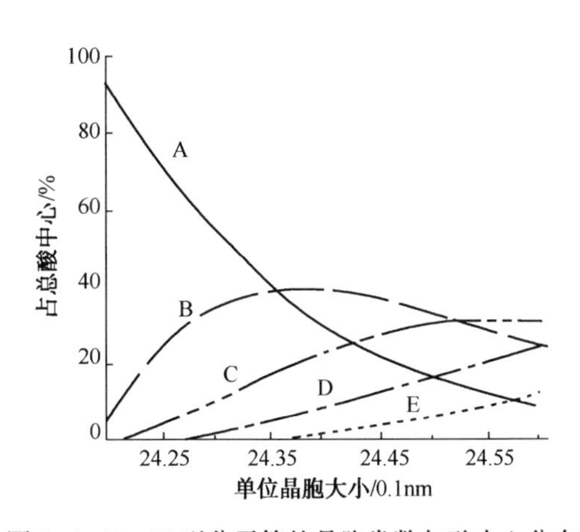

图 3-2-18 Y 型分子筛的晶胞常数与酸中心分布

A—0-NNN；B—1-NNN；C—2-NNN；D—3-NNN；E—4-NNN

按四面体排列连接起来就形成超笼(supercage)。Y 型分子筛的骨架密度(FD_{Si})为 13.3T/1nm^3，是已知结构中骨架最空旷的分子筛之一。因此，Y 型分子筛晶体中有大量的空间可以容纳骨架外阳离子和水，同时也为烃类化学反应提供了理想的反应场所。这些骨架外物种也不可避免对酸中心性质产生显著影响。

Y 型分子筛的非骨架离子位置基本确定[54-55]，如图 3-2-19 所示。

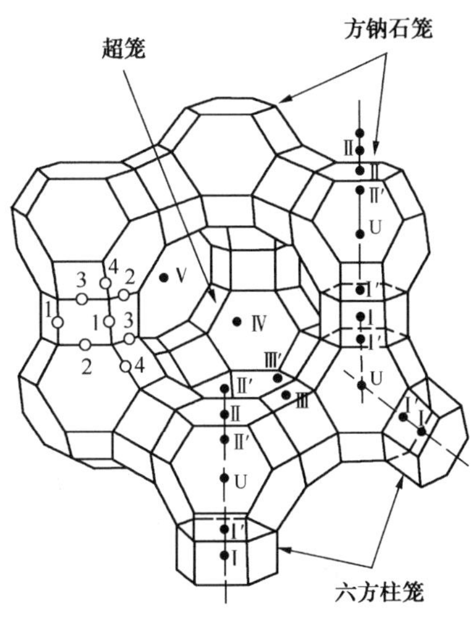

图 3-2-19 Y 型分子筛中非骨架离子位置

在六方柱笼中心为 S_I(site I)位置，该位置也是坐标原点 3m(0，0，0)，和 O_3形成六配位。$S_{I'}$($x=y=z\approx$ 0.06)位于方钠石笼中靠近六方柱笼一侧，和 3 个 O_3形成配位。$S_{II'}$($x=y=z\approx0.21$)位于方钠石笼中靠近超笼一侧，和连接方钠石笼与超笼的六元环中的 3 个 O_2形成配位。S_{II}($x=y=z\approx0.23$)位于超笼中，$S_{II'}$($x=y=z\approx$ 0.25)向超笼中心位移，位于 S_{II}、$S_{II'}$位置的阳离子和六元环中的 3 个 O_2形成配位。对于水合样品，在 S_{IV}即超笼的中心(8b：3/8，3/8，3/8)，S_V即十二元环中心(16d：0.5，0.5，0.5)，及 S_U即方钠石笼中心(8a：1/8，1/8，1/8)处可被阳离子占据。S_{III}和 $S_{III'}$[192i，如(0.017，0.418，0.084)]在超笼的四元环附近。Y 型分子筛的非骨架离子位置的分布进一步归纳在表 3-2-26 中。

在催化裂化催化剂制备过程中，原始 NaY 分子筛通常经过 NH_4^+交换结合水热超稳化处理；或者采用化学脱铝法来提高 Y 型分子筛骨架硅铝比；或者通过稀土离子交换结合焙烧来提高 Y 型分子筛水热稳定性。处理改性后的 Y 型分子筛中主要的骨架外物种，包括从其骨架上脱除下的非骨架铝物种、交换进晶内的稀土离子和原始 NaY 中未被交换而残留的 Na^+。

表 3-2-26 Y 型分子筛的非骨架离子位置的分布[56]

位置名称	晶胞中位置的数目	在结构中的位置
S_{I}	16	六方柱笼的中心
$S_{I'}$	32	方钠石笼中，距六方柱笼的六元环中约 0.1nm
$S_{II'}$	32	方钠石笼中，距超笼的六元环中约 0.1nm
S_{U}	8	方钠石笼中心
S_{II}	32	超笼中，距 $S_{II'}$ 所指的六元环中约 0.1nm
S_{III}	48	超笼中，靠近四元环，镜面对称平面交界
$S_{III'}$	96 或 192	超笼中，靠近四元环，超笼内壁
S_{IV}	8	超笼中心
S_{V}	16	十二元环中心

NaY 分子筛中阳离子定位研究最多，其中 S_{II} 是 Na^+ 最优先占据的位置，而且尽可能占满 32 个位置；$S_{I'}$ 和 S_I 是其他两个 Na^+ 占据较多的位置。脱水处理后，Na^+ 倾向于迁移到 S_I 位[9]。

Y 型分子筛骨架脱铝而产生的非骨架铝物种种类复杂，既有离子态物种[如：Al^{3+}、AlO^+、$Al(OH)^{2+}$、$Al(OH)_2^+$]，又有中性或聚合态物种[$AlO(OH)$、$Al(OH)_3$、Al_2O_3、薄水铝石][57]。离子态非骨架铝将改变分子筛的酸性质；聚合态的非骨架铝会影响分子筛的空间性质。对水热焙烧结合化学脱铝法制备的高硅 Y 型分子筛的表征表明[58]，^{27}Al MAS NMR 中化学位移为 0 的非骨架铝以游离在超笼中的非骨架铝为主；化学位移为 30~50 的非骨架铝与分子筛骨架存在键合作用。XRD Rietveld 结构精修研究显示：晶体学可识别的离子态非骨架铝存在于方钠石笼的 $S_{I'}$ 和 $S_{II'}$ 位置，其中，$S_{I'}$ 位置的非骨架铝与分子筛骨架 3 个 O_3 原子及与其配位的三重轴的 O 形成不稳定的四配位结构，造成 ^{27}Al MAS NMR 谱中骨架铝的谱峰不对称；$S_{II'}$ 位置的 Al 不与分子筛骨架 O 形成配位。超笼中未发现可识别的离子态非骨架铝。聚合态非骨架铝的存在将堵塞分子筛孔道，影响微孔吸附性能，并掩盖 B 酸中心。清除非骨架铝后，可以使分子筛孔道畅通，使 B 酸中心得到恢复。脱铝方法对非骨架铝的种类和分子筛酸性影响大，$SiCl_4$ 气相脱铝产生的非骨架铝酸性强，比水热法制备的脱铝 Y 分子筛的酸量高，而液相脱铝补硅法可以选择性脱除骨架铝[59]。在用 EDTA 二钠盐处理水热脱铝 Y 分子筛中，由于非骨架铝与骨架铝的协同作用，使得分子筛的酸性增强[60]。

稀土交换的 Y 型分子筛是最早用于催化裂化催化剂的改性 Y 型分子筛，因此稀土离子在 Y 型分子筛中迁移与定位也是最受关注的课题。传统 REY 分子筛采用“两交两焙”方法制备，主要原因是低温交换过程中，水合稀土离子的直径(水合 La^{3+} 直径约 0.79nm)大，仅能与超笼内 Na^+ 交换，难于进入方钠石笼(窗口直径约 0.26nm)与其内的 Na^+ 交换，不能达到所需的交换度，需经过中间焙烧脱水步骤，脱水后稀土离子(脱水 La^{3+} 直径约 0.23nm)能进入方钠石笼，同时 Na^+ 迁出，进行后续交换。稀土离子在 Y 型分子筛中主要占据 S_I、$S_{I'}$、S_{II} 和 S_V 位[9]。在交换过程得到的水合 RENaY 分子筛中，稀土离子主要处于超笼中；而在焙烧脱水过程中，稀土离子倾向于不可逆向方钠石笼中迁移(因为脱水稀土离子进入方钠石笼可以与更多骨架氧配位，能量降低)，在后续的水合过程中，方钠石笼中的稀土离子不再

迁移到超笼中。此外，焙烧过程中，位于方钠石笼中的稀土离子还可迁移到 S_I 位。

有关稀土离子在 Y 型分子筛中定位还存在争论，部分采用 XRD 法的研究认为在焙烧条件下，稀土离子可以全部进入方钠石笼[61]，但大部分研究，如离子交换[62]、Scilard - chalmers 反射[63]、吡啶吸附红外光谱分析[64]、^{129}Xe NMR[65]等研究都认为焙烧过程中，稀土离子倾向于迁移到方钠石笼中，但总有少量稀土离子仍定位于超笼中。

水合稀土离子在焙烧迁移的过程中，尽可能分占到不同的方钠石笼中，当单个晶胞中稀土离子超过 8 个时，开始出现一个方钠石笼中有 2 个稀土离子的现象，这两个稀土离子反应生成桥式氢氧化物[66]：

$$2La^{3+} + H_2O \longrightarrow (La{-}O{-}La)^{4+} + 2H^+$$

或

$$2La(OH_2)^{3+} \longrightarrow 2La(OH)^{2+} + 2H^+ \longrightarrow La^{2+} \underset{\underset{H}{O}}{\overset{\overset{H}{O}}{\lozenge}} La^{2+} \quad 或 \quad La^{+} \underset{O}{\overset{O}{\lozenge}} La^{+}$$

稀土离子间生成氧桥导致稀土离子表观价态降低，为稀土离子定位于方钠石笼中增加了新的稳定因素。稀土氧桥物种的生成，增加了与骨架氧配位稀土离子量，减少了与骨架铝相连的 H^+含量，可以延缓 Y 型分子筛在高温水热处理过程中骨架崩塌，提高稳定性；而且稀土氧桥物种的稳定性高。研究表明在经历高温水热处理时，Y 型分子筛的坍塌从 RE—Y 键开始，而不是从 RE—O—RE 之间断裂[67]。

采用 RE^{3+}交换减少了 NaY 分子筛中可以生成潜在酸中心的可交换 Na^+数量，从而使分子筛的酸量减少。定位于方钠石笼 $S_{I'}$位的 RE^{3+}除了与骨架氧配位外，还与定位于方钠石笼 $S_{II'}$位的水配位。由于 RE^{3+}的大半径和高电价，致使水分子极化[1]。它有效地吸引着 OH^-，使 H^+呈一定程度的游离状态，因而提高了体系的酸量，但其酸强度低。游离在超笼中的 RE^{3+}不能与水形成定位的配位，无法极化水，从而只能减少分子筛的总酸量。因此稀土交换分子筛的酸量由定位于方钠石笼 $S_{I'}$位的稀土离子量决定[68]。

4. 超稳化 Y 型分子筛

在 REY 型分子筛之后，1964 年，出现了提高硅铝比的高硅 Y 型分子筛的发明。但由于制造成本和市场需求的原因，直到 20 世纪 80 年代初期，随着对无铅高辛烷值汽油需求的增长和催化裂化掺炼渣油比例的提高，低生焦选择性的高硅 Y 型分子筛才实现了工业应用。图 3-2-20 对代表性的骨架脱铝法制备高硅 Y 型分子筛的工艺进行了总结[69]。

由于骨架脱铝超稳化处理方法的不同，高硅 Y 型分子筛表面和体相铝分布可能不均匀，影响其酸性和催化裂化选择性。典型的水热法超稳 Y 分子筛(USY)是在高温下用水蒸气处理 NH_4Y 以脱除部分骨架铝并发生固相硅迁移从而提高骨架硅铝比。脱除的非骨架铝向外层迁移使晶体铝分布不均匀，无定形铝表面富集，在催化裂化反应中非选择性裂解较多。典型化学法制备的高硅 Y 型分子筛，如采用$(NH_4)_2SiF_6$或 H_2SiF_6液相脱铝补硅方法制备的 FSEY 分子筛，H_2SiF_6在溶液中水解使骨架发生络合脱铝和补硅反应，所得 FSEY 分子筛骨架完整，无定形硅铝“碎屑”少，热及水热稳定性高。但是由于液相脱铝补硅反应扩散控制的影响，FSEY 的表面硅铝比高于晶内，即表面脱铝深度高于晶内，在催化裂化反应中重油裂化活性低于水热法 USY 分子筛。采用水热与化学法结合制备体相铝分布均匀的高硅 Y 型分子筛[70]，有利于克服上述缺点。

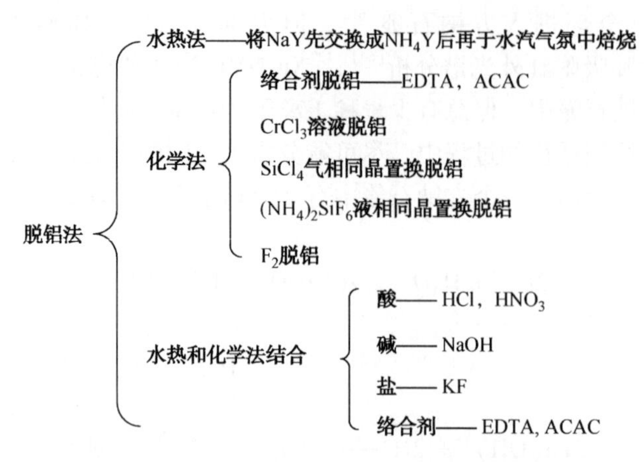

图 3-2-20　脱铝 Y 分子筛的制备方法

RIPP 于 1986 年开始新一代高硅 Y 分子筛的研究，并不断提出新的制备技术。

1987 年推出了 SRNY 分子筛，其特点是：将稀土元素以 RE_2O_3或 $RE(OH)_3$状态沉积在分子筛上，同时沉积的还有外加硅物种；在热及水热处理过程中其晶胞收缩比以 RE^{3+}离子形式交换得到的 REY 分子筛容易；外加的硅源加速水热处理时固相硅插入反应，减少骨架脱铝造成的空穴；所得 SRNY 的水热稳定性与 FSEY 接近。SRNY 不仅能有效地减小氢转移反应，而且具有抗钠及重金属污染性能，焦炭产率也较低。以 SRNY 为活性组元的 CHZ 渣油裂化催化剂与 OD 催化剂(国外典型的超稳 Y 型催化剂)的产品分布列于表 3-2-27。从表中可见两者的催化裂化性能相当[71]。

表 3-2-27　CHZ 催化剂与 OD 催化剂性能比较

催化剂	CHZ	OD
减压渣油掺炼量/%	18.74	20.31
转化率/%	73.63	73.92
产品产率/%		
裂化气	13.94	14.76
酸性气	0.28	0.30
稳定汽油	51.38	49.85
轻柴油	18.55	18.85
油浆	7.82	7.53
焦炭	6.67	6.63
损失	1.35	2.07

20 世纪 90 年代初开发的采用水热-化学法脱铝的 RSADY 分子筛，在水热处理的基础上用酸进行再处理，除去部分可溶的 AlO^+，减少 Al 碎片，增加了孔径为 12nm 左右的二次孔体积，具有典型的双峰孔分布，还可以保持 Al 在晶粒内均匀分布，从而达到提高活性、改善汽油和生焦选择性的目的[72]。表 3-2-28 给出了以 RSADY 分子筛为活性组元的催化剂的重油微反评价结果。

表 3-2-28　RSADY 催化剂的重油微反评价结果

催化剂	催化剂 1	催化剂 2	催化剂 3	对比剂 I（国产工业样）	对比剂 II（进口工业样）
分子筛含量/%	25	25	20	35	>40
转化率/%	70.1	73.1	72.2	70.0	70.3
产品分布/%					
气体	15.4	14.9	14.5	13.4	15.9
汽油(C_5~204℃)	54.1	55.9	55.3	54.5	51.9
柴油(204~330℃)	15.2	16.8	15.9	17.4	16.8
重油(>330℃)	12.8	10.2	12.0	12.3	12.9
焦炭	2.5	2.3	2.4	2.3	2.5
轻质油收率/%	69.3	72.7	71.2	71.9	68.7

1998 年工业化应用的含磷的骨架富硅 Y 分子筛(PSRY)，采用的是水热处理与氟硅酸抽铝补硅相结合的制备方法；并引入磷使分子筛在水热处理过程中晶胞更易收缩。这种方法在保持晶体结构完整、含非骨架铝少的特点基础上，还进一步提高水热稳定性。表 3-2-29 列出以 PSRY 分子筛为活性组元制备的催化剂 CC-20D 工业应用结果；从中可见催化剂具有好的焦炭选择性和高的中间馏分油收率[73]。

表 3-2-29　CC-20D 催化剂的工业应用产品分布

催化剂	CHV-1	CC-20D
主要活性组元	SRY	PSRY
原料油残炭/%	6.19	7.18
反应温度/℃	508	500
产品分布/%		
液化气	10.90	9.07
汽油	37.42	32.57
柴油	33.77	40.95
油浆	3.45	3.72
焦炭	10.47	9.96
干气+损失	3.99	3.73
转化率/%	62.78	55.33
轻质油收率/%	71.19	73.52
柴汽比	0.90	1.26

5. 稀土改性 Y 型分子筛

稀土交换的 Y 型分子筛是催化裂化催化剂中应用时间最长的一种改性 Y 型分子筛。稳定性和生焦率是 Y 型分子筛的两个最为重要的性能参数。影响稳定性的因素包括 Si/Al 比、晶粒大小、晶体结构完整性、Na 含量等。稀土离子交换可以显著增加 Y 型分子筛的活性稳定性。定位于小笼中的稀土离子与骨架 上的 O_3 及水中的氧结合形成结构稳定的氧桥络合物，可起到抑制骨架脱铝、稳定晶胞的作用。提高稀土离子在Y型分子筛小笼（六角棱柱体和β笼）中的占有率，其稳定性可以进一步得到提升。而降低生焦率却需要减少稀土含量，降低Y型分子筛的平衡晶胞常数，降低酸密度，可减缓生成催化焦的氢转移反应（HTA）。因此只有提高稀土离子小笼的占有率，才可能在较低稀土含量前提下兼顾高稳定性和低生焦率。

水合稀土离子（直径约0.79nm）容易与主孔道中Na离子交换，但是在水溶液中要进一步通过六元环（直径约0.22nm）与小笼中（六角棱拄体和β笼）的钠阳离子交换很困难，需要加热焙烧（干焙），进行固态离子交换。

水合稀土离子（以镧为例）加热逐步失去物理和化学水，最终生成双原子组成的稀土离子：

$$(La \cdot nH_2O)^{3+} \longrightarrow (La(OH)_2)^{+} \longrightarrow (La(OH))^{2+} \longrightarrow \{La \overset{O}{\underset{O}{\diamond}} La\}^{2+}$$

与稀土结合的水合离子数目越少，分子横截面积越小，越容易迁移，因此促进稀土离子迁移进入小笼中要升温加热。但是如果过度脱水、脱羟基，$[La_2O_2]^{2+}$等复合稀土离子生成后，容易在FAU主孔道中（超笼内）定位，影响稀土向小笼迁移。

早期REY分子筛的制备方法采用“二交二焙”工艺。焙烧使离子交换过程中进入分子筛超笼中的水合稀土离子向方钠石笼以及六棱柱体内迁移；而处于这些笼内的钠离子也借助于热作用向超笼中移动。通常焙烧是在空气气氛中进行的。在此条件下，稀土离子和钠离子之间的相互迁移不充分，因而通过多次热焙烧以增加稀土在小笼内的占有率、增加稀土交换量以制得具有较高的热和水热稳定性的REY分子筛。

RIPP在研究REY分子筛制备工艺中，详细考察了在焙烧过程中引入水蒸气对REY分子筛性能的影响。目的是尽可能提高焙烧效能，既要升到足够高的温度脱水、脱羟基，又要避免过度脱羟基，避免复合稀土离子的形成；同时尽可能减少焙烧次数、提高迁移度、增加小笼占有率、兼顾高稳定性和低生焦率。

稀土引入后焙烧方式的差异将会引起稀土离子定位上的不同，进而影响分子筛的反应性能。下面以高稀土含量的Y型分子筛为例，分别考察其在空气气氛下的焙烧（简称干焙）和在100%水蒸气气氛下的焙烧（简称湿焙）对稀土离子迁移及定位的影响。

X射线衍射法在Y型分子筛的研究中不仅可以提供晶胞和结晶度等参数，还可以获得一些有关稀土离子定位的信息。图3-2-21为干焙和湿焙样品的XRD谱图，其中2θ角为11.8°±0.1°的衍射峰对应衍射晶面311，2θ角为12.4°±0.1°的衍射峰对应衍射晶面222，通常将这两个峰的峰强度之比即I_1/I_2作为度量超笼中的RE^{3+}向小笼中迁移程度的依据。如图3-2-21所示，干焙样品的I_1/I_2基本相当，表明其超笼中存在较多的稀土离子，迁移程度较低；而湿焙样品的I_1/I_2比值明显提高，说明水蒸气气氛下的焙烧过程促进了位于超笼中的RE^{3+}向小笼内的迁移，有更多的稀土离子定位于小笼中。

除XRD方法外，吡啶吸附红外光谱法也可用来分析稀土离子的定位情况。通常认为位于3630~3650cm^{-1}左右的吸收峰代表超笼中$S_{II'}$位置的羟基，吡啶分子可以进入超笼与其中的羟基发生相互作用，该峰的存在可证明有稀土离子定位于超笼中；3530~3550cm^{-1}的吸收

峰代表双六元环中 S_{I} 位置的羟基或 β 笼内的羟基，吡啶分子是无法进入与之发生作用的；3745cm^{-1}左右的吸收峰则与无定形氧化硅的表面羟基有关。因此根据样品的红外羟基谱图即可推断稀土离子的定位情况。由图 3-2-22 可见，干焙样品中 3633cm^{-1}峰强度较高，说明其超笼中的羟基含量较高，表明干焙不利于稀土离子的迁移，大量的稀土水合离子存在于超笼中，这是因为焙烧过程中稀土水合离子在孔道内容易形成较大的复合物从而影响其向小笼中的迁移；而湿焙样品其超笼中的稀土离子含量显著降低，水热环境有利于大的复合物形成氢氧化稀土脱水离子便于向小笼中迁移。

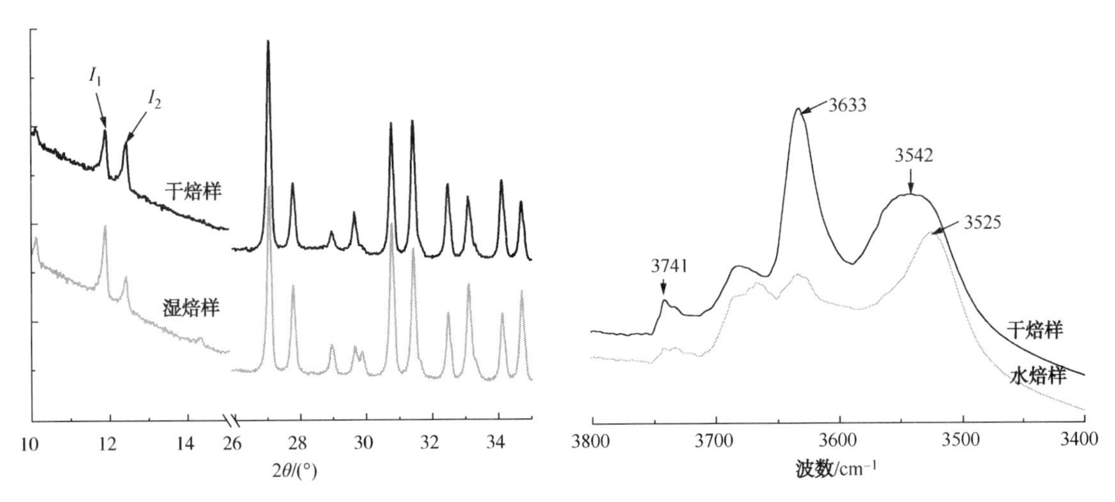

图 3-2-21　稀土改性 Y 型分子筛的 XRD 谱图　　图 3-2-22　稀土改性 Y 型分子筛的红外羟基谱图

XPS 通常用于表征材料表面纳米级深度的组成情况。从表 3-2-30 稀土改性 Y 型分子筛的 XPS 分析结果列出的 XPS 分析结果中发现，分子筛的表面稀土含量明显低于荧光法测得的体相稀土含量，表明大部分稀土离子已进入分子筛结构内部。但焙烧方式不同，稀土在表面的分布状况也不尽相同。干焙样品表面稀土含量明显偏高，湿焙样品的表面稀土含量较低。说明干焙处理不利于稀土离子的迁移；致使焙烧后仍有部分稀土存留在分子筛表面；而水热焙烧则有利于稀土离子迁移到分子筛晶内。

表 3-2-30　稀土改性 Y 型分子筛的 XPS 分析结果

样品名称	元素摩尔组成/%					n(RE)/n(Si+Al)	
	Si	Al	O	Ce	La	XPS	XRF
干焙样	8.81	3.54	34.81	1.26	0.11	0.111	0.158
湿焙样	15.5	9.26	46.71	0.77	0.35	0.045	0.161

除用于表征材料表面元素分布情况外，XPS 还可用于分析稀土离子的价态，由于 La 仅显示三价态，而 Ce 则同时具有三价和四价态，因此 XPS 多用于分析 Ce 的离子价态。Ce(Ⅳ)的 XPS 谱图包含六个峰，分别对应于 Ce(Ⅳ)三种终态的三对自旋轨道分裂峰，其中 898.2eV 和 916.8eV 的峰对应于 $3d^9 4f^1 O2p^6$ 终态，888.9eV 和 907.5eV 的峰对应于 $3d^9 4f^1 O2p^5$ 终态，882.3eV 和 901.0eV 的峰对应于 $3d^9 4f^2 O2p^4$ 终态。有两对自旋—轨道分裂峰对应于 Ce(Ⅲ)的两种终态，其中 885.7eV 和 904.1eV 的峰对应于 $3d^9 4f^1 O2p^6$ 终态，而 880.5eV 和 898.8eV 的峰则对应于 $3d^9 4f^2 O2p^5$ 终态。由图 3-2-23 所示的稀土改性 Y 型分子筛中 Ce

的 XPS 谱图可以看出，干焙样品的 XPS 谱线中同时存在对应于 Ce(Ⅳ)和 Ce(Ⅲ)的自旋轨道分裂峰，说明该样品中 Ce(Ⅳ)和 Ce(Ⅲ)是并存的，而且 Ce(Ⅳ)的含量要高于 Ce(Ⅲ)，这是由于在空气气氛下焙烧容易氧化形成高价态氧化物。然而湿焙样品的 XPS 谱图中处于 918.0eV 和 901.0eV 左右的峰几乎完全消失，其余峰的强度也发生了变化，表明样品中基本全部为 Ce(Ⅲ)，这是由于水热焙烧过程中的还原气氛促使 Ce(Ⅳ)被还原为 Ce(Ⅲ)。由于 Ce(Ⅳ)在分子筛小笼中不稳定，对分子筛结构稳定性作用小，因此水热焙烧过程既可以形成更多的 Ce(Ⅲ)，又可使稀土离子迁移到分子筛晶内从而达到稳定分子筛结构的目的。

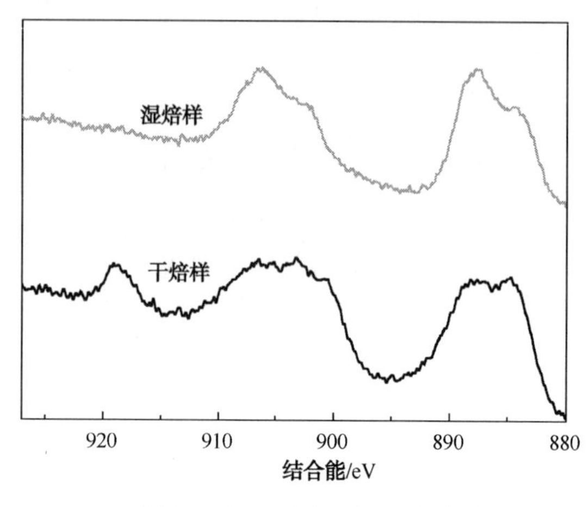

图 3-2-23　稀土改性 Y 型分子筛中 Ce 的 XPS 谱图

稀土离子定位的不同对分子筛的结构稳定性和活性稳定性有显著影响。表 3-2-31 列出了不同焙烧气氛制备 REY 分子筛的性质，数据表明，与直接在空气中焙烧制备 REY 分子筛相比，水蒸气焙烧制备的 REY 分子筛，在晶穴中残留的 Na_2O 更容易洗尽，而 RE_2O_3在洗涤时流失更少，结构保留度更高。经过 800℃、100% 蒸气下处理 4h 后，“一交一湿焙”REY 分子筛的结晶保留度和十氢萘的裂化活性都明显高于“一交一干焙”REY 分子筛，说明其水热结构稳定性和裂化活性更好。XRD 和 IR 等分析表征表明“一交一湿焙”REY 分子筛中方钠石笼中的稀土离子更多，反映了在水蒸气中焙烧，超笼中的稀土离子和方钠石笼内的钠离子相互间更充分地迁移，因而使后续洗涤过程中分子筛上稀土离子的流失得到抑制，超笼中更多的易接近阳离子位留给 H^+占据，提高分子筛的稳定性和活性[74]。由此开发得到了 SREY 分子筛，该分子筛是在 100%水蒸气气氛下焙烧(湿焙)制备的 REY 分子筛，作为活性组分用来配制的催化剂，主要用于蜡油催化裂化(FCC)过程。

表 3-2-31　不同焙烧气氛制备 REY 分子筛的性质

分　子　筛	“一交一湿焙”REY	“一交一干焙”REY	“二交二干焙”REY
Na_2O 含量/%	4.52	4.50	1.98
RE_2O_3含量/%	15.1	15.1	17.3
后续铵交后 Na_2O 含量/%	0.51	0.78	0.42
后续铵交后 RE_2O_3含量/%	14.8	13.9	16.8
晶胞常数/nm	2.470	2.471	2.471
结晶保留度/%	106.4	102.5	101.5
800℃水热老化 4h 后			
晶胞常数/nm	2.438	2.429	2.439
结晶保留度/%	46.0	37.1	47.3
十氢萘微活指数/%	64.8	47.3	66.4

工业实施过程中，SREY 分子筛表现出比传统工艺 REY 分子筛更为优异的性能。表 3-2-32 列出了两种焙烧工艺 REY 分子筛物化性能的比较。由表中可以看出，湿焙可以抑制铈过度氧化，促进稀土离子迁移。

表 3-2-32 两种焙烧工艺 REY 型分子筛物化性能的比较

工　艺	RE_2O_3，富铈稀土含量/%	气氛	分子筛外观	迁移度①(XRD)$I_{11.8}/I_{12.4}$
两交两焙 REY	~18	干焙	黄色(铈Ⅳ)	~1.0
一交一焙 REY	14~15	干焙	黄色(铈Ⅳ)	~1.0
一交一焙 SREY	14~15	湿焙	白色(铈Ⅲ)	2.0~3.0

①当 REY 分子筛中 RE_2O_3 含量超过 10%，比值可以度量稀土的迁移度，比值越大，迁移到小笼的稀土量越高。

表 3-2-33 列出了两种焙烧工艺 REY 分子筛催化裂化性能的比较，由表中数据可以看出，湿焙制备的 SREY 分子筛，晶胞收缩幅度大，焦炭选择性得到改善，但是活性稳定性仍可达到两交两焙 REY 分子筛的水平。

表 3-2-33 两种焙烧工艺 REY 分子筛催化裂化性能的比较

工　艺	RE_2O_3 含量/%	气氛	平衡晶胞常数①/nm	裂化活性 MAT①	焦炭产率
两交两焙 REY	~18	干焙	2.442	65~ 70	基准
一交一焙 REY	14~15	干焙	2.435	60~65	基准-5%
一交一焙 SREY	14~15	湿焙	2.435	64~69	基准-5%

①经过 800℃、100%水蒸气、17h 处理后的测定值。

研究结果表明，水蒸气气氛焙烧，既可提高 SREY 分子筛活性稳定性，又能改善焦炭选择性。新工艺的良好效果使得湿焙技术在催化剂厂生产高活性 REY 产品的制备过程中得到了推广应用。

6. 多价金属氧化物和氢氧化物掺杂

随着国家环保总局出台的清洁燃料新标准中对汽油烯烃含量做出限制，为了满足清洁燃料的要求，RIPP 在对 FCC 过程的反应机理和催化材料深入研究的基础上，于 1999 年开发出了高氢转移和低焦炭产率的 Y 型分子筛——MOY 分子筛及相应的系列降烯烃催化剂。MOY 分子筛通过稀土与磷氧化物复合改性调节分子筛的酸性和结构稳定性，达到控制氢转移深度的作用[75]。

表 3-2-34 列出不同稀土含量的分子筛经磷氧化物改性后对分子筛结构稳定性的影响。在相同的水热老化条件下，对于不含稀土的 USY 分子筛和中等稀土含量的 REHY 分子筛引入适量磷氧化物以后，结晶度增加，说明其结构稳定性得到提高。而高稀土的 REY 型分子筛结晶度下降，说明质量分数为 4%的氧化物引入高稀土 REY 型分子筛后对其结构稳定性不利。IR 表征还表明磷氧化物改性后的 REHY 分子筛超笼内的表面羟基在水热处理后的保留度提高，即水热处理后，改性 Y 分子筛的酸密度有所增加，从而有利于双分子的氢转移反应，促进汽油烯烃的转化。产生这种作用的原因是磷氧化物与改性 Y 型分子筛骨架水热脱铝后的非骨架铝发生作用，减少了非骨架铝超笼内酸中心的中和，同时降低了对骨架铝的影响，改善了分子筛结构稳定性。

表 3-2-34　磷氧化物改性对不同稀土含量 Y 型分子筛结构稳定性的影响(800℃水热处理)

样　品	RE_2O_3含量/%	磷氧化物含量/%	0h		4h		17h	
			晶胞常数/nm	结晶度/%	晶胞常数/nm	结晶度/%	晶胞常数/nm	结晶度/%
USY	0	0	2.454	77	2.427	47	2.424	41
	0	4.0	2.450	77	2.428	55	2.426	50
REHY	8.0	0	2.461	63	2.433	32	2.429	21
	8.0	4.3	2.461	61	2.435	36	2.427	25
REY	16	0	2.469	49	2.445	32	2.437	18
	16	4.1	2.466	47	2.441	27	2.437	10

2005 年，在优化 Y 型分子筛晶内稀土量和磷氧化物负载比例基础上，RIPP 开发了 DOSY 分子筛，进一步提高了改性 Y 型分子筛的结构稳定性和表面催化活性，用于新一代重油催化裂化催化剂 CDOS[76]。表 3-2-35 给出了 CDOS 催化剂与 CDC 渣油裂化催化剂的工业应用产品分布。

表 3-2-35　CDOS 催化剂的工业应用产品分布

催　化　剂	CDC	CDOS
产品分布/%		
干气	2.99	2.88
液化气	17.18	16.96
汽油	51.24	51.63
柴油	10.86	11.51
重油	6.39	6.06
焦炭	11.35	10.96
轻质油收率/%	62.10	63.14
总液体收率/%	79.28	80.09
转化率/%	82.76	82.42

工业应用过程中，CDOS 活性较 CDC 更高，稳定性更好。两种催化剂的重油转化能力相当，但 CDOS 催化剂的产品选择性明显更为合理[77]。

(二)改善 MFI 结构分子筛稳定性的方法

对于 ZSM-5 负载改性物的研究，各国学者做了不少工作。Komatsu 等[78]曾研究发现 HZSM-5 在 Na^+，Ca^+交换后烯烃选择性有所升高，但转化率下降。交换的 Ca^{2+}能有效抑制次级氢转移反应，防止烯烃变成缺氢物质，从而抑制焦炭的生成，避免了其在反应中的快速失活。

日本旭化成公司研究了以多种碱土金属交换的 ZSM-5 分子筛，其中在 Mg-ZSM-5 分子筛上 C_{12}烷烃的 680℃ 裂化反应总转化率为 97.6%，C_3H_6的产率为 20.8%，比 HZSM-5 略高[79]。

Wakui 等[80]通过用碱土金属(Mg)、过渡金属(Co)以及稀土金属(La)对 HZSM-5 进行改性，在低转化率下考察其性能。在 Co 或 Mg 改性后，乙烯的选择性提高，而 La 改性后与未改性前的初始选择性几乎没有改变，但由于 La 负载后能抑制烯烃的吸附及其双分子反应，能阻止其进一步生成芳烃或其他更重的产物。

菲利普斯石油公司在 2000 年的专利[81]提出：将 ZSM-5 分子筛与作为促进剂的 Zn 的化合物（如 $ZnTiO_3$、$ZnSiO_3$ 或 $ZnAl_2O_4$）、或 Mg 的化合物（$MgSiO_3$）等混合，经水热处理后，得到改性的 ZSM-5，制备成催化剂。该剂在以汽油为原料、反应温度 600℃下的反应试验时，其裂化产物分布列于表 3-2-36。从表中数据可见，经过 Zn、Mg 化合物改性的 ZSM-5 分子筛丙烯产率有较大的提高。

表 3-2-36　Zn、Mg 化合物改性的 ZSM-5 分子筛对汽油的裂化

产品产率/%	$C_2^=$	$C_3^=$	BTX	合计
ZSM-5+黏土	9.8	8.9	38	59.7
ZSM-5+$ZnSiO_4$+黏土	7.8	11.8	40.5	60.1
ZSM-5+$ZnTiO_4$+$MgSiO_3$+黏土	7.2	13.8	37	58.0

刘鸿洲等[82]用 Ag 等金属交换 ZSM-5 分子筛作为催化剂，在催化热裂解条件下小型固定流化床反应的结果表明，与 HZSM-5 分子筛相比，反应转化率提高了 5.44 个百分点、乙烯产率和丙烯产率分别增加了 1.14 和 2.23 个百分点。

A. A. Lappas 等人[83]用 Ga、Cr 或 Cu 通过浸渍或交换的方法得到改性的 ZSM-5 分子筛，作为 FCC 助剂对瓦斯油的裂化结果表明，对多产丙烯有利，如表 3-2-37 所示。

表 3-2-37　用 Ga、Cr 或 Cu 改性的 ZSM-5 分子筛对瓦斯油的裂化（65%转化率）

产品产率/%	基础	+HZSM-5	+Ga-ZSM-5	+Cr-ZSM-5	+Cu-ZSM-5
C_1+C_2	1.42	1.35	1.38	1.51	1.54
C_3^o	0.51	0.51	0.52	0.59	0.65
$C_3^=$	3.47	3.63	3.88	4.11	5.15
C_4^o	2.34	2.23	2.30	2.55	2.75
$C_4^=$	6.60	6.95	7.20	7.25	7.90
汽油	49.0	48.7	48.0	47.2	45.4
柴油	16.9	17.3	17.6	17.4	17.6
焦炭	1.62	1.57	1.65	1.72	1.58

显然，各种不同的离子引入 ZSM-5 分子筛都对其催化性能带来影响；而以上改性方法都针对 ZSM-5 分子筛的酸性质进行调变，改善分子筛的产物选择性，对水热稳定性的提高没有显著的效果。

对 Y 型分子筛的研究表明，HY 分子筛的骨架 Al 原子非常活跃，低温焙烧处理就可明显破坏分子筛的骨架结构[84]。向分子筛引入 RE 离子，不仅可以稳定 Y 分子筛的骨架 Al 原子，还可起到调变分子筛酸性的作用，使得分子筛的活性稳定性和酸性稳定性显著增强[85]，因而稀土改性的 Y 型分子筛成为催化裂化催化剂中应用最广泛的活性组元。据推测：当 ZSM-5 分子筛晶内引入稀土后，其孔道将变窄、酸性和裂化活性都将有所提高。然而事实是：虽然 ZSM-5 分子筛可通过常规的离子交换技术交换上一价及某些二价的阳离子，但要想在晶内引入类似于稀土这样的三价阳离子却是相当困难的，其主要原因是这类离子难于与低密度的骨架铝原子负电中心相配位[86]。

20 世纪 80 代初，RIPP 立项探索 ZSM-5 分子筛在 FCC 中的应用前景，发现高硅铝比 ZSM-5 分子筛水热活性稳定性差，失活速率与 Y 分子筛不匹配。ZSM-5 分子筛在这方面的缺陷将会阻碍其在工业过程中择形催化功能的发挥，因此提高其活性稳定性成为 DCC 以及 FCC 应用面临需解决的关键技术之一。

1. 分子筛晶粒大小对稳定性的影响

取两个采用正丁胺为模板剂合成得到的硅铝比为 50、晶粒大小分别为 1~2μm 的分子筛(ZSM-5-L)和 100~200nm 的分子筛(ZSM-5-S)，其扫描电镜形貌照片如图 3-2-24 和图 3-2-25所示。经过适当的磷改性处理，在 800℃、100%水蒸气条件下水热老化处理 4h 和 17h 后，分别进行了正癸烷裂化反应性能的评价。评价结果列于表 3-2-38。

图 3-2-24　大晶粒 ZSM-5 分子筛电镜照片

图 3-2-25　小晶粒 ZSM-5 分子筛电镜照片

表 3-2-38　不同晶粒大小 ZSM-5 分子筛的正癸烷裂化活性

分子筛	正癸烷转化率/%	
	800℃、4h	800℃、17h
ZSM-5-L	78.52	40.13
ZSM-5-S	54.50	30.42

从表 3-2-38 中可见，大晶粒的 ZSM-5-L 分子筛 4h 和 17h 的老化后正癸烷的转化率分别为：78.52%和 40.13%；而小晶粒 ZSM-5-S 分子筛相应的正癸烷转化率分别为：54.50 和 30.42。上述结果表明，大晶粒的 ZSM-5-L 分子筛比小晶粒的 ZSM-5-S 分子筛有更高的水热活性稳定性。由此可见，提高 ZSM-5 分子筛晶粒尺寸是改善水热稳定性的一个有效途径。

2. 稀土稳定技术

通过对 ZSM-5 分子筛失活(非可逆)原因的研究发现，与 Y 型分子筛相比较，高硅铝比、低骨架铝含量的 ZSM-5 分子筛，在水热处理时，晶体结构稳定性优异，骨架脱铝幅度大，后者是其活性稳定性差的主要原因，见表 3-2-39。因此，提高 ZSM-5 分子筛活性稳定性的关键是减缓其骨架脱铝。

表 3-2-39 在水热处理时结构和活性稳定性的比较

分子筛	骨架铝含量	骨架脱铝度	晶体结构保留度	活性保留度
Y 型	高	适度	适度	适度
ZSM-5(MFI)型	低	大	高	低

20 世纪 80 年代初，在防止骨架脱铝、提高 Y 分子筛的活性稳定性方面已经积累了比较丰富的经验，如提高硅铝比(超稳化)、调变晶粒大小、控制残留的碱阳离子含量等，但是最重要的是：①在水溶液中与稀土离子交换，湿焙促进稀土迁移，提高活性稳定性；②RE$(OH)_3$胶、无定形 $Al(OH)_3$胶或硅铝胶在分子筛表面涂层，再予水热固态交换，也有同样功能。多价阳离子交换可以显著减缓骨架脱铝，提高 Y 分子筛的活性稳定性。引入多价阳离子起到了稳定 Y 分子筛骨架铝阴离子的重要作用。

尝试将以上技术移植到 ZSM-5 分子筛(MFI)上，却未见效果。在 ZSM-5 晶内引入稀土的难点在于该类分子筛的孔道开口为 0.54nm×0.56nm，比水溶液中的稀土水合离子直径(0.79nm)小。另一方面三价的稀土离子不容易与高硅铝比 ZSM-5 晶体内间隔距离大的骨架铝阴离子配位。通过常规水溶液中离子交换方法很难使稀土离子进入 ZSM-5 分子筛的孔道内。稀土和铝等三价氧化物或其氢氧化物涂层也不与其发生固态交换，无法提高活性稳定性。而若在合成的胶态体系内加入氯化稀土，也因合成体系呈碱性会使氯化稀土沉淀成粒径远大于 ZSM-5 孔径的氢氧化稀土。在晶化过程中，同样也不可能得到晶内含稀土的高硅分子筛。为了避免在合成中加稀土盐引起沉淀的发生，考虑选择一类在碱性胶态体系中稀土能以离子分散态存在的物质，如 REY 分子筛。它在高温晶化过程中解聚，解聚的碎片作为晶种，稀土随着 MFI 型结构的成晶过程带入晶内，得到晶内含稀土的 MFI 型分子筛。

从 1984 年起，经过两年的探索于 1986 年开发了在有胺体系中以 REY 分子筛作晶种合成具有较高活性稳定性的、含稀土 MFI 结构分子筛的专利技术[87]。考虑到成本因素以及有机胺对环境的污染，于 1986 年继续发展了在无胺体系中合成具有同样活性稳定性的含稀土 MFI 型分子筛[88]。

异晶导向合成 REZSM-5 分子筛技术是以离子交换得到 REY 分子筛分散到待合成 ZSM-5 分子筛的胶体中，在高温水热晶化过程中 REY 解聚；解聚后的 REY“碎片”作为晶种，在 ZSM-5 分子筛成晶过程中把稀土携带到晶内，合成出晶内含稀土的具有 MFI 结构的 ZSM-5 分子筛。

3. 磷稳定技术

磷的引入是对进一步提高分子筛活性稳定性的重要专利方法[89]。

在系统考察铝源对合成分子筛性能影响过程中，注意到用磷酸铝源制备得到的 H-ZSM-5 分子筛，其裂化活性水平始终略高于其他铝源，如硫酸铝、硝酸铝、氯化铝和铝酸钠等合成得到的样品，而且后交换脱钠程度略差。含磷较多的分子筛效果更好。这一发现也和当时采用正确的催化裂化评价方法(n-C_{14}烷烃作为反应进料)分不开。这种方法的活性差值可达 15~20 单位，而轻油微反(MAT)只有 3~5 单位。随后研究了 H-ZSM-5 分子筛上磷酸铝胶涂层的效果，发现活性稳定性大幅度提高，进一步判断磷和铝的影响，确证活性稳定性大幅度提高在于含磷化合物的涂层；即对于此类 MFI 结构的分子筛，含磷的阴离子物种可以起到稳定骨架铝阴离子的突出作用，从而开发了 ZSM-5 分子筛用磷化合物改性的技术。ZSM-

5分子筛与五价磷的化合物在热或水热处理时会发生相互作用，促使磷物种迁移到晶内，与骨架铝配位，得到晶内含磷分子筛。晶内含磷的物种在苛刻水热条件下处理时，可以显著减缓骨架脱铝反应、提高骨架铝的保留度、大幅度增加ZSM-5分子筛水热活性稳定性。

1)磷改性对ZSM-5分子筛稳定性的影响

将ZSM-5分子筛进行磷改性，然后将改性前后的样品进行800℃、100%水蒸气、17h水热老化处理，并将以上水热老化前后的样品在纯烃微反装置上进行了$n-C_{14}$催化裂化微反活性评价，评价结果列于表3-2-40。

表3-2-40 磷改性前后ZSM-5分子筛上$n-C_{14}$催化裂化评价结果

分子筛	ZSM-5		磷改性ZSM-5	
	新鲜样	老化后	新鲜样	老化后
物料平衡/%				
干气	6.94	1.32	2.74	2.00
液化气	60.37	19.67	43.27	34.79
汽油	30.47	27.22	44.62	49.04
柴油	0.67	51.22	8.10	13.09
焦炭	1.55	0.56	1.27	1.08
$n-C_{14}$转化率/%	99.88	46.78	89.13	72.15
裂化气收率/%	67.31	20.99	46.01	36.79
轻质油收率/%	31.14	78.45	52.72	62.14
主要产品收率/%				
氢气	0.21	0.03	0.05	0.03
甲烷	1.00	0.04	0.06	0.04
乙烷	1.75	0.12	0.27	0.16
乙烯	3.99	1.13	2.37	1.77
丙烷	29.11	3.53	10.16	7.20
丙烯	7.65	8.37	12.78	12.40
总丁烷	20.92	2.69	9.64	6.09
总丁烯	2.70	5.07	10.69	9.10
丙烷收率/丙烯收率	3.80	0.42	0.79	0.58

从表3-2-40中数据可以看出，磷改性后的分子筛$n-C_{14}$转化率有所降低，这是由于磷覆盖了部分分子筛的酸性中心，分子筛酸量降低，活性下降。但是同时也可以看到，磷改性后分子筛的丙烷/丙烯比例大幅度降低，丙烯收率显著提高，这是由于酸密度的降低显著减少了氢转移反应，丙烯选择性提高。比较水热老化后的样品可以看出，磷改性后的分子筛的$n-C_{14}$转化率远高于未改性的ZSM-5分子筛，磷改性的分子筛具有更为优异的水热活性稳定性。

2）磷稳定ZSM-5分子筛的作用机理

将以上水热老化处理前后的ZSM-5分子筛和磷改性ZSM-5分子筛进行了XRD、BET、

NMR、TPD、XPS 等物化性质的表征。

（1）XRD 物相结构表征　XRD 表征的是分子筛的物相结构，从谱图变化可以得到一些结构变化的信息。当分子筛发生脱铝时，衍射峰会向高角度移动；当脱铝严重时，24.3°衍射峰会发生分裂。图 3-2-26 给出了 ZSM-5 分子筛和磷改性 ZSM-5 分子筛水热老化处理前后的 XRD 谱图。从图中可以看出，两种分子筛水热老化后衍射峰均向高角度移动，未经磷改性的 ZSM-5 分子筛移动更为显著，并且 24.3°衍射峰发生了分裂。由此可见，水热老化过程两种分子筛都发生了脱铝，但是磷改性 ZSM-5 分子筛脱铝较少，而未经磷改性的 ZSM-5 分子筛脱铝现象较为严重。

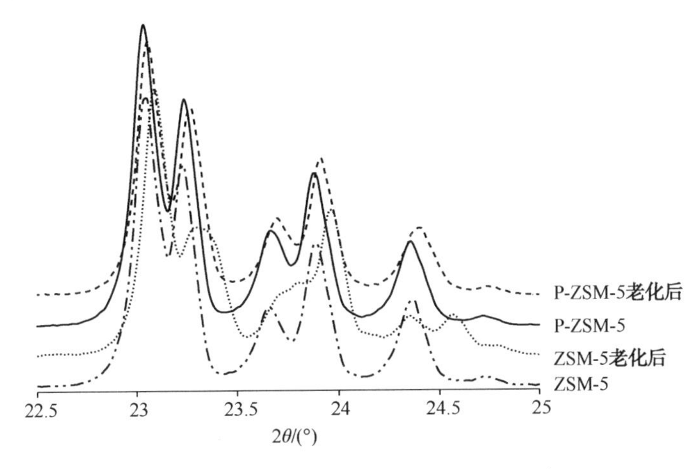

图 3-2-26　ZSM-5 分子筛的 XRD 物相谱图

（2）BET 比表面积及孔体积表征　表 3-2-41 是 ZSM-5 分子筛和磷改性 ZSM-5 分子筛水热老化处理前后的 BET 比表面积和孔体积表征结果。

表 3-2-41　ZSM-5 分子筛的 BET 比表面积及孔体积表征结果

样品名称	ZSM-5		磷改性 ZSM-5	
	新鲜样	老化后	新鲜样	老化后
比表面积 $S/(m^2/g)$	378	379	261	341
孔体积 $V/(mL/g)$	0.206	0.183	0.133	0.177

从表 3-2-41 中数据可以看出，ZSM-5 分子筛经磷改性后比表面积从 $378m^2/g$ 下降到 $261m^2/g$，孔体积从 0.206mL/g 下降到 0.133mL/g，但是从图 XRD 的表征结果可以看出磷改性对分子筛的结晶度没有明显破坏，比表面积和孔体积的下降是由于磷堵塞孔道所致。未经磷改性的 ZSM-5 分子筛水热老化后比表面积和孔体积与水热老化前基本相当，说明 ZSM-5 分子筛具有较好的水热结构稳定性。磷改性 ZSM-5 分子筛水热老化处理后，比表面积和孔体积有所恢复，但略低于未改性的 ZSM-5 分子筛。这可能是由于在水热条件下堵塞孔道的磷进行了重新分布，更均匀地分散在分子筛上，分散度提高。

（3）XPS 表面组成表征　XPS 可用来表征分子筛的表面组成。表 3-2-42 给出了 ZSM-5 分子筛和磷改性 ZSM-5 分子筛水热老化处理前后的的表面 Si/Al 原子比和 P/Si 原子比。

表 3-2-42　ZSM-5 分子筛的 XPS 表征结果

样品名称	ZSM-5		磷改性 ZSM-5	
	新鲜样	老化后	新鲜样	老化后
Si/Al 原子比	33.23	10.64	39.02	64.05
P/Si 原子比	—	—	14.96	3.81

从表 3-2-42 中数据可以看出：磷改性 ZSM-5 分子筛的表面 Si/Al 原子比高于未改性的 ZSM-5 分子筛，说明未改性的 ZSM-5 分子有更多的铝富集于分子筛表面，表面铝富集是由于分子筛脱铝造成的；未改性的 ZSM-5 分子筛水热老化后表面 Si/Al 原子比从 33.23 降低到 10.64，说明分子筛发生了严重的脱铝现象。而磷改性 ZSM-5 分子筛水热老化后 Si/Al 原子比增加，P/Si 原子比降低，说明在水热环境下分子筛表面的 Al 和 P 向体相发生了迁移，分布状态发生了改变。BET 表征中磷改性 ZSM-5 分子筛水热老化后比表面积和孔体积的恢复正是磷迁移所致。

（4）NMR 元素的配位状态表征　采用 NMR 固体核磁对分子筛各组成元素的配位状态进行了研究。图 3-2-27 是 ZSM-5 分子筛和磷改性 ZSM-5 分子筛水热老化处理前后的 NMR ^{27}Al 谱图。

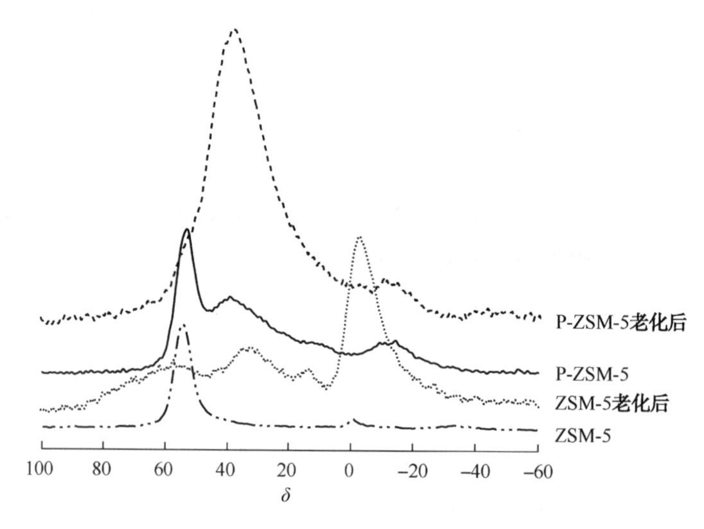

图 3-2-27　ZSM-5 分子筛的 NMR^{27}Al 谱图

从图 3-2-27 中可以看出，未改性 ZSM-5 分子筛中 Al 主要为化学位移 $\delta=54$ 的四配位骨架铝，另外还有很少量的化学位移 $\delta=0$ 的六配位非骨架铝；水热老化处理后，分子筛发生了严重的脱铝，四配位骨架铝大量减少，六配位非骨架铝显著增加，同时还出现有扭曲的四配位铝和五配位铝($\delta=33$、$\delta=14$)。磷改性 ZSM-5 分子筛由于磷的引入使铝的配位状态变得更加复杂，除了化学位移 $\delta=54$ 的四配位骨架铝和化学位移 $\delta=0$ 的六配位非骨架铝外，还出现了 $\delta=40$ 的与磷配位的四配位铝以及 $\delta=-14$ 的与磷配位的六配位铝；水热老化处理后，主要为与磷配位的四配位铝，同时有少量的与磷配位的六配位铝。从 NMR 表征结果可以看出，未经磷改性的 ZSM-5 分子筛的骨架铝非常不稳定，在水热环境下很容易从骨架中脱除。采用磷对 ZSM-5 分子筛进行改性，磷与四配位骨架铝和六配位非骨架铝进行配位。但是由于磷富集于分子筛表面及孔口，孔内深处的骨架铝未能和磷很好结合，在水热环境下，磷由表面往体相迁移，与体相的骨架铝进行配位。与磷配位的四配位骨架铝具有很好的水热稳定性；在水热过程中不容易从骨架中脱除，从而起到了稳定骨架铝的目的。

（5）酸量及酸类型表征　将ZSM-5分子筛和磷改性ZSM-5分子筛水热老化前后的样品采用NH_3-TPD表征其总酸量；采用FT-IR表征酸类型及分布。NH_3-TPD表征结果列于表3-2-43，FT-IR表征结果列于表3-2-44。

表3-2-43　ZSM-5分子筛的NH_3-TPD表征结果

样品名称	ZSM-5		磷改性ZSM-5	
	新鲜样	老化后	新鲜样	老化后
总酸量/(μmol/g)	974.2	17.5	367.7	69.0

表3-2-44　ZSM-5分子筛的FT-IR表征结果

样品名称	200℃			350℃		
	L酸	B酸	B酸/L酸	L酸	B酸	B酸/L酸
ZSM-5	4.0	24.0	6.00	3.0	20.6	6.87
ZSM-5老化后	0.6	0.4	0.67	0.4	0.3	0.75
P-ZSM-5	0.8	7.1	8.88	0.4	4.1	10.25
P-ZSM-5老化后	1.1	2.3	2.09	0.9	1.3	1.44

从NH_3-TPD表征结果可以看出，ZSM-5引入磷改性后，分子筛总酸量由974.2μmol/g减少到367.7μmol/g，原因在于一方面引入的磷覆盖了部分酸中心，另一方面部分磷堵塞了分子筛孔道，使探针NH_3分子无法吸附在被堵塞的孔内的酸中心上。未改性的ZSM-5分子筛水热老化后总酸量大幅下降到17.5μmol/g，这主要是由于水热过程中ZSM-5分子筛发生了大量骨架脱铝。磷改性ZSM-5分子筛虽然老化前总酸量比未改性的ZSM-5分子筛低，但是水热老化后的总酸量远高于未改性的ZSM-5分子筛。前面的研究结果表明，磷改性ZSM-5分子筛水热过程中磷往体相迁移，孔道疏通，磷与骨架铝充分配位，抑制了骨架铝的脱除。但是磷与骨架铝配位也削弱了分子筛的酸性，因此水热老化处理后总酸量还是有较大幅度的降低。

从FT-IR表征结果可以看出，水热老化处理前，无论是否经过磷改性，分子筛上均以B酸为主。B酸主要由结构羟基产生，L酸主要由结构羟基脱除以及骨架铝脱除后形成的铝氧物种产生。未改性的ZSM-5分子筛水热老化过程中大量脱铝，导致酸中心大幅减少。由于脱铝生成的非骨架铝会产生少量的L酸中心，所以L酸中心的减少幅度低于B酸中心。磷改性ZSM-5分子筛由于磷对骨架铝的保护作用，抑制了水热过程中骨架铝的脱除，因此酸中心的保留优于未改性的ZSM-5分子筛；尤其是B酸中心的保留远高于未改性的ZSM-5分子筛。

酸性是与分子筛催化反应性能关联最直接的一项物性参数，酸量的高低，也就是酸中心数量的多少影响到催化裂化转化率的高低，而B酸/L酸的比值影响到产物分布。B酸中心是裂化反应的主要活性中心，而L酸中心主要促进了氢转移等副反应的发生。磷改性ZSM-5分子筛总酸量低于未改性ZSM-5分子筛，因此表现出较低的n-C_{14}转化率。但是由于磷改性ZSM-5分子筛的B酸/L酸的比值高于未改性ZSM-5分子筛，因此表现出较好的丙烯选择性。水热老化处理后磷改性 ZSM-5 分子筛的酸中心保留远高于未改性 ZSM-5 分子筛，因此磷改性 ZSM-5 分子筛的 n-C_{14}转化率远高于未改性 ZSM-5 分子筛。

由以上研究得出如下结论：

在水热处理前，磷改性的 HZSM-5 分子筛会发生如下变化：①P 物种富集于分子筛表面，与铝进行配位，导致酸量降低；②P 物种会导致部分孔道堵塞，使表面积和孔体积下降。

水热处理过程中，磷向体相迁移趋于均匀分布，磷与体相中骨架铝进行配位，骨架铝得到保护，同时堵塞的孔道得到疏通。

由此可见，磷稳定处理并不能提高 ZSM-5 的新鲜催化活性，它的作用是阻止脱铝，维持较高的 B 酸数量。这样催化剂经水热老化后仍有较高的催化活性，使其活性稳定性可与 Y 型分子筛匹配。

综合以上两种方法调变得到的含稀土和磷、具有 MFI 结构的硅铝分子筛称为 ZRP-1 分子筛，用来配制催化裂解催化剂。这种催化剂主要用于增加丙烯产量和提高汽油辛烷值的催化裂化(FCC)和深度催化裂化(DCC)过程。ZRP-1 分子筛具有如下特点：

(1) 尺码分子吸附　异晶导向合成 ZRP-1 分子筛，正己烷与环己烷吸附值之比是常规 ZSM-5 分子筛的 2 倍，微孔更窄，具有更好的择形催化性能，见表 3-2-45。

表 3-2-45　ZRP-1 分子筛吸附性能

样　　品	正己烷/(mg/g)	环己烷/(mg/g)	正己烷/环己烷比
ZRP-1 分子筛	102	24	4.3
常规 ZSM-5 分子筛	110	55	2.0

(2) N_2吸附法 BET　与常规 ZSM-5 相比较，ZRP-1 分子筛具有更丰富的介孔，如图 3-2-28 所示。ZRP-1 分子筛拥有更加丰富的 4.0nm 左右的介孔，使其在 FCC 过程中会有更好的大分子裂化性能。

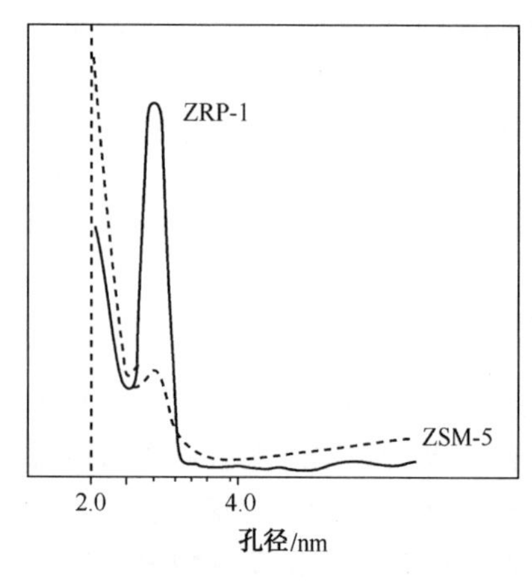

图 3-2-28　ZRP-1 分子筛 BET N_2 吸附孔分布

(3) 裂化活性和活性稳定性　将 ZRP-1 分子筛和 HZSM-5 分子筛进行不同时间的水热老化处理，在脉冲微反上进行 n-C_{14}裂化活性的评价，反应温度 460℃，分子筛装量 0.1g，裂化活性定义为 n-C_{14}的转化率，结果列于表 3-2-46。

由表 3-2-46 中数据可以看出，含 RE、P 的 ZRP-1 分子筛具有优异的裂化活性和活性稳定性。

在实验室基础研究与开发的基础上，1992 年在齐鲁催化剂厂中试车间首次进行了 ZRP-1 分子筛的合成和活化的中试放大。中试的 ZRP-1 分子筛制成的 DCC-1 型催化剂在催化裂化中试装置上评价，结果证实了这类分子筛在提高活性稳定性方面的突出优点。

1993 年开始在齐鲁催化剂厂进行 ZRP-1 分子筛的合成和活化的工业放大实验取得了成功。用 ZRP-1 作为主要活性组元的 DCC-1 催化剂于 1994 年 8 月在济南炼油厂 DCC 装置上试用，与原先使用的以 CHP-1 催化剂(HZSM-5 为活性组元)作对比。表 3-2-47 为工业运行的条件，表 3-2-48 为产品分布。

表 3-2-46 分子筛 n-C_{14} 裂化活性评价结果 %

样品经 800℃、100%水蒸气处理时间	4h	8h	12h
含 RE、P 的 ZRP-1 分子筛	98	96	94
含 RE 的 ZRP-1 分子筛	70	60	55
HZSM-5(Si/Al=15)	55	40	45
HZSM-5(Si/Al=30)	45	43	35

表 3-2-47 DCC 装置工业运行条件

催化剂	CRP-1 催化剂	CHP-1 催化剂
分子筛	ZRP-1	HZSM-5
装置能力/(kt/a)	150	60
原料油性质		
密度(20℃)/(g/cm^3)	0.9085	0.8862
残炭/%	0.71	1.41
氢含量/%	12.52	12.94
主要操作条件		
反应温度/℃	546	564
再生温度/℃	720	662
空速/h^{-1}	2.9	2.7
剂油比	7.9	12.5
回炼比	0.04	0.31
注水量/%(占总进料)	25.9	24.4
催化剂补充量/(kg 剂/t 油)	0.6	2.5

表 3-2-48 DCC 装置产品分布

项　　目	CRP-1 试样	CHP-1 工业样
产品分布/%		
干气	9.16	11.74
液化气	42.0	42.13
稳定汽油	26.60	17.40
裂解轻油	13.42	18.37
焦炭	8.04	9.39
损失	0.78	0.97
总计	100	100
气体烯烃产率/%	35.83	37.85
乙烯	3.49	5.35
丙烯	18.32	19.25
丁烯	14.02	13.25

从表中可以看出，ZRP-1 分子筛突出的活性稳定性表现在采用更低的温度、更小的剂耗、更低的回炼比的操作条件下，反应的转化率、丙烯烃产率仍与以常规 HZSM-5 分子筛为活性组元的催化剂相当；在丙烯、丁烯产量相当的前提下，低附加值的干气、裂解轻油以及焦炭产率均有较大幅度的下降，而高附加值的汽油产率则显著增加，从而可显著增加经济效益。含 ZRP-1 分子筛催化剂工业应用的成功为 DCC 工艺和催化剂成套技术的推广和出口作出了贡献。

三、提高轻烯烃选择性的改性途径

催化裂解是石油化工领域较重大的技术之一；它既可以提供马达燃料，又可以为石油化工提供原料。具有 MFI 结构的 ZRP-1 分子筛是用于催化裂解的主要组分；它是在 ZSM-5 的基础上发展的。对目标产物选择性的提高是技术发展的关键。提高 ZSM-5 分子筛的选择性可以通过两个途径：一是对 ZSM-5 分子筛的结构参数进行调整；二是引入其他元素对分子筛进行表面修饰与改性。

（一）结构参数对 ZSM-5 分子筛生产丙烯性能的影响

1. 硅铝比对 ZSM-5 分子筛生成丙烯的影响

选用硅铝比分别为 30、50、90、130 及 300 的 HZSM-5 分子筛，并采用了相同的改性方法，使它们具有相近水热活性稳定性。改性后的不同硅铝比分子筛经 800℃饱和水蒸气条件下水热老化处理 4h，分别进行了酸性质表征以及正己烷和重油微反反应性能评价。

1）硅铝比对 ZSM-5 分子筛酸性质的影响

与分子筛硅铝比直接对应的是其酸的性质。为此，利用 NH_3-TPD 和 FT-IR 等方法测定了不同硅铝比 ZSM-5 分子筛的酸性。图 3-2-29 示出了经 800℃、4h 水热老化处理后不同硅铝比 ZSM-5 分子筛的 NH_3-TPD 谱图。

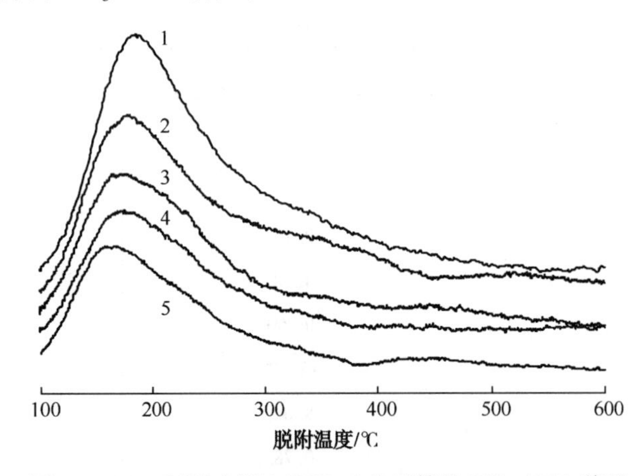

图 3-2-29 不同硅铝比 ZSM-5 分子筛的 NH_3-TPD 谱图

1—SiO_2/Al_2O_3=30；2—SiO_2/Al_2O_3=50；3—SiO_2/Al_2O_3=90；4—SiO_2/Al_2O_3=130；5—SiO_2/Al_2O_3=300

由图 3-2-29 可见，ZSM-5 分子筛经水热处理后，以弱酸中心为主，并且，随分子筛硅铝比的增加，NH_3的脱附量降低，酸量降低。分子筛的酸性是由其骨架铝引起的，硅铝比提高、铝含量降低就表现出较低的酸量。另外，在水热处理过程中，分子筛骨架中的四配位铝可水解而脱离骨架，从而导致分子筛酸量的降低。

表 3-2-49 给出了不同硅铝比 ZSM-5 分子筛的 FT-IR 酸性分析结果。从表中数据可以看出，分子筛酸量、B 酸、L 酸和 B 酸+L 酸均随硅铝比的增加而降低，这与 NH_3-TPD 分析取得了一致的结果。另外，B 酸/L 酸随分子筛硅铝比的增加而增大，并且高脱附温度测定的 B 酸/L 酸高于低脱附温度的 B 酸/L 酸，说明在强酸中心中 B 酸所占的比例大于在弱酸中心中 B 酸所占的比例。

表 3-2-49　不同硅铝比分子筛的表面酸性质　μmol/g

硅铝比	200℃				350℃			
	B 酸量	L 酸量	B 酸+L 酸	B 酸/L 酸	B 酸量	L 酸量	B 酸+L 酸	B 酸/L 酸
30	374.6	60.7	435.3	6.2	264.4	36.9	301.3	7.2
50	354.2	39.3	393.5	9.0	264.4	28.6	293.0	9.3
90	335.6	36.9	372.5	9.1	237.3	17.9	255.1	13.3
130	169.5	17.9	187.3	9.5	140.7	9.5	150.2	14.8
300	127.1	13.1	140.2	9.7	108.5	7.1	115.6	15.2

2）正己烷裂化反应中硅铝比对 ZSM-5 分子筛生成丙烯的影响

正己烷裂化反应性能的评价在纯烃微分微反装置上进行，分别于 20s、50s 及 70s 采集产物样品，依次对采集的产物样品进行在线色谱分析，结果如图 3-2-30~图 3-2-33 所示。

从图 3-2-30 中可以看出，无论是 20s 采样还是 50s、70s 采样，正己烷的转化率随分子筛硅铝比的增加而降低，这与分子筛随硅铝比提高酸性减弱有关。但是如图 3-2-31 和图 3-2-33 所示，裂化气中丙烯含量以及丙烯选择性随着硅铝比的增加而增加，说明对于小分子正己烷的裂化，ZSM-5 分子筛硅铝比的提高有利于改善对丙烯的选择性。结合分子筛的FT-IR 酸性分析结果，可以认为分子筛有高的 B 酸/L 酸会有利于丙烯选择性的提高。由裂化气中丙烯含量和裂化气产率计算出不同硅铝比分子筛的丙烯产率，得到的图 3-2-32 中，显示出丙烯产率的变化呈单峰型曲线：随着硅铝比的增加，丙烯产率增加并在硅铝比 50 处达到最大值；然后丙烯产率随硅铝比的增加而降低。因此，为达到丙烯产率的最大化，分子筛硅铝比有一适宜的范围。

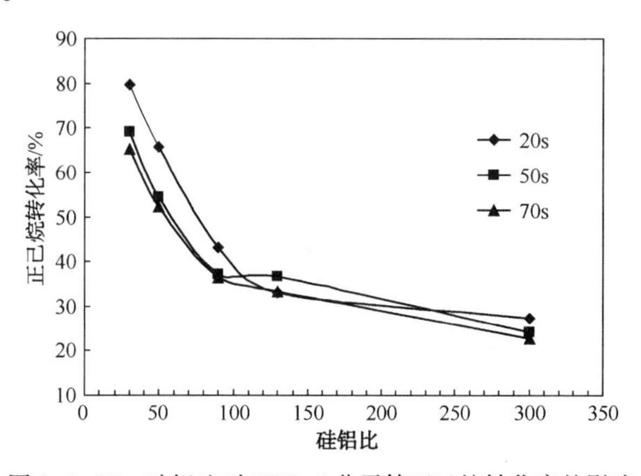

图 3-2-30　硅铝比对 ZSM-5 分子筛正己烷转化率的影响

3）重油裂化反应中硅铝比对 ZSM-5 分子筛生成丙烯的影响

重油(VGO)裂化反应性能的测定在 WFS-5C 重油催化微活性测定仪上进行。含 USY 和

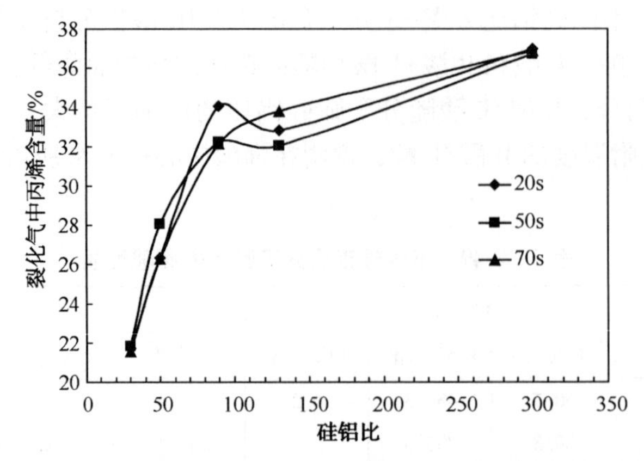

图 3-2-31　硅铝比对 ZSM-5 分子筛裂化气中丙烯含量的影响

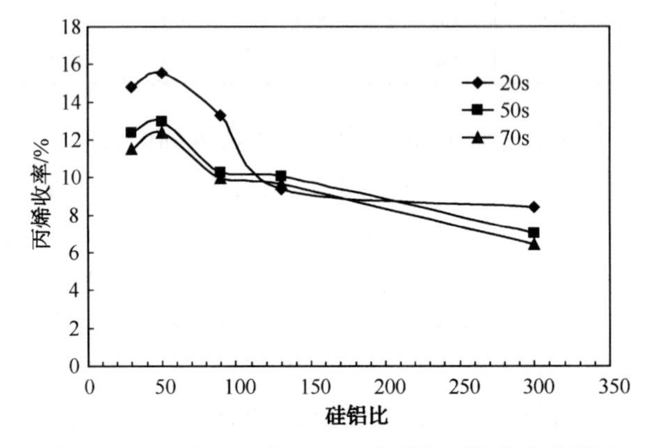

图 3-2-32　硅铝比对 ZSM-5 分子筛丙烯收率的影响

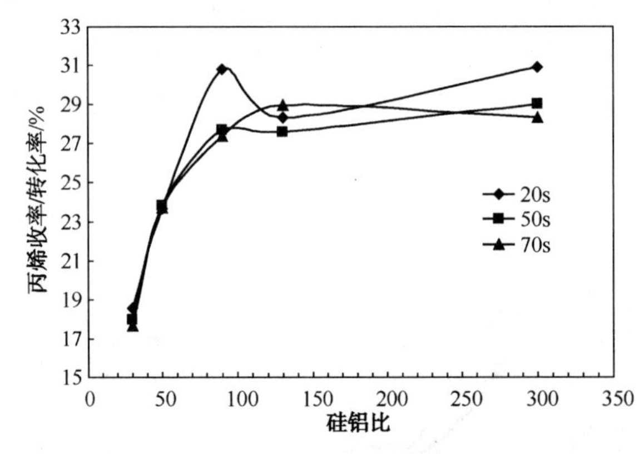

图 3-2-33　硅铝比对 ZSM-5 分子筛丙烯选择性的影响

REUSY 的平衡剂 DOCP 与不同硅铝比 ZSM-5 分子筛按照 90∶10 的比例进行混合，结果如图 3-2-34～图 3-2-37 所示。

从图中可以看出，重油裂化过程中 ZSM-5 分子筛硅铝比对催化性能的影响，类似于在正己烷裂化反应中反映出来的规律。随分子筛硅铝比的增加，转化率和液化气产率降低。但由于采用了 DOCP 催化剂和 ZSM-5 分子筛按比例混合的方式，硅铝比对转化率的影响相对较小。另外，液化气中丙烯浓度随着硅铝比的增加而增加。以上结果说明，硅铝比的提高有

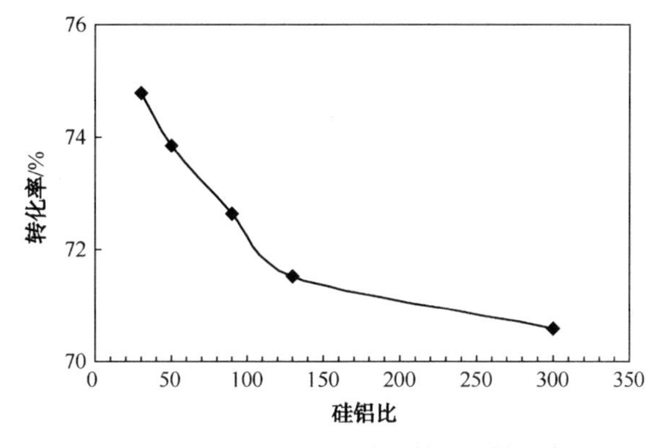

图 3-2-34 硅铝比对 ZSM-5 分子筛重油转化率的影响

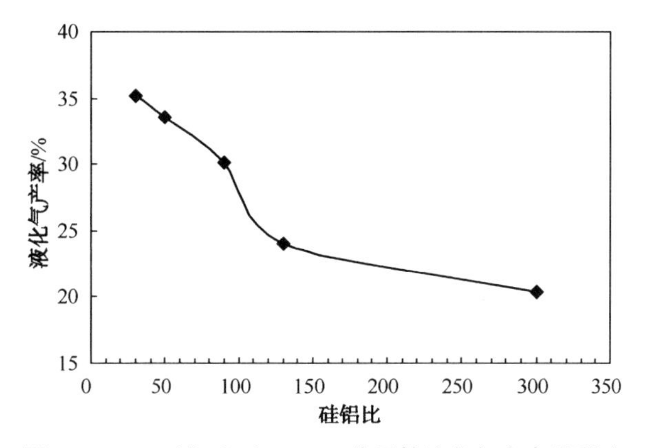

图 3-2-35 硅铝比对 ZSM-5 分子筛液化气产率的影响

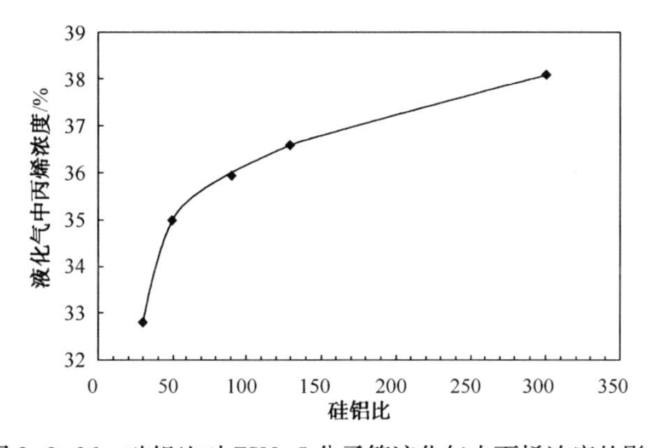

图 3-2-36 硅铝比对 ZSM-5 分子筛液化气中丙烯浓度的影响

利于分子筛液化气中丙烯质量分数的提高。但对丙烯产率而言，低硅铝比分子筛可以获得更多的丙烯。因此，要综合丙烯选择性和产率的因素，选择比较适宜的分子筛硅铝比。

2. 不同晶粒大小 ZSM-5 分子筛对生成丙烯的影响

将前述晶粒大小分别为 1~2μm 的分子筛(ZSM-5-L)和 100~200nm 的分子筛(ZSM-5-S)，经过适当的磷改性处理，在 800℃、100%水蒸气条件下水热老化处理 4h，分别进行了正癸烷裂化反应性能的评价。图 3-2-38 为不同催化剂/正癸烷质量比下两种晶粒大小分子筛的正癸烷转化率。由此可以得到不同转化率下两种分子筛丙烯产率、$C_3^=/C_3$ 比值、丙烯选择性

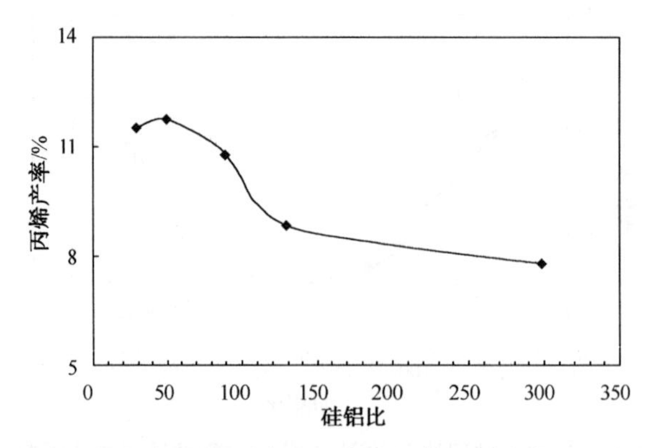

图 3-2-37　硅铝比对 ZSM-5 分子筛丙烯产率的影响

和芳烃产率的变化情况，结果如图 3-2-39～图 3-2-42 所示。

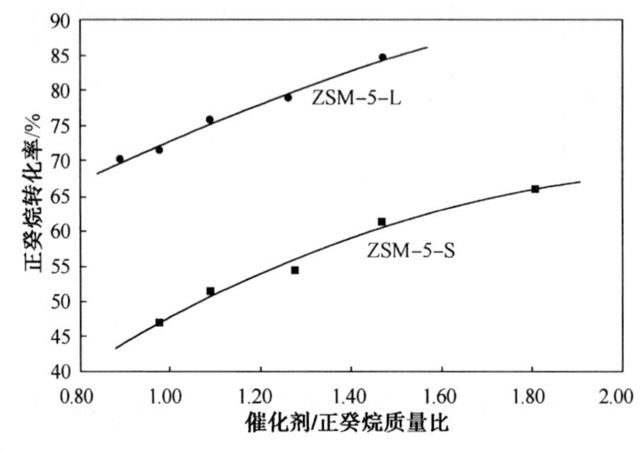

图 3-2-38　不同晶粒大小 ZSM-5 分子筛/正癸烷质量比对正癸烷转化率的影响

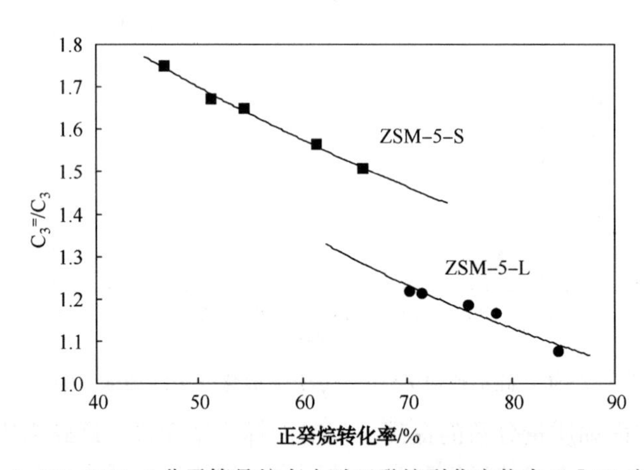

图 3-2-39　ZSM-5 分子筛晶粒大小对正癸烷裂化产物中 $C_3^=/C_3$ 的影响

从图 3-2-41 可以看出，如果在相同的正癸烷转化率的条件下，小晶粒的 ZSM-5-S 分子筛比大晶粒 ZSM-5-L 分子筛有更高的丙烯收率。从图 3-2-39 和图 3-2-40 可以看出，小晶粒的 ZSM-5-S 分子筛比大晶粒 ZSM-5-L 分子筛有更高的 $C_3^=/C_3$ 比和 $C_3^=$ 收率/转化率比。可见，分子筛晶粒的减小有利于丙烯烯烃选择性的提高。

此外，从图 3-2-42 中可见，在相同转化率下大晶粒 ZSM-5-L 分子筛比小晶粒 ZSM-5-

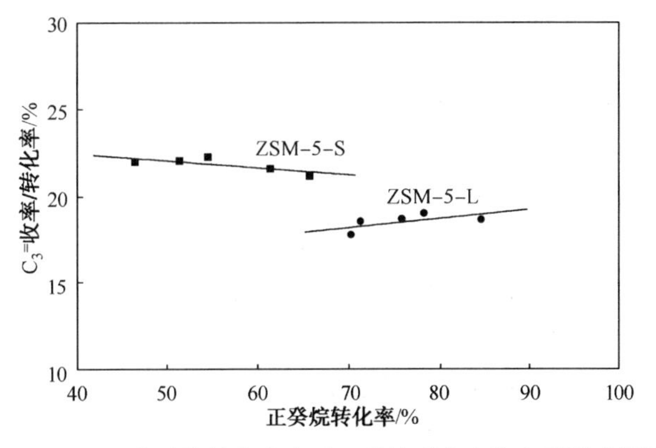

图 3-2-40　ZSM-5 分子筛晶粒大小对正癸烷裂化产物中丙烯选择性的影响

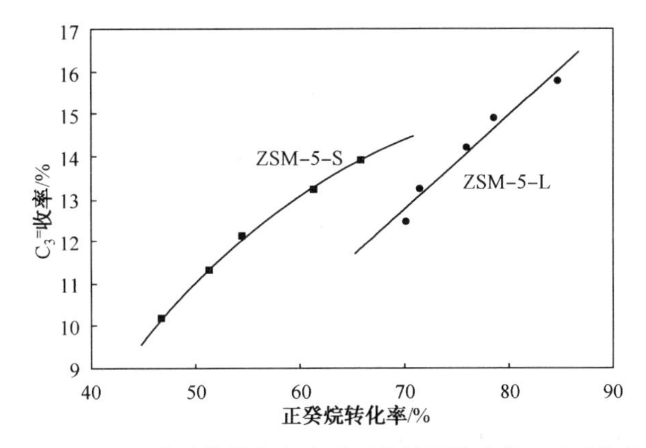

图 3-2-41　ZSM-5 分子筛晶粒大小对正癸烷裂化产物中 $C_3^=$ 收率的影响

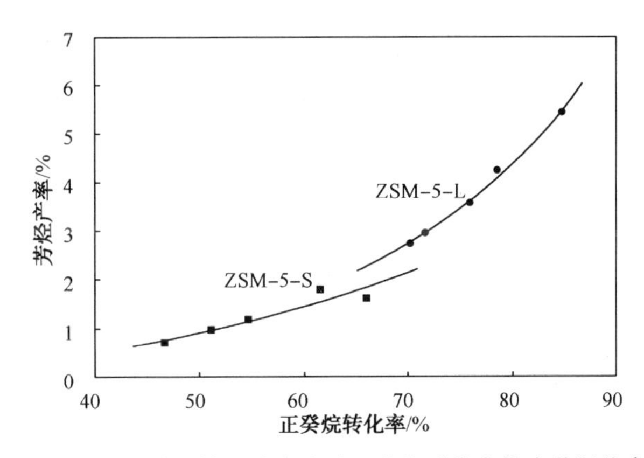

图 3-2-42　ZSM-5 分子筛晶粒大小对正癸烷裂化产物中芳烃收率的影响

S 分子筛有更高的芳烃收率。

分子筛晶粒尺寸决定了其孔道的长短，由此可影响反应物和产物在分子筛中的扩散。上述结果可以理解为：具有短孔道尺寸的小晶粒 ZSM-5-S 分子筛更有利于所产生的低碳烯烃分子的扩散，降低其在晶体孔道内的停留时间，从而减少了小烯烃分子间的氢转移反应和叠合、环化缩合的几率，也就表现出比大晶粒的 ZSM-5-L 分子筛有更高的丙烯选择性、更高的 $C_3^=/C_3$ 比和更低的芳烃选择性。

（二）含铁 ZSM-5 分子筛

磷改性技术是提高 ZSM-5 分子筛活性稳定性、改善丙烯选择性的十分重要的方法。在此基础上又探索了新的改性方法，特别是在 ZSM-5 分子筛上引入金属活性组元，希望通过增强分子筛对小分子烷烃的脱氢能力，为分子筛提供更多的小分子烯烃，以进一步提高 ZSM-5 分子筛增产丙烯的潜力和规律。

1. 含铁 ZSM-5 分子筛的生产丙烯催化反应性能

制备了含铁的 ZSM-5 分子筛，并以常规 ZSM-5 分子筛为对比样。将两种分子筛样品分别进行水热老化处理，在重油微反装置上进行了重油裂化性能的评价，评价结果列于表 3-2-50。结果表明，与常规 ZSM-5 分子筛相比，含铁 ZSM-5 分子筛的丙烯产率和选择性提高；而氢气产率及干气产率增幅不大，焦炭产率略有增加，显示出含铁 ZSM-5 分子筛对产品选择性的良好表现。

表 3-2-50　含铁 ZSM-5 分子筛的生产丙烯催化反应性能　%

分子筛	常规 ZSM-5	含铁 ZSM-5
转化率	75.00	77.13
丙烯收率	9.14	11.79
干气收率	2.63	2.70
液化气收率	29.38	34.32
焦炭收率	2.70	2.72
丙烯选择性	12.19	15.29

2. 含铁 ZSM-5 分子筛的物性特征分析

1）Fe 在分子筛上分布状态的研究

对含铁 ZSM-5 分子筛进行了 XPS 表面元素价态分析；然后对此样品进行 5min 表面刻蚀处理，摄 XPS 谱以表征其内部元素的价态，结果如图 3-2-43 所示。

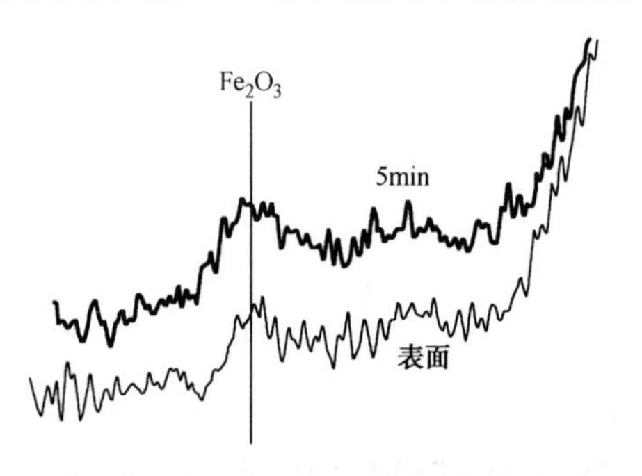

图 3-2-43　含铁 ZSM-5 分子筛的 XPS 谱图

从 Fe 在刻蚀前后的 XPS 谱图可以看出，Fe 在结合能 710.5eV 处出峰，且刻蚀前后峰位置没有发生变化。此结合能对应于 Fe_2O_3 中的 Fe^{3+} 的结合能，说明在含铁 ZSM-5 分子筛样品中，Fe_2O_3 是主要存在形式，并且在分子筛的表面和体相，金属 Fe 的存在形式相一致。

2）Fe 在分子筛上位置的研究

借助电子显微技术结合 EDS 能谱技术，对含铁 ZSM-5 分子筛进行了测定。图 3-2-44 为样品的透射电镜图像。

从图 3-2-44 中可以看出，分子筛表面有一些较深色的黑色斑，大小在 10~20nm 左右，比较分散。在此样品上选取 A、B 两个区域进行微区分析，其中 A 区为没有黑色斑的洁净区域，B 区为黑色斑区域。首先对这两个区域进行了 EDS 能谱分析，结果如图 3-2-45、图 3-2-46 所示。

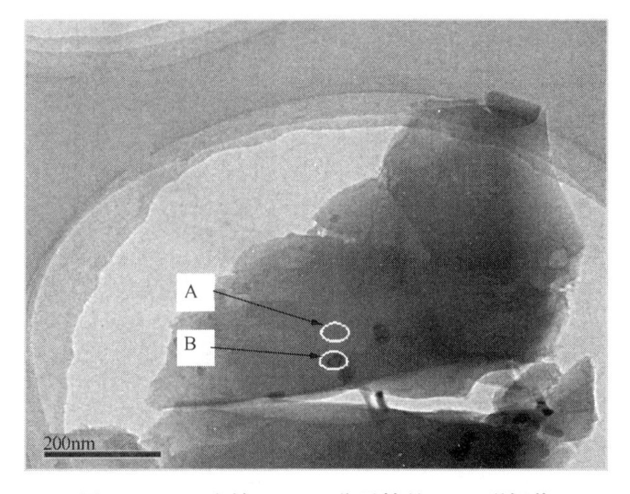

图 3-2-44　含铁 ZSM-5 分子筛的 TEM 明场像

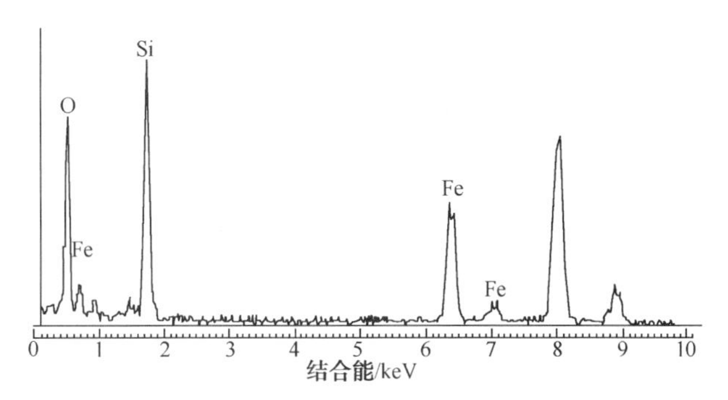

图 3-2-45　A 区 EDS 能谱

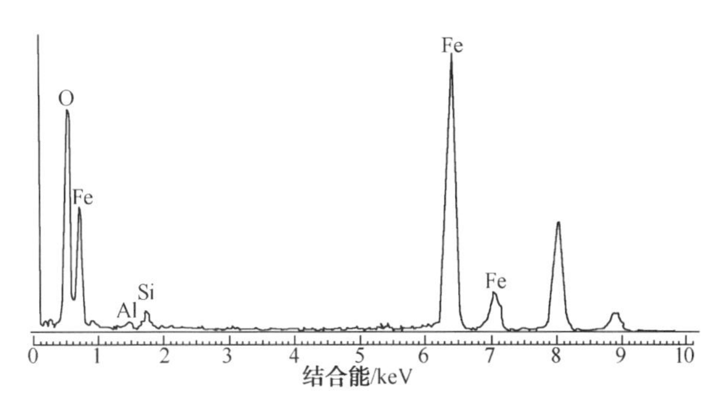

图 3-2-46　B 区 EDS 能谱

对 B 区黑色斑的 EDS 能谱分析表明，此黑色斑的元素组成主要是 Fe 和 O，还有极少量的 Si 和 Al。由此可以认定此黑色斑为分子筛表面聚集态的 Fe_2O_3，颗粒尺寸为纳米级，有较好的分散度。对 A 区的 EDS 能谱分析表明，此区域 Si 含量相当高，同时也有 Fe 元素的存在，但含量相对较低。但是在 TEM 图像上并没有观察到类似于 B 区的黑色斑。因此可以推测，与 B 区相比，A 区中 Fe 以更小尺寸、更高分散度的状态负载于分子筛上。为了解 A 区中 Fe 在分子筛中的存在状态和位置，采用高分辨电子显微镜(HREM)对 A 区域进行了微区分析，结果如图 3-2-47 和图 3-2-48 所示。

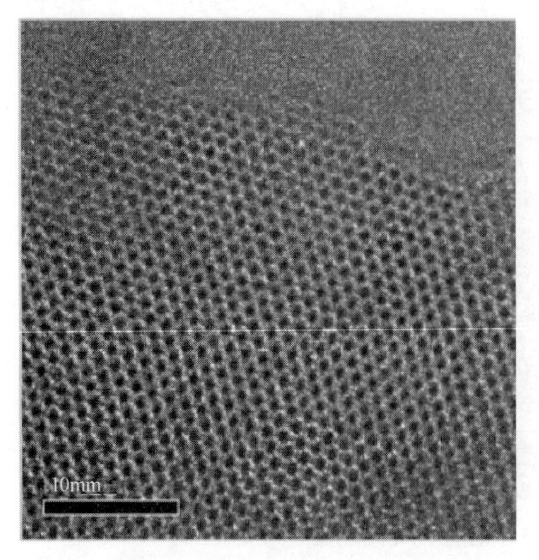

图 3-2-47　MS-CCD 获得的 A 区 HREM 像

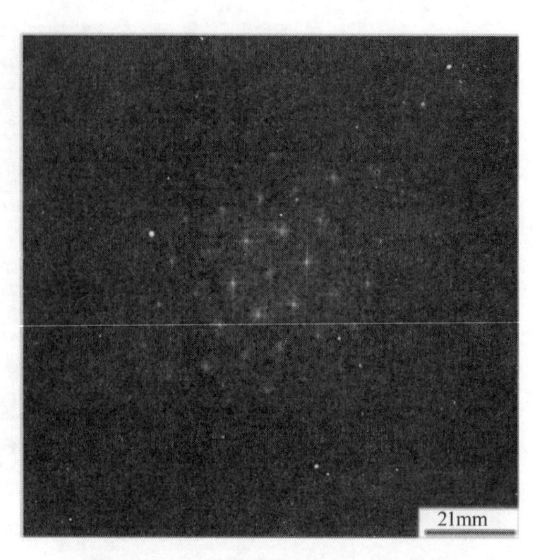

图 3-2-48　傅立叶(Fourier)变换谱

图 3-2-47 为 A 区的高分辨电镜图像。从此图可以清晰地看到规则的分子筛结构。图 3-2-48为 A 区的 Fourier 变换谱；由此谱确定所得到的是[100]方向的分子筛结构图像。为了扣除背底信息，获得更加真实的样品信息，对原始图像进行了 Fourier 过滤处理，结果如图 3-2-49 所示。

从图 3-2-49 中可以看到分子筛孔道的直径在 5Å 左右，其结构与图 3-2-50 所示的 ZSM-5 的[100]方向结构投影图相当吻合。将图 3-2-49 进行局部放大得到图 3-2-51，同时将常规 ZSM-5 的一个高分辨电镜图示于图 3-2-52。

图 3-2-49　Fourier 过滤处理后的 A 区 HREM 像

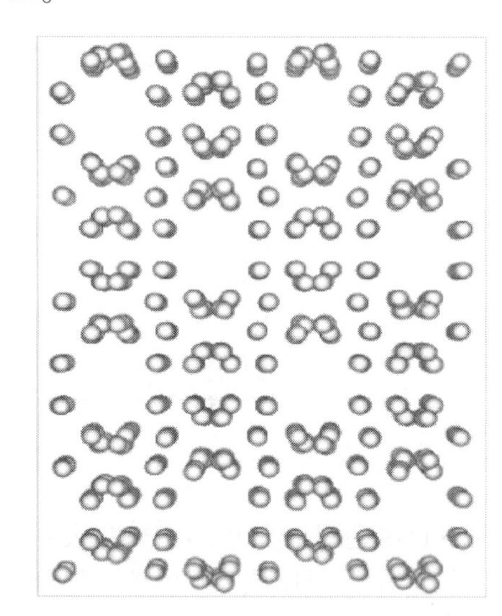

图 3-2-50　ZSM-5 的[100]方向结构投影图

从图 3-2-52 中可以清晰地看出每个孔洞周围有十个亮点，对应于 ZSM-5 结构中每个十元环被两个六元环和八个五元环包围。同时，从图中可以看到孔洞中间有亮斑，但常规的 ZSM-5 的 HREM 成像图中却没有类似的亮斑。结合前面的 EDS 能谱分析，表明此区域有 Fe 的存在。因此可以认定孔洞中间的亮点为孔道内 Fe_2O_3的衬度像。

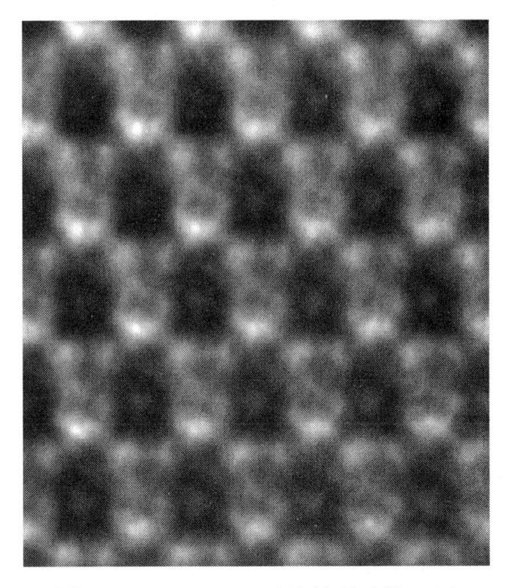

图 3-2-51 Fourier 过滤处理后的 A 区 HREM 像的局部放大图

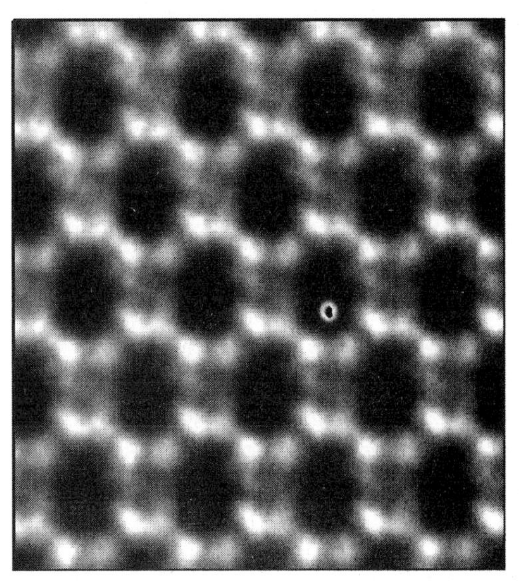

图 3-2-52 常规 ZSM-5 的 HREM 图像

综上所述，透射电子显微镜的研究结果表明：金属 Fe 在分子筛中一部分以纳米级的 Fe_2O_3小颗粒高度分散地负载于分子筛外表面；另一部分则进入了分子筛孔道内部。

3. 含铁 ZSM-5 分子筛提高丙烯产率和丙烯选择性的机理探讨

1）含铁 ZSM-5 分子筛对正己烷和正己烯裂化性能

将上述含铁 ZSM-5 分子筛和常规 ZSM-5 分子筛进行了正己烷和正己烯裂化纯烃脉冲微反的评价，分子筛样品经 800℃、4h 饱和水蒸气老化处理。表 3-2-51 列出反应开始后 20s 采集产物样品的分析结果。

表 3-2-51 含磷-铁 ZSM-5 分子筛的烃分子催化裂化评价结果

分子筛	正己烷		正己烯	
	常规 ZSM-5	含铁 ZSM-5	常规 ZSM-5	含铁 ZSM-5
转化率/%	54.97	65.64	97.89	96.53
物料平衡/%				
C_1	1.26	1.53	0.34	0.31
C_2	3.95	4.85	0.50	0.44
$C_2^=$	6.04	7.77	7.49	7.28
C_3	10.72	12.77	3.72	3.35
$C_3^=$	12.72	15.54	24.50	24.20
总 C_4^0	4.99	6.62	7.06	5.87
总 $C_4^=$	9.60	9.95	30.02	30.27
$>C_4$	50.72	40.97	26.37	28.28
$C_3^=$选择性/%	23.12	23.82	25.03	25.07

从表 3-2-51 中可以看出：两种分子筛的正己烯裂化转化率都很高，达到 96%~97%；由此得到的丙烯产率及丙烯选择性也很相近，表明 MFI 结构的分子筛很容易将己烯裂化掉；

同时金属 Fe 的引入虽然使 ZSM-5 分子筛的表面酸中心数量减少，但对正己烯的裂化性能，包括丙烯的产率和丙烯的选择性能基本保持不变。

但在正己烷的裂化反应中，MFI 结构的分子筛对其裂化转化的能力较低，数据表明转化率仅有 50%~60%。与常规 ZSM-5 分子筛比较而言，引入金属 Fe 的 ZSM-5 分子筛的正己烷转化率从 54. 97%增加到 65. 64%，丙烯产率也提高了近 3 个百分点。可以认为，这种差异主要是引入的金属 Fe 所造成的。由于高度分散在分子筛晶内或表面的 Fe 具有适度脱氢功能，部分正己烷在适当的反应条件和脱氢活性中心的作用下脱氢生成己烯。根据文献[11,18,32]所表述，己烯比己烷更容易在酸性中心上进一步裂化；同时己烯裂化生成丙烯的选择性在 80%以上，是生成丙烯最好的前驱体。所以在 ZSM-5 分子筛中引入金属 Fe 后，能够有效提高其烷烃裂化能力及丙烯产率。

2）含铁 ZSM-5 分子筛裂化过程中金属价态的测定

将上述含铁 ZSM-5 分子筛在纯烃微反上进行了己烷裂化反应，反应后分子筛在氮气保护下降至室温后取出，并用氮气封存。对反应前后的分子筛样品进行 XPS 光电子能谱表征，结果列于图 3-2-53。

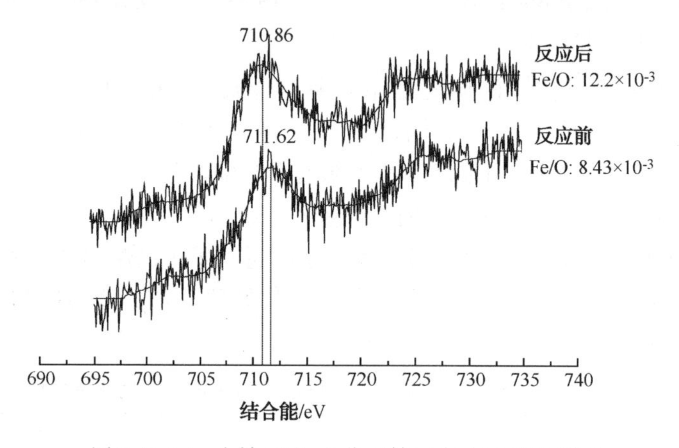

图 3-2-53　含铁 ZSM-5 分子筛反应前后 XPS 谱图

从谱图中可以看出：反应前分子筛中 Fe 的结合能为 711. 62eV，对应于 Fe_2O_3 中 Fe^{3+} 的存在状态；反应后分子筛中 Fe 的结合能为 710. 86eV，对应于 FeO 中 Fe^{2+} 的存在状态。同时从反应前后 Fe/O 原子比数值可以看出，反应后分子筛与反应前分子筛相比较 Fe/O 原子比增大。结果表明，在反应过程中，分子筛中的 Fe 由 Fe_2O_3 被还原成了 FeO，Fe 的价态由+3 价还原为+2 价。

3）含铁 ZSM-5 分子筛对正己烷裂化产品的质谱分析

对上述常规 ZSM-5 和含铁 ZSM-5 分子筛，经 800℃、4h 饱和水蒸气老化处理后，在脉冲微反上进行了正己烷裂化反应的评价，反应产物进入在线质谱跟踪分析其中的 H_2O 及正己烷含量，结果列于图 3-2-54。图中空白实验为将定量的正己烷饱和蒸汽直接通入质谱，检测原料的正己烷和水的离子流强度。

通过对产物中的 C_6^+ 离子流强度的积分计算，可以得到常规 ZSM-5 分子筛及含铁 ZSM-5 分子筛的正己烷转化率分别为 69. 87%和 92. 00%。由此可知，含金属铁的 ZSM-5 分子筛具有更强的小分子烷烃裂化能力。通过对产物中的水离子流强度的积分计算，可以得到含铁

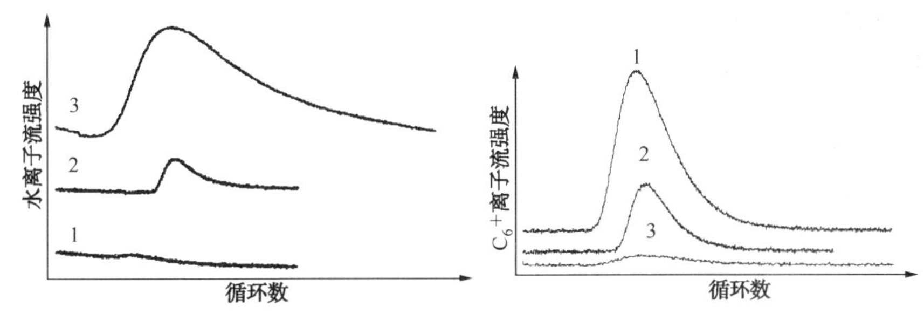

图 3-2-54 正己烷脉冲微反产物质谱分析结果

1—空白；2—常规 ZSM-5；3—含铁 ZSM-5

ZSM-5 分子筛和常规 ZSM-5 分子筛的正己烷裂化反应产物中的水分子摩尔比为 9.70，而根据前面的计算，两种分子筛的转化率之比仅为 1.32。由此认为，在 ZSM-5 分子筛中引入金属 Fe 组元增强了脱氢功能，使得小分子烷烃脱氢生成了更容易裂化的小分子烯烃，从而提高了择形分子筛的小分子烷烃裂化能力；与此同时，脱下来的氢被氧化生成了较多的水。

4）含铁 ZSM-5 分子筛增产丙烯作用机理推测

综合含铁 ZSM-5 分子筛的反应性能与物化性质表征测定结果进行分析，可以有以下认识：

（1）含铁 ZSM-5 分子筛中的金属 Fe 以 Fe_2O_3的形态高度分散在分子筛的表面及体相中，其中一部分分散在分子筛表面，还有一部分进入了分子筛孔道。

（2）含铁 ZSM-5 分子筛与常规 ZSM-5 分子筛相比，对正己烷裂化的能力增强：转化率提高、丙烯产率增加。这主要是因为小分子烷烃在金属 Fe 的作用下可适度脱氢生成了小分子烯烃；小分子烯烃进一步裂化成为更小分子的烯烃。

（3）重油微反的反应结果表明，含铁 ZSM-5 分子筛在提高丙烯产率的同时，焦炭产率并没有明显增加。由此认为烃的脱氢裂化过程是在分子筛孔道中进行的。由于 MFI 结构的分子筛孔道的空间位阻效应，使得大分子无法进入分子筛孔道；能进入分子筛孔道的是直链或带一个支链的小分子烷烃。这些小分子烷烃在分散在孔道内的金属活性中心的作用下，脱氢后变成小烯烃分子。这些小的烯烃分子能及时转移到临近的酸中心上进一步裂化为丙烯和乙烯。由于大分子无法进入分子筛孔道，因此在增加丙烯产率的同时，焦炭产率没有明显增加。

（4）重油微反的反应结果还表明，含铁 ZSM-5 分子筛在提高丙烯产率的同时氢气产率并没有明显增加。结合 XPS 光电子能谱对反应过程中分子筛上 Fe 的价态的变化，即 Fe_2O_3 被还原成了 FeO，Fe 的价态由+3 价还原为+2 价，以及反应产品的质谱分析出有较多的 H_2O 的生成，可以推断小分子烷烃的脱氢过程可能是在分子筛 Fe 金属中心上进行的氧化脱氢过程；脱除的氢与金属氧化物中的氧结合生成 H_2O，因而在增产丙烯的过程中氢气产率不会有明显增加。当然这还有待作更进一步的研究探讨。

综合上述研究结果，对含铁 ZSM-5 分子筛增产丙烯作用机理推论如下：Fe 金属活性组元的引入，增强了分子筛对小分子烷烃的脱氢氧化能力；脱氢后生成的小分子烯烃在分子筛的酸催化作用下进一步裂解为更小分子烯烃；整个催化循环是金属和酸的双中心协同作用的结果。

（三）含金属 ZSM-5 分子筛的磷封装技术

与常规 ZSM-5 分子筛相比，含铁 ZSM-5 分子筛在相同条件下，丙烯产率、丙烯选择性显著提高，但是存在于分子筛外表面的铁物种提供了非选择性活性中心。为了进一步优化含铁 ZSM-5 分子筛的增产低碳烯烃催化性能，开展了表面非选择性活性中心钝化技术的研究。

选用三甲基吡啶作为探针分子对常规 ZSM-5 分子筛和含铁 ZSM-5 分子筛进行了 IR 酸性测定，结果如图 3-2-55 所示。

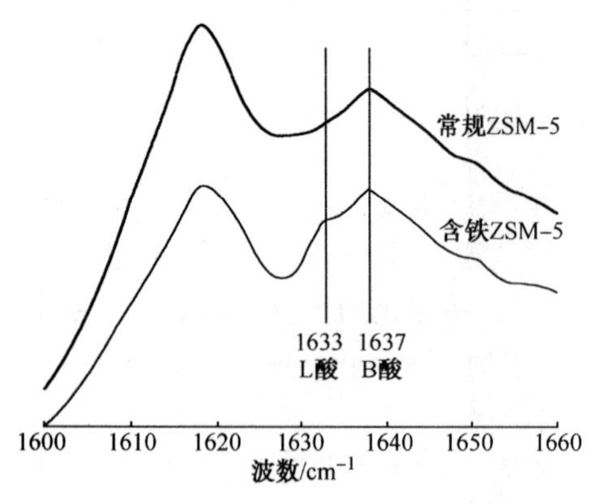

图 3-2-55 金属改性前后分子筛的三甲基吡啶-IR 表征谱图

三甲基吡啶分子尺寸较大，无法进入分子筛孔道内，表征的是分子筛外表面的酸性，其中波数为 1633cm^{-1}的峰表征的是分子筛表面的 L 酸中心，波数为 1637cm^{-1}的峰表征的是分子筛表面的 B 酸中心。由图 3-2-55 中可以看出，含铁 ZSM-5 分子筛的 L 酸中心数量明显高于常规 ZSM-5 分子筛；而 L 酸中心是一种非选择性酸催化中心。在外表面 L 酸中心非选择性裂化以及金属中心的脱氢的共同作用下，导致了含金属分子筛氢气和焦炭选择性的增加。由此，开发了含金属分子筛的磷封装技术，对包含了变价金属氧化物的 ZSM-5 分子筛进行表面涂覆改性，以期用惰性材料覆盖分子筛外表面的金属氧化物，改善分子筛催化裂化反应选择性。经过筛选，选用磷作为涂覆材料。

采用磷封装技术制备了含磷-铁的 ZSM-5 分子筛样品，记为 PFZ-F。表 3-2-52 给出了磷封装对含铁 ZSM-5 分子筛催化性能的影响。分子筛经过 800℃、4h、100%水蒸气处理，催化性能的评价在轻柴油微反装置上进行，反应温度 550℃。

表 3-2-52 磷封装对含铁 ZSM-5 分子筛性能的影响

分子筛	含铁 ZSM-5	PFZ-F
转化率/%	40.83	37.12
物料平衡/%		
干气	4.75	3.03
液化气	22.94	21.68
汽油	12.64	12.06
柴油	59.17	62.88
焦炭	0.50	0.35
气体产物收率/%		
氢气	0.08	0.06
甲烷	0.24	0.20
乙烷	0.40	0.32
乙烯	4.04	2.45
丙烷	3.85	2.40
丙烯	9.58	9.66

续表

分子筛	含铁 ZSM-5	PFZ-F
总丁烷	3.27	2.02
总丁烯	6.23	7.58
异丁烷	1.45	0.72
异丁烯	2.59	3.18
丙烯选择性/%	23.46	26.02

由表 3-2-52 中结果可以看出，经过磷封装技术处理后，轻柴油转化率有所降低，液化气收率略有降低，但干气和焦炭收率显著降低，选择性下降；乙烯收率和选择性降低，丙烯、丁烯收率和选择性提高。由此可见磷封装对外表面金属氧化物导致的过度脱氢和热裂解催化作用起到了抑制作用，从而强化了分子筛孔内的正碳离子反应，丙烯选择性提高。

将以上 PFZ-F 进行变角 XPS 表征，测试时对样品进行倾转，从而改变光电子出射角。随着光电子出射角的变化，取样深度也随之变化，由此得到样品外表面(深度 3.5nm)及次外表面(深度 5nm)的原子组成信息，结果列于表 3-2-53 中。

表 3-2-53 磷封装含铁 ZSM-5 分子筛的表面原子组成

样品名称	理论体相组成	PFZ-F	
		次外表面	外表面
金属/硅原子比	0.012	0.029	0.027
金属/磷原子比	0.185	0.199	0.147

从表 3-2-53 中结果可以看出，负载的金属在分子筛表面富集，可能是大量磷与铁同时负载时更多的磷占据了体相内部的负载位置。PFZ-F 样品外表面的金属/磷(原子比)低于次外表面，说明涂覆的磷富集于外表面，起到覆盖表面金属的作用。

选用三甲基吡啶作为探针分子对含铁 ZSM-5 分子筛和磷封装的 PFZ-F 分子筛进行了 IR 酸性测定，结果如图 3-2-56 所示。

从图 3-2-56 中可以看出含铁 ZSM-5 分子筛在 $1633cm^{-1}$有较强的振动峰，对应于三甲基吡啶在外表面 L 酸中心的吸附。由前面的研究已知外表面 L 酸中心由分子筛外表面的金属氧化物产生。经过磷封装技术处理的 PFZ-F 分子筛，$1633cm^{-1}$振动峰消失，可见分子筛表面的金属氧化物被磷覆盖。

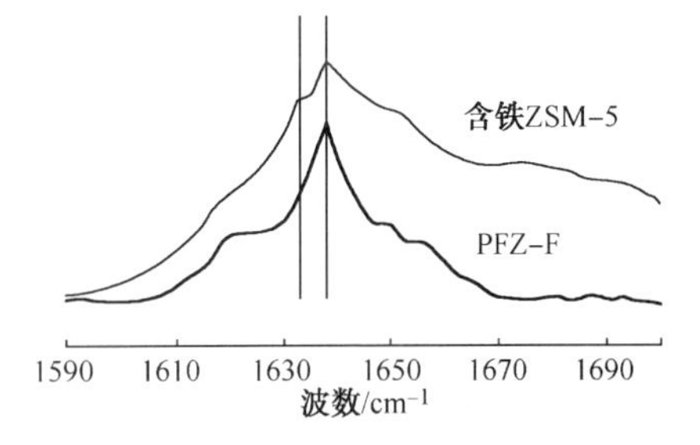

图 3-2-56 磷封装含铁 ZSM-5 分子筛的三甲基吡啶-IR 表征谱图

由以上研究结果可见，采用磷封装技术改性的 PFZ-F 分子筛，分子筛表面的氧化铁物种被磷覆盖，表面酸性和金属性削弱，从而抑制了表面金属中心引起的非选择性副反应的发生，强化孔内的选择性催化裂化反应，分子筛性能得到改善。

(四) 磷封装含镁 ZSM-5 分子筛

催化热裂解制乙烯是增产乙烯的新途径。现有的蒸汽裂解生产乙烯技术有着裂解温度高、对原料的要求苛刻等缺点。催化裂化家族工艺如 MGG、DCC、MIO 等在增产丙烯、异丁烯等方面取得了工业化成果；同时成功开发了上述工艺所用催化剂的活性组元ZRP分子筛[90,91]。在催化裂化工艺过程中，当采用REY分子筛为催化剂的活性组元时，由于REY氢转移能力较强，产物中烯烃含量较少；当采用USY时，由于氢转移能力减弱，因此产物中烯烃含量增加。对于MFI结构分子筛，由于它具有中孔，因此择形裂化性能提高，小分子产物增加，这也是催化裂解增产丙烯等气体烯烃的催化反应基础。

考虑到多产乙烯需要较高的反应温度和再生温度，因此要求分子筛活性组元在结构和活性中心方面要有良好的热和水热稳定性，即在苛刻的水蒸气处理条件下，分子筛能够保持高活性。此外，需要增加正碳离子的生成和直接裂化，其中特别是增加伯碳正离子的生成和直接裂化，抑制伯正碳离子向仲、叔正碳离子的异构，因此需要增加分子筛的择形裂化能力；同时最好具有一定的脱氢能力以增加烯烃的产率。

以此为目的，RIPP科技人员于1997年开发了一种多产乙烯的五元环分子筛组合物及其制备方法[92,93]。通过不同硅铝比MFI结构分子筛的合成和活化改性研究，考察了引入P化合物对活性中心水热稳定性和分子筛结构稳定性的影响，并通过在分子筛中引入碱土金属或铝的化合物调变分子筛的活性中心，研制出了适用于催化热裂解制乙烯的活性组元PMZ分子筛。

1. 分子筛活化改性的效果

以SS-A分子筛(无胺合成ZSM-5分子筛，硅铝比25.1)为基体，经过引入P和Ca、Mg等碱土金属活化改性并经过550℃焙烧后，分子筛的结晶度基本不变，正十四烷(nC_{14}^{0})480℃反应的转化率(质量分数)都在99%以上。经过800℃、4h、100%水蒸气处理后，其脉冲微反评价的正十四烷转化率和分子筛的结晶度列于表3-2-54和表3-2-55中。

表3-2-54 SS-A分子筛的P-Ca活化改性结果

分子筛	Ca/P	nC_{14}°转化率/%	结晶度/%	XRD24.4°峰形
SS-A		33.1	101.8	双峰
SS-A-1	0.16	99.1	99.3	单峰
SS-A-2	0.25	99.7	99.6	单峰
SS-A-3	0.50	99.6	95.0	单峰宽化
SS-A-4	1.00	94.3	89.0	单峰分裂

表3-2-55 SS-A分子筛的P-Mg活化改性结果

分子筛	Mg/P	nC_{14}°转化率/%	结晶度/%	XRD24.4°峰形
SS-A-5	0.16	98.2	89.8	单峰
SS-A-6	0.25	99.7	90.3	单峰
SS-A-7	0.50	99.6	96.7	单峰宽化
SS-A-8	1.00	97.5	95.6	单峰分裂
SS-A-9	1.50	90.2	95.2	单峰宽化

由表3-2-54见，未经过活化的SS-A分子筛，经高温水热处理后，结晶度与新鲜分子筛相同，但正十四烷转化率仅为33.1%。引入P(相对计量为5%)和Ca活化剂后，正十四烷转化率在Ca/P质量比为0.25~0.50时达到最大值，Ca/P质量比再增加，则正十四烷转

化率下降。分子筛的结晶度随 Ca/P 质量比的增加呈下降趋势。表 3-2-55 为引入 P(相对计量为 5%)和 Mg 活化剂后，正十四烷转化率在 Mg/P 质量比为 0.25～0.50 时达到最大值；Mg/P 质量比再增加，正十四烷转化率下降，但下降的趋势较 P-Ca 活化时缓和。分子筛的结晶度与正十四烷转化率之间没有完全一致的关系。

未活化的 SS-A 分子筛虽然结晶度很高，但反应活性却很低，能与之相关联的是 XRD 图中 $2\theta=24.4°$峰形的变化。经过高温水蒸气处理后，SS-A 样品的 $2\theta=24.4°$ 衍射峰分裂为双峰，同时峰强度明显减弱，这与文献中报道的 MFI 结构分子筛经过高温焙烧或高温水蒸气处理后造成骨架脱铝，同时晶体结构由正交晶系向单斜晶系转变的报道是 一致的。经过活化以后，24.4° 峰的分裂受到抑制，说明活化剂的引入抑制了分子筛的骨架脱铝，提高了活性中心的水热稳定性，这与正十四烷转化率的结果是一致的。MFI 结构分子筛中引入 P 化合物，能够稳定骨架铝并因此稳定分子筛的活性中心。但从表 3-2-40 和表 3-2-41 的结果看，当 Ca/P 质量比、Mg/P 质量比增加时，分子筛的活性降低，24.4° 峰发生宽化并趋于分裂，说明碱土金属的过量引入对活性中心的稳定是不利的。

2. 基体分子筛硅铝比的影响

以 SS-A 分子筛(无胺合成 ZSM-5 分子筛，硅铝比 25.1)和 SS-B 分子筛(无胺合成 ZSM-5 分子筛，硅铝比 19.0)为基体，在相同的磷用量下，引入 Ca、Mg 活化剂并同时经过 800℃、4h 水热处理，得到样品 SS-A-14，SS-A-15、SS-B-5 和 SS-B-6，考察了基体分子筛硅铝比对分子筛结晶度以及正十四烷转化率的影响，结果见表 3-2-56。

对比表中结果，分子筛硅铝比的降低，即骨架 Al 增加，同时活性中心数增加，对活化剂的容量增加，特别是对 P-Mg 活化的情况，不仅保持了较高的结晶度，同时也保持了较高的正十四烷转化率。实验结果还表明，在 P 用量为 7%，Ca/P 质量比=0.15～1.00，Mg/P 质量比=0.15～1.00 的活化剂用量范围内，用 SS-B 为基体活化制备样品的正十四烷转化率保持能力高于 SS-A 分子筛的活化样品。这说明在活化剂存在下，降低分子筛的硅铝比，增加分子筛的活性中心，对保持分子筛的高活性是有利的。

3. 分子筛样品的微活评价

为了与 ZRP-1(含稀土、磷 ZSM-5 分子筛)、ZRP-3(磷铝改性 ZSM-5 分子筛)工业产品的性能进行比较，对 SS-A 和 SS-B 分子筛进行了 P-Al 活化制备。所评价的样品均经过 800℃、4h、100% 水蒸气处理，然后进行了轻油微活(MAT)评价。评价的反应温度为 520℃。评价结果列于表 3-2-57 中。

表 3-2-56 基体分子筛硅铝比对改性分子筛性能的影响

分子筛	nC_{14}°转化率/%	结晶度/%	XRD24.4°峰形
SS-A-14①	55.0	83.5	单峰分裂
SS-A-15②	61.2	93.5	单峰宽化
SS-B-5①	63.1	68.6	单峰
SS-B-6②	94.4	81.3	单峰

① 用 P-Ca 活化；

② 用 P-Mg 活化。

表 3-2-57 小试制备分子筛的微活评价结果

分子筛	分子筛特点	转化率/%	干气产率/%	乙烯产率/%	乙烯产率/丙烯产率
ZRP-1	RE, P-Al	63.06	3.54	2.63	0.31
ZRP-3	P-Al	59.04	3.43	2.56	0.32
SS-PA	P-Al	61.88	4.18	3.21	0.45
SS-PB	P-Al	63.01	4.37	3.30	0.49
SS-PC	P-Ca	62.75	4.24	3.18	0.48
SS-PM	P-Mg	62.54	4.11	3.16	0.43

表 3-2-57 中，ZRP-1 和 ZRP-3 为对比样品，后者的转化率低于前者，但两者的干气产率、乙烯产率和乙烯/丙烯比相近。SS-PA、SS-PB、SS-PC、SS-PM 为经过 P-Al、P-Al、P-Ca、P-Mg 活化得到的样品，其轻油转化率相近，都在 62%～63%，干气产率都在 4.11%～4.37%，乙烯产率都在 3% 以上，明显高于两个对比样品 ZRP-1 和 ZRP-3。值得指出的是：四个样品的乙烯产率/丙烯产率比均高于 0.40，明显高于两个对比分子筛样品。这些结果初步显示了酸碱调变活性中心增产乙烯的可能性。

4. 磷封装含镁 ZSM-5 分子筛的酸性特征

用吡啶吸附-红外光谱法对小试制备并经过 800℃、4h 水蒸气处理的分子筛样品的酸性进行了研究，所得结果列于表 3-2-58 中。

表 3-2-58 吡啶吸附红外光谱法酸性测定结果

分子筛	350℃ 脱附后			
	B 酸	L 酸	B 酸+L 酸	B 酸/L 酸
SS-PA	2.5	1.2	3.7	2.1
SS-PC	3.5	1.6	5.1	2.2
SS-PM	1.7	1.2	2.9	1.4

由表 3-2-58 中可见，经过 350℃ 抽空脱附后，弱酸中心上吸附的吡啶被脱附，因此 350℃ 脱附后测得的酸量是较强酸中心的数量，此时，对于总酸量(B 酸+L 酸)和 B 酸中心，有 SS-PC>SS-PA >SS-PM 的次序，但 L 酸中心数量的次序变为 SS-PC>SS-PA～SS-PM。

5. 分子筛样品的固定流化床评价

将 ZRP-1、ZRP-3 和 SM-PM 分子筛(与 SS-PM 分子筛对应的中试样品)制备成含 15%(质量分数)分子筛的催化剂，经过 800℃、100%水蒸气老化 17h 后，进行了小型固定流化床评价。以大庆蜡油为反应物料，反应温度 680℃，重时空速 $10h^{-1}$，剂油比为 10，注水量 80%(质量分数)。所得结果列于表 3-2-59 中。

表 3-2-59 小型固定流化床评价结果

分子筛	ZRP-1	ZRP-3	SM-PM
转化率/%	93.83	83.98	91.02
干气产率/%	33.24	32.94	35.30

续表

分 子 筛	ZRP-1	ZRP-3	SM-PM
液化气产率/%	36.47	33.04	34.40
乙烯产率/%	18.90	19.54	20.77
丙烯产率/%	22.68	22.06	22.47
丁烯产率/%	11.93	9.80	10.69
乙烯产率/丙烯产率	0.833	0.886	0.924

由表3-2-59中可见，用不同分子筛制成的催化剂，在相同反应条件下，以ZRP-1分子筛催化剂的转化率最高，为93.83%，但乙烯产率最低，为18.90%；含有ZRP-3分子筛的催化剂转化率最低，为83.98%，同时乙烯产率也较低，为19.54%。对于含有SM-PM中试分子筛样品的催化剂，其转化率为91.02%，但乙烯产率最高，为20.77%。从乙烯/丙烯比来看，有SM-PM>ZRP-3>ZRP-1。ZRP-1为含有稀土的分子筛，可见分子筛中含有稀土对乙烯产率是不利的。

上述结果进一步验证了磷封装含镁分子筛产品的反应性能，对磷封装含镁分子筛催化剂，在680℃反应条件下，乙烯产率达到20.77%。

由此确定使用磷封装含镁低硅铝比MFI型分子筛PMZ为多产乙烯催化剂的主要活性组元。该分子筛的结构和活性中心具有很高的热和水热稳定性；它的最显著的特点是，用其制成的催化剂在催化热裂解条件下，乙烯产率可达18%以上，乙烯~丁烯产率可达50%以上。用该方法，2000年在齐鲁催化剂厂进行了工业试生产，定名为PMZ分子筛。用该分子筛喷制了CPP催化剂在大庆石化厂进行了工业应用。

附：中国石化催化剂分公司择形分子筛品种

(1) ZRP-1：用于第一代DCC、ARGG、MIO等家族工艺技术催化剂。

(2) RPSA：用于常规多产液化气及提高汽油辛烷值FCC催化剂、多产液化气助剂CA-1。

(3) ZRP-5：用于常规轻质油收率损失少同时提高汽油辛烷值FCC催化剂、提高汽油辛烷值助剂CA-2。

(4) PMZ：用于CPP工艺催化剂。

(5) ZSP/ZHP-3：用于新一代DCC、DCC-plus、ARGG等家族工艺技术催化剂。

(6) ZSP/ZHP-4：用于丙烯助剂。

参 考 文 献

[1] 徐如人. 分子筛与多孔材料化学[M]. 北京：科学出版社，2004.

[2] Cundy C S, Cox P A. Thehydrothermalsynthesisofzeolites：Precursors，intermediatesandreactionmechanism[J]. Microporous and Mesoporous Materials，2005，82：1.

[3] Santi Kulprathipanja. Zeolites in Industrial Separation and Catalysis[M]. WILEY－VCH Verlag GmbH & Co. KGaA，Weinheim，2010.

[4] Degnan T. Stud Surf Sci Catal，2007，170：54.

[5] 慕旭宏，王殿中，王永睿，等. 分子筛催化剂在炼油与石油化工中的应用进展[J]. 石油学报(石油加工)，2008，24(S)：1.

[6] Yilmaz B, Trukhan N, Müller U. Industrial outlook on zeolites and metal organic frameworks[J]. Chin J Catal, 2012, 33(1): 3.

[7] Haag W O, Lago R M, Weisz P B. Transport and reactivity of hydrocarbon molecules in a shape-selective zeolite[J]. Faraday General Discussion, 1981, 72: 317-330.

[8] Chen N Y, Garwood W E. Industrial applications of shape-selective catalysis[J]. Catal Rev-Sci Eng, 1986, 28(2-3): 185.

[9] Derouane E G, Gabelica Z. A novel effect of shape selectivity: Molecular traffic control in zeolite ZSM-5[J]. J Catal., 1980, 65(2): 486.

[10] Derouane E G, Dejaifve P, Gabelica Z. Molecular shape selectivity of ZSM-5, modified ZSM-5 and ZSM-11 type zeolites[J]. Faraday Discuss Chem Soc, 1981, 72: 331-344.

[11] Chen N Y, Schlenker J L, Garwood W E, et al. TMA-offretite. Relationship between structural and catalytic properties[J]. J Catal, 1984, 86(1): 24.

[12] 陈祖庇. 裂化催化剂配方的设计[J]. 石油炼制, 1992, 23(5): 33.

[13] Breck D W. Zeolite Molecular Sieves[M]. New York: John Wiley, 1974.

[14] Ritter R E, Wallace D N, Maselli J M. Fluid cracking catalysts to enhance gasoline octane[J]. Davison Catalagram, 1985, 72: 23.

[15] Dejaifre P, Vedrine J C, Derouane E G. Reaction pathways for the conversion of methanol and olefins on H-ZSM-5 zeolite[J]. JCatal, 1980, 63(2): 331.

[16] Chen N Y, Garwood W E. Some catalytic properties of ZSM-5, a new shape selective zeolite[J]. J Catal, 1978, 52(3): 453.

[17] Dwyer F G, Schipper P H, Gorra F. Octane Enhancement In FCC Via ZSM-5[C]. NPRA Annual Meeting, March 29-31, 1987, San Antonio, Texas(AM-87-63).

[18] Chester A W, Cormier W E, Stover W A. Octane and total yield improvement in catalytic cracking: US, 4368114[P]. 1983.

[19] Buchanan S. The chemistry of olefins production by ZSM-5 addition to catalytic cracking units[J]. Catalysis Today, 2000, 55: 207.

[20] Wadlinger R L, Kerr G T, Rosinski E J. Catalytic composition of a crystalline zeolite: US, 3308069[P]. 1967.

[21] Higgins J B, La Pierre R B, Schlenker J L. et al. The framework topology of zeolite beta[J]. Zeolites, 1988, 8: 446.

[22] Higgins J B, La Pierre R B, Sohlenker J L, et al. The framework topology of zeolite beta[J]. Zeolites, 1989, 9: 358.

[23] 孟宪平, 王颖, 韦承谦, 等. β沸石堆垛层错结构的研究[J]. 物理化学学报, 1996, 12(8): 727.

[24] Koening R M. Preparation of zeolite beta: EP, 0159846[P]. 1985-10-30.

[25] Bonett O L, Camblor M A. Optimization of zeolite β in cracking catalysts influence of crystallite size[J]. Appl Catal A, 1992, 82(1): 37.

[26] Altwasser S, Welker C, Traa Y, et al. Catalytic cracking of *n*-octane on smallpore zeolites[J]. Microporous Mesoporous Mater, 2005, 83(1/3): 345-356.

[27] Ryosuke N, Yoshihiro K, et al. Performance and characterization of BEA catalysts for catalytic cracking[J]. Appl Catal A, 2004, 273(1/2): 63-73.

[28] Marques J P, Gener I, et al. *n*-Heptane cracking on dealuminated HBEA zeolites[J]. Catal Today, 2005, 107/108: 726-733.

[29] Wang Z B, Kamo A, Yoneda T, et al. Isomerization of *n*-hephtane over Pt-loaded zeolite β catalysts[J]. Appl

Catal A, 1997, 159(1/2): 119-132.

[30] 张淑琴, 崔素新, 钟孝湘, 等. 一种多产异丁烯和异戊烯的裂化催化剂: CN, 1145396[P]. 1997-03-19.

[31] 李丽, 潘惠芳, 李文兵. β 沸石在裂化催化剂中的应用研究[J]. 催化学报, 2002, 23(1): 65-68.

[32] Liu Yujian, Long Jun, Tian Huiping, et al. Advances in DCC process and catalyst for propylene production from heavy oils[J]. China Petroleum Processing and Petrochemical Technology, 2011, 13(1): 1-5.

[33] Bortnovsky O, Sazamz P, Wichterlova B. Cracking of pentenes to C_2-C_4 light olefins over zeolites and zeotypes role of topology and acid site strength and concentration[J]. Applied Catalysis A: General, 2005, 287: 203-218.

[34] 李强, 窦涛, 张瑛, 等. 添加 β 沸石的烃类裂化催化剂性能研究[J]. 燃料化学学报, 2009, 37(6): 728-734.

[35] 谢传欣, 赵静, 潘惠芳, 等. 磷改性 β 沸石作为活性组分对 FCC 催化剂性能的影响[J]. 石油化工, 2002, 31(9): 691-696.

[36] 阎立军. 正己烷在分子筛上的裂化反应机理研究[D]. 北京: 石油化工科学研究院, 1999.

[37] Mirodatos C, Barthomeuf D. A new concept in zeolite-catalyzed reactions: Energy gradient selectivity[J]. J Catal, 1985, 93(2): 246-255.

[38] Mirodatos C, Barthomeuf D. Cracking of decane on zeolite catalysts: Enhancement of light hydrocarbon formation by the zeolite field gradient[J]. J Catal, 1988, 114(1): 121-135.

[39] Den Hollander M A, Wissink M, Makkee M, et al. Gasoline conversion: reactivity towards cracking with equilibrated FCC and ZSM-5 catalysts[J]. Appl Catal A, 2002, 223(1/2): 85-102.

[40] Mota C J A, Esteves P M, De Amorin M B. Theoretical studies of carbocations adsorbed over a large zeolite cluster. Implications on hydride transfer reactions[J]. J Phys Chem, 1996, 100(30): 12418-12423.

[41] Donnelly S P, Mizrahi S, et al. How ZSM-5 works in FCC[J]. Div of petrol Chem. ACS, 1987, 32(3): 621-626.

[42] Dwyer F G, Schipper P H. The MON of FCC Naphtha[M]. Schipol Hilton, 1987: 25-26.

[43] Liu Sh L, Ohnishi R, Ichikawa M. Promotional role of water added to methane feed on catalytic performance in the methane dehydroaromatization reaction on Mo/HZSM-5 catalyst[J]. J Catal, 2003, 220(1): 57-65.

[44] Brand H V, Curtiss L A, Iton L E. Computational studies of acid sites in ZSM-5: Dependence on cluster size [J]. J Phys Chem, 1992, 96(19): 7725-7732.

[45] Sillar K, Burk P. Computational study of vibrational frequencies of bridging hydroxyl groups in zeolite ZSM-5 [J]. Chem Phys Lett, 2004, 393(4-6): 285-289.

[46] Jacobs P A, Beyer H K. Evidence for the nature of true Lewis sites in faujasite-type zeolites[J]. J Phys Chem, 1979, 83(9): 1174.

[47] 高滋, 何鸣元, 戴逸云. 沸石催化与分离技术[M]. 北京: 中国石化出版社, 1999: 44-47.

[48] Thomas C L, Barmby D S. The chemistry of catalytic cracking with molecular sieve catalysts[J]. J Catalysis, 1968, 12(4): 341-346.

[49] 苏建明, 徐兴中, 刘文波, 等. 小晶粒 Y 型分子筛的催化性能[J]. 石油炼制与化工, 2000, 31(1): 54-57.

[50] 罗一斌, 舒兴田. 提高细晶粒 Y 型分子筛的结构稳定性及其裂化性能的研究[J]. 石油炼制与化工, 2001, 32(2): 52-56.

[51] Gerritsen L A, et al. Catcracking with VISION; Commercial experience[C]//Lovink H. J. Akzo Catalysts symposium '88. Amersfoort: Akzo chemicals, 1988: F-2.

[52] Corma A. Zeolits: Facts, Figures, Future[M], Elsevier Science Publisher, 1989: 57.

[53] Pine L A, Maher P J, Wacher W A. Prediction of cracking catalyst behavior by a zeolite unit cell size model [J]. J Catal, 1984, 85(2): 466.

[54] Smith J V. Faujasite-type structures. Aluminosilicate framework. Positions of cations and molecules. Nomenclature[J]. Adv Chem Ser, 1971, 101: 171.

[55] Mortier W J. Compilation of Extra-Framework Sites in Zeolites[M]. Guildford: Butterworth, 1982.

[56] Frising T, Leflaive P. Extraframework cation distributions in X and Y faujasite zeolites: A review[J]. Microporous and Mesoporous Materials, 2008, 114: 27-63.

[57] Scherzer J. The preparation and characterization of aluminum-deficient zeolites[C] //White T E, Della Betta R A, Derouane E G, et al. Catalytic Materials: Relationship Between Structure and Activity. Washington D C: Am Chem Soc, 1984: 157-20.

[58] 潘晖华，何鸣元，宋家庆，等．USY 沸石中非骨架铝形态分析及其对沸石酸性的影响[J]．石油学报(石油加工)，2007，23(2)：1-7.

[59] Triantafillidis C S, Vlessidis A G, Evmiridis N P. Dealuminated H-Y zeolites: Influence of the degree and the type of dealumination method on the structural and acidic characteristics of H-Y zeolites[J]. Ind Eng Chem Res, 2000, 39: 307-319.

[60] Katada N, Kageyama Y, Takahara K, et al. Acidic property of modified ultra stable Y zeolite: Increase in catalytic activity for alkane cracking by treatment with ethylenediaminetetraacetic acid salt[J]. Journal of Molecular Catalysis A: Chemical, 2004, 211: 119-130.

[61] Shy Der-Shiuh, Chen Shiann-Homg, Chao Kuei-Jung, et al. Distribution of cations in lanthanum-exchanged NaY zeolites[J]. J Chem Soc, Faraday Trans, 1991, 87: 2855-2859.

[62] Lee E F T, Rees L V C. Effect of calcination on location and valency of lanthanum ions in zeolite Y[J]. Zeolites, 1987, 7: 143.

[63] Rees L V C, Tao Zuyi. Szilard-Chalmers recoil of rare-earth cations in zeolite Y[J]. Zeolites, 1986, 6: 234.

[64] 李宣文，佘励勤，刘兴云．镧离子在 Y 型分子筛中的定位和移动性的红外光谱研究[J]．催化学报，1982，3(1)：34.

[65] 魏忠，等．不同镧含量 LaNaY 沸石的 ^{129}Xe NMR 研究[J]．高等学校化学学报，1996，17(6)：944.

[66] Lai P P, Rees L V C. Thermogravimetric studies of ion exchanged forms of zeolites X and Y[J]. J Chem Soc Faraday Trans I, 1976, 72(8): 1840-1847.

[67] Mauge F, Gallezor P, Courcelle J C. Hydrothermal aging of cracking catalysts. II. Effect of steam and sodium on the structure of LaY zeolites[J]. Zeolites, 1986, 6: 261-266.

[68] 李斌．FCC 催化剂中 REHY 分子筛的结构与酸性[J]．催化学报，2005，26(4)：301.

[69] 何农跃．均匀铝分布超稳 Y 沸石的制备及制法比较[J]．石油化工，1994，23(2)：91.

[70] 何农跃，施其宏．超稳 Y 沸石裂化催化剂的制备和应用[J]．精细石油化工，1991，(3)：7.

[71] 萨学理．SRNY 超稳催化裂化催化剂[J]．石油炼制，1990，4：66.

[72] 陈玉玲．水热-化学法制备的 RSADY 沸石分子筛的性能表征[J]．石油炼制与化工，1997，28(8)：22-27.

[73] 甘俊．含磷的骨架富硅超稳 Y 分子筛(PSRY)的研究[J]．工业催化，2000，8(3)：27-29.

[74] 万焱波，舒兴田．水蒸气焙烧对 REY 分子筛性能的影响[J]．石油炼制与化工，1997，28(9)：20-23.

[75] 高益明．改性 MOY 分子筛在降烯烃 FCC 催化剂中的应用[J]．工业催化，2003，11(7)：12-16.

[76] 杨世飞，任飞，朱玉霞，等．CDOS 催化剂的重油裂化性能[J]．工业催化，2010(2)：33-36.

[77] 罗世浩．CDOS 型催化裂化催化剂在格尔木炼油厂的应用[J]．当代化工，2011，40(6)：571-573.

[78] Komatsu T, Ishihara H, Fukui Y, et al. Selective formation of alkenesthrough the cracking of n-heptane on Ca^{2+}-exchanged ferrierite[J]. Applied Catalysis A: General, 2001, 214: 103-109.

[79] JPn. Kokai Tokyo koho. Catalytic conversion of hydrocarbons: Japan, JP 03130236[P]. 1991-06-04.

[80] Wakui K, Satoh K, Sawada G, et al. Dehydrogenative cracking of n-butane over modified HZSM-5 catalysts [J]. Catalysis Letters, 2002, 81(1/2): 83-88.

[81] Kimble J B, Drake C A. Composition useful for hydrocarbon conversion process and preparation thereof: US, 6156689[P], 1999-04-29.

[82] 刘鸿洲，汪燮卿．ZSM-5 分子筛中引入过渡金属对催化热裂解反应的影响[J]．石油炼制与化工，2001，32(2)：48-51.

[83] Lappas A A, Triantafillidis C S. Development of new ZSM-5 catalyst-additives in the fluid catalytic cracking process for the maximization of gaseous alkenes yield[J]. Studies in Surface Science and Catalysis, 2002, 142: 807-814.

[84] Rabo J A. Zeolite chemistry and catalysis(AcsMonographNo 171)[M]. Washington D C: Amer ChemicalSociety, 1976: 285.

[85] 陈雷，邓风，叶朝辉．H ZSM-5 分子筛焙烧脱铝的^{27}A lMQMAS NMR 研究[J]．物理化学学报，2002，18(9)：786-790.

[86] Chu P, Dwyer F G. Inorganic cation exchange properties of zeolite ZSM-5[J]. ACS Symp Ser, 1983, 218: 59-78.

[87] 舒兴田，何鸣元，傅维．含稀土的五元环结构高硅沸石及合成：中国，ZL89108836. 2[P]. 1993-4-14.

[88] 傅维，舒兴田，何鸣元．含稀土五元环结构高硅沸石的制备方法：中国，ZL90104732. 5[P]. 1995-02-15.

[89] 傅维，舒兴田，何鸣元，等．具有 MFI 结构含磷和稀土的分子筛：中国，ZL95116458. 9[P]. 2000-02-16.

[90] 汪燮卿，蒋福康．论重质油生产气体烯烃几种技术的特点及前景[J]．石油炼制与化工[J]. 1994，25(7)：1.

[91] 舒兴田．ZRP-1 型分子筛的开发[C] //李大东．石油化工科学研究院建院四十周年科技论文集．北京：中国石油化工总公司石油化工科学研究院，1996：533-540.

[92] 张凤美，舒兴田，施志诚，等．一种五元环分子筛组合物的制备方法：中国，ZL97116435. 5[P]. 2001-10-03.

[93] 张凤美，舒兴田，施志诚，等．多产乙烯和丙烯的五元环分子筛组合物：中国，ZL97116445. 2[P]. 2001-10-03.

第四章 DCC工艺

第一节 引 言

随着20世纪90年代国民经济的迅速发展，对重要化工原料乙烯、丙烯等轻烯烃的需求量日益增长。当时，国内外从石油烃类制取乙烯、丙烯作为进一步加工的化工原料，主要采用轻质烃类如乙烷、丙烷、丁烷、LPG、凝析油、石脑油、加氢裂化尾油及轻柴油等的管式炉蒸汽裂解。蒸汽裂解方法的反应温度高，接近800℃，装置需要合金材料，投资昂贵。裂解气中氢气及甲烷含量较高，需采用深冷分离技术，气体中有较多炔烃等杂质，尚需进一步加以精制。管式炉蒸汽裂解需采用轻质油为原料，而中国原油一般较重，直馏轻油产量不高，故原料供应有限。

在炼油厂中，常规催化裂化装置在生产汽油及轻柴油的同时也副产轻烯烃，但产量较低。

探索新的轻烯烃生产工艺提高轻烯烃产量已成为当时迫切需要解决的课题。RIPP于1987年年初开展了催化裂解制取轻烯烃的探索研究。为了满足国民经济发展对轻烯烃的需求，探索应用催化剂，以催化裂解方法制取轻烯烃的可行性，走出一条我国独创的催化裂解制取轻烯烃的新路子。

一、丙烯生产技术的进展

丙烯是重要的化工基础原料，截至2012年10月31日，中国丙烯总产能为16582kt/a，较2011年增长770kt/a。未来5年，各种原料来源的丙烯产能均将不断增长，到2017年，中国丙烯的产能将达到约28500kt/a。预计2017年丙烯的当量消费量将达到32900kt，聚丙烯仍将是主要的需求增长领域。丙烯供应的增长一直滞后于需求的增长，丙烯的产量仅占当量需求量的70%左右。2012—2017年，中国的丙烯仍将存在较大供需缺口。

虽然蒸汽裂解仍是目前丙烯的最大来源，但预计这一来源不会与需求增长同步，因此扩大丙烯的来源就成为越来越重要的问题。缺额将有其他各种技术补充，包括FCC、烯烃转化、丙烷脱氢和甲醇制烯烃等。现有丙烯生产总量中，约67%来自蒸汽裂解，约30%来自FCC，其余主要来自丙烷脱氢。

蒸汽裂解作为主要的丙烯来源，由于其主要生产乙烯，很难同时兼顾丙烯，另外，随着蒸汽裂解原料的轻质化，蒸汽裂解提供的丙烯资源将逐渐减少，需要开发一系列新的生产丙烯技术，满足不断增加的丙烯市场需求。

而供应石化生产的第二大丙烯来源是炼油厂的催化裂化装置。预计未来丙烯生产增长主

要来自 FCC。FCC 装置有三条途径提高轻质烯烃(丙烯+丁烯)产量：改进催化裂化基础剂、添加 ZSM-5 助剂、提高催化裂化装置操作苛刻度(提高提升管出口温度、缩短反应时间、提高剂油比)。FCC 装置增产丙烯的主要工艺技术包括：RIPP 的 DCC 工艺，KBR 公司的 Maxofin 工艺、Superflex 工艺，UOP 公司的 PetroFCC 工艺，Lummus 公司的 SCC 工艺等。

（一）多产丙烯助剂

生产低碳烯烃的催化剂一般晶胞常数较小、活性较高。同时为抑制氢转移反应的发生，稀土含量低，导致活性降低，需要提高反应温度来弥补。

由 Mobil 公司于 1972 年研制的 ZSM-5 分子筛可以将 C_5~C_{12}烯烃裂化为丙烯和丁烯为主的低碳烯烃。通过在 FCC 基础催化剂中添加一定量 ZSM-5 助剂，可达到多产丙烯的目的。ZSM-5 助剂添加量大时会稀释 FCC 基础催化剂，降低其重油转化能力。一般可通过添加高活性的 ZSM-5 助剂来缓解助剂的稀释影响[1]。

Engelhard 公司[1]利用 DMS(分散的基质结构群)技术与 ZSM-5 的协同作用，开发出新的丙烯助剂，和原有 ZSM-5 助剂相比，新助剂解决了丙烯助剂对催化裂化基础催化剂的稀释作用，以及可以促进丙烯原料——重烯烃(C_5~C_{12}烯烃)的生成，新的丙烯助剂具有以下优点：①对某一给定原料而言，其丙烯总产率较高；②单位助剂生产丙烯更多；③助剂对基础催化剂的稀释作用最小；④较高的循环油转化率，较少的汽油产率损失。

（二）多产丙烯工艺进展

Lummus 公司开发了 SCC(Selective Component Cracking)工艺，可最大化生产丙烯，同时提高乙烯和丁烯的产率[2]。该工艺采用了高苛刻度操作、含有高含量 ZSM-5 的催化剂、选择性汽油回炼、低压干气回收、烯烃转化技术。SCC 工艺通过抑制高苛刻度下的二次反应，提高丙烯产率。所采取的措施包括：高效 Micro-Jet 进料喷嘴、短接触时间提升管和直连式旋分器。高效 Micro-Jet 进料喷嘴使原料快速雾化，提高催化裂化反应比例，抑制热反应。通过后部的快速分离，可以降低非选择性的过裂化反应和氢转移反应。丙烯收率达到 16%~17%，再采用石脑油选择性循环裂化技术还可增产丙烯 2%~3%。

1998 年，KBR 公司和 Mobil(现 Exxon Mobil)公司推出 Maxofin FCC 工艺[3-5]，该工艺采用新型 ATOMAX-2 进料喷嘴和密闭式旋风分离器。高效喷嘴可最大程度减少提升管内的返混，抑制氢转移反应。采用高反应温度提高丙烯产率，采用密闭式旋风分离器降低油气在沉降器内的停留时间，抑制过裂化等消耗有价值产品的副反应。和常规 FCC 工艺相比，Maxofin FCC 工艺具有如下两个主要特点：采用专利 Maxofin 催化剂助剂和第二提升管反应器。该助剂的活性高，耐磨性能优越，不会对基础催化剂产生明显稀释作用。在反应过程中，基础催化剂氢转移能力低，可以最大程度将原料油转化为 C_5~C_{12}烯烃，这些烯烃再被催化剂助剂转化为 C_3~C_4烯烃。在第一提升管反应器内采用常规催化裂化操作条件，而在第二提升管反应器内反应温度为 600℃，将回炼的汽油转化为丙烯。虽然采用双提升管反应器的丙烯产率高一些，但采用单提升管反应器操作模式的操作费用低。在采用单提升管反应器时，为了提高汽油的反应温度，汽油回炼至位于新鲜原料喷嘴下方的预提升段。该工艺将高 ZSM-5 含量的添加剂与改进的 FCC 技术相结合，可使以米纳斯 VGO 为原料的丙烯产率达到 18%。使用 REUSY 催化剂加 ZSM-5 助剂，双提升管反应器，提升管温度 538~593℃，剂/油比 8.9~25.0，丙烯产率 18.37%，汽油产率 18.81%，丁烯产率 12.92%。

UOP 公司开发了 PetroFCC[6-8]，该工艺设计可从多种原料如瓦斯油和减压渣油，增产轻质烯烃，尤其是丙烯。采用 PetroFCC 工艺的丙烯产率可达 20%~25%，乙烯产率达 6%~

9%，C_4产率达 15%~20%。FCC 提高轻质烯烃产率历来通过提高反应温度和催化剂循环量来实施，而 PetroFCC 工艺通过补加特定的择形添加剂如 ZSM-5 使一些汽油裂解为丙烯和丁烯。

UOP 公司设计了双反应器构型，采用二个反应器和一个共用的再生器。重质裂解原料在高温、高剂/油比下操作，最大量地生产烯烃，同时采用低压反应用以提高烯烃度。主裂化催化剂在高转化率和限制氢转移工况下操作，同时将高浓度择形催化剂添加剂掺加到循环催化剂中将部分汽油转化成低碳烯烃。

采用含择形分子筛催化剂和助剂可提高丙烯产率，UOP 公司开发的 PetroFCC 工艺可使 FCC 丙烯-丙烷馏分产率从 6%~8%增加到约 25%，该工艺采用比常规 FCC 更为苛刻的操作条件，通过循环更多的催化剂，而不影响热平衡。PetroFCC 工艺在系统热平衡情况下分出部分待生催化剂至提升管底部，以增大催化剂与油气的接触。关键部件是称为 RxCat 的设备，它将仍有活性的待生催化剂循环返回至提升管，这样可灵活改变催化剂负载量并优化生产烯烃或汽油的反应条件。

RxCat 是 PetroFCC 工艺最重要的部件，从 FCC 增产丙烯-丙烷产率也取决于其他因素，如丙烯回收单元和富气压缩机的能力，以及适当的催化剂和助剂的应用，后者用于改造可大大提高丙烯产量，产率可达 25%。PetroFCC 工艺具有如下特点：在工程上①采用 Optimix 高效喷嘴；②采用高效旋分设备(Vortex Separation System 或 Vortex Disengaging System)；③采用待生剂和再生剂的混合器 RxCat。在工艺上①通过循环利用仍具有活性的待生剂，大大提高剂油比，可以提高丙烯产率，降低干气产率；②采用双反应区模式，在第一反应区采用高温、大剂油比，将催化原料尽可能多的转化为烯烃，在第二反应区，采用苛刻反应条件，将第一反应区产生的烯烃转化为丙烯等小分子烯烃；③采用新型 ZSM-5 助剂。

Fortum Oy 公司开发了 NExCC 工艺[9]，该工艺将两台循环流化床同轴套装起来，里面的一台作为反应器，外面的一台作为再生器，并采用多入口旋风分离器取代常规的催化裂化旋风分离器，采用较苛刻的操作条件，典型的反应温度为 560~640℃，催化剂循环量为常规催化裂化的 2~5 倍，剂油比为 10~30，油剂接触时间为 0.7~2.2s。NExCC 工艺装置的大小仅为常规催化裂化装置的三分之一，因此建设成本可以节省 40%~50%。

由中国石化洛阳石油化工工程公司(LPEC)开发的 FDFCC 工艺[10]采用双提升管工艺流程，重油原料和汽油分别在不同的工艺条件下进行催化裂化和改质，不仅可大幅度提高汽油改质的效率(烯烃和硫含量下降，辛烷值增加)，也可避免对重油提升管反应器的操作带来任何不利影响，还能大幅提高丙烯产率。

鲁奇油气化学公司(Lurgi)开发了称为 Propylur 的工艺[11-12]，该工艺可采用不同原料，如来自 FCC 装置的轻石脑油或石脑油，来自蒸汽裂解或 FCC 装置的经过选择性加氢的 C_4、C_5馏分。转化率近 85%，可生成 30%丁烯、10%乙烯和 40%~45%丙烯。该工艺操作条件为 500℃和 0.1~0.2MPa，采用 ZSM-5 分子筛型催化剂。

由 Atofina/UOP 公司合作开发的烯烃裂化工艺(OCP)[13]，可以把 C_4~C_8烯烃转化为丙烯和乙烯，而且丙烯与乙烯的比例高。这种工艺的特点是采用固定床反应器和专门开发的分子筛催化剂，在 500~600℃温度下和 0.1~0.5MPa 压力下操作，能得到高收率的丙烯。由于催化剂的性能好，高空速操作，所以转化率高，选择性好，反应器规模小，操作费用低。分离设备根据与其他生产装置的联合而定。蒸汽裂解装置、催化裂化装置和/或甲醇生产烯烃装置的含 C_4~C_8 烯烃的低价值副产物都可以用作原料。1998 年工业示范装置在比利时安特卫普投产。这套装置包括原料预处理、反应、催化剂再生和反应物循环四部分。

Superflex 工艺[14-19]由 ARCO 化学公司开发，并由 KBR 公司独家拥有 Superflex 技术的专利许可，是一项以丙烯为主要目的产物的技术，它是根据催化裂化原理将低价值的烯烃转化为高价值丙烯。Superflex 工艺的原料可以是蒸汽裂解装置中经过选择加氢将炔烃和二烯烃转化为烯烃的裂解 C_4和 C_5馏分，也可以是 MTBE 抽余油、焦化汽油轻组分、催化裂化汽油轻组分等。在加工经选择性加氢的裂解 C_4馏分时，Superflex 工艺的丙烯产率可超过 40%，加工经选择性加氢的裂解 C_5馏分时，丙烯产率可超过 37%，上述产率为回炼后的最终产率。Superflex 工艺的反应温度为 600~680℃。KBR 公司的 Superflex 工艺的主要特点如下：①原料进行预精制，基本不含二烯烃和炔烃；②C_4、C_5进行回炼，获取最大丙烯产率；③和催化裂化相比，反应温度高得多；④采用含 ZSM-5 的催化剂；⑤原料的生焦率低，通过外供热量保持整个装置的热平衡。

二、催化裂化过程中丙烯的生成机理

根据原料不同，催化裂化生产低碳烯烃有两种途径，一是利用重质原料[20-21]，另一种是利用轻质原料[22-23]。采用重质原料时，重质原料首先裂化为石脑油馏分的烯烃，再进一步裂化为低碳烯烃。而轻质烃类主要为炼油厂或石化厂的副产物，如低价值的 C_4和 C_5烯烃，这些轻质烃类可以进一步裂化为乙烯和丙烯。

重质原料组成复杂，在催化剂上发生一系列的平行顺序反应。不同反应的相对速率、不同反应物形成正碳离子的难易程度不同，从而形成一个非常复杂的反应网络。而非均相催化剂上不同的活性中心使得这一网络更加复杂。这些活性中心不仅酸强度不同，特性也有所不同。在这些酸性中心上可以发生很多正碳离子反应，如裂化、异构化、氢转移、烷基转移、聚合和生焦反应等，但主要反应还是大分子烃类的裂化反应。

在重油催化裂化过程中，低碳烯烃主要由石脑油馏分的烯烃发生二次裂化生成，这一反应在含有 ZSM-5 分子筛的催化剂上更容易发生。烯烃在酸性催化剂上裂化过程如下，烯烃从 B 酸中心上获得一个氢质子形成三配位正碳离子，继而发生 β 位 C—C 键断裂，形成一个烯烃和更小的正碳离子。

Anderson 等[24]最近根据 Haag 和 Dessau 在 1984 年提出的反应路径，优化含分子筛的催化剂，提高石脑油馏分烃类的选择性裂化反应。根据这一机理，低碳烯烃通过烷烃的质子化裂化产生。烷烃通过质子化形成五配位阳碳离子，五配位阳碳离子发生 C—C 键断裂生成烷烃(包括甲烷和乙烷)，或者发生 C—H 断裂生成氢气和三配位正碳离子，三配位正碳离子将一个氢质子还给分子筛后形成烯烃。通过质子化裂化可以生成乙烯。

在催化裂化过程中，烯烃中碳碳双键从催化剂 B 酸中心接受一个质子，很容易生成正碳离子。生成的正碳离子吸附在催化剂表面，通过 β-断裂生成其他化合物。Weitkamp 等[25]、Buchanan 等[26]提出一系列正碳离子的 β-断裂反应，根据断裂前后的正碳离子类型可划分成不同类别：

（1）A 型：叔正碳离子断裂生成新的叔正碳离子；

（2）B_1 型：仲正碳离子断裂生成叔正碳离子；

（3）B_2 型：叔正碳离子断裂生成仲正碳离子；

（4）C 型：仲正碳离子断裂生成新的仲正碳离子；

（5）D_1 型：伯正碳离子断裂生成仲正碳离子；

（6）D_2 型：仲正碳离子断裂生成伯正碳离子；

（7）E_1 型：伯正碳离子断裂生成叔正碳离子；

（8）E_2 型：叔正碳离子断裂生成伯正碳离子。

显然，由不稳定正碳离子生成相对稳定的正碳离子的速率快，反之，则速率很慢。

尽管伯正碳离子可发生 β-断裂生成乙烯和另一类型的正碳离子，但伯正碳离子更多的是通过断裂生成丙烯，同时终止该反应途径。如果断裂生成含三个碳原子的正碳离子为仲正碳离子或伯正碳离子，可进一步形成丙烯。

根据烯烃裂化机理，同一碳数烯烃不同异构体之间产物分布也不相同，不同结构 C_8 烯烃形成正碳离子的裂化类型见图 4-1-1[27]。可以看出一般直链或支链少的烯烃裂解产物中丙烯产率高，而支化度高的烯烃更多地转化为丁烯。

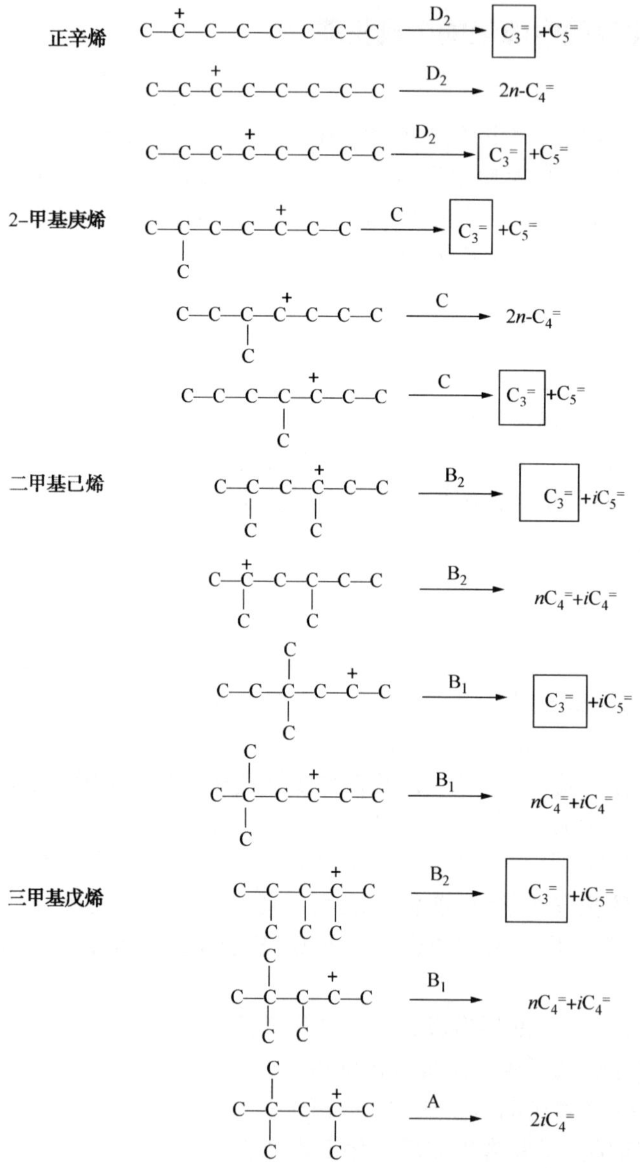

正辛烯

C—C⁺—C—C—C—C—C—C —D_2→ $C_3^=$ + $C_5^=$

C—C—C⁺—C—C—C—C—C —D_2→ 2n-$C_4^=$

C—C—C—C⁺—C—C—C—C —D_2→ $C_3^=$ + $C_5^=$

2-甲基庚烯

C—C(C)—C—C—C⁺—C—C —C→ $C_3^=$ + $C_5^=$

C—C—C(C)—C⁺—C—C—C —C→ 2n-$C_4^=$

C—C—C—C(C)—C⁺—C—C —C→ $C_3^=$ + $C_5^=$

二甲基己烯

C—C(C)—C—C⁺(C)—C—C —B_2→ $C_3^=$ + $iC_5^=$

C—C⁺(C)—C—C(C)—C—C —B_2→ $nC_4^=$ + $iC_4^=$

C—C—C(C)(C)—C—C⁺—C —B_1→ $C_3^=$ + $iC_5^=$

C—C(C)(C)—C—C⁺—C—C —B_1→ $nC_4^=$ + $iC_4^=$

三甲基戊烯

C—C(C)—C(C)—C⁺(C)—C —B_2→ $C_3^=$ + $iC_5^=$

C—C(C)(C)—C(C)—C⁺—C —B_1→ $nC_4^=$ + $iC_4^=$

C—C(C)(C)—C—C⁺(C)—C —A→ 2$iC_4^=$

图 4-1-1　不同类型 C_8 正碳离子的断裂方式和产物

吸附的正碳离子除发生β-断裂反应外，还可以发生一系列其他反应：

（1）通过甲基或氢转移生成更稳定的正碳离子：

$$R_1—CH_2—C^+H—R_2 \longrightarrow R_1—\underset{\displaystyle CH_3}{\underset{|}{C^+}}—R_2 \qquad (4-1-1)$$

（2）和烯烃通过双分子齐聚反应生成大的吸附正碳离子：

$$R_1—C^+H—R_2+R_3—CH=CH—R_4 \longrightarrow R_3—C^+H—\overset{\displaystyle R_1—CH—R_2}{\overset{|}{CH}}—R_4 \qquad (4-1-2)$$

（3）脱去质子并脱附形成烯烃：

$$R_1—CH_2—C^+H—R_2 \longrightarrow R_1—CH=CH—R_2+H^+ \qquad (4-1-3)$$

（4）和烷烃发生氢转移反应并脱附形成新的烷烃，同时生成新的正碳离子：

$$R_1—C^+H—R_2+R_3—CH_2—R_4 \longrightarrow R_1—CH_2—R_2+R_3—C^+H—R_4 \qquad (4-1-4)$$

（5）和环状烯烃或生焦前体发生氢转移反应并脱附形成新的烷烃，同时生成芳香度更大的化合物：

$$R_1—C^+H—R_2+R_3—CH=CH—R_4 \longrightarrow R_1—CH_2—R_2+R_3—C^+=CH—R_4 \qquad (4-1-5)$$

当催化剂中分子筛的孔道大小能够容纳反应中间体时，双分子反应式(4-1-2)、式(4-1-4)和式(4-1-5)才能在孔道内发生，否则只能在分子筛的外表面上进行。如果分子筛的孔道较小如ZSM-5分子筛(0.53nm×0.56nm)，除小分子烯烃(C_2～C_4)可能发生二聚反应外，其他烯烃难以发生双分子反应。对于ZSM-5分子筛，正构C_4～C_6烯烃可能通过二聚中间体进行裂化。Abbot和Wojciechowski[28]发现在405℃时，在ZSM-5分子筛上，正构戊烯只能通过二聚、歧化反应进行裂化，正构庚烯以上的大分子烯烃主要发生单分子裂化反应，己烯处于二者之间，部分发生单分子裂化，部分进行双分子裂化。

三、DCC工艺开发背景

在炼油厂中，常规催化裂化装置在生产汽油及轻柴油的同时也副产气体烯烃，但产量较低。为了多产气体烯烃，RIPP于1987年年初在一个全返混式的小型固定流化床(FFB)反应装置上开展了催化裂解制取气体烯烃的探索试验研究。选定的原料是石蜡基的大庆蜡油，催化剂选用的是含HZSM-5分子筛的单活性组分催化剂[29-42]。

当时制定的第一个实验条件是反应温度580℃，空速1h^{-1}及水蒸气注入量60%。想法是首先选用一个工业上可以实现的、有利于最大量生产丙烯的最苛刻的反应条件，而不是考虑寻找最佳的反应条件。当时国内催化裂化的反应温度一般为480℃左右，再生温度一般低于700℃。而且含HZSM-5分子筛而不含Y型分子筛的催化裂解催化剂，其催化活性较FCC常用的催化剂低、活性稳定性差，再生温度只能考虑在680℃左右。由于催化裂解为强吸热反应，反应床层温度与再生温度间的差值需要约100℃，所以DCC最苛刻的反应温度只能选取580℃。对以前床层催化裂化反应器而言，1h^{-1}的空速基本上也是最低的，低活性的催化剂也需要采用长的油气停留时间来弥补。注入60%的水蒸气基本上接近蒸汽裂解所用蒸汽量，即在尽可能低的烃分压下操作。

上述反应条件下第一次实验的丙烯产率高达23.4%，这一实验结果非常令人振奋。接下来对比了多种不同分子筛以及不同分子筛含量的催化剂，进行了不同反应温度、空速、剂油比及水蒸气量的实验，以确定最佳的催化剂配方、原料及最优工艺参数(见表4-1-1)。

表4-1-1　不同分子筛催化剂催化裂解性能的对比(大庆蜡油，ROT=580℃、C/O=5、WHSV=$1h^{-1}$)

催化剂	CRC	KDE	CHP	CHO	CHP：KDE=1：1
活性组分	REY	USY	HZSM-5	REY+HZSM-5	USY+HZSM-5
转化率/%	90.85	90.31	87.67	93.91	89.11
烯烃度/%	61.97	68.39	79.86	58.04	75.44
丙烯产率/%	15.14	17.39	21.86	15.53	21.62
总烯烃产率/%	30.31	35.05	44.05	30.20	41.95

在小型固定流化床装置上，考察了HZSM-5、HZSM-5与REY的复配剂(CHO辛烷值助剂)、HZSM-5与KDE(不含稀土的USY)的混合剂以及REY和KDE等催化剂生产低碳烯烃的催化性能。结果表明：HZSM-5沸石催化剂显示出最高的烯烃度(裂化气中烯烃含量)，丙烯产率也最高；HZSM-5与KDE的混合剂虽然烯烃度较HZSM-5分子筛催化剂略低，但转化率及液化气产率高，丙烯产率与HZSM-5分子筛催化剂持平。

由于当时国内尚无工业化的不含稀土的USY分子筛，因此第一代DCC催化剂为采用HZSM-5为活性组分的CHP-1催化剂。同时对分子筛含量的影响也进行了研究，发现分子筛含量对不同原料的影响效果不一样(见表4-1-2)。对于易裂化的大庆蜡油，低分子筛含量的催化剂就能满足反应需要，过多的分子筛增加了催化剂的酸密度，反而促进了氢转移反应，从而降低了产品的烯烃度。对于胜利蜡油原料，高分子筛含量对其裂化有正面影响，反映在转化率和气体产率都明显增加。这是由于胜利蜡油的直链烷烃少、支链及环烷烃以及带侧链的芳烃含量高，这样大尺寸的分子无法进入HZSM-5分子筛的孔道内，只能在分子筛外表面发生反应，提高分子筛含量就增加了催化剂中分子筛的外表面，促进了大分子的裂化。

表4-1-2　催化剂分子筛含量对不同原料裂化性能的影响

(CHP-1催化剂，ROT=580℃、C/O=5、WHSV=$1h^{-1}$)

原料油	大庆蜡油		胜利蜡油	
HZSM-5含量	基准	+增加	基准	+增加
转化率/%	87.67	88.72	72.27	77.79
烯烃度/%	78.86	76.49	74.92	73.37
丙烯产率/%	21.86	21.05	14.96	16.16
总烯烃产率/%	44.05	43.60	29.61	31.72

根据试验结果分析，从各工艺参数对催化裂解生成丙烯反应的影响提出了加工大庆蜡油时的优选工艺操作条件：反应温度560~580℃(温度高时干气明显增加)；空速1~$6h^{-1}$(空速高时丙烯产率下降)；剂油比10左右(剂油比增加，转化率及丙烯均略有增加，但剂油比在工业装置上受反应-再生热平衡的制约)；水蒸气量25%左右(丙烯产率随水蒸气注入量的增加而增加，考虑装置的能耗则不宜过大)。

在实验室小型固定流化床催化裂化装置上进行了大量试验，采用有利于气体烯烃生成的催化剂，探索了在比常规催化裂化(FCC)较高的反应温度及较长的停留时间下，进行催化裂解制取气体烯烃的新工艺，取得了初步的结果。在早期探索试验中，研究了催化剂类型、原料油馏程、反应温度、油气停留时间、剂油比以及水蒸气量等参数对气体烯烃生成的影响。试验结果表明，用石蜡基重油为原料，采用适于进行二次裂化反应的催化剂，在反应温度580℃，空速6h^{-1}以下，通入适量水蒸气有利于气体烯烃的生成。其中气体烯烃以丙烯为主，丁烯及乙烯次之。当以大庆蜡油为原料，在一定反应条件下，低碳烯烃产率可达42.73%，其中乙烯、丙烯及丁烯分别为4.90%、21.62%及16.21%。催化裂解制取气体低碳烯烃的同时，尚可生产部分汽油、柴油及重油，但由于小型装置液体产品较少，未能进行油品性质分析，需在催化裂化连续装置上进一步试验。另外，作为气体烯烃的化工利用，应进一步进行气体杂质分析，需要建立气体杂质(炔烃、双烯、总硫及氮等)的分析方法。

在探索出一种以石蜡基大庆原油的重馏分油催化裂解制取轻烯烃的新途径后，进一步探索在从美国阿科公司(ARCO)引进的连续流化催化裂化装置(见图4-1-2)上，以管输重馏分油为原料制取气体烯烃的方法。ARCO装置中催化剂在反应器、分离器、汽提器、提升管、再生剂输送线内连续循环。经过预热的原料油与来自再生剂输送线的催化剂及氮气接触，随即进入五节管式反应器。反应后油气与催化剂进入分离器而后落入汽提器，用水蒸气汽提催化剂孔道内的烃。汽提气及反应产物经过反应器出口过滤后进入稳定塔，在塔内C_4以前和C_5以后馏分切割开，塔顶裂化气(C_4以前)经湿式气表计量并采样分析，塔底液体产品经分馏和分析以确定汽油、柴油等组成。积炭催化剂(待生催化剂)落入汽提器底部，经过汽提后，用氮气携带经提升管线进入再生器，再用空气烧焦再生，再生剂由取样口采出做定碳等分析。再生剂进入输送线，靠再生-反应两器差压循环进入反应器底，重新与原料油接触。再生烟气由湿式气表计量，根据CO_2、CO体积组成计算得到焦炭产率。

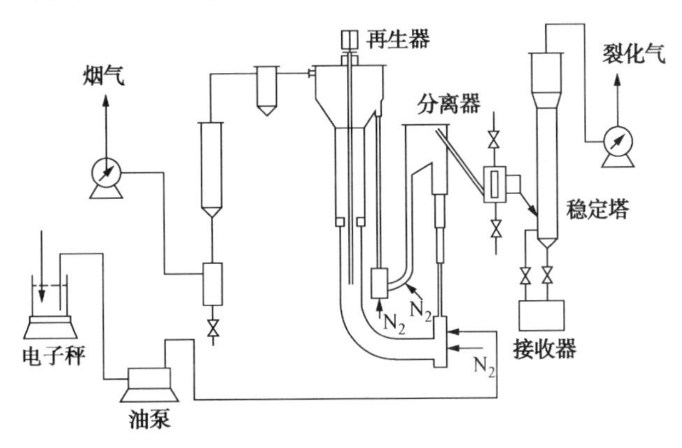

图4-1-2　ARCO小型催化裂化实验装置流程示意图

管输重馏分油由胜利、孤岛、任丘及中原等四种原油的重馏分油组成，其中孤岛油为芳香基原料，很难裂化。在一定反应条件下，管输重馏分油的气体烯烃总产率可达36.66%，其中乙烯、丙烯及丁烯分别为4.32%、19.89%及12.45%。气体烯烃中非烃杂质及痕量烃含量甚微。汽油产率为27.35%，其研究法辛烷值为99.2、马达法辛烷值为85.2，但汽油的安定性较差。柴油馏分可作为调合燃料。以管输重馏分油进行催化裂解比大庆重馏分油为原料时气体产率明显降低。这是因为原料中的芳烃组分在催化裂解条件下不能开环反应生成气体，而易于缩合生焦。但在较苛刻的反应条件下，汽油芳烃产率较高，在利用气体烯烃的同时，可考虑芳烃的综合利用。

连续流化催化裂化装置在常压下操作，工业装置为克服系统压降，都是带压操作，故尚需要进一步在中型试验装置上试验加以验证。

自1987年开始，由构思到探索，由小型到中型，在工艺操作参数、原料性质、催化剂评选、产品利用和相关分析方法等方面对催化裂解技术进行了系统的研究。通过大量基础研究，获得了一些重要认识，需要进一步在中型试验装置上试验加以验证。

中型实验在年处理量近百吨的新建催化裂解中型装置上进行，并于1988年完成。1988年9月，中国石化总公司对中型试研究结果组织了技术鉴定。鉴定意见认为中试数据齐全，可作为设计工业装置的依据，可以借鉴成熟的催化裂化技术，建议尽快建设工业装置。

以蜡油为原料采用稀相输送管加密相流化床反应器，生产气体烯烃，主要产品是丙烯的Ⅰ型催化裂解工艺于1990年在济南炼油厂成功工业试验，并在安庆炼油厂建设处理量400kt/a催化裂解工业生产装置，该装置于1995年投产。

与此同时，Ⅱ型催化裂解工艺的开发研究被提上日程。Ⅱ型催化裂解工艺包含两个目的：①使用催化裂解催化剂进行提升管反应试验，与已开发成功的床层催化裂解比较，探索单独采用提升管催化裂解生产气体烯烃的可能性；②通过提高裂解催化剂转化活性，改变操作条件。试验结果表明，催化裂解采用提升管反应器，单程转化率比床层反应器降低6%～8%，丙烯产率低于床层反应器。采用易裂解的大庆蜡油，提升管反应的丙烯产率可达床层的85%；但对管输蜡油，仅为70%左右。

选择与床层反应器不同的操作条件，在提升管出口温度约530℃，油气停留时间2s左右，采用单程和重油全回炼操作模式，以大庆蜡油为原料，采用裂解活性及重油转化能力较高的CHP-1与超稳分子筛剂混合催化剂时，虽然提升管出口温度降低了50℃，丙烯产率仍能达到床层的85%。采用全回炼操作，在维持丙烯产率相近时，汽油产率显著增加。若调整操作参数，可望改变油、气比例，实现油化结合目标。

中、小型试验表明，在CHP-1催化剂中掺入一定量超稳型催化剂，提升管催化裂解转化率提高，并可通过调整操作参数，改变丙烯和汽油产率。蜡油提升管催化裂解所得汽油具有高辛烷值特点，马达法辛烷值可到82左右，汽油中芳烃含量也较高，但汽油安定性尚待改进。通过研制和选用新的催化剂，采用适当的操作条件，蜡油提升管催化裂解既可以生产以丙烯为主的气体烯烃，又可以适当增产汽油实现油化结合的生产目标。

为了达到Ⅱ型催化裂解的目标，在以下几方面开展了研究工作：进行适用于提升管催化裂解的高活性催化剂的研制和评选，通过对诸多操作参数的试验研究优选操作条件，确定可供设计提升管催化裂解所需的工艺数据，考察和研究产品性质及其利用。

Ⅰ型催化裂解与Ⅱ型催化裂解的主要区别：①生产目的不同：Ⅰ型催化裂解技术以生产低碳气体烯烃特别是最大量生产丙烯为主要目的，而Ⅱ型催化裂解技术在多产丙烯及丁烯的同时，还能多产高辛烷值汽油；②装置类型不同：Ⅰ型催化裂解技术采用提升管加密相流化床反应器，而Ⅱ型催化裂解技术仅采用提升管反应器；③操作条件不同：Ⅰ型催化裂解技术要求反应条件较苛刻(高反应温度、长油气停留时间和大注水量)，而Ⅱ型催化裂解技术要求的反应条件相对Ⅰ型催化裂解技术来说比较缓和。

四、DCC工艺的创新点

生产气体烯烃主要采用蒸汽裂解工艺，它以轻烃为原料，利用高温热解反应，产品以乙烯为主，兼产丙烯及丁二烯。催化裂解以较重的烃类如减压馏分油等为原料，采取适中的反应苛刻度，除了裂化反应外还用了择形催化裂解反应，产品以丙烯为主，联产丁烯、乙烯及高辛烷值汽油组分。

我国原油普遍较重，能直接作为产品使用的轻油含量较低，故开发重烃类原料的裂解工艺符合我国国情。当时国内以丙烯为原料生产的化工产品发展快，蒸汽裂解生产的丙烯尚供不应求，催化裂解是生产丙烯为主，与蒸汽裂解乙烯为主的技术路线不同，两种工艺可以在产品结构上互相补充，以满足国民经济的需要。

催化裂解与蒸汽裂解的化学反应分别在各自典型的反应温度580℃及800℃下进行。从大庆减压蜡油催化裂解与大庆柴油蒸汽裂解气体产品的组成(表4-1-3)可以看出，蒸汽裂解气中C_2以下干气占76.95%，而催化裂解气中C_3以上液化气占59.19%。由此可以得知蒸汽裂解反应为典型的自由基链反应。产品以C_1及C_2为主。催化裂解反应仍以催化裂化的正碳离子反应为主。产品中C_3及C_4占优势。但由于在580℃高温下进行，仍有一定量的热解反应，故尚有部分C_2以下气体。

表4-1-3 催化裂解与蒸汽裂解气体组成比较

工 艺	蒸汽裂解	催化裂解
原料油	轻柴油	减压馏分油
反应温度/℃	800	580
气体体积组成/%		
干气	76.95	40.81
H_2	11.02	7.82
CH_4	25.06	13.4
C_2H_6	6.72	5.15
C_2H_4	34.03	14.44
C_2H_2	0.12	31μg/g
液化气	23.05	59.19
C_3H_8	0.65	5
C_3H_6	15.32	33.18
C_3H_4	0.1	36μg/g
C_4H_{10}	0.3	4.08
C_4H_8	3.53	16.83
C_4H_6	3.15	0.1
总烯烃	52.88	64.45

蒸汽裂解气中乙烯最多，其体积占裂解气体的34.03%；而催化裂解气中以丙烯为主，其体积占裂解气体的33.18%。

此外，由于催化裂解反应温度较低，气体中的乙炔加丙炔含量为67μg/g，远低于蒸汽裂解的2200μg/g，意味着催化裂解气体作为化工原料的精制过程会简单一些。

催化裂解与蒸汽裂解的主要不同点，在于它要使用专门研制的催化剂，可在低得多的反应温度下操作。与蒸汽裂解相比较，催化裂解气体中含有多得多的液化气和较少的干气；催化裂解气中富含丙烯，而蒸汽裂解气中富含乙烯；催化裂解气中丁烯含量比蒸汽裂解气中的要高得多，但丁二烯含量要少得多；蒸汽裂解气主要是热裂化反应产物，而催化裂解气则以催化反应产物占优势。

与常规催化裂化工艺相比，催化裂解工艺生产大量气体产品，包括烯烃和烷烃。催化裂解工艺的操作条件，在反应温度和剂油比上比常规催化裂化要苛刻，为了降低反应时烃的分压，注水量也要高得多。但是值得注意的一点是，催化裂解装置可以借鉴流化催化裂化的技术规范进行操作。

催化裂解工艺与流化催化裂化工艺相比：①催化裂解气中 C_2以下干气相对地比催化裂化气中的干气要多，增加的主要是乙烯；②催化裂解气中乙烯和丙烯含量分别为 11.27%及38.85%，明显高于催化裂化气的 3.5%及 21%；③总的气体烯烃含量在催化裂解气中占76.54%，而在催化裂化气中仅占 60.3%；④丁烯和丁烷含量比，特别是丁烷含量亦明显不同。催化裂解气中丁烷含量仅 6.6%，而催化裂化气中丁烷含量是 24%。丁烯和丁烷比前者为 4.0，后者只有 1.5。在催化裂解更苛刻操作条件下，C_4烯烃和烷烃可进一步裂解为小分子气体，而氢转移反应得到有效的控制。

催化裂解与催化裂化均在酸性催化剂作用下进行裂化反应。但催化剂类型不同，反应条件有差异，前者反应温度比国内常规催化裂化装置约高 100℃。表 4-1-4 为大庆减压蜡油为原料，两者主要裂化产物分布的比较。

表 4-1-4 催化裂解与常规催化裂化产物分布的比较

产物分布/%	催化裂解	催化裂化
C_4以下气体	54.13	22.10
C_2H_4	6.10	0.77
C_3H_6	21.03	4.64
C_4H_8	14.30	7.91
C_{5^+}汽油馏分	26.60	53.30
柴油馏分	6.60	18.10
重油	6.07	—
焦炭	6.00	6.10
气体中烯烃含量	76.54	60.2
气体中 $iC_4^{\circ}/iC_4^{=}$	0.49	1.87

催化裂化的目的产物为汽油，产率为 53.3%。催化裂解的目的产物为气体烯烃，乙烯、丙烯及丁烯的总产率为 41.43%。在催化裂化中，裂化反应及氢转移反应(主要为环烷与烯烃通过氢转移反应生成芳烃及烷烃)均为其特征反应。氢转移反应有利于中止链反应。可减少汽油进一步生成气体的二次裂化反应。催化裂解则需要汽油的二次裂化反应生成气体烯烃。

从裂化气中异丁烷与异丁烯之比可看出氢转移反应的大小。因为烷烃不能直接异构化，异构烷烃是通过烯烃异构化后进行氢转移反应生成。催化裂化及催化裂解气中 $iC_4^{\circ}/iC_4^{=}$分别为 1.87 及 0.49，说明后者的氢转移反应显著低于前者。催化裂解气体中的烯烃含量也显著高于催化裂化，分别为 76.54%及 60.20%。

此外，催化裂解液体产物中芳烃含量很高，汽油及裂解重油中芳烃占一半以上，裂解轻油中达80%。这是由于催化裂解转化率很高，链烷选择裂解，余下的芳烃浓度增加。同时裂解的烯烃还能通过环化进一步生成芳烃。

表4-1-5列出了DCC和常规FCC之间的异同点，DCC在催化剂、操作条件、反应器方面都具有其特点[43-44]。

表4-1-5　DCC和FCC的对比

工艺名称	常规FCC	DCC
原料油	重油	重油，最好是石蜡基重油
催化剂	各种类型的Y型分子筛催化剂	改性五元环分子筛和超稳Y型分子筛催化剂
装置		
反应器	提升管	提升管和/或床层
再生器	基准	相同
主分馏塔	基准	高气/液比
稳定塔/吸收塔	基准	较大
富气压缩机	基准	较大
操作条件		
反应温度	基准	基准+30~50℃
再生温度	基准	相同
剂油比	基准	1.5~2倍
油气停留时间	基准	较长
油气分压	基准	较低
雾化蒸汽量	基准	较多

RIPP研发重油催化裂化生产低碳烯烃的工艺技术被命名为催化裂解(Deep Catalytic Cracking，简称DCC)。通过大量的中小型实验研究后，催化裂解技术于1990年完成工业化试验，并于1991年获国家专利金奖、1992年获中国石化总公司科技进步特等奖、1995年获国家发明一等奖等奖励。DCC技术也受到国际同行专家的高度评价，被誉为"在炼油和化工之间架起了桥梁"。世界炼油和化工权威杂志《Hydrocarbon Processing》、《Chemical Engineering》及世界石油大会均将其列为世界石油化工新工艺，为中国石化的技术走出国门、提高国际知名度起到了重要作用。现在，催化裂解技术在国内外都得到了工业推广应用[45-46]。

第二节　原料和催化剂

一、DCC原料性质

(一) I型催化裂解原料适应性

在催化裂解条件下，原料中的芳烃除烷基芳烃脱烷基外，芳烃本身难以开环裂化。轻质烯烃的来源主要依靠饱和烃裂化。由于催化剂对链烷烃具有选择裂化的能力，石蜡基的原料最适于催化裂解。

催化裂解工艺可以采用各种减压馏分油为原料生产轻质烯烃，主要是丙烯产品。表4-2-1列出了不同原油的减压馏分油原料在相近操作条件时中小型催化裂解试验的结果。

表4-2-1 不同原料催化裂解的轻质烯烃产率

原　料	1	2	3	4	5	6	7	8	9	10
密度(20℃)/(g/cm^3)	0.8449	0.8534	0.8597	0.8584	0.8808	0.8764	0.8848	0.8868	0.9249	0.8807
特性因数(K)	12.7	12.6	12.4	12.3	12.0	12.1	11.9	11.9	11.4	12.2
氢含量/%	14.23	13.70	13.45	13.57	12.75	13.28	12.58	12.68	12.24	13.34
气体烯烃产率/%	47.30	42.83	41.43	40.89	37.43	35.07	34.54	33.73	27.34	38.17
乙烯	5.79	6.77	6.10	5.90	6.03	4.08	4.22	4.29	3.58	5.20
丙烯	23.73	21.76	21.03	21.31	18.75	17.00	17.46	16.71	13.16	19.40
丁烯	17.78	14.3	14.3	13.68	12.65	13.99	12.86	12.73	10.60	13.57

表4-2-1中前四种原料均为石蜡基，密度低于0.85g/cm^3，特性因数K大于12.3及氢含量高于13.45%，接着的四种原料其特性因数为11.9~12.1属中间基，其密度为0.88 g/cm^3左右，氢含量在12.6%~13.3%之间，第九种原料为环烷基，其密度、特性因数及氢含量分别为0.9249 g/cm^3、11.4及12.24%，第十种原料为环烷基原料经加氢改质后的尾油。

石蜡基原料最适宜于催化裂解，由于石蜡基的选择裂化可得到富含烯烃的裂解气体，其三烯(乙烯、丙烯、丁烯)产率超过40%(占原料重)。其中丙烯产率高于21%，中间基原料的三烯产率在33%~37%，其中丙烯为17%~18%，环烷基原料的三烯产率为27%，其中丙烯为13%。

从以上结果可以看到原料结构组成与氢含量对三烯产率起到了关键作用。特性因数高的原料，其中石蜡烃含量高，裂化性能好。烃类氢含量的顺序为烷烃>环烷烃>芳烃，对产品而言，低相对分子质量的烷烃氢含量最高，烯烃次之，三烯的氢含量均为14.8%，显著高于原料的氢含量。从氢平衡观点分析，原料氢含量越高则越利于三烯的生成。

表4-2-1中最后一种原料是含氢量仅12.05%的环烷基减压馏分进行加氢改质后的尾油，其沸程与减压馏分油相当，由于经加氢改质后氢质量分数增加到13.34%，其三烯产率可达到38%，其中丙烯达19.4%。

总之，催化裂解原料适应性很广，即使氢含量较低的原料也可得到可观的轻质烯烃产率，如进一步通过加氢改质，则轻质烯烃产率还会大幅度增加。

(二) Ⅱ型催化裂解原料适应性

在小型固定流化床和中型提升管反应装置上，考察了Ⅱ型催化裂解原料油对烯烃产率的影响。

表4-2-2列出了我国几种典型蜡油的Ⅱ型催化裂解中型试验结果。

大庆蜡油为典型的石蜡基原料，胜利蜡油为典型的中间基原料，辽河蜡油为典型的环烷基原料。从表4-2-2可以看出，原料的K值越大，丙烯、异丁烯和异戊烯产率越高，汽油产率也越高。

表4-2-3列出了新疆蜡油和焦化蜡油的性质。

表 4-2-2 原料油性质对主要产物分布的影响

原料油	大庆蜡油	胜利蜡油	辽河蜡油
密度(20℃)/(g/cm^3)	0.8788	0.8781	0.9249
残炭/%	0.10	0.44	0.20
特性因数(K)	12.4	12.0	11.5
产物产率/%			
丙烯	12.74	9.89	7.86
异丁烯	5.10	3.93	3.46
异戊烯	6.17	5.38	4.11
汽油	41.28	40.60	36.15

表 4-2-3 新疆蜡油和焦化蜡油的性质

原料油	新疆蜡油	焦化蜡油
密度(20℃)/(g/cm^3)	0.8703	0.8580
残炭/%	0.05	0.20
凝点/℃	31	15
硫含量/(μg/g)	570	800
氮含量/(μg/g)	840	2348
碱性氮/(μg/g)	344	1446
折射率(n_D^{20})	1.4650	1.4633
溴价/(gBr/100g)	0.1	18.4

表 4-2-4 列出了新疆蜡油掺焦化蜡油Ⅱ型催化裂解小型固定流化床试验结果，从表 4-2-4结果可以看出，掺炼焦化蜡油后虽然由于其中碱性氮含量高，导致转化率下降，但对丙烯和异构烯烃产率影响不大。

表 4-2-4 新疆蜡油掺焦化蜡油对产物分布的影响

原料油	新疆蜡油	新疆蜡油掺 15%焦化蜡油
产物分布/%		
H_2~C_2	3.10	2.80
C_3~C_4	36.52	33.82
丙烯	14.55	13.59
异丁烯	4.40	4.42
C_{5+}汽油	44.33	43.87
柴油	8.39	11.04
重油	4.80	5.64
焦炭	2.86	2.73
合计	100.00	100.00

表4-2-5列出了大庆蜡油掺渣油Ⅱ型催化裂解中型试验结果。

表4-2-5　大庆蜡油掺渣油对反应产物分布的影响

原　料　油	大庆蜡油	大庆蜡油掺40%渣油
密度(20℃)/(g/cm^3)	0.8788	0.8800
残炭/%	0.10	3.30
特性因数(*K*)	12.4	12.5
催化剂上镍含量/(μg/g)	0	3300
产物产率/%		
丙烯	12.74	11.41
异丁烯	5.10	4.92
异戊烯	6.17	6.15
汽油	41.28	38.86

由于掺渣油后重金属含量增加，因此试验时催化剂上人工污染了3300μg/g镍。从表4-2-5可以看出，残炭值达3.30%的掺渣油原料，在镍污染为3300μg/g催化剂上的丙烯、异丁烯和异戊烯产率与蜡油原料在无污染催化剂上的产率接近。

因此，Ⅱ型催化裂解对原料的适应性较强，可以是蜡油、蜡油掺渣油或二次加工油。

二、DCC催化剂

根据催化裂解反应的特点，除了保持一定的催化剂活性、稳定性外，要求催化裂解催化剂具有低氢转移活性、高链烷烃选择性裂解能力，增加气体生成和改进焦炭选择性的能力[47-64]。

常规催化裂化在单程转化率大于70%后，焦炭产率明显增加，而催化裂解转化率大都在85%以上，故催化剂必须具有好的焦炭选择性。

通过对含有不同活性组分的多种催化剂的试验，设计了能满足上述要求的CHP催化裂解催化剂。

CHP催化剂在经过大量小试探索、中试放大的基础上，进行了工业试生产，并提供催化裂解中型试验应用。新鲜催化剂性质列于表4-2-6中。

表4-2-6　催化裂解催化剂性质

项　　目	数　　值
化学组成/%	
Al_2O_3	51.0
Na_2O	0.066
SiO_2	—
Fe_2O_3	0.055
SO_4^{2-}	1.4
骨架密度/(g/mL)	2.4
表观密度/(g/mL)	0.8

续表

项目	数值
孔体积/(mL/g)	0.22
比表面积/(m^2/g)	191
磨损指数/(%/h)	2.3
灼减量/%	12.0
筛分体积组成/%	
<20μm	4.2
20~40μm	23.6
40~80μm	62.0
>80μm	10.2

催化剂的筛分组成，平均粒径、强度等均符合流化裂化催化剂的要求。表观密度为0.8g/mL，属高堆比催化剂。

对CHP催化剂进行了水热稳定性考察。图4-2-1为不同水蒸气老化温度下，减压蜡油催化裂解转化率与丙烯选择性的变化。可以看到随老化温度的增加，转化率略有下降。老化温度在600~750℃时丙烯选择性较好。由于在催化裂解操作条件下，能转化的蜡油组分几乎都已转化，转化率达90%以上，故老化温度对蜡油转化率影响不大。

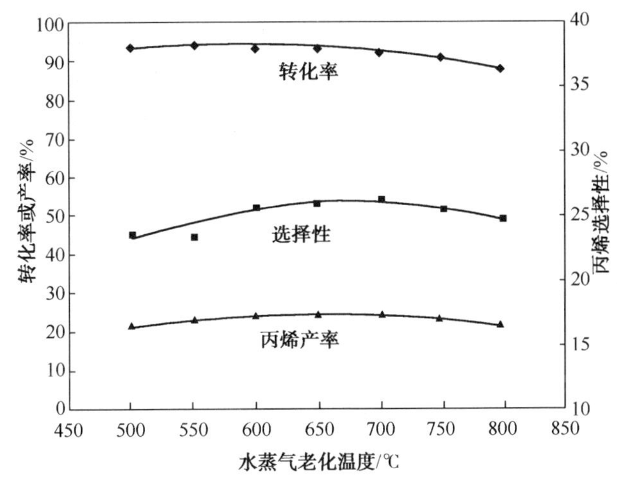

图4-2-1 老化温度对重油裂解转化率及丙烯产率的影响

注：100%水蒸气老化4小时；固定流化床数据。

图4-2-2为在750℃温度下，不同老化时间对转化率及丙烯产率的影响。其结果与不同老化温度的影响很相似。随着老化时间的增加，转化率略有下降，但仍能维持90%左右。对丙烯产率及选择性影响不大。

从不同水蒸气老化温度及不同老化时间的结果，可得出该催化剂具有良好的水热稳定性及丙烯选择性。

参照常规催化裂化催化剂的要求，中、小型催化裂解试验用催化剂，均在750℃下先进行水蒸气老化处理。

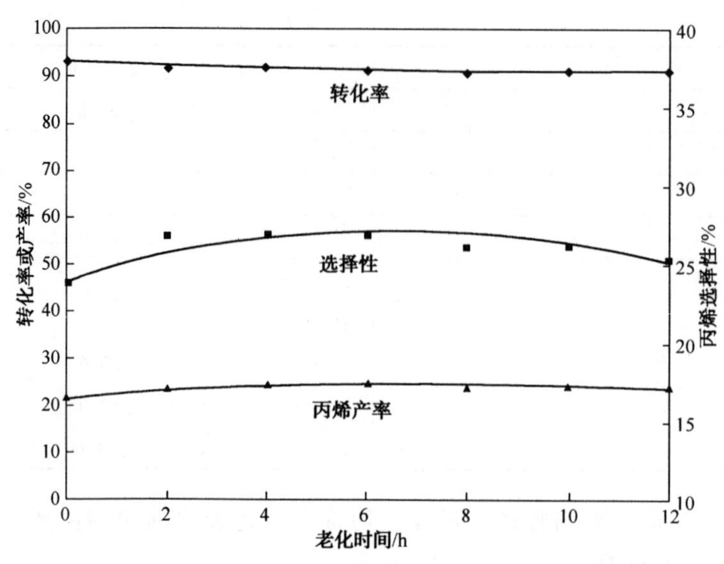

图 4-2-2 老化时间对重油裂解转化率及丙烯产率的影响

注：750℃，50%水蒸气；固定流化床数据。

在中型催化裂解试验装置的实际运转中进一步考察了在苛刻的反应、再生条件下 CHP 催化剂活性稳定性及选择性的变化。

图 4-2-3 为从中型装置取得的不同运转时间的催化剂，在小型装置上用大庆蜡油测得的催化裂解转化率及丙烯产率。可以看到运转 140h 及 280h 后的催化剂与进油运转前相比，转化率及丙烯产率略有下降。但在连续 12d 运转期间，没有补充任何新鲜催化剂。说明 CHP 催化剂能经受催化裂解反应及再生条件，长期运转仍能保持良好的活性稳定性及丙烯选择性。

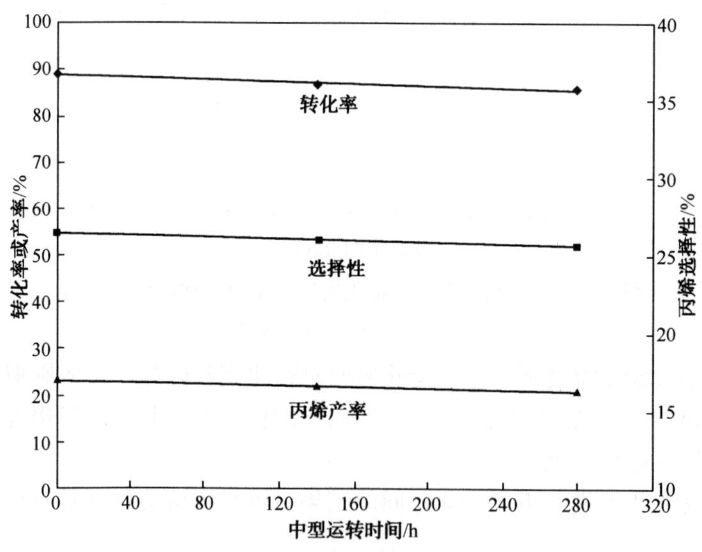

图 4-2-3 运转时间对转化率及丙烯产率的影响

注：固定流化床数据。

根据上述实验，说明 CHP 催化剂具有良好的活性、选择性和稳定性。

结合催化裂解技术的特点，相配套的催化剂设计原则如下：

(1) 低的氢转移活性，增加烯烃的浓度；

(2) 高的基质活性，增加重质油的一次裂化；

(3) 使用多活性组分，大孔分子筛进行重质油裂化，中孔分子筛进行汽油裂化；

(4) 中孔分子筛活化处理，提高其裂化活性和稳定性；

(5) 调整中孔分子筛和大孔分子筛的比例，从而兼顾烯烃产率和汽油产率。

在催化裂化过程中，大分子烃类汽化后首先在 Y 分子筛表面和基质上发生裂化，生成较小分子的烃类进一步进入 Y 分子筛孔道内，在其中的活性中心上再发生催化裂化反应，生成低碳烯烃等产品。为了提高低碳烯烃产率，在催化剂配方及催化剂制备工艺进行了大量的研究。

在催化剂配方方面，有两种途径可以提高低碳烯烃产率：其一，在主催化裂化催化剂中添加含 ZSM-5 分子筛的助剂；其二，设计多产低碳烯烃的专用催化剂。

这两种方式各有其优缺点。在主催化裂化催化剂中添加含 ZSM-5 分子筛的助剂，可以根据市场变化，对装置操作进行较为灵活的调整。但是，添加助剂很难提供合理的孔道梯度分布，进而优化一次裂化和二次裂化的比例。另外根据公认的反应机理，一次裂化生成的中间产物需要从主催化剂酸性中心上脱附后再进入助剂中 ZSM-5 分子筛的孔道中。而中间产物在颗粒间扩散过程中会发生一些非理想的反应，导致低碳烯烃产率有所降低。另外，根据催化裂化装置操作经验，两种固体颗粒必须在堆比、磨损性能一致时，才能保证两种颗粒比例在装置运行过程中保持恒定，因此，用户必须慎重选择助剂，确保其物理性能与主催化剂相匹配。

而为最大化多产低碳烯烃而专门设计的催化剂，可以根据原料性质和目标产物的要求来优化其中不同分子筛的比例。其中的基质可以裂化原料中大分子烃类，其裂化的中间产物随即进入 Y 分子筛的孔道内发生裂化，裂化产物再在 ZSM-5 的中孔孔道内转化成低碳烯烃。不同的孔道分布用来催化转化不同烃类分子的裂化反应。另外，催化材料的酸性，催化剂的强度、堆比可以进行优化设计，达到最大化多产低碳烯烃的目的。

随着 DCC 技术的工业应用，已开发出一系列 DCC 配套使用的专有催化剂，以适应不同需要，如最大量丙烯生产、最大量异构烯烃生产、最大量原料掺渣油量等，见表 4-2-7。新一代 MMC 催化剂系列已在多套 DCC 装置上成功应用。应用结果表明，与以前开发的催化剂相比，丙烯选择性及丙烯产率均较高。MMC-1 和 MMC-2 催化剂的性质列于表 4-2-8。

表 4-2-7　DCC 用催化剂系列

牌　号	对应 DCC 工艺	工业应用时间	性 能 特 点
CHP-1	Ⅰ	1990.11	高堆比，高丙烯选择性
CHP-2	Ⅰ	1992.9	中堆比，高丙烯选择性
CRP-1	Ⅰ	1994.6	水热稳定性好
CRP-S	Ⅰ	1995.5	低活性的开工剂
CIP-1	Ⅱ	1994.6	高活性，重油裂化能力强
CIP-2	Ⅱ	1998.9	高活性，重油裂化能力强，抗重金属污染

续表

牌　号	对应 DCC 工艺	工业应用时间	性 能 特 点
CIP-3	Ⅰ&Ⅱ	1998.10	重油裂化能力强，丙烯选择性好
CIP-S	Ⅱ	1998.9	低活性的开工剂，抗重金属污染
MMC-1	Ⅱ	2002.11	高活性，重油转化能力强，丙烯选择性好
MMC-2	Ⅰ	2002.9	高丙烯收率

表 4-2-8　MMC 催化剂的性质

项　　目	MMC-1	MMC-2
孔体积/(mL/g)	0.29	0.28
比表面积/(m^2/g)	230	204
堆密度/(g/mL)	0.76	0.79
裂解活性指数(520℃反应，800℃、4h 老化)/%	72	76
磨损指数/(%/h)	1.6	1.5
筛分体积组成/%		
0~40μm	15.6	15.8
0~149μm	92.2	90.5
平均粒径/μm	75.6	75.6

第三节　中型试验研究

根据小型试验结果，提出催化裂解的工业装置将可能具有如下工艺特点：①高温、高剂油比、低空速、高转化率、密相床反应；②高效取热和急冷、原料与高温油气直接换热；③大反应器；④大负荷的气压机；⑤大尺寸分馏塔、吸收塔和稳定塔。

催化裂解的上述五个特点与常规工业催化裂化工艺的不同，是催化裂解能多产气体烯烃的必要条件。催化裂解工艺要进行工业放大，需要进行中型试验，对小型试验结果及提出的工艺要求进行验证，并为工业放大提供技术支撑。要在中型装置上取得与小型装置同样的气体烯烃产率，中型装置的设计要求有比较宽的操作条件变动范围。因高反应温度、高剂油比、低空速、高水蒸气量等操作条件都较易达到。需要重点考虑的就是高堆比的 CHP-1 催化剂的密相床层的流化质量以及对反应结果的影响。

小型固定流化床装置与连续流化催化裂化装置上试验结果显示，在相同操作条件下，密相固定流化床反应器的气体烯烃产率略低，气体中烯烃浓度也低。密相固定流化床反应器中催化剂密度大约为650~700kg/m^3，密相输送式反应器的床密度为280~300kg/m^3。从流化状态比较，后者反应器处于湍流床与高速床之间，因此返混现象少，气固的传热传质、吸附脱附都有利。

中型装置的反应器是稀相提升管加密相流化床型式。在用低堆比催化剂进行床层反应时，催化剂密度在400~420kg/m^3。此时反应的产品分布与工业装置的数据基本一致。根据

流化试验，推算出催化裂解反应器床层密度在460~500kg/m^{3}为佳。这主要是兼顾了中型装置密相流化床流化质量及稀相(沉降)段催化剂不至太浓综合考虑的结果。因为中型反应器稀相的气体线速低，油气停留时间达10~15s，过浓的稀相会增加过度裂化。中型反应器的可操作范围在：反应压力0.05~0.10MPa(表)；反应温度480~620℃，空速2~16h^{-1}，注水量0~2kg/h，反应器催化剂藏量1~4kg，床层高径比2~5。

中型的大量试验表明，在中型装置上可以通过改变操作条件取得与小型试验类似的结果。同时也可以回答在概念设计中提出的一些问题，如：压力和水蒸气对气体烯烃的影响，高温反应产物的结焦问题，以及床层流化状态对气体烯烃的影响。

催化裂解的工业放大虽然有流化催化裂化以及提升管催化裂化的经验可以借鉴，但它与一般的炼油装置也有不少区别。对于催化裂化装置，其主要任务是生产内燃机燃料及液化气等，因此其反应后生成物的多少、质量的好坏只影响到商品销售的收益。但是催化裂解的产物烯烃是作为后续各种化工单元过程的进料，因此其质量的好坏将影响到后续装置的生产正常与否，从而波及全厂的经济效益。因此，对于催化裂解反应器的设计、操作规范、关键产品控制点及指标、控制分析方法及评价方法都需严格、慎重对待。

工业放大中的问题很多，但首要的还是反应器，也就是如何把小型、中型试验结果在工业规模的反应中实现。

一、中型试验的设计

中型试验的目的：①验证小型催化裂解多产丙烯的实验结果，确认工艺的可行性；②为催化裂解多产丙烯工业装置的设计提供比较可靠和完整的工业设计数据；③考察催化裂解工艺汽、柴油性质和裂化气组成。

通过中型试验，验证了小型试验结果，取得比较完整的工业设计数据，并分析汽、柴油的性质，同时通过中型试验提出进一步考察的问题及需要开展的相关研究：

(1) 中型装置在接近零料位操作情况下，考察短接触时间，提升管反应对催化裂解工艺产物分布和转化率的影响；

(2) 考察在反应温度580℃、空速4.0h^{-1}左右，中型装置可控制的不同反应温度或空速下的催化裂解产物分布；

(3) 催化裂解运转过程中，考察沉降段及转油线升温后的结焦情况；

(4) 再生剂含碳量对裂解反应的影响；

(5) 考察补充新鲜剂的影响；

(6) 裂解催化剂比热等有关物性的测定；

(7) 裂解催化剂活性及水热稳定性评价方法的建立；

(8) 裂解催化剂的进一步研制；

(9) 裂解液体产品的进一步分析；

(10) 裂解液体产品的加氢及非加氢精制；

(11) 裂解气中烃类杂质及非烃杂质分析方法的完善；

(12) 催化裂解污水及烟气杂质分析方法的建立。

二、中型试验结果及解决的问题

（一）Ⅰ型催化裂解中型试验

中型试验装置为进行催化裂解试验而改建，称为流化床层催化裂解中型装置，原则流程图见附图 4-3-1，处理量为 10kg/h。原料油经原料油预热炉加热，由雾化喷嘴喷出后，在短提升管内和流化床层内与从再生器来的高温催化剂接触反应。反应油气经分馏和冷却分离后得到裂化气、汽油、柴油和重油。待生催化剂经蒸汽汽提后进入再生器烧焦。反应过程和再生过程是连续进行的。

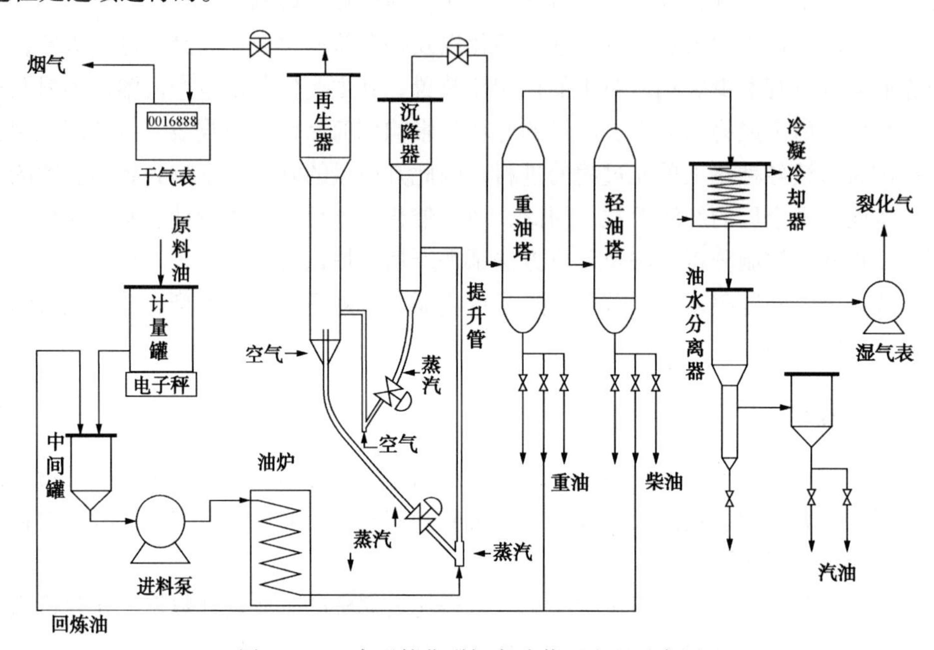

图 4-3-1　中型催化裂解实验装置流程示意图

试验用原料、催化剂及操作条件分别见表 4-3-1～表 4-3-3。中型试验在验证小试结果及进行条件试验后推荐了工业放大的操作条件、物料平衡及产品性质。

表 4-3-1　原 料 性 质

项　目	大庆蜡油	管输蜡油	项　目	大庆蜡油	管输蜡油
密度(20℃)/(kg/m³)	859.7	886.6	碳含量/%	85.63	84.66
运动黏度/(mm²/s)			氢含量/%	13.45	12.62
50℃	17.0	18.82	相对分子质量	379	
100℃	4.96	4.98	馏程/℃		
残炭/%	0.07	0.12	初馏点	316	266
苯胺点/℃	102.3	88.9	10%	357	318
凝点/℃	44	40	50%	419	412
溴价/(gBr/100g)	2.7	32.5	90%	508	480
硫含量/(μg/g)	770	0.54/%	终馏点	537	522
氮含量/(μg/g)	580	0.13/%	特性因数(*K*)	12.4	11.9
碱性氮含量/(μg/g)	283	361			

表 4-3-2 催化剂性质

项　　目	数值	项　　目	数值
化学组成/%		40~80μm	62.0
Al_2O_3	51.0	>80μm	10.2
Na_2O	0.066	骨架密度/(kg/m^3)	2400
SiO_2	—	表观密度/(kg/m^3)	800
Fe_2O_3	0.055	孔体积/(mL/g)	0.22
SO_4^{2-}	1.4	比表面积/(m^2/g)	191
筛分体积组成/%		磨损指数/(%/h)	2.8
<20μm	4.2	灼减量/%	12.0
20~40μm	23.6		

表 4-3-3 中型试验条件

原　　料	大庆蜡油	管输蜡油	原　　料	大庆蜡油	管输蜡油
反应压力(绝)/MPa	0.17	0.17	剂油比	9.8	9.8
温度/℃			总进料量/(kg/h)	8.2	8.28
反应床层	580	580	重时空速/h^{-1}	4.1	6.3
原料油预热	410	408	(注水量/进料量)/%	25.3	25.1
再生器	680	680	油注水	12.6	12.8
反应沉降段	480	480	预提升水	12.7	12.3

表 4-3-4 列出了中型试验的产物分布，与小型试验结果基本一致。

表 4-3-4 催化裂解产物分布

原　　料	大庆蜡油	管输蜡油	原　　料	大庆蜡油	管输蜡油
产物分布/%			C_5^+汽油	26.60	26.61
裂解气	54.13	45.53	裂解轻油(200~350℃)	6.60	14.14
H_2	0.24	0.22	裂解重油(>350℃)	6.07	6.12
CH_4	3.24	2.67	焦炭	6.00	6.31
C_2H_6	2.33	1.72	损失	0.60	1.29
C_2H_4	6.10	4.29	合计	100.00	100.00
C_3H_8	2.32	3.15	转化率/%	87.33	79.74
C_3H_6	21.03	16.71	轻质烯烃产率/%	41.43	33.72
C_4H_{10}	3.57	3.64	气体中烯烃含量/%	76.54	74.09
C_4H_8	14.30	12.72			

裂解气组成，痕量烃及非烃杂质分别列于表 4-3-5 及表 4-3-6 中。

表 4-3-5 裂解气组成

组成/%	大庆蜡油	管输蜡油	组成/%	大庆蜡油	管输蜡油
H_2	0.44	0.48	$n-C_4H_{10}$	1.94	2.08
CH_4	5.98	5.91	$1-C_4H_8$	4.61	4.70
C_2H_6	4.31	3.81	$i-C_4H_8$	9.47	11.02
C_2H_4	11.27	9.50	$t-2-C_4H_8$	6.57	6.98
C_3H_8	6.13	6.98	$c-2-C_4H_8$	5.61	5.50
C_3H_6	38.85	37.04	1，$3-C_4H_6$	0.16	0.02
$i-C_4H_{10}$	4.66	5.98	合计	100.00	100.00

表 4-3-6 催化裂解气中痕量烃及非烃杂质

原　　料	大庆蜡油	管输蜡油	原　　料	大庆蜡油	管输蜡油
痕量烃/(μg/g)			腈及其他碳化物	1	0.5
乙炔	31	7	总硫	568	9542
丙炔	36	<1	硫化氢	561	9400
丙二烯	11	<1	硫醇性硫	2.7	58.9
非烃杂质/(μg/g)			COS 及其他硫化物	1.2	29.4
总氮	13	15	硫醚硫	3.1	53.7
碱性氮	12	14.5	一氧化碳含量(体)/%	0.18	—

以大庆蜡油为原料时，催化裂解气中的乙炔及丙炔含量分别为 31μg/g 及 36μg/g，总氮含量为 13μg/g，其中主要为碱性氮，总硫含量为 568μg/g，其中主要为硫化氢。以管输蜡油为原料时，催化裂解气中的乙炔及丙炔含量分别为 7μg/g 及<1μg/g，总氮含量为 15μg/g，其中主要为碱性氮，总硫含量为 9542μg/g，其中主要为硫化氢。与蒸汽裂解相比，催化裂解气中的炔烃要低的多，如乙炔及丙炔，蒸汽裂解分别为 1200μg/g 及 1000μg/g。因此，催化裂解气作为化工原料的气体精制可进一步简化。

裂解油品性质列于表 4-3-7 和表 4-3-8 中，催化裂解汽油组成列于表 4-3-9 中，以大庆蜡油为原料的裂解轻油、重油组成分别列于表 4-3-10 及表 4-3-11 中。

表 4-3-7 大庆蜡油催化裂解油品性质

项　　目	汽油	轻油	重油
密度(20℃)/(g/cm^3)	0.8128	0.9355	0.9875
残炭/%	—	—	5.57
10%残炭/%	—	0.19	—
折射率(20℃)	1.4649	1.5450	—
苯胺点/℃		<27	—
凝点/℃	—	-8	+25
运动黏度/(mm^2/s)			
20℃	0.71	3.94	—
50℃	—	2.08	24.44

续表

项　　目	汽油	轻油	重油
100℃	—	—	5.05
酸度/(mgKOH/100mL)	0.50	3.07	
碘值/(gI/100g)	—	18.16	—
实际胶质/(mg/100mL)	8.0	110.4	—
诱导期/min	80	—	—
硫含量/%	0.018	0.46	0.32
氮含量/%	0.005	0.048	0.16
碱性氮含量/%	—	—	0.017
二烯值/(gI/100g)	13.5	—	—
铜片腐蚀	不合格	合格	—
馏程/℃			
初馏点	57	217	336
10%	93	235	353
50%	135	259	376
90%	177	314	479
终馏点	205	—	—
辛烷值			
MON	84.7		
RON	99.3		
十六烷值	—	22.6	—
溴价/(gBr/100g)	89.8	—	51.6

表 4-3-8　管输蜡油催化裂解油品性质

项　　目	汽油	裂解轻油	裂解重油
20℃密度/(kg/m^3)	818.8	937.7	1059.6
折射率(20℃)	1.4674	1.5460	—
酸度/(mgKOH/100mL)	0.21	0	—
溴价/(gBr/100g)	52.1	19.0	68.1
实际胶质/(mg/100mL)	6.0	212.4	—
硫含量/%	0.24	0.89	1.1
氮含量/(μg/g)	98	676	2700
残炭/%	—	—	4.79
10%残炭/%	—	0.76	—
运动黏度/(mm^2/s)			
20℃	—	3.59	—
100℃	—	—	5.31
苯胺点/℃	—	<25	—
凝点/℃	—	-21	+6
二烯值/(gI/100g)	5.9	—	—

续表

项　　目	汽油	裂解轻油	裂解重油
诱导期/min	150	—	—
铜片试验	不合格	合格	—
馏程/℃			
初馏点	60	177	271
10%	96	227	345
50%	142	263	374
90%	188	302	466
终馏点	207	320	—
辛烷值实测			
MON	86.5		
RON	99.5		
十六烷值	—	<19	—

表 4-3-9　催化裂解汽油组成(色谱法)

原　　料	大庆蜡油	管输蜡油	原　　料	大庆蜡油	管输蜡油
汽油族组成/%			间、对二甲苯	11.89	12.82
烷烃	6.80	3.18	邻二甲苯	3.99	4.59
烯烃	40.41	25.09	间、对甲乙苯	3.74	4.57
芳烃	52.79	71.73	1，3，5-三甲苯	1.51	1.79
苯	1.47	1.63	邻甲乙苯	0.72	0.64
甲苯	9.28	9.78	1，2，4-三甲苯	5.43	6.26
乙苯	1.57	2.02			

表 4-3-10　催化裂解轻油组成(质谱数据)

烃组成/%		烃组成/%	
链烷烃	16.4	茚类	4.4
环烷烃	3.7	双环芳烃	54.6
单环	3.1	萘	1.7
双环	0.5	萘类	43.6
三环	0.1	苊类	5.6
单环芳烃	24.5	苊烯类	3.7
烷基苯	10.8	胶质	0.8
茚满或四氢萘类	9.3	总计	100.0

表 4-3-11 催化裂解重油组成（质谱数据）

烃类组成/%	数据	烃类组成/%	数据
链烷烃	20.6	苊类及二苯呋喃	2.3
环烷烃	20.9	芴类	4.4
单环	6.8	三环芳烃	30.7
双环	6.2	菲类	27.4
三环	4.6	环烷菲类	3.3
四环	2.6	四环芳烃	1.4
五环	0.7	芘类	1.4
单环芳烃	14.8	总噻吩	0.6
环烷基苯	12.4	未鉴出芳烃	1.2
二环烷基苯	2.4	胶质	1.3
双环芳烃	8.5	总计	100.0
萘类	1.8		

当原料为大庆蜡油时，裂解粗汽油诱导期不合格，仅 80min，铜片腐蚀试验也未达到规格要求，需进一步加以精制，汽油辛烷值很高，精制前 *MON* 及 *RON* 分别为 84.7 及 99.3，汽油组成分析表明，烷烃含量仅为 6.80%，芳烃占 52.79%，其中 $C_6 \sim C_8$芳烃为 28.2%，烯烃为 40.41%。汽油芳烃中以二甲苯最多，甲苯次之，苯的含量较低。

当原料为管输蜡油时，裂解粗汽油诱导期不合格，为 150min，铜片腐蚀试验也未达到规格要求，需进一步加以精制，汽油辛烷值很高，精制前 *MON* 及 *RON* 分别为 86.5 及 99.5，汽油组成分析表明，烷烃仅 3.18%，芳烃高达 71.73%，其中 $C_6 \sim C_8$芳烃为 33.78%，烯烃为 25.09%。汽油芳烃中以二甲苯最多，甲苯次之，苯的含量较低。

以大庆蜡油为原料时，裂解轻油十六烷值很低，仅 22.6，管输蜡油的更低，不宜单独作为柴油使用。其相对密度大，黏度及凝固点较低，可以调合燃料油用。裂解轻油中芳烃含量很高，接近 80%，其中萘及萘类占裂解轻油的 45.3%，可考虑进行化工利用。

油浆可作调合燃料油用。

经过大量中型试验研究，对催化裂解技术进行工业放大有了更进一步的认识。

1. 反应器操作条件

中型装置与工业装置在操作条件基本相同的情况下，可得到比较接近的反应结果。这不仅包括 20 世纪 60 年代的 3A 无定形硅铝催化剂的床层催化裂化，也包括 70 年代以后的分子筛提升管催化裂化。这一方面说明了工业放大的成功。同时也表明中型装置设计和操作条件的合理性，使试验数据直接指导工业生产。因此中型装置的压力、温度、注水量、剂油比、空速等一些主要操作条件可以直接为工业装置操作所采用。

2. 反应器工程放大

催化裂解反应工艺是在催化裂化工艺的基础上发展起来的。因此，催化裂化工艺的不同规模工业装置及流化工程技术可以借鉴引用到催化裂解的放大设计中来。反应器放大设计中的各方面工作很多，主要是高堆比催化剂的流化问题。

催化裂解采用的 CHP 型催化剂是一种新型高堆比分子筛催化剂，在中型运转后得到平衡剂，其堆积密度达0.99g/cm³。而我国许多炼油厂在采用高堆比催化剂后，催化剂床层或立管的密度一般都增大了20%~30%。对于高堆比催化剂床层反应尚无工业规模的实践经验。从中、小型的结果来看，小型固定床由于线速太低，致使床层密度大，反应空速不能提高，气体烯烃产率及浓度都较低，中型在变换操作条件时也有类似结果。因此中型的大量试验是在较高线速下操作，控制床层密度在460~500kg/m³之间，比原来3A剂时高20%。

3. 反应器出口急冷的探讨

蒸汽裂解反应温度800℃，出口转油线需采取急冷措施以防止结焦。催化裂解温度比蒸汽裂解低200多度，产品中双烯及炔烃也远低于蒸汽裂解，工业装置是否还需急冷？

为了考察反应器出口管线是否结焦，中型进行了持续80h的维持反应沉降器温度580℃的试验。停止试验后拆开反应器顶出口管线进行观察。从反应器顶部出口到控制阀之间约1.5m长的转油线未发现有结焦现象。但控制阀出口端明显结焦。分析结焦原因是通过控制阀突然减压造成反应产物体积突然膨胀，自身吸热使部分重反应产物凝缩为液相滞留管壁导致结焦。

考虑工业装置出口没有控制阀，不存在突然减压问题，只要保持转油线反应产物处于气相是可以避免结焦的。因此工业装置反应器出口转油线可不采用急冷。

4. 维持热平衡操作

催化裂解反应所需热量要大于常规催化裂化。首先是反应温度较高，需要更多的原料气化显热及潜热，其次是气体产率高达50%以上，汽油裂解为气体需额外能量，使裂化反应热增加，加上放热的氢转移反应较少，使总的反应吸热量增加，经计算催化裂解反应热要显著高于常规催化裂化，可达250~300kcal/kg原料，计算生焦量需要7.5%左右才能满足热平衡。

大庆蜡油催化裂解采取单程操作时焦炭产率为6.0%，不能满足热平衡的需要。可采用以下几种方法增加焦炭产率。

一种是采用部分油浆回炼。曾进行拔出汽油后的液体产品全回炼方案的中型试验，焦炭产率增加为9.2%，如只将部分油浆回炼，控制焦炭产率7.5%左右没有问题，但裂解重油稠环芳烃含量很高，回炼增加了生焦，不能增加轻质烯烃产率。

比较好的方法是掺炼渣油，曾进行掺炼渣油的小型探索试验，大庆蜡油掺炼减渣25%时，焦炭增加2.4%，如考虑重金属对生焦的影响，估计热平衡操作时可掺减渣10%左右。掺入渣油除增加生焦外，尚能裂化生成气体烯烃及汽油，经济上较为合理，但尚需进行催化剂抗金属污染试验[65-66]。

当然，将裂解重油作为燃烧油直接喷入再生器也是简单可行的。

5. 催化剂补充量

工业流化催化裂化装置为了维持系统平衡催化剂的活性及补充催化剂的细粉的跑损，一般需要补充新鲜催化剂，以重馏分油为原料的催化裂化装置，催化剂补充量约为0.7~1kg/t原料。如原料中含有渣油馏分则剂耗还要高一些。

催化裂解应用的CHP催化剂在中型装置连续运转12d，虽然操作条件要比常规催化裂化苛刻，水蒸气用量也为常规催化裂化的5~6倍(常规蜡油催化裂化水蒸气用量一般低于5%)，但在不加任何新鲜剂的情况下仍能维持较高的转化率及丙烯产率。因此今后催化裂解工业装置在使用CHP催化剂时估计新鲜剂补充量与常规催化裂化相当。

6. 分馏塔操作与汽油终馏点的控制

中型装置的分馏塔在常压下操作。由于反应时原料注水量较大，在保持水汽不冷凝的情况下塔顶温度不能过低，故汽油终馏点偏高，为220℃左右，中型试验产品在分析前需重新进行分馏。

为了解决反应产物含水量较多的问题，通过计算，提出了工业装置设计时可考虑的几种产品分馏方案。如为了使汽油终馏点合格，可提高分馏塔顶烃分压，也可将汽油作冷回流打入塔顶，控制回流比到一定程度，使汽油终馏点合格。

7. 液体产品的精制及利用

液体产品的利用可考虑两个方案，第一方案作为油品应用，第二方案则发展化工利用。

催化裂解汽油辛烷值很高，但诱导期短，安定性不合格，有常规催化裂化的炼油厂可采用催化裂解汽油加抗氧剂，然后再与常规催化裂化汽油调合的方法。中型催化裂解汽油加T501抗氧剂750μg/g，再与常规催化裂化汽油以1∶3调合后，诱导期可大于480min、铜片试验合格，可符合规格指标。

有加氢精制条件的炼油厂也可采用选择性加氢精制除去双烯的方法。中型催化裂解汽油在氢分压32×10^5Pa、220℃、空速$2h^{-1}$及氢油体积比300的条件下进行加氢，加氢后无双烯，诱导期大于480min，腐蚀试验合格，辛烷值无损失，*MON*为85.2。

中型催化裂解轻油(200~350℃)与大庆直馏柴油以1∶2调合后十六烷值为50，可作为0号轻柴油使用，该馏分与大庆减压渣油以1∶3调合后，可符合RM-25船用燃料规格要求。>350℃裂解重油与减压渣油以32%∶68%调合后，也可满足R-25船用燃料指标。

催化裂解液体产品中芳烃产量很高，可以发展化工利用。将中型催化裂解汽油切割成30℃窄馏分，各馏分的烷烃仅10%左右。轻汽油中的烯烃含量较高，烯烃含量随沸程的增高而下降。液体产品中的芳烃含量则随沸点的升高而增加。

60~90℃馏分、90~120℃及120~150℃馏分的芳烃分别主要为苯、甲苯及二甲苯(其沸点分别为80.1℃、110.6℃及138.4~144.4℃)。150℃以上馏分芳烃含量均在80%以上，为C_9以上单环芳烃及双环芳烃。

由于DCC工艺技术以重质油为原料，部分DCC汽油的硫、氮含量较高，硫含量超过1000μg/g。处理含硫较高的DCC汽油必须选用能耐硫的非贵金属催化剂。但较高的反应温度极易造成反应器顶部床层结焦堵塞，导致反应器压降增高。因此处理含硫较高的DCC汽油必须解决好两个问题：一是所用催化剂必须耐硫；二是能够有效地防止反应器床层顶部结焦，保证装置的运转周期。RIPP研究了一种双催化剂体系的DCC汽油加氢精制方法[67、68]。所用的两个催化剂为RP-1和RN-1。

RP-1催化剂活性较低，装在反应器上部。当含有大量不饱和烃的原料进入反应器后首先接触到活性较低的催化剂，反应缓和，避免原料进入反应器后发生过于剧烈的反应造成反应器顶部结焦和反应器压降的增加。下部主床层装活性较高的催化剂，以保证工艺目标的实现。在反应器入口氢分压3.2MPa，总体积空速$2.0\ h^{-1}$，氢油体积比500，RN-1催化剂床层温度180℃条件下，DCC汽油经加氢后，生成油的二烯值可降为0.3 gI/100 g，诱导期大于480min；当RN-1催化剂的床层温度为222℃时；生成油的二烯值可降为0；诱导期大于1380min；此时生成油的*MON*没有损失，*RON*损失0.4个单位。说明采用该工艺处理高硫DCC汽油能够在脱除双烯烃，改善油品安定性的同时，保持辛烷值基本不变，可以生产安定性好，辛烷值高的汽油组分。

DCC 汽油中的芳烃主要是甲苯、二甲苯和 C_9芳烃，苯含量一般不超过 2%。DCC 汽油经过加氢精制，脱除烯烃、硫、氮后可以作为芳烃抽提的原料，生产芳烃[69]。DCC 汽油使用 RP-1/RN-1 催化剂可以在反应温度 300℃，体积空速 2.0 h^{-1}，氢分压 3.1MPa，氢油体积比 400 的条件下，将 DCC 汽油中的硫、氮含量降到小于 1μg/g，溴值小于 0.5μg/g，达到芳烃抽提进料的要求。

DCC 裂解轻油馏分 MHUG 中压加氢改质技术能够在降低硫、氮含量的同时，降低芳烃含量，并联产少量高辛烷值汽油[70]。中压加氢改质是单段串联的加氢精制和加氢裂化的组合，加氢精制的条件为：空速 0.78h^{-1}，催化剂 RN-1，压力 7.2MPa，温度 375℃；加氢裂化的条件为：空速 1.39h^{-1}，催化剂 RT-5，压力 7.2MPa，温度 375℃。DCC 裂解轻油经 MHUG 中压加氢改质后的产物中柴油馏分的收率较高，达 80% 以上。DCC 裂解轻油在 MHUG 处理后，硫含量、氮含量和实际胶质含量均明显降低，苯胺点提高，说明 MHUG 降低芳烃含量的效果很显著。DCC 裂解轻油经过 MHUG 精制，密度可由 0.9431g/cm^3 降至 0.8692 g/cm^3，而十六烷值则由 20 提高至 32。

RIPP 还发明了一种特殊的催化裂解轻油部分磺化精制技术(PSR，Partially Sulfonation & Redistillation)[70]。该流程由部分磺化和再蒸馏等组成，可把 DCC 裂解轻油中的双环芳烃转化成芳烃磺酸，芳烃磺酸与甲醛缩合后制成钠盐。这种水溶性磺酸盐可作为高效混凝土减水剂，也可作为水浆燃料分散剂。脱除芳烃后的轻油经再蒸馏成为合格的轻柴油或进一步分馏制成油墨溶剂油。与普通酸碱精制相比，PSR 流程没有产生酸渣污染环境的问题。设备投资少、产品的附加价值高，经济效益更明显。

用部分磺化法精制后的 DCC 裂解轻油十六烷值由 28 提高至 54，硫含量、实际胶质和碱性氮含量明显降低，满足了当时的轻柴油国家标准。

催化裂解重油含有大量稠环芳烃，可考虑作碳黑及碳素纤维等原料。

8. 气体分离及利用

大庆蜡油作为原料时，裂化气中炔烃，双烯及非烃杂质含量较低。液化气经碱洗水洗等一般处理后，在分离过程即可除去杂质，不需要特别精制。

催化裂解气的利用可分为两步走，首先考虑含量最多的丙烯，碳三馏分可通过丙烯精馏塔进行分离。在精馏塔前或在丙烯出装置之前用分子筛干燥，即可达到精丙烯的要求。乙烯及丁烯的利用可以第二步再考虑。

结合 RIPP 多年在流化方面的工作对工业规模的反应器设计提出如下建议：

(1)反应器催化剂床层高度与直径比应保持在 1.0 左右，这是良好流化床质量所必须的，可以防止气流短路，改善气流的分布。

反应器床层催化剂密度不大于 420kg/m^3。为此催化剂床层的气流速度应在 1.0~1.2m/s，使床层有一定的膨胀，有利于气固间的传热传质进行。

催化裂解使用的催化剂密度较大，当时工业上尚无使用高密度催化剂的床层反应经验。中型试验装置反应器床层在不同空速操作时高径比为 2~5，线速 0.2~0.3m/s，测得密相床催化剂密度为 480kg/m^3。为达到较好的流化效果，参考中型及以往工业上应用高密度催化剂的经验，建议工业装置反应器床层催化剂密度不大于 420kg/m^3，宜取线速在 1.0~1.2m/s 及床层高径比为 1.0 左右。此外，尚需考虑在立管，斜管等输送线上增加松动点及松动气量。

(2)反应、再生立管、斜管的输送段应增加吹气点及吹气量。这是由于催化裂解催化剂比以前低堆比催化剂具有良好的脱气性，在立管中由于脱气太过而造成催化剂输送不畅，因而需相应增大流化松动风气量及吹气。

(3)为了保证床层流化质量，要求往装置里加入回收的催化剂细粉，以提高催化剂流化指数。

(4)密相输送管式反应是较好的催化裂解反应器，但在这方面尚有流化工程方面的发展工作要做。

应用同一原料及催化剂，采用相同反应条件进行了中型、小型密相管式对比试验。小型密相管式反应器在常压下操作，进料用氮气雾化，中型试验在反应压力0.7MPa(表)下操作，进料注入水蒸气。调整小型氮气用量使烃分压与中型相近。中型、小型密相管式对比试验表明，催化裂解气体中烯烃含量分别为76.54%及81.11%。但固定流化床小型结果与中型接近，气体中烯烃含量为77%左右。

分析这种差别主要是床层型式引起的。固定流化床及中型均为返混式流化床，而密相管式反应器相当于密相提升管，很少返混。返混可使生成的烯烃进一步氢转移而饱和。

经过小型的大量试验证实，在CHP-1催化剂上的进行催化裂解反应，为了达到一定的重油转化深度及气体烯烃产率，中型装置反应器型式必须采用密相流化床反应器。密相输送管式反应器的效果比较好，但由于开发时间所限，进行工业放大需要进一步研究。中型采用的是稀相提升管加密相流化床型式，基本上能达到小型试验的相同结果，而且工业上比较成熟的经验可借鉴的也是稀相提升管加密相床反应器型式。当然，随着科研工作的深入，更好的反应器型式也可以采用以得到更多的气态和液态化工原料。

理想的催化裂解反应器，应有比稀相提升管更长的反应时间，但要减少返混，因此密相提升管是有利的反应器型式。第一套催化裂解工业装置设计，从工程上可靠性方面考虑，可采用提升管加床层反应器，在取得一定经验后可再发展为密相提升管。

(二) Ⅱ型催化裂解中型试验

RIPP在成功地开发出以重质油为原料生产丙烯的Ⅰ型催化裂解技术后，于1988年开始进行以重质油为原料直接制取异构烯烃的Ⅱ型催化裂解技术探索研究，1990年在240kg/d中型提升管反应装置上对Ⅱ型催化裂解的工艺条件进行了大量的试验研究，并成功地研制出了Ⅱ型催化裂解催化剂CIP-1催化剂。

在中型提升管反应装置上，对Ⅱ型催化裂解的工艺条件进行了大量的优化研究。结果表明：提高反应温度，丙烯、异丁烯和异戊烯产率均有所增加；提高反应压力，异丁烯产率略有增加，丙烯产率也随反应压力提高而增加、但当压力超过一定值后丙烯产率反而下降，异戊烯产率随反应压力提高而有所下降、但当压力超过一定值后异戊烯产率却增加；反应时间对烯烃的影响与反应压力对烯烃的影响相同；剂油比提高，可以增加丙烯、异丁烯和异戊烯的产率；提高稀释蒸汽量，丙烯、异丁烯和异戊烯产率也都相应增加[71-79]。

考虑到各个炼油厂对产品结构要求不同，在中型提升管反应装置上开发了两种典型的Ⅱ型催化裂解工艺操作模式。表4-3-12列出了以大庆蜡油为原料，在中型提升管反应装置上进行Ⅱ型催化裂解工艺两种典型操作模式的试验结果。从表中数据可以看出，以大庆蜡油为原料，在中型提升管反应装置上，在最大异构烯烃兼顾汽油操作模式下，Ⅱ型催化裂解可以得到11.29%的丙烯、6.20%的异丁烯，6.09%的异戊烯和42.45%的高辛烷值汽油；在最大异构烯烃兼顾丙烯的操作模式下，Ⅱ型催化裂解可以得到14.29%的丙烯、6.13%的异丁烯、6.77%的异戊烯和39.00%的高辛烷值汽油。

表4-3-12　Ⅱ型催化裂解两种典型操作模式

操作模式	最大异构烯烃兼顾汽油	最大异构烯烃兼顾丙烯	操作模式	最大异构烯烃兼顾汽油	最大异构烯烃兼顾丙烯
产品分布/%			丙烯	11.29	14.29
H_2~C_2	2.28	5.59	总丁烯	14.55	14.65
C_3~C_4	30.99	34.49	异丁烯	6.20	6.13
C_{5+}汽油	42.45	39.00	总戊烯	8.64	9.77
轻柴油	12.12	9.77	异戊烯	6.09	6.77
重油	6.27	5.84	异丁烯/总丁烯	0.43	0.42
焦炭	4.88	4.31	异戊烯/总戊烯	0.70	0.69
损失	1.01	1.00	汽油性质		
合计	100.00	100.00	*RON*	95.3	96.4
烯烃产率/%			*MON*	81.6	82.5

第四节　工艺开发

一、工艺技术

DCC是重质原料油的催化裂解技术，它的原料包括减压瓦斯油(VGO)、减压渣油(VTB)、脱沥青油(DAO)等，它的产品包括可作为化工原料的低碳烯烃、液化气(LPG)、汽油、中间馏分油等。它的主要目标是最大量生产丙烯(DCC-Ⅰ)或最大量生产异构烯烃兼顾汽油(DCC-Ⅱ)。该技术突破了常规催化裂化(FCC)的工艺限制，丙烯产率为常规FCC的2~3倍。

DCC技术主要特点如下：

(1)DCC装置的反应系统有提升管+流化床(DCC-Ⅰ型，最大量丙烯操作模式)或提升管(DCC-Ⅱ型，最大量异构烯烃兼顾汽油操作模式)两种型式，可以加工多种重质原料，并特别适宜加工石蜡基原料，丙烯产率可达20%。所产汽油可作高辛烷值汽油组分，中间馏分油可作燃料油组分。

(2)使用配套的、有专利权的催化剂，反应温度高于常规FCC，但远低于蒸汽裂解。

(3)操作灵活，可通过改变操作参数转变DCC运行模式。

(4)该工艺过程虽有大量气体产物，但仍可采用分馏/吸收系统，实现产物的分离、回收，而不需用蒸汽裂解制乙烯工艺中所使用的深冷分离[80]。

(5)烯烃产品中的杂质含量低，不需要加氢精制。

二、工艺流程

DCC工艺流程与FCC基本相似，包括反应-再生系统[81-85]、分馏系统以及吸收稳定系

统，参见图 4-4-1。原料油经蒸汽雾化后送入提升管加流化床(DCC-I 型)或提升管(DCC-Ⅱ型)反应器中，与热的再生催化剂接触，发生催化裂解反应。反应产物经分馏/吸收系统，实现分离、回收。沉积了焦炭的待生催化剂经蒸汽汽提后送入再生器中，用空气烧焦再生。热的再生催化剂以适宜的循环速率返回反应器循环使用，并提供反应所需热量，实现反应-再生系统热平衡操作。DCC 作为重油生产丙烯的关键装置，通过与其他装置联合，可以得到不同的化工产品，具有代表性流程见图 4-4-2。

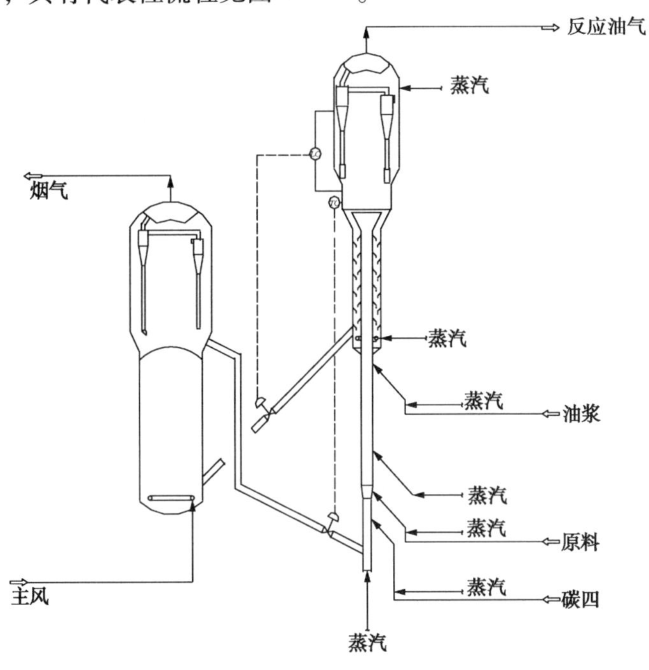

图 4-4-1　常规 DCC 装置反应-再生流程示意图

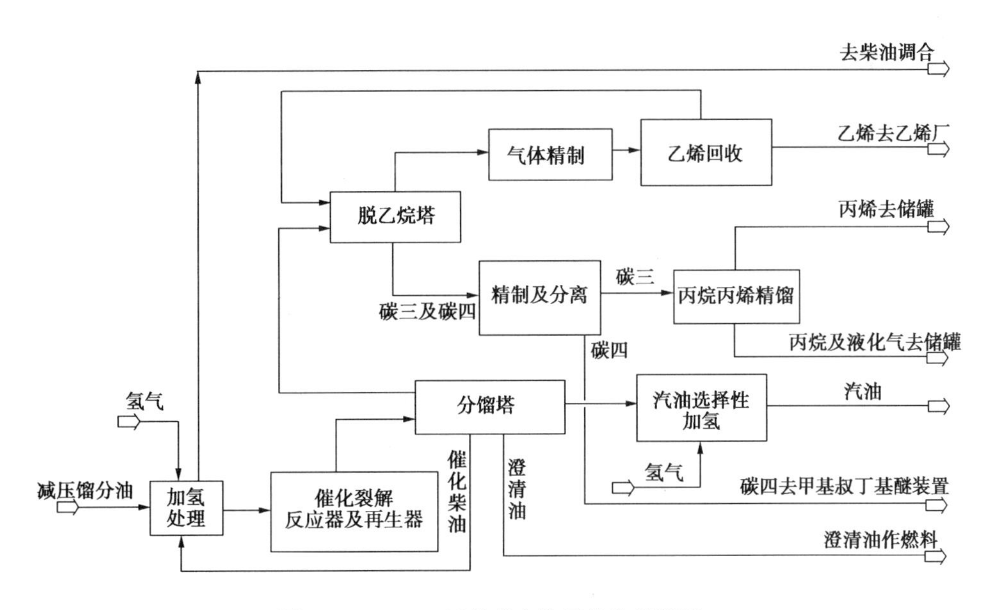

图 4-4-2　DCC 及其联合装置的流程简图

三、DCC工艺操作参数

催化裂解的操作参数可分为独立操作参数及非独立操作参数两类，前者在生产中可人工给定值通过仪表直接调节控制，后者则随前者的改变而变动。通过中小型试验的研究，对这些操作参数及其相互关系进行了研究及优化[86]。

催化裂解工艺的独立操作参数包括反应温度、反应压力、新鲜进料流率、原料预热温度、水蒸气流率、回炼比及催化剂活性等。非独立操作参数有剂油比、再生温度、再生空气流率及转化率等。

在这些操作参数中，反应温度、反应压力、空速、剂油比、水蒸气流率、回炼比及催化剂等参数不同于常规催化裂化。由于气体烯烃为催化裂解工艺的目的产品，因此需要通过催化裂解工艺参数的优化，使得在催化裂解过程中重油更有利于转化为气体烯烃。其中气体中烯烃含量是考察工艺参数优选是否合理的一个重要指标。

由于催化裂解的主要目的产品为丙烯及丁烯，低油气分压有利于裂解生成气体烯烃的反应，故优选了较低的反应压力及较大的水蒸气流率。

高反应温度有利于裂解生成低相对分子质量的产品，但必须控制按自由基原理进行的热反应以限制甲烷等大量生成，要使遵循正碳离子机理进行的催化反应占优势以生产碳三及碳四产品，故反应温度要远低于蒸汽裂解。

为了使一次反应产物二次裂解为气体烯烃的反应得以进行，尚需保证足够的原料与催化剂接触时间。

由于最终产品为气体，转化深度很高，而裂解反应为吸热反应，为满足反应-再生系统热平衡的需要，要求较高的催化剂循环量将催化剂再生时放出的热量带入反应器，故剂油比较大。

在催化裂解过程中回炼对气体烯烃产率的影响不大，主要用以增加焦炭产率以满足热平衡的需求。

催化剂在催化裂解过程中是举足轻重的参数，要求催化剂具有高的水热稳定性，并能使汽油进行二次反应，减少氢转移反应而选择性生成气体烯烃。

表4-4-1列出了Ⅰ型催化裂解的典型操作条件，并与Ⅱ型催化裂解和催化裂化进行比较。与Ⅱ型催化裂解相比，Ⅰ型催化裂解的反应器型式不同，反应温度高，剂油比大，油气停留时间短长，稀释蒸汽量大；与催化裂化相比，Ⅱ型催化裂解的反应器型式、反应温度和停留时间相近，但剂油比大，稀释蒸汽量大。

表4-4-1　Ⅰ型催化裂解与Ⅱ型催化裂解和催化裂化的典型操作对比

	Ⅰ型催化裂解	Ⅱ型催化裂解	催化裂化
反应器型式	提升管+床层	提升管	提升管
反应温度/℃	540~580	500~540	490~530
剂油比	9~15	6~9	4~6
油气停留时间/s	4~8	2~4	2~4
稀释蒸汽量/%	15~25	6~10	3~6
催化剂	CHP-1/CRP-1	CIP-1	REY/REHY/USY

1. 反应温度

瓦斯油催化裂化为一级反应，在不同反应温度时反应速率常数之比为：

$$\frac{k_2}{k_1}=e^{\frac{-E}{R}\left(\frac{1}{T_2}-\frac{1}{T_1}\right)}$$

汽油裂化为气体的活化能 E，约为瓦斯油裂化为汽油活化能的 1.8 倍。因此随温度的增加，汽油裂化反应速率的增加要大大超过瓦斯油裂化反应的增值。提高反应温度不仅能加快裂化反应的进行，提高裂化转化率，并且能改变产品的分布，会增加气体/液体产品的比值。

因为氢转移反应为放热反应，高温可减少氢转移反应，而低温有利于氢转移反应的进行。

为了达到多产气体烯烃的目的，催化裂解必须在比常规催化裂化更高的反应温度下进行。

用大庆蜡油在 CHP 催化剂上进行了不同反应温度的试验，结果见图 4-4-3。从图中明显看出乙烯、丙烯及气体总烯烃的产率均随温度的上升而增加。丁烯产率受温度的影响不大，这是由于生成的丁烯还会再裂解的缘故。随着反应温度上升，气体中干气比例增加。因此，反应温度也不宜过高，以 580℃左右较为合理。

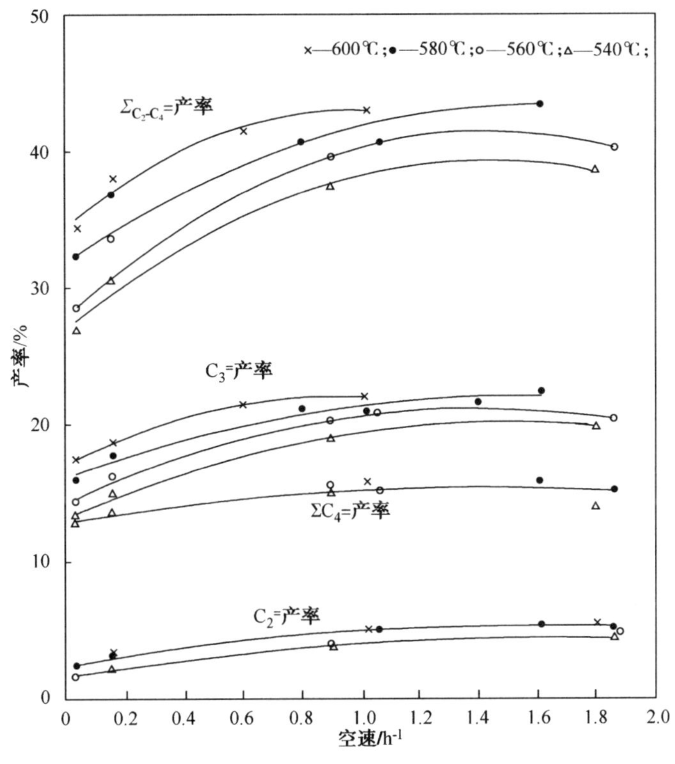

图 4-4-3　温度及空速对气体烯烃产率的影响（固定流化床数据）

2. 空速

空速大小反映了原料与催化剂接触时间的长短。催化裂解条件下的裂化反应虽比常规催化裂化时苛刻，但裂化反应仍不能达到化学平衡。实际上反应达到平衡意味着完全分解为石墨及 H_2。反应时间的长短，决定于对生成产品的要求[87]。

在分子筛催化剂出现之前，由于采用低活性的无定形硅铝催化剂，需要较长的接触时间以得到一定的转化率及汽油产率。应用高活性分子筛催化剂后，由原先低空速的床层反应器，发展为短接触时间的提升管，目的是多产汽油，防止汽油再裂化的二次反应。

CHP 催化剂的活性低于常规 FCC 的分子筛裂化催化剂，为了得到高气体产率，必须增加总转化率并使汽油进行二次裂化，因此要降低空速从而延长油气与催化剂的接触时间。从图 4-4-3 也可看出，当空速在 $5h^{-1}$ 以上时，气体烯烃产率明显下降，可见在催化裂解催化剂活性没有大幅度提高的情况下，尚需采用床层反应。

3. 剂油比

剂油比的增加意味着单位原料接触催化剂活性中心数目的增加。在其他操作参数固定时，转化率应随剂油比的增加而增加。表 4-4-2 为剂油比对气体烯烃产率的影响。

表 4-4-2　剂油比对催化裂解气体烯烃产率的影响(固定流化床数据)

剂 油 比	10	5	2
转化率/%	91. 88	90. 14	85. 15
气体烯烃产率/%	41. 21	42. 73	39. 63
C_2H_4	4. 88	4. 90	4. 64
C_3H_6	20. 50	21. 62	19. 96
C_4H_8	15. 83	16. 21	15. 03
焦炭产率/%	8. 32	6. 45	5. 24

剂油比由 2 增加到 5 时，转化率增加了 5%，气体烯烃产率增加了 3%。剂油比由 5 提到 10 时，转化率仅增高了 1. 7%，气体烯烃产率没有增加。剂油比为 10 时，由于高转化率及催化剂空隙中滞留的油量增加导致焦炭急剧增加。从试验结果看来，剂油比 5 即可满足催化剂活性的需要。当再生剂带到反应器的热量尚不能满足系统热平衡的要求时，可适当增加剂油比。因除再生温度升高外，催化剂循环量增加可使带入反应器的热量增加。

4. 水蒸气注入量

催化裂解为产品分子数增加的反应时，从化学平衡观点分析，降低烃分压有利于气体产品的生成。相反，催化裂解过程的焦炭由芳烃及烯烃缩合生成，为产品分子数减少的反应，降低烃分压有利于抑制缩合反应，减少生焦。催化裂解过程通过注入水蒸气降低烃分压。图 4-4-4 为注水量对气体、汽油及焦炭生成的影响。在反应温度 580℃ 及常压下，固定其他参数不变，从不注水到注水比例 0. 5(水/原料)时，气体产率可增加 5~6 个百分点，焦炭产率约下降 2 个百分点，汽油产率影响不大。

注水的另一个重要影响是增加气体组成中的烯烃含量。裂化反应为单分子反应，氢转移反应为双分子反应。降低烃分压会减少氢转移反应而增加产品的烯烃含量。图 4-4-5 为注水量对气体烯烃组成的影响。

气体中丙烯、丁烯及总烯烃的组成均随注水量的增加而增加。从不注水到注水量为进料量的 1. 8 倍时，气体中丙烯含量可增加 9. 5 个百分点，丁烯含量增加 6 个百分点，气体烯烃总含量可增加 15 个百分点。

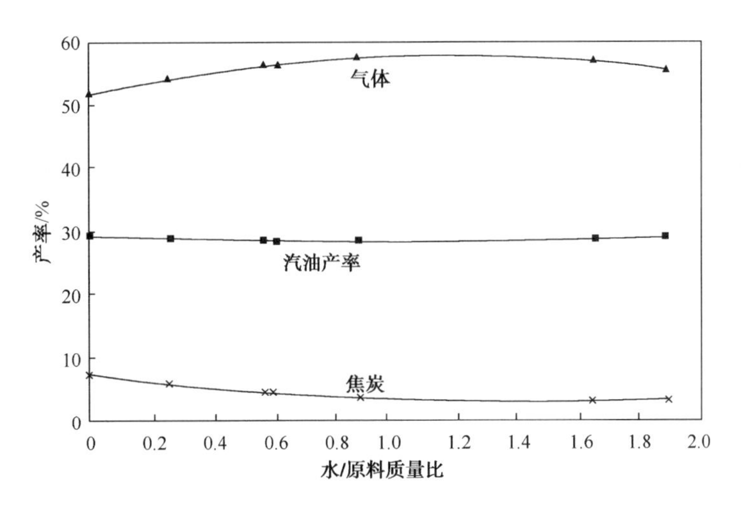

图 4-4-4 油中注水量对产品分布的影响(固定流化床数据)

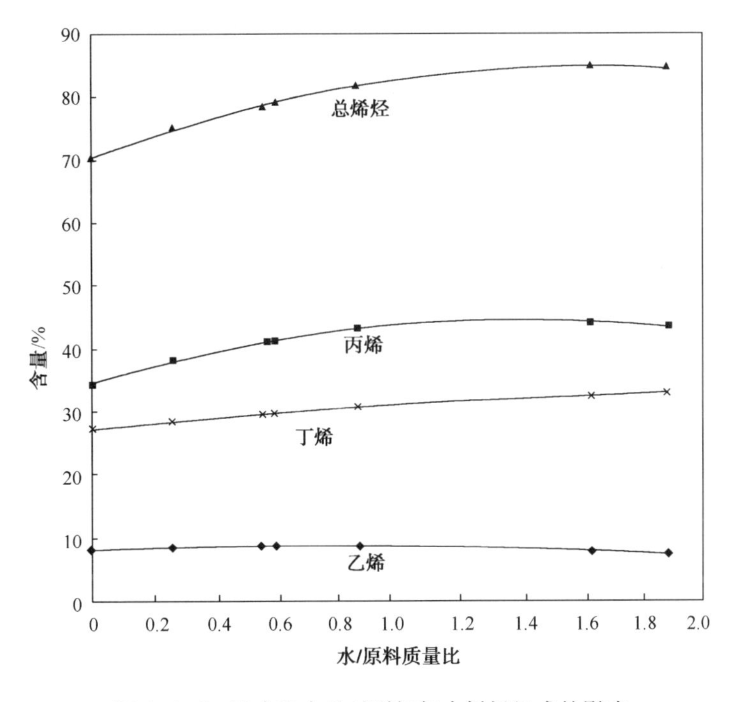

图 4-4-5 油中注水量对裂解气中烯烃组成的影响

乙烯含量随不注水到注水量为 0.6 时略有增加。但随注水量的进一步增加时又趋于减少。增加和下降的幅度都不大，仅 0.5%左右。

乙烯除了从汽油二次裂化生成外，尚可由丁烯裂化生成，从图 4-4-3 也可以看出随着反应时间增加，丁烯为不稳定产品，可以再裂化，转化深度增加时生成的丁烯与消耗的丁烯相抵消。乙烯开始随注水量增大而增加，可以解释为降低烃分压有利于烯烃生成，但烃分压继续下降后由于反应物浓度减少引起转化率下降，特别是减少了丁烯的裂化，故乙烯含量又呈下降趋势。

5. 反应压力

小型试验在常压下进行，而工业装置必须克服后部系统压力降，需维持略高于常压操作。通常催化裂化工业装置操作压力为0.07~0.1MPa(表)。

为此，在中型装置上模拟工厂操作条件，考察了反应压力对气体烯烃产率的影响[88]。考虑到实际烃分压既随总压也随水蒸气注入量的变化而变化，故进行了不同压力及不同注水量的试验，结果见图4-4-6。

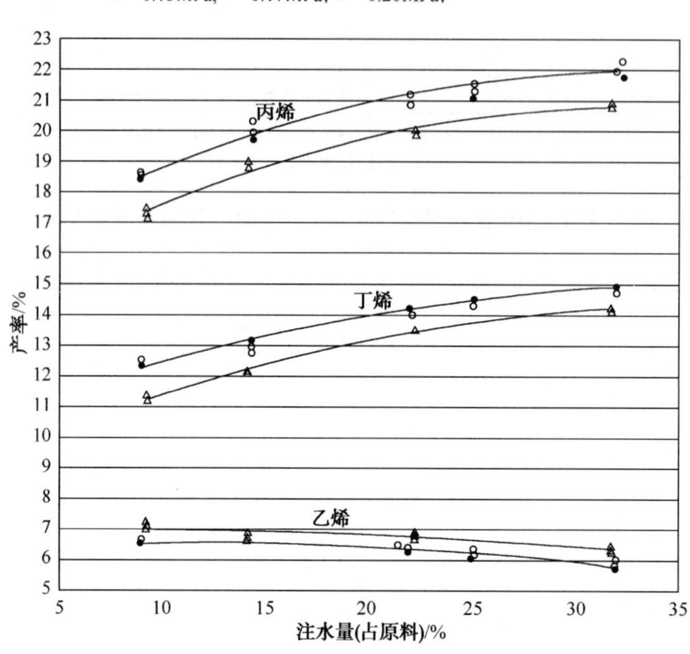

图4-4-6　反应压力及注水量对气体烯烃产率的影响(中型试验数据)

从图4-4-6可看到在相同注水量时，反应压力越低，丙烯及丁烯产率越高，乙烯则相反。相同压力时，丙烯及丁烯产率随注水量增加而增加，乙烯则略低。这同样可用前述理由加以理解。

为了取得较大的气体烯烃产率，系统压力增加的不利影响可用增加注水量来弥补。即维持一定的烃分压可达到经济上较合理的气体烯烃产率。

综合对上述操作参数的研究分析，认为Ⅰ型催化裂解选择CHP催化剂，应用石蜡基原料，反应温度580℃、空速$4h^{-1}$左右，剂油比5~10，维持较低反应压力及采用水蒸气注入量25%以上时，对气体烯烃特别是丙烯生成较为有利。

Ⅱ型催化裂解设计原则如下：①适中的反应温度，可以最大量生产异丁烯和异戊烯的同时，兼顾丙烯和汽油的生产，并使汽油质量合格；②缩短停留时间，减少氢转移反应；③大剂油比操作，增加正碳离子反应活性中心，提高重油一次裂化能力，从而提高目的产品的浓度；④适当调整稀释蒸汽量和反应压力，从而兼顾烯烃产率以及汽油产率和质量。

第五节 工 业 试 验

一、I 型催化裂解工业试验

20 世纪 90 年代，原中国石化总公司所属炼油厂中有几套闲置的规模较小的老催化裂化装置。在中国石化总公司的全力支持下，RIPP、北京设计院及济南炼油厂通力合作，将济南炼油厂闲置的一套催化裂化装置进行了技术改造，改造为催化裂解装置，于 1990 年 11 月，使用齐鲁石化公司周村催化剂厂生产的 CHP-1 工业催化剂[31]，进行了 I 型催化裂解技术的工业试验。

I 型催化裂解技术是指以蜡油为原料，采用提升管加床层的反应器型式，在 CHP-1 高堆积密度催化剂上进行催化裂解制取气体烯烃。I 型催化裂解技术对产品的要求是丙烯达到丙烯腈原料指标，即化学级丙烯，干气及碳四馏分提供组成分析数据，按常规技术加以利用，如 MTBE 及烷基化等都有成熟技术，液体产品提出作为油品使用的方案。此外，考察有关工程问题，提供生产操作经验，并取得工业装置环保评估数据。

由于原料来源的制约，济南炼油厂催化裂解装置的运行分两阶段进行。第一阶段自 1990 年 11 月 11 日到 12 月 28 日历时 48 天正常停工，第二阶段自 1991 年 5 月 10 日到 7 月 5 日，历时 67 天正常停工，在近四个月的工业运行期间，按 I 型催化裂解的要求，全面完成计划考察的内容。

（一）工业试验概况

1. 济南炼油厂催化裂化装置改造为催化裂解装置

遵循尽量利用原有设备，节省改造费用，缩短施工周期和技术上可行的原则，提出了对济南炼油厂闲置的 300kt/a 规模装置进行改造，原装置改造内容及采取的技术措施如下：

为了增加催化剂与油的接触时间，使一次产物二次裂解生成气体烯烃的反应得以充分进行，将原提升管裂化改为提升管加床层裂解，从原提升管高 12.4m 处引出斜管，经汽提段引入原反应沉降器床层，出口处设有蝶形分布板，油气与催化剂通过分布板，在其上部建立 1~2m 高度的密相床层，将提升管上部和出口粗旋风分离器取消。由于催化裂解的反应温度比原催化裂化装置温度高 80℃，为了防止高温反应流出物在出口转油线结焦，采用中试经验尽量使反应产物保持绝热并处于气相，故将反应沉降器出口至分馏塔转油线改造为耐热耐磨衬里管线。

由于增加了密相床层，为了保证催化剂的沉降器高度和旋风分离器料腿的长度，将反应沉降器稀相接高 5m，并取消内集气室。

汽提段材质应耐高温以适应 560℃ 的反应温度，故在汽提段内加一个 15CrMo 材质 ϕ1000mm 的衬套。

根据改为 60kt/a 催化裂解能力，烧焦用空气量为 10000~12000Nm^3/h，为使烧焦罐在合适线速下操作，故将烧焦罐内径由 ϕ3360mm 改为 ϕ2200mm。烧焦罐缩颈采用加厚衬里措施，新加衬里 580mm，新旧衬里总厚度为 700mm，再生器原有两组旋风分离器，经校核计算只需一组即可满足要求，故堵掉一组，并相应将烧焦罐稀相管出口四组粗旋堵掉两组。

由于 CHP-1 为高堆比催化剂，为了保证高堆比裂解催化剂的流化输送，再生斜管、待生斜管及循环斜管均增设了松动点。

由于催化裂解深度大，故油浆量少且多环芳烃含量高，为防止分馏塔底结焦，采用油浆从塔的底部返塔以控制分馏塔底温度不高于330℃。在油气管线入口对面的塔壁上增加一块扇形挡板并加强温度检测，分馏塔的塔盘则采取堵孔措施以适应催化裂解的气液两相负荷。

同样由于催化裂解深度大，油浆量少，使反应产物带到分馏塔底的催化剂粉末含量增加而导致油浆有较高的固体含量，为降低油浆固含量以防止油浆系统堵塞，采取了停出回炼油，将其全部压到塔底，再加上用一定量的新鲜蜡油原料进塔稀释的措施。同时，应用加大油浆循环量(60t/h)的方法以加快流速，减少停留时间以防止管线堵塞。

由于改为60kt/a催化裂解，加工量为7.5t/h，原有原料加热炉炉管中冷油流速过低，采用比原料量高两倍的蜡油进炉管循环，加热后的蜡油除部分作为新鲜进料外，其余送至稳定塔重沸器作热源，这样既满足了原料加热炉炉管的冷油线速控制在适宜的范围内以防止炉管结焦，又解决了稳定塔重沸器的热源问题。

为了满足催化裂解反应产物分离要求，将吸收塔原来的单塔流程改为双塔流程，改造之后吸收塔为30层塔盘，脱吸塔为25层塔盘。

2. 工业试验考察内容

济南炼油厂催化裂解装置工作与运行主要考察内容如下：

新鲜催化剂的开工；CHP-1高堆积密度催化剂的流化速度，CHP-1催化剂活性、选择性、稳定性及抗磨等工业运行性能；验证临商及胜利混合蜡油中型试验的操作参数，物料分布，产物性质及产品调和；气体分离后精丙烯的纯度；反应器型式、工艺流程、设备材质及设备结焦情况；取得热平衡操作经验及取全环保评估等数据。

3. 工业运行结果

1）工业运行中催化剂性能的考察

济南炼油厂工业催化裂解装置为国内外第一套，无平衡剂可供使用。为此用中型试验提供的方案，采用新鲜催化剂采取反应温度自低到高逐渐升温的方法，升温速度以控制裂解气总量接近优化条件时的气体量为准，以便于平稳后部系统的操作。

第一阶段开工时，为了保证流化顺利，采取了高堆积密度的CHP-1剂与低堆积密度的CHP-2剂的混合新鲜剂，其混合比例为7：3，装转剂和流化过程顺利，取得了操作经验。第二阶段开工时，除了第一阶段运行剩下的平衡剂外，补充了部分新鲜剂，维持开工催化剂达到新鲜CHP-1堆比0.81g/mL的水平，成功的进行了大堆比催化剂的装转剂和流化作业，为新装置开工提供了科学依据，两个阶段运行过程的补充催化剂全部是CHP-1剂，实际平衡催化剂堆比已接近1.0g/mL，取得了长期稳定操作的两器流化、压力平衡的经验。两种催化剂的物化性质列于表4-5-1。

表4-5-1　裂解催化剂的性质

催化剂名称	CHP-1新鲜剂	CHP-2新鲜剂
化学组成/%		
Al_2O_3	47.9	22.6
Na_2O	0.1	0.1
Fe_2O_3	0.46	0.1

续表

催化剂名称	CHP-1 新鲜剂	CHP-2 新鲜剂
SO_4^{2-}	—	1.7
物化特性		
灼减量/%	11.2	13.4
孔体积/(mL/g)	0.22	0.45
比表面积/(m^2/g)	154	353
磨损指数/(%/h)	2.1	3.1
筛分体积组成/%		
0~20μm	2.1	3.4
20~40μm	16	25.4
40~80μm	66	62
>80μm	5.9	9.2
堆积密度/(g/mL)	0.84	0.49
裂解活性指数(800℃、100%水蒸气、4h)	43	65
气体烯烃度(800℃、100%水蒸气、4h)	75	65.9

第一阶段自新鲜催化剂开工到正常停工期间，系统催化剂堆比、混合组成及筛分组成的变化绘于图 4-5-1~图 4-5-3 中；

代表催化剂活性的裂解活性指数及表示选择性的气体烯烃度示于图 4-5-4 和图 4-5-5 中。

从图 4-5-2 可看到高堆比 CHP-1 剂占系统催化剂的比例逐渐增加，20 天后约占 90%，后期达到 97%以上，堆比也相应增加到 0.9g/mL(图 4-5-1)。图 4-5-3 显示，从运行过程催化剂的筛分体积组成可以看到主要筛分段 10~80μm 颗粒含量的变化不大，仍能维持在 60%以上，大于 80μm 含量减少，而 20~40μm 含量相应增加，小于 20μm 含量则无明显变化。图 4-5-4 表明作为活性指标的裂解活性指数随运行的时间增加不断下降并渐趋平衡，平衡时的裂解活性在 50 左右。以气体中烯烃浓度表示的催化剂选择性随催化剂的逐渐老化而提高，平衡时约 76%，见图 4-5-5。

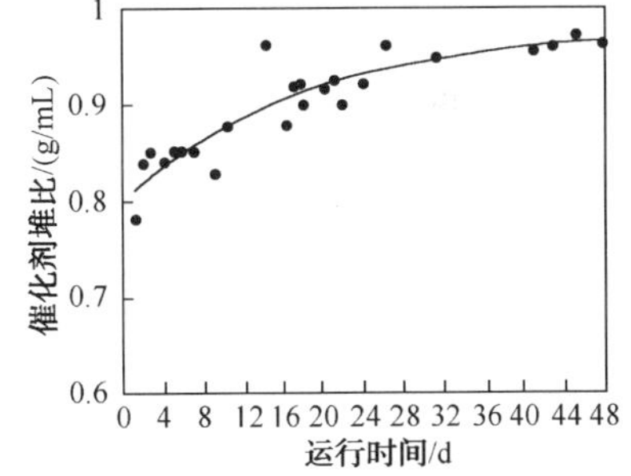

图 4-5-1　开工到正常停工期间系统催化剂堆比

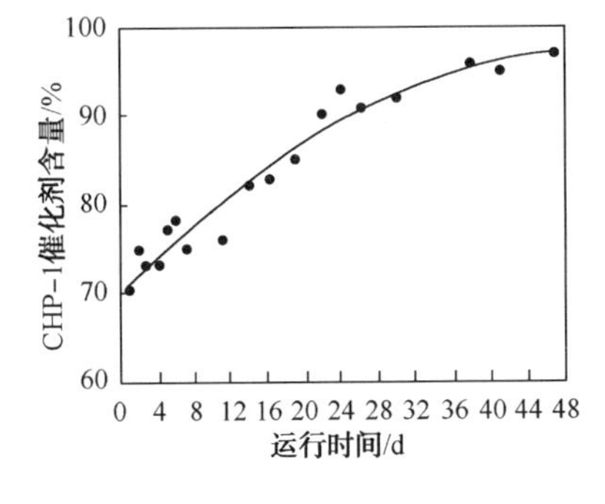

图 4-5-2　开工到正常停工期间系统催化剂组成

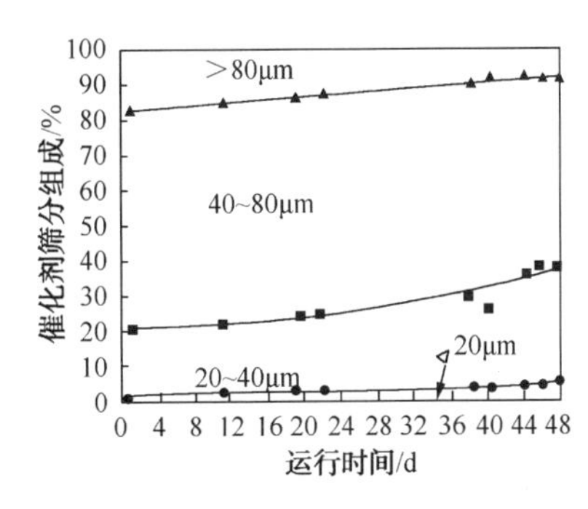

图 4-5-3　开工到正常停工期间系统催化剂筛分组成

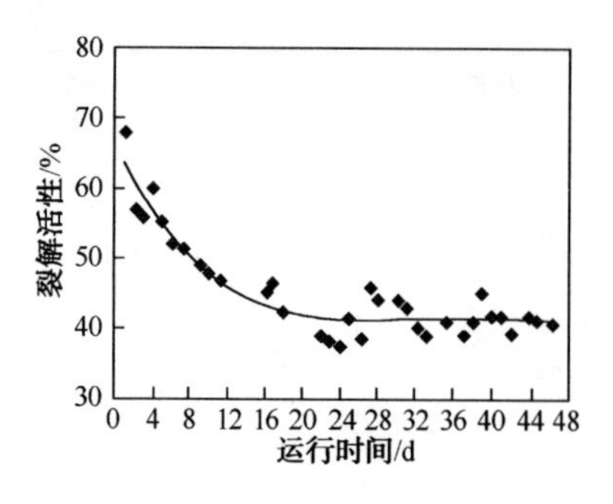

图 4-5-4 开工到正常停工期间系统催化剂裂解活性

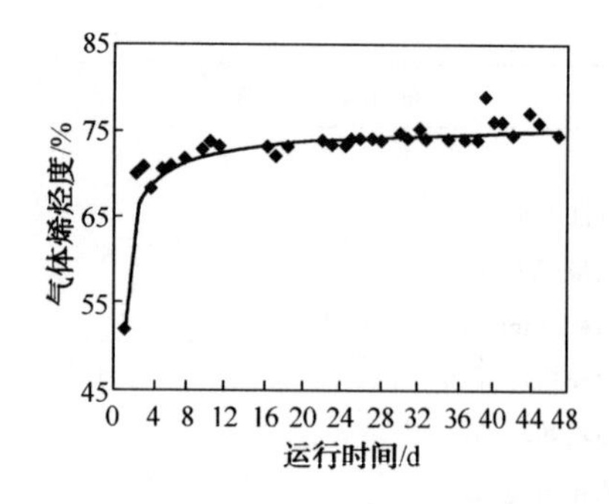

图 4-5-5 开工到正常停工期间系统气体烯烃度

第二阶段 1991 年 5 月不喷燃烧油维持自身热平衡操作时测得催化剂单耗为 2.23kg/t 原料。由于该套催化裂解装置为原催化裂化装置改造，改造后处理量小，为维持各部分线速而应用较大的主风量，加上旋风分离器堵了一组，造成偏流，也增加了催化剂的损耗，另外，CHP-2 剂的堆比及强度均低于 CHP-1，CHP-2 的混入也使损耗会大一些。如新建装置可减小主风量及采用高效旋风分离器，并全部采用 CHP-1 开工剂运行，则催化剂单耗可望进一步降低。

2)产品分布及气体烯烃产率

第一阶段共标定了三次，其原料性质与操作条件列于表 4-5-2，产品分布及气体烯烃产率列于表 4-5-3，表中同时列出了中试结果以作比较，第二阶段取了两次标定数据，原料、操作条件及产品分布分别列于表 4-5-4～表 4-5-6 中。

表 4-5-2 第一阶段标定原料及操作条件

编 号	1-1	1-2	1-3	中试
标定日期	1990-11-21	1990-12-02	1990-12-27	1989
反应器型式	提升管加床层			床层
原 料	临胜蜡油 掺脱沥青油	临胜蜡油	临胜蜡油	临胜蜡油
密度/(g/cm^3)	0.8946	0.8738	0.8910	0.8808
残炭/%	1.18	0.45	0.39	0.24
特性因数(K)	12.1	12.1	12.1	12.0
主要操作参数				
反应压力(表)/MPa	0.077	0.08	0.076	0.080
再生压力(表)/MPa	0.08	0.08	0.078	0.081
反应床层温度/℃	546	564	548	580
再生二密床温度/℃	695	696	692	680
空速/h^{-1}	2.44	2.40	2.53	4.04
剂油比	9.5	10.9	9.1	9.9
回炼比	0.34	0.35	0.26	—
注水量/%				
雾化蒸汽	13.0	16.0	17.9	27.2
预提升蒸汽	12.2	8.4	6.7	—
催化剂裂解活性指数	57	52	50	—

表 4-5-3 第一阶段标定产品分布及气体烯烃产率

编号	1-1	1-2	1-3	中试
标定日期	1990-11-21	1990-12-02	1990-12-27	1989
产物分布/%				
裂化气	50.58	54.89	50.6	51.53
H_2~C_2	10.41	12.87	10.83	12.06
C_3~C_4	40.17	42.02	39.77	39.47
C_5+汽油	22.72	20.22	21.37	24.77
轻油	16.10	15.18	19.23	15.08
焦炭	10.60	9.35	7.30	8.10
损失	0	0.36	1.50	0.52
合计	100	100	100	100
气体烯烃产率/%	38.12	41.74	38.67	37.48
乙烯	4.43	5.66	5.01	5.03
丙烯	19.01	20.36	19.54	18.39
丁烯	14.68	15.72	14.12	14.06

表 4-5-4 第二阶段标定原料性质

原料	临胜蜡油掺脱沥青油	原料	临胜蜡油掺脱沥青油
密度(20℃)/(g/cm^3)	0.8862	10%	315
运动黏度/(mm^2/s)		50%	440
80℃	10.69	80%	541
100℃	6.79	金属含量/(μg/g)	
残炭(电炉法)/%	1.41	Ni	2.0
凝点/℃	34	V	0.1
总氮含量/%	0.18	Fe	15.4
碱性氮含量/(μg/g)	985	Na	1.2
苯胺点/℃	91	相对分子质量	360
硫含量/%	0.33	四组分组成/%	
碳含量/%	86.62	饱和烃	9.4
氢含量/%	12.94	芳烃	41.3
馏程(D1160)/℃		胶质	49.1
初馏点	216	沥青质	0.3

表 4-5-5 第二阶段标定操作条件

编　　号	2-1	2-2	编　　号	2-1	2-2
标定日期	1991-05-24—26	1991-07-09—11	剂油比	12.5	11.1
反应器型式	提升管+床层	零料位	回炼比	0.31	0.27
主要操作参数			注水量/%		
反应压力(表)/MPa	0.079	0.102	雾化蒸汽	15.3	4.1
再生压力(表)/MPa	0.08	0.099	预提升蒸汽	4.2	2.9
反应床层温度/℃	564	567	汽提蒸汽	4.9	5.4
再生二密床温度/℃	662	684	催化剂裂解活性指数	50	59
空速/h^{-1}	2.7	—			

表 4-5-6 第二阶段标定产物分布及气体烯烃产率

编　　号	2-1	2-2	2-1	2-2
标定日期	1991-05-24—25	1991-07-09—11	1991-05-24—25	1991-07-09—11
反应器型式	提升管加床层	零料位	提升管加床层	零料位
产物分布计算方法	从富气计算		从液化气计算	
产物分布				
裂解气	52.69	47.89		
$H_2 \sim C_2$	12.80	10.74	(干气)11.74	12.53
$C_3 \sim C_4$	39.89	37.15	(液化气)42.13	42.36
C_5+汽油	18.26	24.14	(稳定汽油)17.4	17.72
裂解轻油	18.37	16.5	18.37	15.71
焦炭	9.39	9.97	9.39	9.97
损失	1.29	1.50	0.97	1.71
合计	100	100	100	100
气体烯烃产率/%	39.63	34.66	37.85	33.81
乙烯	5.67	4.14	5.35	4.16
丙烯	20.56	17.18	19.25	16.68
丁烯	13.40	13.34	13.25	12.97

第二阶段与第一阶段的区别在于前者所取的标定数据为热平衡操作，而后者仅第一次预标定为热平衡条件，但该条件因系新鲜剂开工，此时催化剂尚未达到平衡。另一个差别是第一阶段的气体烯烃产率均由富气计算，第二阶段由于济南炼油厂其他装置的检修，可从液化气单独计算。

五次标定结果表明：

产物分布及气体烯烃产率与中试结果吻合，采用提升管加床层操作时，碳三、碳四产率约 40%，汽油产率略高于 20%，乙烯、丙烯及丁烯产率分别在 5%、19%及 14%左右。

维持自身热平衡操作时的原料残炭约为 1.2%，焦炭产率略高于 9%。

工业装置由于选用与中型不同的提升管加床层的反应器型式，提升管平均温度高，故反应床层温度比中型低一些。

当催化裂解活性指数提高 9 个单位后，反应压力由 0.08MPa 增加到 0.1MPa，反应注蒸汽量减少 10%及零料位操作时，气体烯烃产率约降 4~5 个百分点(占原料)，其中丙烯产率约降 3 个百分点，汽油产率则增加 4~5 个百分点，可根据需要灵活调节操作参数，改变产品结构。

3）气体组成及杂质分析

催化裂解气体在第二阶段运行中，有条件单独进气体分馏装置进行气体分离取得精丙烯，分析组成列于表 4-5-7~表 4-5-9 中，表 4-5-7 为富气、液化气及干气的详细组成，表 4-5-8 为液化气及干气的痕量烃及杂质分析，表 4-5-9 为精丙烯纯度及杂质分析。

从气体分析结果归纳以下几点：

液化气中丙烯含量高，体积分数达到 51.55%，换算成质量分数为 45.44%.

碳四馏分中烯烃占 83%，其中异丁烯浓度为 34%，异丁烯产率占原料的 5.3 %，此外，液化气及稳定汽油中尚有 2.3%(占原料)异戊烯，分别是 MTBE 及 TAME 的宝贵原料。

液化气经过气体分馏后丙烯纯度可达 99.58%，乙炔、丙炔及双烯含量均低于 1μg/g，硫含量为 1.6μg/g，完全满足化学级丙烯质量，做丙烯腈原料时不必再加氢精制。

表 4-5-7 催化裂解工业试验气体组成

标定编号	2-1				
标定日期	1991-05-24—26				
气 体	压缩富气/%	液化气/%		干气/%	
	质量分数	体积分数	质量分数	体积分数	质量分数
氢气	0.47	0	0	20.4	2.25
硫化氢	0	0	0	0	0
甲烷	7.12	0	0	42.41	37.37
乙烷	4.39	2.18	1.37	8.97	14.82
乙烯	9.55	2.03	1.19	26.85	41.39
丙烷	5.41	7.5	6.29	0	0
丙烯	34.35	51.55	45.44	0.4	0.94
异丁烷	8.99	3.64	4.43	0.1	0.39
正丁烷	1.45	1.48	1.8	0	0
1-丁烯	3.91	4.63	5.44	0	0
异丁烯	9.01	10.77	12.65	0.2	0.61
反 2-丁烯	5.02	6.15	7.23	0.2	0.57
顺 2-丁烯	3.83	4.73	5.56	0.02	0.08
异戊烷	1.46	1.13	1.72	0.2	0.55
正戊烷	0.58	0.18	0.28	0.1	0.39
1-戊烯	0.59	0.49	0.72	0	0
2-甲基-1-丁烯	1.6	1.27	1.87	0	0
反戊烯	1.42	0.7	1.03	0	0
顺戊烯	0.99	0.48	0.71	0	0
2-甲基-2-丁烯	2.07	0.96	1.41	0.13	0.52
碳六以上	3.79	0.13	0.23	0.02	0.12
合计	100	100	100	100	100

表 4-5-8 催化裂解气中痕量烃及杂质

项目	液化气	干气	项目	液化气	干气
痕量烃/(μL/L)			腈及其他氮化物	6	—
丙二烯	22	<1	总硫	674	1861
乙炔	128	50	硫化氢	664	1860
丙炔	28	<1	有机硫	10	0.8
环丙烷	117	<1	硫醇性硫	8.6	<0.05
非烃杂质/(μL/L)			COS 及其他硫化物	0.6	<0.05
总氮	32	5	硫醚类硫	0.8	<0.05
碱性氮	26	—			

表 4-5-9 气体分馏后精丙烯纯度及杂质

项目	催化裂解丙烯	丙烯腈用丙烯原料规格
丙烯纯度/%	99.58	85 及 93 两种
杂质含量/(μg/g)		
乙炔	<1	—
乙烯	240	<1000
丙炔	<1	<10
丙二烯	<1	<50
丁二烯	<1	
正丁烯	<1	
异丁烯	<1	<1000
反丁烯	<1	
顺丁烯	<1	
总硫	1.6	H_2S<10 S(灯法)<50

4）汽油馏分的性质及其调合方案

表 4-5-10 为工业应用两阶段两个不同反应温度时稳定汽油馏分的性质，表 4-5-11 为稳定汽油馏分的芳烃组成。其中：苯、甲苯、乙苯、及二甲苯(BTEX)占 28%~30%，催化裂解汽油馏分具有高辛烷值的特点，宜调合作为高辛烷值汽油使用。在济南炼油厂工业运行时，均不加抗氧剂而直接按生产过程自然比，与重油催化裂化汽油按 5∶95 混合后进入汽油储存，储罐内产品性质见表 4-5-12，当催化裂解反应温度在 560~570℃期间，分别取了两个装置馏出口油样进行混合，结果列于表 4-5-12，混合产品符合 90 号汽油规格，诱导期为 660min。

5)裂解轻油性质及其利用方案

表 4-5-10 催化裂解稳定汽油馏分性质

标定编号	1-3	2-1	标定编号	1-3	2-1
标定日期	1990-12-27	1991-05-24—26	诱导期/min	245	160
反应温度/℃	548	564	腐蚀	合格	合格
密度(20℃)/(g/cm^3)	0.7781	0.7969	酸度/(mgKOH/100mL)	0.41	—
馏程/℃			硫含量/%	0.17	0.14
10%	63	73	辛烷值		
50%	109	117	*MON*	82.6	82.4
90%	173	167	*RON*	96.5	96.5
终馏点	197	185	溴价/(gBr/100g)	94.5	—
蒸气压/kPa	36.7	20.6	二烯值/(gI/100g)	4.55	7.14
实际胶质/(mg/100mL)	31	39			

表 4-5-11 催化裂解稳定汽油馏分芳烃组成

标定编号	1-3	2-1	标定编号	1-3	2-1
标定日期	1990-12-27	1991-05-24—26	邻二甲苯	3.38	3.9
反应温度/℃	548	564	间、对甲乙苯	3.79	3.8
芳烃含量/%			1,3,5-三甲苯	1.54	1.62
苯	2.55	2.71	邻甲乙苯	0.92	1.27
甲苯	9.91	10.66	1,2,4-三甲苯	5.36	5.41
乙苯	2.13	2.12	BTEX	28.25	29.79
间、对二甲苯	10.28	10.4			

表 4-5-12 重油催化裂化与催化裂解按自然比混合汽油性质

油罐号	216	馏出口混合样	油罐号	216	馏出口混合样
馏程/℃			诱导期/min	660	—
10%	64	63	腐蚀	合格	合格
50%	105	102	水溶性酸碱	无	无
90%	174	171	酸度/(mgKOH/100mL)	0.06	0.06
终馏点	193	192	机械杂质及水	无	无
残留+损失/%	3	2	辛烷值		
残留量/%	0.9	1	*MON*	78.6	78.9
蒸气压/kPa	58	57	*RON*	90.6	91.5
实际胶质/(mg/100mL)	1.2	0.4	(*MON*+*RON*)/2	84.6	85.4

与前述裂解汽油馏分相应条件下的裂解轻油性质见表4-5-13，组成分析列于表4-5-14，裂解轻油的特点是高密度、低黏度及低凝点，宜作各种调合组分使用，其芳烃含量较高，也可考虑化工利用。表4-5-15调3为裂解轻油与直馏柴油及重油催化裂化柴油按60kt/a催化裂解生产自然比调合柴油性质。表中调7按济南炼油厂催化裂解改造为150kt/a后，按总体规划各物流数量预测各组分比例所得调合柴油性质，两种调合柴油均可符合0号

轻柴油规格，其实测十六烷值分别为41.3及40.5。

RIPP用催化裂解轻油和减压渣油以33.5：66.5调合成25号船用燃料，或两者的调合比改为21：79调合成200号燃料油，均能符合各项规格要求，调合后油品性质列于表4-5-16。

表4-5-13 催化裂解轻油性质

标定编号	1-3	2-1	标定编号	1-3	2-1
标定日期	1990-12-27	1991-05-24—26	黏度(20℃)/(mm^2/s)	5.87	5
反应温度/℃	548	564	硫含量/%	0.43	0.44
密度(20℃)/(g/cm^3)	0.9431	0.8970	闪点/℃	—	93
馏程/℃			腐蚀	合格	合格
10%	232	234	酸度/(mgKOH/100mL)	0.1	5.95
50%	279	267	凝点/℃	-9	-20
90%	326	291	实际胶质/(mg/100mL)	278	183
终馏点	339	318	十六烷值	20	28

表4-5-14 裂解轻油组成分析

标定编号	1-3	标定编号	1-3
标定日期	1990-12-27	茚满或四氢萘类	12.2
链烷烃含量/%	16.7	茚类	1.4
环烷烃含量/%	10.5	双环芳烃	38.4
一环	8	萘	1.6
二环	2	萘类	26.4
三环	0.5	苊类	6.3
总芳烃含量/%	71.2	苊烯类	4.1
单环芳烃	25.9	三环芳烃	6.9
烷基苯	12.3	胶质含量/%	1.6

表4-5-15 裂解轻油调合柴油性质

编号	调3	调7	编号	调3	调7
调合组分/%			灰分/%	0	0.004
直馏柴油	49.7	47.5	硫含量/%	0.21	0.22
催化裂化柴油	3.1	7.5	闪点(闭口)/℃	96	91
催化裂解轻油	47.2	45	腐蚀	1a	1a
馏程/℃			酸度/(mgKOH/100mL)	1.79	2.21
50%	286	290	凝点/℃	-1	0
90%	343	346	实际胶质/(mg/100mL)	18.2	31.6
95%	356	357	水溶性酸碱	中	中
黏度(20℃)/(mm^2/s)	5.83	5.76	十六烷值	41.3	40.5
10%蒸余物残炭/%	0.32	0.33			

表 4-5-16 裂解轻油调合燃料油性质

项　目	调合(1) 25号船用燃料	调合(2) 25号船用燃料	调合 200号船用燃料	常压渣油	减压渣油
调合组分/%					
裂解轻油	14	33.5	21	—	—
常压渣油	86	—	—	100	—
减压渣油	—	66.5	79	—	100
密度(20℃)/(g/cm^3)	0.9399	0.9396	0.9638	0.9382	0.9703
黏度(100℃)/(mm^2/s)	22.9	24.8	66.5	51.3	546
闪点(开口)/℃	176	164	142	246	328
凝点/℃	29	28	22	—	—
硫含量/%	0.68	0.8	0.8	—	—
残炭/%	5.7	7.3	11.5	6.8	9.6

6)环保评估

催化裂解工业运行期间，对其污水单独储存分析，表 4-5-17 为污水中有害物质分析结果，催化裂解污水中有害物质含量基本上都比渣油催化裂化污水(表 4-5-18)要低，可采用渣油催化裂化污水处理类似办法，经汽提及生化处理以达到排放水标准。

表 4-5-17 催化裂解污水分析结果

项　目	数值	项　目	数值
pH 值	9.02	氰化物含量/(mg/L)	<0.008
油含量/(mg/L)	148	氨氮含量/(mg/L)	610
硫化物含量/(mg/L)	1090	砷含量/(mg/L)	0.013
酚含量/(mg/L)	1035	SO_4^{2-}含量/(mg/L)	15.2
COD/(mg/L)	6490	NO_3^-含量/(mg/L)	0.021
悬污物含量/(mg/L)	7.25	BOD_5/(mg/L)	102

表 4-5-18 掺渣油催化裂化装置污水分析结果　　单位：mg/L

炼油厂	武汉	石家庄	济南	洛阳	九江	上海
油	160	650	968	—	200	198
硫化物	2520	—	1680	3487	3520	2195
酚	650	800	917	800	500	679
COD	7500	8000	—	34305	5200	10250
氰化物	4	—	—	0.58	30	7.8
氨氮	1334	1400	1141	—	1350	1322

表 4-5-19 为催化裂解装置标定时的烟气组成，根据烟气中有害物质的含量测算了济南炼油厂催化裂解装置排放的废气有害物质含量，见表 4-5-20，表中同时列出了当时国家对废气排放的标准，可以看出催化裂解废气的二氧化硫、二氧化氮、一氧化碳及粉尘含量均远低于当时的国家标准。

表 4-5-19 催化裂解烟气组成

项目	数值	项目	数值
CO_2含量(体)/%	11.5	NO_x 含量/(μg/g)	127
CO 含量(体)/%	0.3	SO_x 含量/(μg/g)	3.6
O_2含量(体)/%	7.7		

表 4-5-20 催化裂解废气有害物质含量

有害物质	排放量/(kg/h)	国家标准/(kg/h)	有害物质	排放量/(kg/h)	国家标准/(kg/h)
二氧化硫	0.104	110	一氧化碳	38	620
二氧化氮	3.18	86	烟尘	16.1	620

7）工程问题的考察

济南炼油厂闲置催化裂化装置改造为催化裂解时，对有关工程问题均尽可能采取了各种措施，在工业运行的整个过程中重点考察了高堆积密度催化剂的流化输送、热平衡、大剂油比及高蒸汽注入量的影响，结焦情况及反应器型式等方面[32]。

催化剂输送管增加松动点之后，整个运行过程高堆积比催化剂流化输送正常，压力控制平衡，滑阀调节灵活，待生和再生滑阀开度一直保持在10%~20%，平衡催化剂堆积密度达0.98g/mL时流化依然正常。

催化裂解由于转化深而且反应热大，为维持反应-再生系统自身热平衡操作，避免喷燃烧油引起催化剂崩塌破碎，跑损加剧，除油浆回炼外还考察了掺入脱沥青油以调整原料残炭，当其接近1.2%时能热平衡操作，此外，降低空速、减少汽提蒸汽量等也能作为维持热平衡操作时的调节手段。

催化裂解剂油比较大，济南炼油厂催化裂解装置由于散热较大，自身热平衡操作过程时达到12，但原再生及待生输送管线较粗，故即使催化剂循环量增大，滑阀开度仍较小，虽处于低流速状态，仍能实现平稳作业。

蒸汽注入量虽较大，但实验证明只要控制好塔顶及侧线抽出温度，汽油馏分终馏点及轻油闪点均能保持合格，两种产物清晰透明。

由于采取了一系列防焦措施，经过两阶段四个月运转打开人孔检查，预见容易结焦的部位，如反应沉降器顶和旋风分离器肩部仅有少量疏松的催化剂堆积，一触即掉，不像重油催化裂化有钟蚀乳状焦生成，分馏塔底及油浆系统均无结焦迹象。冷壁油气管线很成功，60m长的油气管线无结焦。综合比较结果，催化裂解装置结焦现象比重油催化裂化的轻很多，基本上与蜡油催化裂化相近，这是由于注入了较大的蒸汽量从而减少了焦炭的生成，可以确保催化裂解装置长期运转。

济南炼油厂催化裂解的反应器型式为提升管加床层，这种型式比较灵活，既能保证气体烯烃产率，并可调节空速以改变生焦量，也为热平衡操作多提供一种控制手段，工业运行期间进行了零料位试验，气体烯烃产率有所下降，但汽油产率增加，炼油厂可根据需要在操作中加以调整。

济南炼油厂60kt/a催化裂解装置第二阶段运行时测得能耗为10.8GJ/t原料。由于该装置为原300kt/a催化裂化装置改造，主风机、泵、换热器、容器等都大，而能耗以单位原料计，故单位原料的动力消耗及散热等必然偏大，所测能耗数值仅为济南炼油厂特定情况的结果，不能代表该技术使用在新建60kt/a装置的实际消耗，新建装置能耗必然会大幅度降低，例如，安庆石化总厂400kt/a扩大初步设计能耗为5347MJ/t。

8）经济效益测算

济南炼油厂催化裂解装置工业运行期间对经济效益作了以下计算：

利税=销售收入-加工费-原料费

销售收入：

销售收入按表4-5-6中2-1编号产物分布计算，产物为干气、液化气、精丙烯、90号汽油及0号柴油，当时价格分别为每吨460、1200、2500、1080及895元，计算销售收入为1142.22元/t原料。

加工费：

催化裂解部分加工费包括催化剂、助燃剂、电、燃料、蒸汽、循环水、软化水、工资、折旧、大修费及管理费，合计223.48元/t原料，气体分馏部分加工费为31.46元/t原料。

原料费：650元/t

利税/t原料=1142.22-223.48-31.46-650=237.28元

Ⅰ型催化裂解工业试验得到如下主要结论：

(1) 济南炼厂原催化裂化装置改造为催化裂解装置后顺利运行了115天，完成了Ⅰ型催化裂解全部计划考察内容。

(2) 以临商及胜利混合蜡油为原料，采用CHP-1催化剂工业运行期间，五次工艺标定结果均与中型试验研究结果相一致，产物分布重复了中试装置的实验结果。

(3) 工业生产的CHP-1高堆积密度新鲜催化剂开工顺利，经过近四个月的工业运行，证明其具有良好的活性、选择性、水热稳定性及流化输送性能。

(4) 催化裂解所产液化气经气体分馏后丙烯纯度可达99.58%，不需要加氢精制即达到化学级丙烯质量，可直接作为丙烯腈原料使用。

(5) 催化裂解汽油馏分具有高辛烷值、高芳烃含量等特点，可不加抗氧剂直接与其他汽油调合使用，按济南炼油厂总流程和生产自然比与催化裂化汽油调合已制得符合规格标准的90号汽油；裂解轻油按生产自然比与直馏柴油调合，符合0号轻柴油规格，也可作为其他燃料混合组分使用。

(6) 工业运行期间烟气及污水分析表明催化裂解工艺无特殊环保问题。

(7) 催化裂解工艺带来的工程问题已在济南炼油厂工业实践中取得了经验。

(8) 催化裂解工艺具有较好的经济效益，济南炼油厂从液化气中分出精丙烯，加上其他干气、液化气、90号汽油及0号柴油等产品实际销售收入计算，每吨原料利税为237.28元。

(二) DCC产品性质及应用

1. 干气

大庆减压馏分油中型催化裂解试验结果显示，C_2及C_2以下干气中乙烯达到50%左右，可以和蒸汽裂解装置联合回收乙烯，另外，干气制乙苯技术、干气芳构化技术，均可用来回收干气中的乙烯。

2. 液化气

液化气中丙烯含量高，体积分数高达51.55%（相应质量分数为45.44%）。液化气经过气体分馏后丙烯纯度可达 99.58%，乙炔、丙炔及双烯含量均低于 1μg/g，硫含量为 1.6μg/g，完全满足化学级丙烯质量，做丙烯腈原料时不必再加氢精制。C_3组分经过精制分离还可得到聚合级的丙烯。

碳四馏分中的异丁烯是 MTBE 的宝贵原料。分离得到的丁烯-1 和丁烯-2，可进一步进行化工利用。

3. 裂解石脑油

裂解石脑油的马达法和研究法辛烷值分别为 84.7 和 99.3，溴价接近于 90，粗裂解石脑油中含有少量双烯。粗裂解石脑油具有良好的调合性，不经加氢精制与催化裂化汽油或直馏汽油调合可获得高辛烷值的商品汽油。粗裂解石脑油也可以在缓和条件下经选择性加氢精制后，使双烯烃含量降为零，汽油诱导期可超过 480min，而辛烷值在加氢精制后维持不变，加氢精制后裂解石脑油也具有很好的调合辛烷值。汽油中苯、甲苯、二甲苯及乙苯含量占 28%，可以在加氢处理后经溶剂抽提获取 BTXE 等产品。

4. 裂解轻油

裂解轻油的黏度和凝固点较低、十六烷值也低。它可直接与直馏柴油和催化裂化柴油调合生产商品柴油，或进行加氢精制后再作为调合组分。裂解轻油中芳烃含量很高，其中萘类约占裂解轻油的 44%。这些芳烃原料将可抽提进行化工利用。

5. 油浆

油浆可作调合燃料油用。

二、Ⅱ型催化裂解工业试验

1994 年 6 月，RIPP 与济南炼油厂、北京设计院和齐鲁石油化工公司催化剂厂协商，并经中国石油化工总公司发展部同意，决定在济南炼油厂 150kt/a 催化裂解装置上进行Ⅱ型催化裂解工业试验。

Ⅱ型催化裂解首次工业试验于 1994 年 8—10 月在济南炼油厂 150kt/a 催化裂解工业装置上进行，1994 年 8 月上旬，采用齐鲁石油化工公司催化剂厂工业生产的 CIP-1 催化剂，从 8 月 23 日开工到 10 月 28 日共计运行 66 天。为了节省催化剂更换时间，采用切换进料、降压及控制卸剂温度等措施，于 3h 内卸出 CRP-1 平衡催化剂 33.6t，然后又用 3h 加完 35.1t CIP-1 新鲜催化剂，并于当班进油运转，做到了一次开工成功。由于开工时 CIP-1 新鲜催化剂占系统藏量的 70%左右，催化剂活性较高，因此在开工初期，通过调整反应温度来控制气体产率，使气压机、分馏塔和吸收稳定系统能平稳操作，然后再逐步提高反应温度使其达到Ⅱ型催化裂解的条件。在 9 月 26—28 日和 10 月 20—22 日进行了Ⅱ型催化裂解两种操作模式的标定，取得了工业标定的数据，并积累了开工和操作的经验，完成了Ⅱ型催化裂解工业试验的各项经济技术指标，达到了工业试验的预期目的。

试验采用零料位全回炼操作，即控制床层压降或密度为零。试验时所加工的原料油为临商蜡油掺 20%～25%的丙烷脱沥青油。试验时根据催化剂的跑损量来补充相应的 CIP-1新鲜催化剂，从而逐渐用 CIP-1 新鲜催化剂置换系统中剩余的 CRP-1 平衡催化剂。试验期间 CIP-1 新鲜催化剂的补充量为 0.59kg/t 原料油，CIP-1 新鲜催化剂的性质列于表 4-5-21。

表 4-5-21 CIP-1 新鲜催化剂的性质

项 目	数值	项 目	数值
化学组成/%		磨损指数/(%/h)	1.6
Al_2O_3	52.0	筛分体积组成/%	
Na_2O	0.09	0~20μm	5.2
Fe_2O_3	0.40	20~40μm	20.4
比表面积/(m^2/g)	210	40~80μm	61.8
孔体积/(cm^3/g)	0.30	>80μm	12.6
表观堆积密度/(g/cm^3)	0.80	微反活性(800℃、4h、100%水蒸气)/%	62
灼烧减量/%	12.3		

为了考察 CIP-1 催化剂的性能以及Ⅱ型催化裂解产物分布和产品质量，进行了以下两种操作模式的标定：最大量生产异丁烯和异戊烯兼顾汽油生产，保证汽油质量合格；最大量生产异丁烯和异戊烯兼顾丙烯生产，同时也要保证汽油质量合格。

经过一个多月时间的运转后，CIP-1 催化剂占系统藏量已超过 80%，这时催化剂达到了平衡状态。在 9 月 26—28 日进行了第一种模式的标定，在 10 月 20—22 日进行了第二种模式的标定。

两次标定的操作条件列于表 4-5-22，原料油性质列于表 4-5-23，回炼油浆性质列于表 4-5-24，平衡催化剂性质列于表 4-5-25。两次标定的产物分布列于表 4-5-26。

表 4-5-22 两次标定的操作条件

标定方案	第一种模式	第二种模式	标定方案	第一种模式	第二种模式
新鲜原料处理量/(t/d)	495	496	再生压力(绝)/kPa	225	225
原料预热温度/℃	311	294	剂油比	6.6	7.8
提升管出口温度/℃	505	530	注水量/%	8.8	10.4
再生温度/℃	684	705	油气停留时间/s	3.4	3.1
反应压力(绝)/kPa	220	220	回炼比	0.13	0.07

表 4-5-23 两次标定的原料油性质

标定方案	第一种模式	第二种模式	标定方案	第一种模式	第二种模式
密度(20℃)/(g/cm^3)	0.8983	0.8986	碳	86.52	86.56
黏度/(mm^2/s)			氢	12.63	12.48
80℃	13.68	13.03	硫	0.31	0.30
100℃	8.34	7.97	氮	0.16	0.15
残炭/%	0.62	0.39	重金属含量/(μg/g)		
凝点/℃	45.7	49.0	Ni	0.5	0.4
苯胺点/℃	103.6	101.4	V	<0.1	<0.1
折射率(n_D^{20})	1.4881	1.4891	Fe	6.9	4.8
碱性氮含量/(μg/g)	593	546	Cu	<0.1	<0.1
元素组成/%			Na	<1.0	<1.0

续表

标定方案	第一种模式	第二种模式	标定方案	第一种模式	第二种模式
四组分组成/%			10%	393	384
饱和烃	68.1	67.5	50%	458	471
芳烃	29.2	30.0	90%	—	535
胶质+沥青质	2.7	2.5	终馏点	—	—
馏程/℃			特性因数	12.1	12.1
初馏点	309	272			

表 4-5-24　两次标定的回炼油浆性质

标定方案	第一种模式	第二种模式	标定方案	第一种模式	第二种模式
密度(20℃)/(g/cm^3)	1.0718	1.0890	V	<0.1	<0.1
黏度/(mm^2/s)			Fe	8.5	9.0
80℃	13.46	18.04	Cu	<0.1	<0.1
100℃	7.02	8.89	Na	<1.0	<1.0
残炭/%	3.6	4.9	四组分/%		
凝点/℃	30	23	饱和烃	13.7	12.1
苯胺点/℃	21	35	芳烃	84.3	85.1
折射率(n_D^{20})	1.6064	1.6137	胶质+沥青质	2.0	2.8
碱性氮含量/(μg/g)	188	255	馏程/℃		
元素组成/%			初馏点	358	330
碳	90.92	91.23	10%	381	372
氢	7.82	7.53	50%	409	412
硫	0.77	0.75	90%	482	509
氮	0.27	0.35	终馏点	—	—
重金属含量/(μg/g)			固含量/(g/L)	<2.0	<2.0
Ni	<0.1	0.1			

表 4-5-25　两次标定的平衡催化剂的性质

标定方案	第一种模式	第二种模式	标定方案	第一种模式	第二种模式
比表面积/(m^2/g)	126	131	>80μm	5.7	8.9
孔体积/(cm^3/g)	—	0.27	重金属含量/(μg/g)		
表观堆积密度/(g/cm^3)	—	0.86	Ni	300	300
微反活性/%	64	65	V	100	90
筛分体积组成/%			Fe	3200	3800
0~20μm	3.5	1.4	Cu	—	—
20~40μm	26.4	19.3	Na	600	1000
40~80μm	64.4	70.4			

表 4-5-26 两次标定的产物分布

标定方案	第一种模式	第二种模式	标定方案	第一种模式	第二种模式
产物分布/%			烯烃产率/%		
干气	3.54	5.18	丙烯	12.52	14.43
液化气	32.54	34.43	总丁烯	11.23	11.41
稳定汽油	40.98	38.45	异丁烯	4.57	4.75
轻柴油	15.76	13.90	总戊烯	8.67	8.95
焦炭	6.40	7.17	异戊烯	5.78	5.93
损失	0.78	0.87	异丁烯/总丁烯	0.41	0.42
合计	100.00	100.00	异戊烯/总戊烯	0.67	0.66

从表 4-5-26 中数据可以看出，在最大异构烯烃兼顾汽油的操作模式下，可以得到 12.52%的丙烯、4.57%的异丁烯、5.78%的异戊烯和 40.98%的汽油；在最大异构烯烃兼顾丙烯的操作模式下，可以得到 14.43%的丙烯、4.75%的异丁烯、5.93%的异戊烯和 38.45%的汽油；两次标定时的异丁烯占总丁烯的比值和异戊烯占总戊烯的比值都接近其热力学平衡值。

两次标定的干气组成列于表 4-5-27，可以看出干气中乙烯含量低于 I 型催化裂解的，但高于常规催化裂化干气中的乙烯含量。

表 4-5-27 两次标定的干气组成 单位:%

标定方案	第一种模式		第二种模式	
组成	体积分数	质量分数	体积分数	质量分数
氢气	22.08	2.36	20.63	2.23
硫化氢	2.51	4.50	2.01	3.65
甲烷	34.78	29.48	39.78	34.16
乙烷	14.61	23.24	12.66	20.38
乙烯	25.03	37.13	23.32	35.01
丙烷	0.04	0.08	0.11	0.25
丙烯	0.20	0.44	0.91	2.04
异丁烷	0.15	0.45	0.08	0.26
正丁烷	0	0	0	0
1-丁烯	0	0	0	0
异丁烯	0.27	0.81	0	0
反 2-丁烯	0	0	0.06	0.18
顺 2-丁烯	0	0	0.05	0.14
C_5	0	0	0.11	0.40
C_6以上	0.33	1.51	0.28	1.30
合计	100.00	100.00	100.00	100.00

干气中痕量烃及杂质分析结果列于表 4-5-28，可以看出，干气中痕量烃、杂质含量很低。

表 4-5-28　干气中痕量烃及杂质

标定方案	第一种模式	第二种模式	标定方案	第一种模式	第二种模式
痕量烃含量/(μg/g)			碱性氮	115	410
乙炔	21.0	58.1	总硫	3767	1076
丙炔	<1	<1	硫化氢	3766	1074
丙二烯	<1	<1	有机硫	0.6	2.0
环丙烷	<1	<1	硫醇性硫	<0.5	1.0
1，3-丁二烯	2.3	6.0	硫醚类硫	<0.5	0.3
杂质含量/(μg/g)			COS 及其他	<0.5	0.7
总氮	120	413			

液化气组成列于表 4-5-29，表中数据显示，液化气中丙烯质量分数在 40%左右，其烯烃度也高达 70%左右，表明在Ⅱ型催化裂解过程中，气体烯烃的选择性依然很高；液化气中痕量烃及杂质分析结果列于表 4-5-30，可以看出液化气中杂质含量很低。

表 4-5-29　两次标定的液化气组成　　单位:%

标定方案	第一种模式		第二种模式	
组成	体积分数	质量分数	体积分数	质量分数
乙烷	0	0	0	0
乙烯	0.08	0.05	0.09	0.05
丙烷	7.58	6.74	8.15	7.36
丙烯	45.37	38.49	48.55	41.90
异丁烷	11.23	13.16	10.23	12.18
正丁烷	2.74	3.20	2.69	3.20
1-丁烯	4.92	5.56	4.89	5.62
异丁烯	12.30	13.91	11.93	13.71
反 2-丁烯	6.99	7.91	6.53	7.50
顺 2-丁烯	5.45	6.16	5.31	6.10
异戊烷	2.95	4.29	1.17	1.73
正戊烷	0.00	0.00	0.00	0.00
1-戊烯	0.12	0.16	0.00	0.00
2-甲基-1-丁烯	0.27	0.37	0.23	0.33
反 2-戊烯	0	0	0	0
顺 2-戊烯	0	0	0	0
2-甲基-2-丁烯	0	0	0.09	0.13
C_6以上	0	0	0.11	0.19
合计	100.00	100.00	100.00	100.00

表 4-5-30 液化气中痕量烃及杂质

标定方案	第一种模式	第二种模式	标定方案	第一种模式	第二种模式
痕量烃含量/(μg/g)			碱性氮	15	6.5
乙炔	<1	<1	总硫	216	175
丙炔	1.2	2.4	硫化氢	207	155
丙二烯	<1	<1	有机硫	9	20
环丙烷	29.0	35.9	硫醇性硫	6.4	15
1，3-丁二烯	640	1201	硫醚类硫	1.4	3.7
杂质含量/(μg/g)			COS及其他	1.2	1.1
总氮	18	6.7			

稳定汽油中气体含量列于表4-5-31。

表 4-5-31 两次标定的稳定汽油中气体含量　　单位:%

标定方案	第一种模式	第二种模式	标定方案	第一种模式	第二种模式
丙烷	0	0	异戊烷	8.04	6.61
丙烯	0.01	0	正戊烷	1.34	1.52
异丁烷	0.08	0	1-戊烯	1.15	1.28
正丁烷	0.09	0.01	2-甲基-1-丁烯	4.26	4.85
1-丁烯	0.04	0	反2-戊烯	3.63	4.24
异丁烯	0.09	0.08	顺2-戊烯	2.17	2.33
反2-丁烯	0.29	0.04	2-甲基-2-丁烯	9.54	10.15
顺2-丁烯	0.36	0.07	合计	31.09	31.18

两次标定的稳定汽油性质列于表4-5-32。从表中数据可以看出Ⅱ型催化裂解汽油的辛烷值高，安定性好。在第一种模式标定时，稳定汽油的研究法辛烷值达95.8，马达法辛烷值达82.2，诱导期达1125min；在第二种模式标定时，稳定汽油的研究法辛烷值达97.0，马达法辛烷值达82.1，诱导期达755min。经碱洗后都能满足93号汽油规格标准。

表 4-5-32 两次标定的稳定汽油的性质

标定方案	第一种模式(碱洗前)	第二种模式(碱洗后)
密度(20℃)/(g/cm³)	0.7310	0.7378
折射率(n_D^{20})	1.4190	1.4272
实际胶质/(mg/100mL)	1.6	2.0
酸度/(mgKOH/100mL)	0.27	0.33
溴价/(gBr/100g)	104	74
二烯值/(gI/100g)	2	1.6
硫醇性硫/(μg/g)	104	—
腐蚀(铜片试验)	不合格	不合格
元素组成/%		

续表

标定方案	第一种模式(碱洗前)	第二种模式(碱洗后)
碳	87.80	86.89
氢	12.38	12.44
硫/(μg/g)	731	592
氮/(μg/g)	86	88
碱性氮含量/(μg/g)	65	77
诱导期/min	1125	755
辛烷值		
RON	95.8	97.0
MON	82.2	82.1
馏程/℃		
初馏点	44	41
10%	52	51
50%	79	80
90%	174	164
终馏点	197	194

两次标定的轻柴油性质列于表4-5-33，从表中数据可以看出，Ⅱ型催化裂解轻柴油的安定性好，但十六烷值低。在第一种模式标定时轻柴油的颜色色号为1.5，催速安定性沉渣为0.98mg/100mL，十六烷值为21.9；在第二种模式标定时，轻柴油的颜色色号为2.0，催速安定性沉渣为1.12mg/100mL，十六烷值低于19。Ⅱ型催化裂解轻柴油经碱洗后与直馏柴油等调合可以得到商品柴油。

表4-5-33　两次标定的轻柴油的性质

标定方案	第一种模式(碱洗前)	第二种模式(碱洗后)
密度(20℃)/(g/cm^3)	0.9193	0.9420
黏度/(mm^2/s)		
20℃	4.00	3.46
50℃	2.08	1.89
折射率(n_D^{20})	1.5358	1.5499
实际胶质/(mg/100mL)	66.6	108.0
酸度/(mgKOH/100mL)	1.65	0.83
溴价/(gBr/100g)	20.5	6.1
硫醇性硫含量/(μg/g)	93	—
腐蚀(铜片试验)	合格	合格
元素组成/%		
碳	89.87	90.08
氢	9.66	9.27

续表

标定方案	第一种模式(碱洗前)	第二种模式(碱洗后)
硫/(μg/g)	3142	5119
氮/(μg/g)	745	820
碱性氮含量/(μg/g)	158	251
凝点/℃	-21	-25
闪点(闭口)/℃	37[①]	32[①]
10%残炭/%	0.07	0.18
颜色，色号	1.5	2.0
催速安定性沉渣/(mg/100mL)	0.98	1.12
馏程/℃		
初馏点	201	198
10%	231	227
50%	247	245
90%	285	288
终馏点	323	345
十六烷值	21.9	<19.0

① 轻柴油汽提塔未开。

在济南炼油厂Ⅱ型催化裂解工业试验期间，对其含硫污水进行了分析，其结果列于表4-5-34，表4-5-18列出了渣油催化裂化污水分析数据。从这两张表中数据对比来看，催化裂解污水中的有害物质含量基本上与渣油催化裂化污水相当，可采用渣油催化裂化污水处理类似方法，经汽提及生化处理即可达到排放水标准。

表4-5-34 Ⅱ型催化裂解含硫污水分析结果

取样点	R-204/1	R-204/2	R-301	R-302
油浓度/(mg/L)	11.7	10.8	13.6	11.1
硫浓度/(mg/L)	608.0	1040.0	56000.0	2560.0
酚浓度/(mg/L)	811.1	532.2	206.2	0.81
pH值	9.01	8.96	8.54	9.03
COD/(mg/L)	5300.0	6100.0	68000.0	8000.0
BOD_5/(mg/L)	3100.3	2740.3	32400.3	4560.3
氰化物浓度/(mg/L)	3.82	3.69	12.87	2.65
氨氮浓度/(mg/L)	980.0	1260.0	15820.0	1680.0

表4-5-35列出了Ⅱ型催化裂解工业标定时的烟气分析结果，根据表中数据测算出济南炼油厂Ⅱ型催化裂解工业装置排放废气的有害物质含量，其结果列于表4-5-36，表中同时列出了当时国家对废气排放的标准。从表中数据可以看出，Ⅱ型催化裂解废气中的有害物质和粉尘含量均远低于国有标准。

所以，Ⅱ型催化裂解工艺技术没有特殊的环保要求。

表 4-5-35 Ⅱ型催化裂解烟气组成(体积分数) 单位:%

项目	数值	项目	数值
CO_2	10.6	SO_2	0.6
CO	1.3	NO_2	15
O_2	6.6		

表 4-5-36 Ⅱ型催化裂解废气有害物质含量

有害物质	排放量/(kg/h)	国家标准/(kg/h)	有害物质	排放量/(kg/h)	国家标准/(kg/h)
NO_x	0.43	86	CO	370	620
SO_x	0.02	110	粉尘	12.2	620

根据两次工业标定的结果，将丙烯分离生产精丙烯，异丁烯、异戊烯分别醚化生产MTBE和TABE，异丁烷与正丁烯烷基化生产烷基化油，预测Ⅱ型催化裂解总调合汽油产率及辛烷值(辛烷值线性加和结果)，其结果分别列于表4-5-37和表4-5-38中。

表 4-5-37 按第一种模式预测的总调合汽油

来　源	产率/%	*RON*	*MON*
稳定汽油	36.64	94.6	82.0
MTBE	6.89	118	102
TAME	6.32	112	99
烷基化油	8.07	94	92
总调合汽油	57.93	99.2	87.6

表 4-5-38 按第二种模式预测的总调合汽油

来　源	产率/%	*RON*	*MON*
稳定汽油	34.00	95.68	81.9
MTBE	7.16	118	102
TAME	6.48	112	99
烷基化油	7.91	94	92
总调合汽油	55.55	100.6	88.2

从表4-5-37可以看出，在第一种模式标定时，Ⅱ型催化裂解总调合汽油产率达57.93%，其研究法辛烷值达99.2，马达法辛烷值达87.6。从表4-5-38可以看出，在第二种模式标定时，Ⅱ型催化裂解总调合汽油产率达55.55%，其研究法辛烷值达100.6，马达法辛烷值达88.2。因此，Ⅱ型催化裂解总调合汽油达到97号汽油的规格标准。

为了对Ⅱ型催化裂解进行技术经济分析，按照如下计算公式对济南炼油厂Ⅱ型催化裂解装置的经济效益进行了核算。

利税=销售收入-加工费-原料费

产品计算到干气、液化气、精丙烯、异丁烯、90号汽油和0号柴油，当时价格分别为每吨540、1800、3300、2800、2200和1900元；加工费包括催化裂解加工费和气体分馏加工费，催化裂解加工费包括催化剂、助燃剂、电、燃料、蒸汽、循环水、软化水、工资、折旧、大修费和管理费，气体分馏加工费包括电、循环水、蒸汽、工资、折旧、大修费和管理费。

以第二种模式标定结果计算，销售收入为2015.84元/t原料油，加工费为263.19元/t原料油，原料费为1200元/t原料油，加工每吨原料油的利税为532.07元。

根据上述Ⅱ型催化裂解工业试验结果，可以得到如下主要结论[33-36]：

（1）Ⅱ型催化裂解工艺及CIP-1催化剂经过小试和中试的系统研究和评价，成功地在济南炼油厂150kt/a催化裂解装置上进行了首次工业试验，工业试验结果与中小型试验结果相符，表明Ⅱ型催化裂解工艺成熟，技术可靠。

（2）济南炼油厂Ⅱ型催化裂解工业装置以临商蜡油掺脱沥青油为原料，在最大异构烯烃兼顾汽油的操作模式下，可以得到12.52%的丙烯，4.57%的异丁烯，5.78%的异戊烯和40.98%的汽油；在最大异构烯烃兼顾丙烯的操作模式下，可以得到14.43%的丙烯，4.75%的异丁烯，5.93%异戊烯和38.45%的汽油。

（3）工业生产的CIP-1催化剂开工顺利，经过两个多月的工业运转，证明它具有良好的活性、选择性、水热稳定性和流化输送性能。

（4）Ⅱ型催化裂解汽油具有较高的辛烷值和优良的安定性能，轻柴油也具有优良的安定性能、但十六烷值低。

（5）Ⅱ型催化裂解技术无特殊环保要求。

（6）Ⅱ型催化裂解技术采用提升管反应器，可在催化裂化装置上进行适当的改造就可以实施，具有投资省、效益好的特点，并且原料适应性强，操作灵活性大，产品质量好，是一条发展石油化工和生产高辛烷值汽油的新途径。

（7）Ⅱ型催化裂解工艺具有较好的经济效益，济南炼油厂工业试验以第一种模式标定结果计算，加工每吨原料油可获得利税555.98元；以第二种模式标定结果计算，加工每吨原料油可获得利税532.07元。

（8）Ⅱ型催化裂解和烷基化、醚化等联合，可以生产高标号商品汽油，有利于车用汽油的升级换代，减少环境污染，具有良好的社会效益和推广应用价值。

第六节　工业应用示例

中国石化安庆石化总厂炼油厂400kt/a催化裂解联合装置于1995年3月24日开工成功。并于当年8月16日至18日进行了工业标定，处理量达到500kt/a，丙烯产率为17.0%～18.6%。该装置投产成功不仅为催化裂解技术的完善提供了经验，而且对提高我国石化工业经济效益具有重要意义[37]。

一、装置简介

安庆石化总厂炼油厂400kt/a催化裂解联合装置是第一套以重质原料生产丙烯等低碳烯烃的大型工业装置，该装置由400kt/a催化裂解、50kt/a气体脱硫、200kt/a液化气脱硫、120kt/a汽油脱硫醇、200kt/a气体分馏五套装置组成，采用先进的集散型DCS控制。催化裂解部分是该联合装置的核心部分。

针对催化裂解要求提升管加床层反应器，高反应温度、高注蒸汽量和大剂油比等工艺特点，对反应-再生系统、分馏系统和吸收稳定系统采用下述技术方案：

（1）采用足够长的提升管加床层反应器型式。

（2）再生器采用预混合烧焦管接床层再生工艺，中间多段给风，以提高烧焦效果。

（3）采用新型高效汽提段，汽提段设有挡板并在挡板上开有多个孔。汽提段采用冷壁设计。

（4）为了减少裂解气中的非烃杂质，便于气体精制利用，对再生催化剂设计了脱气罐。

（5）待生滑阀和再生滑阀都安装在立管上，并且在催化剂输送料管上设置多组松动点便于高堆积密度催化剂流化。

（6）由于反应总注蒸汽量大，故分馏塔顶采用冷回流技术，增加油气分压，提高塔顶温度，防止水蒸气冷凝。

（7）分馏塔顶油气采用两级气液分离技术，以减少粗汽油的乳化。

（8）吸收解吸采用双塔流程，以减少相互干扰，吸收塔设有4个中段回流，以提高吸收效果。为了充分利用液化气资源，设置了气分脱乙烷塔顶不凝气返回吸收稳定系统的流程。

二、工业装置开工、运转与标定

安庆石化总厂催化裂解是国内首套新建的催化裂解大型工业生产装置，为了确保顺利开工生产，中国石化总公司、RIPP、北京设计院和安庆石化总厂都高度重视，经过一系列周密细致的开工准备，于3月24日喷油，29日出合格的丙烯产品。开工用剂采用新鲜CRP-1剂加少量的济南炼油厂工业平衡剂，由于开工初期催化剂活性高，只能通过调整反应温度来控制反应深度，保证后部系统平稳操作。开工初期的反应温度控制在520℃左右，根据气体量的变化，逐步提高反应温度。由于液化气中的丙烯浓度高和吸收塔吸收效果好，丙烯的回收率和纯度都比较高。该装置生产的丙烯直接为丙烯腈装置提供丙烯原料。

8月16—18日，对该装置进行两种工况的考察标定，工况一为400kt/a，考察该装置在实际操作条件下的产物分布和产品性质，与设计提供的产物分布和产品性质相比较，验证催化裂解技术的工业效果；工况二为500kt/a，主要考察该装置最大的处理能力。同时考察了该装置的能耗和对环境进行了评估。

三、标定结果

（一）原料油

工业标定使用的原料油系管输原油的减压馏分油，其性质见表4-6-1，同时列出中型试验所用的原料油的性质，以作比较。

表4-6-1　原料油的性质

方　案	工况一	工况二	设计(中试原料)
密度(20℃)/(kg/m^3)	893.4	893.0	886.6
运动黏度/(mm^2/s)			
80℃	13	9.27	18.82(50℃)
100℃	6.44	6.44	4.98
残炭/%	0.29	0.28	0.12

续表

方　　案	工况一	工况二	设计(中试原料)
凝点/℃	39	39	40
苯胺点/℃	93	94	88.9
碱性氮含量/(μg/g)	502		361
总氮含量/%	0.18	0.16	0.13
硫含量/%	0.44	0.44	0.54
碳含量/%	85.98		84.66
氢含量/%	12.56		12.62
重金属含量/(μg/g)			
Ni	0.15	0.27	
V	0.12	0.12	
Fe	1.39	1.09	
Cu	0.04	0.03	
馏程/℃			
初馏点	286	287	266
10%	383	378	318
50%	429	426	412
90%	493	482	480
终馏点	531	511	522
四组分/%			
饱和烃	64.5	63.8	
芳烃	32.9	33.3	
胶质+沥青质	2.6	2.9	

(二) CRP-1 催化剂

工业 CRP-1 催化剂是由 RIPP 研制的、齐鲁石化分公司周村催化剂厂生产的，该催化剂具有平衡活性高、烯烃选择性好、强度高和重油转化能力强的特点。该装置使用的催化剂性质列于表 4-6-2，同时列出济南炼油厂工业平衡剂的性质，以作比较。从表 4-6-2 可以看出：两厂所使用的催化剂性质基本相同，只是安庆石化总厂使用的催化剂活性略高于济南使用的催化剂。

表 4-6-2　裂解催化剂 CRP-1 性质

项　　目	安庆石化总厂		济南炼油厂
	新鲜剂	平衡剂	平衡剂
化学组成/%			
Al_2O_3	54.2		
Na_2O	0.03		
筛分组成(体)/%			
0~40μm	26	19.9	29.3

续表

项　　目	安庆石化总厂		济南炼油厂
	新鲜剂	平衡剂	平衡剂
40~80μm	60.8	57.7	63.9
>80μm	13.2	15	6.8
物化特性			
堆积密度/(kg/m^3)	860	930	930
孔体积/(mL/g)	0.26	0.21	0.23
比表面积/(m^2/g)	160	89	111
磨损指数/(%/h)	1.2		
灼减量/%	12		
再生剂含碳/%		0.03	0.0~0.04
待生剂含碳/%		0.84	0.93
裂解活性指数①/%	63	64	59
烯烃选择性/%	69	70	70

① 800℃、4h、100%水蒸气。

（三）主要操作条件和产物分布

标定时装置操作条件和产物分布列于表4-6-3，表中还附带主要设计操作条件和设计产物分布，便于验证催化裂解工业应用效果。从表4-6-3数据可以看出：即使此次工业标定所使用的原料油略重于设计原料油和反应温度低于设计反应温度，只是转化率略低于设计结果，但工况一的焦炭产率为7.62%，工况二的焦炭产率为7.07%，均低于设计值8.0 %，而设计还考虑了外甩4.93 %重油。两种标定工况的干气产率分别为8.44%和8.22%，比设计值9.82%约低1.5个百分点。两种工况下的液化气产率分别为38.35 %和39.47 %，比设计值34.89 %明显得地高出3~4个百分点，丙烯产率比设计值高出1.5~2.5个百分点。稳定汽油产率分别为24.37 %和24.59 %，比设计值27.29 %约低3个百分点。裂解轻油产率分别为20.22%和19.80%，与设计值轻油加重油19.03%相当。工况二结果和工况一结果相当，说明该装置加工能力可以达到500kt/a。

表4-6-3　安庆催化裂解装置标定结果

方　　案	工况一	工况二	设计
处理能力/(kt/a)	400	500	400
主要操作条件			
反应压力(g)/MPa	0.08	0.08	0.08~0.1
再生压力(g)/MPa	0.1	0.1	
反应温度/℃	550	550	560~585
再生温度/℃	708	693	680~710
空速/h^{-1}	4	4.8	4
剂油比	10.47	11.48	10

续表

方　　案	工况一	工况二	设计
回炼比	0.15	0.11	0.3
注入总蒸汽/%	30.23	26.98	25
雾化蒸汽/%	10.91	9.92	
汽提蒸汽/%	8.41	7.08	
其他蒸汽/%	10.91	9.98	
新鲜进料量/(t/h)	53.22	64.5	50
产物分布/%			
干气	8.44	8.22	9.82
液化气	38.35	39.47	34.89
汽油	24.37	24.59	27.29
轻油	20.22	19.8	14.14
重油			4.93
焦炭	7.62	7.07	8
损失	1	0.85	0.93
合计	100	100	100
转化率/%	79.78	80.2	80.93
乙烯产率/%	3.67	3.49	
丙烯产率/%	17.86	18.57	16.03
丁烯产率/%	13.52	13.83	
异丁烯产率/%	5.73	5.76	

(四) 气体组成和杂质分析

工况一和工况二的干气和液化气组成列于表4-6-4，工况一的干气和液化气中的痕量烃杂质含量列于表4-6-5，同时列出济南炼油厂催化裂解干气和液化气中的痕量烃及非烃杂质含量。

从表4-6-4可知：干气中的乙烯体积分数达27.7%，质量分数达到43.48%；液化气中的丙烯体积分数达50%以上，丁烯体积分数约30%，生产统计数据表明，液化气中的丙烯体积分数也在50%以上。表4-6-5数据说明：两厂催化裂解的裂解气中痕量烃和非烃杂质差别不大。液化气进气分装置分离后，丙烯的纯度高达99.9%，可以满足聚合级的丙烯质量要求。

表4-6-4　气体组成　　单位:%

方案	工况一				工况二			
	干气		液化气		干气		液化气	
	体积分数	质量分数	体积分数	质量分数	体积分数	质量分数	体积分数	质量分数
H_2	24.9	2.81			23.77	2.61		
H_2S	0.6	1.22			1.92	3.55		
CH_4	33.8	30.31			32.73	28.52		
C_2H_6	12.6	21.16			13.11	21.42		
C_2H_4	27.7	43.48			27.83	42.42		

续表

方案	工况一				工况二			
	干气		液化气		干气		液化气	
	体积分数	质量分数	体积分数	质量分数	体积分数	质量分数	体积分数	质量分数
C_3H_8	0.1	0.27	7.8	7.15	0.21	0.51	8.6	7.92
C_3H_6	0.1	0.75	53.2	46.56	0.43	0.97	53.5	47.06
i-C_4H_{10}			4.8	5.8			4.5	6.46
n-C_4H_{10}			1.7	2.06			1.7	2.06
1-$C_4^=$			5.3	6.18			5.1	6.15
i-$C_4^=$			12.8	14.94			12.6	14.6
t-2-$C_4^=$			7	8.17			7	8.2
c-2-$C_4^=$			5.1	5.95			5.2	6.09
C_4H_6			—	—			0.5	0.56
C_{5+}			2.3	3.18			1.3	1.9
总计	100	100	100	100	100	100	100	100

表 4-6-5　裂解气体痕量烃及非烃杂质含量

方　　案	工况一		济南炼油厂	
	液化气	干气	液化气	干气
痕量烃含量/(μL/L)				
乙炔			<1	21
丙炔	17	4	13	<1
丙二烯	4	<1	5	<1
环丙烷	71	20	99	<1
1，3-丁二烯				<1
非烃杂质含量/(μL/L)				
总氮	26			35
碱性氮	19			<1
腈及其氮化物				
总硫	141		319	2731
硫化氢	111		317	2668
有机硫	30		63	1.7
硫醇硫	~20		10	0.9
COS 及其硫化物	<0.5		1.7	<0.5
硫醚	10		51	~0.9
一氧化碳含量(体)/%				0
二氧化碳含量(体)/%				0.73

（五）液体产物性质

稳定汽油和碱洗后汽油性质列于表 4-6-6，稳定汽油族组成列于表 4-6-7。从表 4-6-6 和表 4-6-7 可见，裂解汽油的特点是高烯烃和高芳烃含量，表现的性质是高辛烷值和诱导

期略低，*MON* 为 81.5~82.0，*RON* 为 96.8~97.0，诱导期为 210~240min，宜作高辛烷值汽油调合组分使用。汽油馏分中芳烃可抽提作为化工原料，汽油中的异戊烯占 13.95%，可以作为生产 TAME 原料。

表 4-6-6　稳定汽油性质

方　案	工　况　一		济南炼油厂	
	稳定汽油	碱洗汽油	稳定汽油	碱洗汽油
密度(20℃)/(kg/m^3)	757.4	757.3	752.9	753.5
实际胶质/(mg/100mL)	4.4	1.6	2.0	3.6
酸度/(mgKOH/100mL)	0	0	0	0
腐蚀(铜片腐蚀)		合格	5	合格
硫含量/(μg/g)	1600	942		1200
氮含量/(μg/g)	114	115	133	1200
碳含量/%	87.57		107	
氢含量/%	12.42			
碱性氮含量/(μg/g)	113	95	77	
二烯值/(gI/100g)	4.85		2	
诱导期/min	210	330	240	360
蒸气压/kPa	44.2	46.6	55.1	46.7
辛烷值				
MON	81.5	82.3	82.0	82.0
RON	97.0	97.2	96.9	96.8
运动黏度 20℃/(mm^2/s)	0.53	0.51	0.52	0.51
硫醇硫含量/(μg/g)	135	66.8	130	77
馏程/℃				
初馏点	43	44	48	48
10%	54	55	55	58
50%	91	91	91	91
90%	178	177	174	177
终馏点	199	200	199	197

表 4-6-7　稳定汽油族组成　　单位:%

方　案	工况一	济南炼油厂	方　案	工况一	济南炼油厂
链烷烃	14.36	16.29	邻二甲苯	2.72	2.69
环烷烃	5.27	4.68	间、对甲乙苯	3.72	3.14
烯烃	40.31①	40.89	1，3，5-三甲苯	1.32	1.32
总芳烃	40.06	38.14	邻甲乙苯	0.93	0.77
苯	1.85	2.11	1，2，4-三甲苯	4.65	4.48
甲苯	7.03	7.65	C_9芳烃	29.79	31.84
乙基苯	1.9	1.66	其中：BTEX	19.17	22.13
间、对二甲苯	7.57	8.02			

① 2-甲基-1-丁烯和 2-甲基-2-丁烯共占汽油 13.95%。

裂解轻油性质列于表4-6-8、组成列于表4-6-9，其特点是芳烃含量高达70%，十六烷值低于20，由于十六烷值低，不能直接作为轻柴油使用，可作柴油调合组分使用。轻油中的芳烃是宝贵的化工原料，可以作为导热油或考虑用作水泥减水剂的原料。

表4-6-8 裂解轻油性质

方案	工况一	工况二	方案	工况一	工况二
密度(20℃)/(kg/m^3)	953.0	943.2	苯胺点/℃	室温	室温
实际胶质/(mg/100mL)	215	209	凝点/℃	-15	-11
酸度/(mgKOH/100mL)	0.28	0	闪点(闭口)/℃	74	65
腐蚀(铜片试验)	合格	合格	十六烷值	<20	<20
硫含量/(μg/g)	9800	7400	10%残炭/%	0.36	0.3
氮含量/(μg/g)	2100	1900	馏程/℃		
碳含量/%	89.66		初馏点	209	202
氢含量/%	9.42		10%	224	226
碱性氮含量/(μg/g)	269	253	50%	271	273
运动黏度/(mm^2/s)			90%	328	336
20℃	4.60	5.48	终馏点	344	352
50℃	2.45	2.41			

表4-6-9 裂解轻油族组成

烃族组成	含量/%	烃族组成	含量/%
链烷烃	13.0	茚类	5.7
环烷烃	8.7	双环芳烃	40.6
一环	4.0	萘	2.4
二环	3.2	萘类	25.0
三环	1.5	苊类	7.5
总芳烃	70.0	苊烯类	5.7
单环芳烃	25.9	三环芳烃	3.5
烷基苯	11.2	胶质	8.3
茚满	9.0		

（六）环保评估

标定期间，曾对CRP-1剂催化裂解的污水进行了分析，表4-6-10为污水中有害物质分析结果，同时列出渣油催化裂化的污水中有害物质，两者基本相当，可采用渣油催化裂化污水处理方法，经汽提及生化处理达到排放水标准。表4-6-11为此次标定时的烟气组成，根据烟气中有害物质含量预算安庆石化总厂炼油厂催化裂解装置排放的废气有害物质含量，表4-6-11中可以看出催化裂解废气中的二氧化硫、二氧化碳、一氧化碳及粉尘含量均低于当时国家规定的允许排放量。

表 4-6-10 催化裂解污水分析结果

项目	安庆催化裂解装置				RFCC
污水来源	D201	D202	D301	总井	出装置污水
pH 值	8.5	8.8	8.5	7.4	
含油量/(mg/L)	28	46	66	19	160~968
硫化物浓度/(mg/L)	825	2400	14542	0.28	1680~3520
挥发酚浓度/(mg/L)	745	562	164	0.12	500~917
COD/(mg/L)	4717	7235	22842	40	5200~10250
氨氮浓度/(mg/L)	552	1680	9800	2.8	1141~1350
是否浑浊	清	清	微浑	清	
颜色	无	无	灰绿	无	

表 4-6-11 烟气组成和有害物质含量

项目	数据	
烟气体积组成/%		
CO_2	13.5	
CO	0.01	
N_2	81.6	
O_2	4.8	
SO_x/(μg/g)	2.75	
NO_x/(μg/g)	250	
有害物质排放量/(kg/h)	实际排放	国家标准
二氧化硫	0.08	110
二氧化氮	1.24	86
一氧化碳	2.6	620
烟尘	37.1	620

(七) 能量消耗

表 4-6-12 列出标定工况下的联合装置能量消耗情况，并与设计值作对比。从表 4-6-12 可以看出：标定工况下的能耗为 183kgEO/t，比设计值低 4kgEO/t[38]。

表 4-6-12 能量消耗

项目	能量系数	耗量/(t/h)		能耗/(kgEO/h)		能耗/(kgEO/t)	
	kgEO/单位	设计	工况一	设计	工况一	设计	工况一
新鲜水/(t/h)	0.18	24	10	4.32	1.8	0.09	0.03
循环水/(t/h)	0.1	4976	5070	497.6	507	9.95	9.53
除盐水/(t/h)	2.3	15.34	15.9	35.3	36.6	0.71	0.69
软化水/(t/h)	0.25	15.5	1.79	3.88	0.45	0.08	0.07
凝结水/(t/h)	7.4	-32.1		-238		-4.76	
电/(kW·h)	0.3	4622	5882	1386.7	1764.6	27.7	33.2
3.8MPa 蒸汽/(t/h)	88	32.2	47.3	2836.7	4158.9	56.7	78.2

续表

项目	能量系数	耗量/(t/h)		能耗/(kgEO/h)		能耗/(kgEO/t)	
	kgEO/单位	设计	工况一	设计	工况一	设计	工况一
1.3MPa 蒸汽/(t/h)	76	6.57	-12.97	499.3	-985.7	9.99	-18.52
净化风/(Nm^3/h)	0.04	2070	532.3	82.8	21.3	1.66	0.4
非净化风/(Nm^3/h)	0.03	1188	997.2	35.64	29.9	0.71	0.56
燃料气/(t/h)	1000	0.2	0.25	200	250	4	4.7
烧焦/(t/h)	1000	4	3.93	4000	3930	80	73.8
合计/(kgEO/t)						187	183

催化裂解工业应用后，根据工业标定结果可以得到如下结论：

（1）安庆催化裂解装置所得到的产物分布均优于设计值，丙烯产率为17.5%~18.5%，超过了设计值。并且该装置可以在设计处理能力的130%负荷下仍正常运转。

（2）裂解汽油具有高辛烷值、芳烃和烯烃含量，只是诱导期较短，可以与催化裂化汽油调合制得符合规格标准的90号汽油，或者抽出该汽油的芳烃和分离烯烃作为化工原料。裂解轻油可以作为柴油调合组分或燃料油或抽出其中的芳烃作为化工原料使用。

（3）在工业生产期间，对大气、烟气及污水进行了分析，结果表明：催化裂解对环境无特殊污染，基本上与渣油催化裂化相当，硫大部分在污水中。装置的能量消耗比设计值187kgEO/t低4kgEO/t。

（4）安庆催化裂解装置的开车成功和良好的标定结果，进一步验证了催化裂解技术的工业效果，为大型催化裂解工业生产装置的设计、施工、开工和生产提供了宝贵的经验，为催化裂解成套技术开发奠定了基础。

安庆石化分公司于2009年建成2.2Mt/a蜡油加氢装置，催化裂解装置的蜡油原料经过加氢预处理，生产运行结果表明，混合蜡油经加氢精制后可以作为优质的催化裂解原料，催化裂解装置产物分布得到显著优化，轻质油收率提高2.89个百分点，干气、焦炭等低附加值产物收率下降明显；产品质量显著改善，催化裂解汽油的硫含量、诱导期、烯烃含量、芳烃含量均能达到国Ⅲ排放标准对汽油的要求[39]。

第七节　催化裂解国外应用情况

催化裂解技术对外公开后，美国石伟工程公司主动要求作为该技术对外转让的代理商。1993年，美国石伟工程公司与中国石化签约，成为DCC技术在中国之外的商务代理。1994年与泰国石油化学工业有限公司(TPI)签署DCC技术使用许可协议，在泰国建设一套750kt/a DCC工业装置(如图4-7-1所示)，这是中国炼油成套技术首次出口。该装置于1997年建成投产，一直平稳运转至今，并一直使用中国石化的DCC专用催化剂。

TPI是一家石油化工综合性企业集团，原油加工能力为3.5Mt/a。其催化裂解装置(DCC)是建设在泰国南部沿海RAYONG市的主要生产装置之一，设计加工能力为750kt/a。该装置由美国石伟工程公司承包设计，其中DCC工艺技术是采用RIPP的专利技术(专利号为ZL871054280和USP49800053)；该装置的反应器为提升管加密相床层，再生器为一段密相床烧焦。该装置使用的裂解催化剂是由齐鲁石化分公司催化剂厂提供的开工剂CRP-S和正常生产用剂 CRP-1 催化剂。

该装置于 1995 年开始建设，1997 年 5 月 27 日采用开工剂 CRP-S 开工，6 月 7 日开始补充新鲜剂 CRP-1，至 7 月 9 日正式标定时，系统中 CRP-S 催化剂的藏量约为 80%，CRP-1 催化剂约占 20%。标定考核时所使用原料油主要由 7%(体积分数)的石蜡和 93%(体积分数)的加氢蜡油组成，各组分原料和混合原料油的主要性质情况列于表 4-7-1 中。

图 4-7-1　泰国 750kt/a DCC 工业装置

表 4-7-1　标定考核时原料油主要性质

项　目	石蜡原料特性		加氢蜡油特性		
	设计值	实际值	设计值	实际值	混合进料
密度(15.6℃)/(g/cm^3)	0.8008	0.8499	0.8652	0.8778	0.8686
API	45.2	35.0	32.0	29.7	31.4
硫含量/%	0.00	0.28	<0.15	0.05	0.04
折射率(75℃)	—	1.46253	1.4813	1.47142	1.4692
总氮/(μg/g)	—	48.9	60	54.6	76.9
Ni+V 含量/(μg/g)	—	—	<1	<0.1	<0.1
残炭/%	—	—	<0.2	0.01	—
特性因数(*K*)	—	—	12.22	12.28	12.4
实沸点馏程/℃					
初馏点	—	—	250	225	157
10%	—	—	328	349	343
30%	—	—	360	390	388
50%	—	—	390	429	430
70%	—	—	419	472	476
90%	—	—	464	538	542
终馏点	—	—	535	579	580

由表 4-7-1 结果可知：无论是石蜡原料还是加氢蜡油，标定考核时所用的原料油比设计值要稍重些。

为了考察不同反应温度下操作状况，在连续 36h 的标定期间，进行了四种操作条件下的标定，分别记为工况 0、工况 1、工况 2、工况 3。各种标定状况和设计要求的装置主要操作条件列于表 4-7-2 中。

表 4-7-2　标定时装置主要操作条件

主要操作条件	设计值	工况 0	工况 1	工况 2	工况 3
进料量/(m^3/h)	101.0	102.6	102.6	102.6	102.6
风量/(m^3/h)	82400	66486	64966	67086	67954
油浆/(m^3/h)	23	3.6	4.7	2.4	2.8
提升管蒸汽总量/(kg/h)	33800	26466	25680	26923	27151
注入蒸汽量/总进料/%	30.0	31.6	30.4	32.6	32.7
汽提蒸汽/催化剂/%	2.45	2.6	2.7	2.7	2.5
剂油比	14.7	10.9	10.5	10.5	11.7
反应压力(表)/kPa	70	70	70	70	70
反应温度/℃	565	559	555	560	565
进料温度/℃	372	346	345	350	347
空速/h^{-1}	4	2.7	2.7	2.7	2.77
再生温度/℃	690	689	689	695	687
空气加热器出口温度/℃	310	334	352	320	323

为对比 DCC 装置产物分布情况，在按回收率为 100%且假定产物中不含 H_2S(注：标定使用的气相色谱测不出)时，标定过程中物料平衡数据列于表 4-7-3 中，干气和液化气的组成列于表 4-7-4 中。

表 4-7-3　标定物料平衡数据表

项　　目	设计值	工况 0	工况 2	工况 3
新鲜进料/%	100	96.56	96.40	96.49
回炼/%	0	3.44	3.60	3.51
产物分布/%				
干气	10.43	10.31	10.60	11.15
液化气	36.10	40.04	39.38	41.55
石脑油(C_5~221℃)	29.64	31.87	32.78	29.38
轻循环油(221~350℃)	16.24	11.16	10.65	11.22
油浆(>350℃)	0.00	0.80	0.74	0.79
焦炭	7.59	5.82	5.85	5.91
合计	100.00	100.00	100.00	100.00
转化率/%	83.76	88.04	88.61	87.99
乙烯产率/%	5.37	5.06	5.20	5.47
丙烯产率/%	16.88	17.43	16.81	18.35
丁烯产率/%	11.20	11.00	11.06	11.23

表 4-7-4 干气和液化气组成分析结果

项　目	设计值	工况 1	工况 2	工况 3
干气组成/%				
H_2S	0.48	0	0	0
H_2	2.21	1.36	1.42	1.43
C_1	26.56	29.29	29.34	29.24
C_2	19.27	20.27	20.19	20.27
$C_2^=$	51.48	49.08	49.05	49.06
液化气组成/%				
C_3	10.44	10.41	10.23	10.54
$C_3^=$	46.77	43.52	42.69	44.16
iC_4	8.25	14.94	15.26	14.68
nC_4	3.52	3.65	3.73	3.59
$1-C_4^=$	4.96	5.27	5.38	5.2
$i-C_4^=$	11.77	11.99	12.27	11.79
$t-2-C_4^=$	8.09	6.07	6.2	5.97
$c-2-C_4^=$	6.20	4.15	4.24	4.07

由表4-7-3、表4-7-4数据可知：标定时平均丙烯产率达到了17.4%，高于设计值0.5个百分点，乙烯和丁烯产率接近设计值。总液化气产率超过设计值3.94个百分点，但石脑油和轻循环油产率低于设计值2.85个百分点。

标定时平均焦炭产率为5.82%，低于设计值1.77个百分点。

主要油品的质量分析结果列于表4-7-5中。

表 4-7-5 主要油品的质量分析结果

原　料	石脑油	轻循环油	重循环油	油浆
密度(15.6℃)/(g/cm^3)	0.7803	0.9823	1.012	1.035
API	49.9	12.6	8.3	5.2
馏程/℃				
初馏点	33	143	129	227
10%	50	227	283	341
30%	72	250	315	379
50%	114	268	330	415
70%	147	290	348	461
90%	189	346	388	533
终馏点	224	575	575	579
硫/%	96.81μg/g	0.64	0.15	0.4
溴值/(gBr/100g)	3.19	0.079	—	—
二烯值/(gI/100g)	1.114	—	—	—
实际胶质/(mg/100mL)	0.005	—	—	—
诱导期/min	88	—	—	—
RON	99.3	—	—	—
MON	85.3	—	—	—
固体含量/%	—	—	—	0.4

泰国TPI公司的DCC装置开工后，催化剂在系统内循环非常稳定，其主要表现是反应

温度波动严格控制在 1℃而且滑阀位置稳定。再生器操作温度分布均匀，无尾燃现象。催化剂消耗为 0.90kg/t 原料油。平衡催化剂分析数据列于表 4-7-6 中。

表 4-7-6 平衡催化剂分析数据表

日　　期	1997 年 6 月 6 日	1997 年 6 月 12 日	1997 年 7 月 9 日
CRP-1 比例/%	0.0	10	20
微反活性/%	75.6	76	70
烯烃选择性①/%	59	61	63
$C_3^=$/总 C_3	0.80	0.70	0.80

① 烯烃选择性是指 $C_2^=$、$C_3^=$、$C_4^=$ 占总 C_2、C_3、C_4 的质量百分比。

与泰国 TPI 公司达成 DCC 技术使用许可协议 10 年之后，2004 年又向沙特阿美石油公司输出该技术，建设了一套 4.6Mt/a 特大型 DCC 装置，如图 4-7-2 所示。该装置是目前全球最大的 DCC 装置，于 2009 年 5 月一次开车成功，已经平稳运转两年多时间。该装置于 2011 年 10 月进行了性能考核标定，原料性质见表 4-7-7，主要操作条件列于表 4-7-8，标定产物分布见表 4-7-9，装置处理量达到 93000BPSD，超过 92000BPSD 的设计值。结果显示，装置产物分布与设计值基本一致，聚合级丙烯和乙烯物流的实际产量分别为 1005.4kt/a 和 227.3kt/a，超过了相应的保证值(分别为 950kt/a 和 225kt/a，见表 4-7-10)；其余各项产物产量和产物性质指标也全部达到了技术许可合同的保证值。表明沙特 DCC 装置已全面达标，标志着 DCC 技术超大型化的全面成功。

图 4-7-2　沙特 4.6Mt/a DCC 工业装置

表 4-7-7 沙特 DCC 工业装置原料性质

项　　目	设计值	实际值	项　　目	设计值	实际值
特性因数(K)	12.14		10%	385	373
硫含量/(μg/g)	300	243	30%	413	406
总氮含量/(μg/g)	170	104	50%	430	436
残炭/%	<0.2	0.13	70%	461	472
比重	0.8960	0.8896	90%	519	520
黏度(38℃)/(mm^2/s)	41.1	24(50℃)	95%	537	540
黏度(99℃)/(mm^2/s)	5.9	5.62(100℃)	钒含量/(μg/g)	<0.2	<0.2
芳烃含量/%	38.5	36.0	镍含量/(μg/g)	<0.1	<0.1
苯胺点/℃	96	94	砷含量/(ng/g)	50	<50
馏程(ASTM D1160)/℃			汞含量/(ng/g)	2	<2
5%	372	364	折射率		1.48

表 4-7-8　沙特 DCC 工业装置主要操作条件

项　　目	设计值	实际值	项　　目	设计值	实际值
反应压力(表)/MPa	0.14	0.13	预热温度/℃	277	251
反应温度/°C	558	561.7	再生温度/℃	707	692
剂油比	12.05	13.56	轻石脑油回炼量(占原料体积比)/%	20	20
注汽量/%	25	25			

表 4-7-9　沙特 DCC 工业装置产物分布

产物分布/%	标定值	设计值	产物分布/%	标定值	设计值
干气	10.41	10.45	油浆	2.76	2.88
液化气	40.59	39.35	焦炭	7.08	7.61
裂解石脑油	24.95	27.89	合计	100.00	100.00
裂解轻油	14.21	11.82			

表 4-7-10　沙特 DCC 工业装置考核结果

考 核 项 目	标定值	保证值	考 核 项 目	标定值	保证值
新鲜原料进料量/BPSD	93000	92000	甲醇含量/(μg/g)	<1	1
聚合级丙烯产量/(kt/a)	1005.4	950	乙烯物流产量/(kt/a)	227.3	225
聚合级丙烯性质指标			催化剂消耗/(lb/BPSD)	0.17	0.18
丙烯浓度(摩尔)/%	99.6	99.6			

注：1BPSD＝158.98×1000×原料密度(g/cm³)＝1000/24(单位：kg/h)；1lb＝0.4536kg。

另外，泰国 IRPC 公司(原 TPI 公司)又签约新建一套 1.5Mt/a DCC 装置，还有俄罗斯和印度 4 套 DCC 装置在建，见表 4-7-11。

表 4-7-11　DCC 技术在国外应用推广情况

序号	装 置 位 置	规模/(Mt/a)	开工日期	原　　料
1	IRPC 公司，泰国	0.90	1997.5	VGO+WAX+ATB
2	Petro-Rabigh 公司，沙特	4.60	2009.5	HTVGO
3	HMEL 公司，印度	2.20	2013	HTVGO
4	MRPL 公司，印度	2.20	预计 2014	HTVGO
5	IRPC 公司，泰国	1.50	预计 2014	VGO+WAX+ATB

参 考 文 献

[1] McLean B, Smith G M. Maximizing propylene production in the FCC unit: Beyond conventional ZSM-5 additives[C]. NPRA Aunual Meeting, AM-05-61. 2005-03-13.

[2] Chan T Y. SCC: Advanced FCCU technology for maximum propylene producition[C]. Spring National Meeting, AIChE, 1999: 471.

[3] Niccum P K, Gilbert MF, Tallman M J, et al. Future Refinery—FCC's role in refinery/petrochemical integra-

tion[C]. NPRA Annual Meeting, AM-01-61, 2001-03-18.

[4] Miller R B. Niccum P K, Claude A, et al. Maxofin: A novel for maximizing light olefins using a new generation of ZSM-5 additive[C]. NPRA Annual Meeting, AM-98-18, 1998-03-16.

[5] Miller R B. FCC advances for Y2K and beyond[J]. Hydrocarbon Asia, 2000(10): 25-26.

[6] Houdek J M, charles L, Pittman R M, et al. "Developing a process for the new century[J]. Petroleum Technology Quarterly, 2001(Q2): 141-147.

[7] Benton S. Advanced technology for increasing LPG and propylene production[C]. BBTC 2002. Istanbul: October 9-10, 2002.

[8] FCC process ups olefins output[J]. European Chemical News, July 10-16, 2000: 25.

[9] http://www.thefccnetwork.com/pdf/newsletters/newsletter5.pdf.

[10] 汤海涛，王龙延，王国良，等．灵活多效催化裂化工艺技术的工业试验[J]．炼油技术与工程，2003，33(3)：15-18.

[11] Debuischert Q. Maximizing propylene production with the Meta-4 process[C]. EPTC. London: June 21-22, 1999.

[12] Bolt H V, Glanz S. Increase propylene yields cost-effectively[J]. Hydrocarbon Processing, 2002(12): 77.

[13] 刘俊涛，谢在库，徐春明，等．C_4烯烃催化裂解增产丙烯技术进展[J]．化工进展，2005，24(12)：1347-1351.

[14] Bolt H V, Zimmmermanh H. Propylene boosting in steam crackers by integration of a Propylur unit[C]. //Proceedings of the 13th Ethylene Producers' Conference, New York: American Institute of Chemical Engineers, 2001.

[15] Niccum P K, Gilbert M F, Tallman M J, et al. Consider improving refining and petrochemical integration as a revenue-generating option[J]. hydrocarbon Processing, 2001, 8(11): 46-54.

[16] Leyshon D W, Cozzone G E. Production of olefins from mixture of C_{11}+olefins and paraffins: US 5043, 522 [P], 1989-04-25.

[17] Johnson D L, Nariman K E, Ware R A. Catalytic production of light olefins rich in propylene: US 6222, 087 [P], 2001.

[18] Vora B V, Marker T L, Barger P T, Enhanced light olefin Production: US 6049017[P], 2000-04-11.

[19] Dath J P, Vermeiren W, Herrebout K. Production of olefins: US6410813[P], 2002-06-25.

[20] 张兆前，李正，谢朝钢，等．重油催化裂解过程中的丙烯生成规律研究[J]．石油炼制与化工，2008，39(12)：28-32.

[21] 袁起民，李正，谢朝钢，等．催化裂解多产丙烯过程中的反应化学控制[J]．石油炼制与化工，2009，40(9)：27-31.

[22] 汪燮卿．关于开发碳四、碳五馏分生产丙烯技术方案的探讨[J]．当代石油石化，2003，11(9)：5-8.

[23] 朱根权，张久顺，汪燮卿．丁烯催化裂解制取丙烯及乙烯的研究[J]．石油炼制与化工，2005，36(2)：33-37.

[24] Anderson B G, Schumacher R R, Duren R, et al. An attempt to predict the optimum zeolite-based catalyst for selective cracking of naphtha-range hydrocarbons to light olefins[J]. J Mol Catal A, 2002, 181(1/2): 291-301.

[25] Weitkamp J, Jacobs P A. Martens J A. Isomerization and bydrocracking of C_9 through C_{16} n-alkanes on Pt/HZSM-5 zeolite[J]. Appl Catal, 1983, 8(1): 123-141.

[26] Buchanan J S, Santiesteban J G, Haag W O. Mechanistic considerations in acid-catalyzed cracking of olefins [J]. J Catal, 1996, 158(1): 279-287.

[27] Buchanan J S. Reactions of model compounds over steamed ZSM-5 at simulated FCC reaction conditions[J].

Applied Catalysis, 1991, 74(1): 83-94.

[28] Abbot J, Wojciechowski W. The mechanism of catalytic cracking of n-alkenes on ZSM-5 zeolite[J]. The Canadian of Chemical Engineering, 1985, 63(3): 462-469.

[29] 李再婷，蒋福康，闵恩泽，等．催化裂解制取气体烯烃[J]．石油炼制，1989，20(7)：31-34.

[30] 蒋福康，李再婷．蜡油催化裂解生产气体烯烃[J]．石油炼制，1992，23(9)：12-17.

[31] 李再婷．CHP-1 型裂解催化剂的工业运转[J]．工业催化，1993(1)：48-56.

[32] 王建国．催化裂解工业放大的工程技术问题[J]．炼油设计，1995，25(2)：15-19.

[33] 余本德，施至诚，许友好，等．CRP-1 裂解催化剂工业应用及 15 万 t/a 催化裂解装置开工运转[J]．石油炼制与化工，1995，26(5)：7-13.

[34] 谢朝钢，施文元．重质原料油生产轻烯烃的Ⅱ型催化裂解工艺和催化剂[J]．工业催化，1996，(2)：42-46.

[35] 谢朝钢．制取低碳烯烃的催化裂解催化剂及其工业应用[J]．石油化工，1997，26(12)：825-829.

[36] 谢朝钢，施文元，蒋福康，等．Ⅱ型催化裂解制取异丁烯和异戊烯的研究及其工业应用[J]．石油炼制与化工，1995，26(5)：1-6.

[37] 祝良富，石啸涛，李继炳．40 万 t/a 催化裂解装置的试运行及标定[J]．石油炼制与化工，1996，27(9)：7-12.

[38] 宫超．催化裂解工艺的能耗与可用能分析[J]．石油炼制与化工，1997，28(12)：36-41.

[39] 朱长健，姚孝胜．原料加氢预处理与催化裂解装置联合运行分析[J]．石油炼制与化工，2013，44(2)：47-50.

[40] 李再婷，刘舜华，葛星品．制取低碳烯烃的烃类催化转化方法[P]．中国，CN1004878，1989-07-26.

[41] Li Zaiting, Liu Shunhua, Ge Xingpin. Production of gaseous olefins by catalytic conversion of hydrocarbons. US4980053(A)1990-12-25.

[42] 李再婷，谢朝钢，施文元，等．多产低碳烯烃的催化转化方法[P]．中国，CN1034586，1997-04-16.

[43] 汪燮卿，蒋福康．论重质油生产气体烯烃几种技术的特点及前景[J]．石油炼制与化工，1994，26(7)：1-8.

[44] 汪燮卿，陈祖庇，蒋福康．重质油生产轻烯烃的 FCC 家族工艺比较[J]．炼油技术与工程，1995 年，25(6)：15-19.

[45] 周佩玲．深度催化裂解(DCC)技术[J]．石油化工，1997，26(8)：540-544.

[46] 李再婷．催化裂解架起了炼油与化工之间的桥梁[J]．中国工程科学，1999，1(2)：67-71.

[47] 李再婷，蒋福康，谢朝钢，等．催化裂解工艺技术及其工业应用[J]．当代石油石化，2001，9(10)：31-35.

[48] 王巍，谢朝钢．催化裂解(DCC)新技术的开发与应用[J]．石油化工与技术，2005，21(5)：8-13.

[49] Li. Zaiting, Jiang. Fukang, Min Enze. DCC—A new propylene production process from vacuum gas oil[C]. NPRA Annual Meeting, AM-90-40, Mar25 - 27, 1990.

[50] Wang Xieqing, Li Zaiting, Jiang Fukang, et al. Commercial trial of DCC(Deep Catalytic Cracking) process for gaseous olefins production[C]. AIChE 1991, Spring National Meeting(Houston 4/7-11/91).

[51] Li Zaiting, Shi Wenyuan, Wang Xieqing, et al. Deep catalytic cracking process for light-olefins production [J]. Fluid Catalytic Cracking III, 1994: 33-42

[52] Z. T. Li, W. Y. Shi, N. Pan, and F. K. Jiang. DCC flexibility for isoolefins production, advances in fluid catalytic cracking[J]. ACS, 1993, 38(3): 581-583.

[53] Chapin L, Letzsch W. Deep catalytic cracking for maximum olefin production[C]. NPRA Annual Meeting, AM-94-43, Mar. 20-22, 1994.

[54] Shi Wenyuan, Li Zaiting. Versatility of Petrochemical Production by Novel Refining Technology-DCC[C].

15th World Petroleum Congress, October 12-17, 1997, Beijing, China-WPC.

[55] Wang Xieqing, Zhong Xiaoxiang, Zhao Yuzhang, et al. Production of gasoline oxygenate feeds totally based on the integration of novel and improvedrefining process[C]. Proceedings of the World Petroleum Congress, 1998, 8.

[56] Xie Chaogang, Huo Yongqing, Li Zaiting, et al. FCC Family Technology Bridging Petroleum Refing with Petrochemical Industry[C]. 16th World Petroleum Congress, June 11-15, 2000, Calgary, Canada-WPC.

[57] 张领辉，李再婷，许友好. 不同晶粒大小的 ZSM-5 分子筛催化剂的裂化反应差异[J]. 石油炼制与化工，1995，26(10)：38-42.

[58] 张瑞驰，李再婷. 高温水热处理对 HZSM-5 催化剂择形裂化性能及氢转移性能的影响[J]. 石油炼制，1992，23(9)：12-17.

[59] 郑长波，李再婷. 镍污染对 HZSM-5 分子筛催化剂裂化性能的影响[J]. 石油炼制，1988，18(10)：68-70.

[60] 张瑞驰. 催化裂化多产气体烯烃催化剂[J]. 石油化工，1994，23(6)：406-412.

[61] 施至诚，施文元，叶忆芳，等. 制取低碳烯烃的裂解催化剂：中国，CN1034223[P]，1997-03-12.

[62] 施文元，张领辉，施至诚，等. 制取低碳烯烃的多沸石催化剂：中国，CN1048428[P]，2000-01-19.

[63] 施至诚，施文元，葛星品，等. 制取低碳烯烃的双沸石催化剂：中国，CN1053918[P]，2000-06-28

[64] 谢朝钢，罗一斌，赵留周，等. 一种石油烃裂解制取低碳烯烃的催化剂：中国，CN1205306[P]，2005-06-08.

[65] 谢朝钢，施文元，许友好，等. 大庆蜡油掺渣油催化裂解技术的工业应用[J]. 石油炼制与化工，1996，27(7)：7-11.

[66] 张执刚，张久顺，谢朝钢，等. 在烃油深度催化转化过程中使反再系统热量平衡的方法：中国，CN1195826[P]，2005-04-06.

[67] 孙连霞，孙明永，戚杰，等. 裂解汽油选择性加氢催化剂的研究[J]. 石油炼制与化工，1998，29(11)：6-9.

[68] 孙明永，胡延秀，汪燮卿，等. 催化裂解汽油加氢精制方法：中国，CN1035775[P]，1997-09-03.

[69] 孙明永，胡廷秀，汪燮卿. DCC 与 MIO 汽油馏分的选择性加氢[J]. 石油炼制与化工，1998，29(3)：16-20.

[70] 彭朴，胡廷秀，汪燮卿. 催化裂解轻油精制新途径[J]. 石油炼制与化工，1998，29(2)：13-16.

[71] 潘仁南，蒋福康，李再婷. 催化裂解(Ⅱ型)制取异丁烯和异戊烯的研究[J]. 石油炼制，1992，23(11)：22-26.

[72] 谢朝钢，刘舜华，王亚民. 一种同时制取低碳烯烃和高芳烃汽油的方法：中国，CN1065903[P]，2001-05-16.

[73] 谢朝钢，刘舜华，王亚民. 一种汽油馏分催化芳构化的方法：中国，CN1065900[P]，2001-05-16.

[74] 施至诚，王亚民，李再婷，等. 一种提高液化气产率和汽油辛烷值的方法：中国，CN1100117[P]，2003-01-29.

[75] 谢朝钢，张久顺，杨义华，等. 一种制取丙烯、丁烯及低烯烃含量汽油的催化转化方法：中国，CN1152119[P]，2004-06-02.

[76] 谢朝钢，张久顺，杨义华，等. 一种制取气体烯烃和低烯烃含量汽油的催化转化方法：中国，CN1164718[P]，2004-09-01.

[77] 高永灿，张久顺，谢朝钢，等. 利用 C_4 馏分增产丙烯、降低汽油中烯烃含量的方法：中国，CN1205154[P]，2005-06-08.

[78] 谢朝钢，李再婷，龙军，等. 一种增产轻烯烃的石油烃催化转化方法：中国，CN1234805[P]，2006-01-04.

[79] Xie Chaogang, Long Jun, Zhang Jiushun, et al. Catalytic conversion process for producing light olefins with a high yield from petroleum hydrocarbons：US7375256(B2)[P]. 2008-05-20.
[80] 金文琳. DCC 及 MGG 产品分离过程的研究与开发[J]. 石油炼制与化工，1994，25(8)：8-14.
[81] 钟孝湘，潘煜，林文才，等. 多产烯烃的催化裂化方法及其提升管反应系统：中国，CN1058046[P]，2000-11-01
[82] 李松年，汪燮卿，钟孝湘，等. 一种用于流化催化转化的提升管反应器：中国，CN，1095392[P]，2002-12-04.
[83] 鲁维民，汪燮卿，钟孝湘，等. 改善流化质量的方法和装置：中国，CN1115191[P]，2003-07-23.
[84] 鲁维民，汪燮卿，钟孝湘，等. 一种再生催化剂汽提塔和汽提再生催化剂的方法：中国，CN1156340[P]，2004-07-07.
[85] 鲁维民，汪燮卿，钟孝湘，等. 一种催化剂脱气塔和脱除催化剂携带气体的方法：中国，CN1170637[P]，2004-10-13.
[86] 许友好. 催化裂解反应动力学模型的建立及其应用[J]. 石油炼制与化工，2001，32(11)：44-47.
[87] 沙有鑫，龙军，谢朝钢，等. 催化裂解过程中空速和剂油比对液化气生成的影响[J]. 石油炼制与化工，2012，43(4)：1-4.
[88] 张执刚. 反应压力对催化裂解工艺的影响及反应机理研究[J]. 炼油技术与工程，2010，40(3)：6-9.

第五章 CPP工艺

第一节 引 言

一、CPP工艺开发背景

乙烯、丙烯等轻烯烃是合成纤维、合成树脂和合成橡胶的基本有机化工原料。2012年全球乙烯消费量已达到129Mt，未来5年预计将以年均4%的速度继续增长，按此计算相当于需求量每年将增长6Mt，到2017年总消费量接近158Mt。据估计，2011~2020年，全球乙烯行业将新增57Mt乙烯产能，其中40.5Mt将分布在中东和亚洲，约占总量的70%；另有12Mt新增产能在北美地区，占总量的22%。

目前轻烯烃的生产主要采用管式炉蒸汽裂解方法，该法所产乙烯占世界乙烯总产量的95%以上，所产丙烯占世界丙烯总产量的70%左右。蒸汽裂解的原料以轻烃和石脑油为主，2001年全球蒸汽裂解原料的比例为：乙烷29%、丙烷8%、丁烷3%、石脑油53%、轻柴油6%、其他1%，但随着天然气特别是页岩气的大规模开采，在2012年石脑油的比例已经降至43.6%，已经低于50%；2011年我国蒸汽裂解原料的比例为：轻烃14%、石脑油64%、加氢尾油15%、轻柴油3%、抽余油2%、其他2%，石脑油的比例占蒸汽裂解原料仍在50%以上[1,2]。

蒸汽裂解的产品以乙烯为主，兼产丙烯。原料越轻，其乙烯产率越高，但丙烯与乙烯的比值越低。表5-1-1列出了蒸汽裂解采用不同原料时的产品组成[3]。以乙烷为原料时，乙烯产率可以达到80%，产品中丙烯/乙烯比例仅0.03；而以轻柴油为原料时，乙烯产率为26.3%，丙烯/乙烯比值达0.57。

表5-1-1 蒸汽裂解采用不同原料时的产品组成

产品产率/%	原料				
	乙烷	丙烷	丁烷	粗石脑油	轻柴油
氢气	6.1	1.5	1.0	0.9	0.7
甲烷	5.9	28.5	24.1	16.3	10.7
乙烯	80.0	42.0	40.0	31.2	26.3
丙烯	2.6	16.2	17.2	16.1	15.1
丁二烯	2.3	3.2	3.9	4.5	4.6
裂解石脑油	2.2	6.0	9.2	22.0	17.3
燃料油	—	1.2	1.7	4.5	20.4
丙烯/乙烯比	0.03	0.39	0.43	0.52	0.57

（一）乙烯生产技术的发展

由于原油中的石脑油量有限，特别是世界上某些地区的原油偏重，其中轻油组分较低，如中国的原油，扩大乙烯原料来源是当务之急。过去人们曾对管式炉裂解法的原料重质化问题进行了研究，使管式裂解炉对原料的适应性正不断提高，已由传统的石脑油扩展到煤油、轻柴油、乃至轻减压馏分油，西欧和日本还试图研究用原油甚至重油、渣油作为管式炉裂解原料，但由于管式炉结焦严重、技术不成熟，而难于工业化。对于非管式炉裂解，早期发展起来的砂子炉、蓄热炉裂解工艺可以裂解重油，但由于设备庞杂、生产效率低、经济效益差等问题而被淘汰。

1. 工艺研究进展

催化裂解(Deep Catalytic Cracking，DCC)技术是1990年RIPP开发成功的一项以重质原料生产轻烯烃的新技术[3]。它是采用常规催化裂化工艺流程以及提升管加密相流化床反应器，在专门研制的择形分子筛催化剂作用下，对重质石油烃进行裂解的过程。该方法可以加工减压馏分油、减压馏分油掺渣油、常压渣油等重质原料，操作条件比蒸汽裂解缓和得多，主要目的产物是丙烯，联产各种丁烯、乙烯及高辛烷值汽油馏分或芳烃等化工原料。该技术工业化结果表明，以大庆常压渣油为原料，在556℃反应温度下，可以得到24.8%的丙烯和15.3%的丁烯[4,5]。

国外也开展了催化方法制取轻烯烃技术的研究，如KBR和Mobil技术开发公司合作开发了双提升管Maxofin工艺[6]、UOP公司开发了双提升管PetroFCC工艺[7]、ABB Lummus公司开发了高反应温度和汽油回炼的组分选择性裂化SCC工艺[8]以及Nesty Oy公司开发了下行式反应器NeXCC工艺[9]等，这些技术都借鉴流化催化裂化的经验，通过提高反应苛刻度、或使用ZSM-5助剂、或汽油回炼等方法来增产丙烯，其乙烯产率较低。

日本东洋工程公司开发的THR(Total Hydrocarbon Reforming)工艺过程[10]是一种以重质油为原料催化转化生产轻烯烃的过程，所用的催化剂主要成分为$Ca_{12}Al_{14}O_{33}$及$Ca_3Al_2O_6$。该技术的特点是可以加工从石脑油到减压瓦斯油的各种馏分。在中试装置上，以减压馏分油为原料，在反应温度900℃、反应压力0.392MPa、停留时间为0.035s、水蒸气与原料中碳的摩尔比为1.15的操作条件下，可以得到30.3%乙烯和4.0%丙烯。

美国石伟工程公司开发的QC(Quick Contact)技术[11]是在催化裂化的基础上，采用下行式反应器以及独特的混合和气固分离设备，制取轻烯烃的技术。可以加工重质原料油，停留时间可控制在0.2s之内，反应温度为800~1000℃。

德国科学院柏林化工研究所开发的TCSC(Thermal-Catalytic Steam Cracking)技术[12]采用固定床反应器加工AGO和VGO，所用的主催化剂为氧化钙/氧化铝、助催化剂为钒酸钾，可以提高乙烯产率。

这些工艺虽然都可以加工重质原料，但反应温度都超过800℃，并且都还未工业化。

2. 催化剂研究进展

催化法生产乙烯的催化剂主要有金属氧化物催化剂和沸石分子筛催化剂两大类。

1）金属氧化物催化剂

采用金属氧化物或其混合物作为裂解反应制乙烯的催化剂，可以降低反应温度，减少结焦，提高乙烯收率，而且原料的适应性也得到改善。金属氧化物在反应中一方面起到热载体的作用，更重要的是作为反应的催化剂起到促进自由基初始反应的作用，使原料转化率增加，从而使目的烯烃的收率得到提高。

Pierre 等[13]采用非脱氢金属氧化物的混合物作为催化剂，如 $MgO-Al_2O_3-CaO$（含少量 SiO_2、Fe_2O_3、ZrO_2、K_2O、Cr_2O_3）和 $MgO-SiO_2-ZrO_2$（含少量 Nd_2O_3、CaO、Al_2O_3），可以提高乙烯收率，而且反应没有积炭。但裂解气体中含有大量 CO 和 CO_2。

Tomita 等[14]发现 CaO、BeO、SrO 等碱土金属氧化物或其混合物或与氧化铝的煅烧产物，在重质原料转化为烯烃工艺中可以提高轻烯烃的产率。碱土金属氧化物具有控制原料烃类脱氢反应、抑制热聚合反应的性质，裂解产物中也含有大量 CO 和 CO_2。在中型试验装置上，应用含 11.4%的 CaO、4.3%的 BeO、20.8%的 SrO 和 63.6%的 Al_2O_3的烧结物为催化剂，在 720℃、水油比为 3：1，停留时间为 0.7s 的条件下，可以得到 51.7%的 C_2H_4和 15.2%的 C_3H_6。

Wrisberg 等[15-16]用 Zr 或 Ti 的氧化物为活性组分，活性氧化铝为载体作为催化剂，并加入碱土金属或碱金属的氧化物，通常为 K_2O，以阻止焦炭的沉积，此催化剂虽可明显降低积炭量，但未能提高乙烯的收率。

Kolombos 等[17-18]用 MnO_2作为活性组分，以耐火的材料氧化钛或氧化锆为载体，在实验室装置上，以科威特蜡油或常压渣油为原料，在 800~900℃、水油比在 2.0 以上，得到乙烯收率 17%~23%，反应 2h 后无积炭。

应用金属氧化物或其混合物进行裂解反应，虽然达到了改善原料的适应范围，降低反应温度，减少结焦，提高乙烯收率的目的，但这种催化剂的缺点也是明显的：从反应的产物来看，都生成了比较大量的 CO 和 CO_2，这样势必给烯烃产品的回收带来许多困难，增大产品分离、回收设备的投资；从工艺方面来看，反应温度都接近 800℃，这样就面临设备高温、磨损及固体颗粒破损等一系列工程问题。

2）沸石分子筛催化剂

沸石分子筛具有酸性中心，可以使烃类以正碳离子机理进行裂解反应，但是由于正碳离子的性质，其裂解产物以丙烯、丁烯为主，乙烯较少，而且会由于氢转移等副反应的影响，使产物中的烯烃产率较低。因此文献中多用高硅铝比的分子筛，以降低酸中心的密度，控制氢转移反应，以提高产物中烯烃的选择性，或采用中孔或小孔的分子筛，通过其择形作用增大乙烯的选择性；或在分子筛上交换金属离子或负载金属氧化物，改变分子筛表面的酸性和酸中心分布，抑制氢转移反应，来改善乙烯等烯烃的选择性。

Pop 等[19]采用改性的合成丝光分子筛，在 600~750℃及 0.01~2MPa 下，可以使低级烷烃（乙烷、丙烷、丁烷）或直馏原油（沸点低于 550℃），裂解得到高收率的乙烯和丙烯，这是首次将分子筛应用于催化热裂解过程。改性丝光分子筛中以吸附法或共晶法加入稀土金属的氧化物，如以 Ag 进行交换得到的催化剂，在小型试验装置上，在 725℃、常压下，质量空速为 $1.5h^{-1}$，C_9~C_{14}正构烷烃裂解，乙烯选择性可达 42.13%，丙烯为 18.79%，催化剂积炭仅为 0.4%，若用 0.1%的 Ce 负载于 Ag-Mor 上，反应积炭可降到 0.2%。此种催化剂可使用的原料范围很宽，由丁烷到 550℃的馏分，产生高收率的烯烃和二烯烃，即使采用重油馏分，结果也很好，催化剂失活后，可用空气再生。

Bittrich 等[20]用钙、镁或锰离子交换的 A 型分子筛为催化剂，以减压瓦斯油为原料，在 500~650℃、体积空速大于 $20h^{-1}$条件下，反应中存在含氧化合物，C_2~C_4烯烃产率很高。用碱土金属交换的分子筛(包括小孔丝光分子筛、毛分子筛)作为催化剂，用馏程为250~450℃的减压馏分油为原料，在试验装置上，在650℃、体积空速大于$20h^{-1}$、氢气或水蒸气存在下裂解，转化率为83.5%，气体选择性为73.2%，其中乙烯33.0%，丙烯35.2%，丁烯4.7%。

高桥卓[21]以H-ZSM-5或碱土金属交换的ZSM-5为催化剂，用石脑油或C_2~C_{12}直链烷烃为原料，在550~700℃、空速为0.5~$20h^{-1}$下进行裂解反应。石脑油于680℃下，在H-ZSM-5上反应，总转化率达96.5%，其中C_2H_4为22.0%，C_3H_6为22.2%，C_6~C_8芳烃为26.4%。用C_2~C_{12}直链烷烃在680℃下，在Mg-ZSM-5上反应，总转化率为97.6%，其中：C_2H_4为22.3%，C_3H_6为20.8%，C_6~C_8芳烃为22.8%。

角田隆等[22]提供了在ZSM-5上引入了IB族金属，硅铝比28~300，中间细孔中导入碱金属和/或碱土金属离子的催化剂，该催化剂在500~900℃经水热处理。以石脑油为原料，操作条件为：550~750℃下，采用烃分压0.01~1.0MPa，接触时间1s以下，可得到较高收率的乙烯等低碳烯烃和单环芳烃。典型产物分布为：乙烯22%~25%，丙烯16%~20%，芳烃在20%以上。

但这些催化剂研究还处于实验室探索阶段，尚无工业化试验报道。

刘鸿洲等[23]应用含有不同过渡金属的ZSM-5分子筛及催化剂对轻柴油进行催化热裂解反应，研究了在分子筛及催化剂中引入过渡金属对于催化热裂解反应机理及乙烯、丙烯产率的影响。发现ZSM-5分子筛或催化剂中引入过渡金属后，反应产物分布发生了变化，催化热裂解反应的机理有了一定程度的改变，尤其是银的引入提高了乙烯的产率，而且未降低丙烯产率，说明银在催化热裂解反应中既可以促进正碳离子的生成，又有可能通过氧化还原作用部分改变反应机理，促进自由基的生成。

柯明等[24]考察了不同结构及硅铝比的分子筛进行催化裂化反应中低温低转化率、高温高转化率裂解的反应以及反应温度对乙烯选择性的影响，发现分子筛的孔径是影响乙烯选择性的主要因素，中小孔分子筛对乙烯的选择性都比大孔分子筛要好。在中小孔分子筛中，二维孔道对乙烯的选择性更好。在低温低转化率的条件下，随着HZSM-5分子筛硅铝比的增加，乙烯选择性变化很小；在高温高转化率的条件下，乙烯选择性随着HZSM-5分子筛硅铝比的增加而增加。

柯明等[25-27]还对不同硅铝比的ZSM-5进行磷改性，发现磷改性能提高水热处理后ZSM-5[$n(SiO_2)/n(Al_2O_3)<200$]的酸中心浓度和强度、水热骨架和活性稳定性。ZSM-5分子筛晶型的水热稳定性不仅与磷含量有关，也和分子筛的骨架铝含量有关，磷改性不能阻止$n(SiO_2)/n(Al_2O_3)>100$的ZSM-5分子筛水热老化时晶型的转变。另外，磷改性分子筛的催化活性也与磷含量和分子筛的铝含量有关，铝含量高的活性也高[$n(SiO_2)/n(Al_2O_3)$为25~200]。以正辛烷为原料时，磷改性的ZSM-5的活性越高越有利于乙烯生成。

(二)催化热裂解开发背景

20世纪80年代末，RIPP开发了以重油为原料、采用含稀土五元环高硅分子筛的催化剂生产丙烯为主要目的产物的催化裂解工艺。该技术自1990年工业化以来在国内外已有10套工业装置投产。该技术的开发成功在世界上引起很大的反响。

在催化裂解技术的基础上，通过对工艺、工程及催化剂的进一步改进，RIPP又开发了重油原料直接制取乙烯的催化热裂解(Catalytic Pyrolysis Process，CPP)技术，并在2000年成功地进行了工业化试验[28]。2002年，RIPP在圣安东尼奥AIChE年会作了CPP技术报告，介绍了CPP技术的研发和工业应用成果[29]。

二、CPP工艺的创新点

（一）技术构思

传统的蒸汽裂解制取轻烯烃的工艺采用的是纯热反应的路线，其特点是高温、轻石油组分原料和产品以乙烯为主。

催化热裂解的研究试图改变传统纯热反应生产乙烯的路线，应用催化剂使裂解反应温度大幅度降低，既能加工重质原料，又能增加产品中丙烯的比例。催化热裂解技术的主要构思有以下几点：

（1）研制出一种具有固体酸的、既有大孔又有中孔的催化剂，使重质原料进入大孔中一次裂化为汽油和柴油，再使汽油在中孔中选择性地二次裂解生成低碳烯烃。

（2）在固体酸催化剂的作用下降低裂解活化能，使催化反应的温度远低于纯热反应。

（3）在工艺方面借鉴炼油催化剂流化、连续反应和再生的技术，而不是传统的裂解炉工艺。利用裂解过程沉积于催化剂上的焦炭，在催化剂再生时燃烧焦炭所产生的热量，由再生后的催化剂循环到反应器，提供裂解反应所需的热量，以实现反应及再生系统的自身热平衡操作。

（4）由于反应过程生成的焦炭沉积于催化剂上而不是在设备上，故原料不需要使用石脑油等轻质原料，可以采用原油蒸馏出汽油及柴油后的重质原料。

（二）反应历程

石油烃类的裂解一般按正碳离子反应机理和自由基反应基理进行。

在固体酸催化剂上的裂解反应主要通过正碳离子进行，但由于反应仍在较高的温度下进行，故也有部分自由基反应。

Anderson等[30]根据Haag and Dessau在1984年提出的反应路径，优化含分子筛的催化剂，提高石脑油馏分烃类的选择性裂化反应。根据这一机理，低碳烯烃通过烷烃的质子化裂化产生。烷烃通过质子化形成五配位正碳离子，五配位正碳离子发生C—C键断裂生成烷烃（包括甲烷和乙烷），或者发生C—H断裂生成氢气和三配位正碳离子，三配位正碳离子将一个氢质子还给分子筛后形成烯烃。通过质子化裂化可以产生乙烯。

Corma等[31]认为在高度脱铝分子筛上，裂化反应在骨架外铝中心通过自由基机理进行，产生更多的C_1和C_2烃类，主要是乙烯。试验结果表明在650℃下，裂化反应既包括正碳离子反应，也包括自由基反应[32-34]。

1. 自由基机理

在高温、无催化剂条件下烷烃裂解按自由基机理进行。生成的自由基会发生一系列反应，而两个自由基相遇会引起链的终止。以链烷烃为例，首先发生均裂，生成两个伯碳自由基：

$$R_1—CH_2—CH_2—R_2 \longrightarrow R_1—CH_2\cdot + R_2—CH_2\cdot \qquad \text{链引发}$$

自由基能从烃类中得到$H^{\cdot}$，而使其生成新的自由基，由于C—H键解离能的大小顺序为：伯碳自由基>仲碳自由基，因此自由基容易夺取仲碳碳原子上的氢。对于异构烷烃，叔碳自由基的C—H键解离能最小，自由基更容易夺取叔碳原子上的氢。

$$RCH_2—CH_2·—CH_2 \longrightarrow RCH_2·+CH_2=CH_2$$ 链分解

新生成的自由基继续在β位的C—C键断裂生成乙烯和更小的伯碳自由基，直至形成甲基自由基。甲基自由基从烃类分子获得一个氢自由基生成甲烷和一个随机的仲碳自由基：

$$RCH_2CH_2CH_2CH_2CH_2CH_2CH_3+CH_3· \longrightarrow RCH_2CH_2CH_2CH_2CH(·)CH_2CH_3+CH_4$$

链传递

生成的仲碳自由基继续在β位的C—C键断裂，生成一个α-烯烃和一个伯碳自由基：

$$RCH_2CH_2CH_2CH_2CH(·)CH_2CH_3 \longrightarrow RCH_2CH_2CH_2·+CH_2=CHCH_2CH_3$$

$$RCH_2CH_2CH_2CH_2CH(·)CH_2CH_3 \longrightarrow RCH_2CH_2CH_2·+CH_2=CHCH_3$$ 链分解

两个自由基结合，链反应终止。

$$R_1·+R_2· \longrightarrow R_1—R_2$$ 链终止

从以上反应过程可以看出，链烷烃通过自由基反应生成大量乙烯、部分甲烷及α-烯烃、环烷烃反应机理与烷烃类似，但还存在有环化、脱氢芳构化、歧化等反应。烯烃断链的位置主要发生在双键的β位，环烷烃开环后生成烯烃继续反应。

2. 正碳离子反应机理

在酸性催化剂存在下催化裂解还遵循正碳离子反应机理。首先是正碳离子的形成，它有几种不同的途径：

（1）烷烃：烷烃分子得到正氢离子或失去负氢离子形成正碳离子。

$$R+HX \longrightarrow RH^++X^-$$

$$RH+L \longrightarrow R^++LH^-$$

（HX：质子酸；L：L酸）

（2）烯烃：烯烃分子得到正氢离子形成正碳离子。

$$RCH=CH_2+HX \longrightarrow RCH^+CH_3+X^-$$

（3）正碳离子与烷烃反应生成新的正碳离子。

$$R_1^++R_2H \longrightarrow R_1H+R_2^+$$

形成的正碳离子主要参与以下反应：

（1）异构化。由于正碳离子的稳定性为叔碳>仲碳>伯碳，因此生成的伯、仲正碳离子容易发生异构化，生成较多的异构烷烃(通过氢转移)和异构烯烃(通过失去质子)。

（2）裂解。大的正碳离子通过在β位的C—C键断裂生成1个烯烃分子和1个正碳离子。正碳离子继续通过在β位的C—C键断裂进一步裂解，直至生成不能再断裂的正碳离子（$C_3H_7^+$、$C_4H_9^+$），$C_3H_7^+$、$C_4H_9^+$进一步通过氢转移反应生成丙烷、异丁烷或通过失去质子生成丙烯、异丁烯。

（3）链传递。正碳离子与烃类作用形成新的正碳离子。

（4）链终止。正碳离子将H^+还给催化剂，本身变为烯烃。

正碳离子还发生烷基转移、烷基化等反应。

石油馏分的催化裂解是一复杂的平行顺序反应，通过裂解生成的产物还会参与二次反应，如异构化、氢转移、脱氢生成二烯烃、环化脱氢生成芳烃、芳烃缩合等。其中氢转移反应主要是烯烃参与的重要反应。如：

烯烃+环烷烃⟶烷烃+芳烃(或环烯烃)

烯烃+烯烃⟶烷烃+芳烃(或二烯烃)

环烯烃+环烯烃⟶环烷烃+芳烃

由于氢转移反应消耗烯烃，对于乙烯、丙烯生产不利，因此 CPP 工艺需抑制氢转移反应的发生。

3. 生成乙烯、丙烯的反应：

(1) 乙烯。对自由基反应机理而言，乙烯主要靠伯碳自由基在β位的C—C键断裂生成。对正碳离子反应机理而言，乙烯也可通过低级伯正碳离子(如正丁基正碳离子)在β位的C—C键断裂生成：

$$CH_3—CH_2—CH_2—CH_2^+ \longrightarrow CH_3—CH_2^+ + CH_2=CH_2$$

由于伯正碳离子不稳定，易转化为仲正碳离子和叔正碳离子。因此，增加伯正碳离子的稳定性对乙烯生成有利。在较高反应条件下，叔丁基正碳离子、仲丁基正碳离子吸收10~25kJ/mol能量转化为正丁基正碳离子：

$$CH_3^-CH_2^-CH^+—CH_3 \longrightarrow CH_3^-CH_2^-CH_2^-CH_2^+ + 10 \sim 25kJ/mol$$

温度升高对吸热反应有利，因而对通过正碳离子反应生成乙烯也有利。

(2) 丙烯。对自由基反应机理而言，丙烯主要靠仲碳自由基在β位的C—C键断裂生成。对正碳离子反应机理而言，可通过低级仲正碳离子在β位的C—C键断裂生成。

(三) 基本特征比较

在固体酸催化剂上的裂解反应主要通过正碳离子进行，但由于反应仍在较高的温度下进行，故也有部分自由基反应。重油原料在催化剂表面及大孔中的一次反应简绘如图5-1-1所示。

一次反应生成的汽油是不稳定的，它继续在有择形性能的中孔分子筛中进行二次反应。二次反应网络示意如图5-1-2所示。

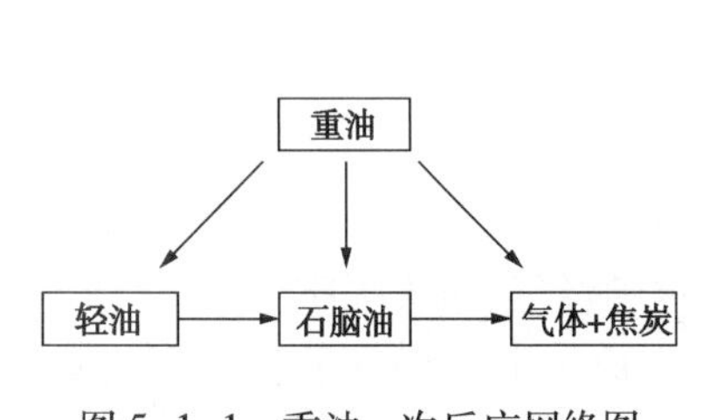

图5-1-1　重油一次反应网络图

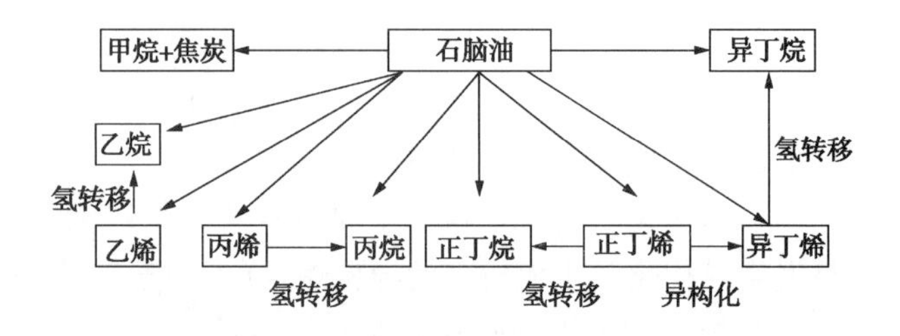

图5-1-2　裂解石脑油二次反应网络图

表5-1-2列出了催化热裂解与催化裂解和蒸汽裂解的主要特征的对比。催化热裂解技术具有使用重质原料、较低反应温度操作、连续反应再生及产品丙烯/乙烯比例较高等特点。

(四) 产品组成比较

蒸汽裂解、催化裂解和催化热裂解的目的产品均为烯烃并兼产轻芳烃。由于蒸汽裂解和催化裂解与催化热裂解所用原料不同，难以同一原料作比较。现选择一组略微接近的原料，蒸汽裂解为大庆原油的轻质减压馏分油，催化裂解和催化热裂解均为大庆原油的常压渣油。

表 5-1-2 催化热裂解与催化裂解和蒸汽裂解的特征

工艺技术	热加工路线	催化路线	
	蒸汽裂解	催化裂解	催化热裂解
化学反应	热反应	催化反应	催化反应兼热反应
反应器	管式炉	提升管+流化床层	提升管
反应机理	自由基	正碳离子	正碳离子兼自由基
烧焦模式	间断烧焦	连续烧焦	连续烧焦
原料	粗石脑油为主	重油	重油
催化剂	无	有	有
裂解反应温度/℃	800	540~560	610~640
产品中丙烯/乙烯	0.5~0.6	3~4	0.9~1.6

表 5-1-3 显示了催化热裂解与催化裂解和蒸汽裂解烯烃产率与苯、甲苯、二甲苯(简称 BTX)组成的产率比较。

表 5-1-3 催化热裂解与相关技术的比较

工艺	催化热裂解	催化裂解	蒸汽裂解
原料油	大庆常压渣油	大庆常压渣油	大庆轻减压馏分油
反应温度/℃	640	556	800
气体烯烃产率/%			
乙烯	20.37	6.85	23.00
丙烯	18.23	24.83	14.50
丁烯	7.52	15.27	4.46
丁二烯	0.40	0.05	4.65
裂解石脑油 BTX 含量/%			
苯	16.38	1.57	28.43
甲苯	24.18	5.69	19.21
二甲苯	19.48	9.96	11.49

催化热裂解的乙烯、丙烯和丁烯产率分别为 20.37%、18.23%及 7.52%，其丙烯和丁烯产率较蒸汽裂解高，而蒸汽裂解的乙烯产率略高，由于蒸汽裂解反应温度较高，故产品中还有一些丁二烯。虽然催化热裂解原料要重得多，但两者的总轻烯烃产率相近，均为 46%左右。催化热裂解产品芳烃中的甲苯与二甲苯比值较高，这是由于催化热裂解兼有正碳离子反应，芳烃上的甲基脱除较难之故。不论作为汽油调合组分或提取纯芳烃，甲苯及二甲苯都具有更高的使用价值。

催化热裂解的乙烯产率显著高于催化裂解，而催化裂解的丙烯与丁烯产率较高，这进一步说明催化裂解主要为正碳离子反应，烯烃产品以碳三、碳四为主。催化热裂解兼有正碳离子及自由基反应，故产品组成介于催化裂解与蒸汽裂解之间。

三、CPP 工艺的发展方向

从 2007 年开始，世界原油和凝析油的品质总体呈下降趋势。世界原油的 API 度(加权平均值)将从2011年的36.1降到2020年的35.8，2023年进一步降至35.5。北非轻质原油的停产，导致全球轻质原油产量下降。为了弥补轻质原油产量的下降，中东地区的重质原油产量在增加，这是API度降低的主要原因。在2023年之后的数年，全球原油API度将徘徊在35.5的水平，到2030年略有上升的趋势。

未来欧佩克中东国家的原油将变得越来越重；非洲原油会先变重，在2015年之后逐步变轻，与当前水平相当；独联体原油在未来将变轻，硫含量将增加。从中国原油进口的来源看，2011年，从欧佩克中东国家进口的原油量最多，几乎占总进口量的一半；非洲和独联体也是中国进口原油的重要来源。因此，预计中国进口的原油在未来一段时间内将有变重的趋势，硫含量亦将有所上升，酸性加重，这将对中国炼油化工厂加工方案灵活性提出更高要求。

乙烯原料是影响乙烯成本的主要因素，在乙烯生产中，原料在总成本中所占比例高达70%~75%。目前，世界乙烯原料主要有乙烷、丙烷、丁烷、LPG、凝析油、石脑油、加氢裂化尾油及粗柴油等。由于世界各地区油气资源禀赋不同，各地区乙烯原料的构成存在明显差异。

近年来，随着美国页岩气开发成功，美国天然气和从中获取的乙烷产量大幅度提高。据数据表明，美国乙烯裂解原料的结构发生了很大变化，天然气价格的变化动态主导了乙烯原料结构的调整。

目前，美国天然气价格不足5美元/MMBtu(1Btu=1055.056J)，而美国乙烷的价格2011年很多时候在6~8美元/MMBtu，2012年初在10美元/MMBtu左右，远低于原油的价格。在国际原油价格不断震荡高企的同时，美国天然气和乙烷价格却保持低位且相对稳定，这样使美国乙烯生产商的竞争优势进一步得到增强。

相对于中东和北美地区而言，亚太、西欧地区乙烯原料价格较高。2012年，以石脑油为主要乙烯裂解原料的亚太和西欧地区的石脑油现货价格大部分时间保持在20美元/MMBtu上下的水平，最高时达到23美元/MMBtu，最低时也有18美元/MMBtu。由此可见，中东和北美地区乙烷的原料价格占有绝对优势。

现阶段石脑油仍是我国最主要的乙烯原料。据中国石油经济技术研究院的数据表明，我国乙烯工业受资源限制，使用的原料以石脑油为主，其次是轻柴油、加氢尾油等。其中，石脑油约占64%、加氢尾油约10%、轻柴油约10%。国内乙烯原料90%来自炼油厂，原料的构成在目前或将来都不占优势，原料虽可以做到相对优质，但并不廉价，我国乙烯裂解装置单位投资较高，能耗较高，原料成本较高。

相比之下，我国乙烯价格在国际市场毫无价格优势可言。近年来，随着国际原油价格的不断上涨，我国乙烯制造的主要原料石脑油的价格也“节节攀升”。据行业统计，单纯就乙烯价格进行比较，我国与中东和美国的价格差在2000元人民币/t以上。

在将来乙烯行业中，由于原料的变化，使得乙烯生产成本差别很大，乙烯价格也会有明显差距，可以预见，未来乙烯行业竞争的主要是原料，而我国现阶段乙烯原料主要为石脑油，原料成本明显不占优势。因此，需要寻找新的低价原料，同时，采用新的原料，产品分布会出现变化，如采用轻质原料如乙烷，和以石脑油相比，产物中乙烯比例明显提高，而丙烯和芳烃的产率将会降低。在这样的背景下，利用重油催化热裂解将是蒸汽热裂解制乙烯的一条有效补充措施。重油催化热裂解根据自由基反应和正碳离子反应的特点，充分利用催化剂的催化作用，除多产乙烯外，还兼顾丙烯的生产，并可根据市场的需要，通过催化剂配方和操作条件的调整，灵活地多产乙烯或多产丙烯。

催化热裂解自20世纪90年代开发以来，成功地完成工业示范试验，并进行了工业应用。一套500kt/a的催化热裂解装置自2009年开工以来，已平稳运行4年多。催化热裂解制乙烯技术集成了各种技术。在催化材料上，开发了金属改性的ZSM-5分子筛，大大提高了乙烯产物的选择性，并在此基础上研制出专用的催化热裂解催化剂，有效地解决了催化剂的催化性能与流化性能，使得催化热裂解反应能够连续进行。同时，催化热裂解得到的裂解产品与蒸汽裂解产品的特点存在一定差异，对产品精制提出了一些新的要求。由于催化热裂解的原料为重质原料，且采用连续反应再生工艺，使得催化热裂解产物中可能出现NO_x、砷等杂质，另外，裂解产物的炔烃、二烯烃会有所下降，对催化热裂解产品的精制提出一些新的要求，在高效脱除杂质的同时，保证目的产物乙烯、丙烯产率不下降，需要在催化剂、操作条件上进行优化。

催化热裂解的反应温度比蒸汽裂解低很多，但和催化裂化相比，反应温度还是高出将近100℃，剂油比大，再生条件苛刻，对催化剂强度等理化指标提出了更高的要求。由于反应温度高，离开反应器的油气温度高，且其中炔烃、二烯烃等活性物质含量高，容易发生二次反应，导致装置结焦，为了克服这一问题，需要对反应油气进行急冷，但油气急冷流程设计，对产物分布、装置长周期运行影响非常明显，在近4年的生产实际中，积累了不少生产经验，对装置进行了改进，获得了较好的结果，但从目前产物分布来看，还存在进一步优化的空间。

由于反应温度高，二次反应对产物分布的影响，不能继续比照催化裂化来预测其对产物分布的影响，比如反应油气离开催化剂后在装置内停留时间对产物分布的影响需要深入研究，这将对装置型式、操作参数选取等产生影响。

催化热裂解制乙烯通过了较长时间工业应用的考验，是生产乙烯的一种有效补充手段。通过对重油催化热裂解生成乙烯的认识加深，将会在催化剂、操作参数、反应器型式、加工流程等方面进一步优化，取得更好的效果。

第二节　原料和催化剂

一、CPP原料性质

在小型固定流化床反应装置上，采用CEP催化剂，在反应温度680℃、进料质量空速为$10h^{-1}$、剂油比为10的操作条件下，进行了不同原料油的催化热裂解试验，试验结果见图5-2-1。结果显示大庆蜡油的烯烃产率与大庆常压渣油接近、但明显高于管输蜡油，表明原料油的石蜡性对催化热裂解烯烃产率有很大的影响，石蜡性越强，其烯烃产率越高。

二、CPP催化剂

（一）催化剂活性组分

1. 五元环高硅分子筛催化剂

ZRP分子筛是RIPP研制的一种用于多产轻烯烃的含稀土五元环高硅分子筛，它具有

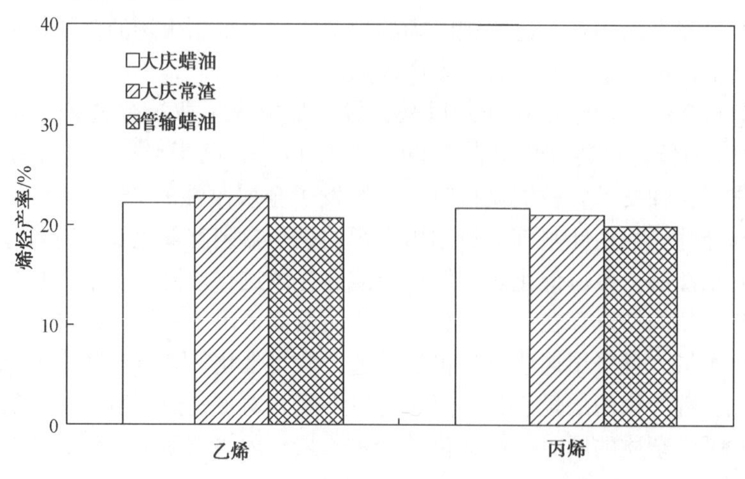

图 5-2-1　原料油对催化热裂解烯烃产率的影响

ZSM-5 的结构特征。表 5-2-1 为 ZRP 分子筛和石英砂在不同反应温度下的轻油微反结果[29]。实验条件为：反应温度 650℃和 680℃、剂/油比 3.2、质量空速 $16h^{-1}$、催化剂装量 5.0g、进油量 1.56g、进油时间 70s、原料油为大港轻柴油。在 650℃反应时，ZRP 分子筛的乙烯产率较石英砂高出 3.29 个百分点，丙烯产率为 15.95 个百分点、约为石英砂的 3 倍。当反应温度升至 680℃，石英砂和 ZRP 分子筛的乙烯、丙烯和丁烯的产率都增加了。上述结果表明反应温度升高热裂化反应速率增长迅速，此时 ZRP 分子筛的三烯绝对产率显著高于作为惰性载体的石英砂。

表 5-2-1　ZRP 分子筛和石英砂微反测试结果

项　目	650℃		680℃	
	石英砂	ZRP	石英砂	ZRP
产品分布/%				
裂化气	17.05	37.94	30.68	45.80
乙烯	5.19	8.48	9.31	11.20
丙烯	4.39	15.95	8.07	17.95
丁烯	2.35	6.80	4.59	7.56
裂解石脑油	23.21	18.22	25.10	18.33
裂解轻油	49.02	37.40	34.92	26.31
裂解重油	7.66	5.20	5.33	3.41
焦炭	0.12	0.98	0.49	1.80
损失	2.94	0.26	3.48	4.35
转化率/%	43.32	57.40	59.75	70.28
总气体烯烃/%	11.93	31.23	21.79	36.71

2. 不同碱土金属改性的分子筛催化剂

为了进一步提高催化剂的乙烯选择性，用 Ca 和 Mg 等碱土金属离子对 ZRP 分子筛进行了改性，考察碱土金属离子改性对分子筛催化剂裂解性能的影响。

在小型固定流化床反应装置上，采用大庆蜡油为原料，在反应温度680℃、剂油比10、质量空速$10h^{-1}$的操作条件下，以含ZRP分子筛的催化剂A为对比剂，对含Ca和Mg等碱土金属离子改性ZRP分子筛的催化剂B和C进行了评价试验，其结果列于表5-2-2[35]。试验时催化剂经过800℃、17h、100%水蒸气老化处理。

表5-2-2　不同碱土金属改性分子筛催化剂的试验结果

项　　目	催化剂A	催化剂B	催化剂C
活性组分	ZRP	Ca/ZRP	Mg/ZRP
转化率/%	89.98	93.63	91.02
裂化气产率/%	65.98	68.61	69.70
乙烯	19.54	19.81	20.77
丙烯	22.06	22.72	22.47
丁烯	9.80	10.53	10.69
乙烯/丙烯比	0.89	0.87	0.92
乙烯选择性/%	21.72	22.16	22.82

表5-2-2结果表明，与催化剂A相比，经Ca改性的分子筛催化剂B的乙烯产率、乙烯选择性和乙烯/丙烯比变化不明显，而经Mg改性ZRP分子筛的催化剂C的乙烯产率、乙烯选择性和乙烯/丙烯比明显提高。ZRP分子筛经碱土金属离子改性后，分子筛的酸性和酸中心分布发生了变化。用吡啶-红外光谱法测定经800℃、100%水蒸气老化处理4h后的分子筛样品的酸性数据可知，Ca离子改性ZRP分子筛的L酸/B酸比与母分子筛ZRP相近，但Mg离子改性ZRP分子筛的L酸/B酸比是母分子筛ZRP的1.5倍。

3. 加入不同含量碱土金属氧化物的效果

将不同含量的氧化镁和一定量的基质、黏结剂和Mg/ZRP分子筛混合制浆制备成催化剂，考察碱土金属含量对催化剂裂化性能的影响。

在小型固定流化床反应装置上，采用大庆蜡油掺30%减压渣油为原料，在反应温度660℃、剂油比15、质量空速$10h^{-1}$的操作条件下进行试验，试验时催化剂经过820℃、17h、100%水蒸气老化处理，其结果列于图5-2-2[36]。试验结果表明，随着催化剂中氧化镁含量的增加，乙烯和丙烯的产率也随之增加，其中乙烯的增加幅度更大。这主要是因为氧化镁的加入促进了自由基反应，从而使得乙烯产率大幅度提高。

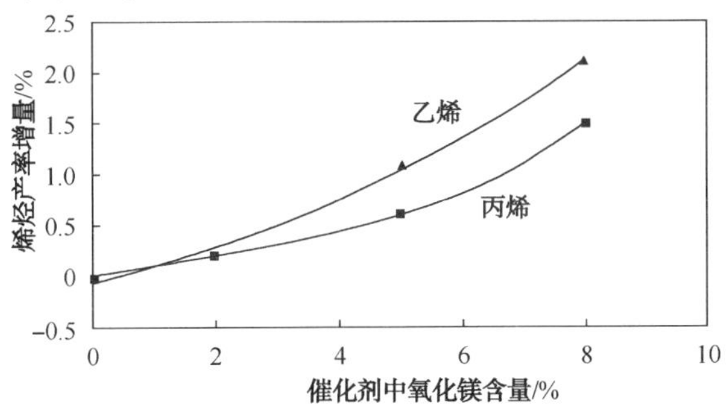

图5-2-2　催化剂中加入氧化镁对烯烃产率的影响

（二）催化剂制备

通过对催化剂活性组分、基质及其制备工艺的系统研究，开发出了适合催化热裂解工艺要求的 CEP 催化剂[37-43]。该催化剂主要具有以下特点：①采用 Mg 改性分子筛作为活性组分；②分子筛预水热活化处理，提高其裂化活性和水热稳定性；③基质活化处理，增加催化剂的重油转化能力；④双黏结剂新工艺，增加催化剂的耐磨性能。表 5-2-3 列出了工业生产的 CEP 催化剂的主要性质。从表 5-2-3 数据可以看出，CEP 催化剂的物理性质与常规催化裂化催化剂相近。

表 5-2-3　CEP 新鲜催化剂性质

项　　目	CEP 催化剂	项　　目	CEP 催化剂
化学组成/%		磨损指数/(%/h)	0.91
Al_2O_3	46.3	灼烧减量/%	12.0
Na_2O	0.04	粒度体积分布/%	
Fe_2O_3	0.27	0~40 μm	17.7
孔体积/(mL/g)	0.24	0~149 μm	91.8
比表面积/(m^2/g)	152	平均粒度/μm	71.1
表观堆密度/(g/mL)	0.86	裂解活性指数①/%	70

① 催化剂样品在 800℃下水蒸气老化处理 4h。

第三节　中型试验研究

一、中型试验的设计

催化热裂解工艺是 RIPP 开发的制取乙烯和丙烯的新工艺，该工艺是以传统的催化裂化技术为基础，以重质油为原料，采用新型的催化热裂解专用催化剂生产乙烯和丙烯的工艺。小型固定流化床试验结果表明，在特定的工艺条件下，采用新型的催化剂，以大庆蜡油为原料，乙烯和丙烯产率都可达 20%以上[29,44-51]。

该工艺的特点主要有以下几个方面：①以传统的流化催化裂化技术为基础，催化裂化技术有成熟的设计经验和设计方法、丰富的操作经验，因此有利于该工艺在新设计或在原催化裂化装置改造的基础上进行工业应用。②根据自由基反应和正碳离子反应的特点，充分利用催化剂的催化作用，除多产乙烯外，还兼顾丙烯的生产，并可根据市场的需要，通过催化剂配方和操作条件的调整，灵活地多产乙烯或丙烯。③原料油来源广泛，可加工石脑油、蜡油、蜡油掺渣油、甚至常压渣油。④反应和再生温度较 RIPP 开发的 DCC 工艺的反应温度高，而比传统的蒸汽裂解的温度要低得多，因此装置投资和操作费用都要低得多。

根据小型试验结果，在中型装置上进行中型试验考察操作条件和反应器型式对产品分布的影响。

考察试验分别在提升管催化裂化中型试验装置和流化床层催化裂解中型装置上进行。在提升管催化裂化中型试验装置上，原料油经原料油预热炉加热，由雾化喷嘴喷出后，在提升管内与从再生器来的高温催化剂接触反应。在流化床层催化裂解中型装置上，原料油经原料油预热炉加热，由雾化喷嘴喷出后，在短提升管内和流化床层内与从再生器来的高温催化剂接触反应。两套装置的反应油气皆经分馏和冷却分离后得到裂化气、石脑油、轻油和重油。待生催化剂经蒸汽汽提后进入再生器烧焦。反应过程和再生过程是连续进行的。

产品裂化气经湿式气表测量体积，色谱分析其组成计算产率；石脑油、裂解轻油和重油经称量计算产率；焦炭重量由干式气表计量的烟气体积和色谱分析其组成计算产率。其中裂化气中 C_5 以上组分计入石脑油产率中。

中型试验是根据小型试验结果，在中型装置上进行以下几个方面的考察试验：①催化剂的流化输送性能；②催化剂的水热稳定性；③反应温度的影响；④注水量的影响；⑤反应压力的影响；⑥剂油比的影响；⑦反应器型式的影响。

二、中型试验结果及解决的问题

中型试验所用原料油为大庆蜡油掺30%减压渣油和大庆常压渣油，其性质见表5-3-1。

试验所用催化剂是经小型装置筛选后的催化热裂解专用催化剂CEP-中-15，经中型老化装置在790℃、27h、100%水蒸气老化处理，老化后裂解活性指数为62。催化剂性质见表5-3-2。

表5-3-1 原料油性质

原料油名称	大庆常压渣油	大庆蜡油掺30%减压渣油
密度(20℃)/(g/cm^3)	0.8906	0.8826
运动黏度(80℃)/(mm^2/s)	44.18	34.12
运动黏度(100℃)/(mm^2/s)	24.84	19.18
凝点/℃	43	46
苯胺点/℃	>105	—
残炭值/%	4.3	2.9
溴价/(gBr/100g)	3.6	4.6
折射率(n_D^{70})	1.4957	1.4814
元素组成/%		
C	86.54	86.35
H	13.03	13.28
N	0.3	0.23
S	0.13	0.14
四组分组成/%		
饱和烃	51.2	59.8
芳烃	29.7	26.4
胶质	18.3	13.2
沥青质	0.8	0.6
馏程/℃		
初馏点	282	284
10%	370	438
30%	482	482
50%	553	540
70%	—	557(55%)
BMCI值(芳烃指数)	52	50

表 5-3-2 CEP 中-15 催化剂性质

项　　目	新鲜剂	老化剂	项　　目	新鲜剂	老化剂
化学组成/%			筛分体积组成/%		
Al_2O_3	46.5	52.1	0~20μm	3.0	1.9
RE_2O_3	0.93	1.00	0~40μm	16.6	22.2
物理性质			0~80μm	58.6	86.1
比表面积/(m^2/g)	128	100	0~110μm	78.0	96.5
分子筛比表面积/(m^2/g)	65	46	0~149μm	90.0	98.5
微孔比表面积/(m^2/g)	63	54	>149μm	10	1.5
孔体积/(cm^3/g)	0.114	0.128	平均粒径(APS)/μm	—	54.3
微孔体积/(cm^3/g)	0.031	0.022	裂解活性指数(520℃)/%		62(790℃、100%H_2O、27h)
磨损指数/(%/h)	2.4	2.1			
表观密度/(g/cm^3)	0.81	0.89			

1. 催化剂流化性能

催化热裂解专用催化剂在物理性质上与催化裂化催化剂相近，中型试验过程中，催化剂流化状态良好，没有出现催化剂循环输送或立管下料不良的现象。

2. 催化剂的水热稳定性

中型试验所用催化剂，经中型老化装置在 790℃、27h、100%水蒸气老化处理，老化后活性为 62。催化剂的老化曲线见图 5-3-1。由图 5-3-1 可见，该催化剂有很好的水热稳定性好，能满足再生器高再生温度的苛刻环境。

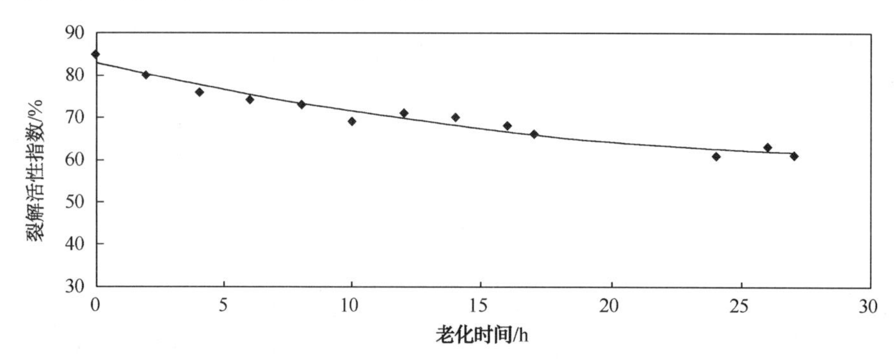

图 5-3-1 CEP-中-15 催化剂老化曲线

3. 反应温度的影响

裂解反应为吸热反应，从热力学和动力学两方面考虑，升高温度对自由基反应和正碳离子反应都有利，但由于重油热裂解活化能(210~293kJ/mol)比催化裂解活化能(42~125kJ/mol)高，因此改变温度能改变二者的比例。升高温度自由基反应比例增加，有利于乙烯和丙烯生成。

为了探索在适当的反应温度下最大量生成乙烯并兼顾丙烯，考察了 620℃、640℃、660℃和 680℃四个反应温度下的产品分布和烯烃产率变化情况，详见表 5-3-3。

表 5-3-3 反应温度对产品分布及烯烃产率的影响

反应温度/℃	620	640	660	680
产品分布/%				
氢气	0.90	0.95	1.01	1.26
甲烷	10.28	11.70	13.22	14.08
乙烯	21.55	22.82	23.71	25.53
丙烯	14.92	15.96	15.95	15.34
丁烯	8.08	8.20	7.27	6.39
三烯	44.55	46.98	46.93	47.26
甲烷/乙烯比	0.477	0.513	0.558	0.552
甲烷/丙烯比	0.689	0.733	0.829	0.918
甲烷/丁烯比	1.272	1.427	1.818	2.203
氢气/三烯比	0.020	0.020	0.022	0.027
氢气/(乙烯+丙烯)比	0.025	0.024	0.025	0.031

由表 5-3-3 可见：随着反应温度由 620℃升到 680℃，乙烯产率增加；丙烯产率先增加后降低，在 640~660℃温度区间内丙烯产率较高；总丁烯产率呈降低趋势，三烯产率呈升高的趋势，在 640~660℃温度区间内增加幅度较大。因此高的反应温度对多产乙烯有利，如要同时兼顾丙烯和三烯产率，反应温度在 640~660℃温度区间内最佳，超过 660℃以后，增加缓慢。

表 5-3-3 还显示，随着反应温度的提高，甲烷产率与反应温度成正比递增。氢气产率也随着反应温度的升高而增加，当反应温度超过 660℃时，氢气产率大幅度增加。

表 5-3-3 中数据表明，随着反应温度升高，甲烷/乙烯比值呈缓慢升高的趋势，在 660℃处有拐点，当反应温度高于 660℃后，甲烷/乙烯比值明显增加；甲烷/丙烯比值随反应温度升高而增加，甲烷/丁烯比值随反应温度的升高而明显增加，因此提高反应温度对甲烷/烯烃比值不利，但为了得到较高的乙烯和三烯产率，可选择适宜的反应温度。

反应温度对氢气/烯烃比值的影响：随着反应温度升高，氢气/三烯和氢气/(乙烯+丙烯)比值呈增加趋势，氢气/(乙烯+丙烯)比值在 620~660℃区间内增加缓慢，当反应温度超过 660℃时，该比值明显增加；氢气/三烯比值也表现同样的规律。因此，就控制氢气/烯烃的选择性而言，反应温度应低于 660℃为佳。

综上所述，在反应温度 640~660℃之间，既能得到高的乙烯、丙烯和三烯产率，又能兼顾甲烷和氢气的选择性。

4. 注水量的影响

由于裂解反应是分子数增加的反应，从化学平衡看，增加注水蒸气量，降低了烃分压，同时减少了烯烃参与的双分子氢转移反应，有利于提高烯烃收率。

中型试验考察了注水量 57.8%和 40.0%对烯烃产率的影响，详见表 5-3-4。

表 5-3-4 注水量对产品分布及烯烃产率的影响

注水量(对总进料)/%	40.0	57.8	注水量(对总进料)/%	40.0	57.8
产品分布/%			三烯	44.62	45.29
氢气	0.83	0.84	甲烷/乙烯比	0.680	0.584
甲烷	11.18	11.03	甲烷/丙烯比	0.659	0.671
乙烯	16.45	18.90	甲烷/丁烯比	0.998	1.107
丙烯	16.96	16.43	氢气/三烯比	0.019	0.019
丁烯	11.20	9.96	氢气/(乙烯+丙烯)比	0.025	0.024

注水量对烯烃产率的影响：当注水量由57.8%降到40.0%时，甲烷产率略有增加；乙烯产率和三烯产率分布由18.90%和45.29%降到16.45%和44.62%；丙烯产率变化不大；丁烯产率由9.96%增加到11.20%。因此降低注水量对生产乙烯不利，而能略微增加丁烯产率。

注水量对甲烷/烯烃比值的影响：当注水量由57.8%降到40.0%时，甲烷/乙烯比值明显增加，甲烷/三烯比值略有增加；甲烷/丁烯比值明显降低，甲烷/丙烯比值略微降低。

由表5-3-4可见，当注水量由57.8%降到40.0%时，氢气产率相当；由表5-3-4可见，当注水量由57.8%降到40.0%时，氢气/(乙烯+丙烯)比增加，而氢气/三烯比相当。

综上所述，降低注水量对生产乙烯不利，同时甲烷及氢气的选择性均略差，但工业应用时应综合考虑能耗等各方面的因素，选择合适的注水量。

5. 反应压力的影响

反应压力对烯烃产率的影响见表5-3-5。

表 5-3-5 反应压力对产品分布及烯烃产率的影响

反应压力(表)/MPa	0.10	0.07	反应压力(表)/MPa	0.10	0.07
产品分布/%			三烯	44.67	45.29
氢气	0.94	0.84	甲烷/乙烯比	0.666	0.584
甲烷	12.45	11.03	甲烷/丙烯比	0.764	0.671
乙烯	18.68	18.90	甲烷/丁烯比	1.285	1.107
丙烯	16.30	16.43	氢气/三烯比	0.021	0.019
丁烯	9.69	9.96	氢气/(乙烯+丙烯)比	0.027	0.024

由表5-3-5反应压力对烯烃及甲烷产率的影响可见，当反应压力由0.07MPa(表)升到0.10MPa(表)时，甲烷产率明显增加，由11.03%增加到12.45%，乙烯、丙烯和丁烯产率都略有下降，但幅度不大。可见提高反应压力对生产烯烃不利，同时甲烷产率增加幅度很大。

由表5-3-5反应压力对甲烷/烯烃比值的影响可见，当反应压力由0.07MPa(表)升到0.10MPa(表)时，甲烷/乙烯、甲烷/丙烯、甲烷/丁烯和甲烷/三烯的比值都增加，可见提高反应压力对甲烷选择性不利。

由表5-3-5可见，当反应压力由0.07MPa(表)升到0.10MPa时，氢气产率由0.84%增加到0.94%；氢气/(乙烯+丙烯)比和氢气/三烯比值均增加。可见提高反应压力对氢气产率和氢气选择性不利。

综上所述，提高反应压力，甲烷产率明显增加，甲烷选择性也明显变差，对生产烯烃不利，氢气产率也明显增加。

6. 剂油比的影响

中型试验考察了剂油比 36.9 和 22.5 条件下的烯烃产率，见表 5-3-6。

表 5-3-6 剂油比对产品分布及烯烃产率的影响

剂油比	36.9	22.5	剂油比	36.9	22.5
产品分布/%			三烯	44.55	45.73
氢气	0.90	0.95	甲烷/乙烯比	0.477	0.461
甲烷	10.28	11.19	甲烷/丙烯比	0.689	0.761
乙烯	21.55	24.27	甲烷/三烯比	0.231	0.245
丙烯	14.92	14.70	氢气/三烯比	0.020	0.021
丁烯	8.08	6.76	氢气/(乙烯+丙烯)比	0.025	0.024

剂油比对烯烃及甲烷产率的影响：当剂油比由 36.9 降到 22.5 时，甲烷、乙烯和三烯产率均增加，甲烷产率由 10.28%增加到 11.19%；乙烯产率由 21.55%增加到 24.27%，三烯产率由 44.55%增加到 45.73%；丙烯产率变化不大；丁烯产率由 8.28%降到 6.76%。在中型试验中降低剂油比，相当于提高了再生催化剂温度，对增加乙烯产率和三烯产率有利；同时甲烷产率有小幅度增加，丁烯产率下降明显。

剂油比对甲烷/烯烃比值的影响：当剂油比由 36.9 降到 22.5 时，甲烷/乙烯比值略有降低，而甲烷/丙烯和甲烷/三烯比值都增加，甲烷/丁烯比值则明显增加。

由表 5-3-6 可以看出，当剂油比由 36.9 降到 22.5 时，氢气产率由 0.90%增加到 0.95%，氢气/(乙烯+丙烯)比值降低，氢气/三烯比值增加。

综上所述，适当降低剂油比对生产乙烯有利，但甲烷产率会有所增加。

提高剂油比，增加了催化剂和反应油气的接触几率，提高了催化裂解的比例。理论上，催化裂解反应的主要产物(丙烯)产率应有所提高，热裂解反应的主要产物(乙烯)产率应有所下降。中型试验考察了 620℃反应温度下，剂油比 36.9 和 22.5 的操作条件下，对产品分布和烯烃产率的影响。由表 5-3-6 看出，当剂油比由 22.5 增加到 36.9 时，乙烯产率从到 24.27%下降到 21.55%，丙烯产率从 14.70%增加到 14.92%。说明通过改变剂油比也可调节乙烯、丙烯产率。另一方面，降低剂油比，相应地提高了再生催化剂温度，对增加乙烯产率有利。因此低剂油比对生产乙烯有利。

7. 反应器型式的影响

中型试验采用两种型式反应器进行了试验，即提升管加流化床反应器和纯提升管反应器。提升管加流化床反应器的再生催化剂与原料油先经过一段短提升管混合反应后，再进入流化床内反应。此段提升管内的油气停留时间约 0.3~0.4s。两种反应器型式的烯烃产率情况见表 5-3-7 和图 5-3-2。

由图 5-3-2 可见，提升管反应器同流化床反应器相比，乙烯产率提高幅度很大，而丙烯产率则低很多，丁烯和三烯收率相当。可见采用提升管反应器有利于多产乙烯，采用提升管加流化床反应器有利于多产丙烯。

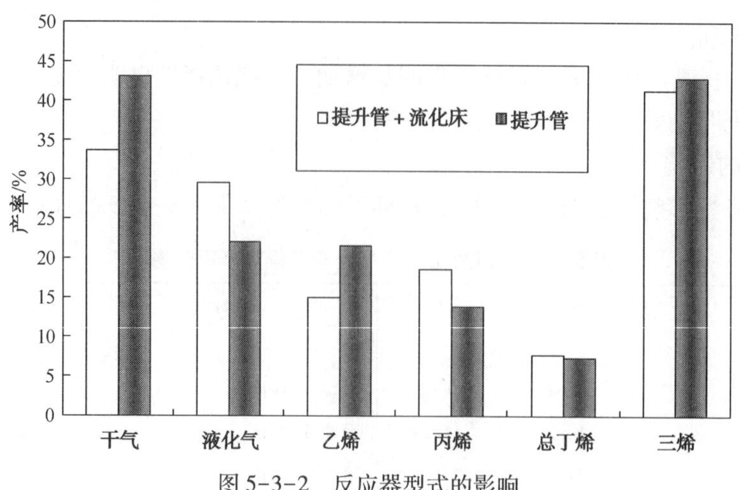

图 5-3-2　反应器型式的影响

表 5-3-7　反应器型式对烯烃产率的影响

试验编号	CP9703-9	CP9703-12
反应器形式	提升管加床层	提升管
原料油	大庆常压渣油	大庆常压渣油
烯烃产率/%		
乙烯	15.03	21.64
丙烯	18.63	13.90
总丁烯	7.66	7.41
三烯收率	41.32	42.95

8. 几种生产乙烯工艺的对比

催化热裂解工艺(CPP)的操作条件和产品分布与常规的催化裂化相差很大，与催化裂解(DCC)、蒸汽裂解(SC)也有很大差异。

催化裂化反应温度在480~530℃之间，催化裂解的反应温度为550~580℃，蒸汽裂解的反应温度为800℃左右，催化热裂解的反应温度为620~680℃，而且各工艺所用的催化剂也有很大的差别。催化裂化以生产汽油和柴油为主要目的产品，副产液化气，而干气则为不希望的产品。催化裂解则以丙烯为目的产品，副产少量乙烯。蒸汽裂解以乙烯为目的产品，副产丙烯和丁烯。催化热裂解则以乙烯和丙烯为目的产品，副产丁烯，而且反应温度比蒸汽裂解低得多，原料来源广泛。四种工艺的对比见表 5-3-8。

表 5-3-8　四种不同工艺对比

工艺名称	催化裂化(FCC)	催化裂解(DCC)	催化热裂解(CPP)	蒸汽裂解(SC)
原料油	大庆蜡油	大庆蜡油	大庆蜡油掺30%减压渣油	大庆石脑油
产品收率/%				
干气	2.30	11.91	41.12	52.20
氢气	—	0.24	0.95	0.88
甲烷	—	3.24	11.19	16.17

续表

工艺名称	催化裂化(FCC)	催化裂解(DCC)	催化热裂解(CPP)	蒸汽裂解(SC)
乙烯	—	6.10	24.27	31.30
乙烷	—	2.33	4.71	3.85
液化气	20.50	42.22	24.58	26.17
丙烯	5.00	21.03	14.17	15.21
丙烷	2.10	3.32	1.06	0.28
丁烯	7.00	14.22	6.77	5.49
丁二烯	-	0.08	2.40	5.00
丁烷	6.40	3.57	0.18	0.19
C_5~205℃	55.50	26.60	11.88	11.80
>205℃	16.00	12.67	12.87	3.86

9. 中型试验典型物料平衡及产品性质

在中型提升管装置上，以大庆蜡油掺30%减压渣油为原料油的操作条件及产品分布见表5-3-9，裂解气组成见表5-3-10，裂解气中痕量烃和非烃杂质含量见表5-3-11，石脑油性质见表5-3-12，石脑油质谱数据见表5-3-13，裂解轻油性质见表5-3-14，裂解轻油馏分单体烃组成见表5-3-15，重油性质见表5-3-16。

由表5-3-9可见，在反应温度620℃、剂油比22.5、油气停留时间2.1s、反应压力0.07MPa(表)、注水量57.0%的条件下，乙烯产率为24.27 %，丙烯产率为14.70%，三烯总收率为45.73%，焦炭和甲烷产率分别为8.00%和11.19%。

在反应温度640℃、剂油比32.9、油气停留时间2.1s、反应压力0.07MPa(表)、注水量54.30%的条件下，乙烯产率为22.82%，丙烯产率为15.96%，三烯总收率为46.98%，焦炭和甲烷产率分别为8.51%和11.70%。

从裂解气的组成看，总裂解气中乙烯的质量分数为36.63%和34.27%，总裂解气中丙烯的质量分数为22.18%和23.97%。表5-3-11列出了裂解气中的痕量烃和非烃杂质的含量以及裂解气中硫、氮含量。

表5-3-12列出了石脑油的性质，表5-3-13列出了石脑油质谱组成，石脑油的辛烷值很高，研究法辛烷值大于102，马达法辛烷值大于88，抗爆指数大于95。密度大于0.85g/cm^3，二烯值大于9gI/100g，诱导期只有50min，不能作为合格的汽油产品，石脑油中的芳烃含量大于75%，苯、甲苯和二甲苯的含量很高，因此该石脑油可以作为其他汽油的高辛烷值调合组分或分离出苯、甲苯和二甲苯作为化工原料。

表5-3-14列出了裂解轻油馏分的性质，表5-3-15列出了裂解轻油的部分单体烃组成。裂解轻油的密度高达0.9912g/cm^3，芳烃含量也很高，其十六烷值低得无法测出，萘含量大于7.5%，因此该裂解轻油馏分可以用来生产萘系化工产品。

表5-3-16列出了重油馏分的性质，重油的密度高达1.1637g/cm^3，黏度、残炭很高，饱和烃含量极低，可以作为燃料或生产针状焦的原料。

裂解重油和/或裂解轻油馏分根据装置热平衡情况，可全回炼或部分回炼。

现将中型装置试验结果总结如下：

(1) CEP-中-15催化剂的流化性能良好；水热稳定性也很好，能满足流化催化裂化装置的操作要求和高再生温度对催化剂水热稳定性的要求。

(2) 从对操作条件的考察看，反应温度在640~660℃之间，既能得到高的乙烯、丙烯和三烯产率，又能兼顾甲烷和氢气的选择性。降低注水量对生产乙烯不利，同时甲烷及氢气的选择性均略差，但工业应用时应综合考虑能耗等各方面的因素，选择合适的注水量。适当降低剂油比对生产乙烯有利，但甲烷产率会有所增加。提高反应压力，甲烷产率明显增加，甲烷选择性也明显变差，对生产烯烃不利，氢气产率也明显增加。

(3) 与流化床反应器相比，纯提升管反应器更有利于多产乙烯。使用流化床反应器时，丙烯产率较高。

(4) 使用催化热裂解专用催化剂CEP-中-15，在中型提升管装置上，以大庆蜡油掺30%减压渣油为原料油，在反应温度620℃、剂油比22.5、油气停留时间2.1s、反应压力0.07MPa(表)、注水量57.0%的条件下，乙烯产率为24.27%，丙烯产率为14.70%，三烯总收率为45.73%，焦炭和甲烷产率分别为8.00%和11.19%。在反应温度640℃、剂油比32.9、停留时间2.1s、反应压力0.07MPa(表)、注水量54.3.0%的条件下，乙烯产率为22.82%，丙烯产率为15.96%，三烯总收率为46.98%，焦炭和甲烷产率分别为8.51%和11.70%。

(5) 催化热裂解工艺不同于DCC工艺和蒸汽裂解工艺，它加工重质原料，同时兼顾乙烯和丙烯的产率。

(6) 催化热裂解工艺的副产品石脑油可以作为汽油的高辛烷值调合组分或分离出苯、甲苯和二甲苯作为化工原料。裂解轻油可以用来生产萘系化工产品。重油馏分可以作为燃料油或生产针状焦的原料。

表5-3-9 中型操作条件及产品分布

项　目	条件1	条件2	项　目	条件1	条件2
反应温度/℃	620	640	裂解轻油馏分	8.63	8.53
反应压力(表)/MPa	0.07	0.07	重油馏分	4.24	3.75
注水量(对总进料)/%	57.0	54.3	焦炭	8.00	8.51
剂油比	22.5	32.9	损失	1.00	0.91
停留时间/s	2.1	2.1	总计	100.00	100.00
再生温度/℃	760	720	氢气/%	0.95	0.95
物料平衡/%			甲烷/%	11.19	11.70
裂化气	66.25	66.58	乙烯/%	24.27	22.82
干气	41.14	40.15	丙烯/%	14.70	15.96
液化气	25.11	26.43	丁烯/%	6.76	8.20
C_{5+}石脑油	11.88	11.72	三烯/%	45.73	46.98

表 5-3-10 裂解气组成

项目	条件 1	条件 2	项目	条件 1	条件 2
质量组成/%			体积组成/%		
硫化氢	0.03	0.06	硫化氢	0.02	0.04
氢气	1.44	1.43	氢气	17.39	17.26
甲烷	16.89	17.57	甲烷	25.50	26.58
乙烷	7.11	6.96	乙烷	5.73	5.62
乙烯	36.63	34.27	乙烯	31.60	29.62
丙烷	1.60	2.15	丙烷	0.86	1.18
丙烯	22.18	23.97	丙烯	12.76	13.81
异丁烷	0.11	0.14	异丁烷	0.04	0.06
正丁烷	0.17	0.15	正丁烷	0.07	0.06
1-丁烯	1.94	2.26	1-丁烯	0.84	0.98
异丁烯	3.08	4.37	异丁烯	1.33	1.89
反 2-丁烯	3.08	3.35	反 2-丁烯	1.33	1.45
顺 2-丁烯	2.11	2.34	顺 2-丁烯	0.91	1.01
1，3-丁二烯	3.63	0.98	1，3-丁二烯	1.62	0.44
合计	100	100	合计	100	100

表 5-3-11 裂解气中痕量烃和非烃杂质含量

项目	条件 1	条件 2	项目	条件 1	条件 2
痕量烃/(μg/g)			CO	0.26	0.40
丙二烯	714	585	裂解气中总氮含量/(μg/g)	11	9
乙炔	1478	1541	裂解气中总硫含量/(μg/g)	493	517
丙炔	2889	2407	硫化氢	430	495
环丙烷	41	30	硫醇	10	7
非烃杂质/%			硫醚	10	7
O_2	0.23	0.32	其他硫	13	8
N_2	0.75	1.54	砷含量/(ng/g)	142	151

表 5-3-12 石脑油性质

项目	条件 1	条件 2	项目	条件 1	条件 2
密度(20℃)/(g/cm^3)	0.8516	0.8539	元素组成/%		
折射率(n_D^{20})	1.4871	1.4880	C	89.78	89.87
诱导期/min	54	53	H	9.90	9.90
二烯值/(gI/100g)	9.88	9.72	S/(μg/g)	335	446
实际胶质/(mg/100mL)	5	4	N/(μg/g)	87	75
酸度/(mgKOH/100mL)	3.66	2.04	馏程/℃		
硫醇硫/(μg/g)	13	12	初馏点	72	84
溴价/(gBr/100g)	37.4	39.6	10%	112	111
辛烷值(台架试验)			50%	141	139
RON	102.4	102.5	90%	172	174
MON	88.0	88.9	终馏点	192	195
(*RON*+*MON*)/2	95.2	95.7			

表 5-3-13 石脑油质谱组成 %

项　目	条件 1	条件 2	项　目	条件 1	条件 2
正构烷烃	2.17	1.72	间二甲苯	6.07	7.06
异构烷烃	8.12	8.84	对二甲苯	7.35	5.30
烯烃	10.86	9.60	邻二甲苯	4.05	4.94
环烷烃	3.55	4.05	苯乙烯	1.09	1.83
芳烃	75.30	75.79	C_9芳烃	18.79	20.14
苯	4.60	4.36	C_{10}芳烃	8.94	10.54
甲苯	16.56	15.63	C_{11}芳烃	2.68	1.28
C_8芳烃	23.73	23.84	总计	100	100
乙苯	5.17	4.71			

表 5-3-14 裂解轻油性质

项　目	条件 1	条件 2	项　目	条件 1	条件 2
密度(20℃)/(g/cm^3)	0.9879	0.9912	C	90.78	90.89
运动黏度(20℃)/(mm^2/s)	4.216	4.449	H	8.48	8.20
运动黏度(50℃)/(mm^2/s)	2.101	2.195	S	0.43	0.56
折射率(n_D^{20})	1.5816	1.5866	N	0.11	0.18
凝点/℃	<-45	<-45	馏程/℃		
实际胶质/(mg/100mL)	623	604	初馏点	214	221
苯胺点/℃	38.4	37.4	10%	230	233
酸度/(mgKOH/100mL)	29.80	20.42	50%	256	261
10%残炭值/%	0.89	1.00	90%	329	331
溴价/(gBr/100g)	15.3	17.2	终馏点	345	346
元素组成/%					

表 5-3-15 裂解轻油馏分单体烃组成 %

项　目	条件 1	条件 2	项　目	条件 1	条件 2
萘以前(13 个组分)	8.78	9.53	β-甲萘	4.15	4.96
萘	7.54	7.84	其他甲萘类+乙萘类	5.97	6.72
萘~β-甲萘之间组分	13.15	14.20	总二甲萘类	13.51	11.73
总甲萘	18.68	20.75	三甲基萘+其他双环芳烃	38.34	35.95
α-甲萘	8.56	9.07	总计	100	100

表 5-3-16 重油性质

项　　目	条件 1	条件 2	项　　目	条件 1	条件 2
密度(20℃)/(g/cm^3)	1.1230	1.1637	元素组成/%		
运动黏度(80℃)/(mm^2/s)	2887	3089	C	91.37	91.58
运动黏度(100℃)/(mm^2/s)	336	353	H	6.45	6.10
凝点/℃	>50	>50	S	0.77	0.82
残炭值/%	20.1	26.1	N	0.74	0.83
四组分组成/%			馏程/℃		
饱和烃	1.2	0.2	初馏点	368	376
芳烃	59.2	62.9	10%	405	408
胶质	13.7	10.8	50%	475	473
沥青质	25.9	26.1	90%	540(73.0%)	541(74.5%)

第四节 工艺及工程开发

一、反应部分工艺技术

以大庆常压渣油为原料，采用两种型式反应器，即提升管加流化床反应器和纯提升管反应器进行了对比试验。两种反应器型式的产品分布和烯烃产率见表 5-4-1[52]。

表 5-4-1 结果显示，同提升管加流化床反应器相比，单纯提升管反应器的乙烯产率提高幅度很大，而丙烯产率则低很多，丁烯产率相当。可见采用纯提升管反应器有利于乙烯生产，而提升管加流化床反应器有利于多产丙烯。

表 5-4-1 反应器型式对产品分布及烯烃产率的影响

项　　目	提升管加床层	提升管	项　　目	提升管加床层	提升管
物料平衡/%			损失	1.20	0.44
干气	33.63	43.14	总计	100.00	100.00
液化气	29.56	22.11	气体烯烃产率/%		
裂解石脑油	12.30	11.55	乙烯	15.03	21.64
裂解轻油	6.66	6.20	丙烯	18.63	13.90
裂解重油	3.45	1.50	丁烯	7.66	7.41
焦炭	13.20	15.06	总气体烯烃/%	41.32	42.95

二、工艺流程

催化热裂解工艺流程与催化裂化相似，主要设备包括反应器、再生器和产品分离回收系统，其流程见图 5-4-1。重质原料油经预热炉加热和水蒸气雾化后，通过高效雾化喷嘴进入到提升管反应器的底部，与从再生器来的高温催化剂接触进行反应，在提升管底部还注入预提升蒸汽或干气以保证催化剂在提升管反应器内流化均匀、也可以采用 C_4和/或 C_5馏分回炼作为预提升介质，而在提升管的中部和上部注有急冷介质，急冷介质可以是水、裂解石脑油或裂解轻油。反应油气、水蒸气和带焦炭的待生催化剂在提升管顶部分离，反应油气经急冷器冷却后进入产品分离回收系统，而待生催化剂经水蒸气汽提后进入到再生器内进行烧焦再生，再生催化剂经过错流短接触快速汽提器脱除携带的大部分烟气后再返回提升管底部循环使用。

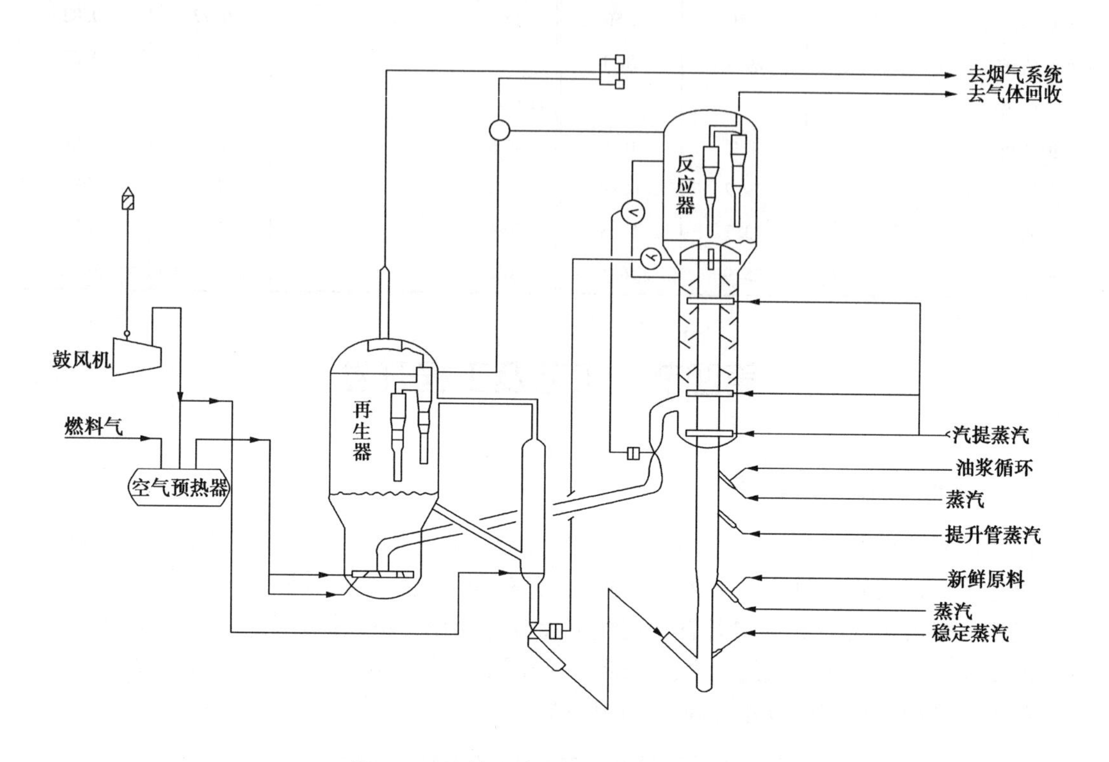

图 5-4-1　催化热裂解工艺流程示意图

催化热裂解工艺技术的主要特点有：

（1）加工重质原料油，包括蜡油、蜡油掺渣油、焦化蜡油和脱沥青油以及全常压渣油等，扩宽了乙烯的原料来源，降低了乙烯原料成本；

（2）采用提升管反应器以及催化剂流化输送的连续反应-再生循环操作方式；

（3）专门研制的新型改性择形分子筛催化剂，这种催化剂具有正碳离子反应和自由基反应双重催化活性，因此可以在酸性催化条件下既生产丙烯又大量生产乙烯；

（4）操作方式灵活，可根据需要灵活调整产品结构，实现最大量乙烯、最大量丙烯或乙烯和丙烯兼产等多种操作模式；

（5）反应温度为 600~650℃，比蒸汽裂解缓和得多，由于催化剂的使用降低了裂解反应活化能，从而使反应温度大幅度降低，降低了能耗，节省了设备投资；

（6）采用错流式短接触快速汽提脱气技术脱除再生催化剂中携带的烟气；

（7）以反应生成的焦炭作为反应-再生系统的主要热源；

（8）由于催化热裂解的反应温度低于 650℃，再生温度低于 760℃，在反应再生系统设计时可以采用常规催化裂化装置的材料即可满足要求，而无需采用昂贵的合金钢材料，因此现有催化裂化装置进行适当改造即可实施。

三、专有技术

1. 分段注汽

在催化热裂解过程中，需要注入大量高温蒸汽，以便降低油气分压，提高烯烃产率。如果同常规催化裂化一样，将大量蒸汽从提升管反应器底部注入，这样会明显降低催化剂和原料油的初始混合温度，影响重质原料的裂化以及烯烃产率，同时还会引起催化剂的严重失活。采用分段注汽的方法，将蒸汽从提升管的底部、下部、中部和上部等不同部位注入，可以明显提高烯烃、特别是乙烯的产率，还可以减轻催化剂的水热失活。

2. C_4/C_5回炼

在蒸汽裂解过程中，C_4/C_5馏分需要加氢饱和后才能回炼到反应器继续裂解。而在催化热裂解过程中，由于使用了催化剂，因此C_4/C_5馏分不需要加氢饱和就可以直接回炼到反应器继续裂解，省去了加氢措施。催化热裂解C_4/C_5馏分回炼大约40%~50%转化为乙烯和丙烯[53]。

3. 气体杂质脱除

在催化热裂解过程中，由于使用重质原料以及连续反应再生操作，因而有一些CO、CO_2、N_2、O_2、SO_x、NO_x以及砷化物等非烃杂质由再生催化剂携带到反应系统，最后进入到裂解气中。在进行气体分离之前，需要进行气体杂质的脱除。

4. 再生催化剂脱烟气

在常规的催化裂化工艺中，烧焦后的再生剂直接从再生器床层引出经再生立管输送到提升管反应器循环。再生剂携带一部分烟气进入提升管，致使干气中的非烃气体含量达10%以上。非烃气体不仅增加气压机的负荷，也会使吸收塔和再吸收塔因为气相负荷过大而严重影响吸收效果，给产品的分离和精制带来额外的负担。由于掺炼渣油和多产气体烯烃的要求，各种新工艺采用的剂油比越来越大。由于剂油比大，催化剂循环量大，单位时间内进入提升管的烟气量增加，气压机负荷加大，使得已经成为制约生产能力“瓶颈”的气压机不堪重负。

再生器采用高气体线速操作时的床层密度为250~400kg/m^3，为了提高再生剂输送线路的推动力，一般是通过设置脱气罐脱除再生剂携带的部分烟气，使进入再生立管的催化剂密度提高到500~550kg/m^3。为了保证催化剂顺畅流动，不允许脱气太多，以免催化剂失流化出现“架桥”现象，破坏催化剂的循环。因此，仍有相当多的烟气被带进提升管中，即使设置了脱气罐，干气中的非烃气体含量也在10%以上。李松年等[52]提出在脱气罐中用干气置换烟气的方法，可以减少带进提升管的烟气量，但是干气的置换能力较弱。水蒸气是很强的竞争吸附介质，采用水蒸气汽提不仅能置换催化剂颗粒之间携带的气体，也能置换催化剂颗粒孔内吸附的气体，置换迅速、效率高。而且水蒸气进入反应系统后，会在分馏塔塔顶收集器中冷凝，减少进入气压机的气体量。水蒸气经济易得、使用方便，是很好的置换介质。但是水蒸气与高温再生剂接触会导致催化剂的水热减活，所以Charles等[54]早在1975年就提出对再生剂进行水蒸气汽提处理，但一直未见工业应用报道。

鲁维民等[55-57]提出了一种再生催化剂快速汽提脱气技术，即在脱气罐中设置内外环挡板和中央脱气管，汽提蒸气从外环挡板下方的盘管引入后穿过该挡板上的孔与催化剂接触进行汽提置换。置换出的烟气和剩余的水蒸气向上流动进入上部内环挡板下方，内环挡板不开孔，气体从内环挡板下方脱气管的开孔部位进入脱气管中，向上流动到密相床层以上，达到控制水蒸气与催化剂密相床层接触时间的目的，采用该结构多级串联的方法达到所要求的烟气脱除率。

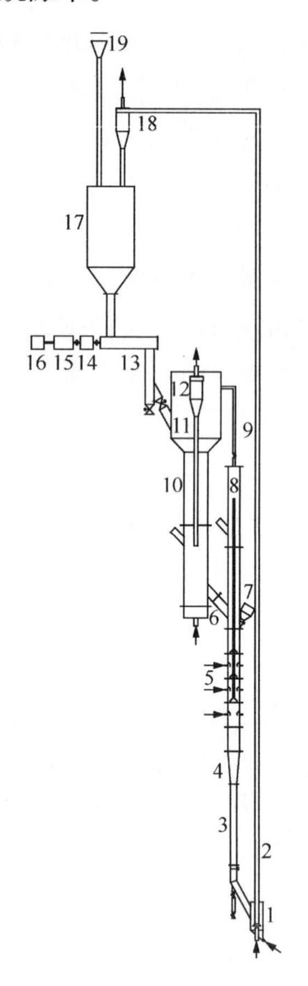

图 5-4-2　汽提脱气冷模实验装置示意图

1—预提升段；2—提升管；3—颗粒输送立管；4—变径段；5—脱气罐；6—颗粒输送斜管；7—示踪剂储罐；8—脱气管；9—排气管；10—再生器床层；11—再生器扩大段；12—再生器旋风分离器；13—螺旋加料机；14—减速机；15—直流电机；16—可控硅调压器；17—料仓；18—提升管旋风分离器；19—加料斗

冷模实验装置如图 5-4-2 所示。其中脱气罐内径 140mm，总高 3.5m。冷模实验研究了三种脱气罐结构。第一种为无构件床，汽提介质从底部的气体分布管引入。第二种为挡板床，共设六块挡板，其中三块为内环挡板，三块为外环挡板，外环挡板上开孔，开孔率 1%，每层外环挡板下方设一个汽提介质分布管，挡板间距 150mm。第三种为短接触床，挡板及汽提介质分布管与第二种结构相同，脱气管位于床中心轴线上，脱气管内径 18mm，高 2.8m，脱气管的上端出口位于密相床上部的稀相空间内，脱气管在内环挡板下方的区域内开孔，开孔率随床层不同高度变化，开孔部位设置过滤介质，阻挡催化剂颗粒进入脱气管内。

固体颗粒为催化裂化新鲜剂和平衡剂，再生器的流化介质为空气，脱气罐的汽提介质为 N_2，通过检测脱气罐出口催化剂夹带气体中 O_2的浓度来确定脱气罐的效率。采用 CO_2气体示踪确定脱气罐内的气体流向和停留时间，采用光导纤维空隙率仪测量脱气罐内的催化剂密度分布，采用螺旋加料机控制系统中的催化剂循环量。实验条件为：再生器床层表观气速 0.6m/s，脱气罐内催化剂表观质量流率为 10~50kg/(m^2·s)，截面最大质量流率为 100kg/(m^2·s)，汽提介质的总流量为 0.16~10m^3/h，按全部向上流动计算的表观气速为 0.003~0.18m/s。

图 5-4-3 为三种结构脱气罐出口 O_2浓度随汽提介质流量的变化情况，可见随着汽提介质 N_2流量增加，脱气罐出口待脱气体 O_2的浓度逐渐下降。当 N_2流量小于 1m^3/h 时，内部构件的影响不显著，此时 O_2的浓度仅降低 30%~40%，即置换效率只有 30%~40%。当 N_2流量大于 1m^3/h 时内部构件的影响比较显著。

对于无内构件床，当 N_2流量高于 3m^3/h 的情况下 O_2浓度趋于不变，此时置换效率大约只有 50%左右，汽提介质流量增大并不能提高置换效率，说明增多的汽提介质并没有起到汽提作用。实验中也观察到：对于无内构件床，通入汽提介质床层即呈鼓泡状态，并且气泡在向上流动过程中不断聚并长大，由于气泡成“短路”状态通过床层，气泡中的汽提介质不能与颗粒及其携带的气体有效接触，汽提介质的利用率低，置换效率低，使得脱气罐出口的 O_2浓度较高。当 N_2流量大于 $5m^3/h$ 时，脱气罐中的气泡直径较大，有可能出现气节现象。

对于挡板床，挡板能破碎气泡，限制气泡长大，使得颗粒携带的 O_2与通入的 N_2充分混合，逐步被稀释，在脱气罐出口达到较低的 O_2浓度。当 N_2流量大于 $5m^3/h$ 时能达到 80%的置换效率。

对于短接触床，在汽提介质流量较低时，此种结构的置换效率不如挡板床，但是当汽提介质流量加大时，脱气罐出口的 O_2浓度下降较快，当 N_2流量大于 $5m^3/h$ 时能达到 90%的置换效率。因为短接触床中设置了脱气管，在保证汽提介质与颗粒良好接触的同时，使得颗粒携带的 O_2经历“脱除—稀释—再脱除”的过程，O_2被稀释后经脱气管离开了床层，保持床层中较低的 O_2分压和较大的传递推动力，因此得到了较高的置换效率。

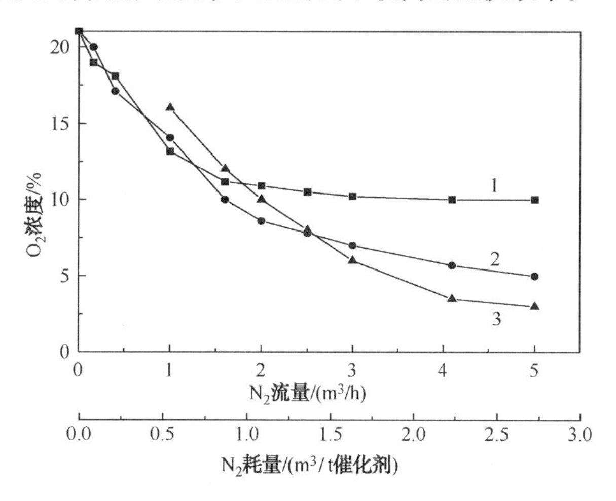

图 5-4-3　不同结构时脱气罐出口 O_2浓度变化

$G_s=33.8kg/(m^2 \cdot s)$

1—无内构件床；2—挡板床；3—短接触床

实验中采用 CO_2气体示踪考察了短接触床中，汽提介质在向上流动过程中的流向。测点位置如图 5-4-4 所示。结果表明(见图 5-4-5)：从下层外环挡板处注入的 CO_2气体在向上流动过程中大部分聚集在内外环挡板之间的空间(位置 A)中，致使该空间范围内浓度较高。而从内环挡板与床壁之间的环形通道(位置 B)向上流动的示踪气体量较少，该空间范围内浓度较低。往上的床层中(位置 C 和 D)未能检测出 CO_2，仅在脱气管出口处(位置 G)可检测到。同样从中层外环挡板注入 CO_2气体，仅在位置 C、D 和 G 能检测到，位置 E 和 F 未能检测出。这说明汽提介质在向上流动过程中大部分进入了脱气管，从挡板与塔壁之间环隙中上行的较少。因此，可以认为短接触床结构中汽提介质在向上流动过程中与催化剂的接触主要是在两级挡板之内。

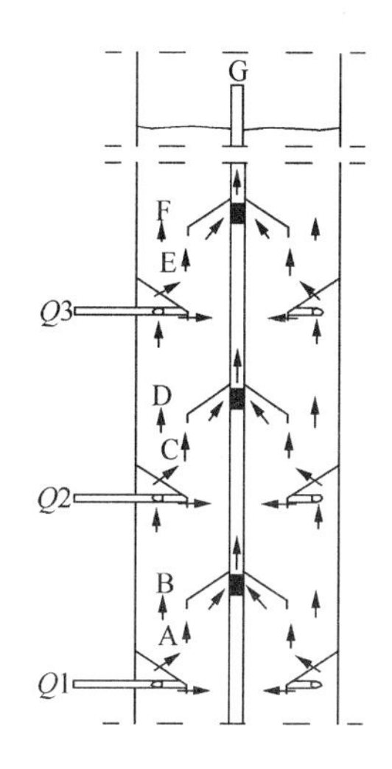

图 5-4-4　短接触床 CO_2示踪测点位置

$G_s=31.3kg/(m^2 \cdot s)$；$Q=2.5m^3/h$

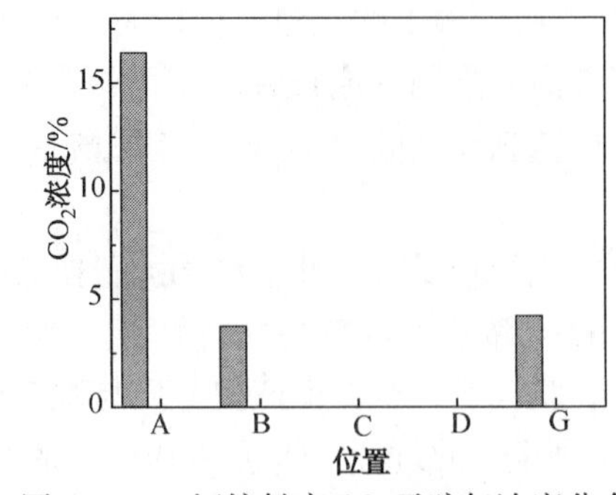

图 5-4-5 短接触床 CO_2 示踪气浓度分布

$G_s=31.3kg/(m^2 \cdot s)$；$Q=2.5m^3/h$

四、工业试验

（一）装置改造

催化热裂解工业试验装置是由中国石油大庆炼化分公司催化裂解工业装置改造而成的，改造工作由中国石化工程建设公司负责。

催化裂解装置设计处理量为120kt/a，设计原料为大庆馏分油，于1995年6月建成投产[28,58,59]。该装置反再形式为提升管加密相流化床反应器和烧焦罐再生器组成的并列式装置，并设有原料加热炉。反再两器内构件设计温度均为750℃，转油线为冷壁设计。分馏塔设计温度为475℃，吸收脱吸稳定系统为常规流程。为满足催化热裂解工艺技术要求，对催化裂解工业装置进行较大的改造，主要项目包括：

（1）剂油接触设计采用抗滑落提升管专利技术，以确保最大的渣油一次转化深度，提高原料一次转化中间产物的烯烃度；

（2）为了减少催化剂携带烟气量，在再生器催化剂出口再生斜管上设置汽提脱气罐，内设特殊要求环形挡板，用少量水蒸气汽提以提高汽提效果，减少惰性气体夹带量；

（3）为了解决分馏塔碳钢材质不耐高温及大油气管线结焦问题，在沉降器顶增设油气急冷器，以降低油气温度；

（4）烧焦罐衬里加厚，以提高烧焦罐线速，发挥快速烧焦的功效；

（5）由于处理量比原设计低，旋分器入口线速较低，为了提高旋分器效率，分别将沉降器、再生器内两组双级旋风分离器堵掉一组；

（6）在利旧原吸收塔、脱吸塔和稳定塔的基础上，将原柴油吸收塔改造为低温脱吸塔来回收碳二馏分；

（7）为防止低温吸收、脱吸系统中介质含水结冰堵塞管道，增设裂解气、吸收剂的干燥和再生工艺；

（8）设计采用轻石脑油回炼进行二次裂化和芳构化，以达到增产丙烯和提高石脑油中芳烃含量的目的。

改造后的装置反应再生系统见图5-4-6。

（二）工业试验

催化热裂解工业试验是在改造后的80 kt/a催化热裂解工业装置上进行的。该装置于2000年10月30日进行反应系统喷油，实现装置开车一次成功。至2001年1月10日完成所

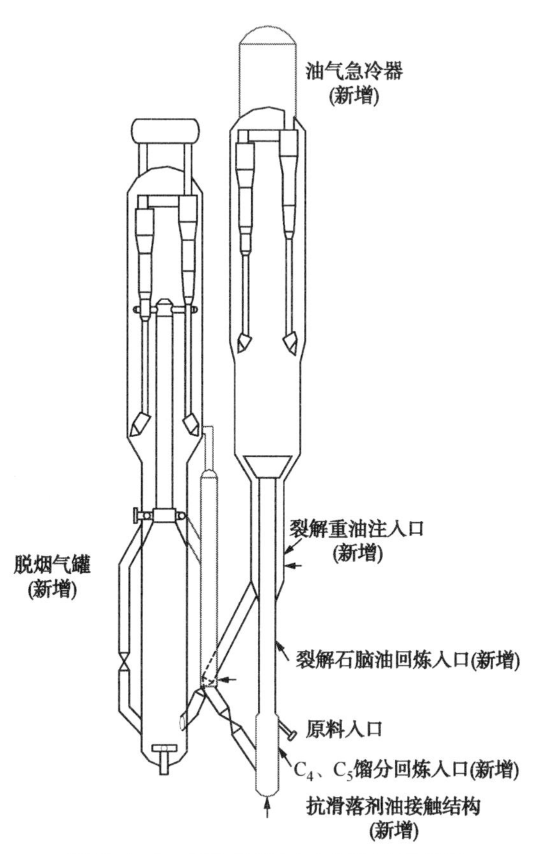

图 5-4-6　催化热裂解工业装置示意图

有工业试验标定工作，12 日装置按计划停工，共运行 75 天。

此次工业试验采用新鲜催化剂开工，经过催化剂老化处理、操作参数调整和预标定等准备，于 2000 年 12 月 10 日—2001 年 1 月 10 日进行了多产丙烯操作(丙烯方案)、兼顾乙烯和丙烯生产(中间方案)和多产乙烯操作(乙烯方案)等多次工业标定。标定时原料油为 45%大庆蜡油掺 55%大庆减压渣油的混合原料，其性质近似大庆常压渣油。工业试验原料油性质、主要操作条件和产品分布分别列于表 5-4-2~表 5-4-4。

表 5-4-2　催化热裂解工业试验原料油性质

项目	丙烯方案	中间方案	乙烯方案
密度(20℃)/(g/cm^3)	0.9002	0.9015	0.9012
残炭值/%	4.7	4.9	4.7
氢含量/%	12.82	12.86	12.84
硫含量/%	0.16	0.16	0.16
氮含量/%	0.29	0.26	0.25
镍含量/(μg/g)	5.8	6.2	6.3
四组分组成/%			
饱和烃	56.3	54.8	55.5
芳烃	27.2	28.4	28.0
胶质	15.7	16.0	15.7
沥青质	0.8	0.8	0.8

表 5-4-3 催化热裂解工业试验主要操作条件

项　目	丙烯方案	中间方案	乙烯方案
进料量/(t/h)	9.73	8.00	5.90
反应温度/℃	576	610	640
反应压力/MPa(表)	0.08	0.08	0.08
再生温度/℃	720	725	760
空速/h^{-1}	2.5	4.0	零料位
剂油比	14.5	16.9	21.1
水油比	0.30	0.37	0.51

表 5-4-4 催化热裂解工业试验产品分布和烯烃产率

项　目	丙烯方案	中间方案	乙烯方案
物料平衡/%			
干气	17.64	26.29	37.13
液化气	43.72	36.55	28.46
裂解石脑油	17.84	17.61	14.82
裂解轻油	11.75	8.98	7.93
焦炭	8.41	9.67	10.66
损失	0.64	0.90	1.00
气体烯烃产率/%			
乙烯	9.77	13.71	20.37
丙烯	24.60	21.45	18.23
丁烯	13.19	11.34	7.52

根据中型试验的结果，提升管反应器有利于多产乙烯，而提升管加流化床反应器对多产丙烯有利。因此在催化热裂解工业试验丙烯方案时，采用较低的反应温度并保持沉降器内一定的催化剂藏量；在乙烯方案时采用较高的反应温度和零料位操作来模拟纯提升管反应。

工业试验结果表明，丙烯方案标定时乙烯、丙烯和丁烯产率分别达到 9.77%、24.60%和 13.19%，中间方案标定时乙烯、丙烯和丁烯产率分别达到 13.71%、21.45%和 11.34%，乙烯方案标定时乙烯、丙烯和丁烯产率分别达到 20.37%、18.23%和 7.52%。

表 5-4-5 和表 5-4-6 列出了工业试验裂解石脑油的主要性质和详细族组成。从表中数据可以看出，工业试验结果表明，三次标定时裂解石脑油的芳烃含量为 78.92%、78.98%和 79.12%。催化热裂解裂解石脑油中芳烃含量高、辛烷值高、但二烯值较高，经处理后可以作为高辛烷值汽油调合组分或芳烃抽提原料等。

表 5-4-7 和表 5-4-8 列出了工业试验裂解轻油的主要性质和详细族组成。分析结果表明，三次标定时裂解轻油的芳烃含量分别为 79.1%、83.0%和 85.0%。催化热裂解裂解轻油的密度大、芳烃含量高，经处理后可作为生产油田化学助剂的原料或水泥减水剂等。

表 5-4-5 催化热裂解工业试验裂解石脑油性质

项　　目	丙烯方案	中间方案	乙烯方案
密度(20℃)/(g/cm^3)	0.8158	0.8261	0.8315
二烯值/(gI/100g)	3.0	8.0	10.6
酸度/(mgKOH/100mL)	1.83	0.50	0.23
溴价/(gBr/100g)	24.8	34.5	44.1
辛烷值			
RON	97.8	101.6	102.5
MON	82.1	87.6	87.8
元素组成			
C/%	88.86	89.42	89.91
H/%	10.39	10.11	9.58
S/(μg/g)	564	740	832
N/(μg/g)	235	258	270
馏程/℃			
初馏点	41	44	40
10%	86	85	69
50%	134	126	123
90%	172	163	177
终馏点	186	183	208

表 5-4-6 催化热裂解工业试验裂解石脑油族组成

项　　目	丙烯方案	中间方案	乙烯方案
族组成(色谱法)/%			
正构烷烃	6.30	3.76	1.24
异构烷烃	3.77	2.96	2.63
环烷烃	1.73	1.51	0.76
烯烃	9.28	12.79	16.25
芳烃	78.92	78.98	79.12
苯	1.00	6.03	16.38
甲苯	7.21	20.37	24.18
C_8芳烃	17.54	24.32	19.48
C_9芳烃	26.53	18.97	13.09
C_{10}芳烃	22.39	7.99	4.40
C_{11}芳烃	4.25	1.30	1.59
合计	100	100	100

表 5-4-7　催化热裂解工业试验裂解轻油性质

项　　目	丙烯方案	中间方案	乙烯方案
密度(20℃)/(g/cm^3)	0.9555	0.9852	1.005
运动黏度(20℃)/(mm^2/s)	4.622	5.310	13.77
运动黏度(50℃)/(mm^2/s)	2.323	2.566	3.814
凝点/℃	-13	2	3
闪点/℃	93	120	120
10%残炭值/%	3.5	5.3	7.53
溴价/(gBr/100g)	14.1	19.8	24.3
元素组成/%			
C	89.54	89.99	90.21
H	9.31	8.86	8.07
S	0.36	0.42	0.45
N	0.31	0.31	0.36
馏程/℃			
初馏点	196	229	229
10%	217	256	251
50%	278	292	282
90%	335	357	-
终馏点	>360	>360	>360

表 5-4-8　催化热裂解工业试验裂解轻油族组成

项　　目	丙烯方案	中间方案	乙烯方案
族组成(质谱法)/%			
链烷烃	11.7	9.3	6.6
环烷烃	6.7	5.6	4.6
总芳烃	79.1	83.0	85.0
单环芳烃	20.2	24.5	5.2
双环芳烃	49.8	47.4	50.1
三环芳烃	9.1	11.1	17.2
四环芳烃及其他	0	0	12.5
胶质	2.5	2.1	3.8
合计	100	100	100

第五节　工业应用

沈阳化工集团沈阳石蜡化工有限公司 500kt/a 催化热裂解(CPP)制乙烯装置采用 RIPP 研究开发的催化热裂解(CPP)专利技术，用于以重质原料生产乙烯和丙烯等石油化工原料。装置设计原料为大庆管输原油的常压渣油，设计使用的催化剂为 RIPP 为 CPP 技术专门研制的专利催化剂，主要目的产物为乙烯和丙烯，装置设计规模为年处理 500kt 常压渣油，设计年开工时数为 8000h，是世界上第一套工业化的常压渣油生产乙烯装置。

500kt/a 催化热裂解(CPP)制乙烯装置包括 CPP 反应-再生(见图 5-5-1)与分馏系统，裂解气精制与分离系统及乙丙烷裂解炉。示意流程见图 5-5-2[60]。

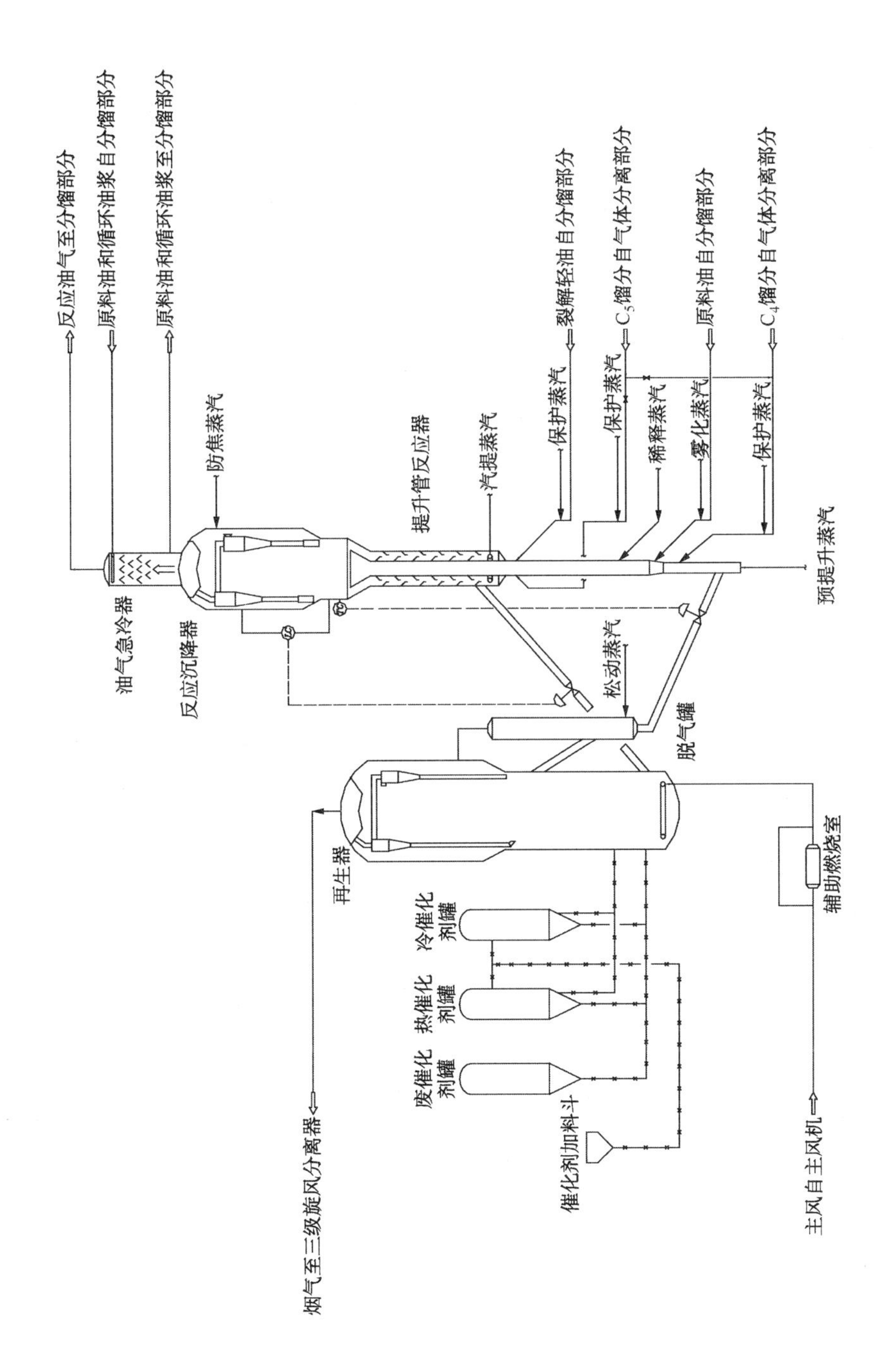

图5-5-1 CPP反应-再生流程

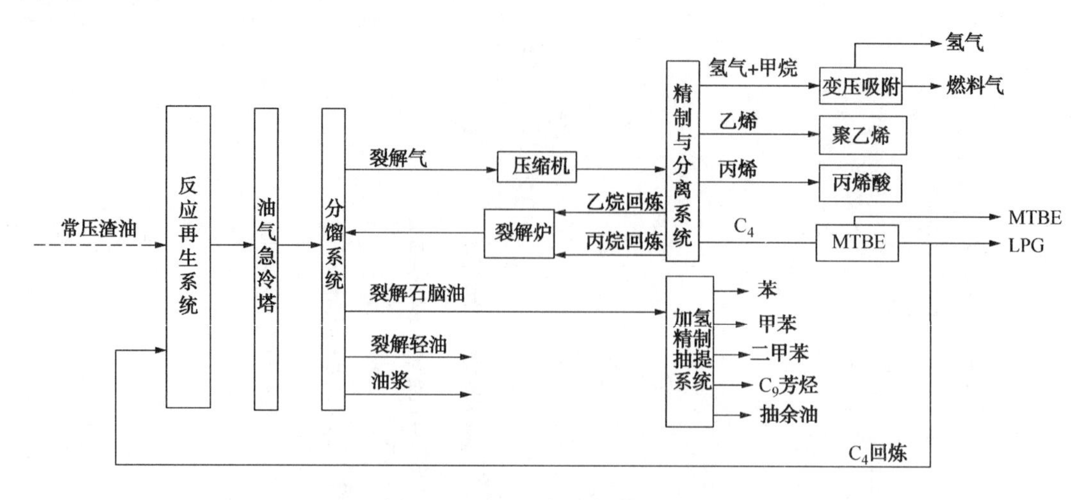

图 5-5-2　CPP 制乙烯装置流程

由 RIPP 提供 CPP 反应-再生系统设计基础工艺包；由美国石伟国际公司(S&W)提供裂解气精制与分离系统及乙丙烷裂解炉设计工艺包；由中国石化工程建设公司(SEI)负责工程设计。

沈阳化工集团沈阳石蜡化工有限公司 500kt/a 催化热裂解(CPP)制乙烯装置于 2009 年 7 月建成投料试车，并一次开车成功。经过几个月的生产运行和调整优化，CPP 制乙烯装置运行平稳。于 2010 年 3 月 22 日—3 月 25 日，由沈阳化工集团沈阳石蜡化工有限公司(SPCC)、RIPP、SEI 三家联合组织对 CPP 制乙烯装置开展为期三天性能考核标定工作。

一、工业应用标定情况

标定期间装置处理量达到 100%加工负荷，维持原料性质稳定并尽可能接近设计值。标定期间装置平衡剂活性、操作条件等尽量保持平稳，标定前对用于物料平衡、能耗物耗计算的相关计量仪表进行了调整校验。

标定期间原料油性质见表 5-5-1。由表中数据可知，标定原料的金属含量高于设计值，其他性质和设计值基本相当。

表 5-5-1　原料常压渣油性质

项　目	设计值	标定值
密度(20℃)/(g/cm³)	0.8963	0.8976
黏度(80℃)/(mm²/s)	—	36.75
黏度(100℃)/(mm²/s)	24.41	20.81
折射率(n_D^{70})	1.4871	1.4845
凝点/℃	44	45
残炭值/%	4.26	4.4
元素组成/%		
C	86.62	86.76
H	12.95	13.10

续表

项　　目	设 计 值	标 定 值
S	0.21	0.13
N	0.22	0.28
四组分组成/%		
饱和烃	59.9	58.1
芳烃	25.5	26.3
胶质	14.5	15.3
沥青质	0.1	0.3
金属含量/(μg/g)		
Fe	3.2	4.7
Ni	4.5	4.9
V	0.1	0.4
Na	1.8	1.4
Ca	—	0.9
馏程/℃		
初馏点	323	292
5%	378	357
10%	399	379
30%	463	442
50%	547	518

主要操作参数见表5-5-2。

表5-5-2　CPP制乙烯装置主要操作参数

项　　目	数　　值	项　　目	数　　值
新鲜原料进料量/(kg/h)	62500	烧焦罐料位/%	51
再生器顶压力/kPa(表)	117	分馏塔底温度/℃	341
沉降器操作压力/kPa(表)	78	急冷器底温度/℃	351
反应温度/℃	610	急冷器顶温度/℃	315
再生器中部密相温度/℃	734	急冷器顶压力/kPa(表)	67

标定期间产品产量及收率见表5-5-3。

表5-5-3　考核期间三天累计产品产量及收率

名　　称	总量/t	收率/%
进料		
大庆常压渣油	4524.1	
出料		
燃料气(甲烷氢+非烃)	679.3	15.02
乙烯	805.09	17.80
丙烯	885.71	19.58
轻C_4馏分	73.75	1.63
重C_4馏分	237.42	5.25
裂解石脑油	700.3	15.48
裂解轻油	421.4	9.31
油浆	157.43	3.48

标定期间详细物料平衡见表 5-5-4。

表 5-5-4　标定期间三天累计物料平衡

项　　目	产率/%	项　　目	产率/%
硫化氢	0.10	反-2-丁烯	1.06
氢气	0.71	顺-2-丁烯	0.86
甲烷	11.42	1，3-丁二烯	0.32
乙烯	18.32	裂解石脑油	15.71
丙烯	21.58	裂解轻油	9.31
异丁烷	0.62	油浆	3.48
正丁烷	0.33	焦炭	12.12
1-丁烯	1.03	损失	0.61
异丁烯	2.42	合计	100

以 CPP 装置沉降器出口计，计算出 CPP 单元自身的细物料平衡见表 5-5-5，乙烯产率为 14.84%，丙烯产率为 22.21%，乙烯加丙烯总产率为 37.05%。

表 5-5-5　CPP 单元自身物料平衡

项　　目	产率/%	项　　目	产率/%
硫化氢	0.10	异丁烯	2.52
氢气	0.41	反-2-丁烯	1.10
甲烷	9.99	顺-2-丁烯	0.89
乙烷	4.22	1，3-丁二烯	0.16
乙烯	14.84	裂解石脑油	16.12
丙烷	2.18	裂解轻油	9.68
丙烯	22.21	油浆	2.21
异丁烷	0.64	焦炭	10.71
正丁烷	0.32	损失	0.65
1-丁烯	1.05	合计	100.00

标定期间乙烯产品分析数据见表 5-5-6，乙烯体积分数为 99.9982%，优于国标优等品对乙烯含量的要求；其他各项指标均优于乙烯国标优等品规定的指标。

表 5-5-6　乙烯产品指标及分析数据

项　　目	优　等　品	一　等　品	实　测　值
乙烯(体)/%	≥99.95	≥99.90	99.9982
甲烷+乙烷/(mL/m^3)	≤500	≤1000	13.8
C_3和 C_3以上/(mL/m^3)	≤20	≤50	4
一氧化碳/(mL/m^3)	≤2	≤5	未检出
二氧化碳/(mL/m^3)	≤5	≤10	未检出
氢/(mL/m^3)	≤5	≤10	4.4
氧/(mL/m^3)	≤2	≤5	0.8
乙炔/(mL/m^3)	≤5	≤10	2
硫/(μg/g)	≤1	≤2	0.1
水/(mL/m^3)	≤5	≤10	未检出
甲醇/(μg/g)	≤10	≤10	0.2

标定期间丙烯产品分析数据见表5-5-7，丙烯体积分数为99.9088%，优于国标优等品对丙烯含量的要求；其他各项指标均优于丙烯优等品规定的指标。

表5-5-7　丙烯产品指标及分析数据

项　　目	优　等　品	一　等　品	实　测　值
丙烯含量(体)/%	≥99.6	≥99.2	99.9088
烷烃含量(体)/%	余量	余量	0.0912
乙烯含量/(mL/m^3)	≤50	≤100	未检出
乙炔含量/(mL/m^3)	≤2	≤5	未检出
甲基乙炔和丙二烯含量/(mL/m^3)	≤5	≤20	未检出
氧含量/(mL/m^3)	≤5	≤10	0.3
一氧化碳含量/(mL/m^3)	≤2	≤5	未检出
二氧化碳含量/(mL/m^3)	≤5	≤10	未检出
丁烯+丁二烯含量/(mL/m^3)	≤5	≤20	未检出
硫含量/(μg/g)	≤1	≤5	0.1
水含量/(μg/g)	≤10	≤10	未检出
甲醇含量/(μg/g)	≤10	≤10	未检出

裂解石脑油性质见表5-5-8，裂解轻油性质见表5-5-9，油浆性质见表5-5-10。

表5-5-8　裂解石脑油性质

项　　目	数　　据	项　　目	数　　据
密度(20℃)/(g/cm^3)	0.8426	MON	89.2
馏程/℃		元素组成	
初馏点	47.5	C/%	89.89
10%	82.9	H/%	9.61
50%	119.1	S/(μg/g)	382
90%	168.1	N/(μg/g)	102
终馏点	191.9	族组成(荧光法)(体)/%	
酸度/(mgKOH/100mL)	0.8	饱和烃	5.6
实际胶质/(mg/100mL)	11.2	烯烃	6.5
硫醇性硫含量/(μg/g)	<3	芳烃	87.9
二烯值/(gI/100g)	12.3	族组成(色谱法)/%	
蒸气压(RVPE)/kPa	29.3	正构烷烃	1.56
诱导期/min	102	异构烷烃	2.99
铜片腐蚀(50℃、3h)	1a	烯烃	14.23
溴价/(gBr/100mL)	34.2	环烷烃	1.46
辛烷值(台架试验)		芳烃	78.79
RON	102.4	未检出峰	0.97

表 5-5-9 裂解轻油性质

项　　目	数　　据	项　　目	数　　据
密度(20℃)/(g/cm³)	0.9835	闪点(闭口)/℃	72
运动黏度(20℃)/(mm²/s)	3.271	凝点/℃	-44
运动黏度(50℃)/(mm²/s)	1.765	10%残炭值/%	0.75
馏程/℃		溴价/(gBr/100mL)	13.4
初馏点	174.5	十六烷值	<19.4
10%	203.0	元素组成	
50%	254.5	C/%	90.59
90%	326.0	H/%	8.19
终馏点	347.0	S/%	0.34
酸度/(mgKOH/100mL)	2.9	N/(mg/L)	448

表 5-5-10 油 浆 性 质

项　　目	数　　据	项　　目	数　　据
密度(20℃)/(g/cm³)	1.1601	沥青质	29.0
折射率(n_D^{70})	>1.7000	金属含量/(μg/g)	
运动黏度(80℃)/(mm²/s)	143.5	Fe	19.0
运动黏度(100℃)/(mm²/s)	47.2	Ni	3.2
凝点/℃	26	V	0.6
碱性氮含量/%	0.11	Na	3.9
固体物含量/%	0.20	Ca	4.2
元素组成/%		馏程/℃	
C	92.24	初馏点	255
H	6.49	10%	392
S	0.56	30%	424
N	0.54	50%	466
质量族组成/%		350℃馏出量(体)/%	3.0
饱和烃	2.9	500℃馏出量(体)/%	60.0
芳烃	56.0	蒸馏终点收率量(体)/%	69.4
胶质	12.1	蒸馏终点温度/℃	540

表5-5-11列出了CPP工艺专用CEP-1(SY)催化剂的主要性质。从表中数据可以看出，CEP-1(SY)催化剂的物理性质与常规催化裂化催化剂相近，且磨损指数明显优于常规裂化催化剂。表明CEP-1(SY)催化剂具有良好的抗磨性能。

由于CPP操作苛刻度明显高于FCC和DCC，因此除需要高的乙烯选择性外，对催化热裂解催化剂的热稳定性和水热稳定性也提出了更高的要求。工业运转结果表明，CEP-1(SY)催化剂具有高的裂解活性和好的水热稳定性。

再生催化剂性质见表5-5-12。

表 5-5-11 新鲜剂基本物性

项　目	数　据	项　目	数　据
比表面积/(m^2/g)	171	0~105μm	75.3
孔体积/(mL/g)	0.27	0~149μm	92.2
筛分组成(体)/%		平均粒径(APS)/μm	72.1
0~20μm	3.6	Na_2O 含量/%	0.05
0~40μm	17.7	Al_2O_3 含量/%	50.6
0~80μm	57.2		

表 5-5-12 再生催化剂基本物性

项　目	数　据	项　目	数　据
含碳/%	0.01	0~105μm	80.5
活性 DMA(520℃)	60	0~149μm	95.8
比表面积/(m^2/g)	123	平均粒径(APS)/μm	69.8
筛分组成(体)/%		Na_2O 含量/%	0.14
0~20μm	0.0	Fe 含量/%	0.48
0~40μm	12.8	Ni 含量/%	0.15
0~80μm	61.0	Al_2O_3 含量/%	49.8

含硫污水分析结果见表 5-5-13。

表 5-5-13 含硫污水分析数据

项　目	数　据	项　目	数　据
pH 值	9.74	氨氮含量/(mg/L)	304.82
硫化物含量/(mg/L)	77.76	NO_3^- 含量/(mg/L)	0.5
挥发酚含量/(mg/L)	218.02	SO_4^{2-} 含量/(mg/L)	49.7
COD/(mg/L)	1730		

装置能耗分析情况见表 5-5-14。

表 5-5-14 装置 72h 性能考核期间统计结果

项　目	设计量	设计单耗	比例/%	总量	总单耗	比例/%	差值/%
燃料气/t	115.2	25.6	7.91	74.37	16.44	4.71	-55.7
电/(kW·h)	320231.52	71.16256	6.02	326400	72.15	5.66	1.4
蒸汽(5.3MPa)/t	7468.2	1.6596		6072	1.34		-23.6
蒸汽(1.0MPa)/t	19.278	0.00428	46.82	459	0.1	43.75	95.8
蒸汽(0.5MPa)/t	-393.84	-0.08752		1135.69	0.25		134.9
反再循环水/t	103824	23.072		203572	45.00		48.7
精分循环水/t	590400	131.2		754726	166.83		21.4
除盐水/t	4320	0.96	5.74	50.588	0.01	5.88	-848.5
凝结水/t				-3381.57	-0.75		
生活水/t	14.4	0.0032		24.784	0.01		41.6

续表

项　目	设计量	设计单耗	比例/%	总量	总单耗	比例/%	差值/%
烧焦/t	452.3	100.5	31.06	548.066	121.15	34.71	17
伴热输出热/kgEO				2200.442	0.49	0.44	
工业风(标准状态)/m^3	141552	31.456	1.51	188914.7291	41.76	0.52	-660.9
仪表风(标准状态)/m^3	416592	92.576		55039	12.17		24.7
氮气(标准状态)/m^3	28800	6.4	0.94	144304	31.9	4.33	79.2
加工量/t				4523.8		100	
能耗/(kgEO/t 原料)		307.4		331.6			7.3

表 5-5-14 数据显示实际运行与设计的公用工程消耗存在一定的差异，分析如下：

（1）裂解炉进料未达满负荷（没有 DCC 丙烷进料），燃料气消耗低于设计值；

（2）由于装置发汽量较大，5.3MPa 蒸汽消耗较设计低；但由于冬季运行，装置内蒸汽伴热和消防用汽较多，所以 1.0MPa 和 0.5MPa 蒸汽消耗较设计稍高；总体蒸汽消耗与设计值持平；

（3）装置循环水用量设计值偏低，即使在冬季实际用量依然较高；

（4）裂解气压缩机和丙烯制冷压缩机的清洁凝液得以回收，实际外输凝结水；

（5）加工原料与设计原料性质存在差异，焦炭产率比设计值高；

（6）装置冬季运行期间，温水伴热和采暖消耗了部分热量，设计中并未有相关说明。需要进一步挖潜，利用装置内余热，解决冬季采暖及伴热；

（7）装置内净化风和非净化风设计值偏高，实际耗量较小。

总之，蒸汽、烧焦、电、燃料气、水在装置能耗中所占比例较大，其中蒸汽和电实际消耗与设计值比较接近；但烧焦、循环水消耗大于设计值，本次标定能耗比设计能耗增加了含硫污水及碱渣综合处理系统消耗两项，也是总能耗稍高于设计值的原因之一。

二、标定结果

1. 装置负荷

装置设计负荷为 500kt/a，年操作时数设计值为 8000h，即新鲜原料处理量设计值为 62.5t/h。

性能考核期间装置加工大庆常压渣油共 4524.1t，即装置处理量为 62.83t/h，装置负荷为 100.54%。

2. 主要产品质量

装置的乙烯纯度（体积分数）达到 99.99%以上，产品质量达到国家标准《工业用乙烯》（GB/T 7715—2003）优等品指标。装置的丙烯纯度（体积分数）达到 99.9%以上，产品质量达到国家标准《工业用丙烯》（GB/T 7716—2002）优等品指标。

3. 主要产品收率

性能考核期间得到乙烯产品 805.09t，对新鲜原料的乙烯收率为 17.80%；得到丙烯产品 885.71t，对新鲜原料的丙烯收率为 19.58%。对新鲜原料的乙烯、丙烯收率总和为 37.38 %。

4. 主要产品产率

按照设计工艺包CPP乙烯、丙烯兼顾方案的操作条件，按新鲜进料量计：乙烯产率不低于14%、丙烯产率不低于22%，乙烯、丙烯产率总和不低于36%。

标定期间乙烯产率为18.32%；丙烯产率为21.58%，乙烯、丙烯产率总和为39.90%，达到性能保证指标。

三、考核结果分析

1. 反应部分考核分析

装置运行期间反应-再生系统各部催化剂密度稳定，流化正常，开车初期60%到100%负荷均控制灵活自如，满足装置操作弹性要求。运行期间催化剂单耗为2.7kg/t原料(主要为卸剂)。

在性能考核期间，油气急冷器顶部温度312℃，急冷器下部气相温度351℃，油气急冷器底部液相抽出温度368℃，急冷器压差为12kPa，达到了设计要求。

2. 再生器考核结果分析

本装置采用烧焦罐加床层再生形式，在本次性能考核中，效果如下：

装置焦炭产率达12.12%，但再生催化剂定碳均小于0.01%，再生效果良好。

3. 两器压力平衡考核结果分析

在平衡剂0~40μm细粉含量在8%~10%的情况下，再生器床层、循环斜管、待生斜管滑阀前蓄压在259~360kPa之间，滑阀压降在17~40kPa之间并保持较好，使流化质量得到保证；并且各滑阀开度在35%左右，还有相当的调节余地；总催化剂循环量887.49t/h，基本满足反应系统供热要求，说明各催化剂循环线路流化状况良好，输送正常。

四、精制与分离系统考核结果分析

1. 裂解气压缩机组考核结果分析

为考察500kt/a催化热裂解制乙烯装置在设计处理量即62.5t/h常渣进料并最大量回炼碳四、碳五运行情况。在本次标定期间，装置裂解气压缩机进料量达到运行以来的最大值，平均在72t/h。裂解气压缩机运行转速6800r/min，裂解气压缩机段间压力分别为一段出口0.20MPa、二段出口0.59MPa、三段出口1.43MPa、四段出口3.42MPa，基本接近设计值。

2. 丙烯制冷压缩机组考核结果分析

标定期间丙烯压缩机满负荷进料，丙烯制冷压缩机运行转数6100r/min，处于满负荷运转状态，丙烯制冷压缩机各段压力和温度分别为一段吸入压力0.026MPa、温度-36℃，二段吸入压力0.199MPa、温度-17℃，三段吸入压力0.556MPa、温度3℃、出口压力1.560MPa；丙烯制冷压缩机各项指标基本达到设计值。

3. 乙烯制冷压缩机组考核结果分析

标定期间乙烯压缩机满负荷进料，乙烯制冷压缩机运行转数10650r/min，乙烯制冷压缩机各段压力分别为一段吸入压力0.041MPa、温度-92℃，二段吸入压力0.473MPa、温度-68℃，三段出口压力1.502MPa；除乙烯机一段吸入压力偏高外，乙烯制冷压缩机基本达到设计值。

4. 碱洗塔 T-4440 考核结果分析

T-4440 进料温度 50℃、出料温度 45℃、强中弱碱循环量 12t/h，水洗水循环量 20t/h 碱洗塔出口硫化氢、二氧化碳含量均低于 5μg/g，碱洗塔运行符合设计要求，但水洗段带水。

5. 脱丙烷塔考核结果分析

72h 标定期间脱丙烷塔运行良好，塔顶碳四含量低于 0.5%，损失丙烯 0.086t，符合设计要求。

6. 干燥器运行结果分析

干燥器 D-4448AB、D-4450AB 进料温度 20℃，运转状态良好，干燥器露点合格，干燥器切换时间约为 36h，均符合设计要求。

7. 脱硫醇、羰基硫反应器运行结果分析

反应器 R-4449AB 进料温度 20℃，运转状态良好，72h 标定期间硫醇、羰基硫均未检出，反应器运行符合设计要求。

8. 乙炔加氢反应器运行结果分析

反应器 R-4450 进料温度 104℃，处于反应器末期运行温度。反应器出口乙炔、砷均未检出，符合设计要求。

9. 氧加氢反应器运行结果分析

考核期间氧加氢反应器进料温度 188℃，床层温度 192℃。反应器入口、出口的乙烯、丙烯、氮氧化物、乙炔、氧气等体积组成见表 5-5-15。

表 5-5-15　氧加氢反应器出口气体体积组成

项　　目	乙烯/%	丙烯/%	NO_x/(mg/g)	乙炔/%
入口	25.41	29.0	320.1	0.08
出口	25.36	20.87	5.9	0.02

10. 脱甲烷塔运行结果分析

脱甲烷塔考核期间运行状态良好、但塔顶乙烯损失较大，标定期间燃料气中乙烯含量(体积分数)为 1.65%，共计损失乙烯 23.92t。这是由于膨胀再压缩机 CX-4520、CX-4521 未投用，待膨胀再压缩机开启后预计从燃料气内可回收 0.5%(占总进料)乙烯。

11. 乙烯精馏塔运行结果分析

乙烯精馏塔考核期间运行状态良好，考核期间乙烯产品均为优等品，乙烯塔底考核 72h 内损失乙烯 0.471t、损失丙烯 0.789t，符合设计要求。

12. 丙烯精馏塔系统运行结果分析

丙烯精馏塔系统考核期间运转状态良好，丙烯汽提塔塔底损失乙烯基本为 0、丙烯 0.086t，符合设计要求。

由国家发改委组织专家于 2010 年 4 月 20 日—4 月 22 日对 CPP 装置运行情况进行考核，工业应用得到如下结论：

沈阳石蜡化工有限公司 500kt/a 催化热裂解(CPP) 制乙烯装置工业运转及 72h 性能考核结果表明：

（1）CPP装置反应-再生系统催化剂流化正常，整套工艺流程配置合理，操作稳定，调节灵活。

（2）CPP装置的乙烯产率为18.32%，丙烯产率为21.58%，乙烯加丙烯产率为39.90%，超过装置性能保证值(36%)；产品乙烯纯度(体积分数)超过99.99%、产品丙烯纯度(体积分数)超过99.9%，乙烯产品质量达到优等品指标，丙烯产品质量达到优等品指标。

（3）CPP装置工业运转表明，该工艺技术成熟可靠，开辟了一条以石蜡基常压渣油为原料生产乙烯、丙烯的新工艺路线。

（4）裂解气精制与分离系统流程配置合理，满足聚合级乙烯、丙烯的生产要求。

参考文献

[1] 曹湘洪. 扩大乙烯装置原料来源的思考与实践[C]. 中国化工学会2001年石油化工学术年会，北京，2001.

[2] 曲岩松，高春丽，杨秀霞. 中国乙烯工业路在何方[J]. 当代石油石化，2012 (9)：9-14.

[3] Bakhtiari A M S, Hajarizadeh H A. Economic advantages for production of basic petrochemicals from Persian Gulf gas resources[C]. Forum 19, 16th World Petroleum Congress, Calgary, Canada, 2001.

[4] Li Zaiting, Jiang Fukang, Min Enze, DCC—A New Propylene Production Process from Vacuum Gas Oil[C]. NPRA Annual Meeting, AM-90-40, Texas, 1990.

[5] 李再婷，谢朝钢. 重油原料通过催化方法生产轻烯烃的新途径[M]//中国科学技术前沿(第五卷). 北京：高等教育出版社，2002：237-262.

[6] Niccum P K, Miller R B. A Novel Fcc Process For Maximizing Light Olefins Using A New Generation of ZSM-5 Additive[C]. 1998 NPRA Annual Meeting, AM-98-18, San Francisco, 1998.

[7] Hemler C L, Upson L L. Maximize Propylene Production[C]. The European Refining Technology Conference, Berlin, Germary, 1998.

[8] McQuiston H L. Implement new advances in FCC process[C]. Japan Petroleum Institute Refining Conference, Tokyo, Japan：1998.

[9] 顾道斌. 增产丙烯的催化裂化工艺进展[J]. 精细石油化工进展，2012，13(3)：49-54.

[10] Tomita T, Kawamura S. A Newly Developed Gasification Process and the Catalyst[C]. Proceedings of the 7th International Congress on Catalysis, Elsevier Scientific Publishing Co. , 1981：804.

[11] Johnson A R, Bowen C P, Letzsch W S. Low Residence Time Catalytic Cracking Process[C]. Presentation at 1996 Dewitt Petrochemical Review, Texas, 1996.

[12] Nowak S E, Guenschel H, Radeck D. New Routes to Low Olefins[C]. Presentation at the 13th World Petroleum Congress, Buenos Aires, 1991.

[13] Pierre L D, Quibel J, Senes M. Catalytic process for producing gas mixtures having high ethylene contents：US 3624176[P], 1971-11-30.

[14] Tomita T, Kikuchi K, Sakamoto T. process for preparing olefins：US 3767567[P], 1974-11-22.

[15] Wrisberg J, Andersen K J, Mogensen E. Catalytic steam cracking of hydrocarbons and catalysts therefor：US 3725495[P], 1970-12-17.

[16] Andersen K J, Fischer F, Wrisberg J. Process for catalytic steam cracking：US 3872179[P], 1973-07-25.

[17] Kolombos A J, McNeice D, Wood D C. Olefins production by steam cracking over manganese catalyst：US 4087350[P], 1978-05-02.

[18] Kolombos A J, McNeice D, Wood D C. Olefins production：US 4111793[P], 1976-09-13.

[19] Pop G, Ivanus G, Boteanu S, et al. Catalytic process for preparing olefins by hydrocarbon pyrolysis: US 4172816[P], 1979-10-30.

[20] Bittrich H H, Feldhaus R, et al. Lower olefins by thermal cracking of high-boiling hydrocarbon fraction, Ger (East). DD 233584A[P], 1986.

[21] 高桥卓. Method for producing ethylene and propylene: JP 06-330055[P], 1992-03-14.

[22] 角田隆，关口光弘，金岛节隆. 烃转化催化剂及用其进行接触转化方法：CN 1162274A[P], 1999-08-25.

[23] 刘鸿洲，汪燮卿. ZSM-5分子筛中引入过渡金属对催化热裂解反应的影响[J]. 石油炼制与化工，2001，32(2)：48-51.

[24] 柯明，汪燮卿，张凤美. 分子筛孔结构和硅铝比对催化裂化产品中乙烯选择性的影响[J]. 石油炼制与化工，2003，34(9)：53-58.

[25] 柯明，汪燮卿，张凤美. 磷改性ZSM-5分子筛催化裂解制乙烯性能的研究[J]. 石油学报(石油加工)，19(4)：28-35.

[26] 柯明，汪燮卿，张凤美. Physicochemical features of phosphorus-modified ZSM-5 zeolite and its performance on catalytic pyrolysis to produce ethylene[J]. Chinese Journal of Chemical Engineering, 2003, 11(6): 671-676.

[27] 柯明，汪燮卿，张凤美. 高温水热处理后磷改性HZSM-5分子筛的结构变化[J]. 石油化工，2005，34(3)：226-232.

[28] 谢朝钢，汪燮卿，郭志雄，等. 催化热裂解(CPP)制取烯烃技术的开发及其工业试验[J]. 石油炼制与化工，2001，32(12)：7-10.

[29] Wang Xieqing, Shi Wenyuan, Xie Chaogang et al. Catalytic pyrolysis process (CPP)—An upswing of RFCC for ethylene and propylene production [J]. Pre-Print Archive - American Institute of Chemical Engineers, 2002.

[30] Anderson B G, Schumacher R R, Duren R, et al. Practical advances in petroleum processing[J]. J Mol Catal A 2002(181): 291-301.

[31] Corma A, Orchilles A V. Formation of products responsible for motor and research octane of gasolines produced by cracking: The implication of framework SiAl ratio and operation variables[J]. J Catal, 1989, 115(2): 551-566.

[32] 谢朝钢. 催化热裂解生产乙烯技术的研究及反应机理的探讨[J]. 石油炼制与化工，2000，31(7)：40-44.

[33] 侯典国，汪燮卿，谢朝钢等. 催化热裂解工艺机理及影响因素[J]. 乙烯工业，2002，14(4)：1-5.

[34] Hou Dianguo, Wang Xieqing, Xie Chaogang et al. Studies on the reaction mechanism of CPP and the factors affecting the yields of ethylene and propylene[J]. China Petroleum Processing and Petrochemical Technology, 2002, 4(4): 51-55.

[35] 谢朝钢，潘仁南. 重油催化热裂解制取乙烯和丙烯的研究[J]. 石油炼制与化工，1994，25(6)：30-34.

[36] 刘鸿洲. 催化热裂解催化材料的探索及相应微反评价装置的建立[D]. 北京：石油化工科学研究院，2000.

[37] Xie Chaogang, Zhang Zhigang, Li Zaiting, et al. Catalyst hydrothermal deactivation and coke formation in catalytic pyrolysis process for ethylene production[J]. Preprints - American Chemical Society, Division of Petroleum Chemistry, 2000, 2.

[38] 伊红亮，施至诚，李才英，等. 催化热裂解工艺专用催化剂CEP-1的研制开发及工业应用[J]. 石油炼制与化工，2002年，33(3)：38-42.

[39] 贺方，谢朝钢. ZRP分子筛改性对催化热裂解乙烯产率影响的机理研究[J]. 石油炼制与化工，2003，34(12)：12-16.

[40] 张凤美，舒兴田，施志诚，等．多产乙烯和丙烯的五元环分子筛组合物：CN1072032[P]，2001-10-03.
[41] 张凤美，舒兴田，施志诚，等．一种五元环分子筛组合物的制备方法：CN1072031[P]，2001-10-03.
[42] 付英锐，汪燮卿，关景杰，等．一种乙烯和丙烯的制取方法：CN1125006[P]，2003-10-22.
[43] 赵留周，罗一斌，谢朝钢，等．一种增产乙烯和丙烯的催化热裂解催化剂：CN1267533[P]，2006-08-02.
[44] 张执刚，谢朝钢，施至诚，等．催化热裂解制取乙烯和丙烯的工艺研究[J]．石油炼制与化工，2001，32(5)：21-24.
[45] 谢朝钢，潘仁南，李再婷，等．石油烃的催化热裂解方法：CN1030326[P]，1995-11-22.
[46] 谢朝钢，李再婷，施文元，等．催化热裂解制取乙烯和丙烯的方法：CN1060755[P]，2001-01-17.
[47] 谢朝钢，汪燮卿，李再婷，等．一种增产乙烯和丙烯的重质石油烃催化转化方法：CN1179018[P]，2004-12-08.
[48] 许友好，谢朝钢．一种制取乙烯和丙烯的催化转化方法：CN1159416[P]，2004-07-28 .
[49] 谢朝钢，汪燮卿，李再婷，等．一种增产乙烯和丙烯的重质石油烃催化转化方法：CN1179018[P]，2004-12-08.
[50] 谢朝钢，李再婷，龙军，等．一种制取乙烯和丙烯的石油烃催化热裂解方法：CN1234806[P]，2006-01-04.
[51] Xie Chaogang，Long Jun，Zhang Jiushun，et al. Catalytic conversion process for producing light olefins with a high yield from petroleum hydrocarbons：US7375256 (B2)[P]，2008-05-20.
[52] 李松年，汪燮卿．石油烃类催化转化方法：CN 1154400A[P].
[53] 谢朝钢，杨义华，朱根权，等．利用轻质石油馏分催化转化生产乙烯和丙烯的方法：CN1247745[P]，2006-03-29.
[54] Charles W. Fluid catalytic cracking process for upgrading a gasoline-range feed：US 4051013[P].
[55] 鲁维民．脱除再生催化剂携带烟气的研究[D]．北京：石油化工科学研究院，2000.
[56] 鲁维民，汪燮卿，钟孝湘，等．一种再生催化剂汽提塔和汽提再生催化剂的方法：CN1156340[P]，2004-07-07.
[57] 鲁维民，汪燮卿，钟孝湘，等，一种催化剂脱气塔和脱除催化剂携带气体的方法：CN1170637[P]，2004-10-13.
[58] Xie Chaogang，Wang Xieqing，Guo Zhixiong，et al. Commercial trial of catalytic pyrolysis process for manufacturing ethylene and propylene[C]. 17th World Petroleum Congress，1-5 September，Rio de Janeiro，Brazil，2002.
[59] Hou Dianguo，Xie Chaogang，Wang Xieqing. Commercial application of CPP for producing ethylene and propylene from heavy oil feed[J]. China Petroleum Processing and Petrochemical Technology，2003，5(1)：19-22.
[60] 王大壮，王鹤洲，谢朝钢，等．重油催化热裂解(CPP)制烯烃成套技术的工业应用[J]．石油炼制与化工，2013，44(1)：56-59.

第六章 MGG和ARGG工艺技术

第一节 引 言

催化裂化在我国重油加工过程中起着重要的作用。为了满足日益严格的环保要求和市场对烯烃(特别是丙烯)需求的持续增长，催化裂化工艺技术也在进一步发展和改进。轻烯烃是石油化工的基本原料，它们的产量和生产技术代表着石油化工发展的水平[1]。国外催化裂化技术的发展也面临着同样的问题，特别是由于原油价格居高不下，炼油厂的效益日趋恶化，国外大的石油公司纷纷通过炼油与化工一体化，甚至将原油生产-炼油-化工-化纤一体化来增加效益和竞争能力[2]，使得炼油与石油化工的结合成为必然趋势，其目的是为了求得石油产品与石化产品的最优化生产过程。在这方面我国已有良好的开端。从20世纪80年代初开始，中国石化石油化工科学研究院(RIPP)针对丙烯、丁烯和异丁烯等烯烃供应紧张这一世界性问题，相继研究开发出催化裂解(DCC)、最大量生产汽油和液化气的催化转化(MGG，Maximum Gas plus Gasoline；ARGG，Atmospheric Residuum Maximum Gas plus Gasoline)和多产异构烯烃(MIO)等催化裂化工艺技术。

一般常规蜡油催化裂化汽油加液化气的产率可达到65%左右，其中液化气和汽油的比例约为1：(4~5)，总转化率(对新鲜原料)为75%左右。一些催化裂化装置使用了助辛烷值剂，液化气和汽油的比例有所提高，但总转化率变化不大。如果催化裂化装置的总转化率达到75%以上，就要发生过裂化反应，产生更多的焦炭和干气，同时也会影响油品的安定性。要得到高的液化气加汽油产率，就必须达到高的转化率、低的干气和焦炭产率。要得到高品质的汽油、低的干气产率、高烯烃的液化气，就必须减少热裂化反应及氢转移反应。MGG工艺技术以重质油为原料，采用RMG系列催化剂和适宜的工艺条件，通过提升管或者床层反应器，最大量地生产汽油和液化气；而且，汽油具有高辛烷值和良好的安定性，液化气富含烯烃。MGG工艺总转化率达到80%以上；液化气加汽油产率高；高产率的液化气富含烯烃，它与汽油的比例约为3：(4~5)；干气产率低，与液化气的比例约为1：(7~10)；而且汽油辛烷值高，安定性好。

一般地说，MGG和ARGG工艺技术，是以各种重减压馏分油，掺渣油、脱沥青油、焦化蜡油以及常压渣油等重质油为原料，采用提升管或床层反应器，使用RMG和RAG系列催化剂，反应温度510~540℃，最大量生产富含烯烃(尤其是丙烯)的液化气和辛烷值高、安定性好的汽油的新工艺技术[3]。液化气产率可达25%~40%，汽油产率40%~55%，液化气加汽油产率70%~80%，液化气和汽油产率的比例可以用不同的操作条件来控制和调节。汽油 *RON* 一般为91~95，*MON* 为80~82，诱导期500~900min。RMG催化剂重油裂化能力强、水热稳定性好、抗重金属能力强，具有特殊的反应性能、良好的活性和烯烃选择性。该工艺的主要特点是：油气兼顾，原料广泛，高价值产品产率高和产品灵活性大等。

MGG 和 ARGG 技术包括工艺、催化剂、工艺工程等一整套技术的研究和开发过程。

1986 年开题，在实验室小型和中型装置上，进行多产液化气催化裂化的探索试验，得到肯定的结果后，于 1989 年开始了工艺、催化剂层面上的研究，对活性组分评选与催化剂制备、工艺参数、原料及产品分布、产品质量等多方面开展了系统而广泛的探索及试验研究工作。

1992 年 2 月 MGG 工艺及其所用的 RMG 催化剂分别通过了中国石化股份公司组织的中试技术鉴定。认为该项技术为发展炼油和石油化工的结合提供了一条新的、有效的途径。中试数据齐全，可靠。建议尽快进行工业试验及推广使用。同时该项目被列入中国石化重点科研开发项目和“十条龙”攻关项目，并成立了由总公司生产部、发展部、RIPP 和兰州炼油化工总厂领导为组长的 MGG 技术工业试验领导小组。

MGG 工艺技术的工业试验在兰州炼油化工总厂（以下简称兰炼）完成。在兰炼原料油 MGG 中试的基础上，进行了工艺工程开发和工业试验的可行性研究。1992 年 4 月中国石油化工总公司审查通过了兰炼第一套催化裂化改为 MGG 装置的可行性研究报告。1992 年 6 月底，对兰炼第一套催化裂化装置进行了停工改造，于同年 7 月底开始了 MGG 工艺技术的工业试验。一次开工和试验成功，经过四次试验标定，装置转入正常生产，各项技术经济指标达到或接近设计值，达到了工业试验的预期目的，取得了较好的经济效益及社会效益，并于 1992 年 12 月通过了中国石油化工总公司的工业技术鉴定。

在 MGG 成套技术的基础上，RIPP 进一步研究开发了以常压渣油为原料的工艺和催化剂，又称为 ARGG 工艺技术。ARGG 工艺技术经过小型、中型试验研究，1993 年 7 月在扬州石油化工厂新建了第一套 70kt/a 的 ARGG 装置，并一次投产成功。RIPP、扬州石油化工厂、齐鲁石化分公司催化剂厂和洛阳石化工程公司等单位共同完成工业试验，1994 年通过了中国石油化工总公司技术鉴定。1998 年 6 月在岳阳石油化工总厂（以下简称岳化）建成投产第一套 800kt/a 大型工业化 ARGG 装置。与 MGG 技术相比，MGG 是以蜡油或掺炼一部分渣油为原料，大量生产液化气和汽油产品的工艺技术；ARGG 则是以常压渣油等重质油为原料，多产液化气和汽油的工艺技术。就如同馏分油或掺部分渣油催化裂化和常压渣油催化裂化一样，二者有不少相似之处，但在操作、工艺条件、催化剂、装置、工艺工程等方面有许多不相同的地方。引起这些差别的主要原因是原料性质的变化，特别是残炭、重金属、杂质、胶质、沥青质及大于 500℃馏分的增加，要求工艺、装置及催化剂有适宜的工况、良好的重油转化能力及抗重金属污染能力等相应的技术与措施。

MGG、ARGG 工艺和相应的 RMG、RAG 催化剂已先后在中国、美国、荷兰、泰国、日本等国家进行了专利申请，分别获准中国、美国的专利授权。并获得中国专利十年成就展金奖，中国专利局和世界产权组织专利金奖和中国石油化工总公司科技进步特等奖及国家科技进步二等奖等多项奖励。

该项工艺技术受到国内外炼油及石油化工行业的关注，具有很好的经济效益、社会效益和推广应用前景。

一、工艺开发背景

据统计，世界总能源需求的 40%依赖于石油产品，汽车、飞机、轮船等交通运输器械使用的燃料几乎全部是石油产品，有机化工原料主要也是来源于石油炼制工业。在石油产品构成中，各种油品在数量上占有绝对优势。虽然用以替代石油的新能源：如核能、电磁能、氢能等研发工作方兴未艾，但是至少在几十年内，由石油生产的轻质液体燃料仍然是无可替代的，而且随着全球经济的飞速发展，对汽油、柴油和液化气等轻质燃料油的需求还会日益扩大。

从原油蒸馏得到的直馏轻组分石脑油、柴油、煤油等数量有限，远不能满足对轻质燃料的需求。例如轻质原油含小于300℃馏分约50%～60%，其他原油含小于300℃馏分仅占20%～30%或更少，而世界石油市场上轻质原油的比例还不到一半。表6-1-1列出几种重要的国产原油的轻馏分含量，可见我国主要油田生产的原油轻馏分大部分小于30%。

表6-1-1　我国生产的原油轻馏分含量

原油	胜利	任丘	大庆	大港	玉门	中原
密度/(g/cm³)	0.907	0.883	0.855	0.889	0.870	0.837
<300℃含量/%	25.1	26.0	28.8	34.9	41.5	44.5

由上述可见，燃料生产中的一个重要问题是如何将原油中的重质馏分油或渣油转化成轻质燃料产品的问题。对于减压馏分油的轻质化，一般采用催化裂化或加氢裂化。从世界范围内看，燃料的重质油轻质化工艺中，催化裂化总加工能力已列各种转化工艺的前茅，其技术复杂程度也位居各类炼油工艺的首位，因此催化裂化这种将重质原料经催化转化为轻质油品的工艺技术在现代炼油工业中占有举足轻重的地位。我国原油大多偏重，沸点大于350℃的常压渣油占原油的70%～80%，沸点大于500℃的减压渣油占原油的40%～50%，因此，重油催化裂化作为重油深度加工用以提供炼油厂经济效益的有效方法，在国内炼油工艺流程中的地位日显突出[4]。一般工业条件下，催化裂化产品分布中：气体产率10%～20%，其中主要是C_3、C_4，且烯烃含量可达50%；汽油产率约45%；柴油产率25%；焦炭产率约8%～10%。催化裂化是生产高辛烷值汽油的主要手段之一，我国汽油生产特点是：汽油调合组分中催化裂化汽油比例高，普遍在80%以上，个别企业达到100%，而重整汽油比例低，所以汽油芳烃和苯含量普遍不高，高辛烷值汽油调合组分比例更少，导致汽油生产中90号汽油比例高[5]。国内外的绝大部分炼油厂以催化裂化装置为核心，按多产汽油方案生产，转化率在75%～80%，汽油产率50%左右。出于催化裂化装置数量上的绝对性优势，使得催化裂化汽油和催化重整汽油、烷基化汽油一起构成商品汽油的大宗组分。随着催化裂化与石油化工生产相结合，催化裂化由以生产油品为主逐步向生产轻烯烃兼顾油品的方向发展。从单纯的炼油到与石油化工生产相结合，是当前发展的趋势，甚至最终将占主导地位。进入21世纪，国内一些催化裂化装置已经采用各种形式与石油化工联合在一起。乙烯从催化裂化干气中提取，丙烯作为石油化学产品出售，氢气回收供炼油厂使用。未来炼油厂更像一个特殊化学品供应厂，而以催化裂化联合装置为核心，通过设备与催化剂的革新，催化裂化也可能取代部分热裂解而生产轻烯烃，特别以重油进料生产轻烯烃为主要路线。

文献报道的国外重质油生产低碳烯烃的技术包括：

1. ABB Lummus Global 的 SCC 工艺

该工艺是在FCC基础上通过采用Lummus公司的“微喷射喷嘴”、短接触提升管和直连快分，以及优化的催化剂配方等措施，达到增加催化反应和热反应之比、减少氢转移和过裂化反应、增加剂油比、减少炭差、改善产品选择性，丙烯产率可达到16%～17%。如果把轻

汽油回炼(在重油进料口上方进入)，则可再增加丙烯产率2%~3%。

2. Furtum Oil and Gas公司的NExCC工艺

该工艺与一般提升管FCC工艺不同，如图6-1-1所示。由于反应-再生结构不同，操作条件有较大差别，如表6-1-2所列。二者的产率比较见表6-1-3。

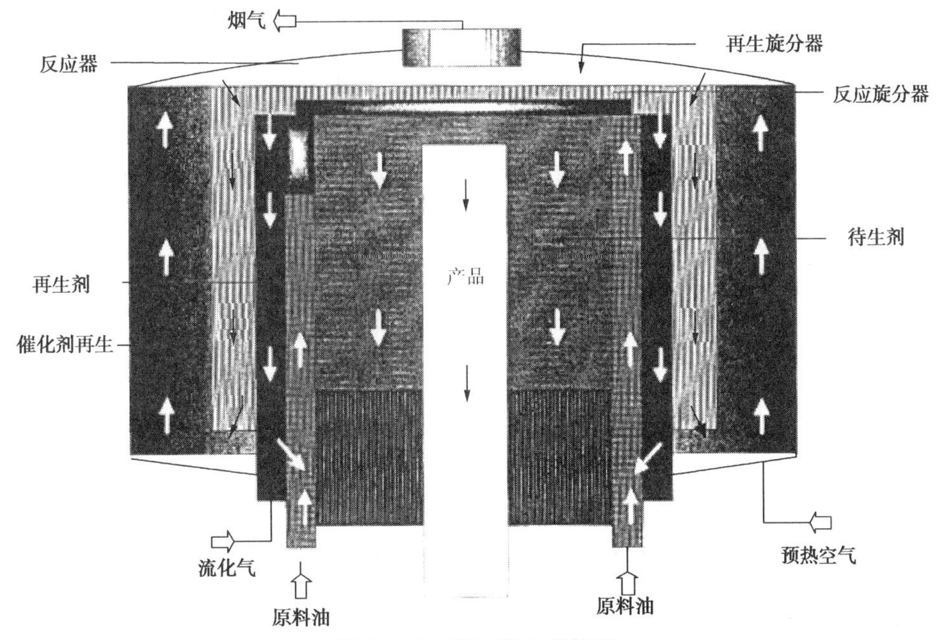

图6-1-1 NExCC工艺构型

表6-1-2 NExCC和FCC的操作条件比较

项　　目	NExCC	FCC
反应器		
温度/℃	550~620	520~550
停留时间/s	0.7~2.2	2~5
剂油比	10~20	5~7
再生器		
温度/℃	680~720	680~720
停留时间/s	30	240

表6-1-3 NExCC和FCC的产率比较

产率/%	NExCC	FCC
干气和LPG中的烷烃	10.3	3.2
乙烯	3.4	1.0
丙烯	16.1	3.5
丁烯	11.1	4.0
醚的原料	15.4	6.5
汽油	27.7	47.0
塔底油	12.2	28.0
焦炭	3.8	6.8

据称由于 NExCC 的结构紧凑，投资费用比 FCC 节省约 20%，对于 2000kt/a 的装置，NExCC 的投资费用为 2.4 亿美元，而 FCC 则需 3 亿美元。

3. 印度石油公司的 INMAX 工艺

原料油：渣油残炭可高达 8%以上、Ni+V 含量大于 1%。

催化剂：有 3 种不同功能的组分，可分别裂化重油、裂化 VGO/瓦斯油和裂化石脑油，有很好的抗金属性能，平衡剂中 V 含量可达 20000μg/g，并有很好的焦炭选择性，从而可在很高的剂油比(15~25)下操作，油浆产率在 5%以下，炭差仅为 0.5%左右，较一般 RFCC 低 50%。

工艺过程：提升管反应器，高苛刻度操作，反应温度 560℃，剂油比 15~25，注水 15%。

产品产率：LPG 产率(对新鲜料)40%~65%，丙烯 17%~25%。

目前状态：建有一套 100kt/a 的半工业化装置，拟建一套 1700kt/a 的工业装置，很想转让技术，但缺乏工程设计力量，正与 UOP 公司接洽，希望由 UOP 公司承接工程方面的工作。

4. Kellogg/Mobil 公司的 Maxofin 工艺

Maxofin 是在 Kellogg 正流式渣油催化裂化工艺基础上发展的，应用了 Atomax 喷嘴、密闭旋分；不同点在于 Maxofin 用了新的催化剂助剂 Maxofin-3 所和第二根提升管。Maxofin-3 所含的 ZSM-5 量大于 25%而不影响重油转化率，基础催化剂则能最大量地生产 C_6~C_{12}烯烃供 ZSM-5 助剂再裂化。

原料油：VGO、DAO、AR 均可。

操作条件：第一提升管，温度 530~540℃，剂油比 8~9；第二提升管：温度 560~600℃，剂油比约为 25，提升蒸汽 4%。

工艺示意见图 6-1-2。

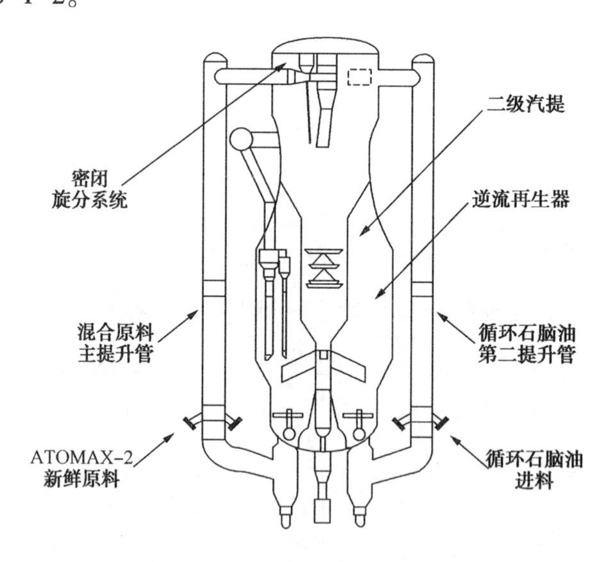

图 6-1-2　Maxofin 工艺示意图

工业试验数据见表 6-1-4。试验用原料油为 Minas VGO 315~538℃馏分，最大量生产丙

烯时用双提升管，中等量得到丙烯和最大量得到油收的只用单一提升管；最大量得到油收不用 ZSM-5 助剂，而第二提升管进 VGO，以提高总进料量。3 种方案的主提升管温度都是 538℃，剂油比 8.9，最大量生产丙烯方案的第二提升管温度 593℃，剂油比 25。

表 6-1-4 Maxofin 工艺的工业试验结果

方案	最大丙烯	中等丙烯	最大油收
催化剂	RE-USY+ZSM-5	RE-USY+ZSM-5	RE-USY
进料量/(bbl/d)	30000	30000	44100
产率/%			
H_2	0.91	0.18	0.12
干气	6.61	2.07	2.08
乙烯	4.30	1.96	0.91
丙烯	18.37	14.38	6.22
丁烯	12.92	12.33	7.33
C_3+C_4烷烃	16.07	14.58	13.01
汽油	18.81	35.53	49.78
LCO	8.44	7.33	9.36
重油	5.19	5.24	5.26
焦炭	8.34	6.38	5.91

注：1bbl=0.159m^3。

5. HS-FCC 工艺

HS-FCC 工艺是沙特石油大学和日本石油公司合作开发的工艺，其特点是下流式催化裂化，油自上而下流经催化剂床层短接触反应(<0.5s)、高温(550~650℃)、大剂油比(15~25)、快速分离(约 0.1s 之内)。

催化剂：低活性的 H-USY 和含 10%ZSM-5 的助剂。

工艺流程：见图 6-1-3。

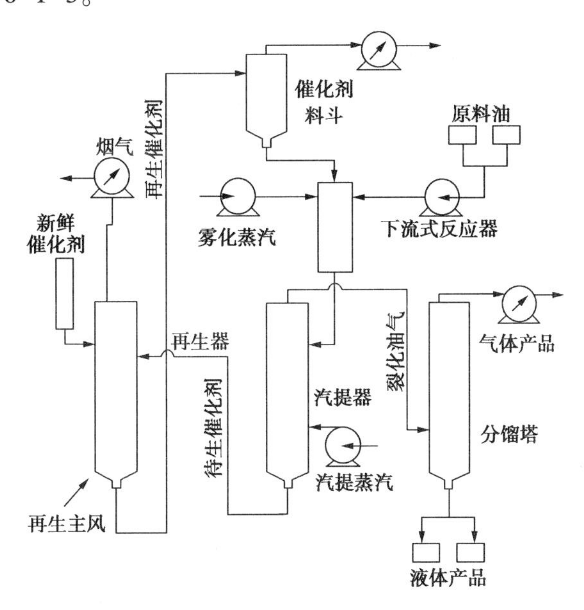

图 6-1-3 HS-FCC 工艺流程示意图

操作结果：用加氢 VGO 321～620℃馏分、残炭 0.07%的原料油，在 600℃和剂油比 40 下反应，与一般上流式 FCC 进行比较，结果见表 6-1-5。

表 6-1-5 HS-FCC 和一般 FCC 的产率比较

项　　目	常规 FCC		HS-FCC	
收率/%	基础催化剂	基础+ZSM-5	基础催化剂	基础+ZSM-5
干气	5.3	6.4	4.6	5.5
丙烯	7.5	13.0	10.7	18.4
丁烯	8.8	13.6	16.1	17.8
丙烯+丁烯	16.3	26.6	28.7	39.3
液化气	20.7	29.3	30.9	40.5
汽油	43.4	34.1	45.4	34.0
柴油	15.0	15.4	9.4	9.3
油浆	14.3	13.4	6.6	7.1
焦炭	2.3	2.1	3.1	3.5
(丙烯+丁烯)/液化气	0.79	0.91	0.93	0.97

试验是在小型装置上进行的，该装置是把 Davison 的 DCR 提升管中型装置改造成下行式的，一般 FCC 的数据是在未改造的 DCR 装置上取得的。在沙特炼油厂建了一套 4.77m^3/d (30bbl/d)的示范装置，配有 5 个进料喷嘴，1 个在反应器中部，4 个沿管壁分布。未见示范装置的数据。

6. 巴西 Petrobras 的下行式工艺

巴西为了更好地加工本地含有较高沥青质、金属和氮的原油并多产低碳烯烃，开发出下行式催化裂化。根据 2004 年的美国专利申请号 20040124124(2004)，高温再生剂(600～750℃)用一种流体带入反应器经过多孔篮子流下与 200～400℃的原料油接触气化、反应，然后经快速分离系统把油气与催化剂分离，原料油为 340～720℃馏分，用的是 Albemarle 公司(原 Akzo Nobel 公司)的高可接触指数(AAI)催化剂，小型实验结果示于表 6-1-6，高 AAI 催化剂与一般催化剂的比较示于表 6-1-7。

表 6-1-6 Petrobras 下行式催化裂化与 FCC 比较

项　　目	提　升　管	下　行　式
操作条件		
反应温度/℃	1022/550	1022/550
转化率/%	72.5	74.8
剂油比	7.8	8.7
碳差	1.13	1.02
收率/%		
干气	4.8	4.8
乙烯	0.94	1.68
氢气	0.60	0.17

续表

项　　目	提升管	下行式
液化气	17.9	20.4
丙烯	4.8	6.6
丁烯	8.6	9.7
汽油	41.0	40.8
柴油	15.9	12.2
油浆	11.6	13.0
焦炭	8.8	8.8

表 6-1-7　高接触性催化剂与一般催化剂的比较

项　　目	常规催化剂	高接触性催化剂
操作条件		
反应温度/℃	1004/540	1004/540
转化率/%	75.1	85.5
剂油比	7.6	10.3
碳差	1.11	0.83
催化剂 AAI	1.9	5.9
收率/%		
干气	3.9	3.5
乙烯	1.2	1.1
氢气	0.10	0.05
液化气	18.3	19.5
丙烯	4.8	6.1
丁烯	9.4	9.3
汽油	44.4	54.0
柴油	12.6	9.6
油浆	12.3	4.8
焦炭	8.5	8.5

从表 6-1-6 可见，下行式的剂油比大、炭差小，在同样焦炭产率时，LPG、丙烯/丁烯比稍高，但重油裂化能力降低。从表 6-1-7 可见，高接触性催化剂(AAI>5.9)比一般催化剂重油裂化能力强，LPG、丙烯、汽油产率提高，油浆产率减少。

7. UOP 公司的 PetroFCC

原料油：VGO、HVGO、加氢 VGO 等。

催化剂：重油裂化催化剂+ZSM-5 助剂。

工艺工程：在 UOP 公司的 RxCat 基础上增加另一提升管，应用了 UOP 公司的 Optimix 喷嘴、VSS 或 VDS 快速分离器。RxCat 是用一部分待生剂与再生剂混合进入提升管与原料油接触反应，降低剂油接触温度，提高剂油比，减少热反应，干气产率可降低达 30%，工艺示意如图6-1-4。表6-1-8为PetroFCC与一般FCC产率比较。

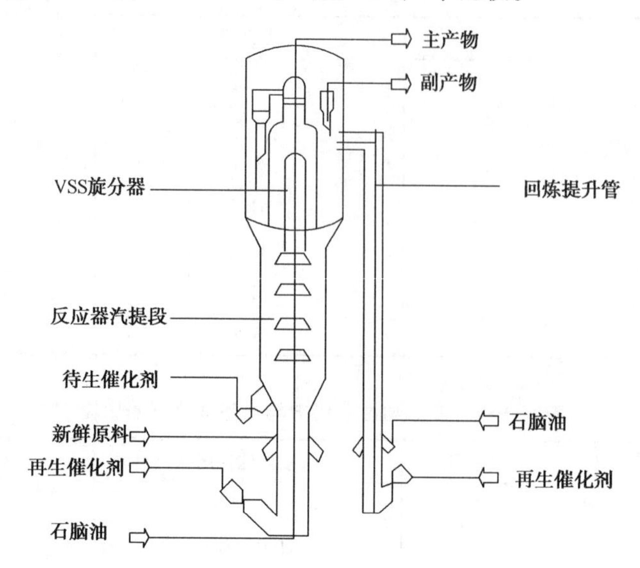

图6-1-4 UOP公司的PetroFCC工艺

表6-1-8 PetroFCC与FCC的产率比较 单位:%

产　品	常规FCC	PetroFCC
干气	2.0	3.0
乙烯	1.0	6.0
丙烷	1.8	2.0
丙烯	4.7	22.0
丁烷	4.5	5.0
丁烯	6.5	14.0
汽油	53.5	28.0
柴油	14.0	9.5
燃料油	7.0	5.0
焦炭	5.0	5.5

从图6-1-4可见，石脑油除可在第二提升管再裂化外，第一提升管底部也可引进部分石脑油，所以操作方式可以变化。表6-1-8所用原料油是VGO，石脑油在第二提升管回炼，从结果看，丙烯产率可达22%，丁烯达14%，焦炭和干气稍有增加，油浆减少。此工艺在印度首次工业化，2000年开工。

从我国的炼油技术发展进程看，自20世纪90年代初，国内生产液化气及汽油的主要工艺主要有常规FCC、FCC+CHO(催化裂化加助辛烷值剂)两种。常规FCC主要生产轻质油品(汽油和轻柴油)，产率为75%~80%，液化气产率较低，一般为8%~12%(对原料)。FCC+CHO工艺的目的是提高催化裂化汽油的辛烷值，同时也增加一些液化气产率，其增加幅度一般为3%~5%(对原料)。同期，RIPP开发成功的MGG和ARGG工艺主要是在保证汽油油品质量、特别是高辛烷值汽油质量的条件下，大量地生产液化气和低碳烯烃。根据原料性质的不同，MGG 工艺的液化气产率有所不同，一般可在 25%以上，最高可达 35%（对原料）左右，其中碳三、碳四产率可分别高达 12%和 15%，且富含烯烃，高质量汽油产率可达 40%~56%（对原料）。可见，FCC 和 FCC+CHO 是以油品为主要目的，而 MGG 工艺则是适合国情，又有别于国外技术的多产液化气又多产高质量汽油的“油气结合”的工艺，为实现油化结合开辟了一条新的技术路线。

二、工艺特点

MGG 和 ARGG 工艺技术均是从催化裂化过程反应化学的发展历程入手，结合对催化裂化工艺过程反应化学规律的认识，以及对反应化学的一些重要特征进行分析，从中发现反应化学上的一些规律，并以此指导和开发出的催化裂化新工艺和新技术。

众所周知，热裂化过程是一种单纯依靠加热提高反应温度，使重质馏分油裂化为汽油和柴油的炼油方法。相对于催化裂化反应过程来看，热裂化工艺过程的特点是低温高压，其特征反应温度为 470~480℃，反应压力为 2.0~5.0MPa。烃类在热裂化条件下，反应基本上可以分成裂解与缩合两个方向，裂解反应产生较小的分子，而缩合反应则生成较大的分子。烃类热反应机理主要是自由基反应机理，按照此机理，可以解释许多烃类热反应现象。如正构烷烃热分解时，裂化气中含 C_1、C_2 小分子烃较多，而异构烷烃和异构烯烃较少。催化裂化反应机理与热裂化有着本质的差异。石油烃类在酸性催化剂的作用下，裂化反应的活化能显著降低，在相同的反应温度下，其反应速率比热裂化反应速率高出若干个数量级，同时目的产物的选择性更高。表 6-1-9 中列出了催化裂化反应与热裂化反应的比较。

表 6-1-9　催化裂化反应与热裂化反应的比较

反应类型	催化裂化	热裂化	差异与结果
裂化反应	1. 反应速率快 2. 烯烃、环烷烃的反应速率比烷烃的大 3. 多在从分子两端数起的第三、第四个碳原子处断裂	1. 反应速率慢 2. 烷烃、烯烃、环烷烃的反应速率差不多 3. 多在分子的边上断裂	1. 催化裂化处理能力大 2. 环烷烃是比较理想的催化裂化原料 3. 催化裂化气体中含 C_3、C_4 多；热裂化气体中含 C_1、C_2 多
异构化反应	显著	不显著	催化裂化汽油中异构烃多，辛烷值高
芳构化反应	显著。烯烃、五元环烷烃也能生成芳烃	烯烃、五元环烷烃生成芳烃较少	催化裂化产品含芳烃多，汽油辛烷值高
氢转移反应	显著	不显著	催化裂化汽油含二烯烃少，安定性好

从表 6-1-9 可以看出，在热裂化条件下，裂化反应速率很慢，而异构化反应、芳构化反应和氢转移反应难以发生，在工业生产中并没有实际意义，而催化裂化加速了裂化反应、异构化反应、芳构化反应和氢转移反应，使这些反应具备了工业生产上的实际利用价值。虽然热裂化技术在 20 世纪 20、30 年代，因汽车工业的发展对汽油产品的需求剧增而得到过较快发展，但是热裂化生产的汽油辛烷值较低且安定性差，通常辛烷值仅为 60~70，难以满足发动机技术不断进步的要求。因此，至 20 世纪 40 年代，热裂化工艺逐步被催化裂化工艺所取代。

从化学反应历程分析，烃类热解反应历程分为自由基链反应历程、自由基非链反应历程和分子反应历程。一般认为烃类的热反应主要是自由基链反应，但有的烃类如环己烷虽然在热反应中也断环均裂为双自由基，但随即分解为稳定的产物，并不形成链反应而是完成自由基非链反应历程。在热反应过程中，还有些分子并不是通过形成自由基而反应的，而是遵循分子反应历程进行的。对于绝大多数烃类，当反应温度小于450℃时，尤其是在催化裂化工艺过程中，其热裂化速率是较低的。当温度超过600℃时，所有烃类(除甲烷外)的热裂化速率都是很高的。因此，在催化裂化反应过程中，不可避免地会发生热裂化反应，这是因为原料油与再生催化剂在接触的瞬间，再生催化剂温度在700℃左右，提升管出口温度通常也在500℃以上。一般认为，降低催化裂化过程中的热裂化反应，有利于降低干气产率和沉降器结焦。因此，在催化裂化工艺研究和开发中，降低催化裂化过程中的热裂化反应技术一直是研究的热点和重点。

近年来，围绕着"催化裂化反应过程中所产生的 H_2、C_1 和 C_2 等小分子是热裂化反应造成的，还是催化裂化反应造成的，或者是两种反应共同造成的？如何区分热裂化反应和催化裂化反应各自的影响程度?"这些问题，在实验室相继开展了深入细致的研究。以 FCC 汽油重馏分为原料，在小型固定流化床装置上分别采用惰性石英砂及常规裂化催化剂，在反应温度 300~700℃的范围内进行热裂化和催化裂化对比试验，结果表明：催化裂化反应过程中的干气是由热裂化反应和催化裂化反应共同造成的，FCC 汽油重馏分热裂化的起始反应温度为 525℃，当温度高于 600℃以上时，干气几乎 100%由热裂化反应所产生。基于此，在低于600℃的反应条件下，如何调控热裂化反应和催化裂化反应，实现同时兼有催化裂化反应与热裂化反应的双重优点，在高转化率的情况下，获得高汽油和液化气产率，而保证较低的干气和焦炭产率，成为 MGG 和 ARGG 工艺技术的开发基础。

在催化裂化过程中采用高温、大剂油比操作模式，热裂化反应程度将会随工艺苛刻度的增加而增大，从而导致产物中干气和焦炭的增加，降低液体产品的产率和质量，增大了反应设备和管线内结焦的可能性。但是，在重油催化裂化中，由于较大的油气分子很难进入沸石中进行催化裂化，而通过热裂化反应的作用可将其打成小分子碎片(或自由基)后进入分子筛再进行催化裂化反应。因此在此意义上，热裂化反应是有一定好处的。实验室通过对影响热裂化和催化裂化因素的研究，摸索出反应温度、剂油比和油气接触时间对裂化反应的作用规律[6]，为 MGG 和 ARGG 工艺技术的开发奠定了基础，从而实现采用适当的催化剂和合理操作条件来控制和调整催化裂化过程中的催化裂化反应和热裂化反应，达到调整产品分布和产品性质的目的。

MGG 工艺是以减压馏分油或掺入部分减压渣油或常压渣油为原料，采用 RMG 催化剂，在提升管反应器中进行裂化反应过程；是以多产液化气尤其是丙烯、丁烯和多产质量合格的高辛烷值汽油为主的工艺。

MGG 工艺技术的主要特点[7]是：

(1) 油气兼顾，油化结合。在高的液化气和汽油产率下，同时可以得到好的油品质量，特别是汽油的质量，相当或优于催化裂化的油品性质。

(2) 原料广泛。可以加工各种原料，特别是可以加工掺渣油、常压渣油或者原油等重质原料，尤其适合于加工石蜡基原料。

(3) 高价值产品产率高。液化气加上油品产率可以达到 80%~90%，液化气加上汽油产率可以达到70%~80%。

(4) 产品灵活性大，根据需要可以在一定范围内调整液化气、汽油和柴油的产率。

(5) 采用特定的RMG催化剂，它具有良好的裂化活性、选择性、水热稳定性及抗重金属污染性能，采用该催化剂加工重质油，其裂化产品中丙烯、液化气和汽油产率较高，氢甲烷比和氢气较低，而焦炭产率变化不大。

(6) MGG工艺的反应温度与一般催化裂化相近或略高，在520~540℃之间，采用较低的反应压力和较短的反应停留时间(2~4s)。其操作灵活性较大，可采用重油全回炼和重油与轻柴油全回炼的操作方式，以得到更多的液化气和汽油。

(7) 由于热平衡和反应活性要求，本工艺需要较大的剂油比(7~10)。

(8) 由于RMG催化剂活性较高，因此单程转化率较高，回炼比较小，在0~0.5之间。

(9) 为降低油气分压，采用较大的注水蒸气量，一般在6%~10%(对总进料)。

(10) MGG工艺生产的汽油，其安定性及抗爆性能好，研究法辛烷值在90~94，马达法辛烷值在80~83。

(11) 工程技术成熟。采用了催化裂化流态化技术，装置型式和催化裂化相似，工艺条件比一般催化裂化稍苛刻一些。除新建的装置外，现有催化裂化装置经适当改动就可以实施该工艺技术。

MGG工艺技术比较适合于一些炼油厂和石油化工厂，用于生产液化气、碳三、碳四烯烃或者高辛烷值汽油。

ARGG工艺技术是以常压渣油为原料，采用提升管或提升管加床层反应器，使用专用RAG催化剂，较高反应温度，最大量生产富含烯烃的液化气和辛烷值高、安定性好的汽油工艺技术。ARGG工艺技术的主要特点是：

(1) 以常压渣油等重质油为原料，实现油气兼顾。在高的液化气和汽油产率下，同时得到好的油品性质，特别是汽油的质量优于或者相当于重油催化裂化的汽油性质。

(2) 采用重油转化能力与抗重金属能力强、选择性好及具有特殊反应性能的RAG催化剂，要求再生剂定碳含量<0.15%，再生温度≤700℃。催化剂具有较高的活性、烯烃选择性，良好的水热稳定性及抗重金属污染性能。

(3) 灵活的工艺条件和操作方式。较高的反应温度(510~540℃)及较长的反应停留时间(一般为3~4s)，采用重油全回炼或重油与部分轻柴油回炼的操作方式，以得到更多的液化气和汽油。

(4) 采用较低的反应压力0.22~0.24MPa和较大的注汽量，一般注汽量占总进料量的6%~10%，以降低油气分压，提高烯烃产率。

(5) 反应需要较大的剂油比(7~12)。

(6) 高价值产品产率高，产品有一定的灵活性。液化气加汽油产率可以达到70%~80%，液化气加汽油加柴油产率可以高达85%。

(7) ARGG液化气产率高，约为RFCC的两倍，柴油产率较低，约为RFCC的1/2。分馏和吸收稳定部分的负荷相对常规RFCC装置大，分馏塔热负荷分配也有所变化。

MGG和ARGG工艺之所以具有上述特点主要是由于其工艺操作参数和具有独特性能的RMG和RAG催化剂合理的配合，实现了同时兼有催化裂化正常裂化区与过裂化区二者双重的优点。即在高转化率的过裂化区情况下，汽油和液化气产率高，而干气和焦炭产率低，同时所得汽油辛烷值高、安定性好；所得液化气烯烃含量高等。其反应特点如图 6-1-5 所示。

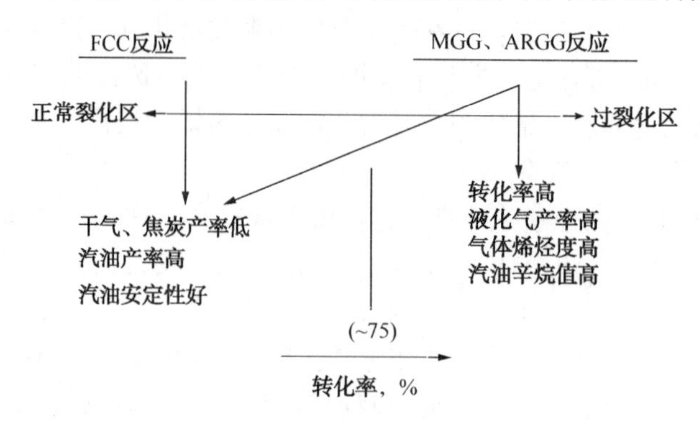

图 6-1-5　MGG(ARGG)工艺反应特点

三、工艺的作用和地位

通过合适的工艺技术，选择适宜的操作条件和专用催化剂以及对原料油进行预处理来提高催化裂化装置的掺渣量和总液体收率、优化装置产物分布和产品质量，始终是催化裂化工艺技术研究的总目标。

一般用 USY 型分子筛催化剂生产高辛烷值汽油时，液化气产率在 10%~14%，汽油产率 44%~48%，液化气和汽油之和平均为 58%~62%(对进料)。要多产液化气和汽油，关键是提高催化剂对大分子烃的裂化能力，同时有选择性地转化为液化气和汽油，减少干气和焦炭的生成。现有的催化裂化催化剂提高大分子烃的转化常常伴随着生焦率的增加，提高反应深度就产生过裂化，生成大量的干气。因此，一般转化率只能控制在 70%~75%以下操作。多产液化气和汽油的催化转化 MGG、ARGG 工艺技术，是以各种蜡油、掺渣油及常压渣油为原料，采用提升管或提升管加床层反应器，使用 RMG 和 RAG 系列催化剂，反应温度为 510~540℃，最大量生产富含烯烃的液化气和辛烷值高、安定性好的汽油。由于其工艺操作参数和具有独特性能催化剂的合理配合，实现了同时兼顾正常裂化区与过裂化区二者双重的优点，即在高转化率的过裂化区情况下，汽油和液化气产率高，而干气和焦炭产率低，同时所得汽油辛烷值高、安定性好；所得液化气烯烃含量高等。

ARGG 的液化气富含丙烯、丁烯，其丙烯/总碳三比约为 85%，丁烯/总碳四比约为 68%。对进料的产率丙烯为 9%，丁烯为 9.5%，其中异丁烯约为 2.8%，并有约 3.5%的异丁烷。轻烯烃是进一步转化为高辛烷值组分的原料。丙烯可以生产异丙醇、异丙醚、二聚物或与剩余的异丁烷烷基化。异丁烯可生产 MTBE，而丁烯可与异丁烷烷基化。这些轻烯烃和异丁烷的充分利用，将可获得约 23%(占进料)的高辛烷组分。连同 ARGG 本身生产的约 47%汽油，总汽油组分的产率可达 70%，其辛烷值($RON+MON$)/2 可达约 88。用常压渣油直接催化裂化与 ARGG 相同的配套工艺，生产如此质量和高产率的汽油至今尚属罕见[8]。ARGG 工艺技术比较适合我国的国情，我国原油轻组分少、常压渣油多，一般为 70%左右，而且大部分质量也比较好，适宜通过催化裂化进行加工处理。因此 ARGG 工艺技术实现了重质油深度加工，制取轻烯烃、油气结合的新途径。为我国炼油工业向炼油-化工型发展，走油气结合、油化并举的路线开辟了一条可行的工艺途径。

第二节 原料和催化剂

一、原料类型和主要性质

MGG 和 ARGG 工艺技术特点之一，是对原料有广泛的适应性，特别是可以加工掺渣油和常压渣油等重质原料。经过大量的试验，对原料的基本要求概括如表 6-2-1 所示。

表 6-2-1 MGG 和 ARGG 原料基本要求

项　　目	一　　般	最　　好
氢含量/%	>11.5	>12.0
康氏残炭/%	<8.0	<5.0
镍含量/(μg/g)	<30	<15
钒含量/(μg/g)	<15	<5
特性因数 *K*	>11.5	>12.0

这些原料均可以得到高的液化气和汽油产率。一般的产品分布为：液化气 25%~40%，汽油 40%~55%，柴油 6%~20%，焦炭加干气 10%~15%。中型装置对几种原油的蜡油(包括二次加工蜡油)、掺渣油和常压渣油，使用 RMG-1 和 RAG-1 催化剂，在相近的操作条件下进行了试验，其中一部分试验结果列于表 6-2-2。

表 6-2-2 不同原料的产品分布

项　　目	蜡　　油			掺　渣　油		常 压 渣 油	
密度(20℃)/(g/cm^3)	0.8546	0.8741	0.9230	0.8612	0.9117	0.8719	0.8894
残炭/%	—	—	0.12	2.18	3.22	4.4	4.8
镍/(μg/g)	<0.1	<0.1	3.6	3.3	8.4	11.3	3.9
K 值	12.6	12.0	11.5	12.6	11.8	12.6	12.2
催化剂	RMG-1			RAG-1		RAG-1	
产品分布/%							
H_2~C_2	2.49	2.92	2.94	4.69	4.40	2.83	3.18
C_3~C_4	34.69	31.60	22.50	35.17	25.64	28.11	26.10
C_5^+汽油	45.46	46.16	42.44	51.75	45.28	41.14	41.48
柴油+重油	13.58	13.28	25.20	0.00	13.66	20.27	22.90
焦炭	3.78	6.04	6.92	7.39	9.83	7.65	6.34
烯烃产率/%							
丙烯	11.21	10.32	7.02	12.17	8.77	9.26	8.69
丁烯	13.16	11.53	7.65	14.52	11.49	12.13	10.39

可以看出，液化气和液化气加汽油产率都比较高，最高达到 86%，最低也在 65%以上；而且原料的石蜡性越强，即 *K* 值越高，液化气和汽油的产率越高。

二、催化剂

催化技术是石化工业的核心技术。当今石油化工工艺90%以上是催化反应过程；催化技术的改进和催化剂性能的突破往往导致了石油化工工艺的变革和创新。因此，国际大石油化工公司都投入相当多的人力和财力从事催化剂的科研开发和选用，新型高效催化剂不断涌现，催化剂更新换代的步伐越来越快，对促进石化企业经济效益的提高和石化工业的发展起着至关重要的作用[9]。

催化裂化催化剂是一种由氧化硅和氧化铝组成的多孔性微球，平均颗粒尺寸在50~80μm。伴随着氧化硅产生Bronsted或Lewis酸性中心。酸性中心引发并促进碳离子反应，在催化裂化反应条件下该反应导致石油分子尺寸变小。也有的人认为催化剂活性来源于它的静电场，这种静电场使被吸附的反应物分子起极化作用，从而促进反应[10]。由于这两种理论都有不完善之处有待进一步深入研究，一般将这两种理论综合起来解释各种现象。

绝大多数催化剂由分子筛、白土、活性基质和黏合剂组成的，每种组分都有各自的作用。催化剂各组分的作用见表6-2-3。每一种组分都改善一项或多项催化剂的性能。催化剂的设计正是通过改变各组分的化学组成和性质来产生不同范围的产品产率和质量，并考虑原料性质、装置操作和约束条件等。

表6-2-3　催化剂各组分的作用

分子筛	选择性裂化的主要催化组分、对分子筛改性将影响其活性、选择性和产品质量
活性基质	其主要作用是降低FCCU的油浆产率，从而提高轻柴油和其他轻质产品的收率。其焦炭和气体选择性比分子筛差。选择合适的活性基质和加入量会使其副效应降低
白土和黏结剂	白土提供了催化剂的抗钠性能(相当于钠阱)，是调节孔体积的一个手段，另外起到了传热介质的作用，黏结剂牢固地将各个组分黏结在一起，以提供良好的抗磨损性能和机械强度
所有组分	为反应器和再生器间的传热提供热容

裂化催化剂是非常复杂的，其在裂化反应过程中表现出的不同特性均是由其化学组成和物理性质所控制的。例如，活性和选择性主要决定于分子筛类型和稀土含量，流化性质主要决定于颗粒的大小分布和密度等。

从催化剂研制开发角度来看，多产液化气催化剂的设计应着重强调如下几个方面的作用：

(1) 采用氢转移活性低的催化剂材料增加液化气产率；

(2) 采用非骨架铝(NFA)低的USY剂，提高液化气产率；

(3) 选用非分子筛的新型SiO_2-Al_2O_3催化剂增加异丁烯的选择性；

(4) 添加辛烷值助剂，提高液化气产率；

(5) 改进基质的裂化活性和选择性，提高液化气产率；

(6) 将几种孔结构不同的活性组元合理搭配，用以大幅度提高液化气产率并保持高的汽油产率和高辛烷值的催化剂。

从烃类在催化剂表面反应过程看：重油大分子的裂化一般发生在催化剂基质表面的大孔

及分子筛的二级孔内，将其裂化成中等分子或小分子后才能在分子筛内进一步反应。而各烃类分子的动力学直径 D_K[11]是不同的(烃类分子直径见表 6-2-4)，据 AKZO 公司的观点，孔道直径至少是 $2D_K$，烃分子才能自由扩散进出。因此催化剂性能调整可以使基质具有丰富的大中孔和高活性，实现理想的重油裂化能力；分子筛孔径变小，防止中间馏分进一步裂化生成更小的分子，以提高汽油收率。

表 6-2-4　烃类分子动力学直径 D_K

碳数 C_n	烃组分	$D_K/10^{-10}$m
6	轻汽油	4~5
12	重汽油	8~10
10~20	轻 VGO	10~15
10~25	轻柴油	<20
15~30	VGO	<25
>35	常压渣油	>25
>40	减压渣油	~50(25~150)
>40	胶质	>50
>50	沥青质	>50~100

研究结果表明催化剂的酸结构和孔结构特性、反应温度、焦炭污染状况和反应接触时间能显著地影响催化裂化过程中的氢转移、异构化、芳构化等反应，决定着裂化产物中的烯烃含量、产物的组成和相对分子质量分布[12]。提高 Y 型分子筛的硅铝比，可以改变酸中心的性质，同时改进其热稳定性。酸中心性质的改变，将影响反应选择性。改善分子筛孔内酸中心的可接触性(较好的通道)，有利于重油大分子的裂化。对渣油的裂化在改善对焦炭的选择性的前提下，要尽量提高平衡剂的裂化活性[13]。

催化裂化工艺的核心是催化剂。20 世纪 80 年代以来，围绕高辛烷值汽油和重油催化裂化以及二者的结合，国内外都做了大量的工作，取得了很大进展，深化了认识。

MGG 和 ARGG 工艺技术分别使用 RMG 和 RAG 系列催化剂。RMG 催化剂结构稳定性好，有良好的孔分布梯度，可使大小不同的烃类分子与活性中心进行有选择地接触，活性高，水热稳定性好，抗镍污染能力强，气体烯烃选择性好，焦炭产率低。RAG 催化剂的活性组分是由几种分子筛构成，通过调整分子筛的种类和比例可制得性能各异的一系列 RAG 催化剂用以生产不同产品方案的 ARGG 工艺的工业应用中[14]。

MGG 工艺技术所用的 RMG 催化剂，它是该工艺技术的核心。为研究开发 MGG 工艺技术，同时开展了 RMG 催化剂的试验研究工作。1987 年完成了实验室对活性组分和担体的筛选，继而在不同规模的中型装置上进行了催化剂制备工艺的试验，于 1992 年 6 月在齐鲁石化分公司催化剂厂工业装置上生产了 160t 催化剂，供兰州石油化工总厂 MGG 工艺技术的工业试验使用。在此期间，对中型制备和工业生产的催化剂进行了包括中小型评价试验的各种评定工作。

(一) 质量指标

RMG、RAG 质量指标见表 6-2-5。

表 6-2-5 催化剂质量指标

项　目	RMG	RAG
化学组成/%		
Fe_2O_3	<0.8	
Na_2O	<0.25	
SO_4^{2-}	<1.5	
Cl^-	<1	
灼烧减量/%	<13	
孔体积/(mL/g)	0.27~0.37(水滴法)	≥0.30
磨损指数/%	>2.0(直管法)	≤3.7
比表面积/(m^2/g)	170~220	≥180
堆积密度/(g/mL)	0.68~0.79	0.65~0.80
微活指数/%		
800℃、17h	>50~60	≥55
790℃、17h	>60~75	
粒径分布/%		
<20μm	3~5	
20~40μm	15~20	
40~80μm	55~60	
>80μm	20~25	

（二）技术特点

1. RMG 催化剂制备流程

催化剂组成和制备流程的确定是在 1kg 规模设备上进行的。对各类分子筛的特性及其加入量、各类载体与分子筛的搭配以及催化剂在喷雾成型后杂质的脱除等因素进行了考察。选定以铝基黏结剂和高岭土作为催化剂的半合成载体，其制备流程见图 6-2-1。

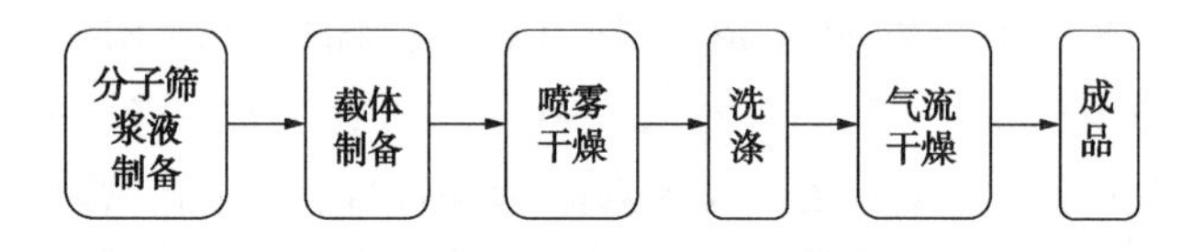

图 6-2-1 RMG 催化剂制备流程

2. RMG 催化剂特点

结构稳定性好，载体、催化剂的孔结构能够保证烃类分子与活性组分中心良好地接触，发挥其裂化反应效能。

优异的活性组分质量及特性是决定催化剂反应性能、产品选择性的关键。

RMG 催化剂具有水热稳定性好、抗重金属污染能力强、气体烯烃选择性好、重油裂化能力强、焦炭产率低等优点。

酸性中心作为催化裂化反应的活性中心，酸性分布密度、强度和可接近性直接关系到催化剂的活性、选择性，进而影响到以正碳离子为反应特征的催化裂化反应的产品分布和产品质量[15]。RAG 系列催化剂是按照将几种孔结构不同的活性组元合理搭配，用以大幅度提高液化气产率并保持高的汽油产率和高辛烷值的思路设计的。即合理地调配几种孔结构不同、裂化活性和选择性不同的组分于一个颗粒中使其具有独特性能。针对常渣的特点，RAG 系列催化剂采用三活性组分：REY、USY、H-ZSM-5 分子筛。在催化剂制备过程中，重点对载体性能进行改进，使其二次孔分布更趋完善、合理，同时还对分子筛组分和载体性能的协调，并对分子筛组成和载体性能的协调匹配进行优化组合，从而使 RAG 催化剂具有更强的重油转化能力、更好的产品选择性和抗重金属污染能力。

3. RAG 系列催化剂特点

(1) 结构稳定，有良好的孔分布梯度，可使重油中大、中、小不同的各类分子、特别是大分子与活性中心有选择性地、充分地接触和反应。同时，大孔还可以容纳重金属堆积。

(2) 工协作活性较高、选择性好，特别是重油转化能力和抗重金属镍污染能力强。

(三) 应用特性

MGG 和 ARGG 技术所用的催化剂为 RMG 和 RAG 两个系列。其主要活性组分为 RIPP-2、REY 和高硅沸石等分子筛，含量 10%~45%，与具有高重油转化能力、适宜孔径的 55%~90%基质，载体由铝溶胶和高岭土构成，含量分别为 15%~30%和 85%~70%。可使各种活性组分及基质在反应过程中最大限度地发挥各自的选择性裂化功能。

催化剂应用特性是：

(1) 结构稳定性好，有良好的孔分布梯度。可以使大小不同的烃类分子与催化剂活性中心选择性地、充分地接触，在应用中表现出优良的选择性和重油大分子裂化能力。

(2) 活性高，水热稳定性好，抗重金属污染能力强，如表 6-2-6 和表 6-2-7 所示。工业生产的 RMG 催化剂，经过 100%水蒸气、790℃、老化 10h 后，活性高达 82，老化 17h，活性仍为 72%。这说明其活性是高的，稳定性是好的。在工业应用中，RAG 催化剂上镍污染到 12000μg/g，干气中氢气含量(体积分数)为 40.5%~48.5%，氢气和甲烷之比为 2.3~3.0，表现了强的抗重金属镍的污染能力。

表 6-2-6 催化剂老化条件及结果

项目	中型制备催化剂			工业生产催化剂	
温度/℃	760	760	760+790	790	790
时间/h	10	20	20+5	10	17
微反活性/%	78	76	74	82	72

表 6-2-7 催化剂镍含量与干气中氢含量、氢甲烷比(工业结果)

标定方案	标-1	标-2	标-3	标-5	标-6	标-7
催化剂镍含量/(μg/g)	8200	8400	8400	12000	12000	12000
干气中氢含量(体)/%	48.5	41.0	49.0	40.5	41.0	48.5
氢气/甲烷(体积比)	2.2	1.8	2.4	3.0	2.3	2.4

(3) 形成两大系列、多个品种，用于不同的原料和目的产品。RMG 系列主要用于蜡油或掺渣油原料；RAG 系列则主要用于掺渣油或常压渣油原料。各个系列中不同牌号的催化剂用于生产不同产率的液化气和汽油。表 6-2-8 列举几种 RAG 催化剂的产物分布。

表 6-2-8　几种 RAG 催化剂的产物分布(反应温度 530℃，单程)

催化剂	RAG-1	RAG-2	RAG-3		RAG-1	RAG-2	RAG-5
装置	中型				ARCO		
原料	常压渣油				蜡油掺 53%常压渣油		
操作方式	单程	单程	单程	回炼	单程	单程	单程
主要产品产率/%							
$H_2 \sim C_2$	2.78	3.07	4.40	5.06	2.25	2.89	1.89
$C_3 \sim C_4$	27.64	35.52	38.27	42.01	31.74	36.20	29.27
C_5+汽油	40.45	37.36	31.26	37.88	44.49	39.76	50.07
烯烃产率/%							
丙烯	9.26	13.01	14.20	16.10	12.91	16.19	10.89
丁烯	12.13	14.76	17.20	18.12	11.31	14.12	12.40
其中：异丁烯	4.69	5.69	—	7.87	3.80	5.27	4.65
异戊烯	—	6.88	—	7.36	—	—	—

不同牌号的催化剂及加工不同原料，还可以得到不同产率的异丁烷和异丁烯，如表 6-2-9 所示。

表 6-2-9　不同异丁烷和异丁烯产率(反应温度 530℃，反应时间 2s)

催化剂	RMG	RAG-1	RAG-2
装置	中型		
原料	VGO+20%VR		AR
异丁烷产率/%	5.3	3.7	4.9
异丁烯产率/%	2.5	4.0	5.7

中型制备和工业生产的新鲜催化剂及工业运转平衡催化剂的性质列于表 6-2-10。

表 6-2-10　催化剂性质

项　目	中型制备新鲜剂	工业生产新鲜剂	工业平衡剂			
			标-1	标-2	标-3	标-4
化学组成/%						
Al_2O_3	46.5	42.9	42.2	40.3	40.8	39.8
Na_2O	0.14	0.18	0.39	0.26	0.39	0.33
SO_4^{2-}	0.85	0.85	0.60	2.40	2.40	3.30
Fe_2O_3	0.32	0.49	0.76	0.73	0.69	0.71
物理性质						
比表面积/(m^2/g)	170	206	144	143	135	126
孔体积/(mL/g)	0.32(BET)	0.20	0.14	0.14	0.13	0.12
表观密度/(g/mL)	0.79	0.79	0.84	0.82	0.82	0.85
磨损指数/%	1.7	0.7				
灼烧减量/%		12.8				

续表

项目	中型制备新鲜剂	工业生产新鲜剂	工业平衡剂			
			标-1	标-2	标-3	标-4
筛分组成/%						
0~18.9μm	2.6	0.8	0.0	0.0	0.0	0.0
18.9~39.5μm	10.0	10.3	14.4	0.9	1.8	1.7
39.5~82.7μm	37.6	51.6	61.6	62.2	60.2	48.5
82.7~110μm	27.6	19.3	17.0	23.8	22.9	28.5
>110μm	22.2	18.0	7.0	13.1	15.1	21.3
重金属含量/(μg/g)						
Ni			403	1210	1135	1590
Fe			4291	4233	3797	3446
Cu			43	41	38	45
V			226	492	430	350
Pb			49	394	349	310
微反活性/%						
800℃、4h老光	77	74				
工业平衡剂			69	71	70	70

(四)RAG-1催化剂与RMG催化剂的比较

ARGG工艺技术所用的RAG-1催化剂是该工艺技术的关键。为研究开发ARGG工艺技术，同时开展了RAG-1催化剂的试验研究工作。在完成了实验室对活性组分和担体的筛选和在中型装置上进行了催化剂制备工艺的试验之后，于1993年初在齐鲁石化分公司催化剂厂工业装置上生产了50t催化剂，供扬州石化厂ARGG工艺技术的工业试验使用。在此期间，对中型制备和工业生产的催化剂进行了包括中小型评价试验的各种评定工作。

中小型装置工艺试验所用的催化剂是RAG-1新鲜剂经790℃、100%水蒸气老化10h，微反活性68%。再采用人工方法在反应装置上进行了重金属污染至催化剂镍含量为3100μg/g，微反活性为66%。

在小型固定流化床和提升管中型装置上，以重质原料油评定了RAG-1老化、人工污染及工业平衡催化剂的性能。同时与RMG老化催化剂做了对比试验，结果见表6-2-11。试验数据表明，RAG-1催化剂具有强的抗重金属镍污染能力和比RMG催化剂更良好的重油转化能力。以减压蜡油掺20%减渣为原料，相同试验条件，RAG-1的重油产率比RMG催化剂低，而且污染至镍12000μg/g时，仍然保持了良好的重油转化能力。小型固定流化床的试验结果更为明显，RAG-1催化剂微反活性66%、镍含量3100μg/g，而RMG催化剂微反活性72%、未污染金属的情况下，RAG-1催化剂的重油产率比RMG催化剂低5.15%，转化率高6.64%，轻烯烃产率也高。常压渣油的中型试验结果更加表现了RAG-1催化剂强的重油裂化能力和良好的选择性。和RMG催化剂相比，在76.25%和76.19%相近转化率下，焦炭产率低1.09%，液化气加汽油产率高3.24%，重油产率少4.48%。

表 6-2-11 RAG-1 和 RMG 催化剂中小型试验

催化剂	RAG-1 平衡剂	RAG-1 老化剂	RMG 老化剂	RAG-1 平衡剂	RAG-1 老化剂	RMG 老化剂	RAG-1 老化剂	RMG 老化剂
原料油	VGO+20%VR						AR	
装置	小型固定流化床			提升管中型				
催化剂微反活性/%	68	66	72	66	66	65		
催化剂镍含量/(μg/g)	12000	3100	0	7500	3100	2900	3000	3400
反应温度/℃	515	515	515	530	530	530	530	530
操作方式	单程	单程	单程	单程	单程	单程	单程	单程
产品分布/%								
H_2～C_2	2. 19	2. 20	1. 70	2. 47	2. 34	2. 88	3. 33	4. 48
C_3～C_4	23. 38	26. 70	23. 20	23. 64	22. 44	21. 84	26. 38	25. 53
C_{5+}汽油	52. 76	50. 47	48. 64	39. 57	43. 89	42. 33	38. 06	35. 67
柴油	10. 88	11. 02	12. 51	19. 69	17. 11	16. 06	14. 28	9. 86
重油	4. 94	4. 46	9. 61	7. 42	7. 83	10. 93	9. 47	13. 95
焦炭	5. 85	5. 15	4. 34	6. 84	5. 92	5. 51	8. 10	9. 19
损失				0. 37	0. 47	0. 40	0. 38	1. 27
转化率/%	84. 16	84. 52	77. 88	72. 89	75. 06	73. 01	76. 25	76. 19
总液体收率/%	87. 02	88. 19	84. 35	82. 90	83. 44	80. 62	78. 72	71. 06
烯烃产率/%								
丙烯	6. 94	9. 04	7. 54	7. 68	7. 42	7. 30	8. 61	8. 47
总丁烯	5. 83	7. 15	5. 55	8. 12	9. 04	7. 99	10. 90	9. 61
异丁烯	1. 61	2. 49	1. 70	2. 41	3. 24	2. 28	3. 86	2. 83
氢气/甲烷比		1. 39		2. 86	2. 07		1. 88	

（五）RAG 系列催化剂的开发

为拓宽 ARGG 工艺技术的应用范围，在原 RAG-1 催化剂基础上，先后开发出 RAG-2、RAG-3 直至 RAG-9 等系列催化剂，并且进行了大量的中、小型试验评价工作。

RAG-2 剂是 ARGG 系列催化剂的一种，是在 RAG-1 剂的基础上研制的一种复合型催化剂，该剂以 RIPP 研制的 ZRP 分子筛为主要活性组分。由于 ZRP 分子筛具有良好的水热稳定性和孔分布梯度，所以 RAG-2 剂不仅表现出活性高、稳定性好的特点，还表现出与 RAG-1 剂同样的选择性好、重油转化能力和抗重金属污染能力强等性能。为考察其性能、验证有关中小型试验结果，该剂于 1995 年 4 月在齐鲁石化分公司催化剂厂工业生产，6—7 月在扬州石油化工厂 ARGG 装置上进行了工业试验，取得了较理想的结果。表 6-2-12 分别列出了 RAG-1 和 RAG-2 新鲜剂性质数据。

表 6-2-12 RAG-1 和 RAG-2 催化剂性质

项目	新鲜剂	
	RAG-1	RAG-2
化学组成/%		
Al_2O_3	44.6	45.4
Na_2O	0.13	0.15
Fe_2O_3		0.45
SO_4^{2-}	1.4	1.1
物理性质		
比表面积/(m^2/g)	232	211
孔体积/(mL/g)	0.36	0.34
表观密度/(g/mL)	0.62	0.78
磨损指数/%	2.5	3.5
灼烧减量/%	11.2	10.9
筛分组成/%	激光粒度仪	气动筛分仪
	3.0(0~19μm)	
	10.1(19~39μm)	20.3(0~40μm)
	54.9(39~84μm)	55.2(40~80μm)
	13.3(84~113μm)	24.5(>80μm)
	9.1(113~160μm)	
微反活性(800℃、4h)/%	80	

中、小型工艺试验的原料油是苏北常压渣油，所用的 RAG-1 剂是由齐鲁石化分公司催化剂厂的工业装置生产，RAG-2 和 RAG-3 剂均为中试放大剂，以上 3 种催化剂经过中型老化装置水蒸气降活处理。试验条件均采用 ARGG 工艺典型的操作条件，即反应温度为 530℃，剂油比 8。中型试验结果见表 6-2-13。

表 6-2-13 RAG-1 和 RAG-2 中型试验结果

试验编号	9314-11	9501-2	9501-6
原料油	苏北常压渣油	苏北常压渣油	苏北常压渣油
催化剂	RAG-1 老化剂	RAG-2 老化剂	RAG-3 老化剂
反应温度/℃	530	530	533
剂油比	8	8	8
回炼比	0.24	0.24	0.31
产品分布/%			
H_2~C_2	3.35	3.93	4.35
C_3~C_4	30.29	36.80	35.93
C_{5+}汽油	44.61	41.78	39.29
轻柴油	11.09	7.96	11.75

续表

试验编号	9314-11	9501-2	9501-6
转化率/%	88.91	92.04	88.25
烯烃产率/%			
乙烯	1.00	1.61	1.93
丙烯	10.44	13.54	13.74
总丁烯	12.91	16.33	15.37
目标产品选择性			
C_3~C_4/转化率	0.34	0.40	0.41
C_5+汽油/转化率	0.50	0.45	0.45
烯烃选择性/%			
丙烯/总 C_3 比	85.22	86.00	82.34
总丁烯/总 C_4 比	71.51	77.55	79.85
汽油性质			
RON	93.2	94.6	95.2
MON	80.8	80.0	80.5
诱导期/min	>485	585	600

RAG-2 剂与 RAG-1 剂的液化气产率分别为 36.80%和 30.29%，RAG-2 高 6.51 个百分点；汽油产率分别为 41.78%和 44.61%，RAG-2 低 2.83 个百分点；三烯（乙烯+丙烯+总丁烯）产率分别为 31.48%和 24.35%，RAG-2 高 7.13 个百分点。可见 RAG-2 剂具有液化气产率高、气体烯烃选择性好的特点。虽然汽油产率有所下降，但是在适宜的操作条件下，液化气和气体烯烃产率的上升值大于汽油产率下降值。RAG-2 剂的干气产率较 RAG-1 剂稍有增加。

RAG-2 剂的汽油 *MON* 与 RAG-1 相当，*RON* 比 RAG-1 剂高 1 个单位左右，汽油诱导期均大于 485min。

RAG-3 催化剂的有关试验数据的液化气产率高、气体烯烃选择性好的特点更为突出。

RAG-2 和 RAG-3 催化剂的小型试验结果均与中试结果表现出相近的反应特性。改进后的系列催化剂，不但具有液化气产率更高、气体烯烃选择性更好的特点，同时还保持了 RAG-1 剂重油转化能力强、油品质量好等优点，充分体现了 ARGG 工艺“油气兼顾”的特色。

RAG 系列催化剂的研制开发是 ARGG 工艺技术不断发展、完善的结果，目前国内现有 ARGG 工业装置已经使用了 RAG-9 催化剂。由于该工艺可以满足不同目的产品的需要，炼油厂就可以根据原料油性质、装置情况及产品分布的要求，选择合适的催化剂和油应的工艺条件，从而获得所需要的目标产品，取得良好的经济和社会效益。

第三节　工艺试验研究

催化裂化过程中催化反应和热裂化反应与反应温度、剂油比、油气的反应时间和原料油性质密切相关。因此，采用适当的催化剂和合理操作条件能够控制和调整催化裂化过程中的

催化反应和热裂化反应，从而达到调整产品分布和产品组成的目的[16]。在 MGG、ARGG 工艺条件下，汽油馏分通过二次裂化转变成轻烯烃，这种二次裂化是一种过裂化现象[17]。通过在不同反应温度和不同剂油比条件下对催化裂化过程中的过裂化反应行为的特点的研究，并考察了过裂化反应对产品分布、氢转移和异构化反应的影响，探索出 MGG、ARGG 特有的工艺反应条件。

一、MGG、ARGG 工艺技术条件的研究[18]

（一）试验装置

小型探索性试验所用的装置为小型固定流化床催化裂化装置。固定流化床装置为一返混床反应器、单程操作、反应-再生相间进行，反应时间较长，适合于做规律性研究和探索性试验。装置催化剂装填量为 100~400g。原料油经计量、预热后与雾化水蒸气混合，一并经预热器进入反应器，反应后用水蒸气汽提掉催化剂上的油气。反应产物与汽提产物经冷凝、冷却后，分别收集裂化气和冷凝液体，进行油水分离。液体产物用色谱法切割出汽油、柴油和重油馏分的分率，并根据液体产物质量分别计算出汽油、柴油和重油产率。裂化气经计量，测定密度算出收率，并由色谱法分析裂化气组成。带炭的催化剂经氧气再生后，计量烟气并分析组成，求得焦炭产率。

中型试验装置为中型提升管流化床催化裂化装置。提升管中型装置是连续进行反应-再生，提升管反应器内催化剂和油气返混少，反应时间短，可以模拟工业装置的各种操作，并能为工业装置提供有代表性的设计数据。主要包括进料-进气系统、反应-再生系统、产品收集系统和自动化控制系统。进料-进气系统由雾化水泵、汽提水泵、进料高压泵、空气阀、氮气阀和各种转子流量计组成。反应-再生系统包括提升管反应器、分离沉降器、汽提器、待输线、再生沉降器、再生器、再生剂输送线和进料喷嘴、汽提器底塞阀及再生器底塞阀组成。产品收集系统包括回炼塔、气液分离塔（含冷却系统）、裂化气和烟气计量系统。经计量、预热后的原料油与雾化蒸汽混合，通过喷嘴注入提升管反应器底部，与从再生器来的高温催化剂接触发生裂化反应，反应后油气从反应沉降器顶逸出进入分馏系统。沉积了大量焦炭的待生催化剂进入汽提器经蒸汽汽提后，积炭催化剂通过汽提底塞阀经待输线输送到再生器。在再生器中附着在催化剂上的积炭与空气发生氧化反应，催化剂裂化活性得以恢复，完成催化剂再生过程。再生后的催化剂经过再生剂输送线、再生滑阀进入提升管，参与再一次的与原料油反应。系统中催化剂在提升管反应器、分离器、汽提器、待输线、再生器和再输线内连续循环。再生器顶逸出的含有 CO、CO_2 和过剩氧的再生烟气，经过冷却和分水后由气表计量体积，放入大气。反应器顶逸出的油气经过一次冷却进入气液分离塔，经二次冷却，裂化气从塔顶逸出，通过气表计量体积，冷凝液体经油水分离后，液体产物用色谱法切割出汽油、柴油和油浆馏分的分率，并根据液体产物质量分别计算出汽油、柴油和油浆产率。裂化气经计量，测定密度算出收率，并由气相色谱法分析裂化气组成，C_5 以上组分计入汽油馏分中。从再生器出来的烟气经气表计量体积流量，并通过气相色谱分析 CO、CO_2 含量，求得焦炭产率。最后根据裂化气、液体、烟气的组成和质量计算出物料平衡。

（二）原料油性质

实验室研发阶段使用的原料油共十余种，如石蜡基和中间基的柴油、直馏及二次加工蜡油、渣油、原油等[19]。其中一些原料的主要性质如表 6-3-1 和表 6-3-2 所示。

表 6-3-1 工艺试验研究的原料性质

原料油名称	苏北蜡油掺渣油	胜利蜡油	管输蜡油掺渣油	辽河蜡油	大庆蜡油掺焦化蜡油	大庆常压渣油
掺渣量/%	18	0	20	0	20(焦蜡)	100
密度(20℃)/(g/cm^3)	0.8612	0.8871	0.9044	0.9230	0.8810	0.8965
残炭/%	2.18	0.13	2.97/2.57	0.12	0.21	4.60
碱性氮(含量)/(μg/g)	600	—	—	690	576	837
元素组成/%						
C	85.76	—	85.98	—	86.45	86.23
H	13.94	—	12.86	—	12.82	12.83
S	0.16	0.56	0.55	0.19	0.35	0.21
N	0.11	0.38	0.18	0.21	0.16	0.13
Ni 含量/(μg/g)	3.3	—	7.0	3.6	0.3	5.1
馏程/℃						
初馏点	291	243	243	241	286	259
10%	334	328	316	325	364	365
50%	443	428	429	411	424	528
90%	556	482	513(80%)	470	493	
终馏点	—	507	—	510	534	
特性因数 *K*	12.6	12.0	11.9	11.7		

表 6-3-2 ARGG 工艺中小型试验原料油性质

项　　目	苏北常压渣油	常压渣油 A	常压渣油 B	常压渣油 C
密度(20℃)/(g/cm^3)	0.8719	0.8894	0.8898	0.8783
凝点/℃	47	21	45	35
残炭/%	4.4	4.8	4.1	2.3
折射率 n_D^{20}	1.4976	1.5001	1.5060	1.4995
族组成/%				
饱和烃	59.1	52.6	50.8	66.0
芳烃	20.0	27.6	28.7	20.9
胶质	19.7	19.8	19.6	13.1
沥青质	1.2	0.0	0.9	0.0
金属含量/(μg/g)				
Ni	11.3	3.9	5.4	1.6
Fe	58.7	39.1	31.4	20.2
V	0.2	<0.1	0.1	0.3
Na	1.6	3.2	3.8	6.7
Cu	—	<0.1	0.4	0.1

不同的原料所得到的产品分布有所不同，原料的石蜡性越强，即 *K* 值越高，液化气和碳三、碳四烯烃产率越高；对中间基油，如新疆、青海混合蜡油和辽河蜡油的液化气产率则仅分别为大庆蜡油的 73.3% 和 54.5%。此外，原料的轻重也影响到液化气的产率，如减压蜡油的液化气产率为 34.6%，而常压渣油的只有 28.7%。

（三）催化剂性质

试验用催化剂为 RIPP 研制，催化剂齐鲁分公司中型装置生产的 RMG 和 RAG-1 催化剂，性质列于表 6-3-3。

表 6-3-3 催化剂性质

催化剂名称	RMG	RAG-1 新鲜剂
化学组成/%		
Al_2O_3	46.5	44.6
Fe_2O_3	0.32	
Na_2O	0.14	0.13
SO_4^{2-}	0.85	1.40
物理性质		
表观密度/(g/mL)	0.79	0.62
比表面积/(m^2/g)	170	232
孔体积/(mL/g)	0.32	0.36
磨损指数/(%/h)	1.7	2.5
灼烧减量/%		11.2
筛分组成/%		
0~19μm	2.6	3.0
0~39μm	12.6	13.1
0~84μm	50.2	68.0
0~113μm	77.8	81.3
0~160μm	93.7	90.4
微反活性	77(800℃、4h) 63(800℃、17h)	80(800℃、4h) 68(790℃、10h)

试验前，催化剂经中型装置水蒸气老化处理，条件和结果列入表 6-3-4 中。

表 6-3-4 RMG 催化剂老化条件及结果

老化条件	760℃、10h	760℃、15h	760℃、20h	760℃、20h +790℃、5h
微反活性/%	78	76	76	74

（四）试验结果

1. 产品分布特点

MGG 工艺技术产品分布的主要特点是：①汽油、液化气及碳三、碳四烯烃产率高；②高价值产品产率较高(液化气+汽油；或者液化气+汽油+柴油)；③产品产率可以根据需要在一定范围内调整；④H_2~C_2 及焦炭产率比较低。例如反应温度 500~530℃、剂油比 6~8、原料预热温度 300~400℃、再生温度 650~700℃、反应压力 0.10~0.15MPa，液化气产率为 25~35%，其中 $C_3^=$为 8%~13%，$C_4^=$为 10%~15%，i-$C°_4$为 4.5%~6.0%；汽油产率 40%~55%；H_2~C_2为 3%~5%，H_2~C_2 和 C_3~C_4 之比为 1∶(8~11)；焦炭产率比催化裂化也要低一些。

表 6-3-5 和表 6-3-6 分别为几种原料产品分布的例子。

表 6-3-5　几种原料中型试验的产品分布

原料名称	苏北蜡油掺 18%减压渣油		大庆蜡油	大庆蜡油掺 40%减压渣油
反应温度/℃	529	530	515	530
剂油比	8	8	8	8
催化剂镍含量/(μg/g)	3600	3600	0	4400
操作方式	单程	全回炼	单程	单程
产品分布/%				
裂化气	39.28	39.86	34.18	32.11
其中：H_2~C_2	4.43	4.69	2.01	3.53
C_3~C_4	34.85	35.17	32.17	28.58
C_{5+}汽油	41.45	51.75	49.12	42.22
轻柴油	7.22	0	9.53	8.03
重油	5.58	0	2.13	8.81
焦炭	5.47	7.39	4.02	7.48
转化率/%	87.20	100	88.34	83.16
烯烃产率/%				
$C_3^=$	12.75	12.17	9.65	9.09
$C_4^=$	14.37	14.52	11.99	10.33
$C_3^=+C_4^=$	27.12	26.69	21.64	19.42

表 6-3-6　几种原料中型试验的产物分布

原料名称	大庆蜡油	管输蜡油	胜利蜡油	辽河蜡油
产品分布/%				
裂化气	37.18	31.69	34.52	25.44
H_2~C_2	2.49	3.29	2.92	2.94
C_3~C_4	34.69	28.63	31.60	22.50
C_{5+}汽油	45.46	43.92	46.16	42.44
轻柴油	11.15	12.38	9.19	12.86
重油	1.18	4.59	2.83	11.43
焦炭	3.78	6.06	6.04	6.93
转化率/%	87.67	83.03	87.98	75.71
高价值产品产率/%	91.30	84.93	86.95	77.80
烯烃产率/%				
$C_3^=$	11.21	9.33	10.32	7.02
$C_4^=$	13.16	9.90	11.53	7.65
$C_3^=+C_4^=$	24.37	19.23	21.85	14.67

表 6-3-7 列出了苏北等 4 种常压渣油，RAG-1 催化剂中小型装置试验结果。反应温度 500~530℃，C_3~C_4 馏分产率 25%~30%，汽油产率 40%~46%，液化气加汽油 67%~75%，丙烯加丁烯 18%~23%。表中还附了一套常压渣油 B 为原料、使用 REY 催化剂的 FCC 中型提升管试验结果。

表 6-3-7　ARGG 中小型试验结果

原　　料	苏北常压渣油			常压渣油 A	常压渣油 B	常压渣油 C	常压渣油 B
试验装置	固定流化床	中型提升管					
工艺类型	ARGG						FCC
微反活性	65	65	65	68	65	65	
镍含量/(μg/g)	3000	3000	3000	3100	3000	3000	3000
反应压力/MPa(表)	0	0.127	0.127	0.130	0.127	0.130	0.1
反应温度/℃	500	530	530	530	530	530	490
回炼比	0	0	0.24	0.23	0.18	0	0.7
产品产率/%							
H_2~C_2	2.77	2.78	3.35	3.51	3.98	2.39	2.22
C_3~C_4	33.46	27.64	30.29	25.60	27.60	25.00	10.88
C_{5+}汽油	42.98	40.45	44.61	46.10	42.73	42.05	42.30
柴油	6.86	14.84	11.09	13.78	15.24	18.52	32.60
重油	3.74	5.08	0.00	0.00	0.00	5.51	0.00
焦炭	10.19	8.52	10.05	9.92	9.82	5.48	9.60
损失	0.00	0.69	0.61	1.00	0.63	1.05	2.40
合计	100.00	100.00	100.00	100.00	100.00	100.00	100.00
转化率/%	89.40	80.08	88.91	86.22	84.76	75.97	67.40
液化气+汽油	76.44	68.09	74.90	71.70	70.33	67.05	53.18
总液体收率	83.30	82.93	85.99	85.48	85.57	85.57	85.78
烯烃产率/%							
丙烯	10.10	9.26	10.44	8.69	9.39	8.03	3.31
总丁烯	7.57	12.13	12.91	10.39	9.98	10.56	4.55
异丁烯	2.14	4.70	5.00	3.16	3.55	3.82	—

2. 不同原料的试验

原料广泛是 MGG 工艺技术的特点之一。在固定流化床装置上，以不同的反应条件，镍含量 3600μg/g 的 RMG 平衡催化剂，对不同原油的蜡油、渣油等几种原料进行了试验。

反应条件是：反应温度 515℃、剂油比 8、空速 $14h^{-1}$。

试验结果表明，不同原料产品的分布规律基本和催化裂化相似。石蜡基原料，例如苏北蜡油，液化气及 $C_3^=$、$C_4^=$产率最高；非石蜡基的辽河蜡油、胜利蜡油的液化气产率为苏北蜡油的 70%左右，$C_3^=$、$C_4^=$产率仅为苏北蜡油的 65%~70%，如表 6-3-8 中数据所示。

表 6-3-8 不同原料液化气及汽油产率

原料油	苏北蜡油掺 18%减压渣油	苏北蜡油	大庆常压渣油	管输蜡油掺 20%减压渣油	胜利蜡油	辽河蜡油	苏北原油	大庆蜡油掺 20%管输焦化蜡油
产率/%								
C_3~C_4	28.28	30.72	32.93	23.68	21.56	21.32	27.05	27.47
$C_3^=$	8.82	9.75	10.35	6.83	6.77	6.20	7.76	7.59
$C_4^=$	7.03	7.45	9.44	5.58	5.25	4.90	6.08	6.72
$C_3^=+C_4^=$	15.85	17.20	19.79	12.41	12.02	11.10	13.84	14.31
C_5^+汽油	47.50	47.03	36.46	42.70	48.54	46.82	43.09	43.88
转化率/%	85.96	87.50	86.83	79.26	78.12	77.21	—	82.65

从几种原料试验的结果来看，MGG 工艺的焦炭产率比催化裂化要低一些，如表 6-3-9 所示。例如大庆常压渣油 MGG 中型试验，催化剂上镍含量 4400μg/g，转化率 76.2%时，焦炭产率为 9.2%，而大庆常压渣油中型催化裂化试验，催化剂上镍同样是 4400μg/g，转化率只有 67.6%，焦炭产率已达 9.5%。

表 6-3-9 几种原料的焦炭产率

原料油	大庆蜡油	大庆蜡油掺 40%减压渣油	新疆、青海蜡油掺 20%减压渣油	大庆常压渣油
转化率/%	88.34	83.16	83.79	76.19
焦炭产率/%	2.89	5.99	5.73	8.54

3. 不同反应温度和注水量的影响

催化裂化是以分解反应为主的复杂平行-顺序反应，表 6-3-10 列出文献中活化能数据在 40~85kJ/mol 之间。通过计算可知，温度每升高 10℃，反应速度可提高 10%~20%。反应温度提高时，汽油裂化生成气体反应速率加快最多，柴油裂化生成汽油反应次之，原料裂化生成柴油和焦炭反应速率加快最少。所以当反应温度提高时，如果转化率不变，则柴油产率降低最多，汽油次之，气体产率增加，焦炭产率减少。反应温度提至一定程度时，由于烃类热裂化反应是自由基反应，其活化能较高约 210~290kJ/mol，反应速率常数的温度系数 K_t 大约 1.6~1.8[20]，而催化裂化的反应速率常数的温度系数为 1.1~1.2，温度升高热裂化反应速率提高比较快，裂化产品中反映出热裂化反应物的特征。如气体中碳一、碳二含量增多，产品不饱和度增大等。

表 6-3-10 催化裂化反应活化能

数据来源	催化剂类型	温度范围/℃	活化能/(kJ/mol)
Exxon 公司	无定形	371~593	44.382
Amoco 公司	分子筛	454~550	58.199
RIPP	REY-2 分子筛	480~550	83.300
RIPP	Y-5 分子筛	511~535	68.668

根据 Grace Davison 的循环提升管 DCR 中试装置(DCR 装置以绝热模式运转，与大多数工业裂化装置不同，它将再生器人为地固定在几个温度上以产生一个数据范围)[21]测定相同转化率下的产品产率与反应温度的关系，可以得出以下结论[22]：

(1) 在等转化率下，随着反应温度升高，焦炭产率下降，H_2 产率几乎无变化，碳一与碳二的产率显著增加，这可能是热裂化倾向增大的结果，因为热裂化中的自由基传递决定了裂化气中碳一与碳二产率高。

(2) 在等转化率下，随着反应温度增加，碳三产率显著增加，这主要是丙烯大量增加的结果。碳四产率稍有增加，但丁烯显著增加，而丁烷却降低了。在高反应温度下烯烃产率高，是由于在等转化率下，高温反应所需时间短，裂化反应速率的提高超过了氢转移速率的提高，表现为抑制了氢转移反应。

(3) 在等转化率下，反应温度提高，汽油产率增加不多，当超过某一温度时，汽油产率显著下降，因为裂化气大大增加。

(4) 在等转化率(含柴油)下，随着反应温度升高，轻柴油收率下降；在相同的反应温度下，随着转化率(含柴油)的提高，轻柴油收率下降。

中型提升管装置对不同原料进行了反应温度对产品分布的影响试验。MGG 和 ARGG 工艺技术的反应温度选择主要考虑汽油的安定性。一般说来，提高反应温度，$C_3 \sim C_4$ 产率增加；$C_3^=$、$C_4^=$产率增加，$C_3^=$在 $C_3 \sim C_4$ 中的浓度增加；汽油辛烷值提高；汽油产率的变化决定于原料油和转化率，在试验所得到的高转化率范围内，汽油产率是随着反应温度的升高而下降的，结果列于表 6-3-11。以新疆、青海混合蜡油为例，反应温度从 500℃ 提高到 530℃，$C_3 \sim C_4$ 产率从 27.60%提高到 33.87%，增加了 6.27 个百分点；丙烯产率由 7.86%提高到 11.17%，增加了 3.31 个百分点；而汽油产率却由 48.78%降为 43.61%，减少了 5.17 个百分点。

表 6-3-11 反应温度对产品分布的影响

原料油	苏北蜡油掺 18%减压渣油		新疆、青海混合蜡油	
反应温度/℃	500	530	500	530
产品分布/%				
$H_2 \sim C_2$	2.26	4.43	2.23	3.33
$C_3 \sim C_4$	30.00	34.85	28.06	34.26
C_{5+}汽油	44.37	41.45	49.54	44.05
轻柴油	6.68	7.22	13.34	10.93
重油	10.54	5.58	3.20	3.91
焦炭	5.15	5.47	2.30	2.41
转化率/%	82.78	87.20	83.46	85.16
烯烃产率/%				
丙烯	9.16	12.75	7.86	11.17
总丁烯	12.41	14.37	9.26	11.96
丙烯/液化气比	30.53	36.59	28.49	32.99
汽油				
RON	—	92.3	—	94.9
MON	—	80.5	—	82.2

雾化蒸汽是为了原料更好地雾化以及调节反应过程中的烃分压，同时也影响反应时间。在固定流化床装置上，考察了注水量对产品分布的影响。从试验结果看来，注水量在一定范围内变化，对液化气、$C_3^=$、$C_4^=$及汽油产率影响不大，见表 6-3-12。苏北原油试验，注水量分别为 10%和 7%，液化气产率分别为 26.18%和 27.05%；丙烯产率分别为 7.87%和

7.76%；汽油产率均为43.09%。

表6-3-12　注水量对产品分布的影响
（反应温度515℃，剂油比8，空速$14h^{-1}$）

原　料　油	苏北蜡油掺18%减压渣油		苏北原油	
注水量/%(对进料)	7	3	10	7
产品分布/%				
H_2~C_2	1.92	1.86	3.19	3.15
C_3~C_4	23.11	22.47	26.18	27.05
C_{5+}汽油	51.19	51.83	43.09	43.09
轻柴油	10.97	11.41	12.59	10.77
重油	6.97	6.51	4.75	5.54
焦炭	5.84	5.92	10.20	10.40
转化率/%	82.06	82.08	82.66	83.69
$C_3^=$产率/%	7.75	7.14	7.87	7.76
$C_4^=$产率/%	5.52	5.40	5.81	6.08
汽油				
RON	92.2	92.0	—	—
MON	80.3	80.2	—	—

4. 不同剂油比的影响

MGG和ARGG工艺技术要求比较大的剂油比，一般为8~10，以获得高的单程转化率，良好的产品分布和产品性质。对于较难裂化的重质原料，这一点就更为重要。以苏北蜡油掺18%减压渣油原料的中型试验结果为例（见表6-3-13），剂油比6和8相比，转化率降低5.13个百分点，液化气和汽油产率分别降低3.15个百分点和2.14个百分点，当然大剂油比的焦炭产率也会高一些。一般地讲，剂油比增加，液化气、丙烯、丁烯及汽油产率均为增加趋势。因此，MGG工业装置的设计，或者催化裂化装置改为MGG时，一定要保证足够大的剂油比。

表6-3-13　剂油比对产品分布的影响（中型、单程，反应温度515℃）

剂　油　比	6	8	10
原料	苏北蜡油掺18%减压渣油		
产品产率/%			
H_2~C_2	3.30	2.79	
C_3~C_4	25.88	29.03	31.59
C_{5+}汽油	43.52	45.66	47.37
轻柴油	11.64	8.09	
重油	10.42	8.84	
焦炭	4.24	4.59	
损失	1.00	1.00	
转化率/%	77.94	83.07	
柴油+重油产率/%	22.06	16.91	11.84
烯烃产率/%			
丙烯	8.52	9.66	10.56
丁烯	10.84	12.28	13.58

5. 重金属镍污染的影响

MGG 工艺技术可以加工含重金属镍含量较高的重质原料，RMG 催化剂抗重金属镍污染能力比较强。为考察这个问题，将无污染与人工污染至 3600μg/g 的催化剂，在小型固定流化床和中型提升管装置上进行了对比试验，污染前后的试验条件中，中、小型各自相同，结果如表 6-3-14 所示。

表 6-3-14 催化剂镍污染前后对比试验结果

试验装置	固定流化床		中型提升管	
原料油	苏北蜡油		苏北蜡油掺 18%减压渣油	
催化剂上镍量/(μg/g)	0	3600	0	3600
反应温度/℃	515		515	
剂油比	4		8	
空速/h^{-1}	14		—	
产品分布/%				
H_2~C_2	1.70	1.74	3.20	2.75
H_2	0.04	0.14	0.05	0.09
C_3~C_4	24.27	25.12	33.72	32.08
C_{5+}汽油	53.39	50.43	45.01	44.99
焦炭	3.90	3.94	6.05	6.45
转化率/%	83.26	81.22	88.97	87.27
烯烃产率/%				
丙烯	7.90	8.40	10.80	10.57
总丁烯	5.30	6.30	13.20	12.79
H_2/CH_4(摩尔比)	0.57	2.13	0.32	0.68

污染前后的 H_2 与 CH_4 之比、焦炭产率变化均比较小，特别是 H_2 产率较低，说明镍污染后对 RMG 催化剂活性及选择性影响不大，表现了 RMG 催化剂良好的抗重金属镍污染能力。

苏北蜡油掺 18%减压渣油原料，相同的操作条件，分别在不含镍和镍污染到 3600μg/g 的 RMG 催化剂上进行试验。结果转化率相近，分别为 88.97%和 87.27%，焦炭产率略有增加，分别为 6.05%和 6.45%，氢和甲烷的分子比均小于 1。

6. 不同操作方式的影响

回炼操作是将新鲜原料油一次通过裂化装置反应后，生成的气体、汽油、柴油等产品分离出来，余下的重馏分与新鲜原料油混合送至提升管再反应的操作方式。回炼比的概念可表达为下式：

$$回炼比=回炼油量/新鲜原料量$$

过去因受催化剂活性的限制及原料性质的影响，催化裂化反应的单程转化率仅为 50%~60%，重馏分如重油、回炼油、油浆等占进料量的 40%~50%。由于它们不能直接作为主要产品，而只能作为燃料出厂，造成经济效益损失很大。因此实际生产中，炼油厂往往采用大回炼比的操作方式，提高催化装置的轻质油收率和总转化率。随着催化剂活性的提高以及高反应温度在工业装置上实现平稳生产，催化裂化反应的单程转化率有了大幅度提高，达 80%以上，重馏分仅占进料量的 10%~20%，重馏分比例的降低使回炼操作的重要性不断下降。

回炼操作方式能提高催化裂化装置的轻质油收率和总转化率，但会造成单程转化率的降低，限制装置的处理能力。催化裂化反应产生的回炼油中，芳烃含量高达约62%、饱和烃含量仅有17%左右。由于芳烃核在催化裂化条件下十分稳定、较难裂化，但连接在苯核上的烷基侧链则很容易断裂生成较小分子烯烃，断裂位置主要发生在侧链同苯核连接的链上[23]。而多环芳烃主要反应是缩合成稠环芳烃，最后成为焦炭，同时放出氢气使烯烃饱和[24]。由于各类烃之间具有竞争吸附和对反应的阻滞作用的关系，芳烃在催化剂表面吸附能力强，它们首先占据催化剂表面，但反应速度却很慢，且不易脱附，而多环芳烃缩合生成焦炭附在催化剂表面上。这样大大防碍了其他烃类到催化剂表面反应，从而使整个馏分的反应速度降低，造成裂化反应的单程转化率下降，装置处理能力降低，同时因回炼油产生的焦炭增加反应取热系统的负担。

实验说明回炼油组分在催化裂化条件下：饱和烃裂化生成小分子，主要产品是液化气、汽油产品；芳烃组分大部分只走过场，仅仅部分生成柴油组分；多环芳烃缩合生成焦炭，放出氢气。同时芳烃阻碍其他烃类在催化剂表面反应，降低反应速率。因此回炼操作对提高柴油收率有利。工业生产中回炼比的确定，除考虑产品结构、轻质油收率、转化率外，还应充分考虑装置的生产能力、取热负荷等综合经济指标。回炼油的注入方式以前设计均将回炼油与新鲜原料混合进料。但从产品质量考虑，应根据原料性质的不同，选择不同的裂化条件。即将重馏分与新鲜原料分开，较难裂化的重馏分在下部进入，在较大剂油比和较高温度下反应；新鲜原料从重馏分的上部适当位置进入，在较缓和的条件下反应。

MGG 和 ARGG 工艺技术可以采用单程、重油回炼和柴油加重油回炼等不同的操作方式。在中型提升管装置上考察了这些操作方式对产品分布的影响，部分试验结果列于表 6-3-15。

表 6-3-15　不同操作方式下的产品分布

项　　目	苏北蜡油掺 18%减压渣油			常压渣油	
反应温度/℃	500	499	500	530	530
操作方式	单程	重油回炼	柴油、重油回炼	单程	重油回炼
回炼比	0	0.12	0.51	0.0	0.13
产品分布/%					
H_2～C_2	2.26	2.71	3.48		
C_3～C_4	30.00	28.87	30.94	25.35	28.69
C_5+汽油	44.37	46.17	54.29	38.46	44.62
轻柴油	6.68	14.43	0.00	11.73	11.45
重油	10.54	0.00	0.00	9.28	0.00
焦炭	5.15	6.82	10.29		
$C_3^=$	9.16	9.28	10.15	8.95	9.06
$C_4^=$	12.41	11.22	11.99	9.23	11.54

单程转化率较高时，重油或者柴油加重油回炼，主要增加汽油产率，同时焦炭产率增加较多，而 C_3～C_4 及 $C_3^=$、$C_4^=$ 产率变化不大；如果原料较难裂化，单程转化率较低，则重油或者柴油加重油回炼，除增加汽油产率外，还会增加液化气产率。重油回炼或者柴油加重油回炼操作适合于大量生产汽油，或用于热量不足的装置，作为热平衡调节手段；或者用于加工比较难裂化的原料。MGG 工艺过程的反应热比催化裂化大，需要较高的焦炭产率来满足

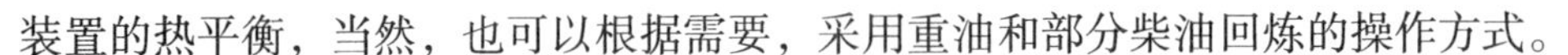

装置的热平衡，当然，也可以根据需要，采用重油和部分柴油回炼的操作方式。

不同操作方式加上改变工艺条件，还可以用来调整产品分布，达到不同目的的产品要求。柴油与重油回炼，液化气加汽油产率可高达85%以上。

7. MGG 产品性质

MGG 工艺技术的重要特点之一就是在高的液化气产率下，保证了油品质量，特别是汽油质量。从表6-3-16和表6-3-17中型试验油品性质分析的结果来看，反应温度500~530℃，单程或回炼操作，汽油的抗爆性、安定性都很好。中型试验的反应温度500~530℃，单程或回炼操作，汽油的 *RON* 为91~95，*MON* 为80~83，诱导期525~1250min，实际胶质0~5mg/100mL。经碱洗，脱硫醇可以直接作为90号或93号(现92号)商品汽油。表6-3-17列出了大庆蜡油、渣油及其混合油为原料的汽油二烯值等几项主要性质分析结果，可以进一步看出 MGG 工艺汽油质量的特点。

需要说明的一点是，90号汽油要求博士试验合格，一般要碱洗和脱硫醇，结果破坏了汽油的“天然防胶剂”，使诱导期大幅度下降。例如，原催化裂化汽油碱洗和脱硫醇后，诱导期从335min降至165min。因此，二次加工汽油，经碱洗和脱硫醇后，一般都需要加一些防胶剂，来满足标准规格对诱导期的要求。

柴油和催化裂化柴油性质相似，十六烷值低，需要调合或进一步处理。

表6-3-16 油品的主要性质

原料油	苏北蜡油掺18%渣油				
反应温度/℃	500	499	500	530	530
操作方式	单程	重油回炼	柴油、重油回炼	单程	柴油、重油回炼
C_3~C_4 产率/%	30.00	28.87	30.94	34.85	35.17
C_5+汽油产率/%	44.37	46.17	54.29	41.45	51.75
转化率/%	82.78	85.57	100.00	87.20	100.00
汽油性质					
密度(20℃)/(g/cm^3)	0.7124	0.7192	0.7304	0.7214	0.7334
95%馏出温度/℃	176	187	194	187	194
溴价/(gBr/100mL)	69	59.8	49.1	57.5	66.3
族组成/%					
烷烃	29.97	31.62	32.97	24.54	27.39
烯烃	48.74	45.74	43.78	51.36	46.06
芳烃	21.29	22.64	23.25	24.10	26.55
实际胶质/(mg/100mL)	0	2	2	2	3
诱导期/min	605	825	1110	525	795
RON	94.1	92.1	91.2	92.3	93.4
MON	81.2	80.8	80.2	80.5	81.2
轻柴油					
密度(20℃)/(g/cm^3)	0.8674	0.8960	—	0.8944	—
凝点/℃	-22	-10	—	-12	—
溴价/(gBr/100mL)	9.8	7.3	—	8.5	—
十六烷值	30.8	30(计算)	—	32.8	—

表 6-3-17　大庆原料时的汽油几项分析结果

原料油	大庆蜡油	大庆蜡油掺 50% 常压渣油	大庆蜡油掺 40% 减压渣油	大庆常压渣油
反应温度/℃	530	530	530	530
操作方式	单程	单程	单程	回炼
C_3~C_4 产率/%	34.7	30.4	28.6	28.4
C_5+汽油产率/%	45.5	40.6	42.3	44.2
汽油性质				
诱导期/min	810	640	630	590
实际胶质/(mg/100mL)	0	0	0	0
二烯值/(gI/100g)	0.3	0.9		1.6
RON	92.7	94.2	94.1	94.0
MON	81.1	82.0	82.1	82.5

二、兰州 MGG 中型试验

试验在一套 100t/a 的中型提升管装置上进行，主要研究原料、催化剂和过程参数的影响，并为工业装置提供工程设计数据。

试验所用原料为新疆、青海混合原油的减压蜡油和掺 20%减压渣油，原料的性质列于表 6-3-18。

表 6-3-18　中试原料性质

项　　目	兰州混合蜡油	兰州蜡油掺 20%减压渣油
密度(20℃)/(g/cm^3)	0.8572	0.8743
残炭/%	0.11	1.90
折射率(n_D^{70})	1.4571	
族组成/%		
饱和烃	78.6	74.0
芳烃	13.3	13.4
胶质+沥青质	8.1	12.6
馏程/℃		
初馏点		240
10%	270	310
50%	348	394
90%	432	
终馏点	490	
元素组成/%		
C	85.92	86.42
H	13.57	13.28
S	0.12	0.15
N	0.04	0.13
重金属含量/(μg/g)		
Fe	3.2	7.7
Ni	0.1	5.2
V	<0.1	0.6

试验使用的催化剂是RMG催化剂，该剂具有活性高、水热稳定性好、焦炭产率低、抗重金属污染、重油转化能力强等特点。试验前，在装置50kg的固定流化床装置上进行了水蒸气老化降活处理。催化剂经中型老化装置预处理，100%水蒸气、790℃、老化10h，微反活性为72，表6-3-19列出了该催化剂的物理性质。

表6-3-19 RMG催化剂性质

项　　目	RMG新鲜剂	RMG老化剂
化学组成/%		
Al_2O_3	41.6	
Na_2O	0.24	
物理性质		
堆积密度/(g/mL)	0.73	
比表面积/(m^2/g)	198	
孔体积/(mL/g)	0.35	
磨损指数/(%/h)	1.3	
筛分组成/%		
0~19μm	0	0
0~39μm	1.9	0
0~84μm	40.6	39.3
0~113μm	66.3	80.8
0~160μm	90.4	99.7
微反活性/%		
(800℃、4h)	76	71
(800℃、17h)	60	
镍污染水平/(μg/g)		3400

(一) 试验方案

为了给兰炼提供可靠的操作参数，采用了两种原料油：兰炼混合蜡油和掺渣油，进行了不同反应温度及操作方式的试验。考虑到重金属镍对催化剂的污染，掺渣油原料试验时对催化剂进行了镍污染，浓度为3400μg/g，具体操作条件见表6-3-20。

表6-3-20 兰炼MGG中型试验操作条件

试验编号	L913-2	L913-3	L913-4	L913-5	LZ9114-1	LZ9114-3
反应压力/kPa	98					
操作温度/℃						
提升管出口	530	515	500	515	530	530
原料预热	391	395	397	387	400	400
再生立管下部温度	611	630	549	611	618	634
总进料量/(kg/h)	7.98	8.00	7.87	8.00	8.10	8.05
剂油比	8.0					
注水量(对进料)/%	10.03	10.00	9.66	10.13	9.80	10.68
操作方式	单程			柴油、重油回炼	单程	柴油、重油回炼
回炼比				0.48		0.38

（二）试验结果及讨论

兰炼混合蜡油及掺渣油 MGG 中型试验物料平衡数据列于表 6-3-21。

表 6-3-21 兰炼 MGG 中型试验物料平衡

编号	L913-2	L913-3	L913-4	L913-5	LZ9114-1	LZ9114-3
裂化气	37.16	32.83	29.80	33.85	32.74	36.04
干气	3.29	2.22	2.20	3.45	3.21	4.03
硫化氢	0.00	0.00	0.00	0.00	0.00	0.00
氢气	0.05	0.03	0.03	0.08	0.07	0.17
甲烷	1.12	0.85	0.85	1.50	1.22	1.47
乙烷	0.80	0.59	0.67	0.91	0.76	0.98
乙烯	1.32	0.75	0.65	0.96	1.16	1.41
液化气	33.87	30.61	27.60	30.40	29.53	32.01
丙烷	1.92	1.75	1.63	2.15	1.81	2.11
丙烯	11.17	9.31	7.86	9.12	9.63	10.48
异丁烷	6.95	7.11	7.28	7.66	6.14	7.38
正丁烷	1.87	1.80	1.57	1.74	1.43	1.84
1-丁烯	1.95	1.65	1.60	1.60	1.59	1.50
异丁烯	4.14	3.61	2.99	2.55	3.26	2.20
反-2-丁烯	3.44	3.10	2.73	3.28	3.36	3.81
顺-2-丁烯	2.43	2.28	1.94	2.30	2.31	2.69
C_{5+}汽油	43.61	45.97	48.78	56.42	42.68	52.51
柴油	10.97	12.05	13.34	0.00	14.95	0
重油	3.92	4.25	3.20	0.00	1.98	0
焦炭	3.28	3.52	3.60	8.17	6.25	10.08
损失	1.06	1.38	1.28	1.56	1.40	1.37
合计	100	100	100	100	100	100
转化率/%	85.11	83.70	83.46	100	83.07	100
气体烯烃产率/%	24.45	20.70	17.77	19.81	21.31	22.09
总丁烯	11.96	10.64	9.26	9.73	10.52	10.20

1. 反应温度对气体烯烃产率的影响

表 6-3-21 所列 L913-2、L913-3、L913-4 为不同反应温度下的物料平衡数据。当反应温度为 530℃、515℃和 500℃时，其裂化气产率分别为 37.16%、32.83%和 29.80%，其中丙烯产率为 11.17%、9.31%和 7.86%；总丁烯产率为 11.95%、10.64%和 9.26%。干气随温度下降呈减少趋势，分别为 3.29%、2.22%和 2.20%。相对裂化气产率而言，干气产率较低。汽油产率随反应温度下降呈增加趋势，分别为 43.61%、45.97%和 48.78%，由于兰炼混合蜡油馏分切割较轻，终馏点仅为 490℃，故焦炭产率均较低，分别为 3.28%、3.52%和 3.60%。总之，对反应温度的升高，气体烯烃产率增加，但汽油产率下降。兰炼可根据自己的需要调整合适的反应温度，以获得适量的气体烯烃及尽可能多的合格汽油。

2. 操作方式的影响

表 6-3-21 所列 L913-3 和 L913-5 分别为兰炼混合蜡油在单程和柴油、重油全回炼操作条件下的物料平衡。回炼操作时，回炼比为 0.48。在相同的反应温度及剂油比的情况下，

柴油、重油回炼与单程相比较，裂化气产率为33.85%和32.83%，增加了约1个单位，但其中主要是增加了干气产率；丙烯产率基本没变，为9.12%和9.31%；总丁烯产率为9.74%和10.64%，略有下降；汽油产率为56.42%和45.97%，增加了约10个单位；焦炭产率为8.17%和3.52%，增加了约4个单位。

表6-3-21所列LZ9114-1、LZ9114-3分别为兰炼掺渣油在单程和柴油及重油全回炼操作条件下的物料平衡。回炼操作时，回炼比为0.38。在相同的反应温度及剂油比的情况下，柴油、重油回炼与单程相比较，其产品分布变化规律与蜡油相同。除裂化气产率有所增加外，汽油产率大幅度增加，上升了近10个单位。由于采用了柴油及重油回炼，其焦炭产率也明显增加。

总的来看，采用回炼操作方式，尤其是柴重油全回炼操作方式，裂化气产率有所增加，其中丙烯产率略有增加或持平，而汽油产率却大幅度增加。同时，由于柴油中富含大量芳烃物质，故焦炭产率也有明显的增加。基于以上数据，将来工业装置的操作，可根据对气体烯烃产率与汽油收率的需求，掺入一定量的渣油，同时控制一定的回炼比，以满足对产品分布的要求及装置热平衡的需要。这正是MGG工艺的产品方案及装置操作参数的灵活性所在。

3. 催化剂的抗重金属污染性质

表6-3-21所列LZ9114-1、LZ9114-3为用人工方法进行24h的重金属镍污染及24h的镍降活处理后的物料平衡数据。污染后的催化剂镍含量为3400μg/g，从LZ9114-1、LZ9114-3的数据来看，其裂化气中氢/甲烷比均小于1，而常规催化裂化在同等污染水平下，裂化气中氢/甲烷比一般为3~4。从氢气产率看，仅为0.07%~0.17%。而常规催化裂化在同等污染水平下氢气产率一般为0.4%左右。由以上数据可以看出，该催化剂具有很好的抗重金属镍污染性能，很适合于重质油的加工。

4. 气体组成

表6-3-22列出了相应条件下的裂化气组成。

表6-3-22　裂化气组成　　%

编号	L913-2	L913-3	L913-4	L913-5	LZ9114-1	LZ9114-3
硫化氢	0	0	0	0	0	0
氢气	0.12	0.10	0.12	0.24	0.20	0.48
甲烷	3.02	2.60	2.84	4.44	3.73	4.07
乙烷	2.16	1.78	2.22	2.69	2.32	2.73
乙烯	3.54	2.30	2.19	2.83	3.55	3.92
丙烷	5.20	5.30	5.46	6.32	5.53	5.80
丙烯	30.04	28.36	26.39	26.95	29.40	29.08
异丁烷	18.77	21.67	24.43	22.63	18.77	20.47
正丁烷	5.02	5.48	5.26	5.15	4.38	5.11
1-丁烯	5.24	5.02	5.38	4.72	4.87	4.17
异丁烯	11.12	11.01	10.03	7.53	9.96	6.11
反-2-丁烯	9.25	9.44	9.17	9.70	10.25	10.58
顺-2-丁烯	6.52	6.94	6.51	6.80	7.04	7.48

裂化气中气体烯烃含量较高，总烯烃含量为58.55%~65.77%；其中乙烯为2.19%~3.92%，丙烯为28.36%~30.05%，总丁烯为28.34%~32.44%。另外，裂化气中干气含量较少，而碳三、碳四含量较高，干气含量仅为6.78%~11.20%，干气与碳三、碳四含量之比大约为1∶(9~10)。

表6-3-23所列为MGG工艺中型试验所得裂化气中痕量烃及非烃杂质的含量，裂化气中含有少量的硫，其中多为硫化氢。总氮含量少于11μg/g，裂化气中炔烃类杂质含量极少，≤1μg/g。总之，裂化气中杂质含量很低，有利于后续加工过程中的分离和保证化工产品的质量。

表6-3-23　裂化气中痕量烃及非烃杂质

编号	L913-2	L913-3	L913-4	L913-5	LZ9114-1	LZ9114-3
痕量烃含量/(μg/g)						
乙炔		<0.5				
丙炔					<0.5	1.0
环丙炔	6	5	4	4	5	4
1，3-丁二烯	25	22	17	32	21	35
非烃杂质含量/(μg/g)						
总氮	9.6	5.6	5.1	8.0	5.3	11.0
碱氮	6.2	2.9	1.7	<0.5	3.7	1.1
氰及氮化物	3.4	2.7	3.4	7.5	1.6	9.9
总硫	838	839	680	757	96	45
硫化氢	826	823	666	746	83	39
有机硫	12	16	14	11	13	6
硫醇醚	4.2	6.3	4.9	2.6	6.9	1.5
COS	7.7	9.8	3.7	2.7	0.9	2.1
硫醚	<0.1	<0.1	5.4	5.7	5.2	2.2

5. 液体产品性质

表6-3-24所列为兰炼混合蜡油及掺渣油MGG工艺所得到的汽油性质。其辛烷值较高，马达法辛烷值80~83，研究法辛烷值90~95；安定性很好，诱导期均大于570min，高者可达1250min。铜片腐蚀有些不合格，这是由于中型试验所得汽油未经吸收稳定，若经吸收稳定或碱洗处理，便可获得合格的90号或93号(现92号)无铅商品汽油。

表 6-3-24 汽油性质

编号	L913-2	L913-3	L913-4	L913-5	LZ9114-1	LZ9114-3
密度(20℃)/(g/cm³)	0.7634	0.7562	0.7508	0.7614	0.7601	0.7636
实际胶质/(mg/100mL)	1	2	1	5	0	1
腐蚀(铜片试验)	不合格	不合格	不合格	合格	不合格	合格
诱导期/min		570	810	1250	585	720
二烯值/(gI/100mL)	1.0	1.4	0.1	0.7	0.6	0.3
元素组成/%						
C	87.46	86.85	86.35	87.38	87.21	87.54
H	12.26	12.76	12.73	12.33	12.59	12.26
S/(mg/L)	203	210	192	171	210	183
N/(mg/L)	11	13	8	21	25	60
烯烃含量/%	25.49	22.75	23.66	27.34	30.96	30.32
馏程/℃						
初馏点	58	55	52	51	57	45
50%	118	118	120	125	120	120
终馏点	192	199	196	198	194	195
MON	82.2	81.4	80.0	81.5	83.0	83.2
RON	94.9	93.0	90.0	92.2	95.0	95.0

表 6-3-25 所列为兰炼混合蜡油及掺渣油 MGG 工艺所得到的柴油性质。其腐蚀全部合格，实际胶质有些偏高，这是由于中型试验采用电加热，有些地方局部过热造成的。十六烷值和常规催化裂化所得到柴油一样普遍偏低，不能直接作为商品柴油使用，只能作为调合组分与一定比例的直馏柴油调合生产一定标号的商品柴油。

表 6-3-25 柴油性质

编　号	L913-2	L913-3	L913-4	LZ9114-1
密度(20℃)/(g/cm³)	0.9199	0.9206	0.9147	0.9178
实际胶质/(mg/100mL)	103	55	79	27
凝点/℃	-37	-30	-31	-28
苯胺点/℃	<25	<25	<25	<25
腐蚀(铜片试验)	合格	合格	合格	合格
10%残炭/%	0.2	0.2	0.2	0.1
元素组成/%				
C	89.10	89.11	88.76	88.90
H	10.20	10.41	10.74	10.47
S/(mg/L)	1708	1619	1597	1934
N/(mg/L)	192	143	117	246
馏程/℃				
初馏点	214	210	212	226
50%	246	258	251	261
终馏点	321	323	322	309

表 6-3-26 所列为兰炼混合蜡油及掺渣油 MGG 工艺所得到的重油和回炼油性质。其凝

点和黏度低，可以进行回炼或作为燃料油使用。

表 6-3-26　重油和回炼油性质

编　　号	L913-2	L913-3	L913-4	L913-5	LZ9114-1	LZ9114-3
密度(20℃)/(g/cm^3)	0.9929	0.9876	0.9878	0.8698	0.9574	0.8628
黏度(50℃)/(mm^2/s)	81.30	67.88	72.23	3.47	84.56	6.38
黏度(100℃)/(mm^2/s)	8.58	7.78	7.80	1.46	9.34	2.18
凝点/℃	-12	-16	-14	<-40	-8	-17
残炭/%	2.2	1.8	1.7	0.2	1.9	0.5
元素组成/%						
C	88.53	88.25	88.87	89.74	87.71	89.54
H	10.24	9.99	10.35	9.12	11.34	9.70
S	0.39	0.40	0.42	0.31	0.29	0.32
N	0.10	0.08	0.08	0.02	0.13	0.06
馏程/℃						
初馏点	340	349	340	189	356	230
50%	397	395	395	307	422	327
90%	483	487	479	419	537	

三、ARGG 中型试验研究

（一）扬州 ARGG 工艺中型试验

中型试验主要研究原料、催化剂和过程参数的影响，并为工业装置提供工程设计数据。

试验所用原料性质列于表 6-3-27。原料饱和烃含量较高，特性因数为 12.4，属于较易裂化的石蜡基原料，但它的金属镍含量及残炭值较高，分别为 11.3μg/g 和 4.44%。

表 6-3-27　ARGG 中试原料性质

原　　料	扬州常压渣油	原　　料	扬州常压渣油
密度(20℃)/(g/cm^3)	0.8719	30%	416
凝点/℃	47	50%	472
残炭/%	4.44	60%	517
族组成/%		元素组成/%	
饱和烃	59.1	C	85.00
芳烃	20.0	H	13.24
胶质	19.7	S	0.20
沥青质	1.2	N	0.17
馏程/℃		重金属含量/(μg/g)	
初馏点	254	Ni	11.3
10%	359	V	0.2

试验使用的催化剂是 RAG-1 催化剂。试验前，在装置 50kg 的固定流化床装置上进行了

水蒸气老化降活处理。表6-3-28列出了催化剂的物理性质。该催化剂具有很高的活性和很好的水热稳定性能，100%水蒸气、790℃、老化8h，微反活性为69。在运转过程中又对催化剂进行了镍污染，污染后催化剂上镍含量约为3000μg/g，微反活性为65。

表6-3-28 催化剂性质

催化剂名称	RAG-1新鲜剂	催化剂名称	RAG-1新鲜剂
化学组成/%		比表面积/(m^2/g)	233
Na_2O	0.14	孔体积(水滴法)/(mL/g)	0.36
SO_4^{2-}	1.4	磨损指数/(%/h)	2.5
物理性质		灼烧减量/%	11.2
堆积密度/(g/mL)	0.71	微反活性(800℃、17h)	62

采用ARGG工艺条件，分别进行了单程和回炼两种操作条件的试验，结果列于表6-3-29。

表6-3-29 产品分布

试验编号	9313-10	9313-11
反应温度/℃	530	530
注水量(对总进料)/%	10	10
操作方式/回炼比	单程	0.24
产品产率/%		
H_2~C_2	2.78	3.35
C_3~C_4	27.64	30.29
C_{5+}汽油	40.45	44.61
轻柴油	14.84	11.09
重油	5.08	0.00
焦炭	8.52	10.05
损失	0.69	0.61
转化率/%	80.08	88.91
轻油收率/%	55.29	55.70
烯烃产率/%		
丙烯	9.26	10.44
总丁烯	12.13	12.91
氢气/甲烷比	1.72	2.24

单程操作时，可以得到30.42%的裂化气(干气+液化气)，其中干气只有2.78%，液化气高达27.64%，液化气与干气之比为10：1，丙烯及总丁烯产率分别为9.26%和12.13%，液化气中烯烃浓度高达77.39%；汽油收率为40.45%；轻柴油为14.84%；重油收率仅有5.08%。可见，RAG-1催化剂具有很好的重油转化能力。由于扬州常压渣油残炭值高，因而焦炭产率亦偏高，为8.52%。当采用重油加部分柴油回炼操作时，转化率达到88.91%。裂化气、汽油及焦炭产率均明显增长，丙烯和总丁烯产率分别达到10.44%和12.91%。

表6-3-30~表6-3-32分别是汽油、柴油和重油及回炼油性质数据。从中可见，由ARGG工艺得到的汽油辛烷值高，*RON*在93以上，*MON*在80以上，安定性好，诱导期均大于485min。可直接生产90号合格汽油。柴油十六烷值偏低，不能直接出成品柴油，需与直馏柴油调合后方能生产合格柴油。重油或回炼油密度大、硫和氮含量较高。但仍含有约45%的饱和烃，可进行回炼操作或作为燃料油使用。

表6-3-30 汽油性质

试验编号	9313-10	9313-11
密度(20℃)/(g/cm^3)	0.7194	0.7197
诱导期/min	>485	>485
元素组成/%		
C	86.00	85.99
H	14.01	14.00
S/(mg/L)	356	320
N/(mg/L)	22	26
族组成/%		
烷烃	14.01	14.08
烯烃	68.69	69.81
芳烃	17.30	16.11
馏程/℃		
初馏点	34	39
10%	54	56
50%	95	94
90%	162	161
终馏点	198	187
MON	80.9	80.8
RON	93.7	93.2

表6-3-31 柴油性质

试验编号	9313-10	9313-11
密度(20℃)/(g/cm^3)	0.8949	0.8844
黏度(20℃)/(mm^2/s)	3.672	3.109
凝点/℃	-15	-31
苯胺点/℃	32.2	32.1
10%残炭/%	0.06	0.08
元素组成/%		
C	88.00	88.07
H	10.67	11.31
S	0.30	0.33
N/(mg/L)	516	658
馏程/℃		
初馏点	218	217
10%	232	230
50%	255	245
90%	309	270
终馏点	333	328

表 6-3-32 重油或回炼油性质

试验编号	9313-10	9313-11
密度(20℃)/(g/cm^3)	0. 9585	0. 9252
黏度(100℃)/(mm^2/s)	6. 335	2. 690
凝点/℃	23	17
残炭/%	3. 25	1. 61
元素组成/%		
C	88. 25	88. 32
H	10. 54	11. 21
S	0. 38	0. 39
N	0. 24	0. 18
馏程/℃		
初馏点	360	275
10%	382	318
50%	413	361
90%	495	449

(二) 岳阳 ARGG 工艺中型试验

1998 年岳阳石油化工总厂为生产石油化工原料拟建成一套 800kt/a 的 ARGG 装置，为研究原料、催化剂和过程参数的影响，并为工业装置提供工程设计数据，在中型装置上进行了以大庆常压渣油为原料的 ARGG 中型试验。

试验在由实时机控制的高低并列式提升管催化裂化中型试验装置上进行，工艺流程同上述中型装置。

试验所用原料为由中国石化燕山石油化工分公司炼油厂所提供的大庆减压馏分油及减压渣油，按其蒸馏装置操作的实际产率，将其按减一：减二：减三：减四：减渣 = 5. 33：16. 15：8. 89：10. 61：59. 02 的比例混合成大庆常压渣油，原料性质列于表 6-3-33。原料饱和烃含量较高，特性因数为 12. 4，属于较易裂化的石蜡基原料。

表 6-3-33 ARGG 中试原料性质

原料	大庆常压渣油	原料	大庆常压渣油
密度(20℃)/(g/cm^3)	0. 8974	30%	486
黏度(100℃)/(mm^2/s)	30. 02	50%	555(46%)
凝点/℃	47	元素组成/%	
残炭/%	4. 5	C	86. 26
族组成/%		H	12. 91
饱和烃	56. 4	S	0. 14
芳烃	25. 9	N	0. 27
胶质	17. 6	重金属含量/(μg/g)	
沥青质	0. 1	Fe	4. 2
馏程/℃		Ni	5. 2
初馏点	324	Cu	<0. 1
5%	382	V	<0. 1
10%	408	Na	5. 5

试验使用的催化剂是 RAG-1 和 RAG-6 催化剂。RAG-6 催化剂是一种气体烯烃选择性好、重油转化能力强、生焦低、且抗重金属污染的催化剂。试验前，在装置 50kg 的固定流化床装置上进行了水蒸气老化降活处理。为了模拟工业平衡剂的镍污染状况，对 RAG-6 催化剂进行了人工镍污染，污染后的镍含量为 2800μg/g，活性为 62%。表 6-3-34 列出了催化剂的物理性质。

表 6-3-34 催化剂性质

催化剂名称	RAG-1 新鲜剂	RAG-6 新鲜剂
化学组成/%		
Na_2O	0.24	0.22
RE_2O_3	2.6	2.7
Al_2O_3	45.8	44.7
Cl^-	0.11	0.06
SO_4^{2-}	2.0	2.0
物理性质		
堆积密度/(g/mL)	0.70	0.68
比表面积/(m^2/g)	257	221
孔体积/(mL/g)	0.31	0.36
筛分组成/%		
0~40μm	20.4	8.7
0~80μm	68.4	56.2
0~110μm	87.9	80.4
0~149μm	95.8	92.8
微反活性(790℃、8h)/%	69	69

1. 试验方案

岳阳 ARGG 工艺中型试验方案包括如下四个部分：RAG-1 和 RAG-6 对比试验；RAG-6 抗镍污染能力考察；不同反应温度下污染剂对原料油裂化的产物分布影响情况；单程和回炼不同操作方式的产品分布情况。

2. 试验结果及讨论

试验的操作条件及物料平衡数据见表 6-3-35；汽油、柴油及重油性质数据分别见表 6-3-36~表 6-3-38；汽油中单体芳烃组成见表 6-3-39；抗氧剂对汽油诱导期的影响见表 6-3-40；ARGG 柴油与直馏柴油调合后的性质见表 6-3-41。

表 6-3-35 产 品 分 布

试 验 编 号	9701-1	9701-9	9701-10	9701-3	9701-6
催化剂	RAG-1	RAG-6	RAG-6	RAG-6	RAG-6
催化剂类型	老化剂	老化剂	污染剂	污染剂	污染剂
反应温度/℃	530	530	515	530	515
剂油比	8	8	8	8	8
操作方式/回炼比	单程	单程	单程	单程	0.10

续表

试验编号	9701-1	9701-9	9701-10	9701-3	9701-6
产品产率/%					
$H_2 \sim C_2$	5.03	5.52	4.00	6.06	3.91
$C_3 \sim C_4$	29.90	33.87	30.17	30.84	32.16
C_5+汽油	39.90	36.48	39.27	37.24	39.69
柴油	12.19	11.50	12.55	12.21	14.68
重油	3.61	3.53	4.96	4.66	0.00
焦炭	8.66	8.35	8.26	8.41	9.07
损失	0.71	0.75	0.79	0.58	0.49
转化率/%	84.20	84.97	82.49	83.13	85.32
轻油收率/%	52.09	47.98	51.82	49.45	54.37
液化气+汽油收率/%	69.80	70.35	69.44	69.08	71.85
总液体收率/%	81.99	81.85	81.99	80.29	86.53
烯烃产率/%					
丙烯	11.54	14.72	11.25	12.90	12.16
总丁烯	13.71	14.34	14.11	14.18	14.50
H_2/CH_4 比	0.53	0.47	1.30	0.95	1.37

表 6-3-36 汽油性质

试验编号	9701-1	9701-9	9701-3	9701-10	9701-6
密度(20℃)/(g/cm^3)	0.7535	0.7611	0.7640	0.7558	0.7618
腐蚀(铜片试验)	不合格	不合格	不合格	不合格	不合格
诱导期/min	345		360	350	360
元素组成/%					
C	87.25	87.45	87.57	87.34	87.22
H	12.75	12.55	12.43	12.66	12.78
S/(μg/g)	174	200	203	168	164
N/(μg/g)	77	83	68	70	84
族组成/%					
烷烃	19.01	11.88	12.20	16.91	19.64
烯烃	46.51	55.44	51.66	52.57	48.61
芳烃	34.48	32.68	36.14	30.52	31.75
馏程/℃					
初馏点	40	39	43	40	43
10%	60	63	68	59	66
50%	106	113	118	111	118
90%	165	167	171	167	170
终馏点	189	191	193	191	193
MON	81.5	80.5	81.4	81.1	80.1
RON	93.1	96.2	96.0	95.6	94.5

表 6-3-37 柴油性质

试验编号	9701-1	9701-9	9701-3	9701-10	9701-6
密度(20℃)/(g/cm^3)	0.9259	0.9059	0.9179	0.9314	0.9193
黏度(20℃)/(mm^2/s)	4.119	3.656	3.250	4.081	4.761
凝点/℃	-16	-20	-38	-26	-19
十六烷值(实测)	22.9	28.0	20.9		24.4
腐蚀(铜片试验)	合格	合格	合格	合格	合格
10%残炭/%	0.26	0.13	0.10	0.20	0.36
元素组成/%					
C	89.39	89.07	89.34	89.62	88.80
H	10.07	10.61	10.16	9.96	10.41
S	0.24	0.23	0.25	0.30	0.25
N/(μg/g)	961	914	669	885	1574
馏程/℃					
初馏点	210	200	216	220	219
10%	236	230	224	229	232
50%	266	254	243	257	268
90%	301	312	299	318	326
终馏点	324	333	331	337	344

表 6-3-38 重油或回炼油性质

试验编号	9701-1	9701-9	9701-3	9701-10	9701-6
油品类型	重油	重油	重油	重油	回炼油
密度(20℃)/(g/cm^3)	1.0346	1.1044	1.1290	1.1046	1.0892
黏度(100℃)/(mm^2/s)	15.90	16.49	18.74	18.26	17.72
凝点/℃	16	11	15	11	8
残炭/%	6.3	7.1	7.0	7.3	6.4
元素组成/%					
C	90.02	90.72	91.27	91.09	90.90
H	8.99	8.18	7.61	7.75	7.90
S	0.43	0.48	0.52	0.51	0.56
N	0.56	0.62	0.60	0.65	0.64
馏程/℃					
初馏点	377	376	383	382	285
10%	404	396	398	395	392
50%	450	429	434	432	450
90%	505	494	514	488(80.5%)	510(85%)

表 6-3-39　汽油单体芳烃组成　　单位:%

试验编号	9701-1	9701-9	9701-3	9701-10	9701-6
苯	0.76	0.88	0.56	0.51	0.47
甲苯	4.52	4.45	4.53	3.77	3.34
乙苯	1.23	1.32	1.39	1.13	1.06
间、对二甲苯	6.03	6.10	7.00	5.76	5.32
邻二甲苯	2.68	2.59	2.73	2.12	2.21
间、对甲乙苯	2.96	3.13	3.69	2.79	2.88
1, 3, 5-三甲苯	0.83	0.92	1.04	0.66	0.70
邻甲乙苯	0.48	0.62	0.67	0.49	0.40
1, 2, 4-三甲苯	4.67	4.75	5.40	4.56	4.43
合计	24.16	24.76	27.01	21.79	20.81

表 6-3-40　抗氧剂对汽油诱导期的影响

T501 加入量/(μg/g)	9701-3	9701-6 碱洗	9701-6 未碱洗	9701-10
0	360	190	360	350
50	485		435	
100	530	460	555	525
150	635	690	660	
200	760	660	720	

表 6-3-41　调合柴油性质

试验编号	9701-3		9701-6		9701-10
调合比例(直馏柴油：ARGG)	1：1	1.5：1	1：1	1.5：1	1：1
密度(20℃)/(g/cm^3)	0.8652	0.8542	0.8628	0.8524	0.8681
黏度(20℃)/(mm^2/s)	3.927	4.018	4.532	4.536	4.183
凝点/℃	-11	-10	-10	-11	-13
十六烷值(实测)	42.7	48.6	42.7	48.6	41.3
腐蚀(铜片试验)	合格	合格	合格	合格	合格
10%残炭/%	0.04	0.04	0.13	0.08	0.10
馏程/℃					
50%	262	264	272	273	266
90%	311	312	319	318	314
95%	320	320	328	326	322

(1) RAG-1 和 RAG-6 催化剂的比较结果

从 9701-1 和 9701-9 数据可见，在反应条件相同的情况下，两者比较，使用 RAG-6 催化剂，转化率略高，裂化气产率增加 4.46 个百分点，其中干气产率增加 0.49 个百分点，液化气产率增加 3.97 个百分点；裂化气中丙烯和总丁烯产率分别提高 3.18 和 0.63 个百分点，可见 RAG-6 催化剂具有较好的丙烯选择性；但汽油产率减少了 3.42 个百分点，柴油产率和重油产率变化不大；焦炭产率则减少了 0.31 个百分点。

RAG-6 催化剂比 RAG-1 催化剂具有更好的液化气、丙烯、丁烯及焦炭选择性，特别是丙烯和液化气的选择性明显好于 RAG-1 催化剂，但汽油和干气的选择性稍差，汽油+液化气产率及总液体收率相当。

（2）抗镍污染能力的考察

从 9701-9 和 9701-3 数据可见，在催化剂上镍含量污染至 2800μg/g 的情况下，与未污染的空白剂相比，虽然干气产率增加了 0.54 个百分点，液化气产率减少了 3.03 个百分点，但焦炭产率仅增加 0.06 个百分点。污染后 H_2/CH_4 比只有 0.95，干气中 H_2 含量（体积分数）仅有 30%，即使在较缓和的 515℃ 反应温度下，H_2/CH_4 比也只有 1.37，干气中氢气含量（体积分数）也只有 38%。

RAG-6 催化剂具有较好的抗镍污染能力。

（3）反应温度对产品分布的影响

在其他条件不变的情况下，考察了两个反应温度下的产品分布。由 9701-10 和 9701-3 数据可见，反应温度由 515℃ 提高到 530℃ 时，虽然转化率增加了 0.64 个百分点，液化气产率增加了 0.67 个百分点，焦炭产率增加不多，但干气产率增加了 2.06 个百分点，汽油产率减少了 2.03 个百分点。柴油和重油产率略有减少。

可见，反应温度为 515℃ 时已经有较深的裂化深度，当反应温度提高 15℃ 后，转化率、液化气产率及重油转化率提高幅度均很小，与干气和汽油产率的大幅度变化相比，在经济上显然不合算。说明当单程转化率高到一定程度时，再提高反应温度会明显增加热裂化反应和二次反应，造成干气的大幅度增加，使高价值产品的选择性变差。

（4）回炼操作对产品分布的影响

9701-6 和 9701-10 是在相同试验条件下进行的回炼和单程操作结果，回炼比为 0.10。经回炼后，液化气产率增加了 1.78 个百分点，其中丙烯产率增加了 0.91 个百分点，丁烯产率增加了 0.39 个百分点，汽油产率增加了 0.42 个百分点，柴油产率增加了 2.13 个百分点，焦炭产率增加了 0.81 个百分点。经回炼操作后，丙烯和丁烯产率有所增加，因此炼油厂可以根据生产时的原料性质及对气体烯烃的要求，选择合适的反应温度和操作方式，以获得最大的经济效益。

（5）产品性质

裂化气中丙烯浓度较高，均大于 30%。

汽油的 *RON* 比较高，除 RAG-1 催化剂时所产汽油的 *RON* 为 93.1 外，RAG-6 催化剂时汽油的 *RON* 均比 RAG-1 时高，为 94.5~96.2。*MON* 变化不大，均高于 80，汽油诱导期较短。一般采用加入抗氧剂来改善汽油安定性，在加入抗氧剂 T501 后，汽油诱导期有较明显的增加，加入 100μg/g 的抗氧剂后，汽油的诱导期大于 480min，符合汽油合格产品的指标要求。另外，汽油铜片腐蚀不合格的原因是汽油没有经过吸收稳定和碱洗过程。ARGG 汽油经吸收稳定和碱洗后，并加入适量的抗氧剂，即可出合格的高辛烷值汽油。

柴油凝点很低，十六烷值也较低。ARGG 柴油与直馏柴油按 1：1.5 调合后，符合优级品-10 号柴油的 GB 252—1994 规格要求。

重油密度较大，饱和烃含量较低，胶质和沥青质含量较高，其生焦的倾向很大，炼油厂可以根据装置情况，选择全回炼或外甩油浆操作。

第四节　工艺和工程开发

一、工艺的用途、适用范围

MGG 和 ARGG 是重质原料油的催化转化技术。它的原料包括减压瓦斯油(VGO)、常压渣油(AR)、减压渣油(VTB)、脱沥青油(DAO)等。它的产品有轻烯烃、液化气(LPG)、汽油和中馏分油。该技术的主要目标是最大量生产富含烯烃的 LPG 和优质汽油组分。

由于 MGG 和 ARGG 工艺操作参数和具有独特性能催化剂的合理配合，实现了同时兼顾正常裂化区与过裂化区二者双重的优点，即在高转化率的过裂化区情况下，汽油和液化气产率高，而干气和焦炭产率低，同时所得汽油辛烷值高、安定性好；所得液化气烯烃含量高等。

该工艺技术的主要特点是：①油气兼顾；②原料广泛；③高价值产品收率高；④操作方式灵活；⑤工程技术成熟。

二、工艺过程描述

其工艺流程与常规催化裂化(FCC)基本相似，包括反应-再生系统、分馏系统以及吸收稳定系统。原料油经蒸汽雾化后送入提升管反应器中，与热的再生催化剂接触，发生催化裂化反应。反应产物经分馏和吸收稳定系统实现分离、回收。沉积了焦炭的待生催化剂经汽提后送入再生器中，用空气烧焦再生。热的再生催化剂以适宜的循环速率返回反应器循环使用，并提供反应所需热量，实现反应-再生系统热平衡操作。反应-再生系统的原则流程示于图 6-4-1。

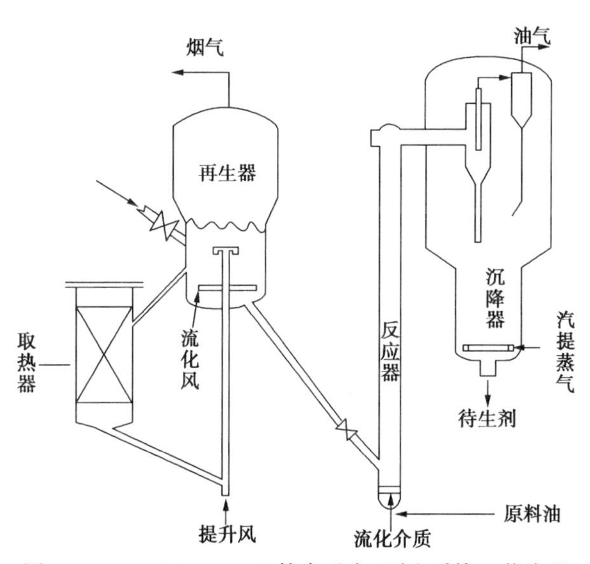

图 6-4-1　MGG、ARGG 技术反应-再生系统工艺流程

三、主要工艺条件研发

在小型和中型装置上，对催化剂活性组分评选与催化剂制备、工艺参数、原料和产品分

布、产品性质等多方面进行了广泛和系统的探索及试验研究。并结合 MGG 和 ARGG 工艺技术特点，进行了工艺工程及设备的开发和设计。

（一）反应温度和剂油比

在中型装置上对各种原料进行了反应温度和剂油比影响试验，结果列于表 6-4-1 和表 6-4-2。

表 6-4-1　反应温度对产品分布的影响(单程)

反应温度/℃	基准	15	30	基准	15	30
原料	蜡油掺 18%减压渣油			混合蜡油		
产品分布/%						
$C_3\sim C_4$	30.00	32.08	34.85	27.60	30.60	33.87
C_5+汽油	44.37	44.99	41.45	48.78	46.42	43.61
柴油+重油	17.22	12.73	12.80	16.54	16.30	14.89
烯烃产率/%						
丙烯	9.16	10.57	12.75	7.86	9.31	11.17
丁烯	12.41	12.79	14.37	9.26	10.64	11.96
汽油 *RON*	—	91.9	92.5	—	93.0	94.9
汽油 *MON*	—	79.8	80.5	—	81.4	82.2

表 6-4-2　剂油比对产品分布的影响(单程，反应温度 515℃)

剂油比	基准-2	基准	基准+2
原料	蜡油掺 18%减压渣油		
产品分布/%			
$C_3\sim C_4$	25.88	29.03	31.59
C_5+汽油	43.52	45.66	47.37
柴油+重油	22.06	16.91	11.84
烯烃产率/%			
丙烯	8.52	9.66	10.56
丁烯	10.84	12.28	13.58

MGG(ARGG)工艺技术的反应温度选择主要考虑汽油的安定性。一般说来，提高反应温度，$C_3\sim C_4$ 馏分产率增加，丙烯在液化气中浓度增加，汽油的辛烷值增加；但汽油的产率呈下降趋势。

MGG(ARGG)工艺技术要求比较大的剂油比，以获得高的单程转化率，良好的产品分布和产品性质。一般剂油比增加，液化气、丙烯、丁烯及汽油产率均为增加趋势。

（二）操作方式

MGG(ARGG)工艺技术可以采用单程，重油回炼和柴油加重油回炼等不同的操作方式，中型试验结果列于表 6-4-3。

表 6-4-3 不同操作方式下的产品分布

原　料	蜡油掺 18%减压渣油			常压渣油	
反应温度/℃	500			530	
操作方式	单程	重油回炼	柴油、重油回炼	单程	重油回炼
回炼比	0	0.12	0.51	0	0.13
产品分布/%					
$C_3 \sim C_4$	30.00	28.87	30.94	25.35	28.69
C_{5+}汽油	44.37	46.17	54.29	38.46	44.62
轻柴油	6.68	14.30	0	11.73	11.45
重油	10.54	0	0	9.28	0
烯烃产率/%					
丙烯	9.16	9.28	10.15	8.95	9.06
丁烯	14.41	11.22	11.99	9.23	11.54

单程转化率较高时，重油或者柴油加重油回炼，主要增加汽油产率；如果原料较难裂化，单程转化率较低，那么重油或柴油加重油回炼，也会增加液化气馏分产率。

重油或者柴油加重油回炼操作适合于大量生产汽油，或用于热量不足的装置，作为热平衡调节的手段；或者用于加工比较难裂化的原料。

（三）油品性质

MGG(ARGG)工艺技术的重要特点之一，是在高的液化气产率下，保证油品的质量，特别是汽油质量。表 6-4-4 列出了几种原料中型试验的油品主要性质。

表 6-4-4 汽油和柴油主要性质

原　料	蜡　油		蜡油掺渣油		常 压 渣 油	
	Ⅰ	Ⅱ	Ⅰ	Ⅱ	Ⅰ	Ⅱ
$C_3 \sim C_4$ 产率/%	34.60	31.60	30.00	29.53	30.29	28.08
C_{5+}汽油产率/%	45.46	46.16	44.37	42.63	44.61	40.63
汽油性质						
密度(20℃)/(g/cm^3)	—	—	0.7124	0.7601	0.7337	0.7197
诱导期/min	810	>990	605	585	>485	525
RON	92.7	93.9	94.1	95.0	93.2	93.7
MON	81.1	81.9	81.2	83.0	80.8	81.5
柴油性质						
密度(20℃)/(g/cm^3)	—	—	0.8676	0.9178	0.8844	0.9124
凝点/℃	—	—	-22	-28	-31	-15
十六烷值	—	—	30.8	22.9	28.0	26.0

汽油的抗爆性和安定性都很好。此外，还对大庆原料油的一些汽油做了二烯值的分析，均较低，一般为 0.2~1.6gI/100mL(见表 6-4-5)，可以进一步看出 MGG 工艺汽油质量好的特点。

表 6-4-5 大庆原料油的汽油分析结果(中型试验)

原料	蜡油	蜡油掺 50%常压渣油	蜡油掺 40%减压渣油	常压渣油
反应温度/℃	530	530	530	530
操作方式	单程	单程	单程	回炼
C_3~C_4 产率/%	34.7	30.4	28.6	28.4
C_5+汽油产率/%	45.5	40.6	42.3	44.2
汽油性质				
诱导期/min	810	810	810	810
实际胶质/(mg/100mL)	0	0	0	0
二烯值/(gI/100mL)	0.3	0.9	—	1.6
RON	92.7	94.2	94.1	94.0
MON	81.1	82.0	82.1	82.5

柴油质量和催化裂化差不多，芳烃含量较高，十六烷值低，需要调合。一般与直馏柴油按其自然生产比例调合，可达到普通级或优级商品柴油。

四、MGG 工艺、FCC 工艺和“FCC+助辛烷值剂”工艺的比较

FCC 工艺主要是生产轻质油品的，裂化气产率比较低，一般为 8%~12%。“FCC+助辛烷值剂(CHO)[25-28]”方案的目的是提高催化裂化汽油的辛烷值，同时也适度增加一些液化气产率，其增加幅度一般为 2%~4%(对原料)。而 MGG 工艺技术则是在保证油品质量，特别是汽油质量的条件下，大量的生产液化气和碳三、碳四烯烃。MGG 工艺的液化气产率可高达 35%左右，其中丙烯、丁烯产率分别可达 12%和 15%。

可以说，FCC 工艺和“FCC+CHO”方案是以油品为主要目的，而 MGG 工艺则是一条油气结合、油化并举的新 FCC 工艺技术路线。3 种工艺的简单比较列于表 6-4-6。

表 6-4-6 MGG、FCC 和“FCC+CHO”工艺比较

工艺名称	MGG				FCC			FCC+CHO	
装置	中型				中型	炼油厂 A	炼油厂 B	炼油厂 A	炼油厂 B
装置类型	提升管				提升管			提升管	
反应温度/℃	500	515	530	530	505	490	479	490	483
原料油	苏北蜡油掺 18%减压渣油	新疆、青海蜡油掺 20%减压渣油	大庆常压渣油	大庆常压渣油	掺 17%大庆减压渣油	河南蜡油	掺 17%大庆减压渣油	河南蜡油	
产物分布/%									
干气	2.26	3.57	3.24/3.21	3.60	3.80	1.46	7.17	2.48	7.09
液化气	30.00	33.04	29.82/28.54	28.74	11.00	10.36	9.45	13.82	13.34
汽油	44.37	54.89	43.09/42.68	44.62	40.00	52.17	56.51	51.18	56.57
柴油	6.68	—	14.95	11.45	32.40	27.61	20.58	23.97	16.94
重油	10.54	—	1.98	—	—	3.88	—	3.64	—
焦炭	5.15	7.50	5.53	10.50	9.50	4.37	4.99	4.51	4.86
转化率/%	82.78	100.00	83.07	88.55	67.60	68.51	79.49	72.39	83.05
丙烯产率/%	9.16	10.80	9.72/9.63	9.06	3.20	2.97	4.27	3.78	5.21

表6-4-7列出了兰州炼油化工总厂同一套工业装置上开FCC、FCC+CHO和改造后开MGG的主要数据。

表6-4-7 MGG与FCC、FCC+CHO比较

工艺名称	MGG	FCC	FCC+CHO
反应器类型	提升管	提升管	提升管
原料	混合VGO掺23.3%减压渣油	混合VGO掺23.3%减压渣油	混合VGO掺23.3%减压渣油
反应温度/℃	534	510~515	514
产品分布/%			
干气	4.83	4.02	4.82
液化气	25.09	10.53	14.87
汽油	48.89	47.74	47.74
柴油	12.36	27.00	26.79
重油	0.00	3.40	0.00
焦炭	8.20	6.75	5.62
损失	0.63	0.56	0.16
转化率/%	87.64	69.60	72.61
丙烯产率/%	8.79	3.07	4.50
液化气+汽油产率/%	73.98	58.27	62.21
汽油*RON*	91.6/93.5	88	89
汽油诱导期/min	675	350~500	350~500

MGG工艺时的液化气产率为25.09%，比其他两个工艺条件下分别增加了14.56和10.22个百分点；丙烯产率为8.79%，分别为FCC、FCC+CHO工艺的2.9倍和1.9倍。并且MGG汽油产率还高约1个百分点；干气产率比FCC高0.8个百分点，和FCC+CHO相当。同时，汽油的RON提高了3个单位以上，其稳定性也明显改善。充分显示了MGG工艺是一条既多产液化气和汽油，且油品特别是汽油质量更好的“油气结合”的工艺路线。

五、MGG工程技术开发

（一）工程技术开发要点

根据MGG工艺技术的特点，工艺生产装置各系统采取相应的措施，以便达到多产液化气及汽油的目标，提出如下MGG工艺的工程技术开发要点。

1. 反应系统

由于气体产率及轻质油（汽油）产率较大，为保证有足够的停留时间，与相同处理量的催化裂化装置（FCCU）相比，应设计较大的提升管反应器。

反应-再生系统热平衡计算结果表明，由于裂化反应需热较大，原料升温汽化亦需较多热量。故针对不同组成的原料及不同的操作条件，应采取不同的措施，以解决装置自身热平衡的问题。

为增加热量，MGG装置采用完全再生的烧焦方式。

为了恢复及保持催化剂活性，再生温度不应超过700℃，再生催化剂含碳量要求烧到0.2%以下。

加大原料雾化蒸汽量，以达到工艺要求的注水蒸气量。

2. 分馏系统

MGG 工艺的产品分布不同于 FCC，其轻产物多，因此应重新设计或核算分馏塔各段塔径。

全塔热负荷分配有所变化，需要根据产品分布作适当的调整。

因回炼比小，油浆的催化剂浓度增高。为降低回炼油浆中的催化剂浓度，采用回炼油与回炼油浆全部从塔底抽出，而不单独抽出回炼油。

MGG 工艺的液化气产率比 FCC 增加约两倍，以致气压机负荷有所增加。

3. 吸收、脱吸和稳定系统

MGG 工艺的液化气产率较高，尤其是丙烯产率较高，气体组成变化也较大。这导致吸收-稳定系统的设计及操作条件上不同于 FCC，需要根据 MGG 工艺所产生的气体重新设计或核算设备尺寸及采用相应的操作条件，以最大量地回收液化气，尤其是丙烯。

为了回收大量的丙烯及液化气，各塔的塔顶冷凝冷却器及重沸器负荷应根据气体组成及产率作适当的增减。

（二）兰炼十六单元改造成 MGG 工艺装置概况

1. 主要改造措施

兰炼十六单元为同轴式提升管催化裂化装置。原设计处理能力为 600kt/a，通常处理量为 500kt/a。加工的原料为蜡油、减压渣油及一段脱沥青油的混合原料。改造成 MGG 工艺装置的原则是主要设备像反应器、再生器、分馏塔、吸收塔、稳定塔、主风机、气压机等不作改动。

根据上述原则进行了设备核算，核算的操作条件及物料平衡见表 6-4-8。

表 6-4-8 核算的操作条件及物料平衡

项　　目	单　　程	回　　炼
新鲜原料流率/(kg/h)	50000	40000
减压渣油含量/%	20	20
回炼比	0	0.2
反应温度/℃	530	530
反应压力(表)/MPa	0.118	0.118
剂油比	8	8
催化剂微反活性/%	68~72	68~72
物料平衡/%		
H_2~C_2	2.94	3.1
C_3~C_4	27.06	28.0
C_5~200℃	41.7	43.6
200~330℃	16.8	18.0
>330℃	5.0	0.0
焦炭	6.0	6.8
损失	0.5	0.5
总计	100.0	100.0
其中：丙烯	8.94	9.16
其中：丁烯	9.54	9.97

（1）关于处理能力，该装置提升管反应器为 $D850mm \times 29500mm$，有效体积为16.73m^3。按停留时间3~4s计算，MGG单程操作时处理能力为400kt/a，回炼操作时约为320kt/a，此处理能力下，主要设备可不作改动。

（2）分馏系统，由于分馏塔顶气体、汽油产物增加，故相应增加了顶循环及顶部冷凝冷却器换热面积。为降低回炼油浆中催化剂浓度（固体含量），停用了回炼油系统，将回炼油与回炼油浆一起从塔底抽出。为适应塔内气、液负荷的变化，将塔板开孔率作了适当的调整。

（3）吸收、脱吸和稳定系统，为了回收大量的丙烯及液化气，增加了稳定塔顶冷凝冷却器及塔底重沸器面积。

（4）适当地调整了换热流程。

2. 改造成MGG工艺装置后的运转情况

兰炼十六单元于1992年7月完成了改造工程，于1992年8月5日MGG工艺装置开工一次成功。随后进行了正常运转及标定工作，各项技术经济指标基本达到了设计值，取得了良好的经济效益及社会效益。

改造成MGG工艺装置后，对不同的生产方案进行了标定及设备核算。标定的主要操作条件及物料平衡见表6-4-9。

表6-4-9 标定的操作条件及物料平衡

方　案	重油全回炼	重油部分回炼	柴油部分回炼+重油全回炼
新鲜原料流率/(t/h)			
蜡油	35.62	33.37	33.39
渣油	9.85	11.87	4.89
回炼比	0.145	0.137	0.49
反应温度/℃	534	537	538
再生温度/℃	690	686	692
原料预热温度/℃	253	260	265
提升管停留时间/s	3.02	3.46	3.33
剂油比	7.77	6.79	6.83
产品产率/%			
干气	4.84	4.16	5.38
液化气	25.09	19.81	26.20
汽油	48.89	42.09	52.80
柴油	12.36	22.88	4.94
油浆	0	3.82	0
焦炭	8.20	6.87	9.64
损失	0.62	0.37	1.04
合计	100	100	100
转化率/%	87.64	73.30	95.06
气体产率/转化率/%	34.15	32.70	33.22
汽油产率/转化率/%	55.79	57.42	55.54
丙烯产率/%	8.79	6.81	9.73

工业装置运转及标定数据表明：

(1) 经过负荷标定，兰炼 MGG 工艺装置的处理能力为 50.35t/h(40.280kt/a)，达到了设计的处理能力。在这一处理能力下，重油掺炼量为 20.42%，液化气产率为 26.28%，C_5^+ 汽油产率为 41.91%，基本达到了设计值。

(2) 各种操作方案的提升管反应时间均在 3s 以上，产品产率及转化深度达到了中试及改造前核算的预定值。汽油、柴油切割点合格，丙烯回收率达到 95%。说明反应、再生、分馏、吸收稳定系统的核算及改造设计是成功的。

通过兰炼十六单元改造成 MGG 工艺装置开工一次成功，并取得了较好的工业运转效果及试验结果，说明该项工程技术开发是成功的。现有的催化裂化装置，经过适当的改造就可实现 MGG 工艺。新建的 MGG 工艺装置，可借助成熟的流化催化裂化装置的工程技术，根据开发要点进行设计。

(三) 申请专利情况

MGG 工艺和 RMG 催化剂已先后在中国、美国、荷兰、泰国、日本等国家进行了专利申请。

1. 石油烃的催化转化方法(MGG 和 ARGG 工艺技术)

国内申请号	95111450.8(92-10-22)
公开号	CN. 1085885A(94-04-27)
美国 U.S.P	5，326，465
荷兰 NL	9.300，448-A(94-05-16)
泰国 TH	申请号：020368(93-10-14)
日本 Jp	申请号：6-9812(94-01-31)

2. 制取高质量汽油和烯烃的烃转化催化剂(命名为 RMG)

国内申请号	92111446.X(92-10-22)
公开号	CN. 1072201A(93-05-19)
荷兰 NL	9.300，449-A(94-05-16)
泰国 TH	申请号：020369(93-03-14)
日本 Jp	申请号：6-9811(94-01-31)

3. 制取高质量汽油、丙烯、丁烯的烃转化催化剂(命名为 RAG)

国内申请号	92111446.X(92-10-22)
公开号	CN. 1085825A(94-04-27)
荷兰 NL	9.300，448-A(94-05-16)

第五节 工业试验和工业应用

MGG 和 ARGG 工艺采用了催化裂化的流态化技术及相似的装置，工艺条件也比较缓和，并且经过了中型装置试验。该工艺技术适合于炼油厂及石油化工厂，大量生产液化气、碳三、碳四烯烃和高辛烷值汽油。对重油轻质化、汽油升级换代以及炼油与化工的结合有着十分重要的意义。该技术成功开发后不久即有多套不同规模(7~1800kt/a)的装置进行改造、设计和建成运转。

一、MGG 和 ARGG 工艺技术主要应用技术路线

（一）大量生产高辛烷值汽油

目前，国内外对汽油辛烷值的要求越来越高，有些国家高品质汽油规格已经规定 *RON* 为 95~97。此外，还提出对芳烃、烯烃、含氧化合物含量的限制和要求。随着国内环境保护要求的提高，加快了汽油升级换代的步伐。这就要求除了尽量提高催化裂化汽油辛烷值外，还要不断增加烷基化、MTBE 的原料来源，以生产更多高品质的汽油组分。

MGG 和 ARGG 工艺本身的汽油产率和辛烷值都比较高，而且还可以得到比较多的烷基化、MTBE 及叠合的原料。所以它适合于大量地生产汽油，如表 6-5-1 所示。调合汽油均可以达到 93 号或者更高档的无铅汽油；全部或者大部分可以满足美国“新配方”汽油的标准。

表 6-5-1　最大汽油产率（预测）

MGG 数据来源	工　业	工　业	中　型
原料	蜡油掺减压渣油	常压渣油	常压渣油
催化剂	RMG	RAC-1	RAG-3
汽油产率/%			
MGG	48.1	49.3	35.5（扣除异戊烯）
烷基化	10.8	6.6	12.5
MTBE	2.6	4.9	7.1
TAME	—	—	8.2
叠合	9.9	11.8	14.5
合计	71.4	72.6	77.8
汽油 *RON*	95.1	94.5	100
汽油 *MON*	83.3	83.0	90

以苏北蜡油掺 18%减压渣油原料为例，MGG 汽油的 *RON* 为 91~94，*MON* 达 80 以上。预计 MGG 汽油加上烷基化油及 MTBE 总产量可达到 60%~70%；调合后的汽油 *RON* 和 *MON* 可分别达到 96 和 85 左右。此外，还可以得到 10%左右的丙烯。这部分丙烯可以用来生产化学品；也可以用来叠合成汽油组分，进一步增加汽油产率，这样总汽油产率可能达到 70%~80%。表 6-5-2 为对汽油产率及辛烷值的预测。

表 6-5-2　汽油产率及辛烷值

反应温度/℃	515	515
操作方式	单程	柴油、重油回炼
产品分布/%		
液化气	11.8	12.3
丙烯	10.6	12.3
MGG 汽油	45.0	54.9
烷基化油	8.4	8.8

续表

反应温度/℃	515	515
MTBE	7.1	7.1
总汽油收率	60.5(70.6)①	70.8(82.5)①
轻柴油	10.5	0.0
重油	2.3	0.0
汽油 RON	96.5	96.2
汽油 MON	85.1	84.6

①括弧内数字表示加上丙烯叠合汽油后的总汽油产率。

（二）油气结合、油化并举，发展石油化学工业

MGG 工艺除了生产较多高辛烷值汽油外，还可以得到大量的 $C_3 \sim C_4$ 馏分，用以发展石油化学工业。不同原料、催化剂和工艺操作条件，可以生产 40%~55%，*RON* 为 92~95 且安定性好的汽油；同时得到 25%~40%液化气(15%~30%的低碳烯烃)，用作民用燃料或生产多种石油化工产品。以苏北蜡油掺 18%减压渣油为原料，600kt/a 规模装置为例，产品分布列于表 6-5-3。

表 6-5-3　600kt/a 规模 MGG 装置产品分布

反应温度/℃	530	
操作方式	单程	
	产率/%	产量/(10kt/a)
原料	100	60
产品分布/%		
干气	4.43	2.66
液化气	34.85	20.91
丙烯	12.75	7.65
1-丁烯	2.45	1.47
顺丁烯	4.24	2.54
反丁烯	3.00	1.80
异丁烯	4.68	2.81
丙烯+丁烯	21.12	16.27
汽油	41.45	24.87
轻柴油	7.22	4.33
重油	5.58	3.35
焦炭	5.47	3.28

600kt/a MGG 装置，每年生产 248.7kt 汽油，可以作为 90 号车用汽油。丙烯 76.5kt，丁烯 86.2kt，可根据情况发展石油化学工业。

以苏北常压渣油为原料，1000kt/a 规模的 ARGG 装置为例，产品分布和产量列于表 6-5-4。

表 6-5-4　1000kt/a 规模 ARGG 装置产品分布

反应温度/℃	530	
操作方式	回炼	
	产率/%	产量/(10kt/a)
原料	100	100
产品分布/%		
干气	4.00	4.00
液化气	36.80	36.80
丙烷+丁烷	6.93	6.93
丙烯	13.54	13.54
1-丁烯	2.28	2.28
顺丁烯	4.41	4.41
反丁烯	3.06	3.06
异丁烯	6.58	6.58
丙烯+丁烯	29.87	29.87
汽油	42.48	42.48
轻柴油	7.96	7.96
焦炭	8.26	8.26
损失	0.50	0.50

1000kt/a ARGG 装置，每年可生产 424.8kt 汽油，可以作为 90 号车用汽油。丙烯 135.4kt，丁烯 163.0kt，可根据情况发展石油化学工业。这样就可以做到炼油和石油化工比较合理的结合，对于现有的并希望搞一些石油化工的炼油厂和新建的石油化工厂都是一条比较好的工艺路线。

MGG 和 ARGG 工艺技术是在 FCC 基础上发展起来的，采用了其流态化技术、相似的设备等。新建装置应按照该工艺的特点和要求设计。现有 FCC(RFCC)装置也可以实施该工艺技术，但需要作适当的改动或者降低处理量。装置改动的大小或处理量降低的多少，主要决定于对液化气产率的要求，一般现有的 FCC(RFCC)装置不作改动，开 MGG 或 ARGG 时，其加工能力要降低 20%~30%；如果按原 FCC(RFCC)加工量进行改造，主要考虑满足 MGG(ARGG)较大的剂油比和产品分布的变化所带来的影响，改造部分主要有催化剂循环系统、气压机、塔器及相关的冷换设备等。这样，装置改动可能较大，最好是根据具体情况，采取装置改动、加工能力及产品分布三者优化方案，即尽可能做到装置改动少、加工能力和产品分布也比较合适。

（三）重油轻质化、大量生产优质发动机燃料

在最大量生产优质汽油的方案中，再加上加氢改质(MHUG)等装置，还可以得到优质柴油。优质发动机燃料(汽油+柴油)的产率可以达到 80%以上。如果加工石蜡基等较好的原油，用最简单的流程，即常压蒸馏加上 ARGG 装置，就可以做到无残油炼油厂，就是说全部生产液化气、汽油和柴油，而不出重油或燃烧油。

MGG 工艺是发展石油化工和生产高辛烷值汽油的一条有效途径。主要特点是油气结合、油化并举。既可以生产大量的且富含烯烃的 $C_3 \sim C_4$ 馏分，又可以生产大量的辛烷值高、安定性好的汽油。而且产品方案有较大的灵活性。所用的专用催化剂 RMG 活性高、稳定性好、焦炭产率低、抗重金属及重油裂化能力强。MGG 工艺的原料广泛，可以加工各种原料，特别是二次加工蜡油、渣油和原油一类重金属含量较高的重质、劣质原料。MGG 工艺的高价值产品收率高，$C_3 \sim C_4$ 加上总液体产品的产率可达到 90%左右；$C_3 \sim C_4$ 加上汽油产率可达到 80%以上。焦炭和干气产率低，干气和液化气的比约为 1：(8~11)。MGG 工艺采用了催化裂化流态化技术和相似的装置，工程技术上是比较成熟的，现有 FCC 装置稍加改动即可适用。

1992 年和 1993 年分别在兰州炼油化工总厂和扬州石油化工厂进行了 MGG 和 ARGG 工业试验。

兰州炼油化工总厂以新疆和青海原油的蜡油掺 20%左右的减压渣油为原料，使用 RMG 催化剂。装置是催化裂化装置改造的，规模 400kt/a。扬州石油化工厂以苏北原油的常压渣油为原料，使用 RAG-1 和 RAG-2 催化剂，装置是新建的，规模 70kt/a，后扩建为 150kt/a。

工业试验均一次成功，基本上重复了中型试验的结果，达到了预期目的。

兰炼中间石蜡基蜡油掺渣油原料，不同操作条件，液化气产率为 20%~27%，液化气加汽油产率可达到 64%~79%，丙烯加丁烯产率 12%~17%。扬州石化厂石蜡基常压渣油原料，不同操作条件和催化剂，液化气产率 19%~30%，液化气加汽油产率可达到 75%，丙烯加丁烯 14%~22%。

工业试验证明了 MGG 和 ARGG 工艺产品分布的灵活性，即可以根据需要改变产品分布。如兰炼的产品产率范围为液化气 20%~27%，汽油 41%~51%，柴油 5%~23%。

工业试验表明，该工艺技术的产品性质良好。液化气经脱硫和气体分馏可获得聚合级精丙烯，汽油可作为 90 号无铅商品汽油。柴油性质和催化裂化或重油催化裂化相近，需调合或精制，若和直馏柴油按自然生产比例调合，可分别达到普通级和优级商品柴油。

MGG 和 ARGG 工业装置的污水处理，仍可采取 FCC(RFCC)的污水处理方法。处理后的污水可以达到国家规定的排放标准，证明 MGG 催化转化工艺不会对环境造成新的污染。此外 MGG 工业装置排出的废气中，有害物质及粉尘含量都低于国家标准。

工业试验表明，MGG 和 ARGG 工艺具有良好的经济效益，兰州炼油化工总厂比改造前 FCC 每年增加利税 1994 万元(以 1992 年核算)，装置改造投资不到 1000 万元。扬州石油化工厂在投资 6000 万元新建 ARGG 装置后，每年获得利税 6022 万元(以 1993 年核算)，均在开工第一年就收回了装置的改造或建设投资。

扬州石油化工厂还进行了直馏汽油经过 ARGG 装置提高辛烷值的试验。如果采用直馏汽油与 ARGG 汽油调合的做法，全厂的汽油大约有 70%可以达到 90 号，还有 30%以上是 70 号的。但是将全部或部分直馏汽油按一定的方式和要求进入 ARGG 装置后，可以全部生产 90 号无铅汽油。说明直馏汽油改质与 ARGG 工艺结合是消灭 70 号汽油生产的一条有效途径，特别是对于中小型炼油厂是非常有意义的。

二、兰炼 400kt/a MGG 装置工业应用

第一套 MGG 工业装置于 1992 年在兰州炼油化工总厂成功地进行了试验，并投入生产。这是一套催化裂化按 MGG 工艺技术要求改造的装置，改造后的能力为 400kt/a。

为了节省投资和加快项目进度，工业装置改造的主要原则是：原反应-再生系统和主风机、气压机等主体设备不作改动。根据 MGG 工艺技术特点，即高的液化气产率，较大的剂油比，较高的反应温度，较大的雾化蒸汽量，良好的催化剂再生和灵活的操作方式等对装置进行核算，对分馏塔和一些不适应的冷换设备等作了必要的改造，即可达到 400kt/a 规模，这个规模也能够满足兰炼现阶段原料的加工量。

兰州炼油化工总厂后加工有硫酸烷基化、磷酸叠合和添加剂等装置，并且还拟建一套 MTBE 装置。MGG 装置的目的是得到更多的高辛烷值汽油和气体烯烃。目前，为了满足烷基化原料，调整了催化剂的氢转移活性，以增加异丁烷和异丁烯的比例。

该厂加工的原料主要是环烷基的新疆油，由于生产润滑油，切割润滑油料后剩下较轻及较重的减压馏分油，再掺 20%左右的重脱沥青油和减压渣油作为 MGG 装置的进料。原料主要组成是常三、减一线掺渣油，其中掺炼的渣油中含有 70%的减压渣油和 30%的重脱沥青油。原料较重，而且芳烃含量比较高。例如标-1 原料掺渣比是 21.6%，而大于 500℃馏分含量仅为 31.3%，芳烃含量 25.20%，镍含量 4.9μg/g、钒含量 2.9μg/g。表 6-5-5 列出了原料的主要性质。

表 6-5-5 工业原料的性质

项目	标-1	标-2	标-3	标-4
密度(20℃)/(g/cm³)	0.8847	0.8847	0.8738	0.8774
凝点/℃	40	42	39	35
残炭/%	2.0	1.9	1.1	—
族组成/%				
饱和烃	67.1	70.8	76.5	74.6
芳烃	25.2	25.2	21.8	22.7
胶质+沥青质	7.7	4.0	1.7	2.7
元素组成/%				
C	85.67	86.31	86.28	86.20
H	13.12	13.07	13.31	13.00
S	0.21	0.18	0.13	0.15
N	0.10	0.11	0.08	0.08
金属含量/(μg/g)				
Ni	4.9	4.2	2.7	3.9
V	2.9	0.6	0.2	0.6
馏程/℃				
初馏点	243	256	265	281
10%	326	346	338	346
50%	450/452	450	428	424
85%	590	582	583(90%)	539
>500℃馏分含量/%	31.3	33.0	27.0	26.0

表 6-5-6 列出了工业试验的主要操作条件和产品分布数据，还列出了一套与工业原料

性质类似原料的中型试验结果。对于这样裂化性能较差的原料，得到的试验结果是令人满意的。标-1为重油全回炼方案，转化率达到87.64%，液化气加汽油产率为74.85%，丙烯加丁烯产率为16.05%，而干气加焦炭产率只有12.17%，是标定的基本方案。标-2为外甩部分油浆，多掺渣油，多生产柴油的方案。标-3是重油和部分柴油回炼，以更多的生产汽油和液化气。后两个方案的剂油比较低，只分别达到6.79和6.83，为了达到较高的单程转化率，反应温度分别提高到537℃和538℃。标-4是考察装置处理能力的标定。在掺渣比20.42%和部分重油回炼条件下，每小时进料量为50350kg，即全年处理能力为403kt，达到了核算改造的400kt/a的能力。而且，产品产率也和核算数据相当。此外，标-1数据和中型试验结果基本上是一致的，说明MGG工艺技术是成熟和可靠的。

表6-5-6　工业试验结果

装置	工业				中型
	标-1	标-2	标-3	标-4	
处理量/(kg/h)	45470	45240	38280	50300	
掺渣比/%	21.66	26.24	12.77	20.42	
操作条件					
反应压力/MPa	0.138	0.145	0.147	0.143	0.130
反应温度/℃	534	537	538	536	530
剂油比	7.77	6.79	6.83	7.13	
回炼比	0.15	0.14	0.49	0.14	0.26
催化剂活性/%	69	71	70	70	
产品分布/%					
$H_2\sim C_2$	3.97	4.16	5.13	4.23	4.08
$C_3\sim C_4$	26.78	19.81	27.38	22.34	27.97
$C_3^=$	8.79		9.73		8.87
$C_4^=$	7.26		7.22		9.96
$i\text{-}C^\circ_4$	6.75		6.84		6.02
C_5+汽油	48.07	42.90	51.87	45.39	47.19
轻柴油	12.36	22.88	4.94	17.24	10.62
重油	0.00	3.82	0.00	3.20	
焦炭	8.20	6.87	9.64	6.90	9.08
损失	0.62	0.37	1.04	0.70	1.06
转化率/%	87.64	73.30	95.06	79.56	89.38

工业试验装置运转的原料是蜡油掺渣油。在开工初期，催化剂活性为76~78时(烧白活性，其余标定全为带碳活性)，取了一套蜡油原料的数据。反应温度527℃，剂油比6.7。产品分布是，干气3.82%，液化气30.04%，汽油49.33%，轻柴油7.50%，焦炭7.61%。汽油*RON* 92.0，*MON* 81.2，诱导期890min(经碱洗)。

工业试验进一步体现了MGG工艺技术产品的灵活性。以该装置可以实现的3种不同操作方式进行了标定，见表6-5-7所列数据。可以看出改变操作方式能调节各产品的产率。

表 6-5-7 不同操作方式的产品分布

方案	重油全回炼	多掺渣油出部分重油	重油和部分柴油回炼
产品产率/%			
$C_3 \sim C_4$	26.78	20.29	27.38
C_5+汽油	48.07	41.62	51.87
轻柴油	12.36	22.88	4.94
重油	0	3.80	0
$C_3^= + C_4^=$产率/%	16.05	12.53	17.95
液化气+汽油产率/%	74.85	61.91	79.25
总液体收率/%	87.21	83.99	84.19

此外，调整 MGG 工艺参数及催化剂，同样能够灵活地调节产品分布。兰炼为了适应市场对产品需求和原料供应等情况的变化，调整操作参数和催化剂，可使液化气产率在 15%~27%，汽油产率在 42%~52%，轻柴油产率在 5%~25%的范围内变化，而且调节灵活、迅速。

对于兰炼原料油，试验所用的这批 RMG 催化剂的重油转化能力不够理想，需要改进和提高；将会更好地体现该工艺技术产品和操作更大的灵活性。

工业试验裂化气组成见表 6-5-8。由于该工业试验的原料油为中间基油品，且芳烃含量较高，加上使用了氢转移活性高的催化剂和较长的反应时间，裂化气中的异丁烯含量相当低，为 5.56%；而异丁烷含量则很高，为 21.95%，异丁烯/异丁烷比只有 0.25。这是可以通过调整催化剂氢转移活性和过程参数加以改变的。

液化气中含有一些杂烃，如丙二烯、乙炔、丙炔、环丙烷、丁二烯等。经一般气体分馏，丙烯中这些杂烃含量均较低，可以达到聚合级精丙烯的要求，这已经为工业生产所证明。

表 6-5-8 裂化气组成 %

原料	新疆馏分油掺 21.66%减压渣油	原料	新疆馏分油掺 21.66%减压渣油
硫化氢	0.48	正丁烷	5.43
氢气	0.13	1-丁烯	5.07
甲烷	4.19	异丁烯	5.56
乙烷	3.41	反-2-丁烯	7.32
乙烯	4.68	顺-2-丁烯	5.69
丙烷	7.50	丙烯/总碳三比	79.2
丙烯	28.59	丁烯/总碳四比	46.3
异丁烷	21.95	异丁烯/总丁烯比	0.235

表 6-5-9 列出了工业试验的汽油和柴油主要性质。工业试验汽油的 *MON* 为 80.5~80.8，*RON* 为 91.6~94.2，实际胶质为 1.2~4.0mg/100mL。诱导期比较长，碱洗脱硫醇后，或加少量防胶剂都能满足标准规格的要求。

表 6-5-9 汽油和柴油主要性质

原料油	蜡油掺渣油	蜡油掺渣油	蜡油掺渣油	蜡油掺渣油
掺渣率/%	20.66	26.24	12.77	20.42
反应温度/℃	534	537	538	536
操作方式	重油回炼	外甩部分油浆	重油+部分柴油回炼	外甩部分油浆
C_3~C_4 产率/%	26.78	20.29	27.38	26.38
C_5^+汽油产率/%	48.07	41.62	51.87	41.91
转化率/%	87.64	73.30	95.06	79.56
汽油性质				
密度(20℃)/(g/cm^3)	0.7310	0.7340	0.7376	0.7213
终馏点/℃	204	201	200	200
族组成/%				
烷烃	48.85	44.45	43.48	38.58
正构烷烃	5.22	4.62	4.59	
异构烷烃	37.11	32.65	32.35	
环烷烃	6.52	7.18	6.54	6.25
烯烃	17.71	25.60	24.30	26.95
芳烃	33.44	29.95	32.22	28.23
实际胶质/(mg/100mL)	1.2	4.0	2.0	1.2
诱导期/min	675	645①	870②	480
RON	91.6	94.2	93.5	93.2
MON	80.8	80.5	80.7	80.5
轻柴油性质				
密度(20℃)/(g/cm^3)	0.9421	0.9077	0.9405	0.8976
凝固点/℃	<20	-12	-12	-8
十六烷值	16	29		

①碱洗后，加入万分之二防胶剂；

②碱洗后，加入万分之一防胶剂。

此外，对工业试验标-3的汽油进行了烃组成的分析，结果见表6-5-10。按碳数族组成的分布特点是：烷烃富集于 C_5~C_7 馏分中，且 C_5 中最多，异构烷烃均在烷烃中占绝大多数；烯烃富集于 C_5~C_7 馏分中，且 C_5 中最多；芳烃富集于 C_8~C_{10}馏分中。

表 6-5-10 汽油全馏分烃组成分布(工业装置)

碳原子数	饱和烃			烯烃	环烷烃	芳烃
	P	*n*-P	*i*-P	O	N	A
C_4	0.71	0.44	0.27	2.18	—	—
C_5	14.53	1.28	13.25	10.47	—	—
C_6	10.50	0.98	9.52	5.84	2.00	0.72
C_7	5.29	0.72	4.57	4.10	2.67	4.54
C_8	3.49	0.64	2.85	1.44	1.42	9.76
C_9	1.39	0.23	1.16	0.60	0.48	8.62
C_{10}	1.35	0.21	1.14	0.32	0.11	3.69
C_{11}	1.36	0.17	1.19	—	0.42	1.44
C_{12}	0.55	0.00	0.55	—	—	—
合计	39.17	4.67	34.50	24.95	7.10	28.77

MGG 柴油质量和催化裂化柴油差不多，十六烷值低，芳烃含量高，需要和直馏柴油等组分调合成商品柴油。工业试验标-1 的柴油十六烷值仅有 16，芳烃含量高达 77.1%，它与直馏柴油、催化裂化柴油按 10∶50∶40 的比例调合，十六烷值为 45.2，可以满足标准规格中普通柴油十六烷值≥40 的要求。

工业试验还证明 MGG 工艺技术无特殊的环保要求。即对 MGG 污水及含硫污水处理，仍可用原催化裂化污水处理方法，处理后的污水可以达到排放标准。MGG 工业装置排出的废气中有害物质及粉尘量，都低于国家标准。

MGG 工艺的经济效益很好。由催化裂化改为 MGG 的经济效益也十分显著。规模 400kt/a 的装置，每年可以增加利税 1994 万元(1992 年)，即每加工 1t 原料比原催化裂化增加利税 49.9 元。此外，MGG 汽油可达到 90 号汽油规格标准，或作为 93 汽油的主要调合组分。对我国汽油的升级换代、节省能源、减少环境污染、促进石油化工和汽车工业的发展都具有十分重要的意义。所以，MGG 工艺不仅有很好的经济效益，而且还有很好的社会效益。

兰州炼油化工总厂工业试验的成功，为该技术的应用取得了工艺工程数据和经验。证明 MGG 工艺可借助成熟的催化裂化技术和装置，现有的催化裂化装置进行适当的改造就可以实现，投资少、见效快、效益好。

三、扬州石油化工厂 70kt/a ARGG 装置工业应用[29]

扬州石油化工厂 70kt/a ARGG 装置是 1993 年 7 月设计和建设的同轴式装置。为了节省投资、操作费用和加快进度，扬州石化厂第一期工程建成了 100kt/a 常压蒸馏和 70kt/a ARGG 联合装置，加工苏北原油。

装置设计考虑到了 ARGG 工艺技术特点，例如常压渣油原料、剂油比大、反应温度高、反应热大、轻质产品产率高、转化深度大，以及上述因素带来的两器热平衡、提升管反应器热平衡、容易结焦和复杂的换热流程等。经过开工、试运转、标定和长时间的正常生产，证明 ARGG 工艺工程及装置设计是成功的。

装置设计与实际标定的能力和产品分布见表 6-5-11。

表 6-5-11　扬州石化厂 ARGG 装置能力和产品分布

项　　目	设　　计	实际标定
原料	苏北常压渣油	苏北常压渣油
能力加工/(kt/a)	70.0	69.7
产品产率/%		
干气	3.5①	3.75
液化气	19.7	26.02
汽油	47.5	47.55
轻柴油	19.3	14.35
重油	5.0	0.00
焦炭	10.0	7.86
损失	—	0.47
合计	100	100
转化率/%	75.7	85.65

①包括损失。

装置设计能力为 70kt/a，转化率为 75.7%，液化气产率为 19.7%，还出 5.0%的重油；而实际标定的装置能力为 6.970kt/a，转化率和液化气产率分别高达 85.65%和 26.02%，且不出重油。这样看来，装置的实际标定能力不仅达到、而且超过了设计能力。

(一) 催化剂

表 6-5-12 列出了新鲜 RAG-1 和工业运转平衡剂的性质。

表 6-5-12　RAG-1 催化剂性质

项　　目	新鲜剂	工业平衡剂				
		标-1	标-2	标-5	标-6	标-7
微反活性/%	80(800℃、4h)	66	66	67	67	66
化学组成/%						
Al_2O_3	44.6	40.6	38.8	39.1	39.4	37.4
Na_2O	0.13	0.41	0.39	0.30	0.31	0.28
物理性质						
比表面积/(m^2/g)	232	107	107	108	110	105
孔体积积/(mL/g)	0.36	0.27	0.28	0.28	0.27	0.27
筛分组成/%						
0~19μm	3.0	0.7	0.6	2.0	2.0	2.2
19~39μm	10.1	11.6	10.6	13.2	11.3	12.6
39~84μm	54.9	64.3	66.6	63.9	63.0	62.9
84~113μm	13.3	14.9	14.9	11.3	12.3	11.7
113~160μm	9.1	6.1	5.4	5.9	6.7	6.2
重金属含量/%						
Ni		0.82	0.84	1.20	1.20	1.20
Fe		0.51	0.52	0.68	0.65	0.69
V		0.07	0.06	0.05	0.05	0.05
Ca		0.90	0.87	1.00	1.00	1.00
再生剂含碳量/%		0.08	0.11	0.05	0.05	0.07

（二）标定过程和标定方案

为确保第一套ARGG装置顺利开工投产和减少RAG-1催化剂的损失，装置建成后，于1993年7月首先用催化裂化平衡催化剂开工和试运转，操作正常后，卸出部分催化裂化平衡剂，同时补入RAG-1新鲜剂，补入量以不造成装置操作大的波动为宜。其后根据情况，按催化剂自然跑损或适当卸一些平衡剂，补入新鲜RAG-1催化剂，并调整操作条件，达到ARGG工艺的要求，使装置投入正常生产。当RAG-1催化剂占系统藏量的70%和85%以上时，分别进行了两次共六个方案的标定，考察了苏北常压渣油在不同工艺条件和不同操作方式下的产品分布及产品性质、重金属镍对RAG-1催化剂的影响、装置处理能力和工艺工程方面的一些问题，以及验证了中型试验的结果。

RAG-1催化剂占系统藏量70%左右时，进行了三个方案的标定。标-1主要考察装置最大的处理能力，重油全回炼；标-2是高的液化气产率方案，重油和一部分柴油重组分回炼；标-3为在大处理量下，多产液化气和汽油，重油和一部分柴油重组分回炼。

根据运转时间的推测，第一次标定时装置内RAG-1催化剂的性能已经达到平衡，原催化裂化催化剂已基本失掉活性，这次标定的数据是具有代表性的。为了进一步证明这次的标定结果和考察重金属镍污染的影响，在RAG-1催化剂占系统藏量85%以上时，又进行了第二次标定。这次标定也进行了三个方案，标-5主要是重复标-3，标-6目的是尽可能多产液化气和汽油，标-7考察了该工艺和装置产品产率的灵活性。

标-3和标-5标定时间相隔1个月，但重复性是很好的。转化率分别为89.09%和89.82%，液化气产率分别为27.39%和27.89%，汽油产率分别为48.75%和48.21%。说明RAG-1催化剂已经达到平衡，装置的运转是稳定的。

（三）原料油

表6-5-13列出了3次工业标定所用的苏北常压渣油的主要性质。标定期间原油性质稳定，故常压渣油的性质也比较接近，但由于出厂产品调合及ARGG装置调节热平衡需要，常压渣油切割的轻重是有一些差别的。

表6-5-13　苏北常压渣油性质

标定序号	标-1	标-5	标-6
密度(20℃)/(g/cm³)	0.8660	0.8687	0.8706
凝点/℃	49	>50	47
残炭/%	4.0	5.0	4.7
族组成/%			
饱和烃	64.6	60.2	61.8
芳烃	18.5	20.8	20.0
胶质	15.7	18.0	16.9
沥青质	1.2	1.0	1.3
元素组成/%			
C	85.42	86.43	86.59
H	13.43	12.92	12.84
S	0.19	0.18	0.21
N	0.13	0.12	0.16

续表

标定序号	标-1	标-5	标-6
馏程/℃			
初馏点	252	258	263
10%	350	365	362
50%	455	469	462
重金属含量/(μg/g)			
Fe	6.5	6.5	5.8
Ni	12.0	12.4	12.3
V	0.1	0.2	0.2
Ca	7.0	11.8	12.5

(四) 试验结果

1. 产品分布

表6-5-14为工业标定的主要操作条件和产品分布，其中还列出了一组近一年的生产统计数据，它和标-1结果相近。

表6-5-14 扬州石化厂ARGG主要操作条件和产品分布

项目	标-1	标-2	标-3	标-5	标-6	标-7	年统计
主要操作条件							
处理量/(t/h)	9.29	8.34	9.23	8.80	6.35	9.24	8.55
反应温度/℃	528	530	528	533	534	513	530
再生温度/℃	704	589	710	704	693	697	698
回炼比(质量比)	0.10	0.27	0.21	0.20	0.35	0.27	—
催化剂活性(*MA*)/%	66	66	66	67	67	66	65~66
粗物料平衡/%							
干气	3.75	4.10	4.10	4.20	4.25	3.25	3.51①
液化气	26.02	30.56	27.89	27.39	31.34	21.64	26.40
汽油	47.55	44.98	48.21	48.75	47.24	45.35	47.11
轻柴油	14.35	11.23	10.18	10.91	6.30	21.19	14.91
焦炭	7.86	8.60	8.99	8.52	10.40	7.47	8.07
损失	0.47	0.53	0.63	0.23	0.47	1.10	
合计	100	100	100	100	100	100	100
转化率/%	85.65	88.77	89.82	89.09	93.70	78.81	85.09
烯烃产率/%							
丙烯	8.51	9.88	9.00	8.74	10.39	6.99	
总丁烯	9.76	10.05	9.23	9.48	10.61	7.15	
丙烯+丁烯	18.27	19.93	18.23	18.22	21.00	14.14	
异丁烯	2.90	3.06	2.71	2.84	3.12	2.13	
异戊烯	4.17	4.00	4.16	3.72	3.60		
轻质油收率/%	73.57	75.54	76.10	76.14	78.58	66.99	73.51
总液体收率/%	87.92	86.77	86.28	87.05	84.88	88.18	88.42

①包含损失。

标-1~标-6为ARGG正常范围内的工艺条件和产品分布，处理量为6.35~9.29t/h，反应温度528~534℃，回炼比0.10~0.35。标-7为了考察ARGG工艺和装置的产品产率的灵活性，标定时对操作参数等作了调整，以生产较多的柴油以及C_{3+}产品。

六个方案的产品产率变化范围是：C_3~C_4馏分19.19%~28.31%，C_{5+}汽油47.72%~50.97%，轻柴油6.30%~21.19%，液化气加汽油66.12%~77.59%，总液体收率83.89%~87.31%。就是说以苏北常压渣油为原料，需要高的C_3~C_4馏分产率时，可达到28%以上；需要高的汽油产率时，C_{5+}汽油产率可达到50%以上，希望得到高的液化气加汽油产率时，可达到78%以上；希望得到高的总液体收率，可达到88%。最高的丙烯产率为10.39%，丁烯产率为10.61%，丙烯加丁烯的最高产率为21%。

焦炭产率为7.47%~10.40%，H_2~C_2产率为4.12%~5.24%。

对于残炭4.0%~5.3%的常压渣油原料和污染至镍含量8200~12000μg/g的催化剂，得到上述产品分布是相当理想的。

标定方案的裂化苛刻度都在催化裂化过裂化区内，特别是标-1~标-6的转化率高达85.65%~93.70%，液化气馏分和轻烯烃产率高，汽油辛烷值高等都表现了过裂化区的特征。而干气和焦炭产率较低，汽油安定性好等又都体现出催化裂化正常裂化区的特点。也就是说，ARGG工艺技术和MGG工艺一样，一般是在过裂化区操作，但是在产品分布和产品性质方面都同时兼有催化裂化正常裂化区和过裂化区二者的优点。

2. 产品性质

ARGG工艺技术的另一重要特点，是在高的液化气和汽油产率下，液化气中富含烯烃，油品质量好，特别是汽油的质量好。

工业标定的液化气主要组分列于表6-5-15。在液化气中烯烃含量是比较高的，丙烯与总碳三之比、丁烯与总碳四之比分别在85%和65%以上。

表6-5-15　液化气主要组分含量　　%

组　分	标-1	标-2	标-3	标-5	标-6	标-7
丙烷	6.24	6.43	6.51	6.06	6.09	6.31
丙烯	36.82	37.34	36.88	36.37	37.31	36.13
异丁烷	11.23	11.86	11.05	11.85	11.30	11.15
正丁烷	3.16	3.32	2.87	2.96	3.12	3.22
丁烯	30.17	28.78	26.52	29.68	28.67	28.12
异丁烯	9.38	8.76	8.08	9.01	8.44	8.36
丙烯/总碳三比	85.5	85.3	85.0	85.7	86.0	85.1
丁烯/总碳四比	67.8	65.7	65.6	66.7	66.5	66.2

工业标定的汽油性质列于表6-5-16。汽油颜色好，色度均小于0.5，安定性好，诱导期都大于485min，实际胶质0~6mg/100mL，辛烷值高，*RON* 90以上，抗爆指数大于85，可以直接作为无铅90号(或93号)商品汽油(或经脱硫醇)。

表 6-5-16 汽油性质

标定序号	标-1	标-2	标-3	标-5	标-6	标-7
密度(20℃)/(g/cm³)	0.7113	0.7313		0.7200	0.7298	0.7184
实际胶质/(mg/100mL)	2	4	2.8	4	6	4
腐蚀(铜片试验)	合格	合格	合格	合格	合格	合格
诱导期/min	535	900	550	535	695	595
色度	<0.5	0.5		<0.5	<0.5	<0.5
元素组成/%						
C	85.98	86.62		86.38	86.65	86.21
H	13.86	13.48		13.61	13.34	13.78
S	0.028	0.031		0.028	0.031	0.027
N/(μg/g)	41	59		44	68	36
馏程/℃						
初馏点	41	49	40	44	47	42
10%	54	67	56	58	61	57
50%	86	105	82	89	97	93
90%	160	169	173	159	173	166
终馏点	192	198	202	198	206	201
MON	80.5	79.9		79.7	80.0	79.5
RON	92.1	91.0		91.8	91.6	90.6
(R+M)/2	86.3	85.4		85.8	85.8	85.1

表 6-5-17 和表 6-5-18 列出了工业标定部分方案汽油的烃族组成和碳数分布。烯烃含量 30%~44%，芳烃含量 18%~27%。碳数分布主要集中在 C_5~C_{10} 范围内。

表 6-5-17 汽油烃族组成(色谱法) %

方案	标-1	标-2	标-5	标-6	标-7
烷烃	30.94	31.19	33.82	35.98	37.08
环烷烃	7.16	8.50	8.02	7.76	8.78
芳烃	18.25	24.74	20.38	26.94	20.14
烯烃	43.65	35.57	37.78	29.32	34.00

表 6-5-18 汽油烃族碳数组成(色谱法) %

方案	标-1				标-5			
烃族	烷烃	环烷烃	芳烃	烯烃	烷烃	环烷烃	芳烃	烯烃
C_4	0.23				0.03			
C_5	9.94				6.22			
C_6	3.90	1.04	1.26		10.02	1.14	1.64	
C_7	5.76	1.45	2.20		5.86	1.50	2.64	
C_8	4.45	2.72	4.92		4.74	3.06	5.57	
C_9	3.15	1.47	5.26		3.14	1.74	5.87	
C_{10}	1.70	0.48	3.79		1.93	0.58	3.96	
C_{11}	1.03		0.82		1.23		0.70	
C_{12}	0.78				1.65			
合计	30.94	7.16	18.25	43.65	33.82	8.02	20.38	37.78

此外，ARGG 汽油与直馏汽油调合数据见表 6-5-19。分别用标-1 和标-7 的 ARGG 汽油，以不同的比例和直馏汽油调合，主要为选择调合 70 号汽油的适合比例。从调合结果看来，ARGG 汽油与直馏汽油按 55∶45 的比例就可以调合成 70 号汽油。从表 6-5-19 中还可以看到，ARGG 汽油在调合中全部是正效应。如按上述比例调 70 号汽油时，ARGG 汽油的 *MON* 调合效应为 10.6。按扬州石化厂 ARGG 汽油与直馏汽油的产率计算，大约要三分之一的 ARGG 汽油用来调合，其余三分之二可作为 90 号无铅汽油出厂。

表 6-5-19　ARGG 汽油与直馏汽油调合结果

调合比例/%		实测辛烷值		调合辛烷值			
ARGG 汽油	直馏汽油	MON	RON	MON	效应	RON	效应
ARGG 标-1 汽油与直馏汽油调合							
100	0	80.5	92.1				
0	100	47.8	45.8				
60.0	40.0	72.8	78.1	89.5	+9.0	99.6	+7.5
67.0	33.0	74.3	80.2	87.6	+7.1	97.5	+5.4
71.4	28.6	75.3	82.8	86.3	+5.8	97.6	+5.5
75.0	25.0	76.2	83.2	85.8	+5.3	95.7	+3.6
ARGG 标-7 汽油与直馏汽油调合							
100	0	79.5	90.6				
0	100	47.8	45.8				
60.0	40.0	71.6	77.0	87.5	+8.0	97.8	+7.2
54.6	45.4	70.9	74.8	90.1	+10.6	98.9	+8.3
50.0	50.0	68.9	72.4	90.0	+10.5	99.0	+8.4

工业标定的柴油性质列于表 6-5-20。一般说来，ARGG 柴油和 RFCC 柴油性质类似，质量均不好，主要是安定性较差及十六烷值低。但是，苏北常压渣油 ARGG 的柴油质量还是相当不错的，颜色较好。例如标-1 柴油的色度为 2。十六烷值也比较高，一般操作方案达到 40 左右，即使像标-6 那样苛刻的条件，也还有 33.9。这些柴油直接或者调入适量的直馏柴油，就可以符合普通级柴油的规格要求。

表 6-5-20　ARGG 柴油性质

标定序号	标-1	标-2	标-3	标-5	标-6	标-7
密度(20℃)/(g/cm^3)	0.8592			0.8623	0.8744	0.8620
实际胶质/(mg/100mL)	39	12.5	12	20	25	43
凝点/℃	-9	-20		-1	-15	+1
苯胺点/℃	50.2			54.6	38.8	56.0
色度/号	2					
十六烷值(实测)	39.2			41.8	33.9	41.5
元素组成/%						
C	87.73			87.93	88.62	88.00

续表

标定序号	标-1	标-2	标-3	标-5	标-6	标-7
H	12.34			12.00	11.37	11.99
S	0.190			0.185	0.215	0.170
N	0.042			0.057	0.045	0.051
馏程/℃						
初馏点	208	200	206	212	194	207
10%	229			236	232	238
50%	257	257	268	270	251	272
90%	308	284	327	325	295	328
终馏点	337	311	336	345	329	350

三个标定方案的油浆性质列于表6-5-21。回炼操作时，回炼油和油浆全部从分馏塔底抽出。因此，这里的油浆是指回炼油和油浆的混合物。

表6-5-21 ARGG油浆性质

标定序号	标-1	标-5	标-6
密度(20℃)/(g/cm^3)	0.9360	0.9158	0.9732
凝点/℃	33	37	17
残炭/%	2.6	3.1	2.2
族组成/%			
饱和烃	50.0	57.2	31.6
芳烃	40.9	33.8	60.8
胶质	8.5	7.6	6.8
沥青质	0.6	1.4	0.8
元素组成/%			
C	88.02	88.22	90.25
H	10.85	11.08	9.37
S	0.41	0.32	0.49
N	0.16	0.16	0.13
馏程/℃			
初馏点	285	289	228
10%	360	370	292
50%	392	409	355
固含量/(g/L)	4.4	9.2	2.0

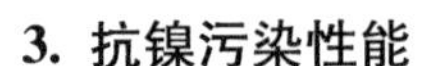

3. 抗镍污染性能

从扬州 ARGG 工艺工业标定数据来看，清楚地说明 RAG-1 催化剂具有良好的抗镍污染性能，适合于加工和处理重金属含量较高的重质原料。标定时，催化剂镍含量高达 8200~12000μg/g，污染相当严重。在这种情况下，对催化剂的影响并不大，催化剂补充速率平均为 0.8kg/t，微反活性维持在 66%左右。而且，产品分布是比较理想的，高价值产品产率高、干气和焦炭产率较低。残炭 4%~5%的常压渣油原料，在 85%~93%的高转化率下，焦炭产率为 8%~10%，干气产率为 5%左右，而液化气及液化气加汽油产率则分别高达 28%和 80%。

此外，干气中的氢含量和氢气甲烷比都比较低，数据见表 6-5-22。

表 6-5-22 干气中的氢含量和氢气甲烷比

方案	标-1	标-2	标-3	标-5	标-6	标-7
催化剂镍含量/(μg/g)	8200	8400	8400	12000	12000	12000
干气中氢含量/%	48.5	41.0	49.0	40.5	41.0	48.5
氢气/甲烷比	2.2	1.8	2.4	3.0	2.3	2.9

4. 能耗

以标定时大处理量的标-1 方案为例，装置的能耗列于表 6-5-23。

表 6-5-23 扬州石化厂 ARGG 装置能耗核算

项目	单耗/(MJ/t)		能耗/(MJ/t)	
	标-1	生产统计	标-1	生产统计
新鲜水/(t/t)	6.03	2.70	45.2	20.4
循环水/(t/t)	132.90	41.22	556.9	172.7
脱氧水/(t/t)	0.19	0.19	73.2	73.2
电/(kW/t)	106.66	84.82	1339.8	1065.3
工业风/(Nm^3/t)	88.30	81.15	111.3	102.2
净化风/(Nm^3/t)	51.67	51.93	86.3	86.7
总蒸汽/(t/t)	0.43			
自产蒸汽/(t/t)	-0.15			
消耗蒸汽/(t/t)	0.28	0.27	867.5	836.5
焦炭/(t/t)	78.58	81.00	3290.0	3391.3
综合能耗/(MJ/t)			6370.0	5748.3
综合能耗/(MJ/t)			6.364	5736

由于常压蒸馏与 ARGG 为联合装置，并附带一套原油脱盐系统，所以表 6-5-23 中的水、电、汽、风包括了脱盐和常压蒸馏装置的消耗。但没有考虑 ARGG 装置为常压渣油热

进料，进装置原料油和ARGG产品、循环油换热等因素。这样根据标-1方案计算，综合能耗为6370.0MJ/t原料(6.364MJ/t原料)。表中还列出了近一年的生产统计数据，综合能耗为5748.3MJ/t原料(5.736MJ/t原料)，对于扬州石化厂80kt/a的小型工业化装置，这个能耗并不算很高。但如果进一步采取一些节能措施，如优化换热流程、充分利用低温位热和废热等，综合能耗还可以降低。

5. 剂耗

总的平均催化剂消耗或补充率为0.78kg/t，扣除卸出的催化剂，平均催化剂跑损为0.45kg/t。全年平均催化剂补充率为0.94kg/t，包括开停工损耗及卸出的一部分催化剂。

6. 环境保护

ARGG含硫污水及处理后污水的分析结果列于表6-5-24。表中还附有原料性质与苏北常压渣油类似的某FCC装置加工大庆常压渣油的典型含硫污水分析结果。可以看出，苏北常压渣油ARGG工艺和大庆常压渣油RFCC的含硫污水相差不多。ARGG污水可以应用成熟的FCC污水处理方法。扬州石化厂就是采用了一般FCC用的沉淀和生化处理，排放的污水完全符合国家规定的标准。

表6-5-24 ARGG工艺污水分析

项　　目	扬州石化厂ARGG含硫污水	大庆常压渣油FCC含硫污水	扬州石化厂处理后环保水	排放标准
悬浮物含量/(mg/L)	3.8		20.0	<50
硫化物含量/(mg/L)	369	1762	0.002	<0.2
氰化物含量/(mg/L)	506.4	480.0	0.17	<0.5
油分/(mg/L)	5137	6561	93.4	<100
NH_4-N含量/(mg/L)	8.9	8.5	6.7	6.9
COD/(mg/L)	58.4		3.3	<10
pH值	824	850	18.9	<25

再生烟气的污染物主要是催化剂粉尘和CO。由于我国原油一般含硫、氮较低，在20世纪90年代，SO_x和NO_x的污染不是主要问题。

ARGG催化剂的单耗，年平均还不到0.9kg/t。它相当或低于一般RFCC的催化剂单耗，所以烟气中的粉尘不会超过RFCC。ARGG工艺技术也采用CO完全燃烧方式，当然烟气中的CO含量是相当低的。

总之，ARGG工艺和RFCC工艺的环境保护问题差不多，没有特殊的环保要求。

7. 经济效益

扬州石化厂生产统计的物料平衡和经济效益计算结果表明，ARGG工艺技术的经济效益是显著的。70kt/a的装置每年可获得利税6022.49万元，即每加工一吨原料利税为868.8元。

扬州石化厂ARGG装置自1993年开工以后，又经过了两次技术改造，原油年处理量由原设计的100kt/a提高到300kt/a[30]。

四、岳化烯烃厂800kt/a ARGG装置工业应用

岳阳石油化工总厂(以下简称岳化)为解决合成氨、聚丙烯、氯丙烯、SBS、顺丁橡胶等化工过程中丙烯、碳四等原料不足问题，结合原油特性及ARGG工艺技术特点，于1998年建成一套800kt/aARGG装置。此项目为岳化的原料工程，投产后不但可以满足岳化对低碳烯烃原料的需求，同时该装置的液化气、汽油及柴油等产品又可创造出良好的经济效益，对岳化的扭亏增效、化工过程的深加工均有十分重要的意义。该装置于1998年6月建成投产，进行了两次工业标定，达到了预期目的，得到了比较理想的结果。巴陵石化分公司为更好地为下游化工装置提供原料，降低催化裂化汽油的烯烃含量，同时提高柴汽比，降低装置能耗，进一步提高装置的经济效益，在2001年6~7月和2003年4月技改大修中对ARGG装置进行了MGD和不完全再生的组合式工艺的技术改造[31-33]。通过对ARGG装置在ARGG工艺条件下对部分粗汽油和气压机中段油回炼的操作条件、产品分布、汽油烯烃含量、汽柴油性质及柴汽比变化的研究，将新鲜裂化原料的轻重组分采用不同的进料方式，使其在提升管内进行选择性裂化反应。为调整产品结构，在提升管底部注入粗汽油，通过粗汽油在密相上行床的二次反应，一方面使其裂化成低碳烯烃，另一方面通过调整新鲜裂化原料的反应环境和苛刻度，增加柴油馏分的生成率。实现了汽油烯烃降低、汽柴油质量有一定提高、产品分布有所改善的目的，成为催化裂化装置扩能改造配合清洁汽油升级的有效途径[34]。2003年4月和2005年3月的技改检修中又对MGD和不完全再生的组合式工艺进行了进一步的完善，实现了年加工量1100kt/a[35]。

ARGG工艺技术所用的是RAG系列专用催化剂RAG-6，它是一种复合型的催化剂，主要特点包括：结构稳定，有优良好的孔分布梯度。可使重油中大小不同的各类分子，特别是大分子与活性中心有选择性地、充分地接触和反应；活性较高，选择性好，特别是气体烯烃选择性好，重油转化能力强，生焦率低，抗重金属污染能力强。

（一）装置概况

岳化ARGG装置是由洛阳石油化工工程公司(LPEC)设计的同轴式外置提升管催化裂化反应器，设有终止剂和石脑油改质进料喷嘴，沉降器采用粗旋与单旋直联方式，再生器采用高效单段逆流再生工艺，设有外取热系统[36]。设计加工大庆原油，采用提升管多层喷嘴分段进料、底部汽提、顶部急冷的反应器形式，再生器采用单段完全再生工艺。在工艺上可以根据生产方案，实施水蒸气、干气及粗汽油作为预汽提介质，灵活调整产品分布。同时采用高效汽提技术和新开发的待生剂分配器，保证了单段逆流再生效果。外取热器的设计采用LPEC的气控外循环式翅片管取热技术。

以大庆常压渣油为原料的岳化800kt/aARGG装置是现今建设的最大加工能力的ARGG工业化生产装置。为确保装置的顺利开工投产和减少RAG-6催化剂的损失，装置建成后，于1998年6月首先用ARGG工业平衡剂掺兑部分催化裂化平衡剂开工和试运转。操作正常后，按催化剂自然跑损或适当卸出部分平衡剂，补入RAG-6新鲜剂，并调整操作条件，逐步达到ARGG工艺要求，使装置投入正常运转。

为全面考察岳化ARGG装置的操作弹性和生产方案灵活性，在装置全线运转正常、操作平稳，RAG催化剂在系统中的藏量达到标定要求时，先后进行了公称设计方案(标-1)、液化气加汽油方案(标-2)、柴油方案(标-3)、最大处理量方案(标-4)、液化气方案(标-

5)等标定。

(二)原料油

ARGG工艺技术的特点之一，就是以常压渣油等重质油为原料，得到较高的液化气和汽油产品。

标定的ARGG原料油为大庆常压渣油，其性质比较接近(见表6-5-25)。密度0.8891~0.8938g/cm^3、残炭3.75%~4.27%、饱和烃含量52.9%~54.5%、H含量12.94%~12.99%、>500℃馏分(体积分数)约占60%，属于具有较好裂化性能的重质石蜡基原料。

表6-5-25 原料油性质

原料	大庆常压渣油				
标定序号	标-1	标-2	标-3	标-4	标-5
密度(20℃)/(g/cm^3)	0.8897	0.8891	0.8897	0.8893	0.8938
凝点/℃	41	36	41	32	37
残炭/%	3.75	4.05	3.89	4.27	4.15
族组成/%					
饱和烃	52.9	54.0	54.5	54.2	—
芳烃	27.8	28.4	26.8	28.3	—
胶质	18.9	17.1	18.4	17.0	—
沥青质	0.4	0.5	0.3	0.5	—
馏程/℃					
初馏点	298	288	293	296	295
10%	384	382	381	385	374
50%	542	541	542	542	500
70%		549(52%)	550(52%)	550(52%)	
500℃馏出率(体)/%	40.9	41.5	42	40.7	50.0
元素组成/%					
C	86.49	86.68	86.65	86.50	—
H	12.99	12.94	12.96	12.99	—
S	0.092	0.104	0.097	—	—
N	0.35	0.38	0.39	0.38	—
重金属含量/(μg/g)					
Fe	—	2.2	2.4	—	—
Ni	—	4.1	4.4	—	—
V	—	<0.1	0.1	—	—

（三）催化剂

表 6-5-26 列出了工业标定的平衡剂性质。

表 6-5-26 工业标定的平衡剂性质

催化剂名称	岳化 ARGG 工业平衡剂				
标定序号	标-1	标-2	标-3	标-4	标-5
化学组成/%					
Na_2O	0.22	0.22	0.21	0.21	—
SO_4^{2-}	0.07	0.07	0.05	0.05	—
物理性质					
堆积密度/(g/mL)	0.80	0.79	0.80	—	0.82
比表面积/(m^2/g)	110	109	112	107	—
孔体积/(mL/g)	0.30	0.28	0.28	—	—
筛分组成/%					
0~40μm	33.2	33.6	39.0	—	—
40~80μm	48.5	48.3	46.6	—	—
>80μm	18.3	18.1	14.4	—	—
平均粒径/μm	51.0	50.8	46.6	—	—
微反活性/%	66	66	65	67	64
定碳/%					
再生剂	0.02	0.02	0.02	0.02	0.04
待生剂	0.96	0.92	1.10	1.10	0.79
重金属含量/(μg/g)					
Ni	5300	5400	5500	5500	—
V	440	420	420	430	—
Fe	3500	3500	3500	3500	—

（四）试验结果

1. 主要操作条件及产品分布

表 6-5-27 列出了工业标定的主要操作条件及产品分布，其中还列出了近半年多的生产统计数据。

表 6-5-27 主要操作条件及产品分布

标定序号	设计	标-1	标-2	标-3	标-4	标-5	统计
主要操作参数							
新鲜原料量/(t/h)	92.0	99.1	93.1	95.8	104.9	61.7	—
提升管出口温度/℃	535	530	537	505	525	538	—
再生器密相温度/℃	700	693	698	709	701	672	—
回炼比(质量比)	0.35	0.08	0.13	0.21	0.09	0.06	—
剂油比	8.7	8.4	8.6	6.9	7.8	12.0	—
粗物料平衡/%							
干气	4.7	4.12	4.10	2.59	4.05	4.89	4.09
液化气	31.9	22.66	28.15	19.69	24.87	29.98	24.61
汽油	41.2	45.34	42.87	40.63	41.67	39.42	42.70
轻柴油	12.6	17.13	14.57	25.83	18.49	14.93	19.07
油浆	0	1.37	0	0	0.93	0	1.26
焦炭	9.1	8.69	9.34	9.63	8.76	10.41	7.40
损失	0.5	0.69	0.97	1.63	1.23	0.37	0.80
合计	100	100	100	100	100	100	100
转化率/%	87.4	81.50	85.43	74.17	80.57	85.07	79.67
轻质油收率/%	53.8	62.47	57.44	66.46	60.16	54.35	61.77
总轻烃液体收率/%	85.7	85.13	85.59	86.15	85.03	84.33	86.38

标-1、标-2、标-4、标-5 均为 ARGG 正常范围内的工艺条件和产品分布。装置处理量为 93.1~104.9t/h(标-5 因原油供应问题限量操作)，反应温度 525~538℃，回炼比 0.06~0.13。为考察 ARGG 工艺及装置的操作弹性和产品灵活性，标-3 对操作条件作了调整，降低了反应温度、提高了原料预热温度和再生温度、增加了回炼比，以生产较多的柴油和气体产品。

各标定方案的产品产率变化范围是：H_2~C_2 馏分 2.60%~4.09%，C_3~C_4 馏分 20.32%~29.82%，C_5^+汽油 40.01%~43.67%，柴油 14.55%~25.82%，油浆 0~1.37%，焦炭 8.69%~10.41%。最高的丙烯产率为 11.58%，丁烯为 11.26%，丙烯加丁烯的最高产率为 22.84%。

2. 产品性质

在液化气中碳三和碳四烯烃的含量较高，丙烯/总碳三比、丁烯/总碳四比(体积分数)分别在 88%和 68%以上。

汽油性质列于表 6-5-28。稳定汽油密度 0.7062~0.7160g/cm^3，终馏点 175~187℃，蒸

汽压49.5~82.5kPa，*RON*大于93，*MON*大于80，敏感度较大。经精制和加入适量防胶剂后汽油的诱导期均大于600min，可以作为高标号汽油产品出厂。

表6-5-28 工业标定汽油性质

标定序号	标-1	标-2	标-3	标-4	标-5
密度(20℃)/(g/cm^3)	0.7067	0.7062	0.7135	0.7160	0.7100
腐蚀(铜片试验)	合格	合格	合格	合格	合格
诱导期/min	321(670)①	392(818)①	388(874)①	291(617)①	236(690)①
蒸气压/kPa	82.5	82	53.5	49.5	59.5
元素组成/%					
C	86.05	85.93	85.92	85.91	—
H	13.88	13.68	13.88	13.74	—
S/(ng/μL)	103	78.2	102	93.3	—
N/(ng/μL)	28	40	29	29	—
族组成/%					
烷烃	33.64	32.92	33.29	33.65	—
烯烃	41.13	38.29	40.62	39.19	—
环烷烃	7.09	7.10	9.60	7.99	—
芳烃	17.85	21.03	16.96	18.78	—
馏程/℃					
初馏点	32	30	35	40	40
10%	44	42	52	55	50
50%	76	72	83	82	76
90%	153	152	156	152	149
经馏点	184	182	187	183	175
MON	81.2	81	80	80.5	80.4
RON	94.4	94.1	93.3	93.9	93.8

①表示括号内数据为精制汽油分析结果。

标定中常规ARGG工艺柴油密度0.8948~0.9098g/cm³，经馏点342~366℃，H含量10.42%~10.82%，凝点-21~-6℃，十六烷值23.9~26.5，实际胶质含量42.0~89.4mg/100mL。柴油方案标定的柴油性质(见表6-5-28中的标-3)，密度0.8839g/cm³，经馏点368℃，H含量11.31%，凝点-2℃，十六烷值34.5，实际胶质含量36.4mg/100mL，均不符合柴油标准质量要求。为满足常压蒸馏-ARGG联合装置生产合格柴油的要求，将标-2及标-4柴油与直馏柴油进行了实验室调和工作。催化柴油经再蒸馏后，与直馏柴油按1∶1.8比例调和，密度0.8352~0.8380g/cm³，经馏点327~336℃，凝点-13~-12℃，十六烷值47.6~49.8，实际胶质含量4~17mg/100mL，氧化沉渣0.5~0.7mg/100mL，铜片腐蚀合格，可以作为-10#合格品出厂。

回炼油密度1.0027~1.0384g/cm³，H含量8.01%~9.17%，饱和烃含量17.9%~31.5%。回炼油浆性质见表6-5-29，密度1.1244~1.1669g/cm³，H含量6.15%~

7.11%，饱和烃含量1.1%~5.1%，残炭34.7%。从中可以看出，回炼油的裂化性能较差，回炼油浆中已基本没有可裂化的组分，这样的物流进入装置回炼后势必造成焦炭产量的增加，这是造成标定中高焦炭产率的主要原因。因此适当外甩一部分油浆，提高回炼物流的可裂化性能，降低系统焦炭产量，减轻再生系统的烧焦负荷，从而可以进一步提高装置的加工能力。

表6-5-29 回炼油浆性质

标定序号	标-1	标-2	标-3
密度(20℃)/(g/cm^3)	1.1244	1.1669	1.1297
黏度(100℃)/(mm^2/s)	71.64	310.4	394.8
固含量/%	0.363	0.397	—
残炭/%	34.7	—	—
元素组成/%			
C	91.66	92.31	91.86
H	6.91	6.15	7.11
S	0.42	0.49	—
N	0.55	0.51	0.59
族组成/%			
饱和烃	5.1	1.2	1.1
芳烃	67.2	70.1	60.1
胶质	18.4	5.9	13.4
沥青质	9.3	22.8	25.4
馏程/℃	D1160	D1160	D1160
初馏点	351	364	411
10%	428	437	462
50%	482	501	518
90%	557(80.5%)	553(73.5%)	563(74%)
500℃馏出率(体)/%	60.5	49.2	34.5

3. 能耗

各标定方案及统计能耗数据列于表6-5-30。岳化烯烃厂为常压蒸馏-ARGG联合装置(含一套原油电脱盐系统)，表中所列数据均是对联合装置而言的，从中可以看出，综合能耗约为86.66~124.12kg OE/t原料，联合装置的能耗不高。如果进一步采取一些节能措施，如优化换热流程、充分利用低温位热和废热等，综合能耗还可以降低。

表 6-5-30 装置能耗数据

项目	标-1	标-2	标-3	标-4	标-5	最佳月
原油加工量/(t/h)	99.1	93.1	95.8	104.9	61.7	126.4
新鲜水/(t/t)	0.811	0.873	0.811	0.850	0.911	0.972
电/(kW/t)	61.97	66.10	59.41	55.13	65.77	60.75
中压蒸汽/(t/t)	0.164	0.107	0.145	0.134	0.194	0.115
低压蒸汽/(t/t)	0.014	0	0	0.229	0	0.001
除盐水/(t/t)	0.337	0.360	0.344	0.311	0.340	0.340
焦炭/(t/t)	0.067	0.069	0.062	0.065	0.078	0.048
燃料气(标准状态)/(m^3/t)	0.010	0.010	0.009	0.010	0.010	0.011
综合能耗/(kgOE/t)	109.55	107.68	101.38	119.94	124.12	86.66

4. 剂耗

自1998年10月~1999年3月，共加工常压渣油342938t，加入新鲜RAG-6催化剂357.64t，剂耗为1.04kg/t原料。

5. 环境保护

ARGG含硫污水分析数据见表6-5-31。ARGG污水可以采用成熟的RFCC工艺的沉淀和生化处理方法，处理后的污水能够满足国家规定的排放指标要求。

表 6-5-31 污水分析数据

时间	03-08	03-09	03-10	03-11	03-12	排放标准
pH值	7.3	7.6	7.2	7.4	7.6	6.0~9.0
硫化物含量/(mg/L)	11.86	18.97	18.97	18.97	9.01	
挥发酚含量/(mg/L)	36.13	50.48	61.24	56.06	31.36	
油分/(mg/L)	25.3	16.4	18.2	11.1	12.3	<30
COD/(mg/L)	215	410	239	181	213	<700
NH_4-N含量/(mg/L)	8.03	11.95	8.72	11.32	10.15	
氰化物含量/(mg/L)	0.042	0.055	0.036	—	0.043	
Cl^-含量/(mg/L)	11.08	—	21.76	—	24.73	

再生烟气中的催化剂粉尘和CO含量能够满足环保要求。

从环境保护方面，ARGG工艺与RFCC工艺相当，无特殊环保要求。

6. 经济效益

各次标定及生产统计的经济效益数据表明，ARGG工艺技术的经济效益是显著的。1000kt/a常压蒸馏及800kt/a ARGG联合装置年利税可达44964.19~49444.55万元，即加工1t大庆原油的利税约为449.6~494.4元。综上所述，岳化烯烃厂的联合装置具有很好的经济效益。

五、其他ARGG装置工业应用简介

除上述ARGG工业装置外，该技术还应用于中国石化股份有限公司高桥分公司炼油厂、大庆炼化公司的催化裂化装置上。

（一）高桥分公司

高桥分公司炼油厂2#催化裂化装置是由洛阳院设计、于1988年9月建成投产的半同轴式外提升管催化裂化装置，其设计年处理量1000kt/a，掺炼20%大庆减压渣油。汽油收率50%、轻柴油收率23%、液化气收率约为13%。1999年9月，为满足高桥分公司化工装置的原料需求，2#催化裂化装置进行了ARGG工艺技术改造，装置改造由LPEL负责设计，由RIPP提供ARGG技术咨询。根据设计，装置年处理量为600kt，掺渣比为50%、汽油收率为45%、轻柴油收率17%、液化气收率27.1%。装置于1999年9月23日顺利开工投产，2000年2月，装置全面达到设计指标，2000年3月装置进行了全面标定验收。2#催化裂化装置在改造后第一次开工周期就达到13个月，创下同时期国内同类装置运行最高纪录。使用RAG-7A专用催化剂。

（二）大庆炼化公司

大庆炼化公司1800kt/a ARGG装置由北京石化设计院设计，于1999年10月投产，是当时亚洲最大的一套重油催化裂化装置。装置反应-再生系统高低并列布置，设计采用重油转化和抗金属能力强、选择性好的RAG系列催化剂，以常压渣油等重质油为原料，生产富含丙烯、异丁烯、异丁烷的液化气，并生产高辛烷值汽油。该装置的工艺技术特点是：采用全提升管反应器，提升管进料为高效进料雾化喷嘴，高的注入速度，保证极小的油颗粒均匀地与催化剂接触后一起按活塞流向上流动，充分发挥催化剂裂解特性，提高理想产品的收率；采用内设环形档板和多段蒸汽汽提的汽提段，最大限度除去待生催化剂夹带的油气，以提高产品收率和降低焦炭的产率；再生器型式采用多段供风的管式烧焦CO完全燃烧技术，利用高温、高过剩氧、高速度的优化条件来强化烧焦，大大提高了烧焦强度。在压力平衡方面，具有最大的灵活性和弹性，以满足工艺所需要的高剂油比。为满足不同生产方案需求，该装置先后使用过RAG系列专用催化剂、CA-2000多产气催化剂、CC-20D抗重金属污染催化剂、LCC系列催化剂[37]、CGP-1DQ催化剂等。该装置提升管出口原来采用六台常规粗旋和六台顶旋结构，由于常规粗旋料腿的正压差排料，使得催化剂由料腿夹带下来的油气量过大，油气在沉降器内的返混严重，造成沉降器严重结焦。2000年12月和2002年1月曾两次由于沉降器内结焦严重导致装置被迫非计划停工检修，沉降器结焦成为了制约装置长周期运行的主要因素，2002年停工改造将原来的六台常规粗旋更换为六台CSC快分，使油气在沉降器内的停留时间降低到5s以下，投用后催化剂运转正常、装置操作平稳，油浆固含量在6g/L以下。为满足清洁汽油生产的需要，2009年10月装置完成了MIP-CGP技术改造，工业应用结果表明[38]：经过催化剂配方的调整和操作条件的优化，改造后在掺渣率和原料残炭增加的情况下，液化气和丙烯产率增加明显，丙烯产率由8.65%提高到9.5%，增加幅度达13.48%，全年多产丙烯19.7kt,；装置综合能耗2550.22MJ/t，较改造前下降221.12MJ/t，降低幅度为7.98%；汽油烯烃含量（体积分数）下降了11.1个百分点，下降幅度为22.6%；实现了降低汽油烯烃含量、降低装置能耗和改善产品分布的目的，装置经济效益达到2878万元[39]。为大庆炼化分公司出厂汽油质量全部满足国Ⅲ排液标准要求提供了保障[40]。

参考文献

[1] 汪燮卿，陈祖庇，蒋福康．重质油生产轻烯烃的FCC家族工艺比较[J]．炼油设计，1995，25(6)：15

-18.
[2] 谢朝钢，钟孝湘，杨轶男．催化裂化工艺技术的发展近况[J]．石油炼制与化工，2001，32(3)：26-30.
[3] Hou Yongqing, Wang Yamin, et al[J]. AIChE National Meeting, Spring, Paper 14e, 1993.
[4] 李才英．稀土在石化催化剂中的应用[J]．稀土信息，2002(10)：6-8.
[5] 李大东，蒋福康．清洁汽油生产技术的新进展[J]．中国工程科学，2003，5(3)：6-14.
[6] 高永灿，张久顺．催化裂化过程中的热裂化与催化裂化[J]．化工学报，2002，53(5)：469-472.
[7] 霍永清，王亚民，汪燮卿，等．多产液化气和高辛烷值汽油 MGG 工艺技术[J]．石油炼制，1993，24(5)：41-51.
[8] 陈祖庇．裂化催化剂发展新趋势[J]．石油炼制与化工，1995，26(5)：14-21.
[9] 乔映宾，潘煜，杨正顺．发展我国石油化工催化剂技术[J]．石油化工，2001，30(S)：30-36.
[10] 中国石化集团协作组流化催化裂化译文集[C]. 1999-03.
[11] 彭鸽威．ARGG 装置高产液化气兼顾柴汽比工艺技术研究[D]．长沙：湖南大学，2000.
[12] 高永灿，张久顺．催化裂化过程中氢转移反应的研究[J]．炼油设计，2000，30(11)：34-38.
[13] 陈祖庇．裂化催化配方的设计[J]．石油炼制，1992，5：33-41.
[14] 李淑勋，亓玉台，张萌荣，等．我国重油催化裂化催化剂的发展[J]．抚顺石油学院学报，2002，22(3)：27-36.
[15] 黄风林．催化裂化助剂的适应性工业应用试验[J]．石油炼制与化工，2002，33(12)：22-25.
[16] 高永灿，张久顺．催化裂化过程中的热裂化与催化裂化[J]．化工学报，2002，53(5)：469-472.
[17] 李莉，谢朝钢，张久顺．催化裂化过程中过裂化反应行为的研究[J]．石油炼制与化工，2000，31(9)：54-58.
[18] 霍永清，王亚民，汪燮卿，等．多产液化气和高辛烷值汽油 MGG 工艺技术[J]．石油炼制，1993，24(5)：41-52.
[19] 钟孝湘，陈家林，范中碧．催化裂化原料及催化剂的分析[J]．石油炼制，1992，23(6)：36-44.
[20] Hatch L. F[J]. Hydrocarbon Processing, 969(3)：77-86.
[21] Suarez W[J]. Internal Communication 1990.
[22] Mott R W. Choosing FCC Operating Condition Aserics of Compromise[C]. Grace Davison Los Angeles Refiners Seminar, 1988.
[23] Thomas C L, Hoekstra J, Pinkston J T[J]. J Am Chem Soc, 1944(66)：1694.
[24] 徐春明．提升管反应器气固两相流动反应模型及数值模拟[D]. 北京：石油大学，1991.
[25] 霍永清．应用助剂提高催化裂化汽油辛烷值[J]．石油炼制，1986(2)：31-34.
[26] 霍永清，张淑琴，黄文保．增加 $C_3\sim C_4$ 馏分和提高汽油辛烷值的技术[J]．石油炼制，1985(3)：21-27.
[27] 俞祥麟，贾志萍，霍永清，催化裂化助率烷值剂[J]．石油规划设计，1998(1)：28-30.
[28] 俞华信，霍永清．CHO-1 助辛烷值剂在催化裂化装置上的应用．[J]．石油炼制，1990(1)：24-29.
[29]钟乐燊，霍永清，王均华，等．常压渣油多产液化气和汽油(ARGG)工艺技术[J]．石油炼制与化工，2002，33(12)：22-25.
[30] 姚日远，陈祥．CA-2000 FCC 催化剂在 ARGG 装置上的应用[J]．工业催化，2004，12(4)：21-23.
[31] 彭鸽威，杨果，黄志坚．ARGG 装置的扩能改造[J]．炼油设计，2002，32(8)：20-23.
[32] 曾光乐，颜刚，潘罗其，等．ARGG 装置技术改造及其效果[J]．石油炼制与化工，2005，36(7)：10-14.
[33] 刘福安，聂白求，李钦．解决 ARGG 装置原料油重质化的措施[C]．催化裂化协作组第十一届年会报告论文选集：266-268.

[34] 彭鸽威，潘罗其. ARGG 装置降汽油烯烃[J]. 石油炼制与化工，2003，34(6)：14-17.
[35] 颜刚，刘福安，李钦. MGD 和不完全再生技术的组合工艺在 ARGG 装置上的工业应用[J]. 炼油技术与工程，2006，36(3)：13-17.
[36] 彭鸽威，杨果，杨轶男，等. RAG-6 催化剂的工业应用[J]. 炼油设计，2000，30(6)：59-61.
[37] 李正光. 多产丙烯催化剂 LCC-2 的工业应用[J]. 石油炼制与化工，2009，40(3)：38-41.
[38] 丁海中，栗文波，张洪军，等. 多产丙烯 MIP 技术在 ARGG 装置上的工业应用[J]. 石油炼制与化工，2011，42(10)：9-12.
[39] 王东华，王东辉，李成，等. 催化剂配方和操作条件对 ARGG 丙烯产率的影响[J]. 炼油技术与工程，2012，42(8)：18-21.
[40] 李成，于剑飞，王建禹. 1.8Mt/a ARGG 装置长周期运行措施[J]. 广州化工，2013，41(11)：225-227.

第七章 MIO工艺

第一节　引言

随着工业化进程的加快和生活水平的提高，人类越来越关注自己的生存环境和生活质量。解决日益严重的大气污染，保护人类生存环境，已成为世界各国政府及环保部门共同关心的课题。美国环保局检测的数据表明，发达国家的大气污染源主要来自汽车排放的尾气。尾气中未燃烧的烃类在阳光作用下生成光化学烟雾，导致大气中臭氧含量增加，加上CO与NO_x等有害气体的排放，给人类生存带来极大的危害。大量研究报告证实，减少汽车排放尾气毒物含量的出路，除禁止添加四乙基铅抗爆剂外，核心在于常规车用汽油中氧含量过低、蒸气压过高，导致汽油在使用中不能完全燃烧，轻烃挥发严重。经研究，在汽油中添加适量的含氧化合物——醚类化合物，有利于汽油在发动机内完全燃烧。

因此继20世纪80年代汽油无铅化后，1990年美国环保局又颁布了清洁空气法修正案，提出了分阶段推行新配方汽油的环保计划，新配方汽油的指标见表7-1-1[1]。该标准中对汽油含氧量提出要求，即需通过添加含氧化合物改善尾气排放污染。因此添加了甲基叔丁基醚(MTBE)，叔戊基甲基醚(TAME)和二异丙醚(DIPE)等含氧化合物的汽油被称为“新配方汽油”。醚类化合物可减少汽车排放废气中的毒物，如未燃烧的烃类和CO，分别减少5%~9%和11%~14%，可以极大地缓解城市汽车尾气产生的光化学烟雾等大气污染问题。但含氧化合物的体积热值比汽油低，汽油中氧含量高会导致油耗大，加快汽油对金属的腐蚀和加快汽油的氧化。因此，在欧盟制定EN 228无铅汽油标准中，要求控制汽油中的氧含量(质量分数)不大于2.7%，我国制定的车用汽油标准中也采用此规定。表7-1-2列出了欧Ⅲ、欧Ⅳ和我国国Ⅲ、国Ⅳ、国Ⅴ汽油排放标准主要指标。

表7-1-1　1990年修订的美国新配方汽油主要指标

项目	新配方汽油	当时汽油平均值
芳烃含量(体)/%	≯25	32.1
烯烃含量(体)/%	≯5	12.2
苯含量(体)/%	≯1.0	<2
氧含量/%	CO未达标地区≮2.7，臭氧未达标地区≮2.0	0.2

表 7-1-2　欧Ⅲ/欧Ⅳ和国Ⅲ/国Ⅳ/国Ⅴ车用汽油排放标准主要指标

项目	欧Ⅲ	欧Ⅳ	国Ⅲ[2]	国Ⅳ[3]	国Ⅴ[4]
标准号	EN 228—1999	EN 228—2006	GB 17930—2006	GB 17930—2011	GB 17930—2013
硫含量/(μg/g)	≯150	≯50	≯150	≯50	≯10
芳烃含量(体)/%	≯42	≯35	≯40	≯40	≯40
烯烃含量(体)/%	≯18	≯18	≯30	≯28	≯25
苯含量(体)/%	≯1.0	≯1.0	≯1.0	≯1.0	≯1.0
氧含量/%	≮2.7	≮2.3	≮2.7	≮2.7	≮2.7

一、MIO 工艺开发背景

我国的车用汽车标准与欧盟的汽油标准相近，但我国的汽油池与欧美等国家有很大的不同，表 7-1-3 列出近十年中国和美国汽油池组成对比[5-6]。中国炼油以催化裂化为主，汽油池中催化裂化汽油曾经高达 80%，而美国、欧洲国家汽油池中催化裂化汽油仅占 35%左右，重整汽油占三分之一以上。近十年，随着汽油标准的调整，我国汽油池中催化裂化汽油比例逐渐降低，目前已降到 65%~70%，相应提高了重整汽油和含氧化合物的比例。这意味为满足国Ⅳ、国Ⅴ汽油排放标准，我国的催化裂化工艺要应对脱硫、降烯烃、降芳烃的要求，同时还要维持并提高辛烷值。

表 7-1-3　中国、美国汽油池组成比较

项目	中国/%	美国/%
催化裂化汽油	65~75	30~40
重整汽油	15~20	24~33
烷基化/异构化产物	0.2~0.5	17~23
含氧化合物	3~10	8~10
其他	~5	5~10

生产 MTBE、TAME 等醚类化合物的原料——异丁烯和异戊烯，主要来自蒸气裂解、催化裂化、轻烃骨架异构化和混合丁烷脱氢等炼油化工工艺过程，但其产量远不能满足清洁燃料发展的需要，故各公司纷纷致力于研究开发多产异丁烯和异戊烯的成套工艺技术。催化裂化装置是炼油企业重要的二次加工过程，利用现有催化裂化技术生产异构烯烃是最便捷和经济的方法和途径。

采用常规催化裂化工艺技术，其副产异丁烯的产率为 1%~2%，异戊烯的产率为 2%~3%，远不能满足市场对异构烯烃的需求。1992 年 RIPP 根据世界各国政府保护环境的战略，根据大量需求清洁汽油的市场前景，根据清洁汽油关键组分醚类化合物及其原料诸如异丁烯、异戊烯严重短缺的局面，提出了开发最大量生产异构烯烃新技术的重大课题。在此之前，RIPP 已经成功开发了多产丙烯与异丁烯的 DCC 工艺。

最大量生产异构烯烃(Maximizing Iso-Olefin process)的催化裂化技术(简称 MIO 工艺)，是以重质油为原料，多产新配方汽油所需的异构烯烃和高辛烷值汽油。MIO 技术包括工艺、催化剂、工艺工程等一整套技术的研究和开发。1992 年 MIO 技术攻关组成立，

从1992—1995年，开展了大量的基础工作，包括催化剂配方研究、MIO工艺中小型试验研究、中小型催化剂评价等。1995年MIO技术被列入国家计委重点科技攻关项目，同年3—6月，MIO工艺技术在兰州炼油化工总厂(简称兰炼)开始进行工业试验，取得了很好的工业试验结果。试验结束后该装置即按MIO工艺要求，结合当地产品市场需求，投入长期工业生产。

当时国外Grace和Engelhard催化剂公司在裂化催化剂的开发方面进行了大量的工作，1992年公布的催化剂评价结果见表7-1-4，结果显示异构烯烃增产效果较好，$i\text{-}C_4H_8$+$i\text{-}C_5H_{10}$产率比常规USY催化剂增加一倍以上[7]。

表7-1-4 新配方汽油裂化催化剂的评价结果

催化剂名称	常规USY	RFG-5(Grace公司开发)	IP-2100(Engelhard公司开发)
$i\text{-}C_4H_8$/%	1.8~2.0	3.8~4.2	3.3
$i\text{-}C_5H_{10}$/%	2.0~2.2	4.7~5.1	4.5
($i\text{-}C_4H_8$+$i\text{-}C_5H_{10}$)/%	3.8~4.2	8.5~9.1	7.8
原料*K*值		11.50	

对于特定原料而言，其烃类组成决定了最高异构烯烃产率。对MIO工艺提出如下攻关任务：异构烯烃的产率目标，在原料性质可比的基础上，争取比Grace公司和Engelhard公司相对增加50%~100%；除开发新型催化材料、新催化剂配方外，开发独立的新工艺技术，使催化剂与工艺相配套，成为技术上有所突破的工艺。

二、MIO工艺的创新点

MIO工艺是一项以最大量生产异构烯烃为目标，兼顾生产高辛烷值汽油的催化裂化技术，该技术开发了一种兼具渣油裂化及多产烯烃，特别是异构烯烃的催化剂；开发了三段反应区-串级反应系统；优化了多产异构烯烃的工艺参数操作区，改变了传统的操作观念。

MIO工艺具体创新内容包括：①研究蜡油与渣油进料生产异构烯烃的异同点，针对渣油生产异构烯烃存在不可避免的负面因素，提出了开发新型催化剂及新型反应系统的准则；②开发了一系列共六个多产异构烯烃的催化剂配方。针对兰炼原料特点所选用的催化剂RFC，经工业实践证实，在高钒/镍污染水平下保持了良好的异构烯烃选择性及热与水热稳定性；③开发了有利于提高烯烃度，抑制氢转移反应的三段反应区串联床新型反应系统。在工业试验中，模拟前两反应区操作，对达到中国石油化工总公司规定的异构烯烃指标起了重要作用；④确定了MIO工艺的关键操作参数及反应操作区；研究了操作参数与异构烯烃产率的相关规律；⑤建立了新的$i\text{-}C_4^=$与$i\text{-}C_5^=$测定方法。在小型装置上筛选新催化剂性能方面起了作用；⑥在高钒/镍污染水平(3500μg/g V和1500μg/g Ni)条件下，以高钒含量(5~11μg/g)、高的不转化组分含量(体积分数14.9%)、较高残炭(3.0%~3.3%)及较高渣油掺炼量(17.5%~26.7%)的掺渣油原料，进行最大量生产异构烯烃的工业实践，在当时国内外尚属首次。经标定，异构烯烃产率达到10.13%~10.18%，异构烯烃加丙烯达20.4%~21.3%，汽油达40.7%~41.7%，汽油辛烷值达94.6(*RON*)/81.5(*MON*)，柴油十六烷值在26以上；⑦按异构烯烃产率最大化工艺操作，在中小型实验装置上，以大庆蜡油与辽河蜡油为原料，其异构烯烃产率分别达到14.6%~15.2%和10.2%。

三、MIO工艺的作用和地位

多产异构烯烃的催化裂化新技术及多产异构烯烃的催化裂化催化剂两项成果于1997年4月通过了中国石油化工总公司技术鉴定。多产异构烯烃的催化裂化技术，以常规催化裂化进料(包括重质馏分油掺炼部分减压渣油）为原料，使用RIPP研制、齐鲁石化公司催化剂厂工业生产的RFC专用催化剂，采用特定的反应技术，在特定的工艺条件下，达到多产异构烯烃(异丁烯、异戊烯）和高辛烷值汽油的目的。专家鉴定意见认为：采用RFC催化剂及MIO工艺，在加工蜡油和蜡油掺渣油原料时，可提高气体烯烃度和重油转化率，并可抑制氢转移反应。在兰炼400kt/a装置上进行以加工新疆油为主的工业试验(掺炼20%~30%减压渣油）时，C_4、C_5异构烯烃产率达到10.18%，丙烯+异构烯烃产率达到20.41%，同时93号汽油产率可达到40.74%。

MIO工艺工业试验的成功，不仅对我国清洁汽油的生产、实现汽油的升级换代、提高环境保护的水平起着重大的作用，而且对参与国际上新配方汽油生产技术的竞争，将我国炼油技术打入国际技术市场，提高我国在世界炼油新技术领域的地位，均具有重大的意义。1994—1997年，有关MIO工艺及RFC催化剂的多篇论文在国际炼油及化工等会议上宣讲或发表，包括NPRA年会、美国化学工程师协会、中日石油学会会议和世界化工会议等，引起了很大反响。

表7-1-5中将MIO工艺工业标定数据与其他催化裂化工艺类型的装置进行对比[8-10]。MIO工艺和DCC-Ⅱ的$C_3^=$和i-$C_4^=$产率比较接近，低于DCC-Ⅰ的$C_3^=$和i-$C_4^=$产率。FCC工艺和MIP-CGP工艺与MIO工艺在催化剂类型、工艺形式、操作条件方面均有所差距，其低碳烯烃产率远低于MIO和DCC工艺。从表7-1-5的对比可知，1995年的MIO工艺与目前多数炼油厂的FCC、MIP工艺相比，其在多产低碳异构烯烃方面仍具有特色。与DCC工艺相比，汽油产率较有优势。这表明，时至今日MIO工艺对我国清洁汽油的生产、环境保护仍有很大的经济效益和社会效益。

表7-1-5 MIO工艺与其他工艺对比

工　艺	MIO	FCC	MIP-CGP	DCC-Ⅰ	DCC-Ⅱ
原料密度(20℃)/(g/cm^3)	0.889	0.8788	0.9097	0.8605	0.8986
原料油饱和烃质量分数/%	61.5	64.0	57.3	68.0	67.5
反应温度/℃	540	522	524	545	530
产品分布/%					
H_2~C_2	2.76	3.67	3.45	9.16	5.18
C_3~C_4	30.23	11.01	27.37	42.00	34.43
C_5^+汽油	40.75	45.93	38.19	26.60	38.45
柴油	18.07	30.46	16.30	13.49	13.90
重油	0	1.08	5.12	0	0
焦炭	7.66	7.40	9.09	8.24	7.17
$C_3^=$	10.23	4.31	8.94	18.32	14.43
i-$C_4^=$	4.82	1.46	2.00	5.91	4.75

四、异构烯烃生成机理

烃类在酸性催化剂上的催化裂化是按正碳离子机理进行的，包括各种各样的反应，其中以下化学反应与气体烯烃有关：烷烃裂化为烯烃及较小的烷烃；烯烃裂化为较小的烯烃；环烷烃裂化成烯烃；烷基芳烃脱烷基或断侧链生成芳烃及烯烃；烯烃异构化生成异构烯烃；烷基化生成大分子烃类；氢转移反应使烯烃饱和；烯烃歧化。其中裂化反应及氢转移反应与生成气体烯烃关系最大，裂化反应产生烯烃，氢转移反应消耗烯烃，异构化反应与生成异构烯烃有关[11]。

裂化反应是通过正碳离子的β位C—C键断裂进行的，正碳离子在β位断裂，生成1-烯烃和一个较小的伯正碳离子，伯正碳离子可以脱附，也可以异构化为更为稳定的形式而再次裂化，裂化反应发生的越多，生成的气体烯烃越多。

$$R—C—C—C—C^{+}—C \longrightarrow C—C—C+R—C—C^{+}$$

$$R—C—C^{+} \longrightarrow R—C^{+}—C$$

氢转移反应也主要是通过正碳离子进行的。正碳离子裂化后生成的正碳离子在进行再一次裂化之前，可能吸取阴氢离子而终止链反应生成烷烃。此外，生成的烯烃未来得及裂化或脱附就被氢转移饱和成烷烃。以下反应是催化裂化中发生的主要氢转移反应。可以看出，分子间的氢转移反应几乎都是由烯烃参与并且主要的生成物是烷烃和/或芳烃，氢转移反应发生的越多，烯烃产率越低。

$$\underset{\text{烯烃}}{3C_nH_{2n}} + \underset{\text{环烷烃}}{C_mH_{2m}} \longrightarrow \underset{\text{烷烃}}{3C_nH_{2n+2}} + \underset{\text{芳烃}}{C_mH_{2m-6}}$$

$$C_{3n+m}H_{6n+2m} \longrightarrow 3C_nH_{2n+2}+C_mH_{2m-6}$$

$$\underset{\text{环烯烃}}{C_{n+m}H_{2n+2m-2}} \longrightarrow C_nH_{2n} + C_mH_{2m-6}+4[H]$$

$$C_nH_{2n} + 2[H] \longrightarrow C_nH_{2n+2}$$

$$\text{烯烃+焦炭前身物} \longrightarrow \text{烷烃+焦炭}$$

下面以C_4馏分为例，说明催化裂化多产异构烯烃的机理：原料油通过正碳离子的β裂化，生成近于热力学平衡值分布的C_4烯烃，其中正丁烯质子化的结果生成仲正碳离子，异丁烯质子化的结果生成更稳定的叔正碳离子，氢转移反应是双分子反应，其速率与正碳离子寿命和在其寿命期间里遇到氢受体的机率成正比。由于叔正碳离子寿命大于仲正碳离子，所以叔正碳离子的氢转移反应速率大于仲正碳离子，而正构烯烃与异构烯烃之间的异构化较慢，因此FCC烯烃产品中异构烯烃所占的比例低于热力学平衡值是由于异构正碳离子氢转移反应快的缘故。降低氢转移反应，不仅能提高总烯烃产率，而且能提高异构烯烃所占的比例。

综合催化裂化过程中异构烯烃生成及转化的全部反应，可以得到如图7-1-1所示的反应机理。

根据催化裂化过程中多产异构烯烃的机理研究，提出了异构烯烃最大化策略：提高反应苛刻度，加强一次裂化，创造高渣油转化，低生焦条件；在过裂化区操作，优化参数，确保轻烃的高烯烃度；加强催化剂的烯烃异构化能力，提高异构烯烃浓度；设计创造抑制氢转移

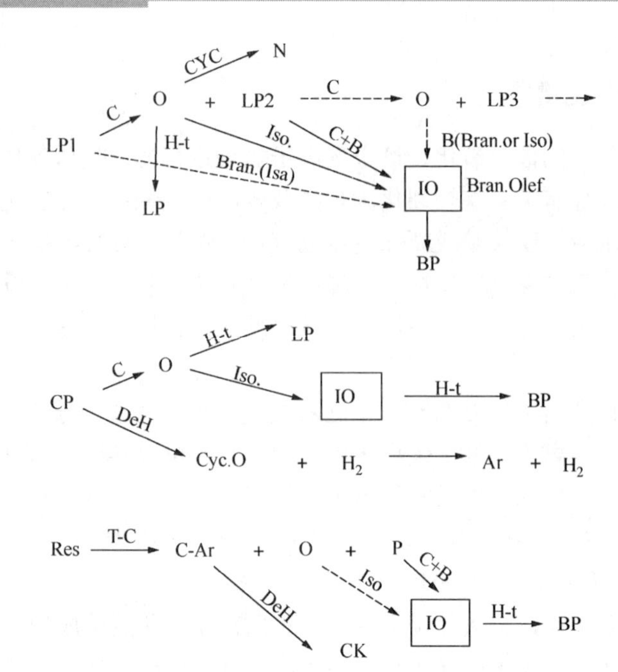

图 7-1-1　催化裂化过程中异构烯烃的生成机理

IO—异构烯烃；LP—链烷烃；O—烯烃；N—环烷烃；Ar—芳烃；

CK—焦炭；Res—剩余油；C—裂化反应；T-C—热裂化；

B—支链化反应；CYC—环化反应；Iso—异构化反应；H-t—氢转移反应；DeH—脱氢反应

及热反应的反应环境。

第二节　多产异构烯烃催化剂的研制

催化裂化多产异构烯烃是当时 FCC 工艺的新任务，催化剂的研制是关键。所以，在 20 世纪 90 年代各炼油公司都在开发研制对异构烯烃选择性好的催化剂。Engelhard 公司的 ISO-PLUS 系列催化剂，通过实验室及中试的开发研究，于 1992 年进行了工业试验，取得了一定的结果，但还不理想。W. R. Grace 公司 Davison 化学部的 RFG 系列催化剂，已通过实验室及中型评价；Mobil 公司还是在 ZSM-5 添加剂上做工作；UOP 公司在 USY 和 ZSM-5 组合调配上做了许多研究。

RIPP 从 1992 年起，首先在实验室开展多产异构烯烃裂化催化剂的研制工作。1993 年，实验室已研制出具有先进水平的催化剂。在此基础上，1994 年开展了中型放大试验。在中试过程中，补充完善了催化剂的制备流程和工艺条件，找到了适合现有的生产装置的后洗涤流程，并解决了催化剂强度问题。1995 年在齐鲁石化公司催化剂厂进行了工业试生产，质量达到预定指标，可供 MIO 工艺工业试验使用，催化剂牌号 RFC。

RFC 催化剂为国内首创，性能达到了世界先进水平。在中型提升管上评价，异丁烯+异戊烯达到 12%以上，汽油辛烷值为 *RON*95. 4，*MON*80. 8。

一、催化剂研究开发概况

基于 MIO 裂化机理，MIO 催化剂的设计确立了四条主要原则：①增加反应物分子，特别

是重油大分子对酸性中心的可接近性，加强一次裂化深度及其烯烃度。②抑制氢转移活性，减少中间裂化产物烯烃进行氢转移反应的程度。③优化孔径分布，控制二次反应深度，改变碳三、碳四、碳五烯烃生成比例。④选用新催化剂材料或专利分子筛，改善烯烃选择性。

经过对新型分子筛的筛选、改质及催化剂配方的研制，首先确定了三个MIO催化剂配方，其配方原则及催化剂特征见表7-2-1。在此基础上开发了一系列共6个多产异构烯烃的催化剂配方。其中5个有代表性的MIO催化剂及其特点见表7-2-2。该5个催化剂样品已构成一个系列，对可裂化性能差的原料，诸如辽河蜡油，可选用CIP-7；对可裂化性能优的原料，诸如大庆蜡油，可选用MIO-23。当选定兰炼为MIO工艺工试点时，针对兰炼原料是蜡油与减压渣油混合重油，可裂化性居中、生焦倾向较高的特点，选用了异构烯烃及汽油产率均较高、焦炭选择性较优的14MIO-2配方。与当时国外多产异构烯烃催化剂相比，在生产异构烯烃方面，MIO催化剂已超过或相当于国外催化剂，数据见表7-2-3。

表7-2-1 MIO前期开发催化剂样品特征举例

催化剂编号	主要活性组分	基质材料	催化剂特征
14MIO-1	USY、新择形分子筛、新层柱分子筛	新大孔基质材料	优良的异丁烯选择性及重油转化能力、焦炭选择性稍差
23MIO-2	USY、普通择形分子筛及新改质择形分子筛	惰性基质	优良的异构烯烃选择性、重油转化能力较差
CMIO-1	USY、新型改性分子筛、新型改性择形分子筛	常规基质材料	优良的碳四馏分选择性、中等重油转化能力

表7-2-2 MIO催化剂研发期样品举例

催化剂	14MIO-2	14MIO-3	MIO-23-1	CIP-7	CIP-8
转化率/%	79.85	72.61	69.57	85.07	81.32
汽油产率/%	42.28	39.50	35.31	37.86	41.52
重油产率/%	7.45	11.64	14.43	4.53	6.09
焦炭产率/%	2.67	3.7	2.99	3.09	3.14
$C_3^=$产率/%	14.09	11.82	12.72	12.51	14.03
i-$C_4^=$产率/%	4.77	4.43	4.90	5.02	4.79
i-$C_5^=$产率/%	8.10	8.01	7.26	5.80	5.88
异构烯烃产率/%	12.87	12.44	12.16	10.82	10.67

表7-2-3 MIO催化剂与国外同类催化剂对比

催化剂	23MIO-1混剂	Grace-RFG		Engelhard IP-2100
原料油	辽河VGO	美西海岸高氮VGO		中东VGO
原料密度(20℃)/(g/cm^3)	0.923	0.922		—
原料K值	11.56	11.50		—
评价装置	固定流化床	DAVISON提升管装置		微反装置
估计催化剂价格	USY价+10%	2×USY价		不详
i-$C_4^=$产率/%	4.47	3.8	4.4	3.3
i-$C_5^=$产率/%	5.77	4.7	5.1	4.5
异构烯烃产率/%	10.24	8.5	9.1	4.8
转化率/%	70.95	61.2	68.0	70.0

对于工业 RFC 催化剂的设计构思包括基质设计、分子筛设计和催化剂的配方设计[4,12-13]。在基质设计方面，开发复合改性基质，调变基质酸性，增强一次裂化深度，改善焦炭选择性，并捕集钒、镍，从而利于转化渣油大分子，减少生焦，并保护活性组分；在分子筛设计方面，增强异构分子筛的弱酸性中心数目，加强异构化反应，提高异构烯烃浓度；催化剂配方设计采用低氢转移复合分子筛，提高轻烃烯烃度及异构烯烃浓度。合理搭配不同孔径，不同酸强度及酸性中心分布的分子筛，优化催化反应，实现异构烯烃最大化，兼顾汽油质量及产率。

二、RFC 催化剂的工业制备

在 RFC 催化剂制备过程中需要的原材料包括：脱阳离子酸性化学水(pH=2.8~3.2)；高岭土，由中国高岭土公司生产的催化剂专用高岭土，牌号 S-1；拟薄水铝石，结晶度 62%~66%；活性组分为齐鲁石化公司催化剂厂生产的 Y 型分子筛($n(SiO_2)/n(Al_2O_3)>5.0$，结晶度>80%)，高硅分子筛；盐酸、氨水、磷酸等。

根据中试研制的催化剂配方及工艺条件，把化学水、高岭土、铝基黏结剂和活性组元按要求量加入反应釜内。然后把制得的胶体用泵送入中间储罐，从中间罐出来经喂料泵、高压均质器、高压泵进入雾化器、在喷雾干燥塔内成型干燥。从喷雾干燥塔及旋风分离器出来的干物料，经浆化洗涤、过滤，把滤饼送进气流干燥塔干燥，从气流干燥器出来的物料为最终产品。实验室中型制备的催化剂和工业制备的催化剂性质见表 7-2-4。

表 7-2-4　RFC 催化剂的质量和指标

催化剂名称	RFC-中试	RFC-工业	指标
化学组成/%			
Al_2O_3	47.3	50.6	>45.0
Fe_2O_3	0.37	0.33	<0.60
Na_2O	0.14	0.15	<0.30
Cl^-	—	0.1	<0.1
物理性质			
灼减/%	—	9.9	<15
堆密度/(g/mL)	—	0.72	0.60~0.72
孔体积/(mL/g)	0.31	0.33	0.30~0.40
比表面积/(m^2/g)	256	242	210~300
磨损指数	—	1.9	≤2.5
筛分组成/%			
0~40μm	—	30.0	<25
40~80μm	—	59.8	>55
>80μm	—	10.2	<25
微反活性(800℃、4h)	67	65	>60

三、催化剂的裂化性能评价

中试生产的系列催化剂和工业试生产的 RFC 催化剂，经过重油微反装置、小型固定流化床装置、小型提升管装置和中型提升管装置，层层筛选和评价。在表 7-2-5 中对中试和工业催化剂的中小型评价结果进行举例。

表 7-2-5 RFC 中试和工业催化剂中小型评价举例

项目	RFC-中试	RFC-工业	RFC-中试	RFC-工业
原料油	兰炼蜡油掺减渣			
评价装置	固定流化床		提升管装置	
反应温度	515	515	530	530
剂油比	6.0	6.0	8.0	8.0
转化率/%	83.48	82.93	82.43	83.84
产品产率/%				
H_2～C_2	3.15	2.32	1.70	1.94
C_3～C_4	33.59	30.75	28.78	32.87
C_5^+汽油	42.86	46.00	49.13	45.98
柴油	11.00	11.72	12.12	10.99
重油	5.52	5.35	5.45	5.17
焦炭	3.88	3.86	2.82	3.05
烯烃产率/%				
$C_2^=$	1.95	1.20	0.73	1.03
$C_3^=$	11.10	11.09	10.75	12.46
$C_4^=$	8.75	9.00	12.96	13.58
$C_2^= + C_3^= + C_4^=$	21.80	21.29	24.45	27.07
$C_5^=$	2.06	2.31	7.19	7.94
异构烯烃产率/%				
i-$C_4^=$	3.74	3.74	5.04	5.14
i-$C_5^=$	1.34	1.48	4.83	5.07
i-$C_4^=$+i-$C_5^=$	5.08	5.22	9.87	10.21

实验室的评价结果表明，REC 催化剂无论是中试样还是工业样，均能满足以兰炼 VGO 或掺部分渣油为原料时，炼油厂对汽油和异丁烯产率的需求。RFC 催化剂具有渣油裂化催化剂的共性：低焦炭选择性，高重油转化能力，抗钒/镍污染，高水热稳定性；突出轻烃烯烃浓度，异构烯烃产率高；产品分布特点是，汽油产率适中，高价值产品产率高，液化气/干气比值高；产品中汽油辛烷值高，柴油十六烷值稍低但色度好。

第三节 原料与异构烯烃产率的相关性研究

MIO 以常规催化裂化进料为原料，包括减压馏分油并掺炼部分减压渣油。大量数据研究认为，采用不同性质的催化裂化原料，其能够得到的最大异构烯烃产率是不同的。以下将对减压馏分油原料以及掺炼渣油的原料与异构烯烃产率的相关性进行讨论说明[2]。

一、蜡油原料异构烯烃产率相关因素

大量数据表明，减压馏分油（蜡油）进料的烯烃生成率主要取决于该原料的链烷烃（LP）含量及环烷烃（CP）含量。异构烯烃（i-C_4H_8+i-C_5H_{10}）产率与催化剂的烯烃选择性、操作苛刻度、参数优化及装置本身的现实条件有关。表 7-3-1 为相同操作条件下不同原料的异构烯烃产率，可说明各种蜡油异构烯烃产率与链烷烃、环烷烃含量的相关性。表 7-3-1 中列出对链烷烃和环烷烃进行简单的系数校正，其计算值与异构烯烃产率相近，表明原料烃组成与烯烃产率具有较强的相关性。大庆原料其异构烯烃产率比锦州原料高出 5.69 个百分点，主要是大庆原料“链烷烃+环烷烃含量”相对高 46.5%的缘故。这一事实证明，在工艺条件及催化剂性能相近的前提下，实际产率的巨大差异来自链烷烃、环烷烃含量的差别。

表 7-3-1　原料类型及组成对产率的影响

原料名称	锦州蜡油	辽河蜡油	兰州蜡油	大庆蜡油
原料链烷烃%	13.7	16.2	35.7	52.0
原料环烷烃%	45.4	49.2	45.0	34.6
0.2(LP+0.5CP)	7.28	8.16	11.64	13.86
i-C_4H_8/%	3.53	3.74	5.25	4.94
i-C_5H_{10}/%	4.03	4.92	6.75	8.31
异构烯烃产率%	7.56	8.66	12.00	13.25

二、掺渣油及常压渣油原料异构烯烃产率的相关因素

渣油进料其异构烯烃产率不仅取决于其链烷烃、环烷烃含量，还取决于其他杂质等因素。首先，由于渣油中链烷烃含量下降，环烷烃含量上升会导致进料烯烃度下降，而且由于渣油中含有诸多阻碍异构烯烃生成的因素，诸如残炭，重金属钒、镍、钠，族组成中的胶质及沥青质，以及碱性氮等，均对催化剂中生成异构烯烃的特殊活性组分有破坏或临时毒害作用。中小型试验数据证实，上述破坏或毒害作用将使其内含的链烷烃和环烷烃的异构烯烃生成率成线性或非线性关系下降。以下分别说明。

（一）链烷烃、环烷烃含量与残炭的影响

表 7-3-2 为掺渣油进料与蜡油进料的异构烯烃产率及生成率比较。兰炼掺渣油重油进料残炭为 2%，由表 7-3-2 可知，在使用老化剂（金属无污染）条件下，蜡油掺入 10%渣油，其异构烯烃产率下降 1.83 个百分点，蜡油掺入 20%渣油，其异构烯烃产率下降 3.18 个百分点。对比 0.2(LP+0.5CP) 的计算值与异构烯烃产率可知，由于添加了高残炭的渣油，其异构烯烃产率显著降低。

表 7-3-2 掺渣油进料对异构烯烃产率的影响

操作方式	单程	单程	单程
原料	兰州 VGO	兰州 VGO/10%VR	兰州 VGO/20%VR
原料链烷烃含量/%	35.7	32.9	30.1
原料环烷烃含量/%	45.0	44.0	43.0
0.2(LP+0.5CP)	11.64	10.98	10.32
$i-C_4H_8$/%	5.25	5.04	3.68
$i-C_5H_{10}$/%	6.75	5.13	5.14
异构烯烃产率/%	12.00	10.17	8.82

（二）重金属钒/镍的影响

用老化 RFC 催化剂（无金属污染）、中型污染 1200μg/g Ni 的 RFC 老化剂及取自兰炼 MIO 工艺工试的平衡剂，其钒、镍污染量分别为 3500μg/g、1500μg/g 等 3 种催化剂，加工同一掺渣油原料，其结果见表 7-3-3。由表 7-3-3 可知，加工同一掺渣油重油原料，在相同转化率水平下，中型污染老化剂的异构烯烃生成率下降 7.25%，工业平衡剂的异构烯烃生成率下降 15.60%，表明催化剂上重金属钒、镍会降低异构烯烃的生成。

表 7-3-3 老化剂/平衡剂钒、镍污染对操作结果的影响

编号	1	2	3
催化剂	中型老化剂	中型污染老化剂	工业平衡剂
(V+Ni)含量/(μg/g)	0，0	0，1200	3500，1500
原料油	兰炼 VGO/VR(25%)		
转化率/%	80.61	80.61	80.61
$i-C_4H_8$含量/%	5.39	5.01	4.25
$i-C_5H_{10}$含量/%	6.34	5.87	5.65
异构烯烃含量/%	11.73	10.88	9.90

（三）胶质、沥青质含量的影响

从催化机理知，胶质、沥青质是催化焦、残炭焦的主要贡献组分，两者不仅对异构烯烃的生成贡献极微，且迅速生焦，或使活性中心失活，或堵塞链烷烃、环烷烃进入分子筛孔腔而不能接近活性中心，导致异构烯烃生成率下降，是影响异构烯烃产率的负因素。

综上所述，加工蜡油进料，只需解决催化剂、反应系统及苛刻度三大问题。加工渣油进料，除上述问题外，还需解决钒镍污染，柴油馏分难转化，残炭、胶质、沥青质大量生焦，及碱氮临时中毒等四大负效因素问题。

第四节 MIO 工艺试验研究

一、试验装置

小型探索性试验所用的装置为小型固定流化床催化裂化装置。固定流化床装置为一返混

床反应器、单程操作、反应-再生相间进行，反应时间较长，适合于做规律性研究和探索性试验。装置催化剂装填量为100~400g。原料油经计量、预热后与雾化水蒸气混合，一并经预热器进入反应器，反应后用水蒸气汽提掉催化剂上的油气。

中型试验装置为中型提升管流化床催化裂化装置。提升管中型装置是连续进行反应-再生，提升管反应器内催化剂和油气返混少，反应时间短，可以模拟工业装置的各种操作，数据也能很好地代表工业装置的情况。

二、原料油性质

实验室研发阶段使用的原料油共十余种，包括大庆、兰州和辽河的减压馏分油和减压渣油。其中大庆及兰州原料油是典型的石蜡基原料油，辽河原料是典型的环烷基原料油，并且辽河蜡油的性质与国际通用原料油（中东原油瓦斯油）有很大的可比性。其中一些原料的主要性质见表7-4-1。

表7-4-1 工艺试验研究的原料性质

原料油名称	大庆蜡油	兰州蜡油	辽河蜡油	大庆蜡油	大庆常渣	兰州蜡油
掺渣量/%				20（减渣）		20（减渣）
密度（20℃）/（g/cm^3）	0.8788	0.8764	0.9249	0.8687	0.8945	0.8884
残炭/%	0.1	0.12	0.2	1.8	4.6	2.04
碱性氮/（μg/g）	232	304	860	581	1172	704
元素组成/%						
C	86.22	86.01	87.07	86.48	86.75	86.79
H	13.29	13.47	12.55	13.26	12.95	12.73
S	0.27	0.24	0.20	0.15	0.18	0.16
N	0.20	0.07	0.22	0.11	0.12	0.32
族组成/%						
饱和烃	80.5	75.1		67.6	50.3	65.6
芳烃	16.1	18.7		21.0	29.2	22.0
胶质	3.4	5.5		11.2	20.1	11.1
沥青质	0	0.7		0.2	0.4	1.3
馏程/℃						
初馏点	278	223	249	249	267	232
10%	394	338	326	348	382	347
50%	458	431	416	484		445
90%	500（77%）	518	477	522（60%）	508（38%）	538（80%）
终馏点			508			
特性因数（K）	12.5	12.4	11.5	12.4	12.2	12.1

不同的原料所得到的产品分布有所不同，原料的石蜡性越强，即K值越高，液化气和

碳三、碳四烯烃产率越高；对中间基油，如新疆、青海混合蜡油和辽河蜡油的液化气产率则仅分别为大庆蜡油的73.3%和54.5%。此外，原料的轻重也影响到液化气的产率，如减压蜡油的液化气产率为34.6%，而常压渣油的只有28.7%。

三、催化剂性质

试验用催化剂为RIPP研制的MIO系列催化剂。由催化剂齐鲁分公司生产制备的催化剂命名为RFC。部分新鲜催化剂性质列于表7-4-2，实验前催化剂经中型装置水蒸气老化处理。

表7-4-2 新鲜催化剂性质

催化剂名称	MIO-1	MIO-2	RFC
化学组成/%			
Al_2O_3	47.4	48.40	51
Fe_2O_3	0.21	0.12	0.17
Na_2O	0.33	0.35	0.30
物理性质			
表观密度/(g/mL)			
比表面积/(m^2/g)		269	227
孔体积/(mL/g)		0.37	0.30
磨损指数		2.6	1.9
筛分组成/%			
0~40μm			28.9
40~80μm			61.8
>80μm			9.3
微反活性(800℃、4h老化后)	66		69

四、工艺试验研究结果

(一)反应温度的影响

反应温度对FCC过程中的所有化学反应均有很大影响。温度升高，相对有利于提高吸热反应(如裂化、脱烷基反应)的速率，不利于放热反应(如氢转移反应)。所以，提高反应温度对多产气体烯烃和异构烯烃有利。

表7-4-3是辽河蜡油在不同反应温度下的产品分布及烯烃选择性。试验用催化剂为23MIO-2，反应剂油比10，空速$10h^{-1}$，雾化水量5%。随反应温度的增加，转化率提高，汽油、丙烯产率明显增加，异丁烯、异戊烯产率有一定的提高，干气、焦炭产率极大增加。如反应温度从519℃提高到548℃时，丙烯、丁烯及异丁烯产率分别从6.57%、7.28%及2.85%提高到7.89%、8.24%及3.27%，异戊烯产率几乎不变，异丁烷产率也没有增加，异丁烷/异丁烯产率还有一定的减小。

表 7-4-3　反应温度对烯烃选择性的影响

实验编号	A-123	A-104	A-119	A-120
反应温度/℃	519	536	548	579
转化率/%	48.72	55.37	56.61	63.42
产品产率/%				
H_2~C_2	2.64	2.90	3.77	5.60
C_3~C_4	15.50	18.41	17.59	19.48
C_{5+}汽油	25.90	28.80	28.20	30.16
柴油	20.94	20.40	19.97	18.61
重油	30.34	24.23	23.41	17.97
焦炭	5.14	5.26	7.05	8.19
烯烃产率/%				
$C_2^=$	0.81	1.00	1.15	1.81
$C_3^=$	6.57	7.79	7.89	9.19
$C_4^=$	7.28	8.97	8.24	8.72
$C_5^=$	2.85	3.49	3.27	3.18
i-$C_4^=$	3.83	3.97	3.78	3.85
i-$C_5^=$	5.71	6.07	5.84	6.06
i-C_4^0/i-$C_4^=$	0.22	0.22	0.18	0.17

注：试验条件：辽河蜡油，MIO 催化剂，剂油比 10，空速 $10h^{-1}$，雾化水量 5%。

所以，在一定范围内提高反应温度有利于多产气体烯烃及异构烯烃，但反应温度过高对异构烯烃产率不会起更大促进作用，反而会使干气产率过高。根据试验结果，反应温度小于550℃为好。

（二）剂油比的影响

剂油比是非独立参数，它的影响不仅取决于其他条件，而且取决于所用催化剂。常规REY 及 REUSY 型分子筛催化剂，由于氢转移反应活性较高，所以，提高剂油比，虽然能提高转化率，增加气体及汽油产率，但增加的气体主要是烷烃类，烯烃或异构烯烃产率增加较少。

MIO 催化剂，氢转移反应活性一般较低，所以，增大剂油比，提高了催化剂对单位原料油的活性中心数，加强了裂化反应，有利于气体烯烃或异构烯烃的生成。从表 7-4-4 可以看出，随着剂油比的提高，转化率提高，汽油、丙烯、丁烯、异丁烯及异戊烯都有不同程度的增加。如剂油比从 5.3 提高到 10.2 时，异丁烯及异戊烯分别从 2.92%、3.32%提高到 3.43%、4.14%。剂油比继续增大，焦炭产率增加明显，烯烃产率增加较少，异丁烯、异戊烯还有一定的下降。

表 7-4-4　剂油比对烯烃选择性的影响

实验编号	A-102	A-100	A-106	A-107
剂油比	5.3	7.7	10.2	12.7
转化率/%	48.65	50.80	56.07	58.03
产品产率/%				
H_2~C_2	2.85	2.85	2.83	3.26

续表

实验编号	A-102	A-100	A-106	A-107
$C_3 \sim C_4$	15.57	16.56	18.45	18.09
C_{5+}汽油	25.46	26.47	29.75	30.66
柴油	20.72	20.39	20.39	19.94
重油	30.67	28.81	23.54	22.03
焦炭	4.77	4.93	5.04	6.02
烯烃产率/%				
$C_2^=$	0.92	0.97	1.05	1.18
$C_3^=$	6.92	7.53	8.28	8.39
$C_4^=$	7.30	7.54	8.55	8.01
$C_5^=$	5.07	5.89	6.45	6.05
$i\text{-}C_4^=$	2.92	3.12	3.43	3.01
$i\text{-}C_5^=$	3.32	3.88	4.14	4.08
$i\text{-}C_4^0/i\text{-}C_4^=$	0.19	0.22	0.22	0.29

注：试验条件：辽河蜡油，MIO催化剂，反应温度535℃，空速$10h^{-1}$，雾化水量5%。

剂油比的高低与催化剂的活性关系极大，而且二者都有一定的限度。活性高的催化剂，较小的剂油比就可达到高转化率，但高活性催化剂的选择性一般都有一定的限制，所以其最大异构烯烃产率会受到一定的损失，活性低的催化剂，选择性一般较好些，但需要较高的剂油比才能达到一定的转化水平，而太高的剂油比会使焦炭产率增加，即使低氢转移活性的催化剂，在过高剂油比时也会发生一定的氢转移反应而使异构烯烃减少。

（三）反应时间的影响

一般来说，增加油剂接触时间，即加强了操作苛刻度，对提高转化率，实现过裂化有利。对于低活性催化剂或较难裂化的原料油来说，必需有足够的反应时间达到一定的转化率，才能保证较高的异构烯烃产率。如表7-4-5所示，增加反应时间(降低空速)，转化率提高，丙烯、丁烯增大，汽油先增加后下降，干气、焦炭产率增加，异丁烯有一定的提高，异戊烯几乎不变。

表7-4-5 反应时间对烯烃选择性的影响

实验编号	A-113	A-111	A-104	A-110
空速/h^{-1}	26.6	16.5	10.0	3.9
转化率/%	38.43	47.37	55.37	60.59
产品产率/%				
$H_2 \sim C_2$	1.88	2.40	2.90	4.50
$C_3 \sim C_4$	10.94	14.26	18.41	22.77
C_{5+}汽油	21.48	25.72	28.80	25.52
柴油	20.07	20.41	20.40	16.26
重油	41.50	32.22	24.23	23.14
焦炭	4.13	4.98	5.26	7.80
烯烃产率/%				
$C_2^=$	0.58	0.75	1.00	1.56

续表

实验编号	A-113	A-111	A-104	A-110
$C_3^=$	4.48	5.97	7.79	10.38
$C_4^=$	5.68	7.13	8.97	9.98
$C_5^=$	5.28	5.89	3.49	5.90
i-$C_4^=$	2.30	2.92	3.97	3.78
i-$C_5^=$	3.45	3.64	6.07	3.73
i-C_4^0/i-$C_4^=$	0.13	0.17	0.22	0.28

注：试验条件：辽河蜡油，MIO 催化剂，反应温度 535℃，剂油比 10，雾化水量 5%。

对于高活性催化剂或容易裂化的原料油，反应很容易达到一定的转化水平。再增大反应时间，对多产异丁烯、异戊烯不利，因为异丁烯、异戊烯有更多的时间发生氢转移反应变成相应的烷烃，或者生焦和裂化。

反应时间增加，导致干气及焦炭产率增大，所以，靠增加反应时间来提高异构烯烃的办法是有限制的。

（四）雾化水量的影响

在进油过程中增加雾化水量，不仅可以改善原料的雾化，使剂油接触效果更好，更主要的是降低了烃分压，有利于原料的裂化，而对于诸如氢转移和缩合等双分子反应有一定的抑制作用，同时缩短了反应停留时间。表 7-4-6 中所列数据为相同操作条件下，雾化水量从 10%提高到 15%时的数据。从中可见雾化水量的增加对异构烯烃产率影响较大，总异构烯烃产率增加了 12%，其中异丁烯增长了 18%。整个产品分布也有改善，液化气及汽油收率明显提高，生焦量降低，干气产率不变。因此，对于热负荷有余量的装置，增加雾化水量，对异构烯烃增产和改善产品分布都是有利的。

表 7-4-6　雾化水量对烯烃选择性的影响

实验编号	M9404-2	M9404-3
雾化水量/%	10	15
停留时间/s	2.64	2.18
转化率/%	77.56	78.53
产品产率/%		
H_2~C_2	2.74	2.78
C_3~C_4	25.73	26.48
C_5+汽油	42.82	43.52
柴油	17.13	16.25
重油	5.31	5.22
焦炭	5.82	5.32
烯烃产率/%		
$C_3^=$	9.35	9.47
$C_4^=$	11.01	12.26
$C_5^=$	6.26	7.97
i-$C_4^=$	4.21	4.96
i-$C_5^=$	5.2	5.58
i-$C_4^=$/i-C_4^0	1.3	1.74

注：试验条件：兰州蜡油掺渣油，MIO 催化剂，反应温度 530℃，剂油比 8。

（五）再生环境的影响

在油剂接触的瞬间，较高的催化剂再生温度对原料油中的重质组分的气化及裂化很有好处。由表7-4-7看出：当再生温度从625℃提高到660℃时，转化率提高了约4个百分点；目的产品的收率有较明显的提高，总异构烯烃产率增长了近19%，汽油收率提高2个百分点以上，焦炭产率略有提高。

再生剂含碳量与再生器烧焦环境和强度有关，积炭量增加必然会影响催化剂的活性。表7-4-8显示了再生剂含碳量由0.07%增大到0.17%时，转化率下降约1.4个百分点，汽油产率下降约1个百分点，异丁烯和异戊烯变化很小，这表明MIO催化剂具有一定的抗积炭能力。

表7-4-7 再生温度对烯烃选择性的影响

实验编号	M9404-2	M9404-1
再生温度/℃	660	625
转化率/%	77.56	72.88
产品产率/%		
H_2~C_2	2.74	3.17
C_3~C_4	25.73	23.32
C_5+汽油	42.82	40.26
柴油	17.13	17.47
重油	5.31	9.65
焦炭	5.82	5.50
烯烃产率/%		
$C_3^=$	9.35	8.43
$C_4^=$	11.01	9.61
$C_5^=$	6.26	6.26
i-$C_4^=$	4.21	3.79
i-$C_5^=$	5.20	4.13

注：试验条件：兰州蜡油掺渣油，MIO催化剂，反应温度530℃，剂油比8，雾化水量10%。

表7-4-8 再生剂含碳量对烯烃选择性的影响

实验编号	A-123	A-125
再生剂含碳量/%	0.07	0.17
转化率/%	48.72	47.30
产品产率/%		
H_2~C_2	2.64	2.40
C_3~C_4	15.50	14.69
C_5+汽油	25.90	24.89
柴油	20.94	21.66
重油	30.34	31.05
焦炭	5.14	5.31
烯烃产率/%		
$C_3^=$	6.57	6.31
$C_4^=$	7.28	7.12
$C_5^=$	2.85	5.43
i-$C_4^=$	3.83	2.88
i-$C_5^=$	5.71	3.59

注：试验条件：辽河蜡油，MIO催化剂，反应温度520℃，剂油比10，雾化水量5%。

五、异构烯烃产率影响因素小结

正如前述，异构烯烃生成的影响因素与原料类型有关。对渣油型原料，除了受链烷烃、环烷烃含量影响外，还增加了诸如残炭、重金属诸多抑制链烷烃、环烷烃转化生成烯烃的负面因素。从提高特定进料异构烯烃最大化程度角度，其关键因素有五个方面：提高 $i\text{-}C_4^=$/总 $C_4^=$、$i\text{-}C_5^=$/总 $C_5^=$ 比值，尽可能接近热力学平衡值；提高 C_3、C_4 及 C_5 馏分的烯烃度；改变 $C_3^=$、$C_4^=$ 及 $C_5^=$ 之间的比率；提高氢转移抑制指数HTSI，即 $i\text{-}C_4^=/i\text{-}C_4^0$；提高 C_4、C_5 馏分的异构物对正构物之比。

总的说，对于催化裂化反应条件，主要的因素是反应温度和剂油比。较高的反应温度有利于提高裂化反应与氢转移反应的速率之比，对于多产气体烯烃和异构烯烃有利。但反应温度太高时，造成热裂化严重，使正丁烷、正丁烯，特别是 C_1、C_2 等产率增大而对产品分布不利。提高剂油比可加强正碳离子的催化裂化反应，对于氢转移反应活性低的催化剂，提高反应深度，有利于异构烯烃的产生。但剂油比过高时，焦炭产率逐渐增加。

第五节 工业试验和工业应用

MIO 工艺工业试验在兰州炼油化工总厂（兰炼）第一套催化裂化装置上进行。工业试验之前，根据 MIO 工艺要求和兰炼装置具体情况，确定在原有装置上进行 MIO 工艺工业试验的改造方案，模拟或实施 MIO 专利技术操作，并组织 MIO 工艺工程开发。在工业试验结束后，该装置一直按 MIO 工艺条件操作，累计达 2 年零 9 个月，为企业在 FCC 基础上新增了 75150 万元经济效益，平均异构烯烃产率比常规催化裂化操作增加 1.45 倍，汽油的 *RON* 增加了 3 个单位以上[14]。

一、工业试验准备

为确认 MIO 工艺技术已具备工业试验的条件，中国石化总公司发展部于 1995 年 1 月召开了以袁晴棠院士、侯芙生院士为首的专家评议会。经充分评议，同意 MIO 工艺于 1995 年一季度在兰州炼油化工总厂原 MGG 装置上进行工业试验。本次工试确定的工艺指标如下：

原料：掺渣率 20/%

产率：异丁烯+异戊烯≥10.0/%

产品：汽油辛烷值 *RON*>90，柴油十六烷值>20

1995 年 1 月，RFC 催化剂在齐鲁分公司周村催化剂厂进行的工业试验，生产 RFC 催化剂 250t。该剂经过技术人员在固定流化床及循环流化床的试验评价，证实其性能可满足工业试验的要求。

为确保工业试验达到既定目标，技术人员两次对装置操作现状及设备工况进行普查，并进行工艺核算，编写工业试验方案。工艺工程方面的改造内容包括：①反应-再生系统：设计新型反应器系统，包括干气预提升、高线速小滑落剂油接触床、顶部急冷终止技术及配套的再生剂藏量、改善催化剂输送系统及优化反再热平衡技术等，以满足 MIO 工艺工程的要求；②分馏和吸收稳定系统：改造和完善分馏和吸收稳定系统，确保有较好的组分分离和回收率。

二、工业试验结果

兰炼第一套催化裂化装置为带有后置烧焦罐的两段再生式的重油催化裂化装置。在试验前，该装置使用 LB-1 催化剂，加工量为 450~480kt/a。在工业试验期间，共完成 4 个标定条件，包括按中试条件进行的试标定方案，及正式标定、重复标定、单程正式标定等 4 个标定方案。

（一）操作参数及优化

兰炼催化裂化装置在不进行技改前提下开展 MIO 工艺工业试验，首先要面对 7 个装置操作极限，包括：空压机/烟机容量过大，有最低容量限制；提升管容积过大，有最小反应时间限制；分馏塔过大，有最小处理量限制；催化剂循环量过小，有最大循环量限制；催化剂藏量偏小，有最大烧焦时间限制；气压机容量过小，有最大出力限制；再生系统设计的可利用热小，有最高转化率限制。须从总体上对工艺参数优化，硬件极限、化学反应工程及操作策略进行统一的协调。经各方的共同努力，先后采取了 26 条操作改进措施，使主要操作参数基本接近 MIO 工艺的规定指标。操作改进措施及其目标见表 7-5-1。

表 7-5-1　MIO 工艺试验的操作改进及目标

序号	操作参数及操作改进	烯烃选择性控制	苛刻度控制	重油转化深度控制	改善烧焦能力	保护催化剂	汽油/柴油过裂化控制
1	两段进料	√	√	√			√
2	提高预提升线速	√		√			
3	以干气代替预提升蒸汽					√	
4	提高提升管整体平均线速	√	√				√
5	提高反应温度	√	√	√			√
6	提高循环量	√	√	√			√
7	降低新鲜进料速率	√	√	√			√
8	优化催化剂 ZA/MA	√		√		√	√
9	减少反应停留时间	√	√			√	√
10	急冷终止汽油过裂化	√	√				√
11	提高汽提段藏量				√	√	
12	提高烧焦罐藏量				√		
13	提高缓冲罐藏量		√				
14	提高再生器藏量		√		√		
15	减少再生床层线速				√	√	
16	减少烧焦主风量				√	√	
17	减少外取热风量					√	
18	增加套筒风量				√		
19	减少分馏塔顶循环量		√				√
20	减少分馏塔富气线冷却量		√				√
21	增加气压机出口量，减少反飞动量		√				√
22	控制原料中<350℃馏分含量	√		√			
23	控制原料 Ni、V 含量	√					
24	控制掺炼渣油量			√		√	
25	控制渣油比重及残炭		√	√		√	
26	控制催化剂炭差水平	√	√				√

工业试验标定和生产期间的主要操作条件见表 7-5-2。从表 7-5-2 可见，在实际的工

业生产期间，剂油比比试验标定时低了3个单位左右，主要原因是处理量提高了，而催化剂循环量受到输送流化线路的限制及烧焦时间限制；提升管注水量也有所降低，其余参数均相近。

表7-5-2 MIO工艺试验的操作改进及目标

项 目	空白标定	工业试验标定	生产标定
反应压力/MPa	0.15	0.15	0.155
再生器压力/MPa	0.19	0.19	0.193
反应温度/℃	522	532	533
原料预热温度/℃	246	245	235
烧焦罐温度/℃	688	655	664
提升管注水量(对进料)/%	7.42	15.38	10.0
剂油比(质量比)	5.33	9.53	6.4
回炼比(质量比)	0.25	0.14	0.16
反应时间/s	4.10	3.45	3.4
再生温度/℃	698	666	676

如前所述，催化裂化原料是决定产率及产品性质的最主要的过程参数。由于试验期间兰炼原料供应主要来自新疆南疆油田，其原料馏分组成为常四线、减压塔顶、减一线、减四线及减压渣油。因而造成催化裂化原料劣质及多变性。由于可裂化性最优的减二、减三线全部作为润滑油原料，故进料中小于350℃馏分含量、钒含量对此次试验结果影响最大。面对客观原料的不利因素，针对原料性质的变化，进行操作参数的离线调优，成为此次工业试验的主要工作任务。

（二）原料性质

MIO工艺工业试验原料主要性质见表7-5-3。表7-5-3可以显示兰炼混合重油原料的特点：①小于350℃馏分即直馏柴油馏分含量高达14.7%~14.9%，氢含量高，不易裂化。实际上，因小于350℃馏分属传统理论认定为不转化组分，它作为进料，在计算产品产率时作为分母存在，是产率偏低的重要原因之一。同时在生产异构烯烃过程中，该不转化组分对异构烯烃产率贡献极微。②残炭值在3.1%~3.3%之间，是决定动力学转化率的关键因素。③饱和烃含量在61%~66%之间。质谱分析结果表明，饱和烃中链烷烃含量比较低，约占42%~45%左右，是原料内在的烯烃潜产率并不高的原因。④重金属钒含量高，在5.7~11.5μg/g之间，对催化剂反应性能及异构烯烃选择性损害较大。

表7-5-3 MIO工业试验原料油性质

项目	空白标定	正式标定	重复标定	单程正式标定
密度(20℃)/(g/cm^3)	0.8788	0.8898	0.8809	0.8915
残炭/%	3.1	3.1	3.2	3.2
掺渣率(减压渣油)/%	22.0	20.0	18.0	27.0
H含量/%	13.20	12.96	13.05	12.85
族组成/%				
饱和烃	64.0	61.5	65.8	62.2

续表

项目	空白标定	正式标定	重复标定	单程正式标定
芳烃	22.1	21.8	20.9	23.2
胶质	13.8	15.7	12.4	13.8
沥青质	0.1	1.0	0.9	0.8
单环芳烃含量/%	—	10.9	8.6	13.0
(饱和烃+单环芳烃)含量/%	—	72.4	74.4	75.2
馏程体积分数/%				
<350℃	21.0	14.9	14.7	12.5
>500℃	25.0	37.0	30.0	33.0
金属含量/(μg/g)				
Ni	4.3	2.7	3.7	2.9
V	6.3	5.7	11.5	7.1

小于350℃馏分含量、饱和烃含量特别是链烷烃含量等二项指标是影响MIO工业试验转化深度、烯烃及异构烯烃产率的直接因素，残炭、重金属、钒含量则是间接因素。因此，从原料看，上述负效应因素都对MIO工业试验的异构烯烃产率起了抑制或消减作用。

(三) 平衡剂性质

MIO工业试验是以LB-1催化剂的常规FCC操作为比较基准。表7-5-4为工业试验期间平衡剂主要性质比较。由表7-5-4可见，RFC平衡剂在金属污染水平达5000μg/g、钒污染量达3400~3660μg/g范围时，其微活水平可维持在60~63之间；表面积损失率只有47%，比REY剂低14%；单位微活的表面积比REY剂相对高16%左右。上述数据表明RFC剂具有良好的抗钒污染能力及优良的热与水热稳定性。

表7-5-4 MIO工业试验平衡剂性质

项目	空白标定	正式标定	重复标定	单程正式标定
催化剂名称/藏量参数	LB-1/100%	RFC/95%	RFC/70%	RFC/90%
RE_2O_3含量/%	3.8	1.43	1.78	1.51
CRC/%	0.15	0.14	0.14	0.11
金属污染量/(μg/g)				
V	4500	3409	3660	3451
Ni	1700	1560	1505	1561
物理性质				
比表面积/(m^2/g)	117	124	124	126
孔体积/(mL/g)	0.23	0.18	0.19	0.19
表面积损失率%	61.0	47.0	47.0	46.0
微反活性/%	68	61	60	63
新鲜剂加入速率/(kg/t)	1.50	1.75	1.75	1.75

（四）产物分布

MIO 工试标定数据见表 7-5-5。MIO 工艺产物分布有以下 4 个特点：①二级转化率翻一番，由 2.17%增到 4.5%；这是产率分布发生较大转变的重要因素。②高价值产品产率(LPG+GSL+LCO)增长 1.4%~1.6%，是靠 RFC 催化剂优良的焦炭选择性，在维持焦炭产率相当的前提下，增加重油转化、减少热裂化达到的结果。③柴油与汽油产率分别因过裂化而减少 12.4%和 2.4%，使液化气产率增加约 16%(加上塔底油转化组分)。这是增加 C_3、C_4烯烃度及异构烯烃的主要途径，体现了 MIO 工艺通过高烯烃度及汽油过裂化生产烯烃的反应机理。④焦炭选择性好。即使重金属污染水平达到 5000μg/g，二级转化率翻一番，其焦炭选择性仍由 FCC 操作的 10.8%下降到 9.35%左右。

表 7-5-5 MIO 工业试验物料平衡

项目	空白标定	正式标定	重复标定	单程正式标定
操作方式	回炼	回炼	回炼	单程
产品产率/%				
H_2~C_2	3.45	2.76	2.67	2.15
C_3~C_4	13.53	30.23	29.34	25.72
C_5^+ 汽油	43.62	40.75	41.74	39.97
柴油	30.46	18.07	18.13	17.46
重油	1.08	—	—	7.09
焦炭	7.40	7.66	7.68	6.35
损失	0.45	0.52	0.44	0.45
转化率/%	68.46	81.93	81.87	74.64
高价产品产率/%	87.61	89.05	89.21	83.15
二级转化率①	2.17	4.53	4.52	2.94
焦炭选择性/%	10.81	9.35	9.38	8.51

① 二级转化率=转化率/(100-转化率)。

（五）目标产物产率

MIO 工艺的目标产物是醚类原料(异丁烯、异戊烯及丙烯)与高辛烷值汽油组分，轻柴油不作为目标产物。由表 7-5-6 可知目标产率及其特点：①与 FCC 操作相比，异构烯烃产率由 3.57%增长到 10.18%，增加 6.6 个百分点；醚类原料由 7.87%增长到 20.4%，增长 12.53 个百分点；目标产物产率由 49.38%增长到 55.8%~57.1%，增长 6.4~7.7 个百分点。②目标产物的相对增长率高。③烯烃度高。由表 7-5-7 可见，丙烯、异丁烯及异戊烯的烯烃度分别比 FCC 操作增加 7~8 个百分点，13~15 个百分点及 12 个百分点左右。异构产物中烯烃对烷烃比增长一倍。

表 7-5-6 MIO 工业目标产物产率

项目	空白标定	正式标定	重复标定	单程正式标定
目标产物产率/%				
$C_3^=$	4.30	10.23	11.13	9.40
$i\text{-}C_4^=$	1.46	4.82	4.25	3.97
$i\text{-}C_5^=$	2.11	5.36	5.88	5.25
汽油（无 $i\text{-}C_5^=$）	41.51	35.38	35.86	34.72
总计	49.38	55.79	57.12	53.34
Δ 总计	基准	+6.41	+7.74	+3.96
异构烯烃（$i\text{-}C_4^= + i\text{-}C_5^=$）	3.57	10.18	10.13	9.22
醚类原料（$C_3^= + i\text{-}C_4^= + i\text{-}C_5^=$）	7.87	20.41	21.26	18.62

表 7-5-7 MIO 工艺烯烃产率及烯烃选择性

项目	空白标定	正式标定	重复标定	单程正式标定
烯烃度/%				
$C_2^=$/总 C_2	50.69	56.10	57.43	56.82
$C_3^=$/总 C_3	79.63	87.51	87.36	88.26
$C_4^=$/总 C_4	56.33	71.90	69.66	70.87
$C_5^=$/总 C_5	51.15	63.69	63.22	63.73
异构烯烃/烷烃比				
$i\text{-}C_4^=/i\text{-}C_4^0$	0.54	1.17	1.04	1.10
$i\text{-}C_5^=/i\text{-}C_5^0$	0.60	1.26	1.25	1.28

（六）产品性质

稳定汽油辛烷值比 FCC 汽油有大幅度增长，*RON* 增长约为 3.5~4.5，*MON* 增长约为 1.0~1.6；安定性相当，诱导期、二烯值、溴价和实际胶质与 FCC 汽油相近或相差无几。烃族组成表现为饱和烃含量下降，烯烃和芳烃含量有较大增长。该汽油加防胶剂后（添加数量与 FCC 汽油同）可作为 93 号高辛烷值汽油出厂。碱洗前稳定汽油性质见表 7-5-8。

表 7-5-8 MIO 工艺工业试验稳定汽油（碱洗前）性质

项目	空白标定	正式标定	重复标定	单程正式标定
实际胶质/（mg/100mL）	1.4	1.0	0.6	1.4
溴价/（gBr/100g）	78.1	100.1	94.9	101.2
二烯值/（gI/100g）	1.96	2.60	2.09	2.68
诱导期/min	180	180	240	225
MON	79.0	81.5	81.6	81.2
RON	90.0	94.6	94.5	93.2
烃族组成/%				
烷烃	34.40	25.66	28.01	27.25
烯烃	31.79	42.37	39.18	39.90
环烷烃	9.25	7.21	6.59	7.50
芳烃	24.56	24.75	26.23	25.24

催化柴油性质见表7-5-9。催化柴油十六烷值下降，但保持在26以上。颜色色度有很大改善。色度由12下降到2~3，这是烯烃含量下降(溴价下降)的结果。此柴油馏分与催化裂化操作所得柴油均需用直馏柴油调和方可出厂。

表7-5-9 MIO工艺工业试验柴油性质

项目	空白标定	正式标定	重复标定	单程正式标定
密度(20℃)/(g/cm^3)	0.8789	0.8882	0.8992	0.8956
实际胶质/(mg/100mL)	29.2	41.2	28.0	57.2
溴价/(gBr/100g)	25.85	18.91	18.73	18.01
苯胺点/℃	54.3	42.6	46.3	40.7
凝固点/℃	-6	-6	-3	-6
10%残炭/%	0.28	0.02	0.04	0.02
烃族组成/%				
烷烃	76.4	69.2	77.4	71
芳烃	23.4	30.8	22.6	28.4
胶质	0.4	0	0	0
十六烷值	36	27	36	26.5

三、工业试验总结

MIO工艺工试成果可归纳为4项：

(1) 加工残炭值为3.1%~3.3%、小于350℃直馏柴油馏分体积分数达15%、重金属钒含量达5.7~11.5μg/g、饱和烃含量在61.5%~66%之间的混合重油原料，催化剂钒污染水平达3500μg/g前提下，异构烯烃产率为10.18%，比空白标定增长184%；三烯产率达20%~21.3%，比空白标定增长160%~170%。于此同时，汽油产率仍保持在40%~41%左右。这是国内外首次加工掺渣油、高钒含量重质原料，兼顾最大异构烯烃及汽油目标的最高产率数据。

(2) 成功开发一种抗钒污染、富产异构烯烃的新型催化剂RFC。该剂在钒污染水平达3400~3660μg/g、镍钒污染总量达5000μg/g条件下，平衡微反活性为60~63，比表面积124~126m^2/g，呈现出良好的抗钒污染及热稳定性、水热稳定性等性能，和良好的焦炭选择性及异构烯烃选择性。

(3) MIO工艺反应系统的工艺参数调优，是针对残炭、高钒污染等负效应因素，提高异构烯烃生成率，取得工业试验成功的关键因素。

(4) 产品质量改进。汽油安定性与FCC空白标定所得汽油产品相比，辛烷值达到当时预定的指标，其增幅大，*RON*增加3.5~4.5个单位，*MON*增加1.0~1.6个单位，可作为93号汽油出厂。

MIO工艺开发了一项以重质原料(含减压渣油20%以上)进行最大量生产异构烯烃兼产高辛烷值汽油的新型催化裂化技术，可快捷、经济、有效地解决当时生产环保急需的清洁汽油所面临的醚类原料严重短缺局面。该项技术内含三项科技成果：①一种兼具裂化渣油，抗钒镍污染并高产烯烃，特别是高产异构烯烃的催化剂，申请了中国专利两项 CN1099788A 和 CN1143666A。②一个新型反应系统，该系统突破传统的提升管反应器设计概念，将反应系统分成三个反应区，底部渣油深度转化区，中间为中间馏分过裂化及烯烃异构化区，顶部为异构烯烃氢转移抑制区。本系统申请了中国专利 CN1058046C。③开发了一个无返混床反应器，作为剂油初始接触反应器。④优化了多产异构烯烃的工艺参数操作区，改变了传统的操作观念。

参 考 文 献

[1] 魏述俊．新配方汽油对我国炼油工业的影响及对策[J]．石油炼制与化工，1994，25(7)：37-43

[2] 全国石油产品和润滑剂标准化技术委员会．GB 17930—2006 车用汽油[S]．北京：中国标准出版社，2006.

[3] 全国石油产品和润滑剂标准化技术委员会．GB 17930—2011 车用汽油[S]．北京：中国标准出版社，2011.

[4] 全国石油产品和润滑剂标准化技术委员会．GB 17930—2013 车用汽油[S]．北京：中国标准出版社，2013.

[5] 郭莘．中国汽油质量升级现状分析及发展建议[J]．石油商技．2013(3)：4-11.

[6] 乔莉．车用汽油标准发展趋势及对我国车用汽油标准升级建议[J]．石油商技．2012(2)：76-79.

[7] 钟孝湘，潘煜，林文才，等．多产烯烃的催化裂化方法及其提升管反应系统[P]. CN1058046C. 2000-11-01

[8] 许友好．催化裂化化学与工艺[M]．北京：科学出版社，2013：877-879.

[9] 汪燮卿，陈祖庇，蒋福康．重质油生产轻烯烃的 FC C 家族工艺比较[J]．炼油设计 1998：25(6)，15-19.

[10] 侯芙生．中国炼油技术[M]．北京：中国石化出版社，2011：180-187.

[11] 张瑞驰．催化裂化多产气体烯烃催化剂[J]．石油化工，1997，25(6)：406-412.

[12] 顾敏仪，李才英，童颖．多产烯烃的裂化催化剂：CN1099788A[P]. 1999-02-24.

[13] 顾敏仪，李才英，刘清林，等．多产异构烯烃及汽油的裂化催化剂：CN1143666A[P]. 1997-02-26.

[14] 刘怀远．MIO 技术的工业应用[J]．石油炼制与化工，1998，29(8)：10-13.

第八章 MGD工艺

第一节 引言

催化裂化是最重要的重油轻质化过程，而且在提供轻烯烃方面具有不可取代的地位。催化裂化提供的产品有汽油组分、柴油组分和液化气等。在美国和欧洲，催化裂化汽油在商品汽油总量中的比例约为30%以下，在我国该比例达70%以上[1]（见表8-1-1）。在国外，催化裂化柴油主要作为燃料油的调合组分，少量经加氢精制或加氢处理后作为柴油调合组分；而在我国催化裂化柴油占商品柴油总量的比例达30%以上。催化裂化液化气中烯烃含量约为60%以上，是宝贵的石油化工原料，其中产出的丙烯约占丙烯总产量的30%以上。

表8-1-1 世界各国商品汽油组分构成 %

项目	世界	欧洲	美国	中国
重整汽油	33	41	31	15
催化裂化汽油	34	28	23	74
烷基化油	8	4	13	0.4
加氢裂化汽油	2	3	13	0
其他	23	24	20	10.6

基于环境保护的压力，汽油质量标准在不断提高，具体体现在对硫、芳烃、烯烃等成分含量要求的日益严格。横向比较来看（见表8-1-2），美国对于汽油中烯烃含量要求最为严格；欧盟次之；日本烯烃含量上限较欧盟严格；中国的烯烃含量要求较发达国家差距较大，上限远高于上述各国。

表8-1-2 各国汽油标准

项目	苯含量（体）/%	芳烃含量（体）/%	烯烃含量（体）/%	氧含量/%	硫含量/（μg/g）
美国					
RFG（2000年）	<2	<25	<10	<2.2	150
RFG（2005年）	<1	<25	<10	<2.2	30
CaRFG3（2003年）	<0.7	<22	<4	<2.2	15
RFG（2017年）	<1	<25	<10	<2.2	10

续表

项目	苯含量(体)/%	芳烃含量(体)/%	烯烃含量(体)/%	氧含量/%	硫含量/(μg/g)
欧洲					
欧Ⅲ(2000年)	<1	<42	<18	<2.7	150
欧Ⅳ(2005年)	<1	<35	<18	<2.3	50
欧Ⅴ(2009年)	<1	<35	<18	<2.3	10
日本					
清洁汽油(2000年)	<1	<42	<10	<2.7	100
清洁汽油(2005年)	<1	<42	<10	<2.7	50
清洁汽油(2007年)	<1	<42	<10	<1.3	10
中国					
国Ⅱ	<2.5	<40	<35	<2.7	500
国Ⅲ	<1	<40	<30	<2.7	150
国Ⅳ	<1	<40	<28	<2.7	50
国Ⅴ	<1	<40	<24	<2.7	10

催化裂化汽油中的烯烃含量(体积分数)一般为40%~60%，加之我国汽油构成中催化裂化汽油占比高，因此为了满足汽油质量标准的要求，必须降低催化裂化汽油的烯烃含量。

据估算，我国的焦化汽油产量约为3900~5400kt/a[2]，除加氢改质用作乙烯裂解原料外，还有一部分需要通过非加氢方式提高其品质。

统计数据发现[3]：我国的汽油和柴油消费量呈季节性变化，柴油消费量的高峰在3月与10月，汽油消费量的高峰主要在上半年，其中1月与7月是传统的消费高峰。

由于从2000年7月1日起我国开始实施汽油中的烯烃含量(体积分数)不大于35%的标准，炼油企业迫切要求降低催化裂化汽油的烯烃含量。并且国内许多地区经常出现季节性的液化气和柴油产品短缺，影响了企业的连续生产和效益，炼油企业希望能够在催化裂化装置上同时多产液化气和柴油，以增加企业适应市场变化的能力，从而增加企业的效益。

根据市场和企业的要求，RIPP开发了在提升管催化裂化装置上同时增产液化气和柴油、降低汽油烯烃含量的技术，即MGD(Maximum Gas and Diesel Fuel Process)技术。

第二节　MGD工艺技术构思

一、催化裂化的基本反应机理

催化裂化的基本反应机理是正碳离子链反应。一般认为反应有三步：首先是正碳离子的生成，即起始反应；第二步是正碳离子的链反应；第三步是终止反应。

正碳离子的生成可有不同途径，最基本的是：催化剂表面的B酸和充当弱碱的烯烃反应，如：

$$H_2C=CHCH_3+HX \longrightarrow H_3C-CH^+-CH_3+X^-$$

或从烷烃抽取一个负氢离子，如：

$$RH+HX \longrightarrow R^++X^-+H_2$$

或：

$$RH+L \longrightarrow LH^-+R^+(\text{L 酸})$$

一般认为，烯烃易于生成正碳离子，然后去攻击烷烃，抽取其一个负氢离子，生成正碳离子。在反应系统里有烯烃时，即使是微量也将引发正碳离子的迅速生成[4]。

烷烃及烯烃形成正碳离子后，裂化反应在带正电荷碳原子的 β 位的 C—C 键上发生。直链烷烃在 β 位继续断裂，直至生成丙烯。烷基苯的裂化则是形成正碳离子后烷基从苯环上断裂，生成苯基烷基正碳离子，然后再失去质子生成烯烃。

在催化裂化反应中，除裂化反应外还有氢转移反应、烷基转移反应、环化反应、烷基化反应和缩合反应等，这些反应都是在生成正碳离子后开始的。例如正碳离子从供氢分子中抽取一个负氢离子生成一个烷烃，供氢分子则形成一个新的正碳离子，并继续反应。烯烃生成正碳离子后可环化生成环烷烃和芳烃，可异构化再氢转移生成异构烷烃，也可叠合或烷基化等。在第一步生成正碳离子后，第二步则将发生各种顺序、平行的链反应。

第三步终止反应是在正碳离子脱附、催化剂表面的 B 酸恢复时，链转移即告终止，如下式所示：

$$C_3H_7^+ \longrightarrow C_3H_6+H^+$$

由于裂化反应是平行-顺序反应(见图 8-2-1)，随着反应深度增加，反应产物产率的变化规律为中间馏分(主要为柴油馏分)首先出现最大值，然后逐渐降低，接着汽油馏分产率出现最大值，而气体(液化气和干气)和焦炭则随着反应深度的增加一直在增多(见图 8-2-2)。由此可见在常规的催化裂化反应条件下，在最大柴油产率的反应深度下，液化气产率不会高；而在液化气产率较高的反应条件下，柴油已大部分裂化生成汽油和液化气等产物。

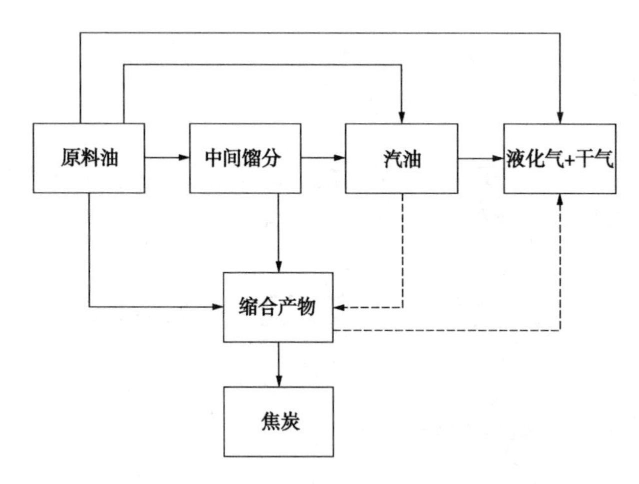

图 8-2-1　催化裂化平行-顺序反应示意图

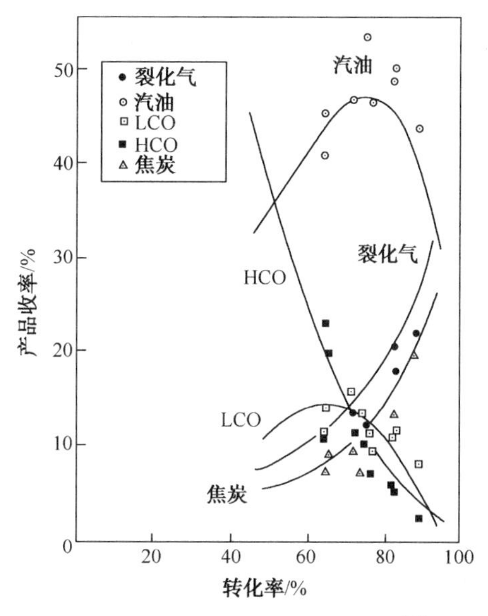

图 8-2-2　催化裂化产物分布图[5]

二、MGD 工艺原理

MGD 工艺的目标是要使重油裂化生成尽量多的柴油和液化气，并使汽油中的烯烃转化。因此需要：①保证重油转化；②适时终止反应，保留中间馏分；③裂化汽油产生液化气，并使汽油中的烯烃转化；④控制焦炭和干气生成。实现这些目标最根本的是要服从催化裂化反应机理，尽可能利用反应机理。

经过理论分析和实验考证，确定了 MGD 的工艺方案[6-8]，如图 8-2-3 所示。MGD 工艺将提升管反应器从提升管底部到提升管顶部依次设计为 4 个反应区：汽油反应区、重质油反应区、轻质油反应区和反应深度控制区。

1. 汽油反应区

相对于原料油，汽油属于较难裂化的小分子，因此将汽油馏分注入提升管底部反应条件最苛刻的汽油反应区与高温再生催化剂接触反应，发生裂化、异构化和环化等反应。

汽油中的烯烃相对容易发生裂化反应，生成液化气等产物，汽油的烯烃含量因此降低。并且由于同时发生的异构化和环化反应，汽油的辛烷值得到提高。

由于汽油反应区操作条件苛刻，汽油裂化会生成一部分非目的产品：干气和焦炭，因此优化此反应区的操作参数对于保证液化气产率的同时尽量降低干气和焦炭产率至关重要。

汽油反应后在催化剂上生成少量焦炭，使得催化剂的孔结构和酸性改变、活性下降；同时汽油升温气化及裂化反应吸热，导致催化剂温度降低。这种含炭的、温度降低的催化剂有利于后继的重质油反应区生成柴油。

研究表明[9-10]汽油反应生成的焦炭主要沉积在分子筛的微孔内，使催化剂的孔径分布向大、中孔方向移动。汽油在强酸中心上的反应有效降低了酸中心，特别是强酸中心的浓度，降低了催化剂的活性，从而提高了反应产物中柴油的选择性。

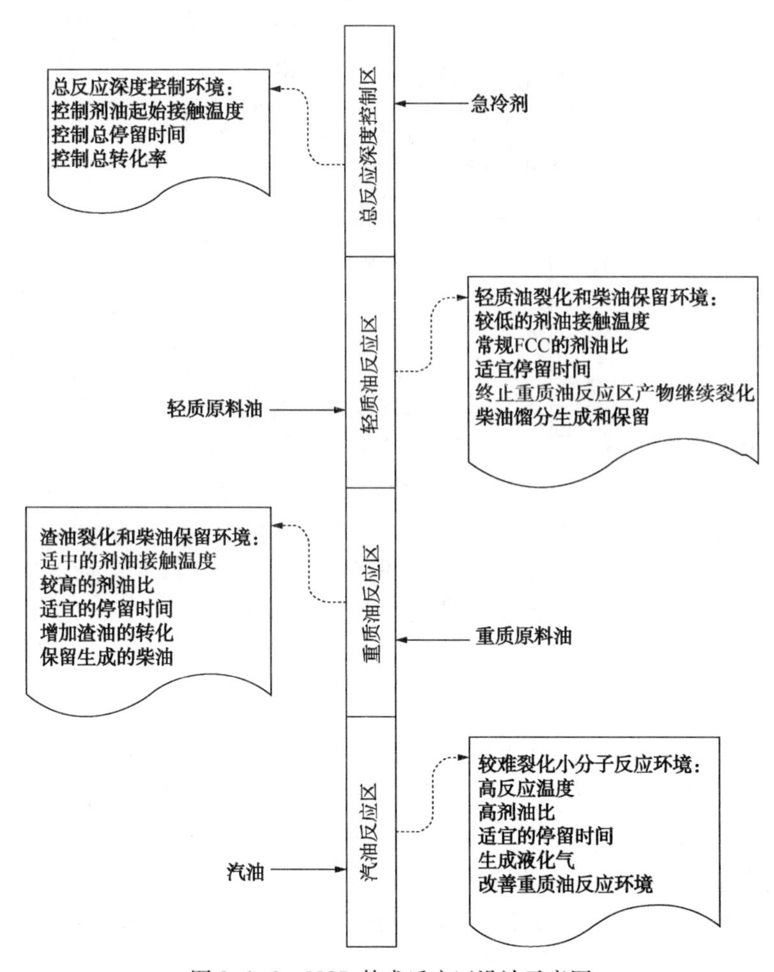

图 8-2-3　MGD 技术反应区设计示意图

2. 重质油反应区

来自汽油反应区的催化剂温度比再生催化剂温度低，活性也略有降低。为了设计适宜的重质油反应环境，将原料油中的一部分轻质原料油分出、转移到轻质油反应区，因此重质油反应区的剂油比大幅度提高，造成重质油反应区的催化剂反应活性中心相对增多、保证渣油的转化。同时在该反应环境下，重质原料油与催化剂的起始接触温度和活性均有所降低，有利于减少焦炭和干气的生成。另外根据重质原料油的反应机理，适当控制重质原料油在该反应区内的停留时间，控制适当的反应深度，达到最大量生成和保留柴油馏分的目的。

3. 轻质油反应区

轻质油反应区的作用一方面是终止重质油反应区生成物的反应，使重质原料油裂化生成的柴油馏分最大程度地保留，另一方面轻质原料油在缓和的环境中反应，有利于轻质原料油反应生成柴油馏分。

4. 总反应深度控制区

总反应深度控制区的作用是通过注入一定量的急冷介质，通过控制油气停留时间、剂油比、反应温度、剂油起始接触温度来控制整个提升管反应器的反应深度。

三、MGD 工艺特点

MGD 工艺具有如下特点[11]：

（1）原料油从不同位置注入提升管，使沿提升管的不同位置形成不同苛刻度的反应区；

（2）原料油轻重不同需要不同的反应苛刻度，反应深度要求的不同需要不同的反应苛刻度；

（3）重质原料油和轻质原料油分开注入提升管，提高对重质原料油的剂油比，从而提高重质原料油的转化率；

（4）汽油首先和高温再生催化剂接触，在高的苛刻度下，其中的烷烃发生裂化反应，其中的烯烃发生裂化反应、氢转移反应、异构化反应和叠合反应。由于汽油含有烯烃，烯烃易于和 B 酸生成正碳离子，催化剂表面因此带有大量的正碳离子表面，当这些正碳离子表面与下游的重油接触时，正碳离子链反应迅速发生，有效地加速和促进重油的转化，提高重油转化率。而且由于丰富的正碳离子，大大提高了 β 断裂与质子迁移反应之比，因而减少焦炭和干气的生成[12]；

（5）回炼油含有烯烃，进入提升管后也能引发正碳离子的生成，加速反应的进行，其中有裂化反应也有氢转移等反应；

（6）氢转移等二次反应能使链反应终止，从而抑制中间馏分再裂化，提高柴油馏分的产率；

（7）急冷介质的注入有利于提高整体的剂油比。

因此，采用 MGD 工艺，能达到既多产柴油又多产液化气的目的，还能使装置的重油掺炼量不仅不降低还有所提高，总轻质产品收率基本不受影响，汽油的烯烃含量大大降低，汽油的辛烷值得到提高。

注入提升管的汽油可以是装置自产的粗汽油、稳定汽油，也可以是外来的低品质汽油组分，包括焦化汽油、直馏石脑油等。

采用 MGD 技术的装置具有很大的操作灵活性，随着市场需求的变化，可以停止汽油回炼，或停止轻质、重质原料油分开进料，回到常规催化裂化操作模式。

第三节　中小型试验研究

MGD 技术的关键包括对汽油反应区汽油裂化反应规律的认识、汽油反应区操作参数的优化、汽油反应区对提升管反应器总产物分布和产品性质的影响、重质油反应区操作参数的优化以及轻质油反应区操作参数的优化。中小型实验对上述内容进行了系统研究[13]。

一、小型试验

小型试验主要研究汽油的反应，在小型固定流化床催化裂化试验装置上进行。试验的原料油为某炼化企业的催化裂化汽油、焦化汽油和直馏汽油，其性质见表 8-3-1。试验所用的催化剂牌号为 MLC-500，其微反活性为 69%。小型试验主要考察反应温度、空速、剂油比等操作参数对汽油裂化反应产物分布和产品性质的影响。

表 8-3-1 小型试验所用汽油性质

项目	催化裂化汽油	焦化汽油	直馏汽油
密度(20℃)/(g/cm³)	0.7289	0.7337	0.7294
折射率(20℃)	1.3991	1.4157	1.4118
诱导期/min	600	>1000	>1000
元素组成			
C/%	86.51	85.11	85.73
H/%	13.38	13.86	14.25
S/(μg/g)	1330	4530	136
N/(μg/g)	53	124	1.9
四组分组成/%			
P	27.68	47.72	53.02
O	42.09	31.27	0.04
N	8.04	8.62	30.34
A	22.19	12.39	16.60
馏程/℃			
初馏点	33	39	40
10%	50	71	67
30%	73	98	90
50%	100	126	104
70%	130	151	118
95%	173	184	136
终馏点	197	198	146

1. 反应温度的影响

反应温度对汽油产物分布的影响见表 8-3-2，可以看到干气和焦炭产率随着反应温度升高大幅度增加；液化气产率随反应温度升高呈先增加后降低的趋势；汽油产率随反应温度升高大幅度降低。汽油裂化反应时还生成少量的柴油和重油，其柴油产率随反应温度升高而降低，重油产率变化不大。可见较低的反应温度有利于得到较高的液化气产率以及较低的焦炭和干气产率。

表 8-3-2 小型试验反应温度对汽油产物分布的影响

原料油	催化裂化汽油			
催化剂	MLC-500			
剂油比	30			
反应温度	基准	+50	+100	+150
产物分布/%				
$H_2\sim C_2$	4.98	10.14	17.08	30.06
$C_3\sim C_4$	30.37	33.18	31.23	25.71

续表

产物分布/%				
C_{5+}汽油(C_5~221℃)	52.27	40.02	31.82	21.50
柴油(221~300℃)	3.52	3.26	2.31	2.16
重油(>300℃)	0.71	0.60	0.70	0.77
焦炭	8.15	12.80	16.86	19.80
合计	100	100	100	100
产物汽油组成/%				
P	25.84	17.23	5.83	2.16
O	5.71	4.72	1.00	0.24
N	5.68	3.67	0.87	0.41
A	62.77	74.38	92.30	97.19

2. 剂油比的影响

剂油比对汽油产物分布的影响见表 8-3-3，可以看到随着剂油比增加，干气和焦炭产率大幅增加，液化气和重油产率变化不大，汽油产率明显降低，柴油产率略有降低。可见在低剂油比的条件下可以得到较高的液化气产率，同时焦炭和干气产率相对较低。

表 8-3-3 小型试验剂油比对汽油产物分布的影响

原料油	催化裂化汽油			
催化剂	MLC-500			
反应温度/℃	650			
剂油比	基准	+10	+20	+30
产物分布/%				
H_2~C_2	14.62	16.25	17.08	20.20
C_3~C_4	31.31	31.81	31.23	31.88
C_{5+}汽油(C_5~221℃)	39.76	35.06	31.82	26.39
柴油(221~300℃)	3.01	2.97	2.31	2.15
重油(>300℃)	0.74	0.89	0.70	0.77
焦炭	10.56	13.02	19.86	18.61
合计	100	100	100	100
产物汽油组成/%				
P	13.65	10.89	5.83	8.29
O	6.77	3.17	1.00	1.77
N	3.63	2.82	0.87	1.90
A	75.95	83.12	92.30	88.04

3. 不同种类汽油的裂化性能

催化裂化汽油、焦化汽油和直馏汽油的裂化性能见表 8-3-4。3 种汽油的干气产率相差不大。催化裂化汽油的液化气产率最低、焦炭产率和柴油产率最高。直馏汽油的液化气产率和汽油产率均较高，焦炭、柴油和重油产率最低。焦化汽油的液化气产率比直馏汽油略低、汽油产率与催化裂化的汽油产率相差不大。

表 8-3-4　小型试验不同汽油的产物分布

催化剂	MLC-500		
反应温度/℃	650		
空速/h^{-1}	12		
剂油比	30		
原料油	直馏汽油	焦化汽油	催化裂化汽油
产物分布/%			
H_2~C_2	17.23	18.52	17.08
C_3~C_4	37.19	36.21	31.23
C_5+汽油(C_5~221℃)	37.96	30.62	31.82
柴油(221~300℃)	1.51	2.05	2.31
重油(>300℃)	0.35	1.03	0.70
焦炭	5.76	11.57	16.86
合计	100	100	100
产物汽油组成/%			
P	29.72	32.06	5.83
O	3.82	3.31	1.00
N	7.96	3.48	0.84
A	58.50	61.15	92.30

催化裂化汽油的烯烃含量最高，在相同的反应条件下更容易发生叠合、环化和缩合等反应，导致柴油和焦炭产率增加、汽油中芳烃含量增加。

4. 汽油裂化后的组成变化

由表 8-3-1 可知，在剂油比相同的条件下，随着反应温度提高，催化裂化汽油反应产物汽油馏分中的芳烃含量逐渐升高，饱和烃、环烷烃和烯烃的含量逐渐降低。

由表 8-3-2 可知，在温度相同的条件下，随着剂油比增加，催化裂化汽油反应产物汽油馏分中的芳烃含量先升高后降低，饱和烃、环烷烃和烯烃的含量逐渐降低。

小型试验研究结果表明：汽油反应的操作条件对催化裂化汽油的产物分布影响很大，在进行工业设计时应根据试验结果精心设计汽油反应区的操作条件。小型试验研究结果还表明：在适宜的条件下，催化裂化汽油中易反应的部分为烯烃，并且大部分首先转化掉，使得产物汽油的烯烃含量明显降低、芳烃含量明显增加。

二、中型试验

中型试验是在催化裂化中型试验装置上进行的，该装置采用高低并列式提升管反应器，反应和再生连续进行，原料油进料量为 10kg/h。试验用的原料油为石蜡基的蜡油掺 17%减压渣油，其性质见表8-3-5。试验用催化剂为某炼化企业重油催化裂化装置的ORBIT-3300工业平衡剂，性质见表8-3-6。中型试验重点考察汽油回炼和重油回炼对产物分布和产品性质的影响。

表8-3-5 中型试验原料油性质

项目	数据	项目	数据
密度(20℃)/(g/cm^3)	0.8691	芳烃	14.2
残炭/%	1.65	胶质	7.5
折射率(70℃)	1.4658	沥青质	0.4
元素组成/%		馏程/℃	
C	86.21	初馏点	213
H	13.36	30%	375
N	0.27	50%	418
S	0.26	70%	466
四组分组成/%			
饱和烃	77.9		

表8-3-6 中型试验催化剂性质

项目	数据	项目	数据
比表面积/(m^2/g)	90	Na	3800
孔体积/(cm^3/g)	0.13	Sb	2200
表观密度/(g/cm^3)	0.79	粒度分布/%	
化学组成/%		0~20μm	1.7
RE_2O_3	1.6	0~40μm	19.0
Al_2O_3	46	0~80μm	67.3
金属含量/(μg/g)		0~110μm	84.1
Ni	8900	0~140μm	95.1
V	1000	平均粒径/μm	63.9
Fe	7900	微反活性/%	57
Ca	1800		

1. 汽油回炼的影响

不同汽油回炼量对应的试验序号为2~5，其操作条件和产物分布见表8-3-7。随着汽油回炼量增加，转化率降低，液化气、柴油、重油和干气产率增加。汽油在高温、高剂油比的苛刻条件下裂化，生成大量的液化气和干气；由于汽油裂化积炭，导致催化剂活性降低，原料油的转化率降低，柴油馏分的量增加。随着汽油回炼量增加，液化气产率和转化率的比值、柴油产率与转化率的比值均明显提高，说明目的产物液化气和柴油的选择性变优。

表 8-3-7 中型试验不同汽油回炼量的操作条件和产物分布

序号	1	2	3	4	5	6	7	8
操作条件								
汽油回炼量(对总进料)/%	0	4.90	9.60	15.60	20.80	0.00	9.80	9.80
重油回炼比	0	0	0	0	0	0.17	0.19	0.24
反应压力/MPa	0.15	0.15	0.15	0.15	0.15	0.15	0.15	0.15
提升管出口温度/℃	500	500	501	500	502	500	500	502
剂油比	5.0	4.9	4.8	4.9	5.1	5.0	5.9	4.9
原料油预热温度/℃	280	280	279	280	280			
汽油反应区出口温度/℃	677	680	654	649	643			
产物分布/%								
干气	1.46	2.52	2.52	2.89	3.02	1.95	2.45	2.92
液化气	13.10	14.03	14.74	15.59	16.11	18.28	20.92	20.86
汽油	36.19	31.00	26.15	20.73	17.01	45.87	40.59	38.30
柴油	27.59	25.98	27.49	28.49	28.80	27.41	29.42	31.08
重油	17.15	21.51	24.32	27.14	30.06	0.00	0.00	0.00
焦炭	4.01	4.21	4.09	4.09	3.95	5.92	5.95	6.22
损失	0.50	0.75	0.69	1.07	1.05	0.57	0.67	0.62
合计	100	100	100	100	100	100	100	100
转化率/%	55.26	52.51	48.19	44.37	41.14	72.59	70.58	68.92
液化气+柴油产率/%	40.69	40.01	42.23	44.08	44.91	45.69	50.34	51.94
柴油产率/汽油产率/%	0.76	0.84	1.05	1.37	1.69	0.60	0.72	0.81
液化气产率/转化率/%	0.24	0.27	0.31	0.35	0.39	0.25	0.30	0.30
柴油产率/转化率/%	0.50	0.49	0.57	0.64	0.70	0.38	0.42	0.45

不同汽油回炼量条件下裂化气组成见表 8-3-8。随着汽油回炼量从 0 增加到 20.80%，液化气中的丙烯浓度从 31.4%增加到 37.17%，丙烯产率从 4.11%增加到 5.99%。

表 8-3-8 中型试验不同汽油回炼量下裂化气组成

序号	1	2	3	4	5	6	7	8
汽油回炼量(对总进料)/%	0	4.90	9.60	15.60	20.80	0	9.80	9.80
重油回炼比	0	0	0	0	0	0.17	0.19	0.24
H_2~C_2分布/%								
硫化氢	7.18	3.87	3.56	3.77	3.04	5.92	4.58	3.18
氢气	9.57	6.64	6.23	6.52	6.84	7.69	7.15	6.42
甲烷	27.02	30.64	32.4	32.89	33.12	29.8	30.53	33.28
乙烷	25.12	22.62	22.53	22.39	23.12	23.05	20.61	21.15
乙烯	31.11	36.23	35.28	34.43	33.88	33.54	37.13	35.97
合计	100	100	100	100	100	100	100	100

续表

序号	1	2	3	4	5	6	7	8
$C_3 \sim C_4$分布/%								
丙烷	2.98	3.96	4.45	4.66	4.56	4.24	2.75	5.75
丙烯	31.4	33.61	35.2	35.68	37.17	30.29	33.29	33.67
异丁烷	15.33	16.23	16.52	15.15	15.14	20.47	15.59	18.17
正丁烷	4.23	4.24	4.47	4.47	4.30	5.42	4.25	5.24
1-丁烯	7.25	6.58	6.32	6.48	6.34	6.53	7.00	5.97
异丁烯	16.72	14.9	14.10	14.39	14.37	12.37	15.77	12.91
反2-丁烯	13.00	12.08	11.16	11.35	10.73	12.30	12.52	10.86
顺2-丁烯	9.09	8.40	7.78	7.82	7.39	8.38	8.83	7.43
合计	100	100	100	100	100	100	100	100

不同汽油回炼量条件下汽油的性质和组成分别见表8-3-9。随着汽油回炼量增加，汽油诱导期增加、硫醇硫含量降低，汽油辛烷值明显增加，汽油烯烃含量降低、芳烃含量提高。

表8-3-9 中型试验不同汽油回炼量下汽油的性质和组成

序号	1	2	3	4	5	6	7	8
汽油回炼量(对总进料)/%	0	4.90	9.60	15.60	20.80	0	9.80	9.80
重油回炼比	0	0	0	0	0	0.17	0.19	0.24
密度(20℃)/(g/cm^3)	0.7590	0.7583	0.7707	0.7880	0.7989	0.7505	0.7608	0.7670
诱导期/min	501	450	681	733	>1000	630	342	543
二烯值/(gI/100g)	0.9	0.9	0.8	1.2	0.7	0.7	1.1	1.0
实际胶质/(mg/100mL)	<2	<2	<2	2	2	<2	<2	<2
酸度/(mgKOH/100mL)	0.55	0.83	1.03	1.30	1.9	0.41	0.58	1.20
硫醇硫/(μg/g)	26	20	25	15	8	24	18	18
溴价/(gBr/100g)	59.5	55.5	56	45.1		49.5	52.9	49.7
辛烷值								
RON	90.1	91.0		91.9	90.9	89.3	91.0	91.3
MON	78.5	79.1		80.2	80.2	79.2	79.4	79.8
元素组成								
C/%	86.61	86.75	87.10	87.69	87.63	86.82	87.12	87.29
H/%	13.11	13.19	12.83	12.24	12.33	13.15	12.85	12.68
S/(μg/g)	353	409	437	416	427	309	326	322
N/(μg/g)	21	13	23	22	29	15	14	14
馏程/℃								
初馏点	50	45	50	50	43	45	47	46
5%	62	61	68	68	58	56	61	59
10%	77	74	83	85	72	70	74	75
30%	103	100	111	118	98	95	100	104
50%	125	123	133	144	116	119	121	124
70%	146	146	158	167	151	145	144	146

续表

序号	1	2	3	4	5	6	7	8
90%	171	171	182	184	178	171	171	173
95%	180	180	188	190	185	179	180	182
终馏点	199	193	201	202	199	191	196	196
色谱组成/%								
正构烷烃	4.64	4.60	4.61	4.64	5.25	4.98	4.91	4.58
异构烷烃	22.80	21.85	20.87	18.29	18.10	22.42	22.21	21.32
烯烃	39.85	37.65	34.21	25.24	17.88	36.80	29.81	29.27
环烷烃	10.29	9.90	9.86	7.68	7.69	9.62	9.52	8.99
芳烃	22.42	26.00	30.45	44.15	51.08	26.18	33.55	35.84
合计	100	100	100	100	100	100	100	100

不同汽油回炼量条件下柴油和重油的性质分别见表8-3-10和表8-3-11。汽油回炼后柴油的十六烷值有一定提高，重油中的氢含量和饱和烃含量增加。

表8-3-10 中型试验不同汽油回炼量下柴油的性质

序号	1	2	3	4	5	6	7	8
汽油回炼量(对总进料)/%	0	4.90	9.60	15.60	20.80	0	9.80	9.80
重油回炼比	0	0	0	0	0	0.17	0.19	0.24
密度(20℃)/(g/cm^3)	0.8664	0.8564	0.855	0.8559	0.8571	0.8768	0.8717	0.8707
运动黏度(20℃)/(mm^2/s)	4.552	6.703	6.037	6.812	6.406	4.464	5.778	5.624
运动黏度(50℃)/(mm^2/s)	2.360	3.203	2.959	3.231	3.080	2.308	2.818	2.759
折射率(20℃)	1.4928	1.4836	1.4825	1.4766	1.4834	1.5015	1.4939	1.4945
凝点/℃	1	8	5	8	5	-6	-2	-3
实际胶质/(mg/100mL)	30	59	45	50	31	85	47	57
酸度/(mgKOH/100mL)	0.86	1.29	1.03	1.55	0.41	0.86	1.20	1.64
10%残炭/%	<0.02	0.04	<0.02	0.02	0.02	0.34	0.10	0.10
溴价/(gBr/100g)	6.3	6.5	7.9	6.9	6.9	4.9	6.5	6.8
十六烷值	41.5	49.6	49.7	49.8	49.4	41.4	42.4	44.3
元素组成								
C/%	87.12	86.87	86.91	86.98	86.92	86.76	87.44	87.44
H/%	12.01	12.86	12.69	12.66	12.85	11.55	11.93	12.02
S/(μg/g)	0.24	0.25	0.23	0.18	0.22	0.22	0.27	0.24
N/(μg/g)	0.02	0.02	0.02	0.02	0.02	0.01	0.03	0.03
馏程/℃								
初馏点	225	230	233	225	229	229	228	228
5%	230	239	241	236	238	237	238	234
10%	235	248	247	247	248	244	245	261
30%	247	271	267	272	272	257	262	284
50%	266	298	290	299	295	273	287	309
70%	296	320	312	322	315	295	309	328
90%	332	342	333	343	333	315	329	333
95%	340	349	340	350	339	328	334	

表 8-3-11　中型试验不同汽油回炼量下重油的性质

序号	1	2	3	4	5
汽油回炼量(对总进料)/%	0	4.90	9.60	15.60	20.80
重油回炼比	0	0	0	0	0
密度(20℃)/(g/cm^3)	0.8852	0.8770	0.8698	0.8868	0.8735
折射率(70℃)	1.4802	1.4754		1.4730	1.4707
运动黏度(80℃)/(mm^2/s)	6.687	7.788	6.280	7.590	7.352
运动黏度(100℃)/(mm^2/s)	4.402	5.026	4.190	4.941	4.813
凝点/℃	33	35	34	34	35
苯胺点/℃	93.0	98.0	100.0	101.4	100.2
碱性氮/(μg/g)	67	66	54	66	51
残炭/%	0.37	0.29	0.30	0.36	0.27
四组分组成/%					
饱和烃	76.6	80.0	81.0	81.2	82.2
芳烃	19.4	15.5	14.6	14.4	14.1
胶质	3.9	4.5	3.3	4.4	3.7
沥青质	0.1	0.0	0.1	0.0	0.0
元素组成/%					
C	86.55	86.96	86.26	86.30	86.20
H	12.69	12.23	13.14	13.12	13.27
S	0.30	0.29	0.25	0.25	0.23
N	0.07	0.08	0.05	0.07	0.06
馏程/℃					
初馏点	355	354	349	341	328
5%	373	377	369	376	386
10%	374	382	370	381	387
30%	388	400	389	400	398
50%	404	419	405	416	413
70%	425	447	429	437	435
90%	467		469	472	480
95%	490		494	498	515

2. 重油回炼的影响

重油回炼考察 MGD 工艺与常规催化裂化相比在产物分布和产品性质上的变化。重油回炼的试验序号为 6、汽油加重油回炼的试验序号为 7 和 8，其操作条件和产物分布见表 8-3-6，裂化气的组成见表 8-3-7，汽油、柴油和重油的性质分别见表 8-3-8～表 8-3-10。

中型试验结果表明，与常规催化裂化相比，MGD 工艺可同时提高液化气和柴油产率，液化气产率增加了 2.64 个百分点，柴油产率增加了 2.01 个百分点，干气产率增加了 0.50

个百分点，焦炭产率增加了0.03个百分点。液化气加柴油产率提高了4.65个百分点，占汽油回炼量的47.4%，占汽油减少量的88.07%，即减少的汽油有88.07%转化成为液化气和柴油，有11.93%转化成为干气和焦炭。汽油的研究法辛烷值增加了0.7个单位，马达法辛烷值增加了0.2个单位，汽油的烯烃含量降低了6.9个百分点，柴油的十六烷值增加了1个单位。

第四节 MGD专用催化剂

针对MGD技术的特点，RIPP通过基质改性、分子筛酸性调变和选用合适的择形分子筛，研制了专用催化剂RGD-1。该催化剂具有较好的重油裂化性能、较好的汽油裂化反应的干气和焦炭选择性，以及在MGD工艺条件下增产液化气和柴油产率的特性[14]。

一、开发思路

多产柴油和液化气的催化剂应具有较强的重油裂化能力、较弱的柴油馏分二次裂化能力和较强的汽油馏分裂化能力。应扩大已有裂化催化剂的孔分布范围，选用孔径更大和更小的裂化材料。大孔裂化材料有利于重油进入催化剂内表面裂化和柴油馏分作为终端产物脱离固体催化剂表面进入气相。微孔裂化材料有利于汽油馏分选择性裂化生成液化气。催化剂大孔表面应具有足够的酸性活性中心，且其酸性应主要集中在中低酸强度范围内，这样可在保证催化剂具有较高的大分子烃裂化活性的同时，还能抑制中间馏分的裂化，维持良好的焦炭选择性。与此同时，微孔应具有适当的酸量和酸强度，以保证汽油馏分的裂化。

1. 催化剂基质的改性

催化剂基质主要提供的是大分子裂化活性表面，增加基质的大孔道可以明显改善大分子烃类的扩散速率，有利于降低重油裂化的生焦量，并可以大大降低二次裂化反应，最终可提高催化裂化过程的柴油选择性。RGD-1催化剂采用具有适当孔分布的改性高岭土基质，并通过活化处理提高了基质的活性表面积及微反活性。

2. Y型分子筛活性组分的改性

具有良好的一次裂化活性及较低的二次裂化活性的Y型分子筛是增产柴油的一个关键，开发具有良好深度裂化活性的Y型分子筛是增产液化气的一个关键。RGD-1催化剂将金属组元载于传统的超稳Y型分子筛上，由此调节了分子筛的酸度和酸强度。所选用的金属组元具备如下性能：改善分子筛的酸性，高温性能较好，材料易得。

3. 择形分子筛的选用

由于汽油馏分裂化环境的苛刻度很高，会增加焦炭和干气的产率，而择形分子筛对汽油馏分裂化具有很好的干气和焦炭选择性。在目前已有的不同硅铝比的择形分子筛工业产品中筛选确定了合适的择形分子筛产品作为RGD-1催化剂的活性组分之一。

二、性能评价

1. 重油转化评价结果

性能评价采用RGD-1催化剂，其物化性质见表8-4-1。

表 8-4-1 RGD 催化剂的物化性质

项目	数据	项目	数据
化学组成/%		比表面积/(m^2/g)	240
Al_2O_3	50.0	孔体积/(mL/g)	0.35
Na_2O	0.22	表观密度/(g/mL)	0.69
Fe_2O_3	0.25	磨损指数/(%/h)	1.3
Re_2O_3	2.0		

采用多产柴油裂化催化剂 MLC-500[15] 作为对比剂，对 RGD 催化剂进行了重油微反评价试验，其结果见表 8-4-2。

表 8-4-2 RGD 催化剂的重油微反评价结果

催化剂	MLC-500	RGD
微反活性①/%	74	74
剂油比	3.5	3.5
产物分布/%		
干气	0.9	1.7
液化气	9.4	14.7
汽油	63.6	57.5
柴油	17.9	17.8
重油	6.1	6.3
焦炭	2.1	2.0
合计	100	100
转化率/%	76.0	75.9
汽油+柴油产率/%	81.5	75.3
液化气+柴油产率/%	27.3	32.5
液化气柴油指数②	29	35

① 样品经 800℃、8h、100%水蒸气水热处理。

② 液化气柴油指数=[(液化气+柴油)/(100-重油)]×100。

由表 8-4-2 可以看到，RGD 和 MLC-500 催化剂的重油转化率为 76%左右；MLC-500 催化剂对柴油和汽油的选择性较高，RGD 催化剂的大分子裂化能力较强，气体含量明显高于 MLC-500 催化剂，液化气和柴油的产率高。为了说明重油转化的选择性，表 8-4-2 还列出了液化气柴油指数(反映催化剂裂化重油转化为液化气和柴油的能力)。MLC-500 催化剂的液化气柴油指数是 29，而 RGD 催化剂的液化气柴油指数达到 35，说明 RGD 催化剂对液化气和柴油的综合选择性较好。

2. 汽油裂化评价结果

与常规重油裂化不同，MGD 工艺不是一般意义上的组分选择性裂化，而是催化裂化汽油在苛刻条件下的再裂化。RGD 催化剂在苛刻条件下的汽油裂化能力及选择性是其关键性能之一。在重油微反装置上进行了 RGD 催化剂和对比剂 MLC-500 汽油裂化评价试验，其结果见表8-4-3。

表8-4-3 汽油馏分在不同催化剂上反应产物分布

催化剂	MLC-500	RGD
反应温度/℃	650	650
剂油质量比	30	30
空速/h^{-1}	12	12
产物分布/%		
干气	17.08	16.00
液化气	31.23	34.96
汽油	31.82	29.99
柴油	2.31	2.40
重油	0.70	0.51
焦炭	16.86	16.13
合计	100	100

由表8-4-3可见，采用MLC-500催化剂时，有31.23%的汽油转化为液化气，对于RGD催化剂有34.96%的汽油转化为液化气。说明RGD催化剂适合MGD工艺的特点。

第五节 工艺工程开发

一、MGD工艺与双提升管工艺的比较

国际上许多公司开发了大同小异的双提升管工艺技术，其中比较有代表性的是Kellogg/Mobil公司的Maxofin工艺[15]。该工艺以多产丙烯为目的，汽油从另外单独设置的一根提升管回炼，用RE-USY催化剂混合高ZSM-5含量的助剂，反应温度较高，两根提升管的出口温度分别为537℃和593℃，剂油比分别为8.9和25。该工艺在一套1.5Mt/a的工业装置上进行试验，原料为MINAS蜡油(馏程范围315~538℃)，其结果见表8-5-1[16]。表中同时列出采用单提升管、纯RE-USY催化剂时的对比数据。

表8-5-1 双提升管与单提升管操作数据对比

操作模式	双提升管	单提升管
催化剂	RE-USY+ZSM-5	RE-USY
反应温度/℃	537/593	537
产物分布/%		
干气	11.85	3.12
液化气	47.32	26.56
汽油	18.81	49.78
柴油	8.44	9.36
重油	5.19	5.26
焦炭	8.34	5.91

从表8-5-1可见二者的差别是很大的，比较如下：

(1) 汽油进单独的提升管反应，在高温、高ZSM-5含量助剂、高剂油比下，充分转化为液化气。表中虽然没有给出汽油烯烃含量和硫含量的数据，但估计也是会降低的。

（2）由于汽油裂化严重，干气产率及焦炭产率增加的幅度相当大，比汽油不回炼时分别高出8.73和2.43个百分点，这是与MGD工艺的最大不同之处。虽然MGD工艺中汽油也是在高苛刻度下反应，但是焦炭产率和干气产率不高，这主要是因为将汽油的反应时间控制在毫秒级范围内，并且通过立即与重油接触，其携带的丰富正碳离子表面使反应导向改变，转为促进重油的裂化和链反应，同时产生了降低重油生焦和产生干气的效果。由此印证MGD工艺中汽油回炼和分区进料是密不可分的一个体系，形成串级互补反应。

（3）双提升管能多产液化气、降低汽油烯烃含量和硫含量，但不能同时多产柴油，而且由于焦炭产率和干气产率太高，必然影响处理量和掺渣量。

（4）已有装置改成双提升管形式的工程量和投资较大，很难和MGD工艺一样容易推广应用。

二、MGD工艺与单独应用催化剂或助剂的比较

目前市场上的各种催化剂和助剂，其功能有限，如在多产液化气的同时可提高汽油辛烷值，但不能同时降低汽油烯烃含量和硫含量及多产柴油。至今尚未发现一种催化剂或助剂可以同时具有几种功能的。另外部分催化剂或助剂在应用时也是有得有失。例如降烯烃催化剂或助剂通常具有较强的氢转移能力，与重油裂化有一定矛盾，与汽油的辛烷值也有矛盾，如要使汽油的烯烃含量降低，就可能影响掺渣量、处理量，也可能会降低汽油的辛烷值。降硫催化剂或助剂也存在同样的问题。MCD工艺则是一种催化剂和工艺相结合的技术，利用反应机理巧妙地把几个矛盾因素组合在一起，使其互补，因而实现了多种功能。

三、MGD工艺工程技术开发要点

为了达到多产液化气和柴油、降低汽油中烯烃含量的目的，通常需对已有装置采取措施进行MGD工艺技术改造。实施MGD工艺技术的原则要求如下。

1. 反应-再生系统

（1）针对轻质原料油和重质原料油裂化性能不同的特点，在提升管的不同部位实行轻质原料油和重质原料油分区进料。同时为了有利于汽油的反应，设置汽油与高温再生催化剂接触区以及高苛刻度(较高的剂油比及适宜的反应时间)的汽油选择性裂化反应区。

（2）为了恢复并保持催化剂活性，要求再生催化剂含碳量小于0.15%。

（3）为了保证汽油反应区适宜汽油裂化条件，再生温度不宜超过700℃，

（4）在提升管上部适当位置注入急冷介质以控制总反应时间，急冷介质可以选用粗汽油、稳定汽油或含硫污水。

（5）预提升介质是否用干气，需根据富气压缩机的能力确定。

（6）提升管处理能力增加，需核算提升管、沉降器及旋风分离器线速。

（7）焦炭产率略有增加，需核算再生器烧焦能力及取热器负荷。

（8）催化剂循环量增加，需核算汽提时间、立管和滑阀的流通能力等。

2. 分馏系统

（1）液化气产率和柴油产率提高，汽油产率相对下降，因此分馏塔的温度分布和汽液相负荷有所变化。

（2）增加了汽油回炼量及急冷介质注入量，分馏塔热负荷分配发生变化，上部取热负荷

增大，塔顶油气冷凝冷却器的取热负荷增大。

（3）液化气产率增加，富气压缩机的进气量有所增加。

3. 吸收稳定系统

（1）富气量增加，压缩富气冷凝冷却器负荷相应增加。

（2）吸收塔气、液相负荷增加。

（3）吸收塔中段回流取热负荷基本不变。

（4）解吸塔重沸器热负荷略有增加。

（5）稳定塔顶冷凝冷却器和塔底重沸器热负荷略有增加。

四、MGD 工业应用注意事项

由于 MGD 工艺实施容易，已有装置的实施改造可在装置的正常检修期内完成。但正由于其容易实施，也就容易被误认为只要在提升管上增加几个进料喷嘴即可。有个别企业的装置未经过严密的计算和设计，简单照搬照抄，其结果是干气产率和焦炭产率增加很多，达不到 MGD 的效果。

分区的目的是调节各区的反应苛刻度，反应苛刻度包括反应温度、剂油比、反应时间等。反应介质不同，适合的反应苛刻度是不同的。另外由于原料进入提升管后接触热催化剂发生气化，体积大大膨胀，导致催化剂密度以及流化状态都会发生变化。例如，当汽油注入提升管底部时，汽油迅速气化，体积增大，对下游重质油反应区的流化状态产生影响，也会影响系统内反应的进行。此外，各反应区的停留时间是极为敏感和关键的参数。

（1）汽油进提升管的量和位置以及与重质油进料口的距离、进料喷嘴的形式等，是关键中之关键；

（2）对于掺炼减压渣油的装置，需要分开进提升管的蜡油量及蜡油注入点与重质油进料口的距离，均要参考原料性质来安排和考虑；

（3）对于全常渣的装置，需要考虑回炼量的调节以及回炼油注入的位置；

（4）急冷介质的种类和注入提升管的位置要针对不同装置来考虑和确定。

总之，MGD 工艺虽然改造容易，但要实施好、获得理想的效果是要经过认真计算和安排的。

五、MGD 改造内容

为了满足 MGD 技术的工艺要求，通常需进行如下改造。

1. 工艺流程部分

（1）汽油选择性裂化流程

MGD 工艺采用汽油选择性裂化技术，通过将自产的汽油回注提升管反应器使其进行二次裂化反应，促进低碳烯烃和柴油的生成，并改善汽油的质量(降低汽油的烯烃含量、提高汽油的辛烷值)。

根据汽油选择性裂化的工艺要求，通常需要在提升管底部增加汽油选择性裂化喷嘴，相应地增加一条汽油输送管线和一组流量控制调节系统。

（2）原料油分配和注入流程

MGD 工艺采用轻质、重质原料油选择性裂化技术，即轻质原料油和重质原料油分别从

提升管的不同部位注入。对于掺炼减压渣油的装置，减压渣油、回炼油、回炼油浆和部分蜡油进重质原料油喷嘴，其余部分的蜡油至轻质原料油喷嘴；对于加工全常压渣油的装置，部分常压渣油、部分回炼油和回炼油浆进重质原料油喷嘴，其余部分的常压渣油和回炼油至轻质原料油喷嘴。具体分配比例根据进料性质和装置状况确定。

根据原料油分配注入要求，通常需增加轻质原料油喷嘴，并相应增加轻质原料油缓冲罐、轻质原料油泵、轻质原料油输送管线、轻质原料油流量控制调节系统以及轻质原料油换热温度控制系统等。

通常原有的回炼油浆喷嘴停用，但保留相应的喷嘴、管线及流量控制系统，以便需要时切换到原先的生产方案操作。

（3）终止剂流程

根据控制总反应深度的要求，在提升管末端设置终止剂喷嘴，相应地增加终止剂输送管线和流量控制调节系统。

2. 反应-再生部分

原有的原料油喷嘴改为重质原料油喷嘴，在重质原料油喷嘴上游设置汽油喷嘴，在重质原料油喷嘴下游设置轻质原料油喷嘴。汽油喷嘴和轻质原料油喷嘴的位置需根据进料量、进料性质和装置状况精确计算确定，以保证 MGD 工艺的效果。

3. 分馏吸收稳定部分

由于产物分布改变，加之汽油回炼和注入终止剂，导致分馏塔各段汽液负荷及取热负荷发生较大变化，尤其是分馏塔循环回流取热负荷和分馏塔塔顶冷凝冷却负荷增加，因此需核算顶循油换热器、顶循油冷却器、顶循油泵、塔顶油气换热器、塔顶油气冷却器和粗汽油泵的负荷，必要时进行改造。

由于气体产率增加，压缩富气的冷凝冷却负荷有所增加，需核算富气冷凝冷却器的负荷。由于汽油回炼，所需补充吸收剂用量减少，吸收塔中段回流取热负荷基本不变。解吸塔底重沸器、稳定塔顶冷凝冷却器和稳定塔底重沸器热负荷有所增加，均需核算，必要时进行改造。

第六节　工业试验和工业应用

工业试验主要是在中国石化广州石化分公司和福建炼化分公司催化裂化装置上进行的。工业试验后，在国内众多催化裂化装置上迅速推广应用。

一、广州石化工业试验

广州石化分公司重油催化裂化装置设计处理能力为 1.0Mt/a，反应-再生系统为两段再生、提升管反应器组成的三器并列结构。1999 年按照 MGD 工艺要求进行了改造。1999 年和 2000 年先后进行了 4 次标定，其中标 1 为常规催化裂化工况，即空白标定；标 2 为 MGD 工艺工况；标 3 为常规催化裂化使用 RGD-1 催化剂工况，即 RGD-1 催化剂占装置系统藏量 85%时的工况；标 4 为 MGD 工艺加 RGD-1 催化剂工况，即 MGD 技术综合标定[17-18]。

标定采用的原料油性质见表 8-6-1，催化剂性质见表 8-6-2。标定的产物分布见表 8-6-3，汽油、柴油和油浆主要性质分别见表 8-6-4～表 8-6-6。

表 8-6-1 广州石化原料油性质

项目	标 1	标 2	标 3	标 4
密度(20℃)/(g/cm^3)	0.9235	0.9208	0.9152	0.9198
运动黏度(80℃)/(mm^2/s)	37.93	35.64	33.70	33.84
运动黏度(100℃)/(mm^2/s)	18.68	18.71	18.62	19.92
残炭/%	4.6	5.0	2.8	3.8
碱性氮/(μg/g)	943	1552		
元素组成/%				
C	86.19	86.38	86.65	85.93
H	11.79	12.07	12.22	12.16
N	0.26	0.20	0.22	0.23
S	0.86	0.83	1.24	1.25
金属含量/(μg/g)				
Fe	1.76	0.88	1.50	1.44
V	6.70	5.52	7.02	8.36
Na	1.32	0.10	0.86	0.06
Cu	0.01	0.05	0.18	0.02
Ni	12.0	8.64	6.66	9.40
馏程/℃				
初馏点	207	235	217	245
10%	368	375	342	375
30%	345	452		
50%	525	505	493	506
<538℃馏分吸收率(体)/%	57.0	60.0	61.0	58.0

表 8-6-2 广州石化平衡催化剂性质

项目	标 1	标 2	标 3	标 4
比表面积/(m^2/g)	124	122		
孔体积/(mL/g)	0.3	0.3	0.3	0.3
表观密度/(g/mL)	0.78	0.78		
化学组成/%				
Al_2O_3			49.43	
RE_2O_3	0.68	0.72		1.48
金属含量/(μg/g)				
Ni	5858	5665	6700	6762
V	4486	4280	7000	7486
Fe	4776	5048	3000	3412
Na	1547	1659	1725	1158
Sb	1456	1520	1400	1503
粒度分布/%				
0~20μm	0.10	0.10	0.10	
20~40μm	5.34	5.69	3.19	
40~80μm	66.21	65.88	52.89	
80~110μm	17.59	16.57	22.31	
110~149μm	10.86	11.76	21.51	
微反活性/%	63	64	66	64

表 8-6-3　广州石化产物分布

项目	标 1	标 2	标 3	标 4
产物收率/%				
干气	3.31	3.96	3.73	4.20
液化气	9.14	14.04	15.06	19.12
汽油	45.41	35.65	41.16	32.48
柴油	28.16	32.17	26.41	30.95
油浆	6.26	6.31	5.91	5.45
焦炭	7.20	7.36	7.23	7.29
损失	0.52	0.51	0.50	0.51
柴油产率/汽油产率比	0.62	0.90	0.64	0.95

表 8-6-4　广州石化汽油主要性质

项目	标 1	标 2	标 3	标 4
密度(20℃)/(g/cm^3)	0.7307	0.7291	0.7244	0.7236
诱导期/min	570	610	440	440
实际胶质/(mg/100mL)	7	4	4	
酸度/(mgKOH/100mL)	0.23	0.26	1.26	1.8
蒸汽压/kPa	58.5	66.0	58.0	60.0
硫醇硫/(μg/g)	58.0	61.0	41.5	37.9
溴价/(gBr/100mL)	73.0	58.0	72.8	
辛烷值				
RON	92.6	93.0	94.0	94.2
MON	80.6	81.5	81.5	82.3
元素组成				
C/%	86.68	86.98	86.40	86.60
H/%	13.32	13.02	13.60	13.40
S/(μg/g)	951	659	495	482
N/(μg/g)	29	28	34	29
荧光法组成(体)/%				
饱和烃	38.9	45.2	40.2	48.1
烯烃	43.8	32.2	37.0	23.2
芳烃	17.3	22.6	22.8	28.7
馏程/℃				
初馏点	37	40	38	37.5
10%	53	53	54	54
50%	74	76		
70%	98	96	89.5	89.5
90%	129	125		
95%	161	163	162	153.5
终馏点	183	184	186	183
色谱组成/%				
正构烷烃	4.49	5.39	4.02	4.71
异构烷烃	25.02	30.11	27.01	30.50
烯烃	40.64	31.52	33.17	23.76
环烷烃	8.30	7.83	7.87	7.68
芳烃	21.55	25.15	27.83	33.35
合计	100.00	100.00	99.90	100.00

表 8-6-5 广州石化柴油主要性质

项目	标 1	标 2	标 3	标 4
密度(20℃)/(g/cm³)	0.9288	0.9277	0.9405	0.9360
运动黏度(20℃)/(mm²/s)	4.84	4.73	5.14	4.05
运动黏度(50℃)/(mm²/s)	2.43	2.34	2.39	
凝点/℃	<-10	<-10	<-10	<-10
实际胶质/(mg/100mL)	496	290		374
碘值/(gI/100g)	20.30	19.20	21.00	21.80
酸度/(mgKOH/100mL)	1.00	1.14	1.97	2.26
闪点(闭口)/℃	82	71	87	76
溴价/(gBr/100g)	12.56	10.51	10.17	10.60
十六烷值(计算)	27.3	27.8	25.5	26.2
元素组成/%				
C	89.15	88.98	88.67	88.46
H	10.85	11.11	9.67	9.91
S	0.8910	0.7716		
N	0.0486	0.0480		
馏程/℃				
初馏点	181	179	187	187
10%	224	220	221	215
50%	272	274	275	273
90%	358	356	360	367
95%	373	369	377	378

表 8-6-6 广州石化油浆主要性质

项目	标 1	标 2	标 3	标 4
密度(20℃)/(g/cm³)	>1.0356	>1.0420	>1.010	>1.010
运动黏度(80℃)/(mm²/s)	158.40	130.60	27.02	678.9
运动黏度(100℃)/(mm²/s)	45.10	40.39	81.96	148.7
凝点/℃	28	29	42	40
残炭/%	18.10	17.40	17.0	21.0
烃族组成/%				
饱和烃	8.5	11.6	5.56	5.04
芳烃	86.1	82.3	89.78	90.90
胶质	4.6	5.1	3.43	2.50
沥青质	0.8	0.8	1.24	1.58
金属含量/(μg/g)				
Fe			1.40	1.52
V			4.35	4.33
Na			6.90	0.49
Cu			0.04	0.02
Ni			0.95	0.33

续表

项目	标 1	标 2	标 3	标 4
元素组成/%				
C	89.98	89.20	90.13	90.33
H	7.21	7.43	7.19	7.16
S	1.16	1.16	2.60	2.17
N	0.36	0.33	0.26	0.23
馏程/℃				
初馏点	266	256	260	240
5%	403	435		
10%	434	451	420	421
30%	462	481		
50%	509	528	470	466
<530℃馏分含量(体)/%	78.0	73.0	72.0	76.0

可以看到，与常规催化裂化(标 1)相比，尽管 MGD 工艺(标 2)的原料残炭高 0.4 个百分点，碱性氮含量高 609μg/g，柴油产率和液化气产率分别增加了 4.01 和 4.90 个百分点，汽油产率降低了 9.76 个百分点，柴汽比增加了 0.28，干气和焦炭产率分别增加了 0.65 个百分点和 0.16 个百分点。干气和焦炭产率较高与原料残炭较高有关，也与未使用配套催化剂和未注入急冷介质有关。采用 MGD 工艺后，汽油烯烃含量(体积分数)从 43.8% 降至 32.2%，降低了 11.6 个百分点，降低幅度为 26.5%；硫含量也从 951μg/g 降至 659μg/g，降低幅度达 30.7%；汽油研究法辛烷值(*RON*)和马达法辛烷值(*MON*)分别提高了 0.4 和 0.9 个单位，提高的幅度较大，根据色谱组成汽油中的异构烷烃和芳烃含量得到了增加。

与使用 RGD-1 催化剂的常规催化裂化工况(标 3)相比，MGD 技术综合标定工况(标 4)柴油产率和液化气产率分别增加 4.54 和 4.06 个百分点，汽油产率降低了 8.68 个百分点，柴汽比增加了 0.31，干气和焦炭产率分别增加了 0.47 个百分点和 0.03 个百分点。可见使用 MGD 工艺及配套 RGD-1 催化剂，可以在提高液化气和柴油产率的同时，使液体收率和原常规催化裂化相当。

MGD 技术综合标定工况(标 4)的汽油研究法辛烷值和马达法辛烷值分别提高了 0.2 和 0.8 个单位，汽油荧光法烯烃含量降低了 13.8 个百分点，柴油十六烷值(计算)提高了 0.8 个单位。

由于标 3 和标 4 的原料油性质优于标 1 和标 2，标 3 和标 4 的液化汽产率高、汽油和柴油产率低。

二、福建炼化工业试验

福建炼化分公司重油催化裂化装置处理能力为 1.5Mt/a，为两器两段再生、反应沉降器三器并列布置。在 1999 年进行了 MGD 工艺改造和标定[19]，其中标 1 为常规催化裂化工况标定，标 2 为 MGD 投用且 RGD-1 催化剂占系统藏量比例达到 55%时的标定。

标定时的原料油性质见表 8-6-7，催化剂性质见表 8-6-8，标定的产物分布见表 8-6-9 汽油、柴油和油浆主要性质分别见表 8-6-10~表 8-6-12。

表 8-6-7　福建炼化原料油性质

项目	标 1	标 2
密度(20℃)/(g/cm^3)	0.9163	0.9276
运动黏度(80℃)/(mm^2/s)	15.73	22.11
运动黏度(100℃)/(mm^2/s)	9.16	12.20
凝点/℃	35	35
残炭/%	3.10	3.70
折射率(70℃)	1.4951	1.5058
元素组成/%		
C	86.54	86.08
H	12.11	11.89
N	0.21	0.23
S	0.76	1.02
四组分组成/%		
饱和烃	60.2	52.9
芳烃	29.3	34.1
胶质	10.1	12.4
沥青质	0.5	0.6
金属含量/(μg/g)		
Ni	5.6	9.2
V	9.3	18.6
Fe	3.3	10.3
Na	1.4	1.0
馏程/℃		
5%	333	335
10%	375	361
30%	410	404
50%	444	438
70%	488	480
<530℃馏分含量(体)/%	81.0	83.0

表 8-6-8　福建炼化平衡催化剂性质

项目	标 1	标 2
催化剂牌号	ORBIT-300+CA-1	RGD-1
比表面积/(m^2/g)	101	100
孔体积/(mL/g)	0.24	0.26
表观密度/(g/mL)	0.83	0.82
化学组成/%		
Al_2O_3	2.1	2.3
RE_2O_3	48.0	50.1
金属含量/(μg/g)		
Ni	5900	6300
V	7500	7300
Fe	3600	3500
Na	1200	1200
Sb	1200	1800
粒度分布/%		
0~20μm	2.5	0.5
20~40μm	21.2	17.0
40~80μm	47.6	47.6
80~110μm	15.3	16.4
110~149μm	10.2	12.5
微反活性/%	60	60

表 8-6-9　福建炼化产物分布

项目	标 1	标 2
产物收率/%		
干气	4.67	4.62
液化气	16.70	18.00
汽油	38.00	31.95
柴油	25.78	31.06
油浆	6.96	6.13
焦炭	7.37	7.77
损失	0.52	0.47
合计	100.00	100.00
丙烯收率/%	5.44	6.03
转化率/%	67.26	62.81
液化气+汽油+柴油产率/%	80.48	81.01
液化气+柴油产率/%	42.48	49.06
柴油产率/转化率/%	0.38	0.49

表 8-6-10　福建炼化汽油主要性质

项目	标 1	标 2
密度(20℃)/(g/cm^3)	0.7258	0.7227
诱导期/min	307	282
二烯值/(gI/100g)		0.9
实际胶质/(mg/100mL)	2	
酸度/(mgKOH/100mL)	0.35	0.5
蒸气压/kPa	66	66
硫醇硫/(μg/g)	81	125
辛烷值		
RON	93.2	93.9
MON	81.3	81.7
元素组成		
C/%	86.61	86.05
H/%	13.34	13.57
S/(μg/g)	365	355
N/(μg/g)	29	23
荧光法组成/%		
饱和烃	39.9	47.8
烯烃	40.5	31.5
芳烃	19.6	20.7
馏程/℃		
初馏点	38	36
10%	53	53
50%	92	87
70%	126	116
90%	163	154
95%	175	
终馏点	185	186

表 8-6-11　福建炼化柴油主要性质

项目	标 1	标 2
密度(20℃)/(g/cm^3)	0.9333	0.9320
运动黏度(20℃)/(mm^2/s)	4.54	4.62
运动黏度(50℃)/(mm^2/s)	2.28	2.35
凝点/℃	-7	-8
实际胶质/(mg/100mL)	191	145
碘值/(gI/100g)	13.18	17.70
酸度/(mgKOH/100mL)	1.18	1.73
闪点(开口)/℃	78	79
溴价/(gBr/100g)	6.95	8.52
十六烷值(计算)	25	27
元素组成/%		
C		88.69
H		9.81
S	0.58	1.11
N	0.06	0.08
馏程/℃		
初馏点	189	186
10%	221	221
30%	244	244
50%	269	274
70%	301	308
90%	343	343
95%	355	352

表 8-6-12　福建炼化油浆主要性质

项目	标 1	标 2
密度(20℃)/(g/cm^3)	1.0910	1.1264
运动黏度(80℃)/(mm^2/s)	65.33	94.95
运动黏度(100℃)/(mm^2/s)	22.72	30.97
折射率(70℃)	1.6462	1.6425
凝点/℃	21	26
残炭/%	14.70	11.38
烃族组成/%		
饱和烃	11.2	12.0
芳烃	67.0	72.4
胶质	19.7	13.4

续表

项目	标1	标2
沥青质	2.1	2.2
金属含量/(μg/g)		
Fe	23.8	35.1
V	8.3	17.2
Na	5.3	10.7
Cu	0.3	0.8
Ni	8.3	16.9
元素组成/%		
C	88.80	88.90
H	7.14	7.31
S	1.43	2.39
N	0.29	0.28
馏程/℃		
初馏点	223	
5%	383	402
10%	401	410
30%	424	437
50%	443	458
70%	476	490
80%	507	

尽管MGD标定原料比原催化裂化标定原料的残炭高0.6个百分点，芳烃含量高、重金属含量也高，采用MGD技术后液化气产率增加1.30个百分点，柴油产率增加5.28个百分点，汽油产率降低6.05个百分点，干气产率变化不大，焦炭产率增加了0.4个百分点，但油浆产率减少了0.83个百分点。

由于原催化裂化标定时平衡催化剂中含有助气剂CA-1，基准的液化气产率高，所以MGD标定液化气的增加是相对于使用助气剂的，故增幅不大。MGD标定焦炭产率稍高，可能是由于原料性质较差，RGD-1催化剂的重油裂化能力较好，油浆产率低的缘故。干气产率不高表明RGD-1具有较好的选择性，适合MGD工艺。

从产品性质看，MGD标定与原催化裂化标定相比，汽油烯烃含量(体积分数)降低9个百分点，研究法辛烷值和马达法辛烷值分别增加0.7和0.4个单位；柴油质量相当，也需进一步处理。

福建炼化分公司在生产中用焦化汽油代替部分粗汽油注入提升管，注入10.77%的焦化汽油后，汽油产率增加6.11个百分点、柴油产率增加2.58个百分点、液化气产率增加1.96个百分点，汽油烯烃含量降低0.7个百分点，经计算焦化汽油改质使其辛烷值提高了约28~30个单位[18]。

三、工业推广应用

在广州石化分公司和福建炼化分公司催化裂化装置上工业应用之后，陆续有37套催化裂化装置采用MGD技术进行改造，涉及各种催化裂化装置型式和不同种类的原料油，总加工能力达到35Mt。

应用MGD技术可达到降低汽油烯烃含量、调变产物、多产低碳烯烃以及低品质汽油改质等效果。

1. 降低汽油烯烃含量

2000年7月1日起北京、上海、广州实施新汽油标准，2003年1月1日起全国范围内实施新汽油标准(GB 17930—1999)。新标准要求汽油中的烯烃含量(体积分数)小于35%。由于MGD技术可将汽油中的烯烃含量(体积分数)降低8~11个百分点，并且实施容易、投资少见效快，受到各炼化企业的极大欢迎，因而在2000~2002年间迅速得到大规模推广应用，保证了各炼化企业在国家规定的时间内出厂汽油指标达到了新国标的要求，为我国汽油清洁化进程作出了巨大贡献。同时汽油的研究法辛烷值和马达法辛烷值可分别提高0.2~0.7个单位和0.4~0.9个单位，汽油硫含量降低30%左右，为企业带来了显著的经济效益。

在降低汽油烯烃含量过程中，某企业在汽油选择性裂化反应区分别注入粗汽油、稳定汽油、富气压缩机凝缩油和轻汽油进行考察，结果表明汽油烯烃含量降低的幅度为：轻汽油>富气压缩机凝缩油>稳定汽油>粗汽油，分析数据显示汽油中的烯烃主要集中在碳五~碳七组分中，其烯烃含量占了汽油总烯烃含量的80%左右[20]。回炼这部分富含烯烃的组分后，使大部分烯烃裂化生成小分子气体烯烃。因此回炼轻汽油最有利于降低汽油的烯烃含量，对于多产低碳烯烃工艺的装置(如ARGG、DCC等)，由于其汽油烯烃含量偏高，采用轻汽油回炼更为有效[20-21]。

2. 调变产物分布

MGD技术增加了装置的灵活性和适应市场变化的能力，对汽油、柴油及液化气产率调变提供了有效手段。MGD装置日常生产统计结果表明，从最高“液化气加柴油产率”生产方案转换为通常的催化裂化的最高轻质油收率方案或从通常的催化裂化的最高轻质油收率方案转换为最高“液化气加柴油产率”生产方案十分迅速，一般在生产方案调整后的8~24h内产品分布即发生很大变化，较大地提高了适应市场需求变化及时调整产品结构的能力，为进一步提高经济效益，满足社会需求提供了一条有效的工艺途径和技术措施。目前仍有很多催化裂化装置保留和采用MGD技术用来调变产物分布。

3. 多产低碳烯烃

低碳烯烃是炼化企业效益的重要来源之一，MGD技术可将液化气产率提高2~4个百分点，其中低碳烯烃产率增加明显。据报道：两套催化裂化装置在投用MGD技术后丙烯产率分别提高了1.71[22]和2.43[23]个百分点，成为多产低碳烯烃的重要手段之一。

4. 低品质汽油改质

由于部分炼化企业的加氢及重整装置加工能力有限，焦化汽油缺少深加工手段，所以提高其辛烷值和改善安定性一直是制约汽油升级换代的关键因素。利用MGD技术对汽油进行选择性裂化反应的特性，可对焦化汽油等低品质汽油组分进行催化裂化改质。某企业在装置反应温度、重油原料加工量等主要操作条件基本不变的情况下，将占催化裂化进料 11%~15%的焦化汽油注入提升管汽油反应区进行改质，汽油产品的辛烷值可满足 90 号汽油的要求，其中 *RON* 提高 28 个单位以上，*MON* 提高 20 个单位以上，同时汽油的烯烃含量、硫含量、氮含量均有较大幅度的降低，焦化汽油转化为液化气、汽油和柴油的产率达 84%以上，成为提高焦化汽油品质一条经济可行的途径[24]。在 MGD 装置上对低品质的焦化汽油、直馏汽油进行改质得到灵活应用[25-26]。

大量工业应用结果表明：MGD 是一项投资少、实施容易、操作灵活的催化裂化技术，可同时达到降低汽油烯烃含量、提高汽油品质、增产低碳烯烃、调变产物分布等多种目的，在特定的历史时期已经发挥了巨大的作用，是一项具有自主知识产权的特色技术，目前仍具有相当大的生命力，可继续为企业带来可观的经济效益。

参考文献

[1] 中商情报网．全球清洁汽油简介［EB/OL］．http：//www. askci. com/news/201401/15/151541435471. shtml.

[2] 王树卿．焦化汽油生产研究及应用技术进展[J]．化工时刊，2010，24(7)：61-64.

[3] 国家石油和化工网．宏观经济对汽柴油消费量的影响[EB/OL]．http：//www. cpcia. org. cn/html/13/201211/ 120973. html.

[4] Corma A，Orchilles A V. Current views on the mechanism of catalytic cracking[J]. Microporous and Mesoporous Materials，2000，35-36：21-30.

[5] 陈俊武．催化裂化工艺与工程[M]. 2 版．北京：中国石化出版社，2005：962.

[6] 张久顺，王巍，陈祖庇，等．一种多产柴油和液化气的催化转化方法：ZL00109375. 4[P]，2000-05-31.

[7] Zhang Jiushun，Mao Anguo，Zhong Xiaoxiang，et al. Catalytic cracking process for increasing simultaneously the yields of diesel oil and liquefied gas：US6416656，EP1205530，WO01/00750［P］，2000-06-20.

[8] 许友好，张久顺，杨轶男，等．一种汽油改质的催化转化方法：ZL99109194. 9[P]，1999-06-23.

[9] 魏晓丽，王巍，张久顺．催化裂化汽油在催化剂下裂化生焦的研究[J]．石油炼制与化工，2003，34(6)：5-9.

[10] 魏晓丽，龙军，张久顺，等．RGD 催化剂积炭对 MGD 工艺增产柴油的影响[J]．石油炼制与化工，2004，35(6)：52-55.

[11] 陈祖庇，张久顺，钟乐燊，等．MGD 工艺技术的特点[J]．石油炼制与化工，2002，33(3)：21-25.

[12] Corma A，Martinez C，Ketley G，et al. On the mechanism of sulfur removal during catalytic cracking［J］. Applied Catalysis A：General，2001，208：135-152.

[13] 钟孝湘，张执刚，黎仕克，等．催化裂化多产液化气和柴油工艺技术的开发与应用[J]．石油炼制与化工，2001，32(11)：1-5.

[14] 陆友宝，田辉平，范中碧，等．多产柴油和液化气的裂化催化剂 RGD 的研究开发[J]．石油炼制与化工，2001，32(7)：37-41.

[15] 杨建，刘环昌．多产中间馏分油的渣油裂化催化剂 MLC-500 的研制[J]．石油炼制与化工，1999，30(2)：6-9.

[16] Niccum P K，Miller R B，Claude A M，et al. Maxofin：A novel FCC process for maximizing light olefins using a new generation of ZSM-5 additive[C]. NPRA Annual Meeting，AM-98-18，1998.

[17] 胡勇仁，彭永强，张执刚，等．催化裂化多产液化气和柴油技术在广石化的工业应用[J]．石油炼制与化工，2001，32(12)：16-20.

[18] 潘爱民．重油催化裂化装置技术改造及其效果[J]．炼油设计，2000，30(9)：21-24.

[19] 康飚，王庆元，康庆山，等. 福建炼化公司催化裂化装置应用MGD技术的工业试验[J]. 石油炼制与化工，2002，33(2)：19-23.

[20] 颜刚，刘福安，李钦. MGD和不完全再生技术的组合工艺在ARGG装置上的工业应用[J]. 炼油技术与工程，2006，36(3)：13-17.

[21] 王志军，姜成，王庆，等. 催化裂解(DCC-Ⅱ工艺)装置生产清洁汽油的途径[J]. 辽宁化工，2007，36(6)：398-400.

[22] 王宏伟. MGD技术在催化裂解装置中的工业实践[J]. 当代化工，2009，38(2)：141-143.

[23] 姚文涛，郎凤艳. RGD-1催化剂在MGD工艺的应用[J]. 广东化工，2009，36(10)：41-43.

[24] 张国才. 焦化汽油的催化裂化改质[J]. 石油炼制与化工，2001，32(4)：5-9.

[25] 罗勇. 焦化汽油改质方案的比较[J]. 石油炼制与化工，2002，33(2)：65-68.

[26] 万胜利，罗勇. MGD技术在催化装置上的应用[J]. 石化技术，2003，10(2)：9-16.

第九章 多产烯烃催化裂解的工程技术

自20世纪80年代末催化裂解(DCC)开发成功以来，多产轻质烯烃催化裂解工艺不断取得新的发展。针对不同的原料、不同的目的产品，DCC-Ⅰ型、DCC-Ⅱ型、MGG、ARGG、MIO以及CPP等工艺相继开发成功并实现工业化应用，为提供轻质烯烃原料，发展下游石油化工产业开辟了一条新的经济性较好的途径。多产轻质烯烃催化裂解工艺是以流化催化裂化技术为基础，采用特殊的分子筛催化剂，在相应的工艺条件(反应温度、反应压力、注蒸汽量、剂油比、空速等)下，以重质油品为原料，以乙烯、丙烯和丁烯以及高辛烷值汽油和/或芳烃为目的产品的新型系列工艺。这些工艺，与常规的催化裂化既有相似之处，更有其个性鲜明的技术特征，在工业化过程中，也体现出与常规催化裂化显著不同的工程技术特点和技术经济特征。由于DCC、ARGG和CPP技术工业应用较多，是众多催化裂解生产轻烯烃工艺中的典型代表，本章着重讨论上述3种工艺的工程技术内容。

第一节 多产烯烃催化裂解工艺的工程特点

以DCC、ARGG和CPP为代表的多产轻烯烃催化裂解工艺，与常规流化催化裂化相比，在反应机理、催化剂化学反应特性、原料性质、工艺条件、产品分布和产品性质等方面有着显著不同，因而在反应器和再生器的形式匹配、结构设计、工艺流程设置、能量合理利用等各方面，都有所不同(见表9-1-1)。

表9-1-1 催化裂化与催化裂解典型工艺对比

	常规FCC①	DCC-Ⅰ①	DCC-Ⅱ①	ARGG①	CPP②
原料类型	重油、蜡油	蜡油	蜡油、重油	重油	重油
原料性质					
密度(20℃)/(g/cm³)	0.86~0.945	0.86~0.89	0.86~0.9	0.905	0.8954
残炭/%	0~7	<2	~2	5.5	4.33
氢/%	11.8~13.5	12.5~13.5	12.5~13	12.7	13.03
催化剂	常规	专用	专用	专用	专用
主要操作条件					
反应温度/℃	485~538	545~560	530~535	530~540	590~610
回炼比	0.05~0.3	0.05~0.1	0.07	0.3	~0.1
再生温度/℃	680~730	690~720	705	710	700~730
剂油比	5~8	12~15	8~10	>8	15~20

续表

	常规 FCC①	DCC-Ⅰ①	DCC-Ⅱ①	ARGG①	CPP②
反应注汽量/%	2~8	25~30	10~15	~10	~30
反应压力(表)/MPa	0.15~0.25	0.08~0.1	0.08~0.1	0.15~0.17	0.08~0.11
进料温度/℃	180~220	240~350	180~240	200~240	290~340
产品分布/%					
干气	2~4	9.8	4~5	4.6	30.55
液化气	12~20	45.6	20~32	32.5	28.22
汽油	39~49	20.8	38~40	36.4	15.71
裂解轻油	19~32	12.8	20~25	12.6	9.31
裂解重油	0~6	1.5	4~5	4	3.48
焦炭	5~9.5	9	7~9	9.4	12.12
损失		0.5		0.5	0.61
其中					
乙烯		5.9	2.45	1.27	18.32
丙烯	4~5	22.01	6~12	11.5	21.58

① 为典型统计数据范围；

② 为某装置标定数据。

以 DCC、ARGG 和 CPP 为代表的多产烯烃催化裂解工艺在技术历程上体现出较为清晰的发展脉络，与常规催化裂化相比，具有原料氢含量要求较高、反应苛刻度较高，裂解深度大，气体产品产率高，反应分子膨胀比较大等共同的特点，同时，由于原料、产品和主要操作条件的不同，又体现出各自的特色。

一、多产烯烃催化裂解工艺的工程发展

多产轻烯烃催化裂解工艺与石脑油蒸汽裂解相比，由于催化剂的介入，大大降低了反应活化能，使反应温度降低，裂解转化在较低的苛刻度下进行，裂解气中的炔烃和双烯烃类杂质较少，能耗较低。但相比于常规的催化裂化，由于反应苛刻度显著提高，原料裂解深度加大，尤其是加工重质原料时，装置在重质原料油雾化、分散、油剂接触、传质、反应环境、油剂快速分离、抑制反应产物结焦、产品物流的高效低耗分离等各方面都有更高的要求。

20 世纪 80 年代末，以馏分油为原料，以最大量生产丙烯为目的 DCC-I 型催化裂解工艺开发成功，DCC-I 型催化裂解反应苛刻度较以往常规的催化裂化和重油催化裂化有较大的提高；多产丙烯兼顾汽油质量的 DCC-II 型催化裂解和 ARGG 工艺在苛刻度上较 DCC-I 型有所降低，在一定范围内对重油的适应性提高，拓展了丙烯生产的原料来源，但由于重质原料的引入，在重油的初始裂化、快速分离和防止结焦方面提出了新的要求。以石蜡基重油为原料，以最大化生产乙烯和丙烯为目的产品的催化热裂解 CPP 工艺，在原料预热、重质原料转化、油气急冷、防止结焦、裂解气压缩与精制、烯烃分离等各技术环节等各个方面都对工程技术研发、装置设计和操作运行提出了更为严苛的要求。

由于裂解深度大、产气量高，反应压力低，注蒸汽量大，DCC、ARGG 和 CPP 工艺，在装置的反应-再生、分馏、吸收稳定(或烯烃分离)以及烟气系统，都较同等处理量的常规催化裂化装置设备规格增大很多，在工程化方面装置的大型化问题十分突出(见表 9-1-2)。

表 9-1-2 轻烯烃生产工艺与常规催化裂化装置规模对比

项　目	常规 FCC	DCC-Ⅰ	DCC-Ⅱ	ARGG	CPP
装置规模	1	1	1	1	1
反应器出口油气体积流率	1	3.82	2.71	1.73	5.00
再生器出口烟气体积流率	1	2.01	1.89	1.67	2.27
催化剂循环线路负荷	1	2.62	1.92	1.38	3.08

二、DCC、ARGG 工程技术特点

催化裂解(DCC)工艺是以重质油为原料、以丙烯为主要目的产品的工艺技术。该技术是使石油烃类在酸性择形分子筛多孔催化剂的催化条件下，反应生成丙烯和丁烯，并通过二次裂化过程进行异构化和氢转移等反应。为了得到最大量的丙烯产率，必须促进二次裂化反应，抑制氢转移和异构化反应。

催化裂解(DCC)工艺技术于 1990 年进行了首次工业试验，1991 年经过了中国石油化工总公司的鉴定，先后获得中石化总公司特等奖、中国专利金奖、科技部国家发明一等奖等。已在国内外推广应用，取得了良好的效果。在 DCC-I 型单提升管+床层反应器的技术基础上，进一步提出双提升管+床层反应的新理念，形成了新一代催化裂解技术，以满足生产更多烯烃的需求。

ARGG 工艺是以石蜡基重油为原料，采用 RAG 系列催化剂，在较常规重油催化裂化工艺更苛刻的操作条件下，以最大化地生产高辛烷值汽油和气体烯烃的工艺。

DCC 和 ARGG 工艺以蜡油、重油为原料，以丙烯为生产目的，C_2 以下组分为受控制的副产物，在常规的催化裂化技术基础上，反应-再生部分主要针对裂解深度大、反应苛刻度高、产气量大的特点，开发和应用了一系列符合多产烯烃要求的工程技术，在后部产品分离系统，仍沿用了常规的分馏、吸收稳定工艺流程，并实施配套的工艺优化和改进。

在反应系统工程技术的开发和设计中，主要针对在反应段(提升管)如何提供适宜的初始、中段反应环境，保证满足高苛刻度、高转化率的工艺需求，在提升管末端采用何种终止反应措施和适宜的气固分离结构；不同反应流型技术的匹配与结合，即稀相提升的提升管反应与湍流床的床层反应及二者的组合。

常规催化裂化再生催化剂的定炭按不同的生产方案和目的可以有不同的选择，而多产轻质烯烃的 DCC、ARGG 工艺，从反应机理和催化剂的应用性能出发，则要求尽可能地降低再生催化剂上的碳含量，以最大化地恢复其裂解活性，提高烯烃选择性，因此，在再生系统设计中，需要在较为缓和的条件下尽可能地将催化剂上的焦炭烧尽，将再生催化剂的定炭降低至 0.05%以下。

分馏系统的工艺流程与常规催化裂化类似，但为适应注汽量大、产气量大、后部吸收稳定和气体分馏热源需求量较大的特点，在分馏塔的塔顶冷凝、全塔热平衡、与吸收稳定和气体分馏装置热联合方面，需要进行相应的研究和考虑，使之能量利用合理、高效。

吸收稳定系统由于液化气产率高，各塔气液比较大，在工艺流程设置方面和塔内件流型等也与常规催化裂化有所不同。

三、CPP 工程技术特点

催化热裂解(CPP)工艺是以重油为原料，采用专门研制的酸性分子筛催化剂，借鉴流化催化裂化技术，选择适宜的温度、短的停留时间，在提升管反应器中进行催化裂解、高温热裂解、择形催化与芳构化等综合反应，达到多产乙烯和丙烯的目的。CPP 工业试验装置在2000 年 10 月 30 日实现了开车一次成功，并于 2001 年 1 月 10 日完成了各项方案的试验标定工作。

世界上第一套工业规模的沈阳石蜡化工有限公司 500kt/a CPP 装置于 2009 年 6 月 28 日实现一次开车成功，于 2010 年 4 月通过国家发改委组织有关部门及专家对 CPP 示范项目工艺技术和经济性考核进行的专项验收。

CPP 工艺与常规催化裂化和 DCC、ARGG 等以多产丙烯的工艺相比，反应苛刻度更高、转化深度更大、产气量更高，反应再生、分馏、裂解气精制与烯烃分离更为复杂，主要体现在以下几个方面：

(1) CPP 工艺适合直接加工重油，尤其是石蜡基油，还可掺炼适量的减压渣油，也可直接加工常压渣油，原料氢含量要求达到 12.6%以上，重金属含量要求控制小于 10μg/g，Na 含量小于 2μg/g，以满足乙烯和丙烯收率、适宜的产品分布和降低催化剂消耗的要求。

(2) CPP 催化剂(CEP)是一种改性分子筛催化剂，具有正碳离子反应与自由基反应双重催化活性，具有较高的重油一次转化能力及抗金属污染能力，具有高温热裂解及芳构化的功能，其活性评价方法与常规催化裂化催化剂不同。CEP 催化剂具有良好的催化活性、抗磨性能及水热稳定性，可耐高温 750℃左右。

(3) CPP 工艺所需剂油比大，一般在 20~25 之间；反应注蒸汽量高，约为新鲜原料的30%以上。

(4) CPP 工艺的副产品——各馏分油中富含芳烃，其中裂解石脑油含芳烃 78%以上，其中苯、甲苯、二甲苯+乙苯含量分别达到约 4%、16%、20%以上；裂解轻油中萘系烃类含量 90%以上，均可作为化工原料。

(5) 原料重质化、高苛刻度反应条件下，防止结焦的难度增大；

(6) 产品气精制与分离较以往的常规催化裂化和 DCC、ARGG 等工艺有根本的不同。

第二节　反应-再生系统工艺与工程

工艺是基础，是核心，工程是保障措施，是支撑，工程需满足工艺的要求，并在此基础上充分考虑工程技术实现过程中的诸多问题，如过程控制、物料分布与回收、选材、强度、结构、防腐、防冲蚀等因素，工程需要与工艺进行完美地结合。

由于反应机理、操作条件和产品分布的不同，DCC、ARGG 和 CPP 等多产烯烃工艺的反应-再生、分馏和后续的裂解气压缩、精制与烯烃分离等系统与常规的催化裂化装置相比有所不同。

一、反应系统

多产轻烯烃工艺，在反应条件上大多都有一些相似的特点：高温、高剂油比、高水蒸气注入、相适应的反应时间与空速以保证所需的高苛刻度和转化率，同时要尽可能抑制原料重质化和高苛刻度反应产物所带来的更易缩合与结焦等副反应的发生。反应系统的工艺与工程技术开发和设计主要围绕着这一命题展开，这其中反应进料段反应环境的优化、终端结构及防止结焦技术是工艺与工程开发的关键。

（一）反应进料段

多产轻烯烃的催化工艺，尤其是加工重油为原料的装置，对原料的雾化、分散、传热和传质的初始反应环境要求较为严格。

反应提升管进料段的初始反应环境主要与进料段（包括预提升段）的流动形态、催化剂密度、进料喷嘴的雾化效果、进料段的油剂混合温度等因素有关。

周富昌等[1]用显微观察技术对进料喷嘴的雾化效果进行分析。图 9-2-1 为喷嘴雾化效果与油剂接触后待生剂挂炭的显微对比照片。其中左图部分催化剂颗粒挂炭含量高，呈深黑色，另一部分油剂基本未接触，呈白色，显示油剂接触不良的情况；右图中催化剂颗粒颜色均匀，显示油品雾化后与催化剂颗粒接触均匀，反应后挂炭均匀。油剂接触均匀程度，对反应的产品分布以及对反应提升管和后部系统的结焦倾向也有重要影响。

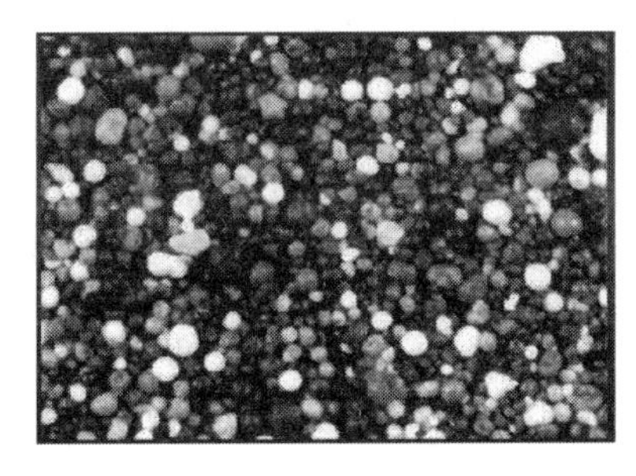

图 9-2-1 喷嘴雾化与油剂接触对待生剂挂炭的影响效果对比

近年来，为了优化反应进料段环境，多种改进的预提升技术得以开发应用。预提升段由于大量的催化剂流动转向、流化形态转变，存在较大的返混，预提升段的设计存在两种思路，一种是采用特殊的内件结构，将转向后的催化剂的流动进行充分整流、导向，使得在下游原料注入之前催化剂的流动形态转变为近似平推流模式，以减少催化剂返混和副反应的发生；另一种设计方式的指导思想是，预提升段的主要作用是为后续的反应区服务的，此处是否是平推流或是具有一定的返混并不重要，关键是要提供反应进料所需的良好环境，即经过整流后的适宜的催化剂接触密度和热容量，其方法是通过在预提升段设置高效率的提升分布器和底部流化分布器，强化提升介质和流化介质的分布效果，在预提升段为催化剂转向营造一个较好的小型流化床形态，为下游的原料注入提供足够的催化剂密度和热容量环境，反应进料注入后，在强大的喷嘴注入动能和反应系统压力平衡作用下，催化剂与油气快速向上流动，此处的平推流反应形态才是最终的追求目标。

与常规催化裂化类似，反应进料段的喷嘴雾化、油剂接触环境对初始反应行为影响较大。除了喷嘴本身的雾化效果以外，喷嘴适宜的喷出速度与所处环境的催化剂密度有关，适宜的喷出速度对油剂穿透、混合及均匀传热产生较大的影响（见图 9-2-2）。

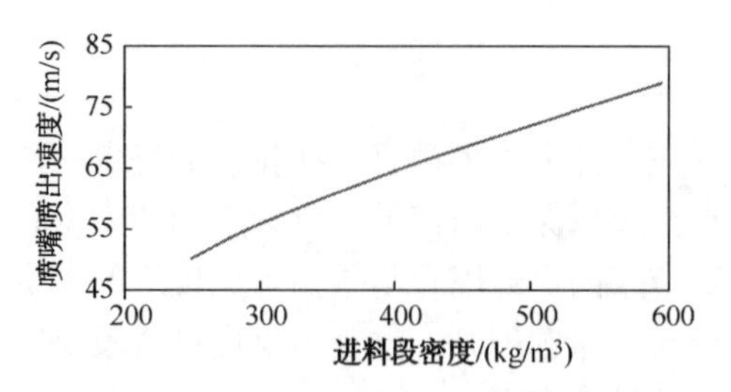

图 9-2-2　喷嘴喷出适宜速度范围

在正确的设计条件下，近期开发的雾化性能良好的 BWJ、KH、CS 和 LPH 等系列喷嘴(见图 9-2-3)都可以满足 DCC、CPP 和 ARGG 等工艺的需要[2]。

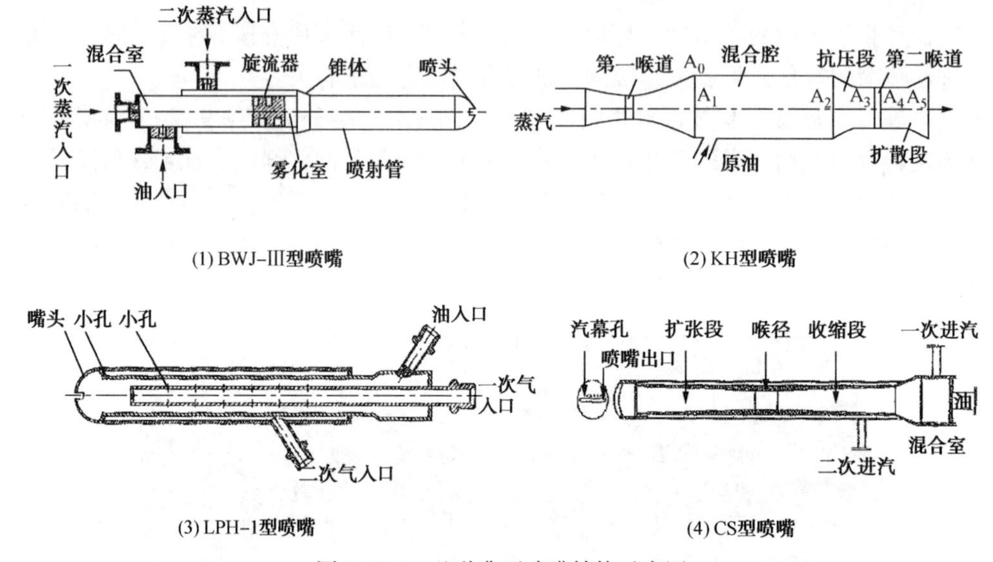

图 9-2-3　几种典型喷嘴结构示意图

BWJ 系列喷嘴属旋流式喷嘴，Ⅰ～Ⅲ型均为原料径向、一次蒸汽轴向进入喷嘴混合腔，Ⅲ型喷嘴在此基础上设置了二次蒸汽，以达到进一步破碎残余大液滴的目的。气液混合物经旋流器强制掺混，液体被碾成薄膜，受到气流冲击，第一次被粉碎雾化，径向夹套进入的高速二次蒸汽可将旋流器离心力在周边聚集产生的液膜剥离，并利用气液的速度差，将液滴再次撕碎，实现二次雾化，再经过喷口鸭嘴雾化成细粒，呈扇形面射出，最终实现三次雾化。Ⅳ型喷嘴为适应特大规模的装置设计，原料与蒸汽的进入流向发生改变，二次气的分配由外部管线控制改为内部分配控制，雾化原理与Ⅲ型基本相同。

KH 型带有收敛-扩张形喉道，利用其高速气流的能量克服原料油的表面张力和黏度的约束，并利用气液两相速度差，撕裂液体薄膜，使原料油破碎成微小油颗粒，达到雾化目的。

雾化机理是原料油进入外腔，雾化蒸汽由喷嘴流入内腔，内腔管壁上有多个小孔，蒸汽经由小孔进入外腔，使得原料油中含有大量的气泡，再从喷嘴出口喷出，气泡爆破使原料油充分雾化，LPH 系列喷嘴的雾化原理属气泡雾化与气动雾化相结合。

与常规催化裂化不同，多产轻烯烃的催化裂解工艺对水蒸气分压的更高要求(水蒸气注入量达 25%～30%)，原料油喷嘴的雾化蒸汽量的增加，客观上有利于提高进料喷嘴的雾化性能。

由于蒸汽注入量较大，反应提升管除了随原料注入所需雾化蒸汽外，还需要注入一定比例的稀释蒸汽，降低反应油气分压，以获得理想的产品分布。

目前各类喷嘴对原料黏度要求的共识是不大于5mm²/s。

（二）反应环境的优化

为了提高转化率和多产低碳烯烃，在原有技术基础上，改进后的DCC、CPP工艺，根据原料与目的产品不同，有选择地采用双提升管+床层组合反应器的形式，见图9-2-4，根据反应行为特点，将反应系统分成3个反应区：其中第一反应区为主提升管，进料为新鲜原料油和回炼裂解重油，是以最大量生产高烯烃含量汽油或裂解石脑油为目的，为第三反应区（床层）提供原料；第二提升管进料为装置自产的或外来的富含烯烃C_4馏分和轻裂解石脑油，第二提升管另一目的是将热的低定炭再生催化剂输送至第三反应区床层，为床层反应创造适宜的条件；第三反应区为床层，第一提升管反应区和第二提升管反应区的反应油气以及汽提段的蒸汽一起进入第三反应区，第三反应区床层质量空速较低（2~4h^{-1}），通过控制反应油气在密相的停留时间，在适宜的反应条件下抑制丙烯再转化，最大限度保留已生成的丙烯。

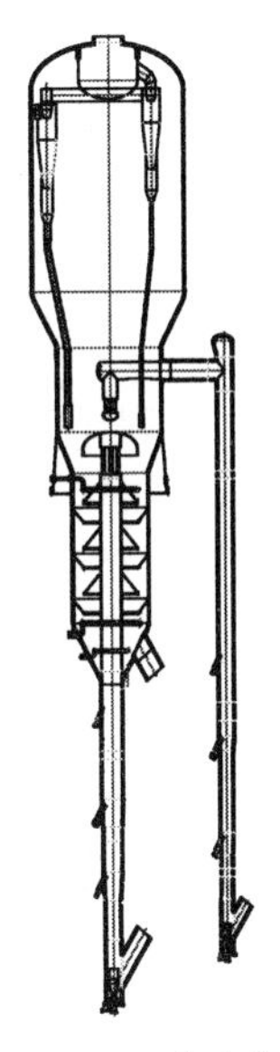

图9-2-4 多产气双反应系统

（三）反应终端结构

多产烯烃催化工艺与常规催化裂化在提升管反应终端技术有所不同，由于反应机理的需要，DCC、CPP等反应大多都存在床层反应模式，提升管一般不设置终端快速分离设施，第一提升管的出口设置分布板或分布器，将出口的反应油气与催化剂共同喷出，在床层内均匀分布，为后续的床层反应（或第三反应区反应）提供良好的流化与分布条件。

对于第二反应区，一般采用外置提升管设计，外置提升管出口不采用气固分离的快分设施，而是采用混合输出的防冲结构，埋入密相湍流床的低压降分布器使出口的反应油气和催化剂均匀进入床层，与第一反应提升管来的油气和催化剂混合、反应。此低压降防冲分布器也可避免过大的动能冲击扰动反应床层的稳定性。

对于ARGG装置，由于反应集中在单独的提升管内完成，为抑制过度裂化与副反应的发生，提升管出口采用气固分离的快速分离器。

采用气固分离的快分结构，除了缩短油气在反应沉降器内的停留时间、抑制副反应、维持良好的产品分布的同时，更重要的是可以避免因油气过长的停留时间和局部冷点的存在导致的反应油气中重组分烃类热反应缩合和/或冷凝致使反应器稀相空间结焦的事故发生。

目前提升管出口油气与催化剂快分型式采用较多的主要有四种：第一种为敞口的三叶（四叶）快分；第二种为粗旋风分离器，其顶部升气管出口接近顶旋入口；第三种为粗旋出口紧靠顶旋入口的软连接结构；第四种是以VQS为代表的提升管出口快分与顶旋入口紧密直连的结构。根据实际运行情况看，各种提升管出口快分结构中，第三、第四类快分在抑制过度裂化和热裂化、改善产品分布方面是有效的，其中密闭旋流快分系统（VQS）在防止结焦、改善产品分布方面是最有效的，适用于加工重质油品的常规催化裂化和ARGG装置。早期的VQS系统存在效率、弹性不稳定和需注入较大蒸汽量等问题，而改进后的快分系统在提高效率、减少催化剂跑损，应对操作波动的弹性和安全稳定性以及降低蒸汽耗量等各方面都已达到很好的效果。

（四）待生剂汽提

反应待生催化剂颗粒间与孔道内部充满油气，此部分油气占产品总量的2%~4%，待生剂汽提的作用就是将这部分油气尽可能地用水蒸气置换出去，以降低待生剂附着焦炭的氢含量，减少不必要的液收损失，降低再生及取热负荷、改善产品分布[2]。从设备结构和操作条件来看，影响汽提效果的因素主要有汽提段的内件结构、汽提温度、汽提蒸汽量和催化剂停留时间等。

汽提段内件结构主要有人字挡板、盘伞形挡板、空筒、高通量填料或倾斜格栅、环流汽提等。目前采用较多的是带有挡板气体分布孔、裙边整流和优化倾斜角的改进型盘伞形挡板，其结构简单、防堵塞、汽提效率稳定的特点使之应用广泛。

汽提蒸汽量的增加对汽提效果的改善有利，但过大的汽提蒸汽量会使装置能耗增加。一般来说，由于多产轻质烯烃的催化裂解工艺的反应深度大，剂油比高，汽提蒸汽量相应提高，但相对于催化剂循环量的比例基本不变，一般在2‰~3‰左右。

催化剂在汽提段的停留时间一般在2~3min，在维持较高的汽提效率的前提下，高效的汽提内件一方面可降低汽提蒸汽的耗量，另一方面也可降低汽提段停留时间，以达到降低系统催化剂藏量的目的。

由于反应温度较常规催化裂化工艺有较大的提高，汽提段的操作温度也相应升高。较高的汽提温度对汽提效果十分有利。从图9-2-5中可以看出，随着汽提段温度的提高，待生催化剂上相对可汽提掉的碳含量（*Cs*）有所上升，意味着待生催化剂有更大的汽提潜力可挖[3]。

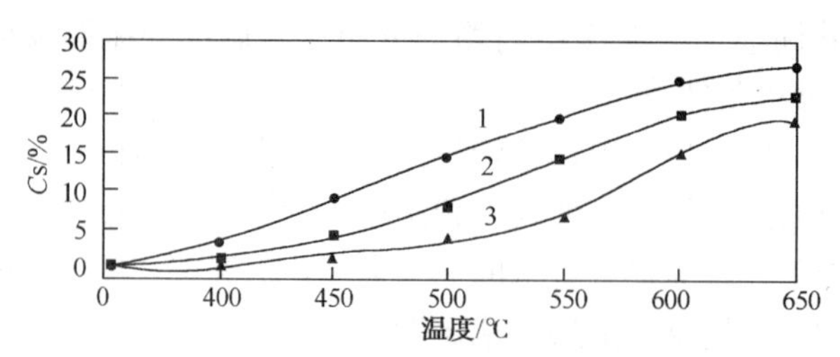

图9-2-5　汽提温度对汽提效果的影响

1—CC-15（RFCC）；2—RAG（ARGG）；3—CRP-1（DCC）

（五）抑制反应系统结焦

虽然床层反应的存在一定程度上缓解了反应器结焦的趋势，但由于原料重质化、裂解深度大，反应产物中二烯烃、炔烃等易缩合组分含量的增加，以及高苛刻度裂解带来的油浆产物中稠环芳烃的高度浓缩，多产轻烯烃催化裂解工艺在反应系统的结焦倾向仍然有所增加。

装置防结焦的技术措施主要集中在以下几个部位：

（1）提升管进料喷嘴以上部位。此部位的结焦大多因原料雾化喷嘴的性能不佳、原料预热不充分、预提升段催化剂整流和密度蓄压不够以及喷嘴的安装出现偏差等因素造成。在选用高效进料喷嘴的同时，良好的预提升段设计，原料充分的预热以及喷嘴的安装施工过程中的精确安装到位都是必须的。

（2）反应沉降器稀相。催化裂化反应沉降器稀相结焦的机理及工程研究很多，结焦主因包括重组分“液焦”组分及不饱和二烯烃和炔烃的存在、过长的稀相停留时间，局部的冷点、油气流场的不合理等。综合治理的方法主要包括：合理的反应时间，减少因反应不完全造成的重质油品的存在；优化的流场设计，缩短油气在稀相的停留时间，实现油剂的快速分离和油气的快速导出；防焦蒸汽采用高温蒸汽，提高设备的衬里保温性能，避免局部冷点的出现；旋风分离器升气管外壁采用防结焦特殊结构，防止结焦脱落堵塞料腿。沉降器汽提段内的防焦格栅设计防止焦块脱落，提高装置抗波动干扰的能力，石油大学和中国石化工程建设公司在长岭炼化分公司催化裂化装置上进行的防结焦改造取得良好效果。

（3）油气管线。针对因局部冷点和边壁效应导致反应油气管线结焦，除了提高衬里保温效果外，提高油气管线线速，尽量削弱边壁效应是抑制油气管线结焦的有效措施，油气线的线速可按35～40m/s设计。

此外，开停工过程中特别需要注意的是开工喷油的温度要比较高，避免过冷的反应系统在开工初期的液焦形成并继而成为后续的结焦中心。停工过程，油品切断后，待生、再生滑阀应保持一定的循环时间，将反应系统残余油气带出。紧急事故处理时，所有进入反应提升管的油品物料均需有电磁阀联锁切断，反应系统注汽量要加大，抑制结焦的生成。

（六）反应器内件材质选择与结构设计

由于多产轻质烯烃工艺的反应温度较常规催化裂化工艺有较大的提高，在反应器、再生器内件的选材与结构设计方面都较常规催化装置的要求更高，由于操作温度明显高于常规催化裂化，旋风分离器材质选择06Cr19Ni10等，反应-再生、三旋等重要内构件和设备大开口以及烟道设计均需进行高温热应力的ANSYS分析等，同时对设备的施工和维护的各个环节都提出相应的标准与规范，以确保装置的安全、长周期运转寿命。

二、再生系统

自20世纪70年代至今，催化裂化再生技术获得了很大的发展，针对反应工艺特点、原料特性、催化剂性能等不同需求，或根据装置新建或改造的实际情况，各种具有鲜明特色的再生形式和再生技术相继开发成功并得到广泛应用。作为DCC、CPP、ARGG等工艺，由于转化深度大、反应需热量大、剂油比高，在再生技术的选择和匹配方面也有一些共性特点。

（一）再生形式的选择

与常规催化裂化相比，多产烯烃工艺由于反应苛刻度高、裂解深度大，所需反应热也大，根据各种工艺所需适宜的反应条件，包括进料温度、反应-再生温度、蒸汽注入量等，按照完全再生与不完全再生两种模式，在反应-再生系统自身热平衡的条件下，估算出各种工艺大致所需的最小生焦率。由表9-2-1可以看出，加工较重原料的DCC-Ⅱ和ARGG工艺，选择完全再生或不完全再生都是可以满足自身热平衡需求的，但对于裂解深度更大、烯烃产率更高的DCC-Ⅰ和CPP工艺，选择完全再生，对维持并灵活调节两器热平衡是有利的。

表9-2-1 多产烯烃工艺维持热量平衡所需最小生焦率

项　目	FCC	DCC-Ⅰ	DCC-Ⅱ	ARGG	CPP
原料预热温度/℃	200	330	200	200	330
完全再生所需最小生焦率/%	5.58	8.15	7.17	7.01	9.62
不完全再生所需最小生焦率/%	6.93	10.15	8.92	8.72	11.99

催化裂化工艺中，目前应用较多的完全再生方式主要有单段床层再生、烧焦罐+稀相管高效再生和烧焦罐+床层再生等，各种方式都各有其自身优缺点。

单段湍流床层再生(见图 9-2-6)具有结构简单、床层压降小的优点，但烧焦强度低、藏量大、再生剂定炭较高，加工原料重金属(尤其是钒)含量高时催化剂水热失活快、平衡活性较低，反应-再生之间催化剂循环推动力小。

烧焦罐+稀相管高效再生(见图 9-2-7)具有再生系统压降小、烧焦强度大、藏量较少、催化剂循环推动力大的优势，但由于第二密相床属环形鼓泡床，催化剂密度大，其流动性能在一定程度上制约大催化剂循环量条件下的工业应用。

烧焦罐+床层再生(见图 9-2-8)具有流化稳定、再生剂定炭低的特点，床层对 CO 的补充燃烧在一定程度上抑制了再生器稀相尾燃，稳定的床层流化形态对大剂油比操作的多产烯烃工艺适应性较好。但该种再生形式床层催化剂藏量偏大，再生系统压降偏大。

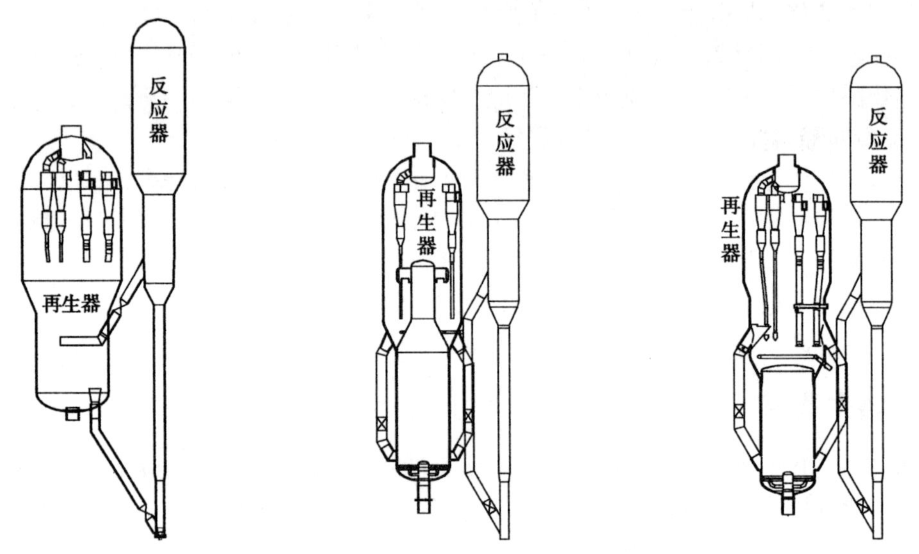

图 9-2-6 单段床层再生湍流　图 9-2-7 烧焦罐+稀相管高效再生　图 9-2-8 烧焦罐+床层再生

几种组合再生方式的主要指标见表 9-2-2[4]。

表 9-2-2 几种组合再生方式的主要指标

类别	形式	CO/CO_2 体积比	烧碳强度/[kg/(t·h)]	再生剂定碳/%
单段再生	常规再生	0. 3~0. 5	80~100	0. 15~0. 30
	CO 助燃再生	0. 005~0. 3	80~120	0. 10~0. 20
两段再生	并列式两段再生	0. 3~0. 5/0. 005	80~120	0. 03~0. 05
	重叠式两段再生	0. 3~0. 5	80~100	0. 03~0. 05
快速床再生	烧焦罐再生	0. 005~0. 02	150~320	0. 05~0. 20
	烧焦罐床层再生	0. 005~0. 02	100~120	0. 05~0. 10

周富昌等[1]用显微观察技术对催化剂颗粒上不同的再生效果进行观测，图 9-2-9 左、

中两图显示了不同的再生催化剂碳含量对照，左图为再生效果较差的催化剂颗粒照片，催化剂颗粒碳燃烧不充分且不均匀，不能充分恢复催化剂的活性，中图催化剂颗粒再生效果良好，烧焦充分且均匀，能够充分恢复催化剂的活性，对催化剂活性要求较高的 DCC、CPP 等工艺，再生效果好、再生剂含碳量低的技术要求是十分必要的。

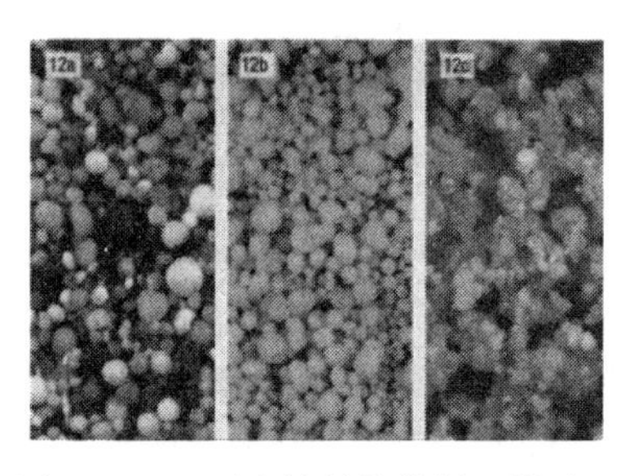

图 9-2-9　再生效果催化剂显微对比

（二）再生器设计

常规催化裂化装置再生系统的设计，根据原料性质、产品要求的不同，对催化剂的定炭要求也有所不同。在一定的情况下，再生剂的定炭要求低于 0.1%，部分追求轻质油收率和以柴油生产方案为主的装置，一般要求再生剂定炭不高于 0.2%，但以低碳烯烃为主要生产目的的 DCC、CPP 和 ARGG 等工艺，为充分发挥择形分子筛催化剂的活性，一般要求再生剂的定炭低于 0.05%，均匀而良好的再生效果对反应结果影响显著[1]。再生器烧焦效果的“正面”影响因素主要有氧分压、藏量(停留时间)、再生温度等。

再生器的内部结构影响到主风和催化剂的分布，影响主风分布均匀的因素主要包括分布管(板)的形式、压降、出口速度。分布管(板)的设计应避免床层存在死区，适宜的压降可以避免主风在床层内出现偏流，适宜的出口速度可以避免气流从喷嘴喷出后“吹通”床层，破坏催化剂在床层中的均匀分布和床层碳浓度的均匀性，同时，床层被高速气流“吹通”后形成的催化剂喷射会导致稀相浓度大幅度增加，加大催化剂的跑损。

再生器的待生催化剂进口分布器对催化剂在一次分布床层(如单段床层再生)中的均匀分布起到重要的作用，尤其是大型化装置，由于再生器密相段直径较大，待生催化剂在床层中分布的均匀性就变得更为重要。催化剂在床层中的分布问题，主要有两种途径：一种是从分布器的形式和伸入床层的相对位置进行优化，此种方法是利用较好的分布器几何空间位置，借助催化剂床层的流化自扩散作用，在较短的停留时间内达到催化剂的均匀分布和碳浓度的均一化；另一种方法是通过适当加大分布器的压降，使催化剂在分布器出口产生有较大动能的抛洒作用，使催化剂分布均匀。两种方式各有利弊，第一种方式结构简单，弹性大，安全稳妥，但对床层的自扩散要求较高，设计中要避免催化剂的短路流动。第二种方式的压降贡献对催化剂分布的均匀性十分有利，但压降的产生会在一定程度上影响装置催化剂流动的推动力，降低装置压力平衡操作弹性，同时由于设计有较小直径分布孔，设备衬里脱落导致的分布器堵塞会影响到装置的安全。

为使空气在催化剂床层中分布更为均匀，避免大气泡的产生和聚集，近年来一些设计中采用的床层分布格栅起到一定的作用，床层分布格栅的单层高度一般不小于 150mm。

对于操作线速较高和具有二次分布的催化剂床层(如烧焦罐+稀相管高效再生和烧焦罐+床层的再生形式)，由于气流速度较高，催化剂轴向、径向返混都较大，且烧焦罐的轴向扩散高度较大，对待生剂分布器的要求较单段床层再生有所降低。

（三）再生剂高效脱气

由于 DCC、CPP 等工艺剂油比较大，再生催化剂携带的烟气较多，对后续的分馏、吸收稳定和裂解气精制与分离系统带来不利的影响，为此，需要对再生剂进行脱气，以减少携带的非烃气体组分，同时催化剂经脱气蓄压后密度增大，再生线路的推动力增加，对大剂油比的操作有利。

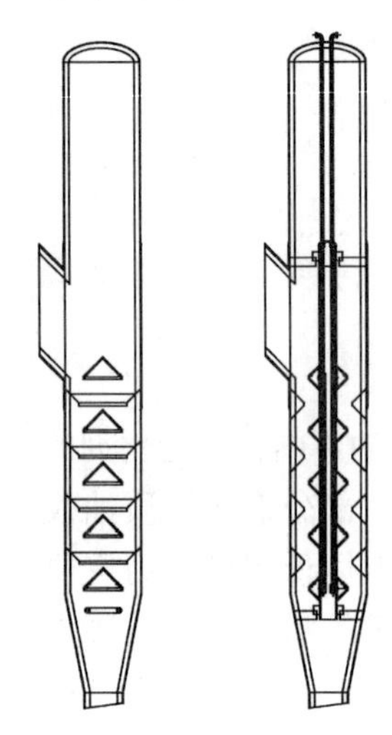

图 9-2-10　常规脱气罐与高效汽提脱气器

以往设计的再生剂脱气罐设计结构简单，在降低催化剂质量流速的同时，通过脱气罐底设置的蒸汽分布环通入蒸汽，对流经的催化剂进行一定程度的汽提置换，脱气罐内设置的盘伞形挡板加大了催化剂流动的扰动性和气固接触面积，使脱气、置换效率提高。但由于盘伞形挡板上下催化剂流动处于连续相，汽提蒸汽通过挡板上的分布孔的压降大于盘伞间隙压降，使催化剂与蒸汽错流接触的效率大大降低，盘伞间隙的气固逆流接触又缺乏足够的分散均匀性，降低了汽提置换的效率。在 CPP 工艺上新采用的高效汽提脱气器是充分利用了盘伞挡板对催化剂流动的强制整流和引导作用，同时将盘伞形挡板的几何空间进行封闭，将蒸汽通过密闭的盘伞形分布器的分布管嘴以适当的压降喷出，形成催化剂与蒸汽的强制错流接触，大大增加汽提置换效果。高效汽提脱气器的汽提置换效率较常规的脱气罐提高 10%～15%，与常规脱气罐相比，高效汽提脱气器结构稍复杂（见图 9-2-10）。

三、取热系统

多产轻质烯烃的 DCC、CPP 和 ARGG 等工艺，虽然反应需热较大，但随着加工原料的重质化，生焦量的增加，仍会产生再生供热超过反应需热的不平衡状态，这就需要对再生系统进行取热。

与常规催化裂化相同，表 9-2-3 列出了再生器取热从不同的方面进行的几种分类。

表 9-2-3　再生器取热设施的分类

分类方法	分　类	分类方法	分　类
布置位置	内取热、外取热	取热管结构形式	集合管、套管、U 型管
催化剂流动方式	下流式、上流式、全返混式、气控提升式	水汽循环方式	强制循环、自然循环
取热管强化形式	光管、翅片管、钉头管		

每种取热方式都各有其自身的适应性和优缺点，需要针对不同的工艺需求和特定条件，选择最为适宜的取热方式。

内取热是在 20 世纪 80 年代开发成功的一种取热方式，用于取出再生系统的少量过剩热。内取热的特点是投资省、不增加占地，但取热量难以随着加工负荷、原料轻重的变化而灵活调节，开工升温慢，设备结构较为复杂等。近年来多应用于完全再生过剩热产汽超过烟气余热过热能力的场合。

外取热则由于取热元件独立于再生器外，不受再生器的流化影响，可以较为灵活地控制取热量，适应了装置操作的弹性要求。投资较内取热稍大。

从取热系统水汽循环方式看，自然循环式外取热是通过加高汽包位置，提供水汽循环所需的推动力，不设泵送而自然达到循环目的的一种取热方式。无强制循环泵则电耗有所节省。自然循环由于要降低取热元件（列管）的压降，同时要保证较大的水汽循环比（25~30）以保障给水均匀，取热列管的直径较大，单位面积的热通量较小，为强化取热效果，往往在取热管上加设翅片或钉头，对列管的制造要求较高，材质也选择较高的铬钼钢。由于每个取热单元的直径粗，水容量和通量大，事故状态下对再生系统的压力波动影响较大。在装置再生负荷较低时，取热量减小，循环量自然减小，长周期运行在低负荷下对取热管的寿命有不利的影响。

强制循环式外取热是通过泵送增压，将汽包水送入外取热器发生蒸汽的取热方式。由于有泵强制增压，在给水管路上可以加装均匀布水的节流元件，以确保每根取热列管的给水均匀，在较小的水汽循环比（10~15）下即可保证取热管的受热均匀和寿命，但由于强制循环泵耗电，需要增加一定的装置能耗。强制循环由于给水管路上设置节流孔板，可以均匀给水，热水循环量不再受取热负荷的影响，可有效降低破管事故的发生概率，列管材质可选择碳钢。由于每组取热列管都设置了切断阀门，事故状态下可以将故障列管加以切除，取热列管水容量和通量也较小。

为保护外取热器的取热列管，延长取热器的使用寿命，催化剂进入外取热器应避免以过大的速度冲刷取热管束，催化剂入口延长线与取热列管的交接处应埋入取热器催化剂床层料面以下，因此装有入口切断滑阀的外取热器不应通过入口滑阀节流使外取热器处于低料位操作的模式，以避免催化剂对取热管束的冲蚀。外取热器采用满料位操作，会因流化风所需压力的升高而使主风增压系统的能耗有所上升，但这是外取热系统长周期安全运行的需要。

四、反应-再生系统控制

多产烯烃工艺反应-再生系统控制与常规催化裂化类似：反应温度由再生滑阀控制，反应汽提段料位由待生滑阀控制，再生温度由外取热器下滑阀或流化风控制，烧焦罐式再生器第二密相床料位由循环滑阀控制。反应压力由富气（裂解气）压缩机汽轮机转速间接控制，再生压力由烟气轮机旁路双动滑阀控制。对于采用双提升管反应形式的新一代催化裂解和CPP 工艺，所不同的是反应器床层温度由第一再生滑阀控制，第二提升管出口温度由第二再生滑阀控制。再生、待生滑阀差压与相应的工艺控制变量形成超驰（低选）控制。CPP 急冷器温度由急冷油浆循环量控制。

反应-再生系统自保联锁与常规催化裂化相同。

第三节　急冷与分馏系统工艺与工程

与常规催化裂化类似，分馏系统的功能是将反应部分产生的气态产物，根据组分沸点范围分割成富气、粗汽油（裂解石脑油）、轻循环油（裂解轻油）、重柴油、回炼油和油浆等馏分，其中，分馏塔的高、中、低温位热能还可通过换热供给原料的升温和后部吸收稳定系统热源以及与其他装置（如气体分馏装置等）的热联合。

以最大化生产乙烯、丙烯为目的的 CPP 工艺，由于反应深度更大，反应所需热量和油气急冷的需求，其分馏系统的过剩热取出与反应系统的高温热能回收以及原料的预热都进行了更高程度的整合。

一、原料预热与反应油气急冷

催化裂化装置的原料通常通过与顶循环回流、轻柴油馏分、油浆换热，达到预热的目的。随着原料的重质化、生焦率的升高，在保证原料喷嘴良好雾化所需黏度的前提下，原料预热温度逐渐降低，同时随着裂解深度和转化率的提高，后部吸收稳定所需热量以及与气体分馏装置的热联合的需要，分馏系统的中、低温位的轻柴油馏分、顶循环回流以及分馏塔顶油气加热热水的热量，分别直接或间接供给吸收稳定和气体分馏装置进行热量联合，高温位的油浆除与原料换热外，多余热量可发生 4.0MPa 等级的中压蒸汽(需根据发生蒸汽等级确定与原料换热和发生蒸汽的流程先后顺序)。

DCC、ARGG 装置的原料预热与常规催化裂化类似，所不同的是，DCC 工艺由于反应所需热量较大，为满足两器热量平衡，有时所需的原料预热温度较高，达 300~330℃，原料与油浆的换热很难达到所需终温，因此在原料换热后需要设置原料加热炉。

CPP 工艺由于反应温度高，反应深度大，反应产物热裂化导致缩合结焦的趋势更大，塔底油中的结焦前身物浓度更高，一方面反应部分所需热量更多，另一方面，反应油气的急冷终止过裂化与热裂化较常规催化裂化和 DCC 等工艺要求更为严格。因此，在反应器出口处设置油气急冷器，尽快将油气急冷并终止过裂化和热裂化反应，油气急冷器的急冷介质可以是循环油浆、回炼油、裂解轻循环油、部分新鲜原料。如果 CPP 的裂解原料是部分减压蜡油掺炼减压渣油，则高沸点的减压渣油作为急冷介质是适宜的，既可快速终止过裂化反应，又可通过与油气的直接接触，将减压渣油直接加热至所需的温度，有效地将反应油气的热量加以回收，同时还可避免大水蒸气分压下柴油馏分的拔出。如果是常压渣油作为 CPP 的原料，则急冷器在采用部分新鲜原料作为稀释剂时，需要对部分裂解轻油的拔出进行回炼，以减少有效裂解原料组分被带走。

油气急冷器的流程大致为：反应器顶旋风分离器分离出来的油气经反应器内集气室、升气管进入油气急冷器，自分馏部分来的油浆分上、下两部分进入，回炼油注入底部稀释，自上部返急冷器的油浆在油气急冷器内与高温油气逆流接触，在冷却高温油气的同时，将油气中的催化剂细粉洗涤下来。急冷器下部通入搅拌蒸汽，油浆下返塔(含回炼油)注入油气急冷器底部液位以下，起搅拌作用。急冷器顶部油气温度降至 300~330℃进入分馏塔，急冷器底部油浆自流至分馏塔底部，进入油浆循环系统。CPP 反应急冷与原料预热系统的工艺流程见图 9-3-1。

二、分馏塔顶分段冷凝与油气直冷

为降低油气分压以改善产品分布、提高目的产品产率，DCC 和 CPP 等工艺都需要注入较大量的水蒸气。在较低的反应压力下，分馏塔顶水蒸气分压的提高，使水蒸气露点和塔顶温度接近，甚至塔顶部出现游离水，导致上部塔板结盐堵塞，影响装置的正常运转。对于水蒸气注入量较大的工艺，在分馏塔顶冷凝冷却系统都需要采取一些与常规催化裂化装置不同的技术措施。

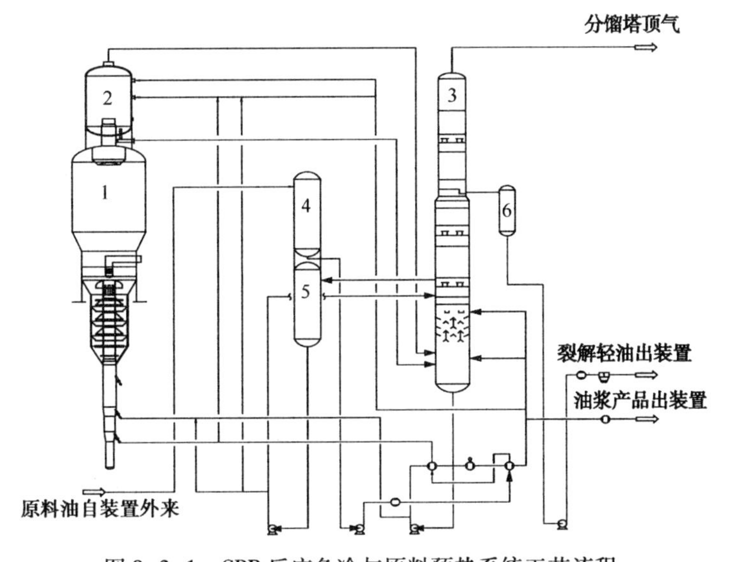

图 9-3-1 CPP 反应急冷与原料预热系统工艺流程

1—反应器；2—油气急冷器；3—分馏塔；4—原料油罐；5—回炼油罐；6—轻循环油汽提塔

(一) DCC 装置的分馏塔顶分段冷凝气液分离

常规催化裂化装置大多采用顶循环回流控制分馏塔顶温度，这样可以降低分馏塔顶油气系统压降，提高可利用热能的温位。

DCC 等多产烯烃工艺由于水蒸气注入量较大，反应压力也较低，分馏塔顶温度较低，但水蒸气分压的提高，使塔顶水蒸气露点温度提高，分馏塔上部部分塔板易出现游离水而导致结盐堵塞的情况。在顶循环回流的辅助作用下，采用塔顶冷回流控制塔顶温度可以提高塔顶油气分压，降低水蒸气分压，在控制汽油终馏点不变的前提下，有效提高塔顶温度，避免水蒸气露点与塔顶温度接近甚至倒挂的操作风险。与常规一级 40℃冷回流方式不同，DCC 采用两级冷凝分离的方式(见图 9-3-2)，一段冷凝后温度为 60 ~70℃，即可将油气中大量的水蒸气冷凝下来，较高的温度可以避免乳化，有利于油水分离，分离出的一级冷凝粗汽油大部分打回分馏塔顶控制塔顶温度，较高的回流温度提高了回流量，也有利于进一步提高塔顶油气分压。一级分凝的气体和一部分粗汽油经二级冷凝冷却至 40℃后进入二级分液罐，分离出富气和二级分凝粗汽油，送往富气压缩机和吸收稳定系统。由于大部分水蒸气在一级冷凝冷却中析出，降低了分馏塔顶油气的低温段的冷凝冷却负荷，对节能有利。

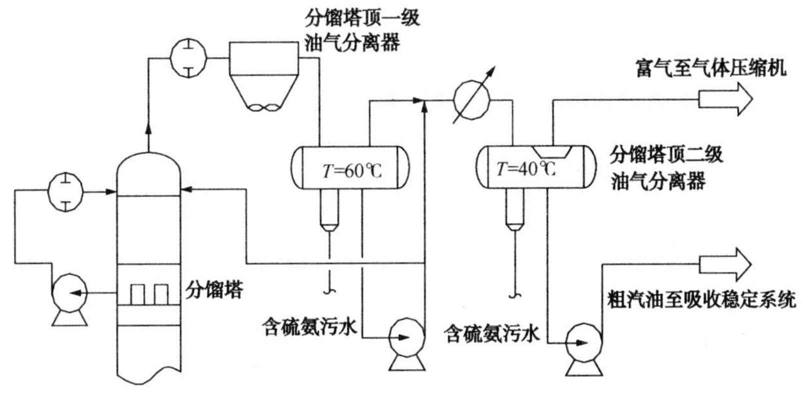

图 9-3-2 分馏塔顶油气两级冷凝冷却分离流程

（二）CPP 装置分馏塔顶油气直冷

由于 CPP 的注蒸汽量多、转化深度大，气体产率高，其分馏塔顶油气组成与常规催化裂化有很大的不同，针对油气中不凝气($H_2 \sim C_4$)和水蒸气含量大、液体产品(裂解石脑油)少的特点(见表 9-3-1)，则采用裂解工艺常用的油气直冷塔分离，可以有效地降低油气系统压降，减少裂解气压缩机耗功。常规油气换热、冷却系统压降在 30kPa 左右，采用油气直冷塔冷却方式可以降至 10kPa 左右。

表 9-3-1　FCC 与 CPP 分馏塔顶气组成对比

摩尔流率比	FCC	CPP
不凝气	1.00	3.95
汽油	0.86	0.27
H_2O	1.28	3.20

分馏塔顶油气(约 110℃)进入油气直冷塔，在其上部和中部分别注入急冷水，在油气直冷塔中与裂解气逆流接触。急冷塔底约 80℃，分出轻质油品(粗石脑油)和换热水。直冷塔底部换热水经换热水循环泵抽出，一部分经换热升温，送往后部烯烃分离单元作热源，换热并冷却后返回直冷塔。另一部分经冷却至 40℃后送往污水汽提装置。自直冷塔底分出的粗石脑油抽出后冷却至 40℃，进入分馏塔顶回流罐。回流罐底部油品经分馏塔顶冷回流泵抽出后分成两股：一股送至烯烃分离单元，另一股送至分馏塔顶部作为冷回流。从直冷塔顶出来的裂解气进入裂解气压缩机(见图 9-3-3)。

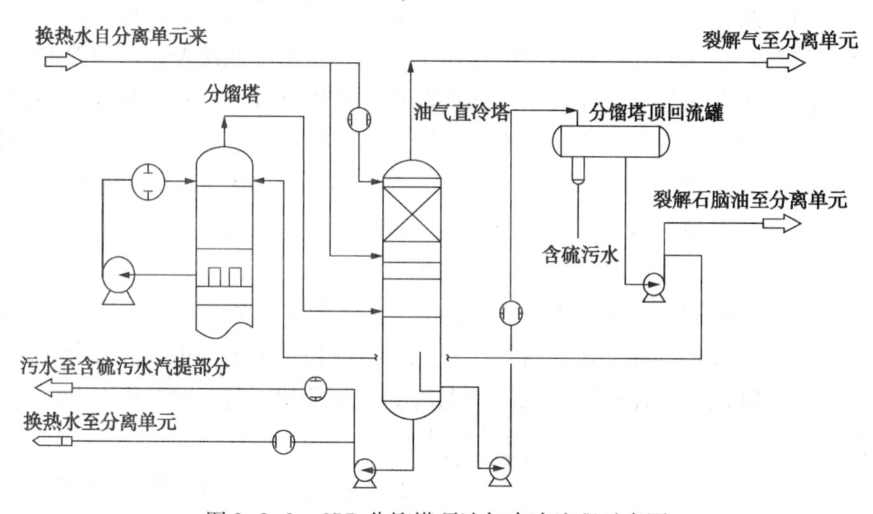

图 9-3-3　CPP 分馏塔顶油气直冷流程示意图

三、DCC 工艺吸收稳定流程分析

DCC 装置吸收稳定系统工艺流程与常规催化裂化装置类似，但由于产品分布的差异，除了尽量采用高效塔内件，提高塔板效率之外，在流程设置上与常规催化裂化略有不同。

（一）吸收塔设置四个中段回流

吸收为放热过程，因此保持吸收塔操作温度稳定、均衡将更有利于汽油对 C_3 和 C_4 的吸收，保持吸收效率，同时可以减少补充吸收剂的用量，减小塔的液相负荷。尤其是液化气产率较高、汽油收率较低的 DCC 工艺，液化气与汽油的比例达到了 0.6 以上，高的达到 2 以上，吸收塔的吸收负荷大，需要较高的补充吸收剂量，因此吸收塔设置四个中段回流，在保证吸收塔操作温度均衡的条件下可以有效减少补充吸收剂量，降低塔盘液相负荷。表 9-3-2 所列为吸收塔中段回流两个方案的对比结果。

表 9-3-2　吸收塔中段回流方案对比

项目	方案一	方案二
处理量/(kt/a)	2600	2600
液化气收率/%	21.2	21.2
汽油收率/%	37.8	37.8
中段回流个数/个	4	2
冷却器数量/台	8	4
中段回流泵/台	4(4 台操作)	4(2 操 2 备)
补充吸收剂量	基准	基准+17t/h
中段回流温差/℃	4.5	9.5
脱吸塔重沸器负荷	基准	基准+1.2785MW
稳定塔重沸器负荷	基准	基准+0.5859MW
能耗	基准	基准+21.3MJ/t 原料
设备投资	基准	基准-51.9 万元

从表 9-3-2 的对比中可以看出，采用四个中段回流与设置两个中段回流相比，补充吸收剂量可以减少 17t/h，同时脱吸塔底重沸器和稳定塔底重沸器的负荷都相应减小，操作费用较低，但由于中段回流数量多，设备的一次投资较大。经过初步计算，采用四个中段回流的操作费用比设置两个中段回流要低 465.96 元/h，增加的 51.9 万元设备投资可以在很短时间内收回，因此吸收塔采用四个中段回流的设置是适宜的。

（二）特定条件下稳定塔顶采用干式空冷

稳定塔顶常规冷却大多采用水冷、干式空冷+水冷或湿式空冷的方案，以达到所需的冷却温度。在沿海、高纬度地区，适当拓展干式空冷的应用范围，将稳定塔提压，用干式空冷冷却塔顶液化气馏出物，液化气产品用循环水冷却至 40℃ 送出装置。采用此方案，在能耗基本相当的情况下，可以有效节水，降低操作成本。该方案在青岛炼化催化裂化装置上得以采用。通过 ASPEN 流程模拟及冷换系统测算，在一定条件下稳定塔顶采用干式空冷对降低操作费用是有利的(见表 9-3-3)。

表 9-3-3　稳定塔顶冷却方式对比

项目	稳定塔回流温度 40℃	稳定塔回流温度 45℃
装置公称能力/(kt/a)	2900	2900
塔顶冷凝器压力(绝)/MPa	1.1	1.2
塔顶压力(绝)/MPa	1.2	1.3
塔底压力(绝)/MPa	1.25	1.35
塔顶热负荷/MW	20.12	19.77
塔底热负荷/MW	18.19	19.28
塔顶泡点温度/℃	45	49
塔顶温度/℃	63	66
塔底温度/℃	180	186

续表

项目	稳定塔回流温度 40℃	稳定塔回流温度 45℃
液化气中 C_5 含量(摩尔)/%	0.009	0.009
稳定汽油中 C_4 含量/%	0.0236181	0.0236179
冷换设备	ϕ1500 冷凝器 12 台	12×3 干式空冷器 20 片，ϕ900 冷却器 1 台
水量/(t/h)	2887	72
电量(轴功率)/kW	0	20×30
冷流温度(入/出)/℃	31/37	32/41
热流温度(入/出)/℃	61/40	64/45
循环水能耗/kgEO	288.7	7.2
电能耗/kgEO	0	156
重沸器热输入能耗差值/kgEO	0	93.5
单位能耗差值/(kgEO/t)	0	-0.092
设备投资/万元	507.4	871
年操作费用/万元	606.3	309.9

（三）脱吸塔设置中间重沸器

脱吸塔设置中间重沸器可以使脱吸塔逐板汽液负荷趋于均匀，降低塔板溢流强度，提高脱吸效果，通过提供中间重沸热负荷来降低塔底重沸器的热负荷，用中温位的热能(稳定汽油)替代中高温位热能(分馏塔一中回流)，提高回收热能的品位。

其他的干气、压缩富气预提升、脱吸塔冷热进料等技术也在不断的应用和探索研究中。

第四节　CPP 产品气精制与分离工程

一、CPP 产品气的组成特点及分离流程

CPP 产品气经过急冷和分馏后的组成与蒸汽裂解的产品气相类似，从主要产品来说，不同之处主要表现在乙烯/丙烯的比例方面，通常石脑油蒸汽裂解产品中乙烯/丙烯比为 2，CPP 产品气中乙烯/丙烯比为 1 或小于 1。同时因 CPP 反应部分的特性，产品气中会带来蒸汽裂解产品气中所没有的氧、氮氧化物等杂质。因此 CPP 产品气精制与分离技术与蒸汽裂解制烯烃分离技术大同小异。主要的差别在于 CPP 产品气中所含的杂质较多，因此杂质脱除的流程较复杂。主要的杂质包括：氧、氮氧化物、硫醇、羰基硫、砷、汞等。

CPP 催化热裂解得到的产品气是一个复杂的混合物，为获取聚合级乙烯和丙烯产品，并使产品气中的其他烃类得到合理利用，必须对产品气进行精制和分离。到目前为止深冷分离方法是分离类似产品气最成熟和节能的途径，深冷分离是利用混合气中各组分相对挥发度的不同，用精馏法在低温下将各组分加以分离。深冷分离过程主要由三大区组成：压缩区(含产品气压缩系统和制冷系统)、气体净化区、精馏分离区。压缩区的主要任务是将产品气加压以及通过分别压缩乙烯和丙烯获取分离所需的不同级位冷剂，为深冷分离创造条件；气体净化区通过物理和化学的方法，去除那些含量不大但对后续操作和产品规格有影响的杂质；精馏分离区由冷箱和一系列的精馏塔组成，是分离的主体。通过精馏塔把产品气中各有用组分进行分离，并实现生产聚合级乙烯和丙烯产品的目的。这三个区中由于各个单元操作组合所处的位置不同，形成了各种不同的深冷分离流程，目前深冷分离技术主要有顺序分离

(含"渐近"分离)、前脱丙烷前加氢、前脱乙烷前加氢等3种分离技术路线。

根据CPP产品气组成特点，由于丙烯含量较石脑油蒸汽裂解要大，并依据氧气、氮氧化物脱除杂质的反应催化剂对碳四烯烃的限制条件，CPP选择前脱丙烷流程比较合适。目前国内已建成的和正在建设的CPP制乙烯装置其分离部分均采用了前脱丙烷的流程。

CPP装置典型的流程简图见图9-4-1。

CPP产品气分离流程主要特点如下：

(1)采用前脱丙烷前加氢流程，在进入除杂质系统之前先将C_4及更重的组分脱除，避免了大量二烯烃进入脱氧反应器，从而有效控制了在有氧条件下二烯烃的聚合，延长了催化剂的运行周期，同时也减轻了深冷分离的负荷，减少了冷量消耗。

(2)产品气压缩机采用四段压缩。前三段采用注水冷却技术，通过注入适量的水来降低压缩机各段内部产品气压缩温升，缓解二烯烃的聚合，可延长压缩机连续运行的周期。

(3)乙烯塔和乙烯制冷压缩机组成开式热泵系统，乙烯塔在低压下操作，回流比降低，可以节省冷量消耗。热泵系统也可使制冷机总功率减少，节省能耗。乙烯塔的热泵压缩机与乙烯制冷压缩机共用一台压缩机，则可减少一套压缩机组，节省投资、占地及总功率消耗。

(4)带膨胀/再压缩机的脱甲烷塔系统，脱甲烷塔采用高压操作，设置膨胀/再压缩机，塔顶气体通过膨胀机制冷，尽可能多地回收冷量，提高乙烯产品的回收率。

(5)产品气压缩机和丙烯制冷压缩机驱动透平采用抽凝式，优化了装置蒸汽平衡，使各压力等级蒸汽分配更趋合理，降低了装置能耗。

二、产品气压缩和精制

1. 产品气压缩系统

产品气压缩机系统采用四段压缩。在三段与四段之间设有碱洗塔、干燥器和脱丙烷塔。

自反应-再生系统油汽直冷塔顶出来的产品气，与凝液汽提塔塔顶出来的气体汇合后一同进入一段吸入罐，分离气体中夹带的液滴。罐顶出来的产品气进入压缩机一段。经一段压缩后的产品气用冷却水冷却后，进入二段吸入罐，在二段吸入罐中分离出冷凝的烃和水。二段吸入罐中的水返回一段吸入罐，通过一段吸入罐底泵将一段吸入罐中的液体送到反应-再生系统的油汽直冷塔。

二段吸入罐中冷凝的烃送到凝液汽提塔，该塔另外一股进料是来自反应-再生系统的裂解汽油。在凝液汽提塔中，控制塔釜物流中的C_3含量，塔顶轻组分被汽提出来，并与产品气汇合一同进入压缩机一段吸入罐。塔底C_4及以上重烃通过泵被输送到脱丁烷塔。凝液汽提塔再沸器通过低压蒸汽提供热源来进行重沸。

二段吸入罐顶出来的产品气进入压缩机二段，压缩后在二段后冷器中被冷却水冷却，之后进入三段吸入罐。三段吸入罐底凝液返回二段吸入罐闪蒸，并在二段吸入罐中进行烃水分离。三段吸入罐顶气体继续进入压缩机三段。经过三段压缩后的产品气被冷却水冷却后进入酸性气体分离罐。罐底分离出的凝液返回三段吸入罐，罐顶产品气则通过产品气进料预热器由急冷水加热后进入碱洗塔系统，通过三段碱洗脱除酸性气体。脱除酸性气之后，产品气还要经过干燥器脱水，然后再进入脱丙烷塔，通过脱丙烷塔将C_3及更轻组分与C_4及更重组分分离。脱丙烷塔顶的气体C_3及更轻组分进入产品气压缩机四段，经过四段压缩后压力达到3.78MPa(表压)，之后进入杂质脱除系统。

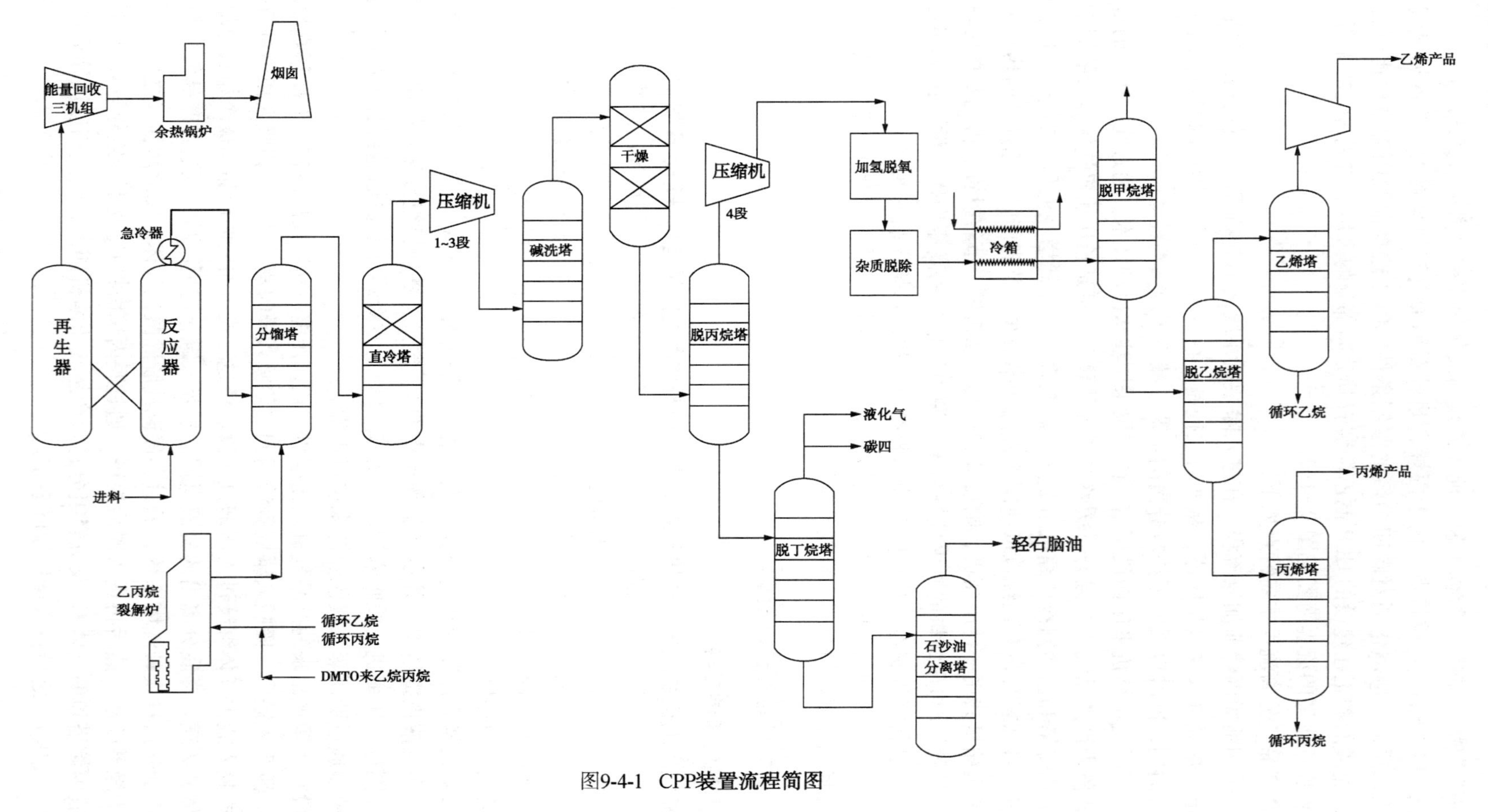

图9-4-1 CPP装置流程简图

为防止压缩机喘振，产品气压缩机共设了三个防喘振最小流量循环系统，即二返一、三返三和四返四。其中压缩机四段的防喘振线设有两条，一条从四段出口直接抽出，用于保证对压缩机喘振作出快速反应，另外一条从乙炔加氢反应器下游抽出，以保证氧加氢反应器和乙炔加氢反应器所需最小空速的要求。

2. 酸性气体脱除系统

设置碱洗塔的目的是用来除去在裂解炉和CPP反应器中生成的二氧化碳和硫化氢。从产品气中除去酸性气体是为了达到下列目的：①满足聚合级乙烯、丙烯产品质量规格；②保护下游的催化剂操作，因为硫可使催化剂中毒；③防止在深冷系统形成干冰而堵塞设备或管道。

从酸性气体分离罐出来的产品气在产品气进料预热器中由急冷水加热到50℃后进入到碱洗塔底部。该塔由上下两部分组成，在塔的下部分别用强碱、中碱和弱碱的循环碱液洗涤产品气，以脱除酸性气体；上部为水洗段，用来洗涤碱洗后的产品气中夹带的碱液，以防止碱液滴被带到下游设备中。

产品气进入碱洗塔的底部与循环的弱碱溶液逆向接触，在气体向上流动时，产品气直接被循环的弱碱洗涤，除去其中的部分酸性气体。弱碱用弱碱循环泵打循环。

被弱碱洗涤后的产品气向上进入中碱洗涤段用中碱洗涤除去其中部分酸性气体。中碱由中碱循环泵打循环。带有少量酸性气体的产品气向上进入强碱洗涤段与循环的强碱溶液接触除去产品气中剩余的酸性气体，强碱用强碱循环泵打循环。

碱洗塔顶部为水洗段，使用冷却后的循环洗水洗去产品气中夹带的碱液滴。水洗还可以将产品气冷却至接近烃的露点，在产品气离开碱洗塔之前，去除其中过量的水汽。

塔底出来的废碱液与粗裂解汽油混合，通过萃取洗去废碱液中的聚合物，再进入废碱除油罐中除油。之后废碱液减压进入废碱脱气罐中，闪蒸出来的烃气体放到热火炬系统，废碱液用泵加压送往界外废碱处理单元。废碱除油罐中分出的废油相送到反应-再生系统的分馏塔。

来自界外的新鲜碱液(20%)先进入新鲜碱罐。用泵加压后，碱液与洗水混合稀释到10%左右，之后进入碱洗塔强碱段。循环洗水的补充水采用锅炉给水。

3. 产品气干燥、脱丙烷和第四段压缩系统

来自碱洗塔的产品气在进入脱丙烷塔之前，要先被干燥，除去水分，防止在下游低温系统中形成烃水合物，堵塞管道和设备。

碱洗塔顶部出来的产品气在干燥器进料冷却器中由丙烯冷剂冷却，再进入干燥器分离罐。分离出的凝液返回压缩机三段吸入罐，罐顶产品气则直接进入产品气干燥器中干燥。干燥后的气相经过丙烯冷剂部分冷凝后进入下游脱丙烷塔。

产品气干燥器系统设有两台干燥器，内装3A分子筛干燥剂。一台进行干燥操作，另一台进行再生后备用。每台干燥器又由主床和保护床组成，在主床和保护床之间设有水分分析仪，以便及时监测主床水的渗漏情况。

脱丙烷塔顶的C_3及更轻组分进入产品气压缩机四段继续压缩，塔釜C_4及更重组分物流送往热分离单元脱丁烷塔。塔釜再沸器由低压蒸汽提供热源，加热再沸。

4. 氧加氢反应器系统

经产品气压缩机四段压缩后的产品气，先在氧加氢反应器进出料换热器中，与反应器出料换热。之后经氧反应器蒸气加热器由高压蒸气进一步加热到反应所需温度(190~250℃)，该温度通过与高压蒸气流量串级控制。随后，产品气进入氧加氢反应器。该反应器内装填镍系或铜系专用加氢催化剂，用来促进氧气、NO_x 和乙炔组分的选择性加氢。

NO_2 会在酸气脱除设备中进行脱除，而 NO 和 O_2 则不能被脱除，NO 和氧气在低温下会进一步反应生成 N_2O_3，当温度降低时，反应速度提高，因此，最高反应速度发生在装置的最冷段中。生成产物 N_2O_3 作为固态或液态可能沉积下来。当 N_2O_3 形成时，其会冻结，并且沉积在管线、阀门和冷箱等换热器中。其危险性除了堵塞设备外，当其遇到重质二烯烃时，会和二烯烃化合物形成 NO_x 胶质，遇到氨时会和氨形成铵基盐、当装置发生故障或操作的波动时会导致重质二烯烃到达这些更冷的区域。二烯烃将与 N_2O_3 快速发生反应，并且形成胶质。这些胶质的稳定性极差，甚至在低温下能够分解爆炸。N_2O_3 也能够与氨发生反应，形成不稳定的铵基盐。这些铵基盐危险性小一些，但是，当温度升高到环境温度时，能够快速分解，并且释放出大量热。

在反应器中发生下述反应：

氧气 $O_2+2H_2 \longrightarrow 2H_2O$(主反应)

乙炔 $C_2H_2+H_2 \longrightarrow C_2H_4$(主反应)

NO_x $NO_x+xH_2 \longrightarrow NH_3+xH_2O$(主反应)

乙烯 $C_2H_4+H_2 \longrightarrow C_2H_6$(副反应)

加氢反应是放热的，因此，在床层上会出现温度升高。床层上设有温度检测，当床层或出口温度达到设定的高温值后，将会引发报警甚至连锁，以保护反应器和催化剂的安全。

需要设置二甲基二硫化物(DMDS)注入包，在采用镍系催化剂时，用来向氧加氢反应器进料中注硫。在正常操作时，通过注入 DMDS 控制催化剂的活性，以抑制副反应，保持催化剂的选择性。在每次催化剂还原之后也需要注入 DMDS，以实现催化剂的预硫化。

两台反应器可以串联操作。反应进料中氧气浓度取决于 CPP 催化剂的再生方式，如果检测到反应进料中氧气浓度(体积分数)远低于 500μL/L 且能够保持连续稳定，则只需一台反应器运行即可，前提是要保证反应出料中氧浓度(体积分数)小于规定的 1μL/L。催化剂再生需要 2~3 天的时间，在一台反应器催化剂再生期间，只有一台单独在线操作，装置也可短时间维持运行。这种情况下需要适当放宽要求，反应出料中氧浓度(体积分数)升到大约 5μL/L，该浓度仍是系统安全运行和产品规格所允许的，因此，无需设置备用反应器。催化剂的预计寿命超过 4 年，在此期间，可以用氮气和空气反复多次再生。每次催化剂再生之后需要还原和硫化。反应器设有固相取样口，在停车期间可以取出少量催化剂样品送实验室分析，以判断是否需要更换新的催化剂。

反应器的流出物料通过与进料热交换而被冷却，然后通过反应器出料冷却器被冷却水进一步冷却。随后冷却的反应器流出物料进入干燥器的进料分液罐。罐底分离出的水和重烃，返回产品气压缩机三段吸入罐，罐顶气体进入产品气第二干燥器以脱除反应过程生成的水分。

5. 产品气第二干燥器系统

第二干燥器系统设有两台干燥器，一开一备。干燥器内装填一个复合床和保护床，复合床包含两种吸附剂：上层的 3A 分子筛用来去除水，下层的汞吸附剂 HgSiv-3 用来去除痕量汞和水。在汞吸附床层下面，设有 6 个小时的 3A 分子筛保护床，两个床层间设有水分分析仪进行检测。

6. 脱羰基硫COS/硫醇RSH反应器系统

第二干燥器出口的产品气随后进入到脱羰基硫COS/硫醇RSH反应器系统。该系统设置两台反应器，并联操作，但也可以一台运行时，另一台再生。反应器内上部是Selexsorb-CD吸附剂，下部是Selexsorb-COS吸附剂，中间以金属丝网相隔。这些吸附剂能够清除COS、硫醇、H_2S、CO_2、氨和甲醇。其中一台再生操作时，再生介质使用装置自产燃料气，加热时，再生气自下而上通过，冷却时再生气自上而下通过。

反应器底部出来的产品气，经过杂质分析合格后送到乙炔加氢反应器。

7. 乙炔加氢反应器系统

为了使乙烯产品中的乙炔含量达到规定的指标，在脱COS/RSH反应器之后还需设置乙炔加氢反应器系统，以除去氧加氢反应后剩余乙炔和部分丙炔MA/丙二烯PD，该系统只有一台乙炔加氢反应器在线运行，不设备用。催化剂不需要在线再生，达到寿命期限后直接运送到装置外处理。

自脱COS/RSH反应器出来的产品气温度是约40℃。乙炔加氢反应需要的温度在反应初期(SOR)是50℃，反应末期(EOR)是80℃。为了达到反应所需温度，产品气需要经过预热器由低压蒸气加热。预热温度是通过调整进预热器及其旁路的产品气流量分程控制的。

乙炔加氢反应器中装有两个催化剂床层，下部的大床层含脱砷催化剂，上部的小床层含乙炔加氢催化剂。砷化氢能使乙炔加氢催化剂中毒，因此产品气自下而上，先经过脱砷床，再进入加氢反应床。经过反应器后，产品气中乙炔浓度(体积分数)降到1μL/L。

脱除杂质后的产品气，在乙炔加氢反应器后冷器中由冷却水冷却，然后产品气由丙烯冷剂冷却并部分冷凝，经脱丙烷塔回流罐分离，凝液主要作为回流返回脱丙烷塔，少量凝液和气相进入冷分离系统。

三、冷分离系统

1. 冷箱及脱甲烷塔系统

由于采用了前脱丙烷技术路线，低温冷箱及脱甲烷塔系统的进料基本上是C_3和更轻的组分。

来自脱丙烷塔回流罐的产品气被丙烯冷剂和乙烯塔釜液在脱甲烷塔进料1#及2#冷却器中逐步冷却后，进入到脱甲烷塔第1进料分离罐。脱丙烷塔回流罐底多余的液体在脱甲烷塔板翅式换热器(冷箱内)中冷却，之后与冷却后的气体汇合，一同进入第1进料分离罐。

第1进料分离罐的液体作为脱甲烷塔的第一股进料；第1进料分离罐的部分气体通过乙烯精馏塔进料加热器由乙烯精馏塔进料冷却冷凝，另一部分经冷箱冷却冷凝，而后一起进入脱甲烷塔第2进料分离罐。

第2进料分离罐的液体作为脱甲烷塔的第二股进料；第2进料分离罐的气体在冷箱中由最冷级位的乙烯冷剂及其他冷物流冷却冷凝后进入脱甲烷塔第3进料分离罐。

第3进料分离罐的液体作为脱甲烷塔的第三股进料；第3进料分离罐的气体在进入第4脱甲烷塔进料分离罐之前，在冷箱中由脱甲烷塔第4进料分离罐的复热液体及其他冷物流冷却冷凝。

来自第4进料分离罐中的气体，先在冷箱中回收部分冷量，然后与脱甲烷塔顶气体汇合，一同进入膨胀/再压缩机系统。第4进料分离罐的液体经冷箱回收部分冷量复热后作为脱甲烷塔的第四股进料。

来自4个进料分离罐的液体在冷箱系统和脱甲烷塔之间的压差的作用下进入脱甲烷塔的不同部位。脱甲烷塔顶部设置一个内置自流式冷凝器，采用由最低温度级位乙烯冷剂提供冷量的板翅式换热器，用来为脱甲烷塔提供必要的回流液。自流式冷凝器作为脱甲烷塔顶部的一部分，实质上是一个安装在塔顶部的换热器，可以节省低温回流泵。

脱甲烷塔再沸器使用气相丙烯冷剂作为加热介质，通过丙烯冷凝提供热量，塔底物流主要由 C_2、C_3 组分构成，进入下游脱乙烷塔系统。

2. 膨胀/再压缩机系统

膨胀/再压缩机系统采用两级膨胀/再压缩机。脱甲烷塔顶气相与在冷箱中复热的第4进料分离罐顶气体甲烷氢汇合，一同进入第一级尾气膨胀机。物料经膨胀降温后，进入冷箱回收冷量复热，然后再进入第二级膨胀机。二级膨胀后的尾气再回到冷箱回收冷量，经逐级加热，达到尾气再压缩机入口的温度后，进入再压缩机。经两级压缩之后的尾气作为各干燥器及脱COS/RSH反应器的再生气，而后进入燃料气系统，部分作为本装置的燃料，其余送往界外的燃料气管网。

当膨胀/再压缩机不开时，装置依然可以稳定运行。在这种情况下，冷箱所需冷量由甲烷氢尾气通过Joule-Thompson节流膨胀来提供，不足部分由最低温度级位乙烯冷剂在脱甲烷塔顶冷凝甲烷，液相甲烷节流供冷补充。

3. 脱乙烷塔系统

脱甲烷塔底部出料进入到脱乙烷塔中，脱乙烷塔顶部物流用丙烯冷剂冷凝提供回流，塔釜再沸器用低压蒸气加热再沸。塔顶 C_2 物料进入乙烯精馏塔，底部物流 C_3 进入丙烯塔。

4. 乙烯精馏塔及热泵/乙烯制冷系统

乙烯精馏塔采用低压操作，塔顶设置开式热泵，并与乙烯制冷压缩机进行组合。

脱乙烷塔塔顶冷凝液闪蒸到乙烯精馏塔的操作压力进入乙烯精馏塔中部。该操作压力是基于热泵/乙烯制冷压缩机二段吸入压力而确定的。乙烯精馏塔塔顶气相进入到热泵/乙烯制冷压缩机二段。二段出口抽出的气体作为乙烯精馏塔再沸器的加热介质提供热量，自身冷凝后再被部分乙烯塔进料进一步过冷，之后作为回流返回乙烯精馏塔，回流不足部分由来自乙烯冷剂收集罐的一股液相乙烯，并由-68℃乙烯冷剂过冷后作为补充。

经过压缩，从热泵/乙烯制冷压缩机三段出来的乙烯气体，根据需要，可以一部分作为气相乙烯产品直接送出界区，进入下游装置。其余乙烯气体先后在乙烯冷剂 $1^{\#}$ 脱过热器和 $2^{\#}$ 脱过热器中由不同级位的丙烯冷剂提供冷量而脱过热。之后由最冷温度级位的丙烯冷剂(-38℃)冷凝，并送到乙烯冷剂收集罐中。根据需要，乙烯产品也可以液态方式从这个收集罐采出，直接送去球罐储存，再用乙烯产品泵加压气化后送出装置，或由最冷温度级位的乙烯冷剂过冷后送去低温储罐。

罐中其余液相乙烯一部分作为补充回流进入乙烯精馏塔，其他全部作为乙烯冷剂送到各冷剂用户。

乙烯精馏塔底采出的乙烷，在乙烷汽化器中由气相丙烯冷剂汽化，然后在冷箱中继续回收冷量并过热。过热后的乙烷循环进入裂解炉原料预热系统，与循环丙烷一起在C_2/C_3过热器中进一步过热，最后进入到蒸汽裂解炉中裂解。

四、热分离系统

1. 丙烯精馏系统

脱乙烷塔底部的C_3物流进入到丙烯精馏系统。该系统由双塔组成，丙烯汽提塔和丙烯精馏塔。丙烯汽提塔顶部的物流进入丙烯精馏塔，丙烯精馏塔顶部的物流由冷却水提供冷量而全部冷凝，并通过丙烯回流/产品泵提供回流。丙烯精馏塔底部的物流经泵送到丙烯汽提塔的顶部，聚合级丙烯产品从丙烯回流/产品泵出口采出。

丙烯汽提塔釜再沸器主要采用反应-再生系统急冷水作为热源进行再沸，不足部分由低压蒸气在蒸气再沸器中补充。

丙烯汽提塔底部的丙烷经汽化后循环返回到蒸汽裂解炉进行裂解。

2. 脱丁烷塔和脱戊烷塔系统

凝液汽提塔底部和脱丙烷塔底部的物料进到脱丁烷塔中，脱丁烷塔顶部的物料通过冷凝器用冷却水进行冷却冷凝，塔釜再沸器用低压蒸汽作为热源再沸。脱丁烷塔塔顶C_4一部分返回到CPP单元反应器中循环裂化，另一部分作为混合C_4产品送出界区储存；而塔底的C_5及更重组分则送到脱戊烷塔。

脱戊烷塔顶物料通过冷凝器用冷却水进行冷却冷凝，塔釜再沸器用中压蒸汽作为热源再沸。塔顶部的物料C_5烃返回到CPP单元反应器中循环裂化，塔底的C_6及更重组分裂解汽油作为产品送出界区储存。

五、制冷系统

装置所需冷量除少量由相匹配的内部工艺物流的制冷提供外，其余全部来自乙烯制冷系统和丙烯制冷系统。

乙烯制冷系统是与乙烯精馏塔组合起来的热泵/乙烯制冷综合系统。气相乙烯经压缩后通过冷凝器由丙烯冷剂提供冷量冷却冷凝，然后利用液态乙烯节流，在不同压力下汽化为工艺用户提供两个温度级位的乙烯冷剂：-68℃和-101℃。

丙烯制冷系统则是一个密闭的循环回路，以聚合级丙烯为制冷剂，利用蒸汽透平驱动的三段离心式压缩机在环路中循环制冷。丙烯制冷系统气相丙烯经压缩后通过冷凝器由冷却水提供冷量冷却冷凝，然后利用液态丙烯节流，在不同压力下汽化为工艺用户提供三个温度级位的丙烯冷剂：7℃、-17℃和-38℃。

第五节　重质油裂解制轻烯烃工艺干气中碳二回收与利用

重油裂解制轻烯烃系列工艺过程中，常规吸收稳定流程分离出的带有惰性非烃组分的H_2、CH_4和碳二及少量重烃组分以干气物流作为副产物送出装置。这些工艺因反应苛刻度较大，干气收率较常规催化裂化高，干气的回收与利用显得更为重要。干气作为石油炼制过程中的副产物，是一种重要的化工资源，随着能源价格的不断上涨，干气的综合利用近年来受到重视。干气中含有相当数量的乙烯和乙烷组分，同时还含有一定量的氢气。乙烯是石油化工的基础原料，乙烯产量成为一个国家石化产业的标志；乙烷是生产乙烯的优质原料，其循环裂解乙烯收率高达80%，且乙烷裂解产物组成较简单，后续分离较容易；氢气在炼油厂更是宝贵的资源。目前，国内炼油厂干气主要用途是作为燃料气，除此以外主要有以下利用方式：

(1) 作制氢原料。经过合适的处理后，干气是比较廉价的制氢原料。干气作为制氢原料有两个不足：一是受全厂氢平衡限制需求或有限；二是干气中碳二组分的附加值未能充分体现。

(2) 制乙苯。催化裂解工艺(DCC)中的乙烯含量较高，催化干气直接与苯反应制取乙苯。该工艺对干气中的其他杂质如硫、氧等要求不高，干气预处理工艺较简单，乙烯反应生成乙苯的选择性高达99%，乙烯利用率在90%以上。但与高浓度乙烯制乙苯相比，由于催化干气中乙烯浓度偏低，使设备投资较大，且苯的利用率较低，适用于苯来源稳定且乙苯/苯乙烯市场稳定的场合。

(3) 变压吸附提浓乙烯。采用变压吸附法将干气中碳二以上有效组分吸附，达到浓缩碳二的目的。提浓气中乙烯含量(体积分数)约40%，碳二及以上组分含量(体积分数)80%以上，但仍含有一定量的甲烷、氮气等组分，经预处理后需继续并入乙烯装置回收高纯度乙烯，增加了乙烯装置冷分区的负荷。

(4)油吸收法回收碳二。采用吸收剂来吸收干气中碳二及以上组分，再用精馏的方法将碳二和吸收剂分离。其主要缺点是吸收剂除了吸收碳二及重组分外，还吸收甲烷，使回收乙烯纯度(摩尔分数)(80%~85%)较低，乙烯回收率较低(约85%)。

除上述利用方法外，其他碳二回收方法如深冷分离，能得到高纯度的乙烯，且碳二回收率高，但其适合于干气量很大的场合，规模太小时投资能耗较高而不经济，其应用受到地域、规模等条件的限制。

专利CN101063048提出了一种采用中冷油吸收法分离炼油厂催化干气的方法，主要是以液化气作为吸收剂，采用吸收及解吸的方法回收催化干气中的乙烯及丙烯等，该方法乙烯回收率达98.8%，丙烯回收率达96.4%，且能得到高纯度的乙烷产品，但该方法回收乙烯纯度(摩尔分数)仅84.77%，含有甲烷(摩尔分数)0.23%，乙烯纯度偏低，需送入乙烯装置提纯。且回收乙烯中甲烷含量较高，可能会对乙烯装置带来不利影响。

流程图9-5-1示出了一种组合吸收法回收炼油厂干气中碳二的工艺方法，催化干气压缩至2.4~3.0MPa(表压)，将干气中杂质如酸性气(CO_2和H_2S)、O_2、炔烃、NO_x、H_2O、COS及汞等预处理脱除。预处理后干气经逐级冷却(循环水冷及丙烯冷却)至5~10℃，进入气液分离罐，气相进入碳二吸收塔，用混合碳四或混合碳五吸收干气中碳二组分，塔顶干气进入吸收剂回收塔；大部分碳二和少量甲烷等被吸收下来随吸收剂至塔底，塔底物流返回与循环水冷却后干气混合。气液分离罐底液相进入甲烷脱吸塔，将吸收的甲烷等轻组分脱吸，同时也脱吸少量碳二等组分，脱吸气再返回至与循环水冷却后原料干气混合。碳二吸收塔顶出来干气中带有混合碳四或碳五等，进入吸收剂回收塔，用汽油吸收后即塔底富吸收汽油送至稳定系统。甲烷脱吸塔底物流基本不含甲烷等轻组分，冷却至20℃进入脱碳二塔，用精馏方法将碳二与吸收剂分离，吸收剂冷却后返回至碳二吸收塔，循环使用。脱碳二塔顶馏出混合碳二进入乙烯精馏塔，将乙烯和乙烷分离，塔顶或侧线抽出得到聚合级的乙烯，塔底得到高纯度乙烷。采用丙烯制冷压缩机获得10℃、-15℃及-37℃三个温度级别的丙烯冷剂，以满足工艺冷却的要求。

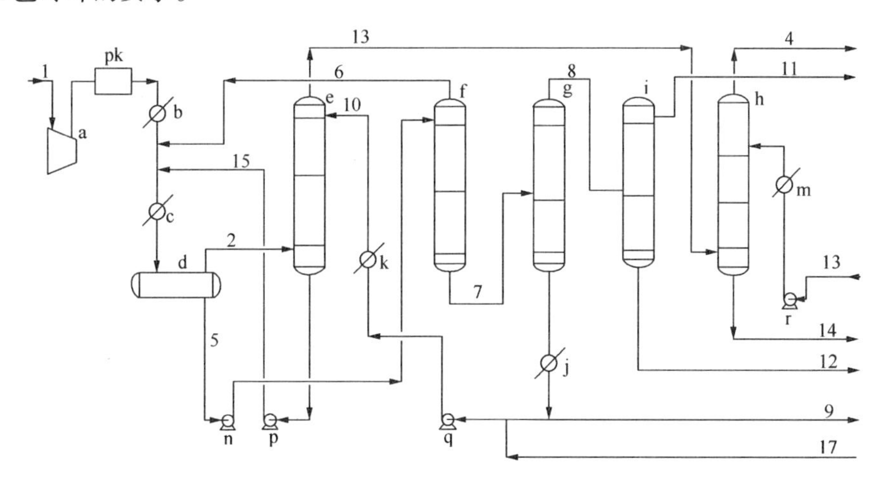

图9-5-1 组合吸收法回收炼油厂干气碳二流程

设备：a—干气压缩机；b—干气水冷器；c—干气后冷器；d—气液分离罐；e—碳二吸收塔；f—甲烷脱吸塔；g—脱碳二塔；h—吸收剂回收塔；i—乙烯精馏塔；j—吸收剂水冷器；k—吸收剂后冷器；m—汽油冷却器；n—甲烷脱吸塔进料泵；p—脱碳二塔底泵；q—吸收剂循环泵；r—汽油增压泵；pk—干气预处理单元。

物流：1—炼厂干气；2—碳二吸收塔进料干气；3—碳二吸收塔顶干气；4—吸收后干气；5—甲烷脱吸塔进料；6—脱吸气；7—脱碳二塔进料；8—混合碳二；9—外甩吸收剂；10—循环吸收剂；11—乙烯产品；12—乙烷产品；13—汽油；14—吸收汽油；15—碳二吸收塔底油；16—补充吸收剂

第六节　能量利用优化

DCC、ARGG和CPP工艺反应需热量较大、生焦率较高，装置能耗较大。由于催化装置在炼油和石化企业二次加工过程中所占的比重较大，其能耗的高低对炼化企业综合能耗影响较大，同时直接影响到产品烯烃的生产成本。在改进催化剂性能、优化工艺条件、改善产品分布，降低焦炭产率，从根本上减少反应有效能的损失和碳排放的同时，通过采用技术措施，强化工艺过程的各个品位的能量回收，降低装置能耗，是重质油生产轻质烯烃工艺路线发展的重要保障。装置的节能降耗，主要围绕压力能、各温位热能的回收与节水减排等方面。

一、压力能的充分利用

多产轻烯烃工艺的共同特点是反应压力较低，有利的一方面是产品分布好、目的产品产率高，不利的方面是装置的压力能回收利用效率降低。装置压力能利用主要包括富气压缩机入口压力对压缩机耗功的影响和烟气系统压力能的回收两方面。

（一）降低富气（裂解气）压缩机耗功

通过流程模拟可以看到，提高压缩机入口压力对减小压缩机耗功效果是明显的，但提高富气压力一方面受到上游反应压力的制约，同时分馏塔顶回流罐压力升高会使裂解石脑油(粗汽油)中溶入轻烃增多，加大了吸收稳定部分解吸的负荷，塔顶解吸气量、塔底重沸器和塔顶冷凝器的热负荷都有所增加，使节能效果有所削弱。总体看，压缩机入口压力从0.15MPa(绝压)提高到0.18MPa(绝压)，节能效果还是明显的，但再进一步提高，效果就不明显了(见表9-6-1)。

表9-6-1　2.2Mt/a DCC装置气压机不同入口压力方案对比

项　目	工况一		工况二		工况三	
气压机入口压力(绝压)/MPa	0.15		0.18		0.20	
气压机出口压力(绝压)/MPa	1.7		1.7		1.7	
气压机功率/kW	12411		11273		10642	
气压机出口空冷器热负荷/MW	9.944		9.944		9.886	
气压机出口后冷器热负荷/MW	16.34		16.55		16.67	
吸收塔中段冷却负荷/MW	3.572		3.553		3.531	
脱吸塔顶气量/(t/h)	91.32		92.33		92.54	
脱吸塔底热负荷/MW	19.61		20.15		20.59	
稳定塔顶热负荷/MW	30.90		30.96		31.02	
稳定塔底热负荷/MW	31.94		32.42		32.85	
稳定塔底需蒸汽加热热负荷/MW	12.17		12.65		13.08	
补充吸收剂量/(t/h)	283.0		290.0		296.1	
补充吸收剂空冷器热负荷/MW	0.893		0.993		1.093	
补充吸收剂后冷器热负荷/MW	2.352		2.409		2.461	
C_3回收率/%	99.35		99.36		99.36	
C_4回收率/%	99.58		99.57		99.56	
干气中C_3、C_4含量(体)/%	0.804		0.802		0.801	
液化气中C_2含量(体)/%	0.392		0.385		0.393	
液化气中C_5含量(体)/%	0.1912		0.1912		0.1912	
公用工程	数量	单位能耗/(kgEO/t)	数量	单位能耗/(kgEO/t)	数量	单位能耗/(kgEO/t)
电/(kW·h)	12411	12.297	11273	11.169	10642	10.544
循环水/(t/h)	1915	0.73	1936	0.738	1948	0.742
3.7MPa蒸汽/(t/h)	25.13	8.427	26.15	8.769	27.04	9.069
脱吸塔底重沸器热负荷		6.424		6.604		6.745
相关能耗小计		27.88		27.28		27.1
其中：气压机能耗		12.297		11.17		10.544

注：1. 气压机统一按电功率统计。

2. 空冷器热负荷虽有差异，但使用空冷器片数、电机数不变，用电按基本相当统计。

(二)再生烟气压力能的回收

与反应机理对较低油气分压的需求不同，操作压力提高对催化剂再生是有利的，可以有效提高氧分压、强化烧焦效果，同时对烟气压力能的回收也是有利的(见图 9-6-1)。因此在反应-再生系统设计时，适当提高再生器与反应器的差压对维持较好的反应环境、强化烧焦、降低再生剂定炭和提高再生烟气回收效率几方面都是有利的。

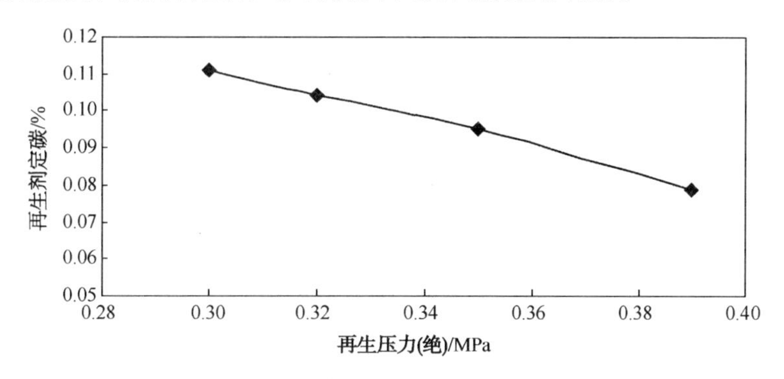

图 9-6-1 再生压力对再生效果的影响

在再生器藏量、过剩氧含量和再生温度相当的情况下，若再生压力提高 0.5kg/cm^2，再生剂定炭可以降低 0.02 个百分点，有效提高催化剂的活性，对于以最大化生产轻质烯烃为目的的催化裂解工艺来说十分有益。同时再生压力提高，在相同的再生系统压降和烟气三旋下泄气量等条件下，烟机回收功率与主风机耗功之比却有所上升(见图 9-6-2)。虽然再生压力的提高，需要主风机的耗功增加，但由于烟气轮机入口压力的提高，烟机的焓降增大，使烟机回收功率的增加值超过主风机耗功的增加值，使节能效果得以体现，机组额定功率越大，效果越明显。需要指出的是，由于烟机轮间积灰和结垢等现象，使双级烟气轮机的应用受到限制，单级烟机焓降和效率的制约，在一定程度上削弱了再生压力提高对烟气压力能回收效率提高的贡献。另外，主风机与烟机的风量和压力能匹配在设计阶段就应充分考虑并优化，以期得到较好的节能效果，装置建成后通过再生器压力调整会与设计有一定的偏差，对装置节能是不利的。

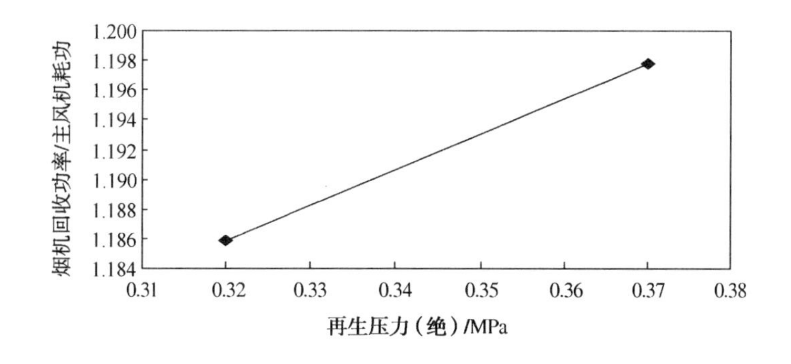

图 9-6-2 再生压力对烟气能量回功率比的影响

二、各温位热能的回收利用与节水减排

与常规催化裂化装置类似，在反应机理和催化剂性能一定的条件下，DCC、ARGG和CPP等装置节能降耗，很大一部分集中在各温位热能的回收与再利用。从最大限度提高有效能(㶲)的利用率出发，尽可能地使高等级的能量(如压力能、高温位热能)得以高品质地回收(如发电、发生次高压或中压蒸汽)，中、低温位热能加强在装置内或装置外进行热交换、热联合，降低加热工艺介质所需的燃料、蒸汽消耗，同时由于中、低温位热能的回收利用，冷却工艺介质所需的循环水、空冷用电等公用工程的消耗也有所降低，实现双重节能效应，从而使装置的能耗进一步降低。此外，需要合理地设置装置与设备的操作弹性，使设备的效率达到最优的条件，避免实际操作状况与设计偏差较大导致的能耗增加。

烟气轮机回收烟气压力能，余热锅炉回收烟气显热(DCC等工艺因热平衡需要，一般采用完全再生，因此锅炉不设置CO焚烧段)，油浆除加热原料外发生次高压或中压蒸汽，或与常减压装置进行热联合，分馏塔一中段回流加热脱吸塔底重沸器并与换热水换热，二中段回流加热稳定塔底重沸器，轻柴油馏分加热脱吸塔底重沸器及与富吸收油、换热水换热，分馏塔顶循环回流直接供给气体分馏装置脱丙烷塔底作热源，分馏塔顶低温油气与换热水换热供给气体分馏装置丙烯塔底重沸器作热源，稳定汽油作脱吸塔进料及中间重沸器热源并加热除盐水，等等，都是近年来常用的节能措施。此外，优化平面布置，减少管道长度，选用新型保温材料、加强设备与管道的保温，降低不必要的调节阀压力损失以及新型设备、节能机泵的选用等，对装置的节能降耗也十分重要。

单位原料加工量消耗的水量是炼化企业重要的考核指标。催化工艺的水耗量除工艺过程发生蒸汽消耗除盐(除氧)水外，还包括生产过程注入蒸汽(冷凝后输出含硫氨污水)、富气水洗水、工艺介质冷却循环水(蒸发量)等。

与常规催化裂化不同，因反应机理的需要，DCC、ARGG和CPP都需要有较大的水蒸气注入量，以降低油气分压获得较好的产品分布和烯烃产率，反应系统原料注入喷嘴的雾化蒸汽增加，强化了进料的雾化与分散，但蒸汽注入量却是影响装置能耗的重要因素之一，占装置单位加工能耗的25%左右，因此多产轻质烯烃工艺的节水目标之一是通过催化剂性能的改进，降低水蒸气的注入量。同时，因蒸汽冷凝产生的含硫氨污水经汽提后回收发汽以降低装置能耗，是一个待研究的课题，虽然污水汽提装置不受影响，但可以降低后续水处理设施的负荷。

三、多产烯烃催化裂解工艺的能耗分析

由于转化深度较大、分子膨胀比大，DCC、ARGG和CPP等工艺的反应所需热量较常规催化裂化多，因此能耗也应较大。针对催化裂化等炼油装置的用能分析和节能研究报道较多，对装置的节能起到了很好的作用。装置有效能(㶲)分析的着眼点是针对装置能量品级的分析与优化，力求做到回收能量的高效与最大化。目前催化裂化装置的能耗评价体系(GB/T 50441—2007)是根据装置在加工过程中消耗的公用工程实际物流量、乘以每种实际公用工程的能量品位指标统计出来的。此种方法可以用于装置之间的能耗表

象进行横向比较，同时可以指导装置的能量回收更高效、㶲损失更少(见表9-6-2)。

表9-6-2 重油催化裂化与DCC能耗对比(1)

能量名称			消耗量	典型重油催化裂化		典型DCC	
项目	耗能指标		单位	数量	单位设计能耗/(kgEO/t)	数量	单位设计能耗/(kgEO/t)
	单位	数量					
进料量			t/h	416.67		262.40	
电	kgEO/kW·h	0.26	kW·h	7936.95	4.95	8064.0	7.99
循环水	kgEO/t	0.1	t/h	5328.40	1.28	7309.0	2.79
除盐水	kgEO/t	2.3	t/h	388.00	2.14	89.0	0.78
净化水	kgEO/t	0.25	t/h	20.00	0.01	55.0	0.05
污水	kgEO/t	1.1	t/h	80.23	0.21	102.0	0.43
加热凝结水	kgEO/t	7.65	t/h	0.00	0.00	-25.5	-0.74
0.4MPa蒸汽	kgEO/t	66	t/h	-19.12	-3.03	0.0	0.00
1.2MPa蒸汽	kgEO/t	80	t/h	45.78	8.79	-131.6	-40.12
3.8MPa蒸汽	kgEO/t	88	t/h	-226.24	-47.78	159.2	53.40
4.3MPa蒸汽	kgEO/t	88	t/h	-79.00	-16.68	0.0	0.00
燃料气	kgEO/t	1000	t/h	1.87	4.48	0.0	0.00
焦炭	kgEO/t	950	t/h	37.50	85.50	23.1	83.60
氮气	kgEO/Nm^3	0.15	Nm^3/h	179.42	0.06	120.0	0.07
净化风	kgEO/Nm^3	0.038	Nm^3/h	5004.00	0.46	5094.0	0.74
非净化风	kgEO/Nm^3	0.028	Nm^3/h	1080.00	0.07	1080.0	0.12
原料进(120~180℃)	kgEO/(10^4kcal)	1	10^4kcal/h	1493.00	3.58	221.8	0.85
原料进(90~120℃)	kgEO/(10^4kcal)	0.5	10^4kcal/h	0.00	0.00	221.8	0.42
柴油出(90~70℃)	kgEO/(10^4kcal)	0.5	10^4kcal/h	-96.60	-0.12	-60.0	-0.11
汽油出(70~60℃)	kgEO/(10^4kcal)	0.5	10^4kcal/h	-100.00	-0.12	-95.7	-0.18
低温热回收	kgEO/(10^4kcal)	0.5	10^4kcal/h	-2882	-3.46	-4200	-8.00
能耗合计	kgEO/t 原料			40.35		102.07	
	kgEO/t 丙烯					523.44	

注：1kal=4185.85J。

由于装置因原料性质差异、生产方案不同、产品质量要求的高低，更主要的是不同的工艺机理对能量消耗存在内在本质影响[5]，在节能研究中还需要对装置运行过程的各个环节进行能量的供给、使用和剩余能的回收进行分析，以探索运行操作的各个环节的能量流特征，从而对不同的工艺品种进行能耗水平的横向合理评估。

在现有的能耗评价体系中，装置消耗的各种能量因表现形式不同而有着不同的品位，可以作为衡量同类工艺、不同装置之间能量回收水平的标准，但如果将各种能量形式都转换为热量的统一基准，可以从另一个方面对不同工艺品种的基准能量消耗有所反映，同时，与常规的隔离物系能量衡算方法不同的是，采用加工环节热量传递分析方法也可以揭示不同加工环节的能量消耗比重。

催化裂化和催化裂解装置在加工过程中消耗的能量，主要是由反应生成的焦炭在再生器内燃烧产生的热量提供的。这些热量，从整个加工过程看，分成几个主要的部分：供给原料升温、气化并反应等所需的热量；反应油气携带的高温位热能在分馏和吸收稳定系统供产品的分离所用；为维持反应-再生系统的热平衡，再生器内多余的热量由取热设施通过发生饱和蒸汽予以回收；再生器排出的高温烟气在余热回收系统(包括烟气轮机的压力能回收单元)加以回收，烟气轮机的设置仅仅是提高了烟气能量的回收品位，减少了装置的㶲损失，从本质上没有改变烟气能量的回收热能总量[5]；余热回收后排出装置的烟气和产品带出的热量；装置设备、管道的热损失。此外，加工过程中由装置外公用工程系统提供的物料升压、升温以及产品换热终端冷却所需的能量(包括电能、热能等)构成了装置耗能的另一部分。催化装置能量流见图9-6-3。

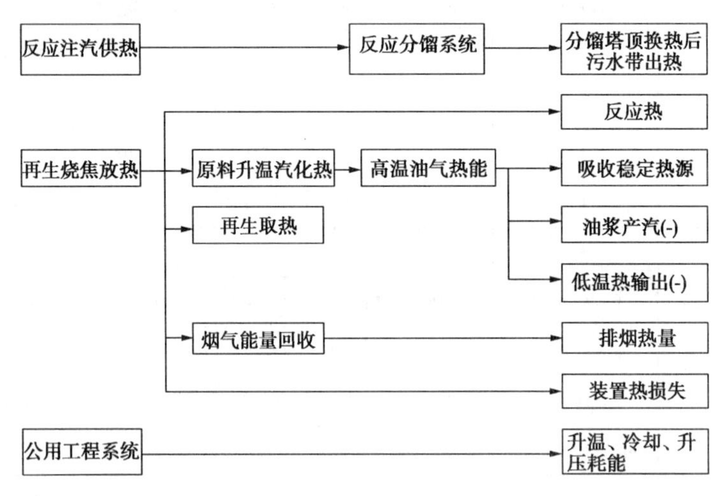

图9-6-3　催化装置能量流

再生过程取热、烟气余热回收、反应油气携带供分馏和吸收稳定利用的热量等部分，都属能量回收利用环节，其回收的能量都是焦炭燃烧产生热能的一部分，在装置能量消耗的统计过程中，除去能量品位的不同外，其总量都属于焦炭燃烧热的一部分，可以视为回收与消耗相等，对装置耗能不产生影响，与焦炭燃烧热同时都不计入。但油浆发生蒸汽和自分馏系统回收并输出装置的低温热属于反应油气携带热量的一部分，来源于原料升温气化和反应后的过剩热输出，在能耗统计中同时予以统计。重油催化裂化两段再生锅炉系统通过补燃将烟气升温至CO起燃温度注入的燃料气消耗，与其燃烧发热产生蒸汽得以回收相抵消，因此不作统计。

将装置消耗的主要能量转化为统一的热量基准，并按加工环节进行权重分析，装置能耗见表9-6-3。

表 9-6-3 重油催化裂化与 DCC 能耗对比(2)

项　　目	典型重油催化			典型 DCC		
	MJ/t	10^4kcal/t	%	MJ/t	10^4kcal/t	%
反应热	188.42	4.50	10.24	879.27	21.00	22.31
反应原料升温气化需热	1215.72	29.04	66.04	1782.82	42.58	45.23
反应注汽供热(250V-90L)	345.64	8.26	18.78	815.23	19.47	20.68
物料升压耗能	333.87	7.97	18.14	499.98	11.94	12.68
稳定塔底蒸汽重沸器负荷	0	0	0	167.54	4.00	4.25
物料换热终端冷却	69.78	1.67	3.79	137.71	3.29	3.49
排出烟气、污水热能	210.81	5.03	11.45	273.64	6.54	6.94
热损失	146.55	3.50	7.96	272.16	6.50	6.90
油浆产汽热负荷	-380.32	-9.08	-20.66	-216.43	-5.17	-5.49
分馏低温热回收	-289.61	-6.92	-15.73	-670.16	-16.01	-17.00
合计	1840.86	43.97	100	3941.76	94.14	100

DCC 与常规重油催化裂化相比，能耗较高主要体现在以下几个方面：

(1) 反应深度的加大，使新鲜原料的反应热是常规催化裂化(如 MIP)的 4~5 倍。

(2) 反应温度的提高，使原料的升温汽化所需热量大幅度增加，虽然高温油气的热量可以在分馏塔顶低温热利用环节回收一部分，但本可以发生高品位蒸汽的回收热量品位降低，按能耗评价体系计算，能耗增加明显。

(3) 为降低油气分压以获得良好的烯烃产率，反应系统注入的蒸汽量较常规催化裂化装置大大增加，这部分蒸汽带入的能量，在反应至分馏整个系统环节中起到供能的作用，其供热量为进入反应器(约 250℃)的蒸汽焓，与降低至分馏塔顶低温热回收换热后的温度(85~92℃)生成的含硫氨污水液态焓的差值。

(4) 物料的升压所耗功率较常规重油催化裂化装置增加较多，主要体现在富气压缩机入口压力降低、入口气体摩尔流率增大，使压缩机耗功大大增加。虽然再生压力降低，减少了主风机的耗功，但高品位烟气回收功/主风机耗功的比率降低，能耗还是增加的。

(5) 由于产品分布不同，分馏塔中段部分热源不足，吸收稳定部分重沸器热源需要蒸汽提供热量，使能耗增加。

(6) 由于气体产率增加、分馏塔顶冷回流的采用，分馏塔顶、吸收稳定等部分负荷加大，导致需要冷却的热负荷加大，公用系统工程提供的冷却用水、电负荷较常规催化裂化增加较多，能耗增加。

(7) DCC 反应-再生、分馏塔等系统操作压力较低，同等原料处理规模下设备较常规催化裂化加大较多，装置散热损失也有所增加。

(8) 多产烯烃工艺由于汽油以下组分产率大大高于常规催化裂化，塔顶低温热回收总量较常规催化裂化增加较多，但所回收的热能品位较低，回收的热量也相应减少。

表 9-6-3 仅按统一的热量基准对常规重油催化裂化和 DCC 为代表的多产烯烃工艺在能耗的各个环节进行了对比，未考虑能量的品位级别，仅作为两种不同的工艺在基准能耗方面的差异分析，真正的能耗指标仍应按表 9-6-2 的评价体系进行计算。两种方法的评价结果

存在差异，主要体现在能量品位的指标方面，按能耗评价体系(GB/T 50441—2007)计算，耗高品位电功、蒸汽较多的DCC工艺与常规催化裂化能耗相比差距更为明显。

反应深度更大、气体产率更高、以乙烯、丙烯为主要生产目的的CPP工艺，能耗较DCC更高，按能耗评价体系(GB/T 50441—2007)计算能耗在229kgEO/t原料(604kgEO/t乙烯+丙烯)。

参 考 文 献

[1] Zhou Fuchang, Liu C, Liu J, et al. Use micrographs to diagnose FCC operations[J]. Hydrocarbon Processing, 2006, 85(3): 91.

[2] 侯芙生. 中国炼油技术[M]. 3版. 北京：中国石化出版社，2011：151-154.

[3] 高亮，董孝利，金文琳. 催化裂化工艺待生催化剂汽提过程的研究[J]. 石油炼制与化工，1999，30(11)：22-26.

[4] 陈俊武. 催化裂化工艺与工程[M]. 2版. 北京：中国石化出版社，2005.

[5] 余龙红. 催化裂化装置实际能耗的计算与分析[J]. 石油炼制与化工，2004：35(3)：53-56.

第十章 技术经济分析

第一节 评价方案选择

本章对几种典型的重油制轻烯烃工业化装置进行技术经济分析，拟通过对其投资、成本、效益的剖析，来研究其技术经济性。

选取目前技术较为成熟、且有规模化的工业生产装置的几种重油制烯烃技术，主要包括DCC -I 、ARGG、CPP 三种工艺技术，其中 DCC -I 技术根据其原料的不同，分为加工大庆减压蜡油掺 25%常压重油、管输原油减压蜡油或沙轻加氢减压蜡油三种工况；ARGG 技术根据其原料的不同，分为加工大庆常压重油、新疆青海混合原油减压蜡油掺炼 33%减压渣油两种工况。

各工艺装置的投入产出数据见表 10-1-1。

表 10-1-1 各工艺装置的投入产出数据

项目	DCC-I			ARGG		CPP
年操作时间/(h/a)	8400	8400	8400	8400	8400	8400
折合公称规模/(10kt/a)	220	220	220	190	190	160
原料	大庆减压蜡油掺 25%常压重油	管输原油减压蜡油	阿拉伯(暂按沙轻)加氢减压蜡油	大庆常压重油	新疆青海混合原油减压蜡油掺炼33%减压渣油	大庆常压重油
装置评估构成/(10kt/a)	220	220	220	190	190	160
双脱装置(干气、液化气、汽油)/(10kt/a)	18+110+50	20+85+55	23+90+70	8+50+90	8+50+90	
工程费用/万元	12000	10000	11000	8000	8000	
气分装置/(10kt/a)	110	80	90	50	50	
工程费用/万元	14000	12000	12000	10000	10000	
出装置产品/(10kt/a)						
脱硫燃料气(其中乙烯)	17.93 (7.92)	19.008 (8.36)	22.682 (11.22)	8.74	7.543	
乙烯(聚合级)						25.82
丙烯(聚合级)	47.40	36.01	36.01	20.56	12.21	32.27
富氢气						2.53

续表

项目	DCC-I			ARGG		CPP
出装置产品/(10kt/a)						
富甲烷气						12.31
丙烷	9.09	6.91	6.91		2.61	
混合碳四	52.83	39.34	45.17	41.19	36.06	16.71
裂解汽油(石脑油)	50.64	55.26	70.11	69.16	91.33	23.91
裂解轻油	26.66	45.83	24.55	23.94	23.48	21.29
油浆(裂解重油)	0	0	0	7.60	0	8.03
焦炭(自用)	14.43	16.74	12.80	17.86	15.58	17.14
合计	218.99	219.10	218.24	189.05	188.82	160.00
公用工程消耗						
装置	DCC-I	DCC-I	DCC-I	ARGG	ARGG	CPP
燃料/(t/h)	0	0	0	1.5	1.5	3.3
高压蒸汽(8.8MPa)/(t/h)	0	0	0	0	0	134
中压蒸汽(3.8MPa)/(t/h)	159.2	159.2	159.2	51.3	51.3	-17.66
低压蒸汽(1.2MPa)/(t/h)	-131.6	-131.6	-131.6	-67.5	-67.5	15.904
循环冷却水/(t/h)	7309	7309	7309	7174.22	7174.22	18320.7
脱盐水/(t/h)	89	89	89	122.2	122.2	3.9
锅炉给水/(t/h)	0	0	0	0	0	260.2
电/kW	8064	8064	8064	6382	6382	12465.073
低压氮气(标准状态)/(m^3/h)	120	120	120	0	0	400
仪表空气(标准状态)/(m^3/h)	5094	5094	5094	4131	4131	2888.66
装置空气(标准状态)/(m^3/h)	1080	1080	1080	192	192	3629.16
新鲜水/(t/h)	0	0	0	22	22	67
净化水/(t/h)	55	55	55	30	30	73.6
催化剂与化学药剂/(t/a)						
裂解催化剂	2700	2700	2700	2500	2500	2250
钝化剂	65	65	65	38.4	38.4	41.5
CO 助燃剂	13.8	13.8	13.8	1.5	1.5	6
硫转移剂	27	27	27	15	15	38.4
46#透平油	31	31	31	27	27	10
Na_3PO_4	1.5	1.5	1.5	2.4	2.4	4
油浆阻垢剂	54.7	54.7	54.7	10	10	11.33
NaOH(20%)溶液						74840
氧化锌						85
干燥剂(3A 分子筛)/(m^3/4a)						387

续表

项目	DCC-I			ARGG		CPP
氧加氢催化剂(BASF PuriStar R3-81 T5 X3)/(m^3/3a)						248
脱RSH催化剂(Selexorb-CD或相当)/(m^3/4a)						319
脱COS催化剂(Selexsorb-COS或相当)/(m^3/4a)						224
乙炔加氢催化剂(Sud-Chemie G-133C-1或相当)/(m^3/4a)						32
脱砷催化剂BASF PuriStar R9-12/(m^3/4a)						138
裂解气第二干燥器汞吸附剂HgSIV 1/16″或相当/(m^3/4a)						28
DMDS(68%硫)/(t/a)						26.24
阻聚剂(C4's)ACTRENE 230或相当/(t/a)						169
甲醇(99.85%)/(t/a)						14
黄油抑制剂Nalco EC3430A，DORF KETAL DA206或相当/(t/a)						96
双脱、气分消耗						
低压蒸汽(1.0MPa)/(t/h)	36	25	30	16	16	
循环冷却水/(t/h)	7200	5600	6000	3800	3800	
电/kW	2800	2480	2640	2000	2000	
化学药剂MDEA溶剂/(t/h)	150	120	130	70	70	

注：负号代表输出。

第二节 评价基本原则、参数及假设

一、评价基本原则

(1)效益测算的投入产出数据以装置界区内投入产出的为基础，与界区外的物料往来均按买断考虑。

(2)装置界区外引入的原料、燃料、公用工程以及送出装置的产品、副产品，作价时采用同一价格体系。

(3)建设投资统一估算为装置界区内同一时期(2010年底)的投资(均已扣除可抵扣增值税进项税)，不包括公用工程的投资，所有公用工程按外购考虑。

(4)对DCC-Ⅰ与ARGG装置均考虑配置相应规模的(干气、液化气、汽油)脱硫脱硫醇装置和气体分馏装置，其投资和消耗均包含在各方案中。

二、主要评价参数及假设

（1）项目建设投资为2010年价格水平，不含可抵扣增值税；

（2）项目寿命期为17年，其中建设期2年，生产期15年；

（3）项目资本金按报批总投资(不含可抵扣增值税)的50%考虑；

（4）项目长期借款年利率(5年期以上)为6.55%(名义利率，折合实际利率为6.71%)，流动资金借款年利率为6%；

（5）项目各年生产负荷均为100%；

（6）建设投资分年投入比例为：第一年40%，第二年60%；

（7）项目流动资金按分项详细估算法估算，流动资金各分项日常储备天数为：

- 应收账款　30天
- 原材料　7天
- 辅助材料　15天
- 在产品　2天
- 产成品　10天
- 现金　15天
- 应付账款　30天

（8）铺底流动资金占流动资金总额的30%，其余70%为流动资金借款；

（9）项目定员为50~70人，年工资及福利费按8万元/人·年计；

（10）项目折旧按平均年限法计取(净残值率为3%)，折旧年限为15年；

（11）项目修理费费率为3%；

（12）其他制造费用为2万元/人·年，其他管理费用为3.5万元/人·年；

（13）项目生产期保险费费率为0.4%；

（14）项目营业费用按营业收入的1%计取；

（15）增值税：除新鲜水、蒸汽等为13%外，其他税率均为17%；

（16）消费税：原料及产品均按不含消费税价格考虑(价格已扣除消费税)；

（17）城市维护建设税、教育费附加、地方教育附加分别按增值税与消费税之和的7%、3%、2%计取；

（18）企业盈余公积金按税后利润的10%提取，税后利润提取完公积金后作为未分配利润留存企业；

（19）人民币长期贷款按8年(不含建设期)等额还本考虑；还款资金来源为100%的折旧、100%的摊销及100%的未分配利润；

（20）项目所得税税率为25%；

（21）项目基准收益率为13%。

三、采用的评估价格

原油及产品的价格拟采用中国石化集团公司经济技术研究院推荐的“效益测算价格(2010版)”。该价格以近十年间新加坡市场原油及成品油月平均价为基础，以代表国际市场油价走势的布伦特原油为基准，对各种原油及油品相对布伦特原油的差价进行分析测算，从而确定不同原油及汽、煤、柴、石脑油、燃料油等与布伦特原油之间较为合理的差价。在取定布伦特原油离岸价为80美元/桶的基础上，根据相应的差价水平确定原油和主要成品油价格，并按进口等价的原则推算出国内价格水平。价格体系中不包括的原材料和产品价格根据“部分内部转移和关联交易中间产品品质比率表”的数据确定。

评价采用的主要原料、产品及公用工程消耗的评估价格如下(含税价)(见表10-2-1~表10-2-3)：

表10-2-1　原料价格

名称	数额/(元/t)	备注
大庆减压蜡油	4929	价格均已考虑进厂运费
大庆常压重油	4429	
管输原油减压蜡油	4709	
沙轻加氢减压蜡油	4829	
新疆青海混合原油减压蜡油	4789	
新疆青海混合原油减压渣油	3979	

表10-2-2　产品价格

名称	数额/(元/t)	备注	名称	数额/(元/t)	备注
脱硫燃料气	3000		丙烷	5092	
乙烯	7690	聚合级	混合碳四	5042	
丙烯	7580	聚合级	裂解汽油	5557	石脑油
富氢气	6671		裂解轻油	5015	
富甲烷气	4200		油浆	3198	裂解重油

表10-2-3　公用工程价格

名称	价格	名称	价格
燃料气	3000元/t	电	0.70元/度
高压蒸汽(8.8MPa)	240元/t	低压氮气	0.40元/Nm^3
中压蒸汽(3.8MPa)	200元/t	仪表空气	0.20元/Nm^3
低压蒸汽(1.2MPa)	170元/t	装置空气	0.20元/Nm^3
循环冷却水	0.35元/t	新鲜水	3元/t
脱盐水	10元/t	净化水	8元/t
锅炉给水	10元/t		

四、计算指标说明

1. 吨烯烃建设投资

吨烯烃建设投资=装置建设投资/烯烃产量

烯烃产量=乙烯产量+丙烯产量

2. 吨原料建设投资

吨原料建设投资=装置建设投资/原料处理量

3. 吨烯烃成本费用(不含税)[1]

吨烯烃成本费用=烯烃年总成本费用/烯烃产量

烯烃年总成本费用=装置年总成本费用-非烯烃产品年营业收入

烯烃产量=乙烯产量+丙烯产量

4. 吨原料费用(不含税)

吨原料费用=装置原料费用/原料处理量/(1+增值税税率)

5. 吨原料操作费用(不含税)[1]

吨原料操作费用=(装置年总成本费用-原料费用-营业费用)/ 烯烃产量

烯烃产量=乙烯产量+丙烯产量

6. 吨烯烃毛利

吨烯烃毛利=(营业收入-原料费用-流转税)/ 烯烃产量

烯烃产量=乙烯产量+丙烯产量

7. 吨原料毛利

吨原料毛利=(营业收入-原料费用-流转税)/ 原料处理量

8. 吨烯烃利润

吨烯烃利润=(净利润/烯烃产量)

烯烃产量=乙烯产量+丙烯产量

9. 吨原料利润

吨原料利润=(净利润/原料处理量)

注：各成本费用、营业收入及烯烃产量等数据均取装置生产期第二年数据。

第三节　财务评价

一、220万吨/年催化裂解DCC-Ⅰ装置(大庆减压蜡油掺25%常压重油)

(一)装置原料产品方案及评估价格(见表10-3-1)

表10-3-1　装置原料产品方案及评估价格(1)

名称	数量/(10kt/a)	价格/(元/t)
原料		
大庆减压蜡油	165	4929
大庆常压重油	55	4429
合计	220	
产品		
脱硫燃料气	10.01	3000
乙烯	7.92(燃料气含乙烯)	7190

续表

名称	数量/(10kt/a)	价格/(元/t)
产品		
丙烯(聚合级)	47.40	7580
富氢气		6671
富甲烷气		4200
丙烷	9.09	5092
混合碳四	52.83	5042
裂解汽油(石脑油)	50.64	5557
裂解轻油	26.66	5015
油浆(裂解重油)		3198
合计	204.55	

注：大庆常压重油价格=大庆原油价格×0.98+70元/吨(运费)；
大庆减压蜡油价格=大庆常压重油价格+500元/吨；
燃料气所含乙烯价格=乙烯价格-500元/吨；
混合碳四价格按液化气价格考虑；
丙烷价格=液化气(作燃料)价格+50元/吨；
富氢气价格按1/3的纯氢与2/3的燃料气加权平均取定；
粗裂解汽油价格=石脑油价格(扣消费税)×0.98；
裂解柴油价格=石脑油价格(扣消费税)×0.9；
裂解燃料油价格=180CST燃料价格扣除消费税。

(二)主要技术经济指标(见表10-3-2)

表10-3-2　财务指标汇总表(1)

序号	项目名称	单位	数值	备注
一	财务评价数据			
1	项目总投资	万元	218992	
1.1	建设投资	万元	155045	不含增值税进项税
1.2	建设期利息	万元	3178	
1.3	流动资金	万元	60769	
2	项目报批总投资	万元	176454	
3	项目资本金	万元	88227	
4	营业收入	万元	1174028	生产期均值
5	营业税金及附加	万元	1010	生产期均值
6	增值税	万元	10104	生产期均值
7	总成本	万元	1133194	生产期均值
8	利润总额	万元	29719	生产期均值

续表

序号	项目名称	单位	数值	备注
一	财务评价数据			
9	所得税	万元	7430	生产期均值
10	净利润	万元	22289	生产期均值
11	吨烯烃成本费用	元/t	5875	生产期均值，不含税
12	吨原料费用	元/t	4106	生产期均值，不含税
13	吨原料操作费用	元/t	210	生产期均值，不含税
14	吨烯烃利润	元/t	403	生产期均值
15	吨原料利润	元/t	101	生产期均值
二	项目财务盈利能力指标			
1	项目投资财务内部收益率			
1.1	所得税前	%	19.17%	全部投资
1.2	所得税后	%	14.93%	全部投资
2	项目投资财务净现值			
2.1	所得税前	万元	61293	全部投资　折现率=13%
2.2	所得税后	万元	18654	全部投资　折现率=13%
3	项目投资回收期	年	8.05	所得税后　含建设期2年
4	资本金财务内部收益率	%	23.54	
5	总投资收益率	%	15.44	生产期均值
6	资本金净利润率	%	25.26	生产期均值

（三）敏感性分析

考虑项目实施过程中一些不定因素的变化，分别对建设投资、生产负荷、原料价格及产品价格等因素进行敏感性分析(见表10-3-3和图10-3-1)。

表10-3-3　敏感性分析表(1)

序号	不确定因素	变化率	内部收益率	敏感度系数	临界点/%	临界值	备注
	基本方案	0%	14.93%				*BIRR*=13%
1	产品价格	-2.50%	4.86%	26.97	-0.48%	5712	
		-5.00%					
2	原料价格	2.50%	5.67%	-24.80	0.52%	4829	
		5.00%					
3	生产负荷	-2.50%	14.54%	1.05	-12.34%	88%	
		-5.00%	14.15%				
4	建设投资	2.50%	14.56%	-0.98	13.20%	175516	
		5.00%	14.20%				

由以上分析可知，产品价格与原料价格对项目效益的影响最大，如产品价格降低

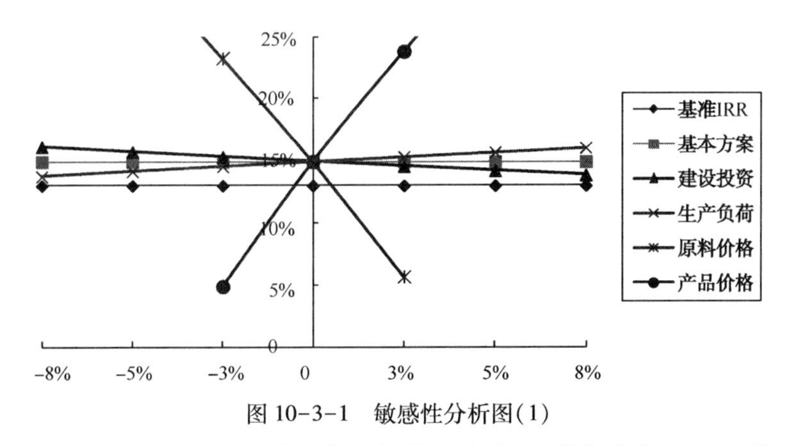

图 10-3-1 敏感性分析图(1)

0.48%或原料价格增加 0.52%时，项目的内部收益率将达到基准值 13%。但由于本项目原料、产品的价格具有较强的相关性，当二者联动时，其对内部收益率的影响不大(见图 10-3-2)。其他因素，如生产负荷、建设投资等的变化对项目效益的影响相对较小。

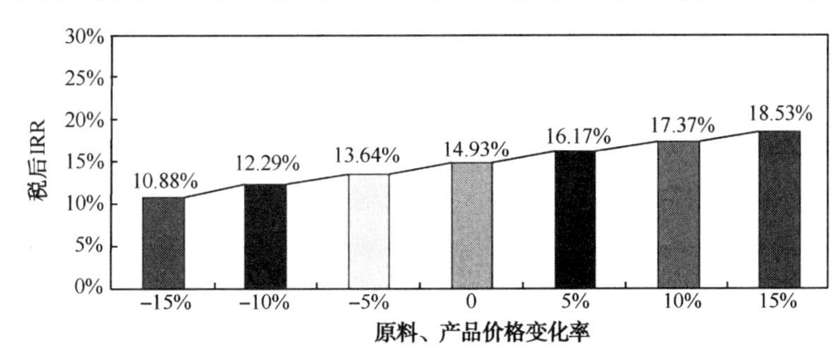

图 10-3-2 原料、产品价格同步敏感性分析(1)

二、220 万吨/年催化裂解 DCC-Ⅰ装置(管输原油减压蜡油)

(一) 装置原料产品方案及评估价格(见表 10-3-4)

表 10-3-4 装置原料产品方案及评估价格(2)

名称	数量/(10kt/a)	价格/(元/t)
原料		
管输原油减压蜡油	220	4709
合计	220	
产品		
脱硫燃料气	10.65	3000
乙烯	8.36(燃料气含乙烯)	7190
丙烯(聚合级)	36.01	7580
富氢气		6671
富甲烷气		4200
丙烷	6.91	5092
混合碳四	39.34	5042

续表

名称	数量/(10kt/a)	价格/(元/t)
产品		
裂解汽油(石脑油)	55.26	5557
裂解轻油	45.83	5015
油浆(裂解重油)		3198
合计	202.36	

注：管输原油减压蜡油价格=大庆减压蜡油价格-220元/吨；
燃料气所含乙烯价格=乙烯价格-500元/吨；
混合碳四价格按液化气价格考虑；
丙烷价格=液化气(作燃料)价格+50元/吨；
富氢气价格按1/3的纯氢与2/3的燃料气加权平均取定；
粗裂解汽油价格=石脑油价格(扣消费税)×0.98；
裂解柴油价格=石脑油价格(扣消费税)×0.9；
裂解燃料油价格=180CST燃料价格扣除消费税。

(二)主要技术经济指标(见表10-3-5)

表10-3-5　财务指标汇总表(2)

序号	项目名称	单位	数值	备注
一	财务评价数据			
1	项目总投资	万元	216246	
1.1	建设投资	万元	155045	不含增值税进项税
1.2	建设期利息	万元	3163	
1.3	流动资金	万元	58038	
2	项目报批总投资	万元	175620	
3	项目资本金	万元	87810	
4	营业收入	万元	1135463	生产期均值
5	营业税金及附加	万元	754	生产期均值
6	增值税	万元	7538	生产期均值
7	总成本	万元	1099145	生产期均值
8	利润总额	万元	28027	生产期均值
9	所得税	万元	7007	生产期均值
10	净利润	万元	21020	生产期均值
11	吨烯烃成本费用	元/t	5767	生产期均值，不含税
12	吨原料费用	元/t	4025	生产期均值，不含税
13	吨原料操作费用	元/t	210	生产期均值，不含税
14	吨烯烃利润	元/t	474	生产期均值
15	吨原料利润	元/t	96	生产期均值

续表

序号	项目名称	单位	数值	备注
二	项目财务盈利能力指标			
1	项目投资财务内部收益率			
1.1	所得税前	%	18.48%	全部投资
1.2	所得税后	%	14.40%	全部投资
2	项目投资财务净现值			
2.1	所得税前	万元	53659	全部投资　折现率=13%
2.2	所得税后	万元	13314	全部投资　折现率=13%
3	项目投资回收期	年	8.21	所得税后　含建设期2年
4	资本金财务内部收益率	%	22.37%	
5	总投资收益率	%	14.80%	生产期均值
6	资本金净利润率	%	23.94%	生产期均值

（三）敏感性分析

考虑项目实施过程中一些不定因素的变化，分别对建设投资、生产负荷、原料价格及产品价格等因素进行敏感性分析（见表10-3-6和图10-3-3）。

表10-3-6　敏感性分析表（2）

序号	不确定因素	变化率/%	内部收益率/%	敏感度系数	临界点/%	临界值	备注
	基本方案	0	14.40				*BIRR*=13%
1	产品价格	-2.50	4.31	28.02	-0.35	5592	
		-5.00					
2	原料价格	2.50	5.13	-25.75	0.38	4727	
		5.00					
3	生产负荷	-2.50	14.01	1.08	-9.02	91	
		-5.00	13.62				
4	建设投资	2.50	14.03	-1.01	9.65	170012	
		5.00	13.67				

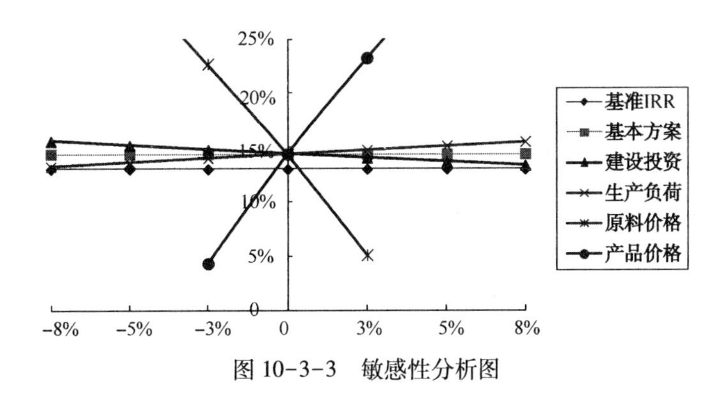

图10-3-3　敏感性分析图

由以上分析可知，产品价格与原料价格对项目效益的影响最大，如产品价格降低0.35%或原料价格增加0.38%时，项目的内部收益率将达到基准值(13%)。但由于本项目原料、产品的价格具有较强的相关性，当二者联动时，其对内部收益率的影响不大(见图10-3-4)。其他因素，如生产负荷、建设投资等的变化对项目效益的影响相对较小。

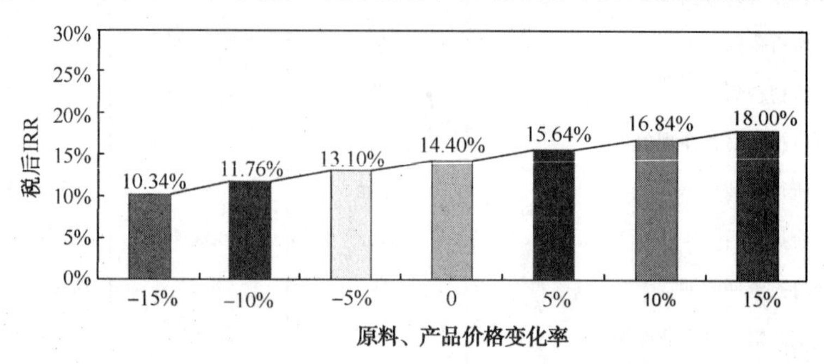

图10-3-4　原料、产品价格同步敏感性分析(2)

三、220万吨/年催化裂解DCC-Ⅰ装置(沙轻加氢减压蜡油)

(一)装置原料产品方案及评估价格(见表10-3-7)

表10-3-7　装置原料产品方案及评估价格(3)

名称	数量/(10kt/a)	价格/(元/t)
原料		
沙轻加氢减压蜡油	220	4929
合计	220	
产品		
脱硫燃料气	11.46	3000
乙烯	11.22(燃料气含乙烯)	7190
丙烯(聚合级)	36.01	7580
富氢气		6671
富甲烷气		4200
丙烷	6.91	5092
混合碳四	45.17	5042
裂解汽油(石脑油)	70.11	5557
裂解轻油	24.55	5015
油浆(裂解重油)		3198
合计	205.43	

注：沙轻加氢减压蜡油价格=大庆减压蜡油价格-100元/吨；
燃料气所含乙烯价格=乙烯价格-500元/吨；
混合碳四价格按液化气价格考虑；
丙烷价格=液化气(作燃料)价格+50元/吨；
富氢气价格按1/3的纯氢与2/3的燃料气加权平均取定；
粗裂解汽油价格=石脑油价格(扣消费税)×0.98；
裂解柴油价格=石脑油价格(扣消费税)×0.9；
裂解燃料油价格=180CST燃料价格扣除消费税。

（二）主要技术经济指标(见表 10-3-8)

表 10-3-8　财务指标汇总表(3)

序号	项目名称	单位	数值	备注
一	财务评价数据			
1	项目总投资	万元	217679	
1. 1	建设投资	万元	155045	不含增值税进项税
1. 2	建设期利息	万元	3171	
1. 3	流动资金	万元	59463	
2	项目报批总投资	万元	176055	
3	项目资本金	万元	88027	
4	营业收入	万元	1163666	生产期均值
5	营业税金及附加	万元	780	生产期均值
6	增值税	万元	7800	生产期均值
7	总成本	万元	1125863	生产期均值
8	利润总额	万元	29223	生产期均值
9	所得税	万元	7306	生产期均值
10	净利润	万元	21918	生产期均值
11	吨烯烃成本费用	元/t	5764	生产期均值，不含税
12	吨原料费用	元/t	4127	生产期均值，不含税
13	吨原料操作费用	元/t	210	生产期均值，不含税
14	吨烯烃利润	元/t	464	生产期均值
15	吨原料利润	元/t	100	生产期均值
二	项目财务盈利能力指标			
1	项目投资财务内部收益率			
1. 1	所得税前	%	19. 00%	全部投资
1. 2	所得税后	%	14. 80%	全部投资
2	项目投资财务净现值			
2. 1	所得税前	万元	59230	全部投资　折现率 = 13%
2. 2	所得税后	万元	17291	全部投资　折现率 = 13%
3	项目投资回收期	年	8. 09	所得税后　含建设期 2 年
4	资本金财务内部收益率	%	23. 21%	
5	总投资收益率	%	15. 28%	生产期均值
6	资本金净利润率	%	24. 90%	生产期均值

（三）敏感性分析

考虑项目实施过程中一些不定因素的变化，分别对建设投资、生产负荷、原料价格及产品价格等因素进行敏感性分析(见表 10-3-9 和图 10-3-5)。

表 10-3-9　敏感性分析表(3)

序号	不确定因素	变化率/%	内部收益率/%	敏感度系数	临界点/%	临界值	备注
	基本方案	0	14.80				*BIRR*=13%
1	产品价格	-2.50	4.59	27.59	-0.44	5640	
		-5.00					
2	原料价格	2.50	5.41	-25.38	0.48	4852	
		5.00					
3	生产负荷	-2.50	14.41	1.06	-11.51	88	
		-5.00	14.02				
4	建设投资	2.50	14.43	-0.99	12.31	174134	
		5.00	14.07				

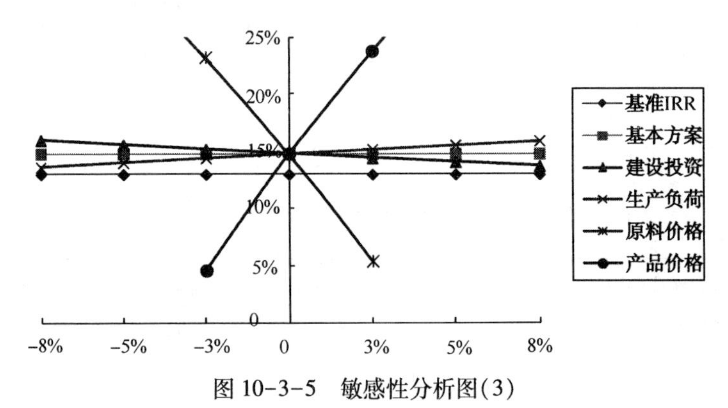

图 10-3-5　敏感性分析图(3)

由以上分析可知，产品价格与原料价格对项目效益的影响最大，如产品价格降低 0.44%或原料价格增加 0.48%时，项目的内部收益率将达到基准值 13%。但由于本项目原料、产品的价格具有较强的相关性，当二者联动时，其对内部收益率的影响不大(见图 10-3-6)。其他因素，如生产负荷、建设投资等的变化对项目效益的影响相对较小。

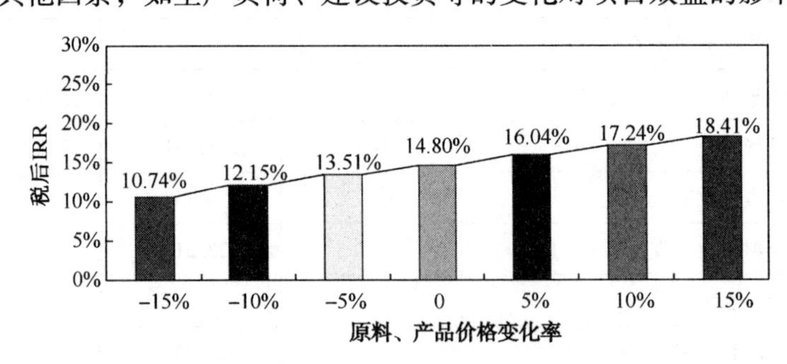

图 10-3-6　原料、产品价格同步敏感性分析(3)

四、190万吨/年ARGG装置(大庆常压重油)

(一)装置原料产品方案及评估价格(见表10-3-10)

表10-3-10 装置原料产品方案及评估价格(4)

名称	数量/(10kt/a)	价格/(元/t)
原料		
大庆常压重油	190	4429
合计	190	
产品		
脱硫燃料气	8.74	3000
丙烯(聚合级)	20.56	7580
富氢气		6671
富甲烷气		4200
丙烷		5092
混合碳四	41.19	5042
裂解汽油(石脑油)	69.16	5557
裂解轻油	23.94	5015
油浆(裂解重油)	7.60	3198
合计	171.09	

注:大庆常压重油价格=大庆原油价格×0.98+70元/吨(运费)

混合碳四价格按液化气价格考虑

丙烷价格=液化气(作燃料)价格+50元/吨

富氢气价格按1/3的纯氢与2/3的燃料气加权平均取定

粗裂解汽油价格=石脑油价格(扣消费税)×0.98

裂解柴油价格=石脑油价格(扣消费税)×0.9

裂解燃料油价格=180CST燃料价格扣除消费税

(二)主要技术经济指标(见表10-3-11)

表10-3-11 财务指标汇总表(4)

序号	项目名称	单位	数值	备注
一	财务评价数据			
1	项目总投资	万元	177276	
1.1	建设投资	万元	127463	不含增值税进项税
1.2	建设期利息	万元	2598	
1.3	流动资金	万元	47216	
2	项目报批总投资	万元	144225	
3	项目资本金	万元	72113	
4	营业收入	万元	918431	生产期均值
5	营业税金及附加	万元	730	生产期均值
6	增值税	万元	7298	生产期均值
7	总成本	万元	888415	生产期均值
8	利润总额	万元	21988	生产期均值
9	所得税	万元	5497	生产期均值
10	净利润	万元	16491	生产期均值
11	吨烯烃成本费用	元/t	5374	生产期均值,不含税
12	吨原料费用	元/t	3785	生产期均值,不含税
13	吨原料操作费用	元/t	184	生产期均值,不含税

续表

序号	项目名称	单位	数值	备注
一	财务评价数据			
14	吨烯烃利润	元/t	802	生产期均值
15	吨原料利润	元/t	87	生产期均值
二	项目财务盈利能力指标			
1	项目投资财务内部收益率			
1.1	所得税前	%	17.87%	全部投资
1.2	所得税后	%	13.92%	全部投资
2	项目投资财务净现值			
2.1	所得税前	万元	38953	全部投资　折现率=13%
2.2	所得税后	万元	7144	全部投资　折现率=13%
3	项目投资回收期	年	8.38	所得税后　含建设期2年
4	资本金财务内部收益率	%	21.43%	
5	总投资收益率	%	14.23%	生产期均值
6	资本金净利润率	%	22.87%	生产期均值

（三）敏感性分析

考虑项目实施过程中一些不定因素的变化，分别对建设投资、生产负荷、原料价格及产品价格等因素进行敏感性分析(见表10-3-12和图10-3-7)。

表10-3-12　敏感性分析表(4)

序号	不确定因素	变化率/%	内部收益率/%	敏感度系数	临界点/%	临界值	备注
	基本方案	0	13.92				*BIRR*=13%
1	产品价格	-2.50	3.89	28.83	-0.23	5353	
		-5.00					
2	原料价格	2.50	4.66	-26.60	0.25	4440	
		5.00					
3	生产负荷	-2.50	13.54	1.10	-5.99	94	
		-5.00	13.15				
4	建设投资	2.50	13.56	-1.02	6.44	135667	
		5.00	13.20				

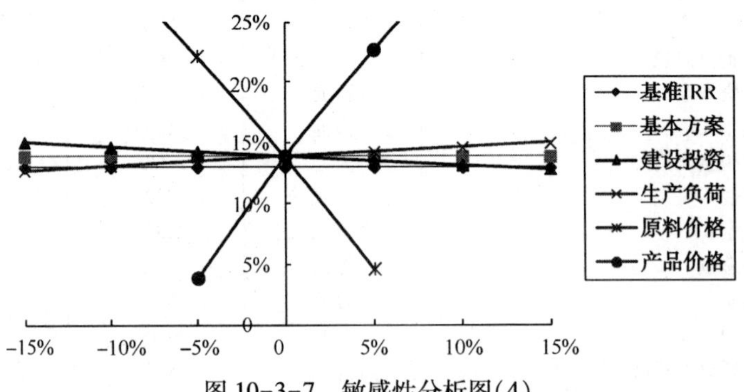

图10-3-7　敏感性分析图(4)

由以上分析可知，产品价格与原料价格对项目效益的影响最大，如产品价格降低0.48%或原料价格增加0.52%时，项目的内部收益率将达到基准值13%。但由于本项目原料、产品的价格具有较强的相关性，当二者联动时，其对内部收益率的影响不大(见图10-3-8)。其他因素，如生产负荷、建设投资等的变化对项目效益的影响相对较小。

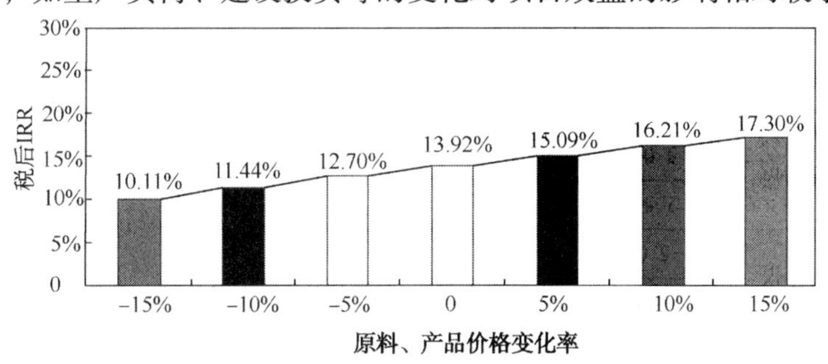

图10-3-8 原料、产品价格同步敏感性分析(4)

五、190万吨/年ARGG装置(新疆青海混合原油减压蜡油掺炼33%减压渣油)

(一)装置原料产品方案及评估价格(见表10-3-13)

表10-3-13 装置原料产品方案及评估价格(5)

名称	数量/(10kt/a)	价格/(元/t)
原料		
新疆青海混合原油减压蜡油	127.3	4789
新疆青海混合原油减压渣油	62.7	3979
合计	190.0	
产品		
脱硫燃料气	7.54	3000
丙烯(聚合级)	12.21	7580
富氢气		6671
富甲烷气		4200
丙烷	2.61	5092
混合碳四	36.06	5042
裂解汽油(石脑油)	91.33	5557
裂解轻油	23.48	5015
油浆(裂解重油)		3198
合计	173.23	

注：新疆青海混合原油减压蜡油=大庆减压蜡油价格-140元/t；
新疆青海混合原油减压渣油=大庆常压重油价格-450元/t；
混合碳四价格按液化气价格考虑；
丙烷价格=液化气(作燃料)价格+50元/t；
富氢气价格按1/3的纯氢与2/3的燃料气加权平均取定；
粗裂解汽油价格=石脑油价格(扣消费税)×0.98；
裂解柴油价格=石脑油价格(扣消费税)×0.9；
裂解燃料油价格=180CST燃料价格扣除消费税。

（二）主要技术经济指标（见表10-3-14）

表10-3-14　财务指标汇总表(5)

序号	项目名称	单位	数值	备注
一	财务评价数据			
1	项目总投资	万元	178230	
1.1	建设投资	万元	127463	不含增值税进项税
1.2	建设期利息	万元	2603	
1.3	流动资金	万元	48165	
2	项目报批总投资	万元	144515	
3	项目资本金	万元	72257	
4	营业收入	万元	935558	生产期均值
5	营业税金及附加	万元	723	生产期均值
6	增值税	万元	7228	生产期均值
7	总成本	万元	906225	生产期均值
8	利润总额	万元	21384	生产期均值
9	所得税	万元	5346	生产期均值
10	净利润	万元	16038	生产期均值
11	吨烯烃成本费用	元/t	4668	生产期均值，不含税
12	吨原料费用	元/t	3865	生产期均值，不含税
13	吨原料操作费用	元/t	184	生产期均值，不含税
14	吨烯烃利润	元/t	1313	生产期均值
15	吨原料利润	元/t	84	生产期均值
二	项目财务盈利能力指标			
1	项目投资财务内部收益率			
1.1	所得税前	%	17.44%	全部投资
1.2	所得税后	%	13.57%	全部投资
2	项目投资财务净现值			
2.1	所得税前	万元	35570	全部投资　折现率=13%
2.2	所得税后	万元	4472	全部投资　折现率=13%
3	项目投资回收期	年	8.51	所得税后　含建设期2年
4	资本金财务内部收益率	%	20.84%	
5	总投资收益率	%	13.84%	生产期均值
6	资本金净利润率	%	22.20%	生产期均值

(三) 敏感性分析

考虑项目实施过程中一些不定因素的变化，分别对建设投资、生产负荷、原料价格及产品价格等因素进行敏感性分析(见表 10-3-15 和图 10-3-9)。

表 10-3-15 敏感性分析表(5)

序号	不确定因素	变化率/%	内部收益率/%	敏感度系数	临界点/%	临界值	备注
	基本方案	0	13.57				*BIRR* = 13%
1	产品价格	-2.50	3.33	30.19	-0.14	5393	
		-5.00					
2	原料价格	2.50	4.10	-27.91	0.15	4529	
		5.00					
3	生产负荷	-2.50	13.20	1.11	-3.81	96	
		-5.00	12.82				
4	建设投资	2.50	13.22	-1.03	4.09	132678	
		5.00	12.87				

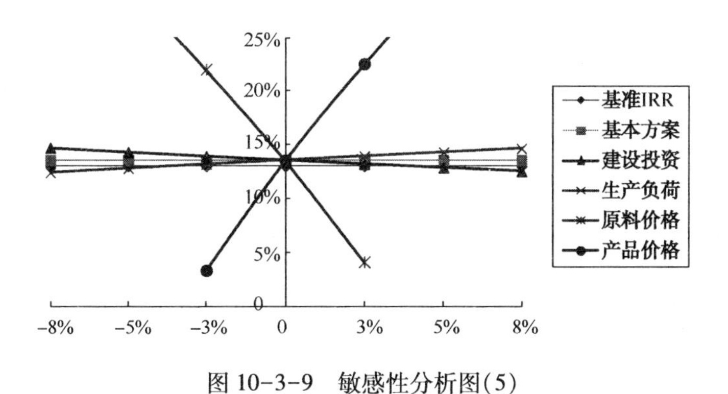

图 10-3-9 敏感性分析图(5)

由以上分析可知，产品价格与原料价格对项目效益的影响最大，如产品价格降低 0.14%或原料价格增加 0.15%时，项目的内部收益率将达到基准值 13%。但由于本项目原料、产品的价格具有较强的相关性，当二者联动时，其对内部收益率的影响不大(见图 10-3-10)。其他因素，如生产负荷、建设投资等的变化对项目效益的影响相对较小。

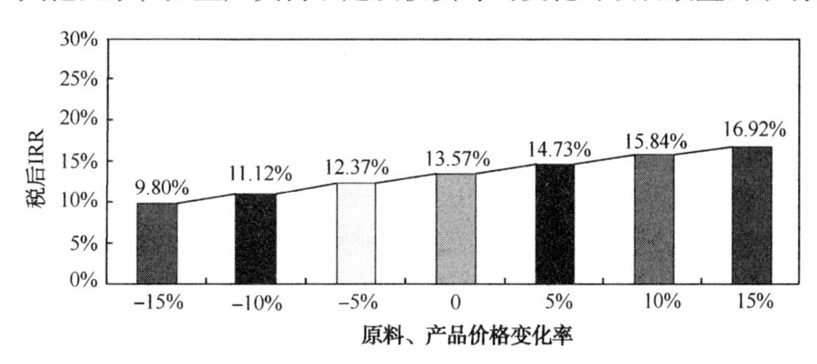

图 10-3-10 原料、产品价格同步敏感性分析(5)

六、160 万吨/年 CPP 装置(大庆常压重油)

(一) 装置原料产品方案及评估价格(见表 10-3-16)

表 10-3-16 装置原料产品方案及评估价格(6)

名称	数量/(10kt/a)	价格/(元/t)
原料		
大庆常压重油	160	4429
合计	160	
产品		
脱硫燃料气		3000
乙烯(聚合级)	25.82	7690
丙烯(聚合级)	32.27	7580
富氢气	2.53	6671
富甲烷气	12.31	4200
丙烷		5092
混合碳四	16.71	5042
裂解汽油(石脑油)	23.91	5557
裂解轻油	21.29	5015
油浆(裂解重油)	8.03	3198
合计	142.87	

注:大庆常压重油价格=大庆原油价格×0.98+70 元/t(运费);
混合碳四价格按液化气价格考虑;
丙烷价格=液化气(作燃料)价格+50 元/t;
富氢气价格按 1/3 的纯氢与 2/3 的燃料气加权平均取定;
粗裂解汽油价格=石脑油价格(扣消费税)×0.98;
裂解柴油价格=石脑油价格(扣消费税)×0.9;
裂解燃料油价格=180CST 燃料价格扣除消费税。

(二) 主要技术经济指标(见表 10-3-17)

表 10-3-17 财务指标汇总表(6)

序号	项目名称	单位	数值	备注
一	财务评价数据			
1	项目总投资	万元	309388	
1.1	建设投资	万元	262080	不含增值税进项税
1.2	建设期利息	万元	5040	
1.3	流动资金	万元	42268	
2	项目报批总投资	万元	279800	
3	项目资本金	万元	139900	
4	营业收入	万元	861311	生产期均值

续表

序号	项目名称	单位	数值	备注
一	财务评价数据			
5	营业税金及附加	万元	933	生产期均值
6	增值税	万元	9332	生产期均值
7	总成本	万元	808319	生产期均值
8	利润总额	万元	42727	生产期均值
9	所得税	万元	10682	生产期均值
10	净利润	万元	32045	生产期均值
11	吨烯烃成本费用	元/t	5769	生产期均值，不含税
12	吨原料费用	元/t	3785	生产期均值，不含税
13	吨原料操作费用	元/t	496	生产期均值，不含税
14	吨烯烃利润	元/t	552	生产期均值
15	吨原料利润	元/t	200	生产期均值
二	项目财务盈利能力指标			
1	项目投资财务内部收益率			
1.1	所得税前	%	18.96%	全部投资
1.2	所得税后	%	14.95%	全部投资
2	项目投资财务净现值			
2.1	所得税前	万元	86191	全部投资　折现率=13%
2.2	所得税后	万元	27216	全部投资　折现率=13%
3	项目投资回收期	年	7.78	所得税后　含建设期2年
4	资本金财务内部收益率	%	21.44%	
5	总投资收益率	%	15.17%	生产期均值
6	资本金净利润率	%	22.91%	生产期均值

（三）敏感性分析

考虑项目实施过程中一些不定因素的变化，分别对建设投资、生产负荷、原料价格及产品价格等因素进行敏感性分析（见表10-3-18和图10-3-11）。

表10-3-18　敏感性分析表(6)

序号	不确定因素	变化率/%	内部收益率/%	敏感度系数	临界点/%	临界值	备注
	基本方案	0	14.95				$BIRR$=13%
1	产品价格	-2.50	9.94	13.41	-0.97	5970	
		-5.00	4.27				
2	原料价格	2.50	10.78	-11.15	1.17	4481	
		5.00	6.23				
3	生产负荷	-2.50	14.50	1.21	-10.80	89	
		-5.00	14.05				
4	建设投资	2.50	14.52	-1.13	11.52	292274	
		5.00	14.10				

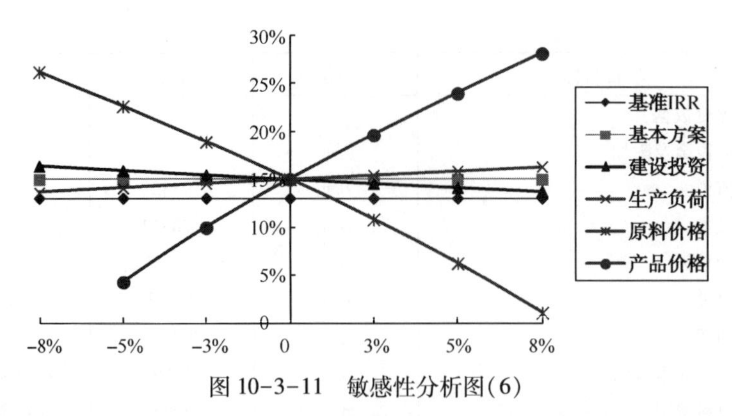

图 10-3-11　敏感性分析图(6)

由以上分析可知，产品价格与原料价格对项目效益的影响最大，如产品价格降低0.97%或原料价格增加1.17%时，项目的内部收益率将达到基准值13%。但由于本项目原料、产品的价格具有较强的相关性，当二者联动时，其对内部收益率的影响不大(见图10-3-12)。其他因素，如生产负荷、建设投资等的变化对项目效益的影响相对较小。

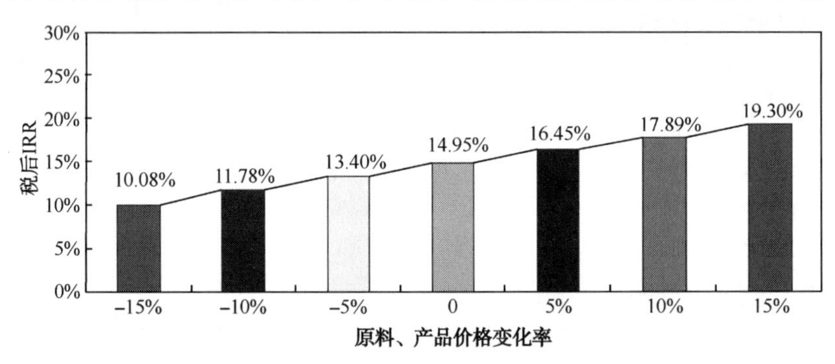

图 10-3-12　原料、产品价格同步敏感性分析(6)

第四节　综合分析

一、评价结果汇总

评价结果汇总列于表10-4-1中。

表10-4-1　评价结果

项目	DCC-I			ARGG		CPP
年操作时间/(h/a)	8400	8400	8400	8400	8400	8400
折合公称规模/(10kt/a)	220	220	220	190	190	160
原料	大庆减压蜡油掺25%常压重油	管输原油减压蜡油	阿拉伯(暂按沙轻)加氢减压蜡油	大庆常压重油	新疆青海混合原油减压蜡油掺炼33%减压渣油	大庆常压重油
装置处理量/(10kt/a)	220	220	220	190	190	160

续表

项目	DCC-I			ARGG		CPP
主要评价指标						
总投资/万元	218992	216246	217679	177276	178292	309388
建设投资/万元	155045	155045	155045	127463	127463	262080
项目投资财务内部收益率(所得税后)/%	14. 93	14. 40	14. 80	13. 92	13. 57	14. 95
项目投资财务净现值(所得税后)/万元	18654	13314	17291	7144	4472	27216
项目投资回收期(含建设期)/a	8. 05	8. 21	8. 09	8. 38	8. 51	7. 78
资本金财务内部收益率/%	23. 54	22. 37	23. 21	21. 43	20. 84	21. 44
总投资收益率/%	15. 44	14. 80	15. 28	14. 23	13. 84	15. 17
资本金净利润率/%	25. 26	23. 94	24. 90	22. 87	22. 20	22. 91
单位分析指标						
吨烯烃建设投资/(元/t)	2803	3494	3283	6200	10439	4512
吨原料建设投资/(元/t)	705	705	705	671	671	1638
吨烯烃成本费用/(元/t)	5875	5767	5764	5374	4668	5769
吨原料费用/(元/t)	4106	4025	4127	3785	3865	3785
吨原料操作费用/(元/t)	210	210	210	184	184	496
吨烯烃毛利/(元/t)	1810	1916	1833	3198	5350	2246
吨原料毛利/(元/t)	455	386	393	346	344	816
吨烯烃利润/(元/t)	403	474	464	802	1313	552
吨原料利润/(元/t)	101	96	100	87	84	200

二、综合分析

相关假定条件下的测算结果表明：

(1) 从项目投资财务内部收益率来看，CPP 与 DCC 略高，而 ARGG 略低，但差距不大。可以看出，在合理的价格体系下，各装置在经济上都是可行的；

(2) 从项目投资财务净现值来看，CPP 最高，ARGG 最低，DCC 居中；

(3) 从吨烯烃建设投资来看，ARGG 最高，DCC 最低，CPP 居中；

(4) 从吨原料建设投资来看，CPP 最高，ARGG 最低，DCC 居中；

(5) 从吨烯烃成本费用来看，DCC 、CPP 较高，ARGG 较低；

(6) 从吨原料费用来看，DCC 较高，ARGG、CPP 较低；

(7) 从吨原料操作费用来看，CPP 最高，ARGG 最低，DCC 居中；

(8) 从吨烯烃毛利来看，ARGG 最高，DCC 最低，CPP 居中；

(9) 从吨原料毛利来看，CPP 最高，ARGG 最低，DCC 居中；

(10) 从吨烯烃利润来看，ARGG 最高，DCC 最低，CPP 居中；

(11) 从吨原料利润来看，CPP 最高，ARGG 最低，DCC 居中。

综上所述，在效益水平基本相当的基础上，上述各方案各有其不同的技术经济特征：

(1)(加工大庆减压蜡油和常压重油的)DCC-Ⅰ[以下简称 DCC-Ⅰ(大庆)]的净现值较高，吨烯烃建设投资最低，而吨烯烃成本费用最高，相应吨烯烃毛利最小，吨烯烃利润最低。这也是 DCC-Ⅰ烯烃综合产率较高，而原料相对较轻的结果，而 DCC-Ⅰ装置较大的工业化规模(2.2Mt/a)也带来了一定的规模经济的好处；

(2) ARGG 的净现值最低，吨烯烃建设投资最高，而吨原料建设投资最低；吨烯烃成本费用、吨原料操作费用最低，吨原料毛利和利润最低，但吨烯烃毛利最大。这是由于 ARGG 的烯烃综合产率最低，而汽油产率偏高(在成本测算中作为副产品扣减)，虽然其产品的增值空间相对较低，但折算到单位烯烃的毛利最大；

(3) CPP 的净现值最高，吨原料建设投资最高，而吨原料成本费用最低，相应吨原料毛利最大，吨原料利润最高，但吨原料操作费用也最高。这是由于 CPP 的投资额较高，原料性质较差，烯烃产率最高，原料与产品之间的附加值也最高所致。当然，CPP 装置工业化的规模较小(1.6Mt/a)也在一定程度上抑制了其效益水平进一步提高；

(4) 加工管输原油减压蜡油以及加工沙轻加氢减压蜡油的 DCC-Ⅰ的各项指标均为居中，如净现值低于 CPP 和 DCC-Ⅰ(大庆)，但高于 ARGG，吨烯烃建设投资高于 DCC-Ⅰ(大庆)而小于 ARGG、CPP，吨烯烃毛利、吨烯烃利润均略高于 DCC-Ⅰ(大庆)而小于 ARGG、CPP。这也是其烯烃综合产率略低于 DCC-Ⅰ(大庆)的直接结果。

三、需要说明的问题

1. 中间产品价格定价的影响[2]

由于条件所限，上述测算采用“单装置”评价方法，原料及产品多为中间产品，其价格的取值具有较大的不确定性。敏感性分析也表明，原料和产品的价格对项目效益的影响最大，是最为敏感的因素。中间产品价格的变化会在一定程度上改变测算的结果。因此，上述测算结果只是一个相对值，反映了在拟定的假设条件下，各装置的分析结果。

2. 不同价格体系的影响[3]

上述测算采用了布伦特原油离岸价为 80 美元/桶的效益测算价，若布伦特价格基准上调至 90~110 美元/桶，其测算结果的绝对值会有较大的变化，但在其他假定条件不变的情况下，各装置测算结果的相对关系及其反映出的技术经济特征应该是基本确定的。

3. 上述技术各有特点，应区分情况，选择适宜的轻烯烃生产技术

上述技术经济分析为我们提供了一个分析问题的角度和视野，其结果也反映了以上各种技术(装置)不同的技术经济特性、对原料的适应性和对产品的选择性，在经济上都是可行的。在选择时，应结合企业实际情况、原料来源和产品需求，进行细致的方案对比分析，从中选择最为适宜的技术方案。

参 考 文 献

[1] 赵文忠，孙丽丽．对炼油项目操作费用指标的思考[J]．当代石油石化，2006，14(9)：28-30.
[2] 赵文忠．提高炼油项目经济效益的途径分析[J]．当代石油石化，2005，13(6)：34-37，44.
[3] 赵文忠．谈炼油化工项目总工艺流程方案比选的技术经济分析[J]．当代石油石化，2009，17(2)：29-33.

参考文献

[1] [illegible]
[2] [illegible]
[3] [illegible]